VDI-Buch

Michael Möser

# Technische Akustik

10. Auflage

Michael Möser
Institut für Technische Akustik
Technische Universität Berlin
Berlin, Deutschland

ISBN 978-3-662-47703-8 ISBN 978-3-662-47704-5 (eBook)
DOI 10.1007/978-3-662-47704-5

Die Deutsche Nationalbibliothek verzeichnet diese Publikation in der Deutschen Nationalbibliografie; detaillierte bibliografische Daten sind im Internet über http://dnb.d-nb.de abrufbar.

Springer Vieweg


Gedruckt auf säurefreiem und chlorfrei gebleichtem Papier.

Springer-Verlag GmbH Berlin Heidelberg ist Teil der Fachverlagsgruppe Springer Science+Business Media
(www.springer.com)

*Dieses Buch widme ich meinen Eltern*
*Christel und Anton Möser*

# Vorwort

Ein Lehrender ist immer auch Lernender: an dieser und jener Stelle sind auch bei der zehnten Auflage wieder Überlegungen des Autors eingeflossen, die fast immer der praktischen Lehre und der Vorbereitung auf sie entstammen, wie man ‚es' noch einfacher und (hoffentlich) noch leichter verständlich schildern kann.

Auch für diese zehnte Auflage meines Buches wünsche ich meinen Lesern eine interessante und lehrreiche Lektüre. Über Anmerkungen, wie man es besser machen kann, wo noch immer Fehler auftreten und was sonst dem Buch noch dienlich sein könnte, würde ich mich wie immer sehr freuen (mimoe48@gmail.com).

Millstatt, im September 2015 Michael Möser

# Vorwort zur fünften Auflage

Die „Vorlesungen über Technische Akustik" verstehen sich als Lehrbuch. Ausdrücklich hat der Verfasser der vorliegenden fünften Auflage beim Schreiben ein Buch beabsichtigt, das ebenso dem autodidaktischen Selbststudium wie der Vorlesungsbegleitung dienen soll. Das Buch richtet sich dabei an alle, die bereits eine gewisse Einübung in die physikalisch-technische Denkweise und in den Ausdruck ihrer Inhalte durch mathematische Formeln mitbringen. Was man über die gewöhnlichen Grundkenntnisse (wie z. B. Differenzieren und Integrieren) hinaus können muss, kann im Anhang erlernt werden: der Umgang mit komplexen Zahlen z. B. wird hier nicht nur erläutert, er wird vor allem auch von seiner Nützlichkeit her begründet. Es ist überhaupt ein wesentliches Anliegen des Verfassers, nicht nur das Wie, sondern vorrangig auch das Warum seines jeweiligen Vorgehens und Voranschreitens zu erklären: meistens bestehen Verständnis-Schwierigkeiten ja nicht im Nachvollziehen der Schritte, sondern in der oft unbeantwortet gebliebenen Frage, warum man es so und nicht anders macht. Der Verfasser hat sich hier stets redlich um Klarheit bemüht.

Auch beschränken sich die Erläuterungen keineswegs auf die formelmäßige Behandlung der Sachverhalte. Unbestreitbar bilden die Formeln zwar die eindeutigste Beschreibung der Inhalte und nur sie schildern auch der Größe nach die Probleme und die Wirkungsweisen von sachgerechten Auslegungen der Lösungen. Dennoch bleibt ein Übriges zu tun. Nur die anschauliche, auf die Vorstellung bauende Erläuterung und Erklärung lässt Verstehen, Begreifen und Erkennen – kurz: inhaltliche Beherrschung – wirklich entstehen. Der Verfasser ist der Überzeugung, dass Lernen – dem Lernenden ohnedies schon schwer genug – vom Lehrenden so leicht wie irgend möglich gemacht werden muss; der Leser entscheide darüber, ob sich diese Absicht hier auch in die Tat umgesetzt hat.

In vieler Hinsicht ist diese Neuauflage dem großen Lothar Cremer verpflichtet. Nicht zuletzt verdankt der Autor sein eignes Wissen dem Studium der Cremer-originalen Erstauflage; auch sind wichtige Entdeckungen Lothar Cremers natürlich Bestandteil der hier vorliegenden Auflage. Als Beispiele genannt seien nur die Cremer'sche Optimalimpedanz (im Kapitel über Schalldämpfer) und die vielleicht wichtigste Entdeckung dieses Universalakustikers: gemeint ist der Koinzidenzeffekt, der erst eine befriedigende Erklärung der Schalldämmung von Wänden, Decken, Fenstern und anderen flächigen Bauteilen ergeben hat und zum Kern des Grundlagenwissens zählt.

Von der Cremer'schen (und der Cremer/Hubert'schen) Auflage unterscheidet sich diese neue Ausgabe durch eine deutlich veränderte Themenauswahl. Cremer war dem universellen Überblick verpflichtet: von der Hörpsychologie über die Physik der Geige, den Tonaufzeichnungsverfahren und der Bau- und Raum-Akustik; alles, was mit Akustik zu tun hatte, war „sein" Gegenstand, alle akustischen Teilgebiete lagen ihm am Herzen. Die neue, fünfte Auflage dagegen widmet sich mehr der Ingenieurausbildung. Der Versuch, sich auf das zu beschränken, was dem heute in der Akustik praktisch tätigen Ingenieur an Rüstzeug und Verständnis not tut, hat zu der getroffenen Themenauswahl geführt.

Aus diesem Anspruch heraus legen die „Vorlesungen" vor allem Wert auf die wichtigsten Maßnahmen zur Beruhigung der akustischen Umwelt. Alle Kapitel zwischen der elastischen Entkopplung (Kapitel 5) und der Beugung (Kapitel 11) haben direkt und indirekt die Frage zum Gegenstand, wie die Lautstärke in den praktisch wichtigsten akustischen Umgebungen – in Gebäuden und im Freien nämlich – verringert werden kann. Natürlich lässt sich über dieses Ziel erst sprechen, wenn auch die inhaltlichen Voraussetzungen dafür schon geschaffen worden sind. Die Schalldämmung von Wänden etwa kann nur begreifen, wer schon etwas über Körperschall und insbesondere über die Biegewellen auf Platten gehört hat. Deshalb werden den genannten „Maßnahmenkapiteln" die „Medienkapitel" 2 bis 4 vorangestellt, um überhaupt erst das erforderliche Grundlagenwissen über die Natur von Schall und Schwingungen zu erarbeiten. Als Einleitung dienen einige Bemerkungen über die Wahrnehmung von Schall. Den Schluss bilden die wichtigsten Mess- und Sende-Einrichtungen der Akustik: die Mikrophone, Lautsprecher und Körperschallaufnehmer. Spezielle Messverfahren sind vorher schon in den betreffenden Kapiteln behandelt worden oder bilden sogar deren Ausgangspunkt; so beginnt z. B. das Kapitel über Absorption mit der Frage, wie diese durch Messung charakterisiert werden kann.

Der Verfasser dankt für die Hilfe, die ihm bei der Erarbeitung dieses Buches zuteil wurde. Insbesondere sei Bärbel Töpfer-Imelmann für die grafische Gestaltung und Tanja Lescau für das geduldige Schreiben großer Teile von Herzen gedankt.

Berlin, im Juli 2002, Michael Möser

# Inhaltsverzeichnis

# 1 Wahrnehmung von Schall

Unter Wahrnehmung versteht man (nach R. Guski) den ‚Prozess der Aufnahme von Information mit dem Ergebnis der Wahrnehmung'. Dass ein Schallereignis wahrgenommen werden kann, setzt dabei eine einfache physikalische Wirkungskette voraus. Eine Schallquelle versetzt die sie umgebende Luft in kleine Schwingungen, diese werden in Folge von Kompressibilität und Masse der Luft übertragen und gelangen zum Ohr des Hörers.

Physikalisch finden dabei kleine Druckschwankungen $p$ in der übertragenden Luft (bzw. dem Gas oder der Flüssigkeit) statt. Man bezeichnet diesen, dem atmosphärischen Ruhedruck $p_0$ überlagerten Wechseldruck, als Schalldruck $p$. Er ist die wichtigste akustische Feldgröße, die naturgemäß orts- und zeitabhängig ist. Vom Sender abgestrahlt entsteht ein räumlich verteiltes Schallfeld, das zu jedem Zeitpunkt andere Momentandrücke besitzt.

Das an einem Ort beobachtete Schallereignis besitzt im wesentlichen zwei Merkmale: Es zeichnet sich durch Klangfarbe und durch Lautstärke aus. Das physikalische Maß für die Schallstärke ist der Schalldruck; das Maß für die Farbe ist die Frequenz $f$, die die Anzahl der Periodendauern pro Sekunde in der Einheit Hertz (Hz) angibt. Der technisch interessierende Frequenzbereich umfasst dabei nicht nur den Hörbereich des menschlichen Ohres, der etwa von 16 Hz bis 16.000 Hz (kurz auch 16 kHz) reicht. Der unterhalb davon angesiedelte *Infraschall* spielt zwar auf dem Gebiet des Luftschalls selten eine Rolle, in ihm sind vor allem die Schwingungen von Festkörpern relevant (z. B. Fragen des Erschütterungsschutzes). Im über dem Hörbereich liegenden *Ultraschall* reichen die Anwendungen von der akustischen Modelltechnik bis hin zur medizinischen Diagnosetechnik und zerstörungsfreien Materialprüfung.

Die Grenzen des hier ausschließlich interessierenden Hörschalls sind natürlich nicht scharf angebbar. Abhängig von Faktoren wie etwa dem Lebensalter (aber auch z. B. der Dauerbelastung durch Arbeitslärm oder der gewohnheitsmäßigen Beschallung mit zu lauter Musik) ist die obere Grenze individuell verschieden. Der Wert von 16 kHz bezieht sich auf einen gesunden Menschen von etwa 20 Jahren, die obere Grenze nimmt danach um etwa 1 kHz pro Lebensdekade ab.



M. Möser, *Technische Akustik*, VDI-Buch, DOI 10.1007/978-3-662-47704-5_1

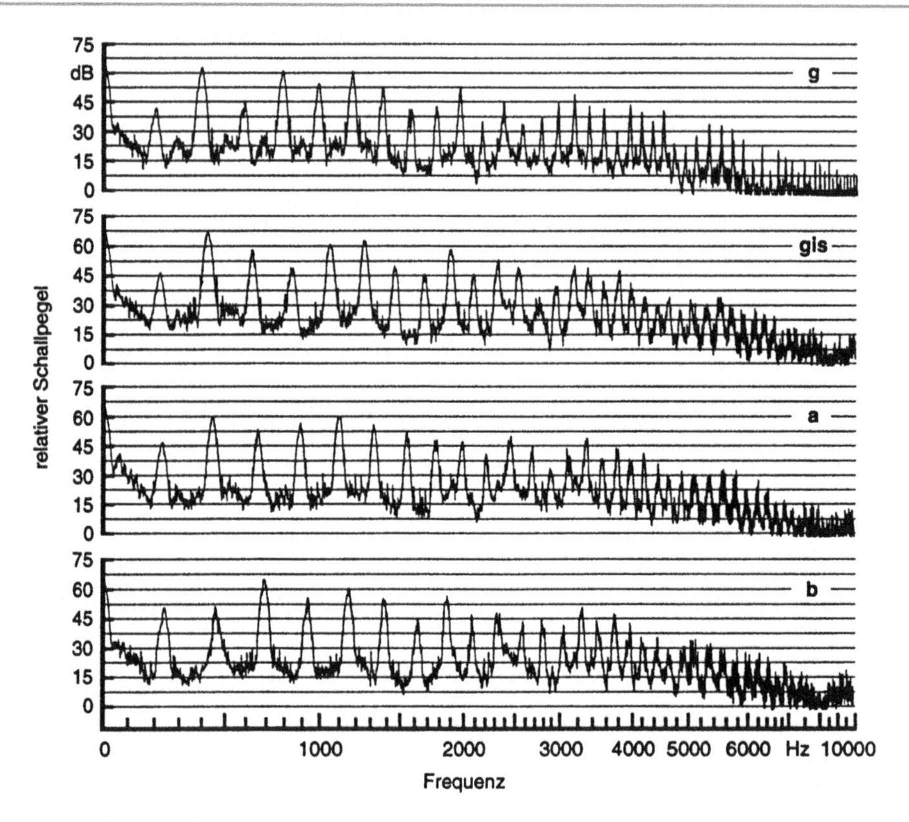


**Abb. 1.1** Violinen-Klangspektren (aus: Meyer, J.: Akustik und musikalische Aufführungspraxis. Verlag Erwin Bochinsky, Frankfurt 1995)

Die untere, ebenfalls nur ungefähr bestimmbare Grenze, stellt eine Flimmergrenze dar. Bei sehr tiefen Frequenzen kann man die Elemente einer Ereignisfolge (z. B. einer Reihe von Schlägen) noch wohl voneinander unterscheiden. Steigt die Frequenz über die Flimmerfrequenz von (etwa) 16 Hz an, so werden die Elemente nicht mehr einzeln wahrgenommen, sie scheinen dann vielmehr zu einem andauernden Geräusch zu verschmelzen. Ein solcher Übergang findet zum Beispiel statt, wenn allmählich einsetzender Regen wahrgenommen wird: Man hört zunächst das Klopfen der Einzeltropfen gegen die Fensterscheiben, bis das Geräusch bei entsprechender Regendichte in ein gleichmäßiges Prasseln übergeht. Die Flimmergrenze des Hörens liegt übrigens bei der selben Frequenz, bei der die Bildfolge eines Filmes eine Kontinuität der Bewegungen vorzutäuschen beginnt.

In der Akustik ist der Begriff Frequenz meist an sogenannte reine Töne gebunden, die in einem zeitlich sinusförmigen Verlauf bestehen. Nur in äußerst seltenen Fällen wird ein solch exakt-mathematisch definierter Vorgang bei natürlichen Schallen auch wirklich beobachtet werden können. Selbst der Ton eines Musikinstrumentes enthält mehrere

Farben: Erst das Zusammenwirken von mehreren harmonischen (reinen) Tönen bildet den Instrumentenklang (Beispiele siehe Abb. 1.1). Allgemeiner kann man einen beliebigen Zeitverlauf durch seine entsprechende Frequenzzusammensetzung repräsentieren, er ist – ähnlich wie beim Licht – in sein Spektrum zerlegbar. Beliebige Signale lassen sich durch eine Summe von reinen Tönen (mit unterschiedlichen Amplituden und Frequenzen) darstellen. Diese Vorstellung der aus vielen Frequenzkomponenten zusammengesetzten Signale führt direkt dazu, dass die akustische Wirkung von Schallübertragern (wie zum Beispiel von Wänden und Decken in Gebäuden, die in Kap. 8 geschildert sind) vernünftigerweise durch Frequenzgänge beschrieben wird. Kennt man beispielsweise den Schalldämmmaß-Frequenzgang einer Wand, so lässt sich leicht vorstellen, wie dieser auf die Übertragung von gewissen Schallen bekannter Frequenzinhalte, zum Beispiel von Sprache, wirkt. Fast immer ist das Dämmmaß tieffrequent schlecht und hochfrequent gut: Die Sprache wird also nicht nur insgesamt leiser, sondern dazu auch noch dumpf durch die Wand übertragen. Die intuitive Vorstellung, dass sich allgemeine Signale als Zusammensetzungen von Tönen auffassen lassen, ist für das Verständnis der meisten in diesem Buch geschilderten Sachverhalte von großem Nutzen. Das mathematische Fundament der Entwicklung eines gegebenen Signals in viele reine Töne ist in Kap. 13 dieses Buches ausführlich erläutert.

Die Tonhöhenempfindung des Menschen ist nun so beschaffen, dass man bei Tonpaaren dann eine gleiche Höhenänderung empfindet, wenn der im Paar enthaltene Ausgangsreiz um einen gewissen festen Prozentsatz geändert wird. Dieser Tatsache wird seit langem in der Musik Rechnung getragen, bei der Unterteilungen in Oktaven (= Verdopplungen einer Frequenz) und in andere Tonintervalle wie Sekunde, Terz, Quart, Quint, etc. benutzt werden. Man empfindet nämlich z. B. die Tonintervalle der Oktav-Paare von (250 Hz, 500 Hz), von (500 Hz, 1000 Hz) und von (1000 Hz, 2000 Hz) alle als gleiche Änderung, und ebenso werden die Intervalle der (technischen) Terzen von (400 Hz, 500 Hz), von (800 Hz, 1000 Hz) und von (1000 Hz, 1250 Hz) untereinander als gleiche Höhen-Änderung wahrgenommen. Offensichtlich muss zum jeweils erstgenannten Ausgangsreiz $R$ immer ein gewisser konstanter Anteil ‚draufgesattelt' werden, damit sich die gleiche Empfindungs-Änderung einstellt. Wenn man also mit $R$ den Reiz (hier: $R$ = Frequenz), mit $E$ die Empfindung um mit $\Delta$ die jeweilige Änderung bezeichnet und wenn man noch berücksichtigt, dass die Oktav-Änderungen natürlich als größer empfunden werden als die Terz-Änderungen, dann bildet wohl

$$\Delta E \sim \frac{\Delta R}{R} . \tag{1.1}$$

die einfachste Zusammenfassung der geschilderten Erfahrung von Reizen. Bei den genannten Beispielen von Terzen war $\frac{\Delta R}{R} = 0{,}25$ und bei den Okatven $\frac{\Delta R}{R} = 1$.

Gleichung (1.1) wird als ‚Gesetz der relativen Empfindungs-Änderung' bezeichnet. Es gilt keineswegs nur für die Änderung von 5 Tonhöhen, es trifft im Gegenteil auch für ganz andere, auch nicht-akustische Sinneswahrnehmungen zu. Ein besonders einfaches, der unmittelbaren Erfahrung leicht zugängliches Beispiel ist die Gewichtsempfindung beim Heben von Gegenständen. So wird man z. B. durch den direkten Vergleich herausfinden können, ob einer Tafel Schokolade (von 200 g) ein Streifen (von 20 g) fehlt; ebenso lässt sich durch ‚Wiegen mit der Hand' vermutlich feststellen, ob bei einem Liter Milch (1000 g) ein Glas (von 100 g) schon weggetrunken worden ist, und auch bei einer Getränkekiste von 10 Flaschen mit zusammen 10 Litern (10 kg) kann man wohl den Verlust einer Flasche (1 kg) durch Anheben beurteilen. Unmerklich bleiben dagegen Verlust oder Zuwachs von 20 g oder 100 g bei der vollen Getränkekiste, und auch dem Liter Milch wird man die Änderung um 20 g nicht anmerken können. Auch würde wohl niemand behaupten, dass der Zuwachs von einem Kilogramm unabhängig vom Ausgangsreiz (200 g, 1 kg oder 10 kg) die gleiche Empfindungsänderung bewirkt. Ganz offensichtlich gilt auch hier ein relatives Gesetz, nach dem ein Ausgangsreiz prozentual – relativ – geändert werden muss, damit sich die gleiche Empfindungsänderung einstellt.

Das mit (1.1) bezeichnete Gesetz der ‚relativen Empfindungsänderung' bildet die wichtigste Grundlage für die Wahrnehmungspsychologie. Es geht auf Weber zurück, der es bereits 1834 aus Versuchen hergeleitet hat.

Eine solche relative Gesetzmäßigkeit (1.1) trifft auch für die Lautstärkeempfindung zu. Wenn einer Versuchsperson durch wiederholtes Umschalten zunächst ein Schallereignis-Paar mit den Schalldrücken $p$ und $2p$ und danach ein Paar mit (beispielsweise) $5p$ und $10p$ dargeboten wird, dann sollte der wahrgenommene Lautstärkeunterschied in beiden Paaren als gleich empfunden werden. Ähnliche Versuche kann man auch z. B. mit der Ereignisfolge $p$; $0{,}8p$; $(0{,}8)^2 p$; ... vorführen, diese Folge wird in der Vorlesung vorgeführt. An den genannten Beobachtungen zeigt sich, dass auch die Lautstärkewahrnehmung wenigstens etwa dem Gesetz der relativen Änderung (1.1) folgt.

Eine naheliegende und sehr einleuchtende Idee besteht nun einfach im Wunsch nach eine ‚empfindungsgerechten' Messgröße (eigentlich: einer Auswertegröße), die auf das Gesetz der relativen Empfindungsänderung Rücksicht nimmt. Dazu muss man im Messgerät (bzw. dem Auswerte-Computer) eine Kennlinie einbauen, mit der zum gemessenen Reiz die zur Empfindung proportionale Auswerte-Größe abgelesen werden kann. Dazu benötigt man den zum Änderungsgesetz (1.1) gehörenden Zusammenhang $E = E(R)$.

Diese gesuchte „Empfindungskennlinie" lässt sich (ähnlich wie bei einer Geraden)) recht einfach aus dem Änderungsgesetz konstruieren, wenn man zunächst zwei Punkte im Achsenkreuz aus Reiz $R$ und Empfindung $E$ wie in Abb. 1.2 wählt. Sinnvoller Weise nimmt man für einen dieser Punkte den Schwellreiz $R_0$, bei dem die Empfindung $E = 0$ erst einsetzt: Reize $R < R_0$ unterhalb der Schwelle kann man nicht wahrnehmen, man benötigt quasi ein Mindestangebot an Reiz, um diesen auch zu empfinden. Für den zweiten, willkürlich gewählten Punkt wird hier der doppelte Schwellreiz $R = 2R_0$ festgelegt und diesem eine (beliebige) Empfindung $E_0$ zugeordnet. Das Prinzip des weiteren Kurvenverlaufes ergibt sich dann aus der Betrachtung von Empfindungen $2E_0$, $3E_0$, $4E_0$ .... Für die Empfindung $2E_0$ muss man wegen des Gesetzes der relativen Empfindungsänderung (1.1) den zu $E_0$ gehörenden Reiz verdoppeln. Wegen $E_0 = E(2R_0)$ gehört zu $2E_0$ also $R = 4R_0$. Ebenso gehört zu $3E_0$ der Reiz $8R_0$, zu $4E_0$ der Reiz $16R_0$ .... Wie man sieht, lässt die Steigung der Kurve $E = E(R)$ mit wachsendem Reiz sehr rasch nach. Je

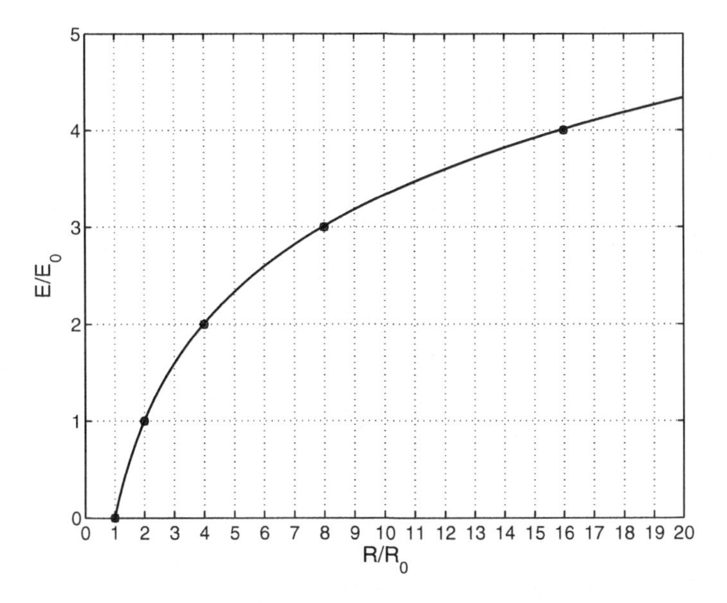


**Abb. 1.2** Qualitativer Zusammenhang zwischen Reiz $R$ und Empfindung $E$

stärker die Empfindung schon ist, desto mehr Reizzuwachs muss „draufgesattelt" werden, um noch einen gewissen Empfindungszuwachs (z. B. $E_0$) zu erzielen.

Natürlich lässt sich der Zusammenhang $E = E(R)$ auch formal aus dem Änderungsgesetz (1.1) bestimmen. Dazu geht man zu infinitesimal kleinen Änderungen $\mathrm{d}E$ und $\mathrm{d}R$ über:

$$\mathrm{d}E \sim \frac{\mathrm{d}R}{R} .$$

Daraus erhält man durch Integration

$$E \sim \log(R/R_0) , \tag{1.2}$$

worin log den Logarithmus zu einer beliebigen Basis bezeichnet (man bedenke, dass die Logarithmen verschiedener Basen zueinander proportional sind, z. B. ist $\ln x = 2{,}3 \lg x$, siehe auch das Kapitel ‚Rechnen mit Pegeln'). Die Lautstärkeempfindung (und die Empfindung anderer Reize) ist also proportional zum Logarithmus des physikalischen Reizes (des Schalldruck-Effektivwertes, des Gewichtes, der Frequenz, ... ). Dieser durch vielfältige Untersuchungen wenigstens grob als richtig nachgewiesene Zusammenhang ist als Weber-Fechner-Gesetz bekannt. Wie der Herleitungen zeigen bildet das Weber-Fechner-Gesetz eine unmittelbare Folge aus dem Gesetz der relativen Empfindungsänderung, kurz gesagt ist Ersteres lediglich das Integral des Letzteren.

Das Funktionieren der Sinneswahrnehmung nach einem logarithmischen Gesetz (Verlauf siehe nochmals Abb. 1.2) ist eine höchst sinnvolle Entwicklung, die sich vermutlich durch die Evolution für Menschen (und wohl auch für Tiere) herausgebildet hat. Während das logarithmische Gesetz einerseits schwache Reize kurz oberhalb der Wahrnehmungsschwelle $R = R_0$ stark hervorhebt und so „gut empfindbar" macht, werden sehr große Reize in ihrer Wahrnehmung stark abgeschwächt. Insgesamt wird so ein sehr breiter physikalischer Wertebereich (schmerzfrei) erfahrbar, es können mehrere Zehnerpotenzen in der physikalischen Größenordnung überdeckt werden. Aus der Entwicklungsgeschichte der Spezies dürfte wohl hervorgehen, dass das Weber-Fechner-Gesetz vor allem für jene Sinneswahrnehmungen zutrifft, für die es auf Grund der vorgefundenen Umwelt einerseits und den (Über-)Lebens-Notwendigkeiten andererseits eine weite Spanne sinnlich erfahrbar zu machen galt. Zum Beispiel wird die Temperaturempfindung wahrscheinlich nicht einem relativen Gesetz folgen, weil der Temperaturbereich, in dem höher entwickeltes Leben überhaupt vorkommt, stark beschränkt ist und weil Schwankungen von Zehntel- oder Hundertstel-Grad für die Individuen bei keiner Temperatur interessieren. Für das Sehen mit ja lebenserhaltender Bedeutung bei geringstem Licht in der Nacht und in hellster Sonne bei Tage wird dagegen gewiss eine relative Gesetzmäßigkeit für die Empfindung zu erwarten sein. Das gilt auch für die Gewichtswahrnehmung bei der es darauf ankommt, geringste noch zu haltende Massen im 1 g Bereich und grosse Gewichte von einigen 10.000 g sinnlich handhabbar zu machen. Auch die Lautstärkewahrnehmung folgt dem logarithmischen Weber-Fechner-Gesetz wohl deswegen, weil an das Ohr sowohl die Aufgabe der Wahrnehmung sehr leiser Schalle – wie vom Fall eines Blattes in ruhigster Umgebung – als auch sehr laute Geräusche – wie das Tosen von Wassermassen in naher Nachbarschaft – gestellt worden ist. Tatsächlich können Menschen Schalldrücke wahrnehmen, die von ca. $20 \cdot 10^{-6}\,\mathrm{N/m^2}$ bis etwa $200\,\mathrm{N/m^2}$ reichen, wobei der obere Wert grob die Schmerzgrenze bezeichnet. Es werden also etwa 7 Zehnerpotenzen vom Lautstärke-Hören überdeckt, das ist ein außerordentlich großes physikalisches Intervall. Das Wunderwerk Ohr macht einen so breiten Wertebereich tatsächlich erfahrbar und nutzt dabei das Gesetz der relativen Empfindungsänderung, aus dem das Weber-Fechner-Gesetz (1.2) direkt folgt.

Vielleicht lässt sich die Qualität des menschlichen Ohres am Vergleich mit einem optischen Gerät ermessen, dass eine ähnliche Reizskala überdeckt. Es müsste im Millimeter-Bereich ebenso gut operieren können wie im Kilometer-Bereich.

Es ist nun naheliegend, auch für das technische Maß zur Bezifferung der Schalldruck-Größe nicht den physikalischen Schalldruck selbst, sondern eine logarithmierte Größe zu verwenden. National und International wird der Schalldruckpegel $L$

$$L = 20\lg\left(\frac{p}{p_0}\right) = 10\lg\left(\frac{p}{p_0}\right)^2 \tag{1.3}$$

mit $p_0 = 20 \cdot 10^{-6}\,\mathrm{N/m^2}$ als gut handhabbares, aussagekräftiges Maß verwendet. Die Bezugsgröße $p_0$ entspricht dabei etwa der Hörschwelle (für eine Frequenz von 1000 Hz, wie der nächste Abschnitt zeigt ist die Hörschwelle frequenzabhängig), sodass 0 dB den „gerade noch" bzw. „gerade nicht mehr" hörbaren Schall etwa bezeichnet. Wenn nicht

**Tab. 1.1** Zuordnung zwischen Schalldruck und Schalldruckpegel

| Schalldruck $p$ (N/m$^2$, effektiv) | Schalldruckpegel $L$ (dB) | Situation/Beschreibung |
|---|---|---|
| $2 \cdot 10^{-5}$ | 0 | Hörschwelle |
| $2 \cdot 10^{-4}$ | 20 | Wald bei wenig Wind |
| $2 \cdot 10^{-3}$ | 40 | Bibliothek |
| $2 \cdot 10^{-2}$ | 60 | Büro |
| $2 \cdot 10^{-1}$ | 80 | dicht befahrene Stadtstraße |
| $2 \cdot 10^{0}$ | 100 | Presslufthammer, Sirene |
| $2 \cdot 10^{1}$ | 120 | Start von Düsenflugzeugen |
| $2 \cdot 10^{2}$ | 140 | Schmerzgrenze |

anders vermerkt, ist unter $p$ der Effektivwert des Zeitverlaufes zu verstehen (englisch RMS: root mean square). Die Angabe dB (Dezibel) bedeutet keine Maßeinheit, sie soll auf die Verwendung des logarithmischen Bildungsgesetzes hinweisen. Der Vorfaktor 20 (bzw. 10) in (1.3) ist so gewählt worden, dass 1 dB etwa der Unterschiedsschwelle zwischen zwei Drücken entspricht: Wenn sich zwei Schalle um 1 dB unterscheiden, so empfindet man sie gerade noch als unterschiedlich laut.

Wie man auch der Tab. 1.1 entnehmen kann, ist durch die Pegelzuordnung der 7 Zehnerpotenzen umfassende physikalische Schalldruck auf einer von etwa 0 bis 140 dB reichenden Skala abgebildet worden. In Tab. 1.1 sind auch einige Beispiele für Pegel-Größenordnungen alltäglicher Geräusch-Situationen genannt.

Bemerkenswert ist, dass selbst die mit den größten Pegeln verknüpften Schalldrücke sehr viel kleiner sind als der atmosphärische Gleichdruck von circa $10^5\,\mathrm{N/m^2}$. Der Schalldruck-Effektivwert bei 140 dB beträgt dagegen $200\,\mathrm{N/m^2}$ und damit nur $1/500$ des atmosphärischen Drucks. Der große Vorteil bei der Verwendung von Schallpegeln besteht unbestreitbar darin, dass sie (etwa) ein Maß für die empfundene Lautstärke bilden. Wie fast immer ziehen Vorteile auf der einen Seite Nachteile an anderer Stelle nach sich: Beim Rechnen mit Pegeln muss genauer nachgedacht und ein etwas höherer Aufwand in Kauf genommen werden. Wie groß ist zum Beispiel der Gesamtpegel von mehreren Einzelquellen mit bekannten Einzelpegeln? Die Herleitung des „Pegeladditionsverfahrens" (in dem die Pegel eben gerade NICHT addiert werden), das mit

$$L_{\mathrm{tot}} = 10 \lg \left( \sum_{i=1}^{N} 10^{L_i/10} \right) \tag{1.4}$$

für inkohärente Teilschalle Antwort auf die Frage gibt, ist in Kap. 14 ausführlich geschildert ($N$ = Anzahl der inkohärenten Teilschalle der Teilpegel $L_i$). Beispielsweise geben drei gleichlaute Kraftfahrzeuge den Gesamtpegel

$$L_{\mathrm{tot}} = 10 \lg \left(3 \cdot 10^{L_i/10}\right) = 10 \lg 10^{L_i/10} + 10 \lg 3 = L_i + 4{,}8\,\mathrm{dB}\ ,$$

der um 4,8 dB über dem Einzelpegel liegt (und der nicht etwa 3 mal so groß wie der Einzelpegel ist).

## 1.1 Terz- und Oktav-Filter

In manchen Fällen ist ein hochauflösendes Verfahren zur Bestimmung spektraler Inhalte von Signalen erwünscht. Das ist zum Beispiel der Fall, wenn es sich um Messungen an einem möglicherweise schmalbandigen Resonator handelt, bei dem gerade die Bandbreite des Resonanzgipfels die eigentlich interessierende Messgröße bildet (siehe Abschn. 5.5). Ein solches hochauflösendes Verfahren besteht z. B. in der sehr oft benutzten, sogenannten FFT-Analyse (FFT: Fast Fourier Transform). Sie wird in diesem Buch nicht behandelt, es sei dazu vor allem auf das Werk von Oppenheim und Schafer: Digital Signal Processing (Prentice Hall, Englewood Cliffs New Jersey 1975) verwiesen.

Oft ist auch eine hohe Auflösung weder erwünscht noch erforderlich. Wenn man z. B. einen Eindruck von der Frequenzzusammensetzung von Straßenverkehrsgeräusch oder Schienengeräusch haben möchte, dann ist es sinnvoll, den Frequenzbereich in nicht zu viele Intervalle zu unterteilen. Einzelheiten innerhalb der gröberen Intervalle wären sehr wenig aussagekräftig, sie wären recht zufällig und würden von Messung zu Messung stark streuen. Innerhalb breiterer Frequenzbänder dagegen sind Messungen gut reproduzierbar (vorausgesetzt natürlich, dass sich z. B. die Verkehrsverhältnisse nicht ändern). Auch werden zu messtechnischen Zwecken oft gezielt breitbandige Signale benutzt. Das ist z. B. bei raumakustischen und bauakustischen Messungen der Fall, die durchweg mit (meist weißem) Rauschen als Anregesignal durchgeführt werden. Spektrale Einzelheiten interessieren hier nicht nur nicht mehr, sie würden gewiss darüber hinaus von der eigentlichen Aussagekraft des Messergebnisses eher ablenken.

Die Messung der Frequenzzusammensetzung von Signalen in breiteren Teilbändern wird mit Hilfe von Filtern durchgeführt. Darunter werden elektrische Netzwerke verstanden, die eine angelegte Spannung nur in einem ganz bestimmten Frequenzbereich durchlassen. Das Filter wird gekennzeichnet durch seine Bandbreite $\Delta f$, durch die untere Durchlassgrenze $f_u$ und die obere Durchlassgrenze $f_o$ und durch die Mittenfrequenz $f_m$ (siehe Abb. 1.3). Die Bandbreite ist gleich der Differenz aus $f_o$ und $f_u$, $\Delta f = f_o - f_u$.

In der Akustik werden fast nur Filter mit konstanter relativer Bandbreite benutzt. Bei ihnen ist die Bandbreite proportional zur Mittenfrequenz des Filters, mit wachsender Mittenfrequenz wächst also auch die Bandbreite des Filters an. Die wichtigsten Vertreter von Filtern konstanter relativer Breite sind das Oktavfilter und das Terzfilter. Für alle Filter konstanter relativer Breite gilt

$$f_m = \sqrt{f_u f_o}$$

Damit liegen alle Filter-Kenn-Frequenzen fest, wenn man noch den Quotienten der Bandgrenzen $f_u$ und $f_o$ angibt:

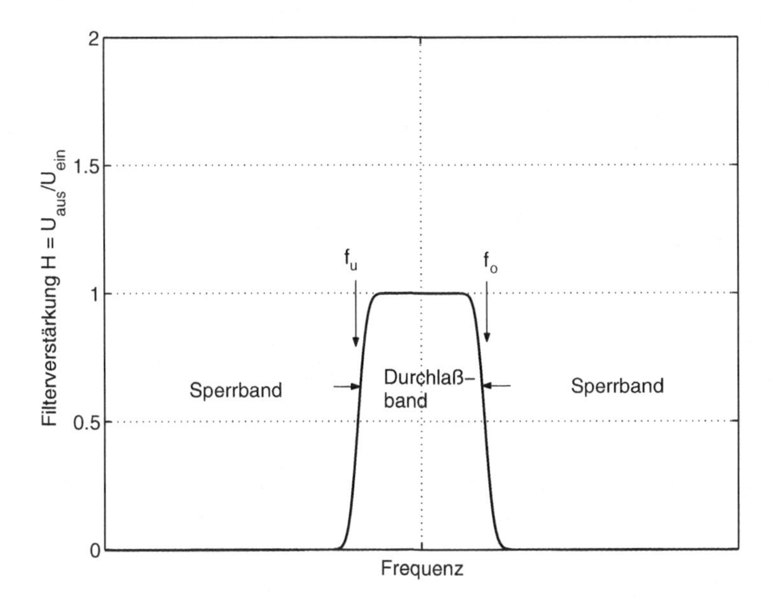


**Abb. 1.3** Prinzipverlauf des Frequenzganges von Filtern (Bandpässen)

*Oktavfilter:*

$$f_o = 2f_u\,,$$

daraus folgt $f_m = \sqrt{2}f_u$ und $\Delta f = f_o - f_u = f_u = f_m/\sqrt{2}$.

*Terzfilter:*

$$f_o = \sqrt[3]{2}f_u = 1{,}26f_u\,.$$

Damit ist

$$f_m = \sqrt[6]{2}f_u = 1{,}12f_u \quad \text{und} \quad \Delta f = 0{,}26f_u\,.$$

Man bezeichnet Terzen auch als Drittel-Oktaven, weil drei sich nicht überschneidende Terzen, die nebeneinander liegen, eine Oktave ausmachen ($\sqrt[3]{2}\sqrt[3]{2}\sqrt[3]{2} = 2$). Die Bandgrenzen und die Mittenfrequenzen der Terzen und Oktaven sind in den Normblättern DIN 45 651 und 45 652 festgelegt.

Bei der Pegel-Messung wird immer angegeben, mit welchen Filtern die Messung durchgeführt wurde. Da bei der Messung mit (den breiteren) Oktavfiltern mehr Frequenzanteile durchgelassen werden als bei (den schmaleren) Terzfiltern, liegen die Oktavpegel stets höher als die Terzpegel. Der Vorteil bei der Messung der Terzpegel besteht in der höheren Auflösung (mehr Messpunkte im gleichen Frequenzbereich) des Spektrums. Natürlich kann man aus den gemessenen Terzpegeln die zugehörigen Oktavpegel mit Hilfe des Gesetzes (1.4) berechnen. Ebenso lassen sich aus den Terz- oder Oktavpegeln die zu breiteren Frequenzintervallen gehörenden Pegel mit Hilfe der Pegeladdition (1.4) berechnen. Beispielsweise wird häufig der (unbewertete) Linearpegel angegeben. Er enthält alle Frequenzanteile zwischen 16 Hz und 20 kHz. Er wird entweder direkt mit einem entsprechenden Filter gemessen, oder er kann aus den im Band liegenden Terz- oder Oktavpegeln bestimmt werden (im Fall der Umrechnung aus Oktavpegeln wäre $N = 11$, und die Mittenfrequenzen der Filter durchlaufen die Werte 16 Hz, 31,5 Hz, 63 Hz, 125 Hz, 250 Hz, 500 Hz, 1 kHz, 2 kHz, 4 kHz, 8 kHz und 16 kHz). Der Linearpegel ist stets größer als alle Teilpegel, aus denen er berechnet wird.

## 1.2 Die Hörfläche

Sehr häufig wird bei akustischen Messungen ein anderer Einzahl-Wert, der sogenannte „A-bewertete Schalldruckpegel“ angegeben. Da das zugehörige Messverfahren in etwa die Empfindlichkeit des menschlichen Ohres nachbildet, seien zunächst einige wenige Grundtatsachen über den Frequenzgang der Ohrempfindlichkeit geschildert.

Die Ohrempfindlichkeit hängt von der Tonhöhe ab. In Abb. 1.4 ist diese durch Hörversuche gefundene Frequenzabhängigkeit dargestellt. Eingetragen in das Schalldruckpegel-Frequenzdiagramm sind die Kurven gleicher Lautstärke-Wahrnehmung. Man kann sich zum Beispiel vorstellen, dass die Kurven gleicher Lautstärke-Wahrnehmung folgendermaßen entstanden sind. Einer Versuchsperson wird abwechselnd eine Frequenz von 1 kHz mit einem bestimmten Pegel und eine zweite Frequenz dargeboten mit der Maßgabe, die empfundene Lautstärke der zweiten Frequenz so selbst am Regler einzustellen, dass beide Schalle als gleich laut empfunden werden. Durch Variation der zweiten Frequenz entsteht die Kurve gleicher Lautstärke, die man einfacherweise durch den Pegel des 1 kHz-Tones

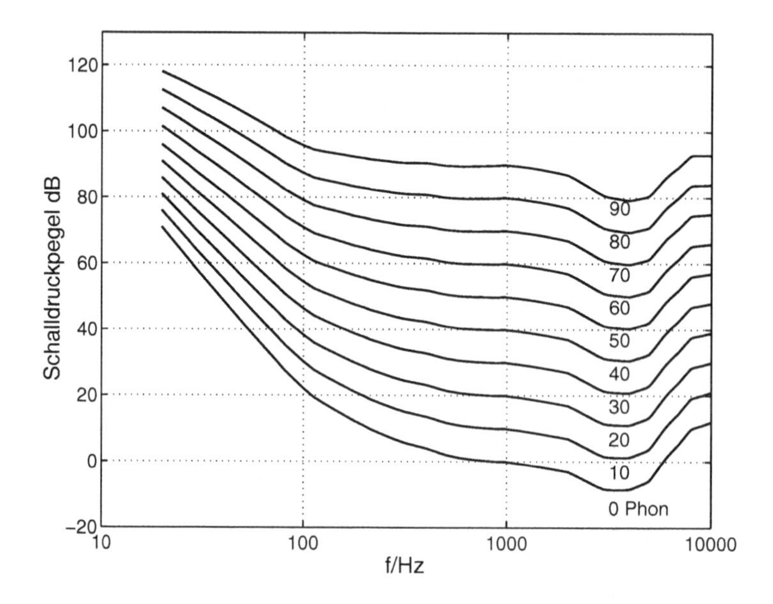


**Abb. 1.4** Linien gleicher Lautstärke-Wahrnehmung

bezeichnet. Durch Änderung des 1 kHz-Pegels entsteht eine Kurvenschar, die Hörfläche genannt wird. Zum Beispiel sagt sie aus, dass man einen 100 Hz Ton von etwa 70 dB tatsächlichem Schalldruckpegel und einen 1000 Hz Ton von 60 dB tatsächlichem Schalldruckpegel als gleich laut empfindet, etc. Wie man sieht, ist das Ohr im mittleren Frequenzbereich viel empfindlicher als bei den sehr hohen oder sehr tiefen Frequenzen. Seit einiger Zeit sind die Kurven gleicher Lautstärke-Wahrnehmung erneut in die Diskussion geraten weil sich herausgestellt hat, dass Messmethoden und Messbedingungen nicht ohne Einfluss auf das Ergebnis sind.

## 1.3 Die A-Bewertung

Wie man schon an der Hörfläche erkennen kann, ist der Zusammenhang zwischen den objektiven Größen Schalldruck bzw. Schalldruckpegel und der subjektiven Größe Lautstärke in Wirklichkeit sehr kompliziert. Zum Beispiel ist der Frequenzgang der Ohrempfindlichkeit stark vom Pegel abhängig, die Kurven mit hohem Pegel haben einen deutlich flacheren Verlauf als die mit den kleineren Pegeln. Auch hängt die subjektive Wahrnehmung „Lautstärke“ nicht nur von der Frequenz, sondern auch von der Bandbreite des Schallereignisses ab. Würde man versuchen, eine Messtechnik so zu entwickeln, dass alle Ohreigenschaften dabei berücksichtigt würden, so wäre das nur mit sehr großem Aufwand zu realisieren.

National und international wird mit einem frequenzbewerteten Schallpegel gearbeitet, der auf die Grundtatsachen der Ohrempfindlichkeit wenigstens in etwa Rücksicht nimmt, dabei aber noch mit vergleichsweise einfachem Aufwand bestimmt werden kann. Dieser sogenannte „A-bewertete Schallpegel“ enthält alle Frequenzanteile des Hörbereichs. Praktisch wird der dB(A)-Wert mit Hilfe des A-Filters gemessen, dessen Frequenzgang in Abb. 1.5 mit wiedergegeben ist. Die A-Filterkurve stellt in etwa die Umkehrung der Kurve gleicher Lautstärke mit dem Pegelwert von 30 dB bei 1 kHz dar. Wie man erkennt, haben die tiefen und die sehr hohen Frequenzen einen wesentlich geringeren Anteil am dB(A)-Wert als die mittleren Frequenzen. Natürlich kann man den A-bewerteten Pegel auch aus den gemessenen Terzpegeln bestimmen. Zu den Terzpegeln werden die in Abb. 1.5 angegebenen Pegelwerte addiert, und danach wird nach dem Gesetz der Pegeladdition (1.4) der Gesamtpegel – nun in dB(A) – berechnet:

$$L(\mathrm{A}) = 10 \lg \left( \sum_{i=1}^{N} 10^{(L_i + \Delta_i)/10} \right) \tag{1.5}$$

Dabei sind die Abschwächfaktoren $\Delta_i$ der Abb. 1.5 zu entnehmen. Sie können in DIN 45 633 nachgelesen werden. Teilweise sind die Faktoren $\Delta_i$ auch in der Übungsaufgabe 1.2 zu diesem Kapitel genannt.

Abbildung 1.6 gibt ein praktisches Beispiel für die genannten Pegel-Größen anhand eines Signals, das in weißem Rauschen besteht. Die Terzpegel, der unbewertete Gesamtpegel ($L_{\mathrm{in}}$) und der A-bewertete Gesamtpegel (A) sind bestimmt worden. Wie man, sieht

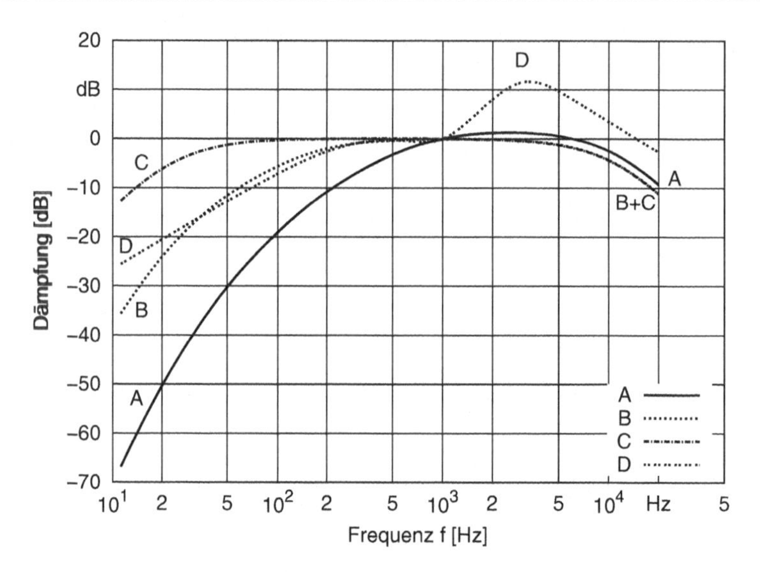


**Abb. 1.5** A-, B-, C- und D-Filterkurven

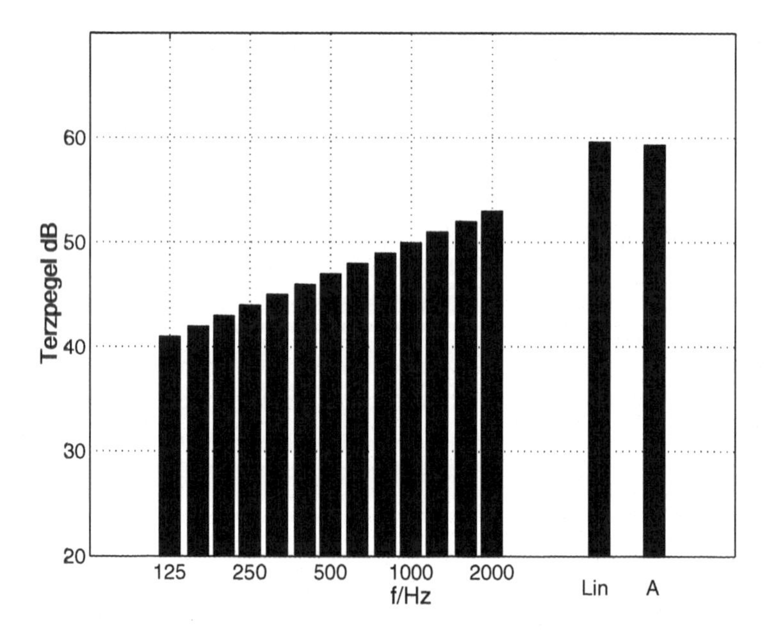


**Abb. 1.6** Terzpegel, unbewerteter und A-bewerteter Pegel von bandbegrenztem weißem Rauschen

nimmt der Terzpegel bei weißem Rauschen mit wachsender Frequenz um 1 dB von Terz zu Terz zu. Der lineare (unbewertete) Gesamtpegel ist größer als jeder Terzpegel, der A-bewertete Pegel liegt hier nur wenig unter dem unbewerteten Gesamtpegel (zu weißem Rauschen siehe auch Übungsaufgabe 1.3).

Für spezielle Geräusche werden in Ausnahmefällen (insbesondere bei Fahrzeugen, beim Flugverkehr und beim Schießlärm) mittlerweile auch andere Bewertungen (B, C und D) benutzt (siehe auch Abb. 1.5). Gesetzliche Regelungen dagegen stellen bis heute auf den dB(A)-Wert ab.

Linear gebildeten Einzahlwerten – welches Filter zu ihrer Herstellung auch immer benutzt worden sein mag – haftet immer etwas Problematisches an, weil in ihnen teils erhebliche Wahrnehmungs-Unterschiede nicht zum Vorschein kommen. Zum Beispiel werden durch die A-Bewertung tieffrequente und laute Geräusche viel stärker abgeschwächt als durch die tatsächliche Wahrnehmung (siehe Abb. 1.4). Die A-Kurve reduziert Geräusche im oberen Pegelbereich der Hörfläche weit mehr als das Ohr, nur im unteren Pegelbereich stimmen A- und Ohr-Bewertung auch wirklich etwa überein. Keine einfache Frequenzbewertung kann die daraus möglicherweise entstehenden Ungerechtigkeiten wirklich beheben. Auch sind einfach verständliche und leicht anwendbare Bewertungsverfahren unverzichtbar.

## 1.4 Zeitlich veränderliche Geräusche

Bei gleichbleibenden, stationären Geräuschen (z. B. von einem Motor mit konstanter Drehzahl, einem Staubsauger oder dergleichen) ist die Feststellung des Pegels recht einfach. Wegen der Gleichförmigkeit des Geräusches genügt die Angabe des A-Pegels (oder der Terzpegel, falls gewünscht).

Wie aber bemisst man intermittierende Signale, wie Sprache, Musik und Verkehrslärm? Natürlich ließe sich einfach der Pegel-Zeitverlauf aufschreiben, aber das genügt nicht: Es sollen die verschiedensten Geräusch-Situationen (z. B. in zwei verschiedenen Straßen) als Ganzes möglichst einfach auch quantitativ miteinander verglichen werden, und das ist anhand der Zeitverläufe gewiss sehr schwierig. Um einfache Vergleichszahlen zu bekommen müssen Mittelwerte über eine geeignete, der Geräusch-Situation angemessene Mittelungszeit gebildet werden.

Am gebräuchlichsten (und einfachsten) ist der sogenannte ‚Energie-äquivalente Dauerschallpegel' $L_{eq}$. Er beruht auf dem Schalldruckquadrat im (langen) zeitlichen Mittel:

$$L_{eq} = 10 \lg \left( \frac{1}{T} \int_0^T \frac{p_{eff}^2(t)}{p_0^2} \, dt \right) = 10 \lg \left( \frac{1}{T} \int_0^T 10^{L(t)/10} \, dt \right) \tag{1.6}$$

($p_0 = 20 \cdot 10^{-6}\,\mathrm{N/m^2}$). Darin bedeutet $p_{eff}(t)$ den Zeitverlauf des Effektivwertes und $L(t) = 10 \lg(p_{eff}(t)/p_0)^2$ den Pegel-Zeitverlauf. Das Quadrat eines Signal-Zeitverlaufes bezeichnet man auch als ‚Signalenergie', der Energie-äquivalente Dauerschallpegel gibt so gesehen die mittlere Signalenergie an; daraus erklärt sich die etwas voluminöse Namensgebung. Das Schalldrucksignal kann dabei nach einem A-Filter (oder nach Terzfilterung etc.) gewonnen worden sein, dann handelt es sich eben um den A-bewerteten Energie-äquivalenten Pegel (etc.).

Je nach Bedarf und Anwendung werden unterschiedlichste Integrationszeiten $T$ zwischen einigen Sekunden oder Minuten bis hin zu Stunden verwendet. Regelwerke (wie die TA-Lärm) definieren Grenzwerte durch den $L_{eq}$, der für gewisse, mehrere Stunden umfassende Bezugszeiträume bestimmt wird. So umfasst z. B. der Bezugszeitraum ‚nachts' meist die Zeit von 22 bis 6 Uhr, also 8 Stunden. Bei Messungen wird oft zunächst eine sehr viel kleinere Mittelungszeit benutzt, um den Einfluss von Hintergrund-Geräuschen gering zu halten. Aus der Anzahl der Ereignisse wird dann auf den $L_{eq}$, bezogen auf eine viel längere Zeit, geschlossen. Sei beispielsweise der $L_{eq}$ von einer S-Bahn-Strecke neben einer Straße zu überprüfen. Dann misst man zunächst den Energie-äquivalenten Dauerschallpegel für eine Mittelungsdauer, die ungefähr einer einzelnen Vorbeifahrt entspricht, z. B. also den auf 30 s bezogenen $L_{eq}(30\,\text{s})$. Angenommen, die Bahn fahre (pausenlos) im 5-Minuten-Takt: dann ergibt sich der Langzeit-$L_{eq}$ (bezogen auf mehrere Stunden, z. B. für die Bezugszeiträume ‚tags' oder ‚nachts') einfach aus $L_{eq}(\text{lang}) = L_{eq}(30\,\text{s}) - 10\lg(5\,\text{min}/30\,\text{s}) = L_{eq}(30\,\text{s}) - 10\,\text{dB}$.

Die Verwendung von Mittelwerten ist z. B. für die Festlegung und Überprüfung von Grenzwerten oft sinnvoll und übrigens auch unerlässlich. Andererseits verwischen Mittelwerte – wie ja gerade von ihnen gefordert – Einzelheiten in der zeitlichen Struktur und schildern sehr ungleiche Situationen unter Umständen im gleichen Licht. Es kann durchaus sein, dass die einmal pro Stunde erfolgende Vorbeifahrt eines Hochgeschwindigkeitszuges und das Dauergeräusch einer dicht befahrenen Straße ähnlich große $L_{eq}$ in langen Bezugszeiträumen besitzen. Wirken beide Quellen zusammen, so kann die eine der beiden Quellen unter Umständen im $L_{eq}$ sogar fast nicht in Erscheinung treten (siehe auch Übungsaufgabe 1.5).

Der Energie-äquivalente Dauerschallpegel bildet nur das einfachste Mittel zur Charakterisierung von zeitlich intermittierenden Schallen. Statistische Aussagen über das Auftreten von Schallpegeln lassen sich gewinnen mit Hilfe der sogenannten Summenhäufigkeitspegel, die mit dem Takt-Maximal-Verfahren ermittelt werden.

## 1.5 Zusammenfassung

Die Wahrnehmung von Schall gehorcht einem relativen Gesetz: Änderungen werden als gleich empfunden, wenn der Reiz um einen gewissen Prozentsatz vergrößert wird. Das Weber-Fechner-Gesetz, nach dem die Empfindung proportional zum Logarithmus des Reizes ist, stellt eine Schlussfolgerung aus dieser Tatsache dar. Die physikalischen Schalldrücke werden deshalb nach Logarithmieren durch Pegel mit der ‚Pseudoeinheit' Dezibel (dB) ausgedrückt. Die etwa 7 Zehnerpotenzen umfassende, für den Menschen relevante Schalldruck-Skala wird dadurch auf eine übersichtliche Pegelskala von etwa 0 dB (Hörschwelle) bis etwa 140 dB (Schmerzgrenze) abgebildet. Um auch den Frequenzgang des Hörens wenigstens grob zu berücksichtigen, benutzt man die A-Bewertung. Die mit A-Filterung bestimmten Pegel werden in der Pseudoeinheit dB(A) angegeben.

Für zeitlich intermittierende Schalle benutzt man zur Quantifizierung zeitliche Mittelwerte, insbesondere wird der sogenannte ‚Energie-äquivalente Dauerschallpegel' verwendet.

## 1.6 Literaturhinweise

Eine Einführung in die Sinneswahrnehmung bietet das Buch von Rainer Guski: Wahrnehmen – ein Lehrbuch (Kohlhammer Verlag, Stuttgart 1996). Ein auch physiologisch orientiertes Werk (es enthält u. a. auch die Darstellung der Gehör-Anatomie und der Reizleitung) ist „Hearing – an Introduction to Psychological and Physiological Acoustics" von Stanley A. Gelfand (Marcel Dekker, New York 1998).

## 1.7 Übungsaufgaben

**Aufgabe 1.1**
An einem Immissionsort herrscht bereits ein A-bewerteter Schalldruckpegel von 50 dB(A) aus dem Schalleintrag einer benachbarten Fabrik. Nun soll in 50 m Entfernung zum Immissionsort noch eine Pumpe errichtet werden. Welchen A-Pegel darf die Pumpe höchstens am Immissionsort alleine erzeugen, damit der Gesamtpegel die Grenze von 55 dB(A) nicht überschreitet?

**Aufgabe 1.2**
Ein Geräusch enthalte nur die in der Tabelle genannten Frequenzbestandteile.

| $f$/Hz | $L_{\text{Terz}}$/dB | $\Delta_i$/dB |
|---|---|---|
| 400 | 78 | −4,8 |
| 500 | 76 | −3,2 |
| 630 | 74 | −1,9 |
| 800 | 75 | −0,8 |
| 1000 | 74 | 0 |
| 1250 | 73 | 0,6 |

Man bestimme

- die beiden unbewerteten Oktavpegel,
- den unbewerteten Gesamtpegel und
- den A-bewerteten Gesamtpegel.

Die benötigte A-Bewertung ist in der letzten Spalte der Tabelle angegeben.

**Aufgabe 1.3**
Ein Geräusch, das aus sogenanntem weißem Rauschen besteht, lässt sich dadurch definieren, dass der Terzpegel von Terz zu Terz (aufsteigend) um 1 dB anwächst (siehe auch Abb. 1.6). Um wieviel steigen dann die Oktavpegel von Oktav zu Oktav? Um wieviel größer ist der Gesamtpegel gegenüber dem kleinsten Terzpegel, wenn $N$ Terzen im Geräusch enthalten sind? Man gebe den Zahlenwert für $N = 10$ an.

**Aufgabe 1.4**
Ein Geräusch, das aus sogenanntem rosa Rauschen besteht, lässt sich dadurch definieren, dass die Terzpegel für alle enthaltenen Terzen gleich sind. Um wieviel steigen dann die Oktavpegel von Oktav zu Oktav, und wie groß sind sie? Um wieviel größer ist der Gesamtpegel, wenn $N$ Terzen im Geräusch enthalten sind? Man gebe den Zahlenwert für $N = 10$ an.

**Aufgabe 1.5**
An einem Immissionsort neben einer Straße wird der Energie-äquivalente Dauerschallpegel für den Bezugszeitraum ‚tags' (16 Stunden) ein Wert von 55 dB(A) festgestellt. Daneben wird eine neue Hochgeschwindigkeits-Strecke für die Bahn gebaut. Der auf 2 min bezogene $L_{eq}$ einer Zugvorbeifahrt beträgt 75 dB(A). Die Eisenbahn verkehrt alle 2 Stunden.

Wie groß ist der Energie-äquivalente Dauerschallpegel bezogen auf den langen Zeitraum ‚tags'

a) vom Zug alleine und
b) von beiden Quellen gemeinsam?

**Aufgabe 1.6**
Eine S-Bahn verkehre tagsüber von 6 bis 22 Uhr alle 5 Minuten und nachts von 22 bis 2 Uhr alle 20 Minuten (von 2 bis 6 Uhr sei Betriebspause ohne Zugverkehr). Eine einzelne Zugvorbeifahrt dauert 30 s, für diese Zeitdauer wird ein Schallpegel von $L_{eq}(30\,\text{s}) = 78\,\text{dB(A)}$ gemessen. Wie groß ist der Energie-äquivalente Dauerschallpegel für die Bezugszeiträume ‚tags' und ‚nachts'?

**Aufgabe 1.7**
Die Messung des Schalldruckpegels $L$ eines interessierenden Vorganges (z. B. der Emission von einer S-Bahn wie in der vorigen Aufgabe) kann – den Umständen entsprechend – nur bei vorhandenem Hintergrundgeräusch (z. B. von einer Straße) durchgeführt werden. Angenommen, das Hintergrundgeräusch besitze einen um $\Delta L$ kleineren Pegel als der zu messende Vorgang: Wie groß ist dann der tatsächlich gemessene Gesamtpegel? Man gebe die allgemeine Gleichung für den Messfehler an und die Zahlenwerte für $\Delta L = 6\,\text{dB}$, $\Delta L = 10\,\text{dB}$ und $\Delta L = 20\,\text{dB}$.

**Aufgabe 1.8**
Wie in Aufgabe 1.7 wird ein Messwert in Gegenwart eines Störgeräusches bestimmt. Wie groß muss der Störabstand sein, damit der Messfehler 0,1 dB beträgt?

**Aufgabe 1.9**
Manchmal, in eher seltenen Fällen werden noch feinere Auflösungen als Terzen bei Filtern mit relativer konstanter Bandbreite, sogenannte ‚Sechstel-Oktaven' benutzt. Man nenne die Gleichungen für

- die Folge der Mittenfrequenzen,
- die Bandbreite und
- die Bandgrenzen.

**Aufgabe 1.10**
In einer Berechnung, in der die drei zu einer Oktave gehörenden Terzpegel und der Oktavpegel genannt sind, erscheint dem Betrachter einer der Terzpegel zweifelhaft zu sein. Wie kann er den Zahlenwert prüfen, wenn er davon ausgeht, dass alle anderen drei Werte stimmen?

# 2 Grundbegriffe der Wellenausbreitung

Die wichtigsten qualitativen Aussagen über die Ausbreitung von Schall kann man im Grunde der Alltagserfahrung entnehmen. Wenn man kurzzeitige, öfter wiederholte Vorgänge beobachtet (z. B. ein Kind, das mit einem Ball rhythmisch auf den Boden schlägt, Hammerschläge an einem Bau, u. v. m.), dann stellt man leicht fest, dass zwischen der optischen Wahrnehmung und der Ankunft des akustischen Signals eine Zeitverzögerung liegt, die um so größer ist, je größer der Abstand des Beobachters von der Quelle ist. Wenn man davon absieht,

- dass sich der Schall natürlich mit wachsender Entfernung zur Quelle abschwächt,
- dass Schallquellen Richtwirkungen haben können und
- dass z. B. auch Echos durch große Reflektoren (Hauswände) gebildet werden, oder, allgemeiner, wenn man von der „akustischen Umgebung“ (Erdboden, Bäume, Sträucher, etc.) abstrahiert,

dann kann man feststellen, dass in der unterschiedlichen Zeitverzögerung für verschiedene Beobachtungsabstände auch schon der einzige Unterschied liegt: Insbesondere hören sich die Schallsignale in jedem Beobachtungspunkt gleich an, sie haben die gleiche Frequenzzusammensetzung. Schallfelder (in Gasen) verändern bei der Ausbreitung ihre Signalgestalt also im Prinzip nicht. Weil die Signalgestalt beim Wellentransport nicht „auseinander läuft“, nennt man die Ausbreitung auch „nicht dispersiv“ (Dispersion = auseinander laufen). Im Unterschied zum Schall in Gasen ist zum Beispiel die Biegewellenausbreitung auf Stäben und Platten dispersiv (siehe Kap. 4). Es ist also keineswegs selbstverständlich, dass Schwingungsfelder ihren Zeitverlauf beim Transportvorgang nicht verändern. Im Gegenteil ist die nicht-dispersive Luftschallausbreitung nicht nur vom physikalischen Standpunkt etwas Besonderes: Man stelle sich nur vor, man würde in unterschiedlichen Abständen von einer Quelle auch ganz unterschiedlich zusammengesetzte Schalle wahrnehmen, Sprachkommunikation wäre dann gewiss fast unmöglich.



M. Möser, *Technische Akustik*, VDI-Buch, DOI 10.1007/978-3-662-47704-5_2

Dieses Kapitel versucht, die genannten physikalischen Sachverhalte bei der Schallausbreitung in Gasen zu beschreiben und zu erklären. Es ist gewiss vernünftig, zunächst einmal Klarheit zu schaffen über die zur Schallfeldbeschreibung erforderlichen physikalischen Größen und ihre grundsätzlichen Zusammenhänge. Gleichzeitig lassen sich dabei die notwendigen Grundkenntnisse über die Thermodynamik von Gasen auffrischen, wobei stillschweigend im folgenden ideale Gase vorausgesetzt werden. Die experimentelle Erfahrung begründet diese Annahme für Luftschall im Hörfrequenzbereich mit sehr hoher Genauigkeit.

## 2.1 Thermodynamik von Schallfeldern in Gasen

In diesem Abschnitt werden zunächst die (für Schallereignisse wichtigen) Grundlagen über die physikalischen Eigenschaften von Gasen und ihren Zuständen behandelt. Die hier vermittelten Inhalte könnten natürlich auch in einem Physik-Lehrbuch nachgeschlagen werden. Weil sich der Autor dieses Buches jedoch der Herleitung von den Grundlagen her verpflichtet fühlt, beginnt dieses Kapitel zunächst mit einem Repetitorium zur Physik der Gase, soweit für Schallereignisse erforderlich.

Schallfelder sind quasi ‚in die Gase eingebettet', und das macht nicht nur die Behandlung der Gase selbst, sondern darüber hinaus auch die Betrachtung der ‚Einbettung' erforderlich, die in dem dann folgenden Abschnitt gegeben wird.

### 2.1.1 Zustandsgleichungen der Gase

Wenn man zunächst von einer festen, gegebenen Gasmasse $M$ ausgeht, dann würde man ihren physikalischen Zustand beschreiben durch

- das Volumen $V_G$, das sie einnimmt,
- ihre Dichte $\varrho_G$,
- den Druck $p_G$ in ihr und durch
- ihre Temperatur $T_G$.

Für (Gedanken-)Experimente mit kleinen, festen Gasmassen, die man zum Beispiel in Behältnisse mit innen ortsunabhängig konstantem Druck und konstanter Dichte einsperrt, ist vielleicht die Zustandsbeschreibung durch das Volumen, die Temperatur und den Druck am anschaulichsten; die Dichte $\varrho_G = M/V_G$ erscheint dann als eine redundante Größe, die sich aus dem Volumen ergibt. Bei der Betrachtung von großen (sogar unendlich großen) Massen und Volumina, wie sie bei Schallfeldern interessieren, ist dagegen die Zustandsbeschreibung durch Druck, Dichte und Temperatur angemessen. Weil jedoch – wie erwähnt – hier auch die Anfangsgründe der Thermodynamik in Gasen aufgefrischt werden sollen, basieren die folgenden Überlegungen manchmal auf Gedanken-Experimenten mit festen Gasmassen. Die dabei herausgearbeiteten Erkenntnisse werden dann in geeigneter Weise auf die bei Schallfeldern interessierenden Größen übertragen.

Natürlich stellt sich nun die Frage, in welchem Zusammenhang die genannten Zustandsgrößen stehen. Die Erwartungen, die man vernünftigerweise an eine feste Gasmasse (die beispielsweise in einem Gefäß mit veränderlichem Volumen untergebracht ist) richten wird, lassen sich etwa so beschreiben:

- Aufheizen des Gases wird bei konstantem Volumen eine Druckerhöhung $p_G \sim T_G$ nach sich ziehen und
- der Druck im Gas ist umgekehrt proportional zu seinem Volumen, $p_G \sim 1/V_G$.

Stellt man weiter in Rechnung,

- dass eine vergrößerte Masse (bei konstantem Druck und bei konstanter Temperatur) auch einen größeren Platzbedarf besitzt und
- dass der von einem Stoff größerer Dichte benötigte Platz kleiner ist als bei einem Stoff mit geringerer Dichte

dann lassen sich alle diese Aussagen in der sogenannten Boyle-Mariotte-Gleichung zusammenfassen. Sie lautet

$$p_G V_G = \frac{M}{M_{mol}} R T_G \,. \tag{2.1}$$

Dabei ist unter $M_{mol}$ eine Materialkonstante, nämlich die sogenannte „molare Masse“, zu verstehen. $M_{mol}$ bezeichnet das „Molekulargewicht in Gramm“ des betreffenden Stoffes. Zum Beispiel ist (siehe das Periodensystem der Elemente) $M_{mol}(N_2) = 28\,\text{g}$ und $M_{mol}(O_2) = 32\,\text{g}$, daraus ergibt sich $M_{mol}(\text{Luft}) = 28{,}8\,\text{g}$ (bekanntlich besteht die Luft zu etwa 20 % aus Sauerstoff und zu etwa 80 % aus Stickstoff). $R = 8{,}314\,\text{N m/K}$ (K = Kelvin = Maßeinheit der absoluten Temperatur, $0\,°\text{C} = 273\,\text{K}$) ist die allgemeine Gaskonstante.

Wie schon gesagt benutzt man bei der Beschreibung von Schallfeldern die Dichte statt des Volumens, für „akustische Zwecke“ wird deshalb (2.1) in

$$p_G = \frac{R}{M_{mol}} \varrho_G T_G \tag{2.2}$$

umgeformt.

Eine grafische Darstellung von (2.2) kann leicht anhand von Isothermen gegeben werden, Kurven $T_G = \text{const.}$ sind einfach Geraden in der $p_G$-$\varrho_G$-Ebene (siehe Abb. 2.1).

Zur Beschreibung des Pfades, den die drei Zustandsgrößen in der von den Isothermen gebildeten Kennlinienschar tatsächlich durchlaufen, benötigt man noch eine zweite Information. In der Tat drückt die Boyle-Mariotte-Gleichung noch nicht vollständig aus, wie sich eine (z. B. gezielt im Experiment vorgenommene) Änderung einer Größe auf die anderen Größen auswirkt. Verringert man zum Beispiel das Volumen eines Gases (durch

Eindrücken eines Kolbens in ein Gefäß etwa), dann kann sich das ja sowohl in einer Änderung des Drucks ebenso wie in der Änderung der Temperatur auswirken. Darüber gibt die Boyle-Mariotte-Gleichung noch keine detaillierte Auskunft, sie besagt lediglich, dass der Quotient dieser beiden Größen verändert wird. Man muss also zusätzliche Beobachtungen anstellen, um Aufschluss zu erhalten.

Die Erfahrung lehrt nun, dass die Geschwindigkeit, mit der Verdichtungsvorgänge vorgenommen werden, und die Umgebung, in der sie stattfinden, ausschlaggebende Bedeutung besitzen. Wird die genannte Verdichtung eines Gases in einem Kolben nämlich sehr rasch (oder in einer nicht wärmeleitenden, isolierten Umgebung wie etwa einer Thermosflasche) durchgeführt, dann kann man beobachten, dass die Temperatur im Gas steigt. Diese Tatsache lässt sich durch einen einfachen Versuch belegen: der Temperaturfühler in einem Gas, das in einem Kolbengefäß eingesperrt ist, zeigt eine erhöhte Temperatur nach rascher Kompression des Gases durch Eindrücken des Kolbens; ein Versuch, den man leicht z. B. mit Hilfe einer unten verschlossenen Luftpumpe und einem innenliegenden Temperaturfühler veranstalten kann. Kehrt der frei bewegliche Kolben danach durch Druckausgleich bei losgelassenem Kolben wieder in die Ruhelage zurück, dann stellt sich auch wieder die Ruhe-Temperatur ein: der Prozess ist offenbar reversibel. Weil ja nun Wärmeleitungsvorgänge sehr langsamer Natur sind und lange Zeit benötigen (und in der isolierten Umgebung ja sogar ausgeschlossen sind), kann die beobachtete Temperaturerhöhung nicht durch Wärmeenergieaufnahme von außen zustande gekommen sein. Die Temperaturänderung ist demnach ausschließlich das Resultat des Verdichtungsvorgangs selbst. Nur wenn man die Volumenänderung des Gases so langsam und in einer gut Wärme leitenden Umgebung vornimmt, dass es dabei zu einem Temperaturausgleich zwischen innen und außen kommen kann, lässt sich die Innentemperatur auch konstant halten. Mit anderen Worten: Gerade für isotherme Verdichtungen ist der Prozess der Wärmeleitung eine entscheidende Voraussetzung, denn nur durch Wärmeleitung werden Kompressions-Vorgänge mit gleichbleibender Temperatur überhaupt erst möglich. Umgekehrt führen rasche Verdichtungen ohne Wärmefluss von außen zu Temperaturänderungen des Gases. Man kann also ein Gas (im Sinne einer Temperaturänderung) ‚erwärmen' durch rasche Druckänderung gerade OHNE Wärmezufuhr! Die darin enthaltene, denkbare Konfusion löst sich leicht auf, wenn man bedenkt, dass ‚Temperatur' eine Zustandsgröße, ‚Wärme' dagegen eine Energie meint.

Wie gesagt ist die Wärmeleitung ein sich nur langsam vollziehender Vorgang, isotherme Ausgleichsvorgänge benötigen also lange Zeit. Schallfelder dagegen unterliegen (von den tiefsten Frequenzen abgesehen) sehr raschen zeitlichen Wechseln. Man kann deshalb nur annehmen, dass sich Schallvorgänge ohne Beteiligung der Wärmeleitung im Gas abspielen. Anders ausgedrückt, aber inhaltsgleich: Für Schallfelder kann man (fast) immer von Gasen ohne Wärmeleitfähigkeit ausgehen, Wärmetransportvorgänge spielen keine Rolle. Solche Zustandsänderungen in einem Gas, das keine Wärmeleitfähigkeit besitzt, heißen „adiabatisch". Die Tatsache, dass Schallvorgänge adiabatischer Natur sind, bedeutet natürlich auch, dass sie nicht gleichzeitig isotherm ablaufen können, denn dann wären sie ja gerade an Wärmeleitung gebunden. Notwendigerweise muss die Gastempera-

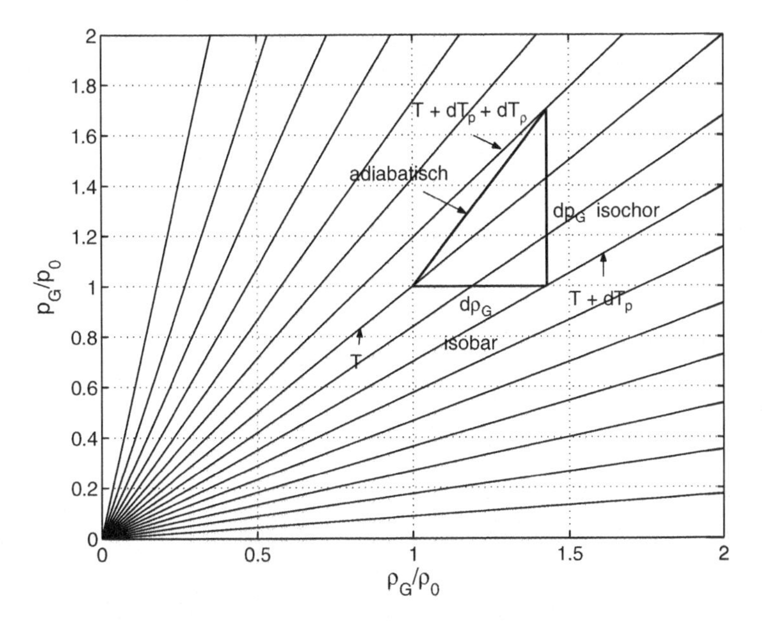


**Abb. 2.1** Isothermen mit Zusammensetzung der adiabatischen Verdichtung aus einem isobaren und einem isochoren Teilschritt ($p_0$ und $\varrho_0$ sind beliebige Skalierungskonstanten, z. B. Ruhedruck und Ruhedichte)

tur deshalb ebenso wie Druck und Dichte bei Schallereignissen zeitlichen (und örtlichen) Wechseln unterliegen. Etwas später wird noch gezeigt werden, dass alle drei Größen sogar stets den gleichen Orts- und Zeitverlauf besitzen, von Skalierungskonstanten natürlich abgesehen.

Für die adiabatische Zustandsgleichung ließe sich hier wohl auch auf die Literatur verweisen. Weil die Herleitung aber weder besonders schwierig noch sehr umfangreich ist, sei sie hier dennoch angegeben. Der Ausgangspunkt der Betrachtung besteht einfach darin, dass man sich den insgesamt ohne Netto-Wärmeenergieaufnahme vollziehenden adiabatischen Prozess zusammengesetzt vorstellt aus einem Schritt mit konstanter Dichte und einem Schritt mit konstantem Druck (siehe auch Abb. 2.1). Von allen Änderungen sei angenommen, dass sie infinitesimal klein sind. Mit den Teilschritten gehen dabei zwangsläufig die Temperaturänderungen $\mathrm{d}T_p$ (für $p_G = \text{const.}$) und $\mathrm{d}T_\varrho$ (für $\varrho_G = \text{const.}$) einher. Für beide Teilschritte treten natürlich auch Wärmeflüsse auf, denn nur das adiabatische Ganze kommt ohne Nettowärmefluss aus. Um die adiabatische Gesamtänderung zusammenzusetzen, müssen die Teil-Wärmeaufnahmen in ihrer Summe gerade Null ergeben:

$$\mathrm{d}E_p = -\mathrm{d}E_\varrho \,. \tag{2.3}$$

Beim isobaren Teilschritt wird die Wärmemenge

$$\mathrm{d}E_p = M c_p \mathrm{d}T_p \tag{2.4}$$

aufgenommen ($c_p$ = spezifische Wärme bei konstantem Druck). Beim isochoren Teilschritt ($\varrho$ = const. und $V$ = const. sind bei fester Masse aussagegleich) wird

$$\mathrm{d}E_\varrho = Mc_V \mathrm{d}T_\varrho \tag{2.5}$$

aufgenommen ($c_V$ = spezifische Wärme bei konstantem Volumen). Für den durch (2.3) definierten adiabatischen Vorgang ist also

$$\frac{\mathrm{d}T_\varrho}{\mathrm{d}T_p} = -\kappa \tag{2.6}$$

mit

$$\kappa = \frac{c_p}{c_V} . \tag{2.7}$$

Für die in der Akustik fast ausschließlich interessierenden zweiatomigen Gase beträgt $\kappa = 1{,}4$, wie sich übrigens auch theoretisch an Hand eines Atom-Modells belegen ließe.

Eigentlich ist damit alles gesagt: (2.6) formuliert den gesamten Inhalt der adiabatischen Zustandsänderung. In der Tat lässt sich aus (2.6) auch bereits der für adiabate Änderungen geltende Zusammenhang $p_\mathrm{G} = p_\mathrm{G}(\varrho_\mathrm{G})$ zwischen Druck $p_\mathrm{G}$ und $\varrho_\mathrm{G}$ punktweise leicht ermitteln: für eine in Abb. 2.1 beliebig angenommene isobare Temperaturänderung $\mathrm{d}T_p$ gibt (2.6) die zugehörige Temperaturänderung $\mathrm{d}T_\varrho$ mit konstanter Dichte an, womit das eingezeichnete Steigungsdreieck bereits vollständig definiert ist.

Natürlich benötigt man nun noch den Formelzusammenhang $p_\mathrm{G} = p_\mathrm{G}(\varrho_\mathrm{G})$ für die adiabatische Verdichtung. Die infinitesimal kleinen Temperaturänderungen bei konstantem Druck und bei konstanter Dichte werden dazu noch durch die entsprechenden Änderungen von Druck (beim isochoren Schritt) und Dichte (beim isobaren Schritt) ausgedrückt. Zur Berechnung wird (2.2) zunächst nach der Gastemperatur aufgelöst:

$$T_\mathrm{G} = \frac{M_\mathrm{mol}}{R} \frac{p_\mathrm{G}}{\varrho_\mathrm{G}} . \tag{2.8}$$

Daraus folgt

$$\frac{\mathrm{d}T_p}{\mathrm{d}\varrho_\mathrm{G}} = -\frac{M_\mathrm{mol}}{R} \frac{p_\mathrm{G}}{\varrho_\mathrm{G}^2}$$

und

$$\frac{\mathrm{d}T_\varrho}{\mathrm{d}p_\mathrm{G}} = \frac{M_\mathrm{mol}}{R} \frac{1}{\varrho_\mathrm{G}} .$$

Gleichung (2.6) ist also gleichbedeutend mit

$$\frac{\mathrm{d}T_\varrho}{\mathrm{d}T_p} = -\frac{\frac{\mathrm{d}p_\mathrm{G}}{\varrho_\mathrm{G}}}{\frac{p_\mathrm{G}\mathrm{d}\varrho_\mathrm{G}}{\varrho_\mathrm{G}^2}} = -\frac{\varrho_\mathrm{G}}{p_\mathrm{G}} \frac{\mathrm{d}p_\mathrm{G}}{\mathrm{d}\varrho_\mathrm{G}} = -\kappa ,$$

oder mit

$$\frac{\mathrm{d}p_\mathrm{G}}{p_\mathrm{G}} = \kappa \frac{\mathrm{d}\varrho_\mathrm{G}}{\varrho_\mathrm{G}} .$$

Integriert man noch beide Seiten, so folgt zunächst

$$\ln \frac{p_G}{p_0} = \kappa \ln \frac{\varrho_G}{\varrho_0} = \ln \left( \frac{\varrho_G}{\varrho_0} \right)^{\kappa} ,$$

und schließlich folgt daraus die adiabatische Zustandsgleichung

$$\frac{p_G}{p_0} = \left( \frac{\varrho_G}{\varrho_0} \right)^{\kappa} . \tag{2.9}$$

Dabei sind die Integrationskonstanten schon so gewählt worden, dass (2.9) auch für die statischen Größen $p_0$ und $\varrho_0$ erfüllt ist. Gleichung (2.9) beschreibt – wie gesagt – den Zusammenhang zwischen Druck und Dichte in einem Gas „ohne Wärmeleitung", sie ist eine unmittelbare Folge aus der Annahme, dass bei dem Verdichtungsvorgang keine Wärme aufgenommen wird.

### 2.1.2 Bedeutung der Zustandsgleichungen für die Schallfeld-Größen

Es bleibt nun nur noch übrig, die in der Boyle-Mariotte-Gleichung (2.2) und in der adiabatischen Zustandsgleichung (2.9) genannten Gesetzmäßigkeiten auf die Beschreibung von Schallfeldern übersichtlicher zuzuschneiden. Bei den akustischen Größen handelt es sich ja um sehr kleine, den statischen Ruhegrößen überlagerte zeitliche (und örtliche) Änderungen. Vernünftigerweise spaltet man deshalb die Gesamtgrößen (daher auch der Index G) in einen statischen Anteil und in einen Wechselanteil auf:

$$p_G = p_0 + p \tag{2.10a}$$

$$\varrho_G = \varrho_0 + \varrho \tag{2.10b}$$

$$T_G = T_0 + T . \tag{2.10c}$$

Hierin sind $p_0$, $\varrho_0$ und $T_0$ die Ruhegrößen „ohne Schall", $p$, $\varrho$ und $T$ stellen die durch Beschallung hervorgerufenen Änderungen dar. Die den Ruhegrößen überlagerten Schallgrößen seien als Schalldruck, Schalldichte und Schalltemperatur bezeichnet. Diese Schallfeldgrößen sind verglichen mit den Ruhegrößen winzig klein. Wie in Kap. 1 genannt, beträgt der Schalldruck-Effektivwert bei einer Beschallung mit (gefährlich lauten) 100 dB gerade 2 N/m$^2$. Der Luftdruck dagegen besitzt etwa den Wert von 100.000 N/m$^2$!

Natürlich müssen sowohl die Ruhegrößen als auch die Gesamtgrößen die Boyle-Mariotte-Gleichung (2.2) erfüllen, nicht aber die Schallfeldgrößen alleine, weil sie ja nur Bestandteile des Ganzen bilden. Im Gegenteil, setzt man (2.10)a–c in (2.2) ein, so erhält man

$$p_0 + p = \frac{R}{M_{\text{mol}}} (\varrho_0 + \varrho)(T_0 + T) \approx \frac{R}{M_{\text{mol}}} (\varrho_0 T_0 + \varrho_0 T + T_0 \varrho) . \tag{2.11}$$

Im letzten Schritt ist das (quadratisch kleine) Produkt aus Schalltemperatur und Schalldichte $\varrho T$ vernachlässigt worden. Weil wie gesagt auch die statischen Ruhegrößen selbst die Boyle-Mariotte-Gleichung (2.2) erfüllen (es gilt also $p_0 = R\varrho_0 T_0/M_{\text{mol}}$), folgt aus der letzten Gleichung für die Schallfeldgrößen

$$p = \frac{R}{M_{\text{mol}}}(\varrho_0 T + T_0 \varrho) \; . \tag{2.12}$$

Etwas übersichtlicher wird diese Gleichung noch, wenn man durch den Ruhedruck $p_0$ teilt, man erhält dann nämlich

$$\frac{p}{p_0} = \frac{\varrho}{\varrho_0} + \frac{T}{T_0} \; . \tag{2.13}$$

Wenn man die auftretenden Quotienten als „relative Größen" bezeichnet, dann besagt (2.13), dass der relative Schalldruck gleich der Summe aus relativer Schalldichte und relativer Schalltemperatur ist.

Den zweiten Zusammenhang zwischen den Schallfeldgrößen liefert die adiabatische Zustandsgleichung (2.9), die im Folgenden noch auf die vergleichsweise sehr kleinen Schallfeldgrößen zugeschnitten wird.

Zunächst ist festzustellen, dass die adiabatische Zustandsgleichung (2.9) einen nichtlinearen Zusammenhang zwischen Druck und Dichte im Gas konstatiert. Andererseits interessieren nur kleinste Änderungen um den Arbeitspunkt $(\varrho_0, p_0)$; deshalb kann die gekrümmte Kennlinie (2.9) durch ihre Tangente in diesem Arbeitspunkt ersetzt werden. Mit anderen Worten ausgedrückt: Die Kennlinie kann linearisiert werden, weil quadratische Anteile und alle höheren Potenzen der Taylorentwicklung mit vernachlässigt werden können.

Dazu werden die Schallfeldgrößen nach (2.10) in die für die Gesamtgrößen geltende adiabatische Zustandsgleichung (2.9) eingesetzt:

$$\frac{p_0 + p}{p_0} = 1 + \frac{p}{p_0} = \left(\frac{\varrho_0 + \varrho}{\varrho_0}\right)^{\kappa} = \left(1 + \frac{\varrho}{\varrho_0}\right)^{\kappa} \; . \tag{2.14}$$

Die nach dem linearen Glied abgebrochene Potenzreihen-Entwicklung von $f(x) = (1 + x)^{\kappa}$ um $x = 0$ besteht in $f(x) = 1 + \kappa x$, also gilt

$$1 + \frac{p}{p_0} = 1 + \kappa \frac{\varrho}{\varrho_0} \; .$$

Die linearisierte, auf die Zwecke der Akustik zugeschnittene adiabatische Zustandsgleichung lautet also

$$\frac{p}{p_0} = \kappa \frac{\varrho}{\varrho_0} \; . \tag{2.15}$$

Weil der Schalldruck eine gut durch Mikrophone messbare Größe bildet, die Schalldichte dagegen nur indirekt aus dem Druck bestimmt werden kann, werden Schallfelder fast immer durch Angabe ihrer Druckverteilung beschrieben. Deswegen werden auch alle nachfolgenden Betrachtungen – soweit möglich – durch Drücke formuliert. Dazu muss dann die möglicherweise vorkommende Schalldichte noch durch den Druck ersetzt werden. Deshalb wird (2.15) nach der Dichte aufgelöst

$$\varrho = \frac{p}{c^2}, \tag{2.16}$$

mit

$$c^2 = \kappa \frac{p_0}{\varrho_0}. \tag{2.17}$$

Wie man erkennt, sind Schalldruck und Schalldichte gleiche Zeit- und Ortsfunktionen. Eliminiert man mit Hilfe von (2.15) noch in (2.13) die relative Dichte, so erhält man für die relative Schalltemperatur

$$\frac{T}{T_0} = \frac{p}{p_0} - \frac{\varrho}{\varrho_0} = \left(1 - \frac{1}{\kappa}\right) \frac{p}{p_0}.$$

Alle drei relativen Größen haben also die gleiche Signalgestalt, sie unterscheiden sich nur durch einen Zahlenfaktor.

Die Betrachtungen im nächsten Abschnitt werden zeigen, dass die in (2.17) eingeführte Konstante $c$ eine besondere physikalische Bedeutung besitzt: $c$ bezeichnet die Schallausbreitungsgeschwindigkeit im Gas. Obwohl darin natürlich kein Beweis gesehen werden kann, spricht die Dimensions-Kontrolle wenigstens nicht gegen diese Behauptung:

$$\dim(c) = \sqrt{\frac{\dim(p)}{\dim(\varrho)}} = \sqrt{\frac{\mathrm{N\,m^3}}{\mathrm{m^2\,kg}}} = \sqrt{\frac{\mathrm{kg\,m}}{\mathrm{s^2}} \frac{\mathrm{m}}{\mathrm{kg}}} = \frac{\mathrm{m}}{\mathrm{s}}.$$

Die Dimension von $c$, $\dim(c)$, ist also tatsächlich eine Geschwindigkeit.

Setzt man noch die (auch für die statischen Größen gültige) Boyle-Mariotte-Gleichung (2.2) in (2.17) ein, so erhält man für die Schallgeschwindigkeit $c$

$$c = \sqrt{\kappa \frac{R}{M_{\mathrm{mol}}} T_0}. \tag{2.18}$$

Sie hängt nur vom Material und von der absoluten Temperatur, nicht aber von Ruhedruck oder Ruhedichte ab. Als Kontrolle seien die Parameter von Luft $M_{\mathrm{mol}} = 28{,}8 \cdot 10^{-3}\,\mathrm{kg}$ bei $T_0 = 288\,\mathrm{K}$ (15 °C) eingesetzt; man erhält dafür den bekannten Wert von $c = 341\,\mathrm{m/s}$. Für praktische Anwendungen reicht es nahezu immer aus, Temperaturschwankungen von bis zu 10 °C unter den Tisch fallen zu lassen und mit dem gerundeten Wert von 340 m/s zu rechnen.

Erwähnenswert ist vielleicht, dass die (im freien Gas nicht zutreffende, also falsche) Annahme isothermer Verdichtung für Schallvorgänge auf die zu kleine Ausbreitungsgeschwindigkeit

$$c_{\text{iso}} = \sqrt{\frac{RT_0}{M_{\text{mol}}}} = \frac{c_{\text{adia}}}{\sqrt{\kappa}} \approx 0{,}85 c_{\text{adia}}$$

führen würde. Tatsächlich hat man erst aus der Diskrepanz zwischen $c_{\text{iso}}$ und Messwerten gelernt, dass Schall-Verdichtungsvorgänge eben nicht isotherm, sondern adiabatisch ablaufen. Natürlich müssen gemessene Schallgeschwindigkeiten gleich $c_{\text{adia}}$ sein.

## 2.2 Eindimensionale Schallfelder

### 2.2.1 Grundgleichungen

Der vorige Abschnitt diente dazu, zunächst einmal Klarheit zu schaffen über die bei Schallfeldern vorkommenden physikalischen Zustandsgrößen Schalldruck, Schalldichte und Schalltemperatur. Der folgende Abschnitt wendet sich nun der eigentliche Kernfrage von Akustik zu: Wie ist das Phänomen der (nicht-dispersiven) Wellenausbreitung von Schall in Gasen physikalisch zu erklären und zu beschreiben?

Um zunächst auf grundsätzliche Aussagen zu kommen, seien die in der Einleitung genannten Einflüsse – wie die Abschwächung mit der Entfernung und Reflexionen – anfangs ausgeschlossen. Es bleibt dann der allereinfachste Fall eines eindimensionalen Schallfeldes übrig, das nur von einer einzigen Raum-Koordinate abhängt. Ein solcher eindimensionaler Wellenleiter ließe sich zum Beispiel durch ein luftgefülltes Rohr mit starrer, unbeweglicher Wandung herstellen, in dem das Schallfeld quasi eingesperrt und so auf eine Ausbreitungsrichtung – die Rohr-Achse – gezwungen wird (dass auch damit nicht immer wirklich Schallfelder erzeugt werden, die über dem Rohr-Querschnitt konstant sind, das wird im Kap. 6 über Schallabsorption ausführlich behandelt).

Bereits aus der grundlegenden Vorstellung, dass es sich bei Gasen um elastisch deformierbare und massebehaftete Medien handelt, folgen bereits die wichtigsten Eigenschaften der Schallfelder, die in ihnen vorkommen. Eine sehr einfache und einleuchtende Erklärung für die Wellentransportvorgänge erhält man nämlich, wenn man sich die eindimensionale Luftsäule in viele kleine Segmente zerlegt denkt (Abb. 2.2) und den Segmenten abwechselnd jeweils nur „Masseneigenschaft“ und „Federeigenschaft“ gedanklich zuordnet. Auf diese Weise entsteht ein sogenannter Kettenleiter als Modell für die Luftsäule. Die Anregung der Luftsäule wird z. B. durch einen Lautsprecher erzeugt; übertragen auf den Kettenleiter gibt der Lautsprecher die Bewegung der ersten Masse links in Abb. 2.2 an. Wird sie zum Beispiel plötzlich nach rechts ausgelenkt, so wird dabei die erste (Luft-)Feder verdichtet, sie übt damit eine Kraft auf die nächste Masse aus. Zu Beginn des Vorganges bewegt sich diese Masse zunächst nicht. Weil Massen bekanntlich „träge“ sind, reagieren sie nicht sofort, sondern erst „verspätet“ mit einer Auslenkung.

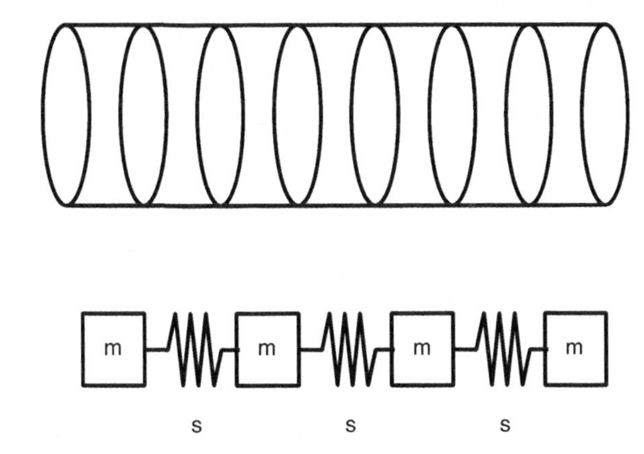


**Abb. 2.2** Zerlegung einer Luftsäule in (kleine) Teilvolumina, die abwechselnd nur in Massen $m$ und in Federelementen $s$ bestehen

Zur Erinnerung an die Bedeutung des Trägheitsgesetzes gibt Abb. 2.3 die Zeitverläufe von plötzlich eingeschalteter Kraft und Bewegung der ihr ausgesetzten „freischwebenden“ Masse: Die Masse wird erst allmählich in Bewegung gesetzt. Beim Kettenleiter setzt deshalb die Bewegung der zweiten Masse verzögert gegenüber der Federkraft ein. Die Masse spannt dabei die Feder rechts von ihr und wird dadurch gebremst. Es entsteht so eine „Verspätung“ bei der Übertragung der Auslenkung „von Masse zu Masse“. Das Ganze wiederholt sich natürlich längs der Kette, es findet eine Wanderbewegung der ursprünglich links eingeprägten Störung des Ruhezustandes mit endlicher Geschwindigkeit statt.

Erkennbar müssen hier zwei verschiedene Geschwindigkeitsbegriffe klar voneinander unterschieden werden. Einmal breitet sich das Störungsmuster mit einer gewissen „Wandergeschwindigkeit“ entlang des Wellenleiters aus. Man nennt sie auch Ausbreitungsgeschwindigkeit oder Wellengeschwindigkeit, in diesem Buch wird sie stets mit dem Buchstaben $c$ bezeichnet. Davon wohl zu unterscheiden ist die Geschwindigkeit der lokalen Gasmassen, die sich um ihre Ruhelage bewegen, während die Welle über sie „hinwegläuft“. Zur besseren Unterscheidung benennt man die Geschwindigkeit lokaler Gaselemente mit dem Wort „Schnelle“. In diesem Buch wird die Schnelle stets mit dem Buchstaben $v$ gekennzeichnet.

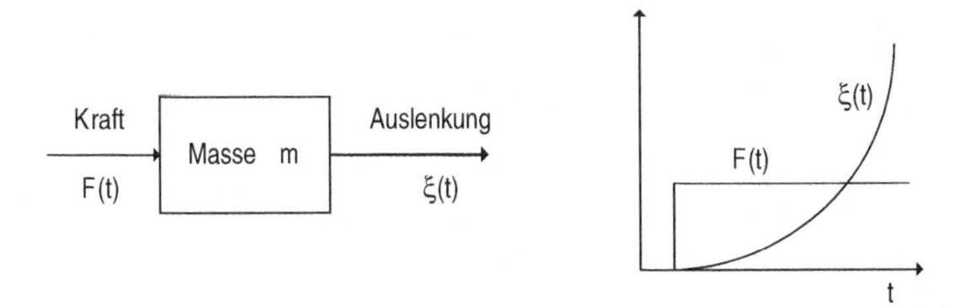


**Abb. 2.3** Freie Masse und Beispiel für einen Kraft-Zeitverlauf und den daraus folgenden Bewegungs-Zeitverlauf

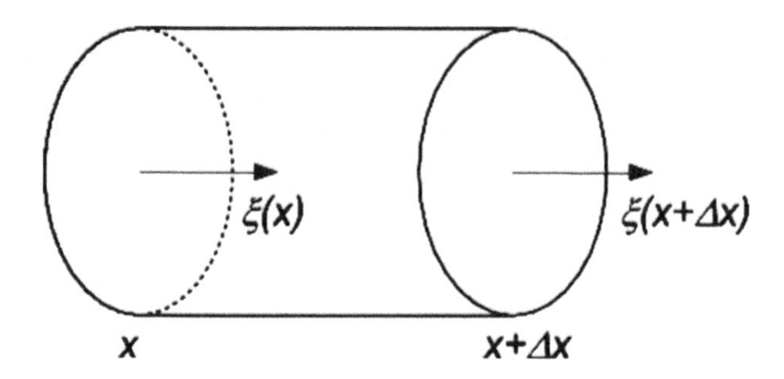


**Abb. 2.4** Deformation eines Elementes aus der Gassäule führt zur Dichteänderung in ihm

Die genannten physikalischen Gedankengänge sollen nun in Gleichungen gefasst werden. Dazu sind naturgemäß zwei Betrachtungen erforderlich: einmal muss diskutiert werden, auf welche Weise die Luftfederstückchen durch die Bewegungen ihrer Begrenzungen links und rechts von ihnen verdichtet werden, und dann muss noch formuliert werden, auf welche Weise die Luftmassenstückchen durch die auf sie wirkenden Federkräfte zu beschleunigten Bewegungen veranlasst werden. Zu beiden Betrachtungen werden kleine Luftvolumina mit der Länge $\Delta x$ herangezogen. Weil die Beschreibung der Sachverhalte durch Ableitungen und Funktionen am einfachsten ist, lässt man anschließend das (der besseren Anschauung halber zunächst als endlich ausgedehnt betrachtete) Längenelement zur infinitesimalen Länge $\mathrm{d}x$ schrumpfen.

Die Verdichtung innerhalb eines Gaselementes bei bewegten Enden lässt sich einfach aus der Tatsache herleiten, dass die zwischen den beiden Enden vorhandene Masse dabei unveränderlich bleibt: Wird ein Luftelement verformt, dann wirkt sich das in einer Änderung der Dichte aus. In Ruhe – ohne Schall – beträgt die Masse des in Abb. 2.4 eingezeichneten Gaselementes $S\Delta x\varrho_0$ ($S$ = Querschnittsfläche). Wird es – mit Schall – einer elastischen Deformation durch Bewegung der linken Begrenzungsfläche um $\xi(x)$ und durch Bewegung der rechten Begrenzungsfläche um $\xi(x + \Delta x)$ ausgesetzt, so wird die Masse diesmal durch $S\,[\Delta x + \xi(x + \Delta x) - \xi(x)]\,\varrho_G$ angegeben. Weil die „beschallte" Masse wie gesagt gleich der Ruhemasse ist, gilt mit $\varrho_G = \varrho_0 + \varrho$

$$(\varrho_0 + \varrho)\,[\Delta x + \xi(x + \Delta x) - \xi(x)]\,S = \varrho_0\,\Delta x S\ ,$$

oder, nach Division durch die Fläche $S$ und Ausmultiplizieren

$$\varrho\Delta x + \varrho_0\,[\xi(x + \Delta x) - \xi(x)] + \varrho\,[\xi(x + \Delta x) - \xi(x)] = 0\ . \tag{2.19}$$

Die quadratisch kleinen Produkte aus Schalldichte und Teilchenauslenkungen können bis zu den höchsten noch interessierenden Pegeln vernachlässigt werden. Deshalb erhält man für die hier interessierende Schalldichte

$$\varrho = -\varrho_0\frac{\xi(x + \Delta x) - \xi(x)}{\Delta x}\ .$$

Im Grenzfall infinitesimal kleiner Gaselemente $\Delta x \to dx$ geht der rechts auftretende Differenzenquotient in den Differentialquotienten über:

$$\frac{\varrho}{\varrho_0} = -\frac{\partial \xi(x)}{\partial x} . \tag{2.20}$$

Die Schalldichte ergibt sich also unmittelbar aus der Ortsableitung der Teilchenauslenkung. Letztere wird auch als „Dehnung" (oder auch als Dilatation) bezeichnet. Die hier herausgearbeitete und für die weiteren Überlegung sehr wichtige Erkenntnis besteht also darin, dass die relative Schalldichte gleich der negativen Dehnung ist. Gleichung (2.20) heißt auch ‚Kontinuitätsgleichung'.

Mehr am Rande sei darauf hingewiesen, dass sie sich auch als Feder-Gleichung deuten lässt. Setzt man nämlich für die Schalldichte im vorletzten Schritt noch den Schalldruck $\varrho = p/c^2$ ein und multipliziert mit der Seitenfläche $S$, so erhält man

$$Sp = -S\varrho_0 c^2 \frac{\xi(x + \Delta x) - \xi(x)}{\Delta x} .$$

Die linke Seite $Sp$ gibt die in der Gasfeder mit der Länge $\Delta x$ durch elastische Deformation hergestellte Federkraft $F$ an. Für Federn mit bewegten Enden gilt nach dem Hooke'schen Gesetz

$$Sp = -s(\xi(x + \Delta x) - \xi(x)) ,$$

worin $s$ die Federsteife bedeutet. Für Schichten aus elastischem Material (wie dem Gaselement) mit der Fläche $S$ und der Dicke $\Delta x$ ist

$$s = \frac{ES}{\Delta x} . \tag{2.21}$$

$E$ bezeichnet eine Materialkonstante, den sogenannten Elastizitätsmodul des Materials (zur anschaulichen Begründung von (2.21) sei darauf hingewiesen, dass zur Herstellung einer gewissen Auslenkungsdifferenz der Enden um so mehr Kraft aufgewendet werden muss, je größer die Schichtfläche ist und um so kleiner die Schichtdicke ist). Offensichtlich hängt der Elastizitätsmodul von Gasen durch die Gleichung

$$E = \varrho_0 c^2 \tag{2.22}$$

mit der Ausbreitungsgeschwindigkeit zusammen.

Die zweite, noch nicht erledigte Betrachtung zum Phänomen der Schallausbreitung bestand in der Frage, auf welche Weise die Gasteilchen durch die auf sie wirkenden Federkräfte zu beschleunigten Bewegungen veranlasst werden. Die Antwort gibt das Newton'sche Trägheitsgesetz, das auf das in Abb. 2.5 gezeigte (kleine) Volumenelement aus der Gassäule angewandt wird. Die Beschleunigung $\partial^2\xi/\partial t^2$ der in ihm enthaltenen Masse wird verursacht durch die „links drückende" Kraft $Sp(x)$, von der noch die „rechts zurück drückende" Kraft $Sp(x+\Delta x)$ abgezogen werden muss. Die von dieser Kraftdifferenz verursachte Beschleunigung ist um so kleiner, je größer die Masse $m$ des Elementes ist. Nach

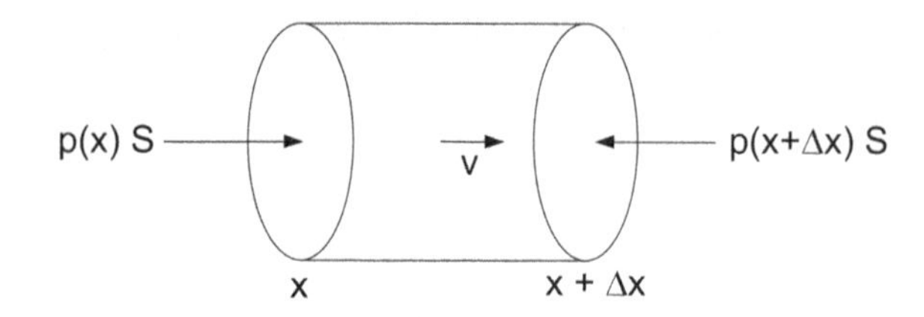


**Abb. 2.5** Kräfte führen zur beschleunigten Bewegung eines Elementes aus der Gassäule

Newton ist damit

$$\frac{\partial^2 \xi}{\partial t^2} = \frac{S}{m}\left[p(x) - p(x + \Delta x)\right] ,$$

oder, mit $m$ = Volumen mal Dichte = $\Delta x S \varrho_0$

$$\frac{\partial^2 \xi}{\partial t^2} = -\frac{1}{\varrho_0}\frac{p(x + \Delta x) - p(x)}{\Delta x} .$$

Schließlich lässt man das Segment schrumpfen und erhält mit

$$\lim_{\Delta x \to 0} \frac{p(x + \Delta x) - p(x)}{\Delta x} = \frac{\partial p}{\partial x}$$

das „Trägheitsgesetz der Akustik“:

$$\varrho_0 \frac{\partial^2 \xi}{\partial t^2} = -\frac{\partial p}{\partial x} . \tag{2.23}$$

Bemerkenswert ist gewiss, dass bei der Herleitung des Trägheitsgesetzes (2.23) erstmals ein quadratisch kleiner Ausdruck gar nicht auftrat und eine Linearisierung durch vernachlässigen quadratisch kleiner Terme deshalb auch nicht vorkam. Schon weil aber gerade das in allen vorangegangenen Betrachtungen erforderlich war fragt sich, an welcher Stelle hier nicht völlig korrekt gearbeitet worden ist. Die Ungenauigkeit liegt einfach in der oben gemachten Annahme, die beschleunigte Masse sei mit der Ruhemasse des Elementes identisch. Das ist aber nicht ganz korrekt, weil gleichzeitig Deformationen stattfinden: durch die Seitenflächen $S$ des Elementes könnte auch noch Masse zu- und abfließen. Wenn man diesen Effekt auch noch berücksichtigen will, dann muss ein allgemeineres Prinzip, nämlich das der Impulserhaltung betrachtet werden. Das Trägheitsgesetz erscheint dann wieder als dessen linearisierte Form, von der natürlich im Folgenden – unter Vernachlässigung quadratisch kleiner Größen – ausgegangen wird. Immerhin ist jedoch die Tatsache bemerkenswert, dass die akustischen Grundgleichungen offenbar aus der Linearisierung allgemeinerer Erhaltungs-Prinzipien folgen.

Die Gln. (2.20) und (2.23) bilden die Grundgleichungen der Akustik, alle (eindimensionalen) Schallereignisse erfüllen sie. Wie gesagt beschreibt (2.20) die Verdichtung des elastischen Kontinuums „Gas“ auf Grund ortsabhängiger Auslenkungen; (2.23) andererseits sagt umgekehrt aus, wie die Auslenkungen auf Grund der Verdichtungen zustande kommen. Beide Betrachtungen zusammengenommen liefern die Erklärung der Wellenausbreitung, wie das ja für den Kettenleiter diskutiert worden ist. Zwei Betrachtungen

„zusammenfügen" heißt in der Sprache von Formeln, zwei Gleichungen ineinander einsetzen. In (2.20) und (2.23) wird deshalb die Auslenkung eliminiert. Das geschieht durch zweifache Ableitung von (2.20) nach der Zeit

$$\frac{1}{\varrho_0}\frac{\partial^2 \varrho}{\partial t^2} = -\frac{\partial^3 \xi}{\partial x \partial t^2}$$

und durch Ableitung von (2.23) nach dem Ort:

$$\frac{\partial^3 \xi}{\partial x \partial t^2} = -\frac{1}{\varrho_0}\frac{\partial^2 p}{\partial x^2} .$$

Daraus folgt unmittelbar

$$\frac{\partial^2 p}{\partial x^2} = \frac{\partial^2 \varrho}{\partial t^2} ,$$

oder, wenn man schließlich noch wie angekündigt die Schalldichte mit $\varrho = p/c^2$ nach (2.16) durch den Schalldruck ersetzt

$$\frac{\partial^2 p}{\partial x^2} = \frac{1}{c^2}\frac{\partial^2 p}{\partial t^2} . \tag{2.24}$$

Gleichung (2.24) heißt WELLENGLEICHUNG, alle Schallereignisse müssen ihr genügen. Die nächsten Abschnitte betrachten die prinzipiellen Lösungen der Wellengleichung.

Wie gezeigt folgt die Wellengleichung aus den beiden ‚akustischen Grundgleichungen', dem Kompressions-Gesetz (2.20) und dem auf Schallfelder zugeschnittenen Trägheitsgesetz (2.23) zusammen mit dem ‚Materialgesetz' $\varrho = p/c^2$. In diesen beiden Gleichungen tritt die Teilchenauslenkung $\xi$ auf. Es ist sinnvoll, diese durch die Schallschnelle

$$v(x,t) = \frac{\partial \xi}{\partial t} \tag{2.25}$$

auszudrücken. Im nächsten Abschnitt wird der Grund dafür genannt: Für den einfachsten Fall fortschreitender Wellen sind die Signalformen von Druck und Schnelle gleich, und deshalb ist es in der Akustik allgemein üblich, nicht die Auslenkung, sondern die Schallschnelle zur Beschreibung der Schwingvorgänge zu benutzen. Auch in diesem Buch wird in Zukunft nur noch die Schallschnelle benutzt. Aus diesem Grund werden hier die Grundgleichungen (2.20) und (2.23) nochmals, nun aber nur noch unter Verwendung von Druck und Schnelle, notiert. Das allgemeine Kompressionsgesetz lautet damit

$$\frac{\partial v}{\partial x} = -\frac{1}{\varrho_0 c^2}\frac{\partial p}{\partial t} , \tag{2.26}$$

und das Trägheitsgesetz besteht in

$$\varrho_0 \frac{\partial v}{\partial t} = -\frac{\partial p}{\partial x} . \tag{2.27}$$

Beide Gleichungen gelten allgemein, also auch für Felder, in denen Wellen beider Laufrichtungen auftreten. Alle folgenden Kapitel werden nur noch auf die Notation in (2.26) und (2.27) Bezug nehmen. Dabei wird außerhalb von diesem Kap. 2 die Beistellung des Index 0 in $\varrho_0$ zur Kenntlichmachung des Gleichanteils der Dichte weggelassen, weil Verwechslungen nicht mehr vorkommen können: Nur hier in diesem Kap. 2 wird die Schalldichte betrachtet und benutzt, sie wird nicht wieder auftreten.

### 2.2.2 Fortschreitende Wellen

Allgemein sind beliebige Funktionen, die nur „vom Argument $t - x/c$" oder nur „vom Argument $t + x/c$" abhängen, Lösungen der Wellengleichung (2.24):

$$p(x,t) = f(t \mp x/c) \ . \tag{2.28}$$

Dabei steht $f(t)$ für eine Signalform, deren spezifische Gestalt vom Sender – der Schallquelle – hergestellt wird. Unter $c$ ist die im vorigen Abschnitt schon definierte Konstante zu verstehen; vorausgreifend war schon angedeutet worden, dass mit $c$ die Schallausbreitungsgeschwindigkeit bezeichnet wird. Die folgenden Bemerkungen werden diese Tatsache rasch beweisen. Zunächst aber sei kurz erläutert, warum (2.24) als Wellengleichung bezeichnet wird. Der Name ergibt sich aus einer graphischen Darstellung ihrer Lösungen (2.28) als Ortsfunktion, wie in Abb. 2.6 für feste, „eingefrorene" Zeiten (hier für $f(t - x/c)$, also für das negative Vorzeichen im Argument). Die Darstellung besteht in einer Kurvenschar gleicher Ortsfunktionen, die durch Parallelverschiebung ineinander übergehen. Der Gaszustand „Schalldruck" wandert offensichtlich mit konstanter

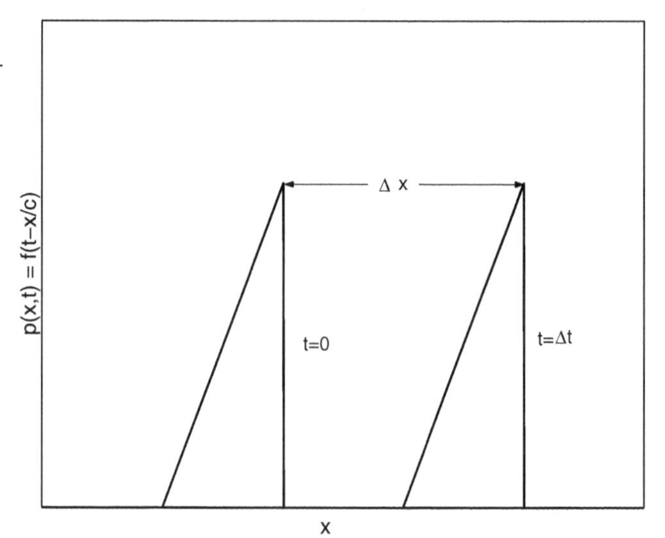


**Abb. 2.6** Prinzipdarstellung von $p = f(t - x/c)$ als Ortsverlauf für zwei verschiedene Zeiten $t = 0$ und $t = \Delta t$

Geschwindigkeit entlang der $x$-Achse. Die Wanderbewegung der örtlichen Zustandsbeschreibung wird als „Welle“ bezeichnet.

Die noch offene Frage der physikalischen Bedeutung der Konstanten $c$ in der Wellengleichung ist leicht geklärt. Man muss sich dazu nur vorstellen, dass ein bestimmter Funktionswert $f$ (in Abb. 2.6 ist gerade das Maximum von $f$ gewählt), der zur Zeit $t$ an der Stelle $x$ liegt, während $\Delta t$ um $\Delta x$ wandert:

$$f(x,t) = f(x + \Delta x, t + \Delta t) \ .$$

Das ist gerade dann der Fall, wenn $(t - x/c)$ in beiden Fällen gleich ist, also für

$$t - \frac{x}{c} = (t + \Delta t) - \frac{x + \Delta x}{c}$$

Daraus folgt

$$\frac{\Delta x}{\Delta t} = c \ .$$

Weil der Quotient aus Wegstrecke und der dafür benötigten Zeit gleich der Geschwindigkeit ist, beschreibt $c$ die „Funktions-Transport-Geschwindigkeit“, die Ausbreitungs-Geschwindigkeit der Welle also. Wie man sieht, ist sie von der Signalgestalt $f$ unabhängig, insbesondere werden auch alle Frequenzen mit gleicher Geschwindigkeit transportiert. Die Tatsache, dass sich die Signalgestalt längs der Ausbreitung nicht ändert, ist eine sehr wichtige Eigenschaft der Schallausbreitung in Gasen (man vergleiche mit den dispersiven Biegewellen auf Stäben und Platten, siehe Kap. 4), die gewiss zu den wichtigsten physikalischen Vorbedingungen akustischer Kommunikation (z. B. durch Sprache) zählt.

Wenn nur eine in eine bestimmte Richtung laufende Welle auftritt, spricht man von fortschreitenden Wellen, Kombinationen von gegenläufigen Wellen enthalten stehende Wellen (siehe auch Abschn. 2.5). Für fortschreitende Wellen alleine mit $p(x,t) = f(t - x/c)$ liefert das Trägheitsgesetz (2.23) der Akustik

$$\varrho_0 v = -\int \frac{\partial p}{\partial x} \mathrm{d}t = -\int \frac{\partial f(t - x/c)}{\partial x} \mathrm{d}t = \frac{1}{c} \int \frac{\partial f(t - x/c)}{\partial t} \mathrm{d}t = \frac{p}{c} \ ,$$

dass Schalldruck und Schallschnelle in einem konstanten, orts- und zeitunabhängigen Verhältnis $\varrho_0 c$ stehen, das auch als Wellenwiderstand oder Kennwiderstand des Mediums bezeichnet wird:

$$\frac{p(x,t)}{v(x,t)} = \varrho_0 c \ . \qquad (2.29)$$

Gleichung (2.29) erlaubt auch eine sehr einfache Antwort auf die noch offene Frage, auf welche Weise die Signalform $f(t)$ des Schalldruckes von der Schallquelle aufgeprägt wird. Bei dem dazu erforderlichen Modell wird angenommen, dass im eindimensionalen Wellenleiter (z. B. einem luftgefüllten Rohr, wie eingangs erwähnt)

- keine Reflexionen vorkommen (das Rohr endet also in einem anschaulich als ‚Wellensumpf' bezeichneten, hochwirksamen Absorber) und dass
- die Schallquelle aus einer gestreckten (planen) Membran (z. B. eines Lautsprechers) besteht, die mit der als bekannt vorausgesetzten Membran-Schnelle $v_M(t)$ um ihre Ruhelage in $x = 0$ schwingt.

Da Reflexionen nicht auftreten, besteht der Schalldruck nur aus der in $x$-Richtung laufenden fortschreitenden Welle der Form

$$p(x,t) = f(t - x/c) ,$$

und für die Schallschnelle $v$ im Wellenleiter gilt nach (2.29)

$$v(x,t) = p(x,t)/\varrho_0 c = f(t - x/c)/\varrho_0 c .$$

Die Mediumschnelle $v$ muss an der Stelle der Quelle $x = 0$ mit der Membranschnelle übereinstimmen, es gilt also

$$f(t)/\varrho_0 c = v_M(t) ,$$

und demnach sind Schalldruck

$$p(x,t) = \varrho_0 c v_M(t - x/c)$$

und Schallschnelle

$$v(x,t) = v_M(t - x/c)$$

im Wellenleiter einfach

- durch das Quellsignal ‚Membranschnelle $v_M(t)$' bestimmt und
- durch die Tatsache, dass es sich hier um fortschreitende Wellen handeln muss.

Etwas allgemeiner (und formaler) ausgedrückt ist hier zunächst ein Ansatz für den Schalldruck gemacht worden, der die Wellengleichung erfüllt, und dessen genaue Gestalt dann erst aus einer ‚Randvorgabe' an der Stelle $x = 0$, $v(0,t) = v_M(t)$, bestimmt wird. Diese Vorgehensweise bezeichnet man als ‚Lösung eines Randwertproblems'; das allereinfachste Beispiel dafür ist oben betrachtet worden.

### Größenordnung der Feldgrößen

Für fortschreitende Wellen erlaubt (2.29) die Einschätzung von Schnellen und Auslenkungen der Größenordnung nach. Ein doch schon recht großer Pegel von 100 dB entspricht bekanntlich einem Druck-Effektivwert von $p_{\text{eff}} = 2\,\text{N/m}^2$. In einer ebenen fortschreitenden Welle ist $v_{\text{eff}} = p_{\text{eff}}/\varrho_0 c$, mit $\varrho_0 = 1{,}2\,\text{kg/m}^3$ und $c = 340\,\text{m/s}$ ist $v_{\text{eff}} =$

$5 \cdot 10^{-3}$ m/s = 5 mm/s. Die lokale Teilchengeschwindigkeit „Schnelle" ist demnach praktisch immer sehr, sehr klein verglichen mit $c = 340\,\text{m/s}$. Auch die Auslenkungen sind nicht eben groß. Sie lassen sich aus

$$\xi_{\text{eff}} = \frac{v_{\text{eff}}}{\omega} \tag{2.30}$$

berechnen, reine Töne und $v = d\xi/dt$ vorausgesetzt. Für 1000 Hz wäre $\xi_{\text{eff}} \approx 10^{-6}\,\text{m} = 1\,\mu\text{m}$! Die Auslenkungen sind also oft nur einige Tausend Atomdurchmesser groß.

Dagegen können die in der Akustik auftretenden Beschleunigungen durchaus beträchtlich sein. Aus

$$b_{\text{eff}} = \omega v_{\text{eff}} \tag{2.31}$$

erhält man wieder für 100 dB Schalldruckpegel und $f = 1000\,\text{Hz}$ etwa $b_{\text{eff}} = 30\,\text{m/s}^2$, immerhin die dreifache Erdbeschleunigung.

### Harmonische Zeitverläufe

Aus guten Gründen betrachtet man oft Schall- und Schwingereignisse mit harmonischem (= cosinusförmigem) Zeitverlauf. Allgemein muss der Schalldruck einer in $x$-Richtung fortschreitenden, harmonischen Welle die Gestalt

$$p(x,t) = p_0 \cos \omega(t - x/c) \tag{2.32}$$

besitzen. Meist schreibt man statt (2.32) mit

$$k = \omega/c$$

kurz

$$p(x,t) = p_0 \cos(\omega t - kx) , \tag{2.33}$$

das spart etwas Schreibarbeit. Die Größe $k$ wird Wellenzahl genannt.

Nun enthält $\omega$ bekanntlich die zeitliche Periode, es ist

$$\omega = 2\pi f = \frac{2\pi}{T} , \tag{2.34}$$

worin $T$ die Periodendauer bedeutet. Ebenso gut muss dann die Wellenzahl $k$ die örtliche Periode enthalten:

$$k = \frac{\omega}{c} = \frac{2\pi}{\lambda} . \tag{2.35}$$

Die örtliche Periodenlänge wird allgemein als Wellenlänge bezeichnet. Wie man sieht, ist der Begriff an reine Töne gebunden. Für die Wellenlänge gilt nach (2.34) und (2.35)

$$\lambda = \frac{c}{f} . \tag{2.36}$$

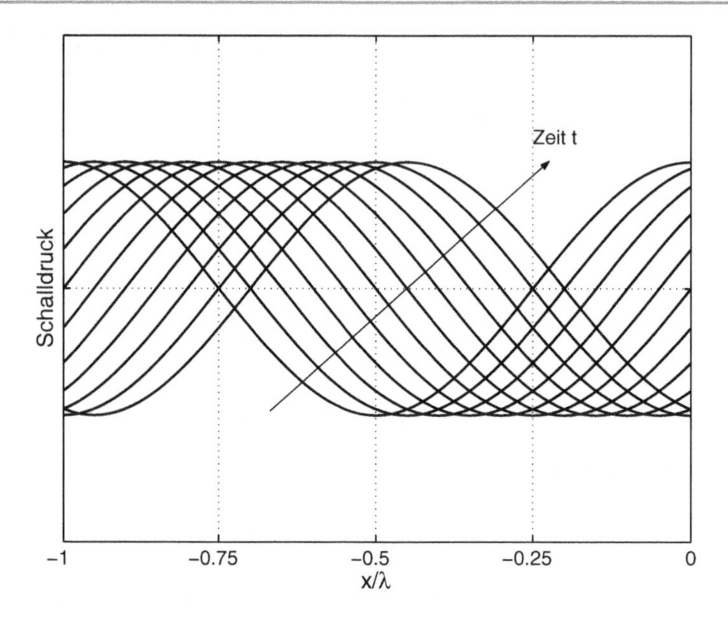


**Abb. 2.7** Ortsverlauf des Schalldrucks einer fortschreitenden Welle für konstante Zeiten. Überdeckt wird eine halbe zeitliche Periodendauer. Die Schallschnelle $v$ hat wegen $v = p/\varrho_0 c$ den gleichen Orts- und Zeitverlauf

Bei den nicht-dispersiven Luftschallwellen ist also die Wellenlänge umgekehrt proportional zur Frequenz; überdeckt wird etwa ein Bereich von $\lambda = 17\,\text{m}$ ($f = 20\,\text{Hz}$) bis $\lambda = 1{,}7\,\text{cm}$ ($f = 20.000\,\text{Hz}$). Dieser Bereich ist außerordentlich groß. Es wird wohl nicht überraschen, dass man die Größe von Gegenständen in der Akustik (ebenso wie in der Optik) immer an der Wellenlänge zu messen hat. Die meisten Gegenstände und Anordnungen sind im entsprechend tiefen Frequenzbereich, in dem ihre Abmessungen klein gegenüber der Wellenlänge sind, akustisch „unsichtbar". Bei den hohen Frequenzen sind sie dagegen akustisch wirksam, indem sie – je nach Fall – Schallabsorber oder mehr oder minder komplizierte Reflektoren bzw. Diffusoren darstellen. Die genannten und in (2.32) notierten Sachverhalte für die fortschreitenden Wellen bei reinen Tönen sind in Abb. 2.7 nochmals graphisch dargestellt. Beim Schalldruck handelt es sich um einen cosinus-förmigen Ortsverlauf, der zeitlich mit der Ausbreitungsgeschwindigkeit $c$ nach rechts wandert. Wegen (2.29) haben Druck und Schnelle örtlich und zeitlich die gleiche Signalgestalt.

### 2.2.3 Komplexe Schreibweise

In diesem Buch werden die Wellen bei reinen Tönen in Zukunft nur noch durch ihre komplexen Amplituden beschrieben. Nutzen, Zweck und Vorteil der Beschreibung reellwertiger Vorgänge durch komplexe Zahlen werden im Abschn. 15.2 ausführlicher erläutert. Wie dort gezeigt wird beschreibt man eine cosinus-förmige Welle, die in $x$-Richtung wandert, durch die ortsabhängige komplexe Amplitude

$$p(x) = p_0 \, \mathrm{e}^{-jkx} \, .$$

Ebenso sind Wellen mit der Ausbreitung in negative $x$-Richtung durch

$$p(x) = p_0 \, \mathrm{e}^{jkx}$$

bezeichnet. Wenn Reflexionen oder Wellen entgegengesetzter Laufrichtung aus anderen Gründen (z. B. bei zwei Quellen oder bei Reflexion) vorkommen, können auch Summen der beiden Terme auftreten. Die Rückabbildung der komplexen Amplituden, die nur ein Beschreibungswerkzeug darstellen, auf die stets reellen Zeit- und Ortsverläufe ist durch die sogenannte Zeitkonvention

$$p(x,t) = \mathrm{Re}\{p(x)\, \mathrm{e}^{j\omega t}\} \tag{2.37}$$

definiert. Die Zeitkonvention (2.37) gilt für reine Töne als Anregung und für alle physikalischen Größen, also z. B. auch für alle Schnellekomponenten beliebiger Schall- und Schwingungsfelder, für elektrische Spannungen und Ströme, etc.

Komplexe Amplituden werden auch kurz als ‚Zeiger' oder ‚komplexe Zeiger' bezeichnet.

Im Folgenden wird oft die aus einem als bekannt angenommenen Schalldruck-Ortsverlauf resultierende Schallschnelle benötigt. Wie erwähnt erfolgt diese Berechnung nach dem akustischen Trägheitsgesetz (2.27), das in komplexer Schreibweise

$$v = \frac{j}{\omega \varrho_0} \frac{\partial p}{\partial x} \tag{2.38}$$

lautet.

### 2.2.4 Stehende Wellen und Resonanzphänomen

Wenn eine fortschreitende Welle auf ein Hindernis trifft, dann kann es dort reflektiert werden. Ist der eindimensionale Wellenleiter gleich auf zwei Seiten begrenzt – z. B. links durch eine Schallquelle und rechts durch einen Reflektor wie hier im Folgenden angenommen – dann treten stehende Wellen und Resonanzerscheinungen auf. Bei der genannten Modellvorstellung für den eindimensionalen Wellenleiter (und bei reinen Tönen) besteht die komplexe Schalldruckamplitude aus den zwei Anteilen

$$p(x) = p_0 \left[\mathrm{e}^{-jkx} + r\, \mathrm{e}^{jkx}\right] \, . \tag{2.39}$$

Wie gesagt beschreibt der erste Summand eine in $+x$-Richtung, der zweite Summand eine in $-x$-Richtung laufende Welle. $p_0$ bezeichnet die Amplitude der auf den Reflektor zueilenden Welle. Im Ansatz (2.39) für das Schallfeld ist berücksichtigt worden, dass die in $-x$-Richtung rücklaufende Welle noch um den Reflexionsfaktor $r$ gegenüber der hinlaufenden Welle abgeschwächt sein kann, wenn es sich um eine unvollständige Reflexion (z. B. durch eine teilweise Absorption am Rohrstück-Ende in $x = 0$, siehe dazu auch Kap. 6) handelt. Die zum Schalldruck (2.39) gehörende $x$-gerichtete Schallschnelle errechnet sich nach (2.38) zu

$$v(x) = \frac{k}{\omega\varrho_0} p_0 \left[\mathrm{e}^{-jkx} - r\,\mathrm{e}^{jkx}\right] = \frac{p_0}{\varrho_0 c}\left[\mathrm{e}^{-jkx} - r\,\mathrm{e}^{jkx}\right] . \quad (2.40)$$

Es sei jetzt zunächst der Einfachheit halber angenommen, dass der in $x = 0$ angesiedelte Reflektor "schallhart" ist. Er muss also entweder in einer großen, unbeweglichen Masse oder in einem elastisch nicht deformierbaren, starren Körper bestehen, der deshalb keine Bewegungen ausführt. Weil die Luftteilchen, die den Reflektor in $x = 0$ benetzen, die bewegungslose, ruhende Reflektorfläche nicht durchstoßen können, muss auch ihre Geschwindigkeit (die durch die Schallschnelle beschrieben wird) gleich Null sein:

$$v(x = 0) = 0 . \quad (2.41)$$

Der den schallharten Reflektor kennzeichnende Reflexionsfaktor $r$ beträgt aus diesem Grund nach (2.40)

$$r = 1 . \quad (2.42)$$

Damit gilt für die Ortsverläufe von Schalldruck

$$p(x) = 2p_0 \cos kx \quad (2.43)$$

und von Schallschnelle

$$v(x) = \frac{-2jp_0}{\varrho_0 c} \sin kx . \quad (2.44)$$

Mit Hilfe der Zeitkonvention gewinnt man daraus die Verläufe über Ort und Zeit:

$$p(x) = 2p_0 \cos kx \cos \omega t \quad (2.45)$$

und

$$v(x) = \frac{2p_0}{\varrho_0 c} \sin kx \sin \omega t . \quad (2.46)$$

Wie auch immer die noch nicht näher betrachtete Schalldruckamplitude $p_0$ mit der Schallquelle zusammenhängt, die Gln. (2.45) und (2.46) beschreiben in jedem Fall eine stehende Welle. Die beiden Orts-Verläufe von Druck und Schnelle sind für einige feste Zeiten in den Abb. 2.8 und 2.9 wiedergegeben. Man bezeichnet das Schallfeld als stehend, weil

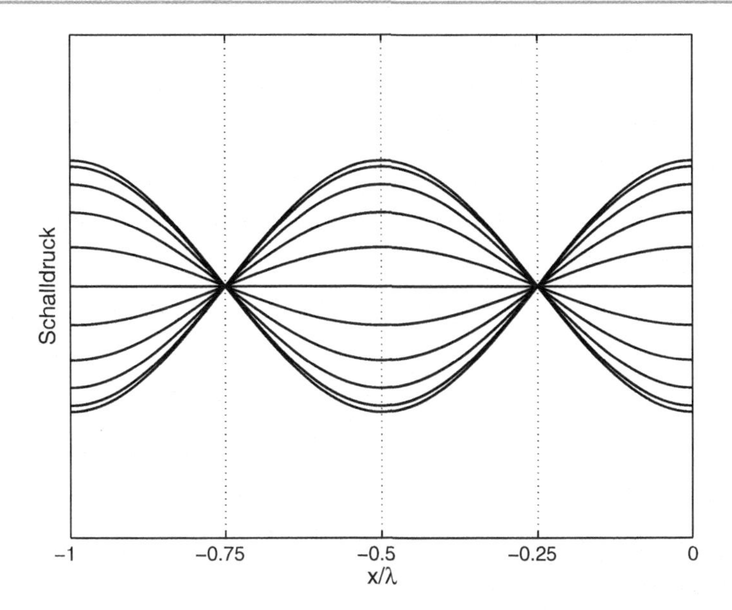


**Abb. 2.8** Ortsverlauf des Schalldrucks in einer stehenden Welle für konstante Zeiten. Überdeckt wird eine zeitliche Periodendauer

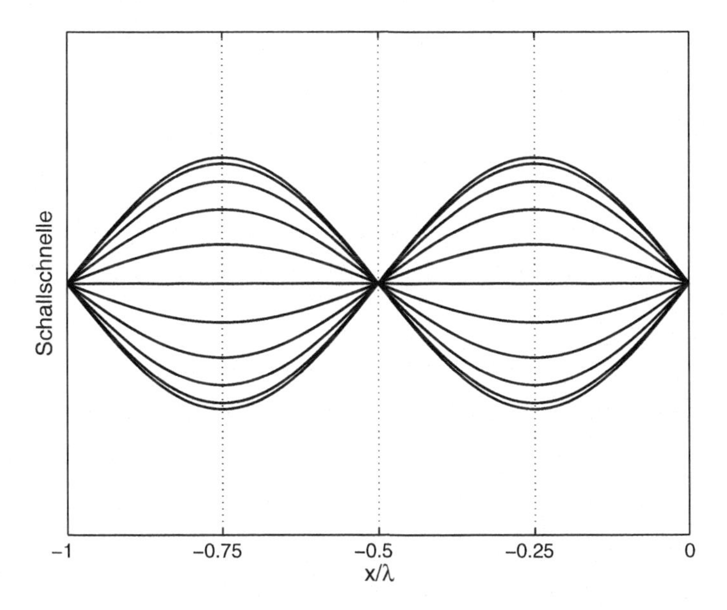


**Abb. 2.9** Ortsverlauf der Schallschnelle in einer stehenden Welle für konstante Zeiten. Überdeckt wird eine zeitliche Periodendauer

die Ortsfunktion stehen bleibt und sich nicht zeitlich verschiebt; sie wird lediglich in der örtlichen Amplitude mit der Zeit „auf- und abgeblendet". Schalldruck und Schallschnelle bilden offensichtlich bei stehenden Wellen anders als bei fortschreitenden Wellen kein festes, orts- und zeitunabhängiges Verhältnis; im Gegenteil sind die Verläufe unterschiedlicher, phasenverschobener Natur.

Wie schon eingangs erwähnt erklären sich Resonanzerscheinungen aus den Vielfachreflexionen an den beiden Rohr-Enden. Zu ihrer Erläuterung sei jetzt angenommen, dass das eindimensionale Gaskontinuum an der Stelle $x = -l$ durch eine konphas als Ganzes schwingende Fläche angeregt wird, deren Schnelle $v_0$ von $y$ also unabhängig ist. Natürlich muss die Schnelle dieser schwingenden Fläche mit der des Schallfeldes übereinstimmen. Nach (2.44) ist also

$$v_0 = v(-l) = \frac{2jp_0}{\varrho_0 c} \sin kl \ , \tag{2.47}$$

und demnach gilt

$$p_0 = \frac{-j\varrho_0 c v_0}{2 \sin kl} \tag{2.48}$$

für den Zusammenhang zwischen Feldkonstante $p_0$ und quellbeschreibender Größe $v_0$.

Unter den Resonanzfrequenzen eines Schwingers versteht man allgemein diejenigen Frequenzen, bei denen sich im verlustfreien Fall ein Schall- oder Schwingungsfeld auch noch bei beliebig schwacher Quelle einstellt. Kurz sagt man deshalb auch, dass es sich bei den Resonanzerscheinungen um "Schwingungen ohne Anregung" handelt. Für das hier behandelte, beidseitig reflektierend verschlossene luftgefüllte Rohrstück treten Resonanzen offensichtlich für $\sin(kl) = 0$, also für $kl = n\pi$ $(n = 1, 2, 3, \ldots)$ auf. Wegen $k = \omega/c = 2\pi f/c = 2\pi/\lambda$ gilt demnach für die Resonanzfrequenzen

$$f = \frac{nc}{2l} \ . \tag{2.49}$$

Für die zu den Resonanzfrequenzen gehörenden Wellenlängen $\lambda$ gilt

$$l = n\frac{\lambda}{2} \ . \tag{2.50}$$

Die Resonatorlänge teilt sich also im Resonanzfall in ganzzahlige Vielfache der halben Wellenlänge auf.

Dieses Ergebnis besitzt eine anschauliche Begründung. Eine von der Quelle abgestrahlte Welle legt auf ihrem Weg über den Reflektor und zurück zur Quelle, an der sie ein zweites Mal reflektiert wird, die Laufstrecke $2l$ zurück. Schließt sie dabei gleichphasig an die soeben neu emittierte Welle an, dann beträgt die Wellensumme das Doppelte der Teile. Im eingeschwungenen, stationären Zustand hat sich dieser gleichphasige Anschluss schon beliebig oft vollzogen, das Feld hat sich also bereits zur Resonanz aufgeschaukelt. Beim gleichphasigen Anschluss werden also (unendlich viele) vollständig gleiche Ortsverläufe addiert, deren Summe dann eben auch über alle Grenzen wächst. Der gleichphasige Anschluss findet genau dann statt, wenn die Laufstrecke $2l$ ein ganzzahliges Vielfaches der Wellenlänge beträgt; daraus folgt ebenfalls $2l = n\lambda$.

In den Resonanzfrequenzen wird das oben durchgerechnete Schallfeld unendlich groß. Der Grund dafür besteht einfach in der hier getroffenen Annahme, dass die Schallwellen weder bei ihrer Ausbreitung entlang des Mediums noch bei den Reflexionen an den Rändern geschwächt werden. Diese Voraussetzung ermöglicht zwar eine besonders einfache Betrachtung des Schallfeldes, sie ist dabei allerdings nicht realistisch. In Wirklichkeit wird dem Schallfeld in einem mit Gas gefüllten Rohrstück stets Energie entzogen, sei es durch die hier vernachlässigte viskose Reibung an den Rohrwänden, sei es durch die endliche Schalldämmung von Wandung und Abschluss. Im praktischen Versuch wird man z. B. immer das innere Schallfeld mehr oder weniger gut auch außen hören können.

Bei den meisten Räumen, die wir alltäglich benutzen, wie Wohnungen, Hörsäle (und viele mehr) verhalten sich die Begrenzungsflächen (zumindest bei den entsprechenden Frequenzen) weder vollständig reflektierend noch vollständig absorbierend, sie besitzen also Reflexionsfaktoren, die dem Betrage nach zwischen 0 und 1 liegen. In diesem Fall setzt sich das Schallfeld stets aus fortschreitenden und aus stehenden Wellen zusammen, wie eine einfache Überlegung wieder anhand des eindimensionalen Kontinuums zeigt. Die in (2.39) aufgeführte hinlaufende Welle $p_0\,\mathrm{e}^{-jkx}$ kann gedanklich aufgespalten werden in den vollständig reflektierten Anteil $rp_0\,\mathrm{e}^{-jkx}$ und in den nicht reflektierten Anteil $(1-r)p_0\,\mathrm{e}^{-jkx}$:

$$p_0\,\mathrm{e}^{-jkx} = rp_0\,\mathrm{e}^{-jkx} + (1-r)p_0\,\mathrm{e}^{-jkx}\ . \tag{2.51}$$

Damit besteht das in (2.39) genannte Gesamtfeld aus

$$p(x) = rp_0(\mathrm{e}^{-jkx} + \mathrm{e}^{jkx}) + (1-r)p_0\,\mathrm{e}^{-jkx}\ . \tag{2.52}$$

Der erste Term mit dem Faktor $r$ beschreibt wie gezeigt eine stehende, der zweite Term mit dem Faktor $1-r$ eine fortschreitende Welle. Von den Extremfällen $r = 0$ und $r = 1$ abgesehen bestehen Schallfelder also immer aus beiden Wellentypen. Sind die Begrenzungsflächen von Räumen weder vollständig absorbierend noch vollständig reflektierend, dann tritt immer eine Mischung aus stehenden und fortschreitenden Wellen auf. Man bezeichnet fortschreitende Wellen auch als ‚aktives Feld' und stehende Wellen als ‚reaktives Feld'. Allgemein setzen sich so gesehen Schallfelder aus aktiven und reaktiven Anteilen zusammen.

## 2.3 Dreidimensionale Schallfelder

Die Übertragung der im vorigen Abschnitt erläuterten eindimensionalen Schallausbreitung auf den allgemeineren dreidimensionalen Fall gestaltet sich nicht schwierig. Die dreidimensionale Erweiterung des Massenerhaltungsprinzips (2.20) muss nur berücksichtigen, dass das die konstante Masse aufnehmende Volumenelement nun Dehnungen in allen drei Raumrichtungen erfahren kann. An Stelle von (2.20) tritt also einfach

$$\frac{\varrho}{\varrho_0} = -\frac{\partial \xi_x}{\partial x} - \frac{\partial \xi_y}{\partial y} - \frac{\partial \xi_z}{\partial z}\ . \tag{2.53}$$

Weil das Schallfeld in Zukunft – wie erwähnt – durch Druck und Schnelle beschrieben werden soll, wird (2.53) nach der Zeit abgeleitet und $\varrho = p/c^2$ eingesetzt:

$$\frac{1}{\varrho_0 c^2}\frac{\partial p}{\partial t} = -\frac{\partial v_x}{\partial x} - \frac{\partial v_y}{\partial y} - \frac{\partial v_z}{\partial z} \,. \tag{2.54}$$

Noch einfacher gestaltet sich die dreidimensionale Erweiterung des akustischen Trägheitsgesetzes. Kräfte betreffende Überlegungen lassen sich auf die Richtungskomponenten getrennt anwenden. In (2.27) muss also nur noch der Vollständigkeit halber angemerkt werden, dass hier die $x$-Komponente der Schnelle gemeint ist, und hinzu kommen die gleichlautenden Kräftebilanzen in den beiden anderen Raumrichtungen:

$$\varrho_0 \frac{\partial v_x}{\partial t} = -\frac{\partial p}{\partial x} \tag{2.55a}$$

$$\varrho_0 \frac{\partial v_y}{\partial t} = -\frac{\partial p}{\partial y} \tag{2.55b}$$

$$\varrho_0 \frac{\partial v_z}{\partial t} = -\frac{\partial p}{\partial z} \,. \tag{2.55c}$$

Zur Herleitung der dreidimensionalen Wellengleichung wird die Schnelle aus (2.54) und (2.55a–c) eliminiert. Wenn man (2.55a) nach $x$, (2.55b) nach $y$ und (2.55c) nach $z$ ableitet und danach in die nach $t$ differenzierte Gleichung (2.54) einsetzt, so erhält man die Wellengleichung

$$\frac{\partial^2 p}{\partial x^2} + \frac{\partial^2 p}{\partial y^2} + \frac{\partial^2 p}{\partial z^2} = \frac{1}{c^2}\frac{\partial^2 p}{\partial t^2} \,. \tag{2.56}$$

Die Gln. (2.54) bis (2.56) werden oft auch in der Schreibweise vektorieller Differentialoperatoren genannt. Gleichbedeutend mit (2.54) ist die Fassung (div = Divergenz von)

$$\operatorname{div} \boldsymbol{v} = -\frac{1}{\varrho_0 c^2}\frac{\partial p}{\partial t} \,. \tag{2.57}$$

Gleichungen (2.55a) bis (2.55c) entsprechen (grad = Gradient von)

$$\operatorname{grad} p = -\varrho_0 \frac{\partial \boldsymbol{v}}{\partial t} \,, \tag{2.58}$$

und die Wellengleichung lautet ($\Delta$ = Delta-Operator)

$$\Delta p = \frac{1}{c^2}\frac{\partial^2 p}{\partial t^2} \,. \tag{2.59}$$

Die Formulierungen (2.57) bis (2.59) lassen sich als unabhängig von einem speziellen, benutzten Koordinatensystem ansehen, sie können also z. B. durch Verwendung eines mathematischen Nachschlagewerkes direkt in ein bestimmtes, erwünschtes Koordinatensystem (etwa Zylinder- oder Kugel-Koordinaten) „übersetzt" werden. So gesehen erscheinen die Gln. (2.54), (2.55a), (2.55b), (2.55c) und (2.56) nur als „kartesische Ausgabe" der allgemeineren Beziehungen (2.57) bis (2.59). Die Wellengleichung in Zylinderkoordinaten wird in Kap. 10 dieses Buches benötigt und kann dort nachgeschlagen werden.

In diesem Buch findet man die Beschreibungen durch vektorielle Differentialoperatoren sonst an keiner Stelle, sie sind hier mehr der Vollständigkeit halber genannt.

In der Sprache der mathematischen Feldtheorie ausgedrückt bedeuten (2.57) bis (2.59), dass das Schallfeld vollständig durch Angabe einer skalaren Ortsfunktion $p$ beschrieben werden kann, deren Gradient das vektorielle Schnellefeld $\boldsymbol{v}$ angibt. Die akustische Feldtheorie, bei der die Wellengleichung unter Annahme gewisser Randbedingungen gelöst wird, ist nur teilweise (in Kap. 10 und in Kap. 13) Gegenstand dieses Buches; der interessierte Leser sei hier vor allem auf das Werk von P. M. Morse und U. Ingard: Theoretical Acoustics (McGraw Hill, New York 1968) verwiesen.

Erwähnenswert ist jedoch gewiss noch, dass man aus den Grundgleichungen (2.57) bis (2.59) noch direkt (und etwas formal) zeigen kann, dass es sich bei allen Schallfeldern um wirbelfreie, auch als „konservativ“ bezeichnete Felder handelt. Weil stets

$$\mathrm{rot}\,\mathrm{grad} = 0$$

(rot = Rotation von) gilt, ist insbesondere

$$\mathrm{rot}\,\boldsymbol{v} = 0\,. \tag{2.60}$$

Die Eigenschaft der Wirbelfreiheit ist eine Besonderheit der Ausbreitung in Gasen, die zum Beispiel für die Schwingungsausbreitung in festen Körpern nicht zutrifft.

In den folgenden Kapiteln werden häufig räumliche Wellen mit unterschiedlichen Laufrichtungen vorkommen, weshalb hier abschließend auf ihre Notation eingegangen wird. Im aus $x$- und $y$-Achse gebildeten Koordinatensystem schräg laufende Wellen werden durch

$$p(x, y,) = p_0\,\mathrm{e}^{-jk(x\cos\varphi + y\sin\varphi)}\,, \tag{2.61}$$

beschrieben. Dabei gibt $\varphi$ den Winkel der Laufrichtung mit der $x$-Achse an. Wie man leicht zeigt erfüllt der aufgeführte Druck die Wellengleichung und geht vernünftiger Weise

- für $\varphi = 0$ in eine Welle in positive $x$-Richtung und
- für $\varphi = 90°$ in eine Welle in positive $y$-Richtung

über.

## 2.4 Energie- und Leistungstransport

Wie die Betrachtungen in den Abschn. 2.1 und 2.2 gezeigt haben, besteht das Wesen der Schallwellenausbreitung in lokalen Verdichtungen des Mediums (die durch den Druck beschrieben werden), die mit gleichfalls lokalen Schwingungen der Gaselemente einhergehen; das ganze „Störungsmuster" (bezogen auf den Ruhezustand) wandert dann – bei fortschreitenden Wellen – entlang einer örtlichen Achse.

Das bedeutet natürlich auch, dass das Medium lokal und momentan Energie speichert: Die Kompression von Gasen erfordert ebenso Energieaufwand wie die beschleunigte Bewegung von Gasmassen. Man kann das auch am oben schon einmal benutzten Ersatzmodell „Kettenleiter" ablesen, dessen Federn die Speicher potentieller Energie und dessen Massen die Speicher kinetischer Energie bilden.

Für die kinetische Energie einer Masse $m$, die mit der Geschwindigkeit $v$ bewegt wird, gilt bekanntlich

$$E_{\text{kin}} = \frac{1}{2} m v^2 \,. \tag{2.62}$$

Für eine Feder mit der Federsteife $s$, die mit einer Kraft $F$ zusammengedrückt wird, ist

$$E_{\text{pot}} = \frac{1}{2} \frac{F^2}{s} \,. \tag{2.63}$$

Aus diesen beiden Gleichungen kann die in einem Gas-Volumenelement $\Delta V$ momentan gespeicherte Energie $E_V$ bestimmt werden. Das Volumenelement soll wieder „klein" sein, es besitze die Dicke $\Delta x$ und die Querschnittsfläche $S$. Für die kinetische Energie gilt nach (2.62)

$$E_{\text{kin}} = \frac{1}{2} \varrho_0 v^2 \Delta V \,.$$

Für die potentielle (Feder-)Energie gilt mit $F = pS$ und mit $s = ES/\Delta x = \varrho_0 c^2 S/\Delta x$ (siehe (2.21) und (2.22))

$$E_{\text{pot}} = \frac{1}{2} \frac{p^2 S^2 \Delta x}{\varrho_0 c^2 S} = \frac{1}{2} \frac{p^2 \Delta V}{\varrho_0 c^2} \,.$$

Demnach ist für die insgesamt im Volumenelement gespeicherte Energie

$$E_{\Delta V} = \frac{1}{2} \left\{ \frac{p^2}{\varrho_0 c^2} + \varrho_0 v^2 \right\} \Delta V \,. \tag{2.64}$$

Weil jeder Gaspunkt einen Energiespeicher darstellt, bezeichnet man

$$E = \frac{1}{2} \left\{ \frac{p^2}{\varrho_0 c^2} + \varrho_0 v^2 \right\} \tag{2.65}$$

als Energiedichte des Schallfeldes. Bei kleinen Volumina $V$ ist die in ihnen gespeicherte Energie dann einfach

$$E_V = EV \,. \tag{2.66}$$

Der Energiezustand in einem Gas hat natürlich ebenso Wellencharakter wie die Feldgrößen Druck und Schnelle. Wenn insbesondere eine fortschreitende ebene Welle vorhanden ist:

$$p = f(t - x/c) \quad \text{und} \quad v = p/\varrho_0 c$$

(siehe (2.28) und (2.29)), dann ist

$$E(x,t) = \frac{p^2}{\varrho_0 c^2} = \frac{1}{\varrho_0 c^2} f^2 \left(t - \frac{x}{c}\right) \tag{2.67}$$

zwar in der Signalgestalt dem Druckquadrat gleich, aber auch damit ist ein Transportvorgang längs der $x$-Achse beschrieben. Natürlich läuft die gespeicherte Energie „mit dem Schallfeld mit" und ist wie dieses eine Welle. Die zu einem festen Zeitpunkt vorhandene Energieverteilung ist „etwas später" eben auch „wo anders hin" verlagert worden. Zusammenfassend kann man sich also bei ebenen fortschreitenden Wellen vorstellen, dass die Quelle Energie abgibt, und diese wandert mit Schallgeschwindigkeit durch das Gas. Die Energie ist dem Sender dabei unwiederbringlich verloren gegangen.

Vor allem für stationär (also „dauernd") betriebene Quellen beschreibt man den offensichtlich vorhandenen Energietransport leichter durch eine Leistungsgröße. (Zur Erinnerung an den Unterschied zwischen den Begriffen Energie und Leistung darf vielleicht die heimische Glühbirne erwähnt werden. Die Leistung gibt an, wie viel MOMENTANE Wirkung an Licht und Wärme vorhanden ist. Was man an das Elektrizitätswerk bezahlen muss, ist jedoch die Energie, die sich aus dem Produkt von Brenndauer und Leistung ergibt. Der Energieverbrauch wächst linear mit der Zeit, die Leistung ist deren zeitliche Änderung, also die Zeitableitung des Energie-Zeitverlaufs.) Weil es sich bei der Schallausbreitung um örtlich verteilte Vorgänge handelt, muss notwendigerweise bei der Betrachtung des akustischen Leistungsflusses die Fläche mitbetrachtet werden, durch welche diese Leistung hindurchtritt. Zum Beispiel wächst bei einer ebenen Welle die durch eine Fläche $S$ hindurchfließende Leistung mit $S$ an. Es ist deswegen sinnvoll, diese Leistung durch das Produkt

$$P = IS \tag{2.68}$$

zu beschreiben. Die damit definierte Größe $I$ heißt Intensität, wie diese akustische Schallleistungs-Flächendichte genannt wird. Allgemein bildet die Intensität einen Vektor, der in Richtung der Wellenausbreitung zeigt. Für (2.68) ist zunächst wieder von eindimensionalen Schallvorgängen ausgegangen worden, $I$ zählt also (in der in diesem Kapitel stets verwendeten Notation) in $x$-Richtung. Auch wurde angenommen, dass sich die Intensität entlang der Fläche $S$ nicht ändert.

Natürlich sind Energiedichte und Leistungsdichte zusammenhängende Größen. Ihre Beziehung untereinander ergibt sich aus dem Prinzip der Energieerhaltung, das hier wieder auf ein (kleines) Element der Gassäule wie in Abb. 2.4 angewendet wird. Die an der Stelle $x + \Delta x$ aus ihm während der Zeit $\Delta t$ herausfließende Energie beträgt $I(x + \Delta x)S\Delta t$, die in diesem Zeitintervall zufließende Energie ist $I(x)S\Delta t$. Die Differenz aus Energie-Zufluss und Energie-Abfluss muss sich auswirken im Unterschied $VE(t + \Delta t) - VE(t)$ der zu den Zeiten $t + \Delta t$ und $t$ gespeicherten Energien:

$$S\Delta x\,(E(t + \Delta t) - E(t)) = S\,(I(x) - I(x + \Delta x))\,\Delta t\ .$$

Nachdem beide Seiten durch $S\Delta x\Delta t$ geteilt worden sind und die Grenzübergänge $\Delta x \to 0$ und $\Delta t \to 0$ vollzogen worden sind, erhält man

$$\frac{\partial I}{\partial x} = -\frac{\partial E}{\partial t} . \tag{2.69}$$

Insbesondere für Leistungs- und Intensitätsmessungen stellt sich natürlich die Frage, wie sich die Intensität aus den Feldgrößen Druck und Schnelle bestimmen lässt. Zusammen mit der Energiedichte nach (2.65) enthält (2.69) bereits die Antwort:

$$\frac{\partial I}{\partial x} = -\frac{1}{2}\left(\frac{1}{\varrho_0 c^2}\frac{\partial p^2}{\partial t} + \varrho_0\frac{\partial v^2}{\partial t}\right) = -\left(\frac{p}{\varrho_0 c^2}\frac{\partial p}{\partial t} + \varrho_0 v\frac{\partial v}{\partial t}\right)$$

(wobei von der Kettenregel $\partial p^2/\partial x = 2p\,\partial p/\partial x$ Gebrauch gemacht worden ist). Hierin drückt man noch nach (2.26) $\partial p/\partial t$ durch $\partial v/\partial x$ und nach (2.27) $\partial v/\partial t$ durch $\partial p/\partial x$ aus:

$$\frac{\partial I}{\partial x} = p\frac{\partial v}{\partial x} + v\frac{\partial p}{\partial x} = \frac{\partial(pv)}{\partial x} .$$

Durch Integration erhält man daraus das Resultat

$$I(t) = p(t)v(t) . \tag{2.70}$$

Die Intensität ist also einfach gleich dem Produkt aus Schalldruck und Schallschnelle. Das gilt auch im allgemeinen, dreidimensionalen Fall, für den (2.70) durch

$$\boldsymbol{I} = p\,\boldsymbol{v} \tag{2.71}$$

ersetzt wird. Die durch eine Fläche $S$ hindurchtretende Leistung errechnet sich allgemein zu

$$P = \int \boldsymbol{I}\,\mathrm{d}\boldsymbol{S} , \tag{2.72}$$

worin $\mathrm{d}\boldsymbol{S}$ das vektorielle Flächenelement bedeutet (es steht überall senkrecht auf der Fläche $S$).

Zur Charakterisierung stationärer Quellen wird der zeitliche Mittelwert von Intensität oder Leistung angegeben, also

$$\bar{I} = \frac{1}{T}\int_0^T I(t)\,\mathrm{d}t \tag{2.73}$$

und

$$\bar{P} = \frac{1}{T}\int_0^T P(t)\,\mathrm{d}t . \tag{2.74}$$

Eine einfache Vorstellung der zeitlichen Struktur von Intensität und Leistung erhält man, wenn Signale in Form von reinen Tönen, also $p = \mathrm{Re}\{\underline{p}\,\mathrm{e}^{j\omega t}\}$ und $v = \mathrm{Re}\{\underline{v}\,\mathrm{e}^{j\omega t}\}$, vorausgesetzt werden. Die Intensität ergibt sich in diesem Fall aus

$$I = pv = \mathrm{Re}\{\underline{p}\,\mathrm{e}^{j\omega t}\}\mathrm{Re}\{\underline{v}\,\mathrm{e}^{j\omega t}\}\ ,$$

oder, mit $\mathrm{Re}\{z\} = (z + z^*)/2$ (wie immer bedeutet auch hier $^*$ die konjugiert komplexe Größe), aus

$$\begin{aligned} I = pv &= \frac{1}{4}(\underline{p}\,\mathrm{e}^{j\omega t} + \underline{p}^*\,\mathrm{e}^{-j\omega t})(\underline{v}\,\mathrm{e}^{j\omega t} + \underline{v}^*\,\mathrm{e}^{-j\omega t}) \\ &= \frac{1}{4}(\underline{p}\underline{v}^* + \underline{p}^*\underline{v} + \underline{p}\underline{v}\,\mathrm{e}^{j2\omega t} + \underline{p}^*\underline{v}^*\,\mathrm{e}^{-j2\omega t}) \\ &= \frac{1}{2}\mathrm{Re}\{\underline{p}\underline{v}^* + \underline{p}\underline{v}\,\mathrm{e}^{j2\omega t}\}\ . \end{aligned} \tag{2.75}$$

Wie man sieht, enthält die Intensität (und damit auch die Leistung) einen zeitunabhängigen Gleichanteil, den man als Wirkintensität

$$\bar{I} = \frac{1}{2}\mathrm{Re}\{\underline{p}\underline{v}^*\} \tag{2.76}$$

(und entsprechend als Wirkleistung) bezeichnet. Die Wirkintensität (und die Wirkleistung) ist mit dem zeitlichen Mittelwert identisch. Dazu kommt ein sogenannter ‚Blindanteil'

$$I_\mathrm{B} = \frac{1}{2}\mathrm{Re}\{\underline{p}\underline{v}\,\mathrm{e}^{j2\omega t}\}\ , \tag{2.77}$$

der mit der doppelten Frequenz schwingt. Im zeitlichen Mittel liefert der Blindanteil keinen Beitrag. Anders als in der Elektrotechnik (bei welcher der Blindleistungsfluss für die Dimensionierung von Leiterquerschnitten eine Rolle spielt) interessiert die Blindleistung in der Akustik nicht (denn hier findet man die von der Natur bescherten ‚Leitungen' vor, ohne etwas an ihnen ändern zu können).

Für die Größe der Wirkleistung ist die Phasenbeziehung zwischen Druck und Schnelle ausschlaggebend. Sind diese beiden Feldgrößen wie bei ebenen fortschreitenden Wellen mit $p = \varrho_0 c v$ gleichphasig, dann gilt allgemein für beliebige Zeitverläufe

$$I(t) = \frac{p^2(t)}{\varrho_0 c}\ . \tag{2.78}$$

Bei reinen Tönen $p = p_0 \cos(\omega t - kx)$ geht die Intensität also zweimal pro Periode $T = 1/f$ durch Null; das ist eine bloße Konsequenz aus dem zeitlichen Verlauf des Feldes und der Tatsache, dass Intensität und Leistung quadratische Größen sind. Der zeitliche Mittelwert ergibt sich einfach mit $\underline{v} = \underline{p}/\varrho_0 c$ aus (2.76) zu

$$\bar{I} = \frac{1}{2\varrho_0 c}\mathrm{Re}\{\underline{p}\underline{p}^*\} = \frac{{p_\mathrm{eff}}^2}{\varrho_0 c} \tag{2.79}$$

($p_\mathrm{eff}$ = Effektivwert, bekanntlich gilt $p_\mathrm{eff} = |\underline{p}|/\sqrt{2}$).

Wie man (2.45) und (2.46) entnehmen kann, sind Druck und Schnelle andererseits bei stehenden Wellen um $\pm 90^\circ$ phasenverschoben; in diesem Fall findet also wegen $p = j\beta v$ ($\beta$ bedeutet eine reellwertige Größe) (2.76) zufolge im zeitlichen Mittel kein Leistungstransport statt. Im nächsten Abschnitt zur Intensitätsmesstechnik wird darauf nochmals ausführlicher an geeigneter Stelle eingegangen.

Zur Intensitätsmessung bei ebenen fortschreitenden Wellen genügt offensichtlich die Messung des Schalldrucks alleine. Aus diesem Grunde werden Schallleistungsmessungen häufig im Freifeld (z. B. im reflexionsarmen Raum) in großen Abständen zur Quelle durchgeführt. Unter diesen Messvoraussetzungen kann man davon ausgehen, dass lokal tatsächlich $p = \varrho_0 c v$ gilt. Zur Schallleistungsmessung zerlegt man sich eine um die Quelle herumgelegte (gedachte) Hüllfläche in $N$ „kleine" Teilflächen $S_i$; auf jeder Teilfläche wird der Schalldruck-Effektivwert bestimmt. Die abgestrahlte Schallleistung ergibt sich dann aus

$$\bar{P} = \sum_{i=1}^{N} \frac{{p_{\mathrm{eff},i}}^2}{\varrho_0 c} S_i \ . \tag{2.80}$$

Schließlich sei noch erwähnt, dass man auch Leistung und Intensität durch Pegel beschreibt. Dabei definiert man die erforderlichen Bezugsgrößen $P_0$ und $I_0$ in

$$L_{\mathrm{I}} = 10 \lg \frac{\bar{I}}{I_0} \tag{2.81}$$

und in

$$L_{\mathrm{w}} = 10 \lg \frac{\bar{P}}{P_0} \tag{2.82}$$

so, dass sich gleiche Zahlenwerte für Druckpegel $L$, für Intensitätspegel $L_{\mathrm{I}}$ und für Leistungspegel $L_{\mathrm{w}}$ für den speziellen Fall einer ebenen fortschreitenden Welle ergeben und diese in Luft eine Fläche von $S = 1\,\mathrm{m}^2$ durchsetzt. Mit

$$L = 10 \log \left( \frac{p_{\mathrm{eff}}}{p_0} \right)^2 \quad \text{mit} \quad p_0 = 2 \cdot 10^{-5}\,\mathrm{N/m}^2$$

ergibt sich also

$$I_0 = \frac{{p_0}^2}{\varrho_0 c} = 10^{-12}\,\mathrm{W/m}^2 \tag{2.83}$$

und

$$P_0 = I_0 \times 1\,\mathrm{m}^2 = 10^{-12}\,\mathrm{W} \tag{2.84}$$

(mit $\varrho_0 c = 400\,\mathrm{kg/(m^2\,s)}$).

Für die Leistungsmessung nach dem Hüllflächenverfahren sollten folgende Normen berücksichtigt werden:

- EN ISO 3740: Bestimmung des Schallleistungspegels von Geräuschquellen – Leitlinien zur Anwendung der Grundnormen (von 2000)

- EN ISO 3744: Bestimmung der Schallleistungspegel von Geräuschquellen aus Schalldruckmessungen – Hüllflächenverfahren der Genauigkeitsklasse 2 für ein im wesentlichen freies Schallfeld über einer reflektierenden Ebene (von 1995)
- EN ISO 3745: Bestimmung der Schallleistungs- und Schallenergiepegel von Geräuschquellen aus Schalldruckmessungen – Verfahren der Genauigkeitsklasse 1 für reflexionsarme Räume und Halbräume (von 2003)
- EN ISO 3746: Ermittlung der Schallleistungspegel von Geräuschquellen aus Schalldruckmessungen – Hüllflächenverfahren der Genauigkeitsklasse 3 über einer reflektierenden Ebene (von 2000)

## 2.5 Intensitäts-Messverfahren

Wie soeben ausgeführt lässt sich die Messung der Schallleistung im Freifeld und bei ausreichend großen Abständen zur Quelle auf die Ermittlung des Schalldrucks auf einer Messfläche zurückführen. Das setzt die nicht immer tatsächlich auch gegebene Verfügbarkeit eines besonderen, reflexionsarmen Messraumes voraus. Auch lassen sich manche technischen Schallquellen gar nicht in eine reflexionsarme Umgebung schaffen, das ist oft entweder unmöglich oder wäre viel zu aufwendig. Es gibt also Grund genug für ein Leistungs-Messverfahren, das auf spezielle Umgebungsbedingungen möglichst nicht angewiesen sein soll.

Notwendigerweise muss ein solches Verfahren die Bestimmung der Schallschnelle beinhalten. Der Grundgedanke beim Intensitäts-Messverfahren besteht deshalb darin, den zur Schnelle-Messung erforderlichen Druckgradienten durch die Druckdifferenz zwischen zwei Mikrophonorten abzuschätzen. Statt der wahren Schnelle mit

$$\varrho_0 \frac{\partial v}{\partial t} = -\frac{\partial p}{\partial x}$$

wird also die gemessene Schnelle

$$\varrho_0 \frac{\partial v_{\mathrm{M}}}{\partial t} = \frac{p(x) - p(x + \Delta x)}{\Delta x} \tag{2.85}$$

zur Bestimmung der Intensität benutzt. Dabei bezeichnen $x$ und $x + \Delta x$ die Orte, in denen die beiden bei der Intensitäts-Messtechnik verwendeten Druckempfänger angebracht sind.

Die Richtung des Abstandes $\Delta x$ zwischen den beiden Messpositionen muss dabei keineswegs mit der tatsächlichen (oder vermeintlichen) Richtung der Schallausbreitung übereinstimmen; mit den nachfolgend näher beschriebenen Verfahren wird stets diejenige vektorielle Intensitäts-Komponente bestimmt, deren Richtung in die durch die beiden Messorte hindurchlaufende Achse zählt.

Natürlich bildet (2.85) eine Approximation für die „wahre" Schallschnelle, die mit Hilfe von (2.85) hergestellte Schätzung für die Intensität wird systematische Fehler enthalten, die hier genauer zu untersuchen sind. Vorab müssen jedoch die Messverfahren in den Details geschildert werden, die Fehlerbetrachtung – die dann auch die Grenzen des Verfahrens angibt – folgt anschließend.

Wie schon erwähnt sind Leistungsmessungen vor allem für stationär betriebene („dauernd laufende") Quellen sinnvoll, davon wird im Folgenden ausgegangen. Für solche Schalle kann das sich auf (2.85) stützende Intensitäts-Messverfahren entweder direkt auf den zeitlichen Mittelwert der lokalen Intensität abzielen (die dazu erforderlichen Signale können dabei auch z. B. A-gefiltert sein), oder es kann die spektrale Zusammensetzung aus Frequenzbestandteilen im Vordergrund des Interesses stehen. Im Folgenden wird sowohl auf die Ermittlung der Intensität im Zeitbereich als auch im Frequenzbereich eingegangen.

### 2.5.1 Zeitbereichsverfahren

Zur Bestimmung der Intensität muss die Druckdifferenz in (2.85) noch mit Hilfe eines analogen elektrischen Netzwerkes oder mit einem digitalen Prozessor zeitlich integriert werden:

$$v_M(t) = \frac{1}{\Delta x \varrho_0} \int [p(x) - p(x + \Delta x)] \, dt \, . \tag{2.86}$$

Der Zeitverlauf der Intensität ergibt sich als das Produkt von Druck und Schnelle. Da man nun über zwei Messsignale für den Druck verfügt, die an zwei nah benachbarten Orten gewonnen worden sind, verwendet man für den Druck den Mittelwert der beiden Signale

$$p_M(t) = \frac{1}{2} [p(x) + p(x + \Delta x)] \, , \tag{2.87}$$

damit ist

$$I(t) = p_M(t) v_M(t) = \frac{1}{2\varrho_0 \Delta x} [p(x) + p(x + \Delta x)] \int [p(x) - p(x + \Delta x)] \, dt \, . \tag{2.88}$$

Der zeitliche Mittelwert ergibt sich wieder mit Hilfe eines analogen oder digitalen Integrators zu

$$\bar{I} = \frac{1}{2\varrho_0 \Delta x T} \int_0^T [p(x) + p(x + \Delta x)] \int [p(x) - p(x + \Delta x)] \, dt \, dt \, , \tag{2.89}$$

worin $T$ die Mittelungszeit bedeutet.

## 2.5.2 Frequenzbereichsverfahren

### Harmonische Zeitverläufe

Es sei hier zunächst angenommen, dass die anregende Schallquelle einen einzelnen Ton einer gewissen, bekannten (oder leicht messbaren) Frequenz abgebe. Diese Annahme eröffnet eine besonders einfache Behandlung des Verfahrens zur Bestimmung der Intensität. Darüber hinaus erlaubt diese Vorbetrachtung eine Kontrolle der im folgenden Abschnitt vorgenommenen Betrachtung für den allgemeineren Fall mit beliebigen Zeitverläufen.

Hier werden die komplexen Amplituden der Schalldrucksignale in den Orten $x$ und $x + \Delta x$ mit $p(x)$ und $p(x + \Delta x)$ bezeichnet. Es gilt also gemäß der geschilderten Zeitkonvention $p(x,t) = \mathrm{Re}\{p(x)\,\mathrm{e}^{j\omega t}\}$ und $p(x + \Delta x, t) = \mathrm{Re}\{p(x + \Delta x)\,\mathrm{e}^{j\omega t}\}$. Mit diesen Bezeichnungen wird aus (2.85) für die komplexe Amplitude der Schallschnelle

$$v_{\mathrm{M}} = \frac{-j}{\omega\varrho_0\Delta x}\,[p(x) - p(x + \Delta x)] \ . \tag{2.90}$$

Auch diesmal wird der Druck $p_{\mathrm{M}}$ aus dem Mittelwert der Messgrößen bestimmt:

$$p_{\mathrm{M}} = \frac{1}{2}\,[p(x) + p(x + \Delta x)] \ . \tag{2.91}$$

Der zeitliche Mittelwert der Intensität (die Wirkintensität) wird demnach und wegen (2.76) aus

$$\begin{aligned} I_{\mathrm{M}} &= \frac{1}{2}\mathrm{Re}\,\{p_{\mathrm{M}}v_{\mathrm{M}}{}^*\} \\ &= \frac{1}{4\omega\varrho_0\Delta x}\mathrm{Re}\,\{j\,[p(x) + p(x + \Delta x)]\,[p^*(x) - p^*(x + \Delta x)]\} \end{aligned} \tag{2.92}$$

gebildet ($^*$ = konjugiert komplex). Weil $pp^*$ eine reellwertige Größe darstellt, bleibt nach dem Ausmultiplizieren der Klammern nur

$$I_{\mathrm{M}} = \frac{1}{4\omega\varrho_0\Delta x}\mathrm{Re}\,\{-j\,[p(x)p^*(x + \Delta x) - p^*(x)p(x + \Delta x)]\}$$

übrig. Mit $\mathrm{Re}\{-jz\} = \mathrm{Re}\{-j(x + jy)\} = y = \mathrm{Im}\{z\}$ gilt auch

$$I_{\mathrm{M}} = \frac{1}{4\omega\varrho_0\Delta x}\mathrm{Im}\,\{p(x)p^*(x + \Delta x) - p^*(x)p(x + \Delta x)\} \ ,$$

oder, wegen $\mathrm{Im}\{z - z*\} = 2\mathrm{Im}\{z\}$, folgt schließlich

$$I_{\mathrm{M}} = \frac{1}{2\omega\varrho_0\Delta x}\mathrm{Im}\,\{p(x)p^*(x + \Delta x)\} \ . \tag{2.93}$$

Wie man sieht, benötigt man zur Berechnung von $I_{\mathrm{M}}$ nur die beiden Amplituden $p(x)$ und $p(x + \Delta x)$ und die Phasendifferenz zwischen ihnen.

### Beliebige Zeitverläufe

Bei beliebigen Zeitsignalen der Schallquelle ist für die Durchführung des Verfahrens ‚im Frequenzbereich' naturgemäß eine Zerlegung der an den Orten $x$ und $x + \Delta x$ vorgefundenen Zeitverläufe $p(x,t)$ und $p(x + \Delta x, t)$ in Frequenzbestandteile erforderlich. Eine ausführlichere Beschreibung, wie solche hier offensichtlich erforderlichen spektralen Zerlegungen vorgenommen werden, gibt Kap. 13, dessen genaue Kenntnis hier jedoch noch nicht vorausgesetzt werden soll. Deshalb versuchen die folgenden Betrachtungen eher, einem plausiblen, anschaulichen Konzept zu folgen.

Zunächst kann festgestellt werden, dass die Beobachtung der erforderlichen Zeitsignale nur während einer gewissen, endlichen Zeitdauer $T$ überhaupt erfolgen kann, eine wirklich ‚unendlich lange' Beobachtung ist unmöglich. Grundsätzlich sind also die Signale nur in einem gewissen Intervall $0 < t < T$ bekannt. Andererseits sind Intensitätsmessungen fast ausschließlich für stationär betriebene Quellen sinnvoll. Es ist deshalb vernünftig anzunehmen, dass sich die Signale auch außerhalb des Intervalles $0 < t < T$ ‚ähnlich' verhalten wie innerhalb dieses Intervalles. Am einfachsten drückt man diese Erwartung aus, indem man annimmt, dass sich die Signale mit der Beobachtungszeit $T$ periodisch wiederholen, dass also $p(x, t + T) = p(x,t)$ (und natürlich auch $p(x + \Delta x, t + T) = p(x + \Delta x, t)$ gilt. Dabei muss die Dauer $T$ nicht etwa mit einer wahren physikalischen Periode (z. B. der Umdrehung eines laufenden Motors) übereinstimmen, im Gegenteil bedeutet $T$ eine vom Anwender (mehr oder weniger) willkürlich gewählte Messzeit. Dass mit dieser mathematisch ‚strengen' Periodisierung dennoch kein nennenswerter Fehler einhergehen kann, das leuchtet für stationäre Signale unmittelbar ein: lokale Intensität und global abgegebene Leistung können kaum davon abhängen, welches Zeitstück der Dauer $T$ aus dem langdauernden stationären Signal herausgegriffen wird. Außerdem kann man natürlich noch über mehrere Stichproben der Länge $T$ mitteln.

Der Vorteil, der mit der genannten Voraussetzung (künstlich) periodisierter Signale gewonnen wird, besteht einfach darin, dass nur ganz bestimmte, diskrete Frequenzen $n\omega_0$ (mit $\omega_0 = 2\pi/T$) im Signal vorkommen können; das macht die Betrachtungen zunächst etwas einfacher. Wie z. B. auch (13.38) zeigt, können nämlich die Zeitverläufe $p(x,t)$ und $p(x + \Delta x, t)$ durch die Fourier-Reihen

$$p(x,t) = \sum_{n=-\infty}^{\infty} p_n(x)\, \mathrm{e}^{jn\omega_0 t} \tag{2.94}$$

und

$$p(x + \Delta x, t) = \sum_{n=-\infty}^{\infty} p_n(x + \Delta x)\, \mathrm{e}^{jn\omega_0 t} \tag{2.95}$$

dargestellt werden. Die Größen $p_n(x)$ und $p_n(x + \Delta x)$ bilden die komplexwertigen spektralen Amplituden des jeweiligen Zeitverlaufs. Wie die komplexen Amplitudenfolgen $p_n(x)$ und $p_n(x + \Delta x)$ aus den (periodischen) Zeitverläufen $p(x,t)$ und $p(x + \Delta x, t)$ berechnet werden können, das ist in (13.37) geschildert. Weil in der Akustik zeitliche

Gleichanteile im Schalldruck nicht vorkommen (Gleichdrücke bilden keine Wellen und sind auch nicht hörbar), wird im Folgenden $p_0(x) = p_0(x + \Delta x) = 0$ vorausgesetzt. Es sei daran erinnert, dass für beide spektrale Folgen die ‚konjugierte Symmetrie' $p_{-n} = p_n^*$ ($^* =$ konjugiert komplex) gelten muss, weil die durch Summation entstehenden Zeitverläufe $p(x,t)$ und $p(x+\Delta x,t)$ selbst naturgemäß reellwertig sein müssen. Die Summation muss nicht wirklich über alle Grenzen ausgeführt werden; welche Frequenzen noch enthalten sind, das hängt vom vorgeschalteten Filter ab (oder von der Messeinrichtung selbst, die natürlich selbst stets Tiefpasscharakter oder Bandpasscharakter besitzt).

Mit Hilfe der beiden soeben aufgeführten Reihenzerlegungen geht (2.89) über in

$$\bar{I} = \frac{1}{2\varrho_0 \Delta x T} \int_0^T \sum_{n=-\infty}^{\infty} [p_n(x) + p_n(x + \Delta x)]\, \mathrm{e}^{jn\omega_0 t}$$

$$\sum_{m=-\infty}^{\infty} \frac{1}{jm\omega_0} [p_m(x) - p_m(x + \Delta x)]\, \mathrm{e}^{jm\omega_0 t}\, \mathrm{d}t\ . \tag{2.96}$$

In der zweiten Summe ist der Summationsindex der größeren Klarheit halber mit $m$ bezeichnet worden. Nach Ausmultiplizieren entsteht

$$\bar{I} = \frac{1}{2\varrho_0 \Delta x T} \int_0^T \sum_{n=-\infty}^{\infty} \sum_{m=-\infty}^{\infty} [p_n(x) + p_n(x + \Delta x)]$$

$$\frac{1}{jm\omega_0} [p_m(x) - p_m(x + \Delta x)]\, \mathrm{e}^{j(n+m)\omega_0 t}\, \mathrm{d}t\ . \tag{2.97}$$

Wegen

$$\int_0^T \mathrm{e}^{j(n+m)\omega_0 t}\, \mathrm{d}t = 0\ .$$

für $n + m \neq 0$ (für $n + m = 0$ wird das Integral gleich $T$) bleiben nur die Summanden mit $m = -n$ übrig, es gilt also

$$\bar{I} = \frac{-1}{2\varrho_0 \Delta x} \sum_{n=-\infty}^{\infty} [p_n(x) + p_n(x + \Delta x)]$$

$$\frac{1}{jn\omega_0} [p_{-n}(x) - p_{-n}(x + \Delta x)]\ . \tag{2.98}$$

Für eine der Teilsummen, die man nach Ausmultiplizieren der Klammern erhält, gilt

$$\sum_{n=-\infty}^{\infty} \frac{p_n(x) p_{-n}(x)}{jn\omega_0} = 0\ ,$$

weil sich je zwei Summanden mit $n = N$ und $n = -N$ zusammen zu Null ergänzen und weil $p_0(x) = 0$ vorausgesetzt worden ist. Ebenso gilt natürlich

$$\sum_{n=-\infty}^{\infty} \frac{p_n(x+\Delta x)p_{-n}(x+\Delta x)}{jn\omega_0} = 0\,.$$

Damit bleibt für die Wirkintensität nach (2.98)

$$\bar{I} = \frac{1}{2\varrho_0 \Delta x} \sum_{n=-\infty}^{\infty} \frac{1}{jn\omega_0}[p_n(x)p_{-n}(x+\Delta x) - p_n(x+\Delta x)p_{-n}(x)]$$

übrig, oder, wegen der genannten ‚konjugierten Symmetrie', 

$$\bar{I} = \frac{1}{2\varrho_0 \Delta x} \sum_{n=-\infty}^{\infty} \frac{1}{jn\omega_0}[p_n(x)p_n^*(x+\Delta x) - p_n(x+\Delta x)p_n^*(x)]\,.$$

Die prinzipielle Form der Summanden besteht also in $(z - z^*)/j$, dafür gilt aber einfach $(z - z^*)/j = 2\,\mathrm{Im}\{z\}$. Daraus folgt schließlich

$$\bar{I} = \frac{1}{\varrho_0 \Delta x} \sum_{n=-\infty}^{\infty} \frac{1}{n\omega_0} \mathrm{Im}\{p_n(x)p_n^*(x+\Delta x)\}\,. \tag{2.99}$$

Der Ausdruck $\mathrm{Im}\{p_n(x)p_n^*(x+\Delta x)\}/n\omega_0\varrho_0\Delta x$ bildet den Frequenzgang der Wirkintensität. Offensichtlich kann man jeden Frequenzbestandteil als einen von allen anderen Frequenzen unabhängigen Energiespeicher auffassen; die Gesamtintensität wird einfach aus der Summe der spektralen Intensitätsanteile gebildet.

Der Term $p_n(x)p_n^*(x+\Delta x)$ wird häufig auch als spektrale Kreuzleistung bezeichnet, die spektrale Intensität ergibt sich aus ihrem Imaginärteil.

### 2.5.3 Messfehler und Grenzen des Verfahrens

#### Hochfrequenter Fehler

Das augenfälligste und sofort einleuchtende Problem bei der Intensitätsmessung besteht darin, dass die Differenzenbildung an Stelle der Differentiation nur bei großen Wellenlängen und entsprechend tiefen Frequenzen eine richtige Schätzung abgeben kann. Eine einfachste Modellannahme zeigt die Größe des auftretenden Fehlers. Es sei dazu eine sich in $x$-Richtung ausbreitende fortschreitende Welle

$$p(x) = p_0\,\mathrm{e}^{-jkx}$$

als Schallfeld angenommen. Die zu diesem Feld gehörende wahre Intensität $I$ ist

$$I = \frac{1}{2}\mathrm{Re}\{pv^*\} = \frac{1}{2}\frac{{p_0}^2}{\varrho_0 c}$$

wobei von $v = p/\varrho_0 c$ für fortschreitende Wellen Gebrauch gemacht wurde. Die nach (2.93) gemessene Intensität dagegen ist

$$I_M = \frac{{p_0}^2}{2\omega\varrho_0\Delta x}\mathrm{Im}\left\{\mathrm{e}^{-jkx}\,\mathrm{e}^{jk(x+\Delta x)}\right\} = \frac{{p_0}^2}{2\omega\varrho_0\Delta x}\sin k\Delta x\,.$$

Demnach ist

$$\frac{I_M}{I} = \frac{\varrho_0 c}{\omega\varrho_0\Delta x}\sin k\Delta x = \frac{\sin k\Delta x}{k\Delta x}\,. \tag{2.100}$$

Nur für tiefe Frequenzen $k\Delta x \ll 1$ sind wegen $\sin k\Delta x/k\Delta x \approx 1$ gemessene und wahre Intensität identisch. Bereits für $k\Delta x = 2\pi\Delta x/\lambda = 0{,}18 \cdot 2\pi$ wird $\sin\, k\Delta x/k\Delta x = 0{,}8$; in diesem Fall beträgt mit $10\ \lg\ I_M/I = -1$ der Fehler gerade 1 dB. Der Messfehler ist demnach nur dann kleiner als 1 dB, wenn etwa $\Delta x < \lambda/5$ gilt. Für einen Abstand von nur $x = 2{,}5$ cm ließe sich also bis $\lambda = 12{,}5$ cm und damit bis zu $f = c/\lambda = 2700$ Hz messen, wenn der Fehler nicht größer als 1 dB werden darf.

### Tieffrequenter Fehler

Ein zweiter, die untere Frequenzgrenze betreffender Fehler besteht kurz gesagt darin, dass die aus den zwei Mikrophonen bestehende Intensitäts-Messsonde auf Grund von kleinen Phasenfehlern eine Art von „Phantom-Intensität" vorspiegelt, die es gar nicht gibt. Zur Erläuterung dieses Effektes muss klargestellt werden, dass sowohl Schallfelder existieren, die mit einem Leistungstransport im zeitlichen Mittel verknüpft sind als auch solche, die gerade ohne mittlere Leistungszufuhr auskommen. Es handelt sich dabei im ersten Fall um fortschreitende, im zweiten Fall um stehende Wellen, die beide in einem vorangegangenen Abschnitt schon behandelt worden sind. Im Folgenden müssen zunächst noch die Leistungstransporte bei diesen beiden grundsätzlichen Wellentypen geschildert werden.

### Leistungstransport bei fortschreitenden Wellen

Fortschreitende Wellen mit

$$p(x) = p_0\,\mathrm{e}^{-jkx}$$

und mit

$$p(x,t) = \mathrm{Re}\left\{p(x)\,\mathrm{e}^{j\omega t}\right\} = p_0\cos(\omega t - kx)$$

bestehen ihrer Natur nach wie erläutert in einem Ortsverlauf, der mit der Zeit wandert (siehe Abb. 2.7). Zwischen den Schalldrücken an zwei sich um $\Delta x$ unterscheidenden Mikrophonorten herrscht die Phasendifferenz $\Delta\varphi = k\Delta x = 2\pi\Delta x/\lambda$. Die Wirkintensität beträgt $I = {p_0}^2/2\varrho_0 c$.

### Leistungstransport bei stehenden Wellen

Wie vorne schon erklärt besitzen stehende Wellen den Schalldruck-Orts-Zeit-Verlauf

$$p(x,t) = \mathrm{Re}\left\{p(x)\,\mathrm{e}^{j\omega t}\right\} = 2p_0\cos kx\cos\omega t\,, \tag{2.101}$$

für die Schallschnelle gilt

$$v(x,t) = \mathrm{Re}\left\{v(x)\,\mathrm{e}^{j\omega t}\right\} = \frac{2p_0}{\varrho_0 c}\sin kx \sin \omega t \ . \tag{2.102}$$

Die beiden Orts-Verläufe sind für viele feste Zeiten in Abb. 2.8 zu sehen.

Zwischen zwei Mikrophonorten herrscht immer entweder die Phasendifferenz $\Delta\varphi = 0°$ oder die von $\Delta\varphi = 180°$. Wie schon ausgeführt transportieren stehende Wellen im zeitlichen Mittel keine Intensität und keine Leistung, für diese Tatsache sprechen auch die Druckknoten in Abb. 2.8. In den Knoten ist wegen $p = 0$ auch die Intensität $I(t) = p(t)v(t) = 0$ für alle Zeiten gleich Null, durch Flächen mit $p = 0$ dringt also niemals Leistung. Das Gleiche gilt natürlich auch für die Schnelle-Knoten. Wegen des Prinzips der Energieerhaltung kann dann aber durch jede dazu parallele Fläche im zeitlichen Mittel ebenfalls keine Leistung fließen. Das zeigt natürlich auch die Rechnung. Aus Druck und Schnelle folgt die Intensität

$$I(x,t) = \frac{4{p_0}^2}{\varrho_0 c}\sin kx \cos kx \sin \omega t \cos \omega t = \frac{{p_0}^2}{\varrho_0 c}\sin 2kx \sin 2\omega t \ . \tag{2.103}$$

Im zeitlichen Mittel ist also die Intensität an jedem Ort gleich Null. Die Tatsache, dass stehende Wellen ohne Energiezufuhr von außen auskommen, erklärt sich aus den für sie gemachten Annahmen. Zum Beispiel geht bei einer (angenommenen) Totalreflexion keine Energie verloren. Weil auch die Luft hier als verlustfrei aufgefasst worden ist, kann eine Schallwelle zwischen zwei Reflektoren beliebig oft hin- und herlaufen, ohne an Energie zu verlieren. In der Praxis ist die Annahme ganz fehlender Verluste natürlich immer mehr oder weniger stark verletzt, wie schon erwähnt.

Man kann also zusammenfassend feststellen, dass Leistungstransport an Schallfelder gebunden ist, in denen an zwei Orten auch Drücke unterschiedlicher Phase vorkommen. Sind dagegen die Signale an zwei (beliebig gewählten) Orten vollständig gleich- oder gegenphasig, dann liegt kein Leistungstransport im zeitlichen Mittel vor. Damit ist aber auch der zweite Problembereich der Intensitätsmesstechnik beschrieben. In einer halligen Umgebung mit wenig Absorption an den Wänden bestehen die Schallfelder mehr oder weniger in stehenden Wellen. Wenn dann in der Messapparatur ein kleiner Phasenfehler zwischen den beiden Mikrophonsignalen entsteht, dann wird dadurch eine gar nicht vorhandene Wirkintensität vorgespiegelt. Auch die Intensitätsmesstechnik ist also nicht wirklich vollständig von der Wahl des Messraumes unabhängig; Räume mit langen Nachhallzeiten sind für sie nicht gut geeignet.

Für eine rechnerische Einschätzung des auf Grund von Phasenfehlern zustande kommenden Messfehlers muss zunächst ein Schallfeld angenommen werden, das sowohl stehende als auch fortschreitende Wellen enthält:

$$p = p_{\mathrm{p}}\,\mathrm{e}^{-jkx} + p_{\mathrm{s}}\cos kx \ , \tag{2.104}$$

worin $p_\mathrm{p}$ die Amplitude der fortschreitenden und $p_\mathrm{s}$ die der stehenden Welle bezeichnet, beide Größen werden im Folgenden als reellwertig angesehen.

Der Effekt der ‚falsch' vorgespiegelten Intensität kommt hauptsächlich durch die stehende Welle zustande: Durch den kleinen Phasenfehler werden vor allem für sie gar nicht vorhandene Wirkintensitäts-Anteile bestimmt. Der Einfluss dieses Fehlers ist naturgemäß am größten, wenn auch die stehende Welle die größten Werte besitzt. Das ist in den Druckbäuchen, also z.B in der Nähe des Punktes $x = 0$ der Fall. Man erhält deshalb eine Fehlerabschätzung ‚für den schlimmsten Fall', wenn $x = 0$ als eine Messposition gewählt wird. Wenn man weiter hinreichend tiefe Frequenzen bzw. ausreichend kleine Abstände mit $k\Delta x \ll 1$ voraussetzt, dann liefert zunächst die Messvorschrift (2.93) einen sehr genauen Schätzwert für die wahre Intensität, wenn kein Phasenfehler bei der Messung vorliegt. Der Ausdruck

$$I = I_\mathrm{M} = \frac{1}{2\omega\varrho_0\Delta x}\mathrm{Im}\{p(0)p^*(\Delta x)\}$$

beschreibt demnach die wahre Intensität ohne Messfehler. Die mit dem Phasenfehler gemessene Intensität ist

$$I_\mathrm{M} = \frac{1}{2\omega\varrho_0\Delta x}\mathrm{Im}\left\{p(0)p^*(\Delta x)\,\mathrm{e}^{j\varphi}\right\} .$$

Weil nur die Phasendifferenz zwischen den Messsignalen zählt, kann $p(0)$ als reellwertig angesehen werden, es ist also

$$\frac{I_\mathrm{M}}{I} = \frac{\mathrm{Im}\{p^*(\Delta x)\,\mathrm{e}^{j\varphi}\}}{\mathrm{Im}\{p^*(\Delta x)\}} = \frac{\mathrm{Im}\{p(\Delta x)\,\mathrm{e}^{-j\varphi}\}}{\mathrm{Im}\{p(\Delta x)\}} .$$

Die Annahme, dass es sich bei dem Phasenfehler um eine kleine Größe handelt, ist berechtigt; Mikrophon-Hersteller geben z. B. $\varphi = 0{,}3°$ (!) als Phasentoleranz an. Mit $\mathrm{e}^{-j\varphi} = 1 - j\varphi$ wird

$$\frac{I_\mathrm{M}}{I} = \frac{\mathrm{Im}\{(1-j\varphi)p(\Delta x)\}}{\mathrm{Im}\{p(\Delta x)\}} = 1 - \frac{\mathrm{Im}\{j\varphi p(\Delta x)\}}{\mathrm{Im}\{p(\Delta x)\}} = 1 - \varphi\frac{\mathrm{Re}\{p(\Delta x)\}}{\mathrm{Im}\{p(\Delta x)\}} , \tag{2.105}$$

wobei noch $\mathrm{Im}\{jz\} = \mathrm{Re}\{z\}$ benutzt wurde. Nach (2.104) ist mit $k\Delta x \ll 1$

$$p(\Delta x) = p_\mathrm{p}\,\mathrm{e}^{-jk\Delta x} + p_\mathrm{s}\cos(k\Delta x) \approx p_\mathrm{p} + p_\mathrm{s} - jp_\mathrm{p}k\Delta x ,$$

und folglich wird aus (2.105)

$$\frac{I_\mathrm{M}}{I} = 1 + \varphi\frac{p_\mathrm{p}+p_\mathrm{s}}{k\Delta x p_\mathrm{p}} = 1 + \frac{\varphi}{k\Delta x}\left(1 + \frac{p_\mathrm{s}}{p_\mathrm{p}}\right) . \tag{2.106}$$

Unter praktischen Verhältnissen ist $\varphi/k\Delta x$ selbst bei tiefen Frequenzen eine kleine Zahl (für $\varphi = 0{,}3\pi/180$, $f = 100\,\text{Hz}$ und $x = 5\,\text{cm}$ ist z. B. $\varphi/k\Delta x \approx 1/20$). Der Phasenfehler spielt also nur dann eine Rolle, wenn die Amplitude des stehenden Wellenfeldes $p_\text{s}$ viel größer ist als die der fortschreitenden Welle, $p_\text{s} \gg p_\text{p}$. Unter dieser Voraussetzung lässt sich das Verhältnis aus gemessener Intensität $I_\text{M}$ und wahrer Intensität $I$ zu

$$\frac{I_\text{M}}{I} = 1 + \frac{\varphi}{k\Delta x}\frac{p_\text{s}}{p_\text{p}} \tag{2.107}$$

abschätzen. Wenn man einen Messfehler von 1 dB noch akzeptiert, dann muss bei der Messung

$$\frac{\varphi}{k\Delta x}\frac{p_\text{s}}{p_\text{p}} < 0{,}2 \tag{2.108}$$

eingehalten werden. Weil die linke Seite von (2.108) mit fallender Frequenz wächst bedeutet sie die Festlegung einer unteren Bandbegrenzung des Messbereiches:

$$f > \frac{\varphi}{2\pi}\frac{5c}{\Delta x}\frac{p_\text{s}}{p_\text{p}} \,. \tag{2.109}$$

Mit $\varphi = 0{,}3\pi/180$ (das entspricht also $0{,}3°$) und $\Delta x = 0{,}05\,\text{m}$ wird daraus zum Beispiel ungefähr

$$f > 28\frac{p_\text{s}}{p_\text{p}}\,\text{Hz} \,.$$

Bei $p_\text{s} = 10\,p_\text{p}$ ließe sich etwa ab $f = 280\,\text{Hz}$ mit der Toleranz von 1 dB messen. Wie Kap. 6 zeigt, müssten die Wände des Messraumes dazu schon etwa einen Absorptionsgrad von $\alpha = 0{,}3$ besitzen.

Gleichung (2.100) verlangt möglichst kleine Messabstände $\Delta x$, damit bei möglichst hohen Frequenzen noch fehlerfrei gemessen werden kann. In (2.109) wird andererseits ein großes $\Delta x$ zur Berücksichtigung tiefer Frequenzen verlangt. Bei breitbandigen Messungen wird deshalb der Frequenzbereich meist in zwei Intervalle aufgeteilt und mit zwei unterschiedlichen Mikrophonabständen behandelt.

### 2.5.4 Normen

Für die Messung von Intensität und Leistung mit Hilfe des geschilderten Verfahrens sollten folgende Normen beachtet werden:

- ISO 9614-1: Bestimmung der Schallleistungspegel von Geräuschquellen aus Intensitätsmessungen – Teil 1: Messungen an diskreten Punkten (von 1995)
- EN ISO 9614-2: Bestimmung der Schallleistungspegel von Geräuschquellen aus Intensitätsmessungen – Teil 2: Messung mit kontinuierlicher Abtastung (von 1996)

- EN ISO 9614-3: Bestimmung der Schallleistungspegel von Geräuschquellen aus Intensitätsmessungen – Teil 3: Scanning-Verfahren der Genauigkeitsklasse 1 (von 2003)
- DIN EN 61043: Elektroakustik; Geräte für die Messung der Schallintensität; Messung mit Paaren von Druckmikrophonen (von 1994).

## 2.6 Wellenausbreitung im bewegten Medium

Dieser Abschnitt versucht zu klären, welche prinzipiellen Phänomene und Effekte im sich bewegenden Medium aus Gas zu erwarten sind. Bekanntlich zählen Bewegungen immer relativ zu einem Punkt oder Koordinatensystem, das man sich dann als ruhend vorstellt. Die Frage nach dem fließenden Medium meint also – präziser ausgedrückt – die Betrachtung von Medium, Schallquelle und Empfangseinrichtung (Ohr oder Mikrophon) relativ zueinander. Dabei interessieren vor allem die drei folgenden, oft auftretenden Situationen:

1. Herrscht Wind im Freien, dann bleiben Schallquelle und Schallempfänger ortsfest am Boden, während das Medium als Ganzes über sie hinwegläuft. Hier denkt man sich also Sender und Ohr oder Mikrophon unbeweglich fest, während das Gas davonströmt.
2. Häufig erlebt man im Alltag – selbst fast ruhend – Quellen, die mit der Fahrgeschwindigkeit $U$ gegenüber der Luft bewegt werden, z. B. die Sirene von Einsatzfahrzeugen der Polizei oder Feuerwehr. Hier denkt man sich also den ruhenden Empfänger fest im ruhenden Medium, während die Quelle relativ zu diesen beiden bewegt wird.
3. Und schließlich kann noch die Empfangseinrichtung (das Ohr des Fahrers in einem Fahrzeug z. B.) auf die im Medium ruhende Quelle zu- oder wegbewegt werden. Hier denkt man sich also die ruhende Quelle fest im ruhenden Medium, während der Empfänger relativ zu diesen beiden bewegt wird.

Diese drei Fälle bilden zwei Gruppen mit einem sehr erheblichen Unterschied. Im ersten Fall nämlich bleibt der Abstand zwischen Sender und Empfänger zu allen Zeiten gleich, auch die Laufzeit des Schalls zwischen den beiden ist konstant und zeitunabhängig. Aus diesem Grund wird das Schallsignal ohne Verzerrungen der Signalgestalt übertragen. Werden andererseits Sender und Empfänger relativ zueinander bewegt, dann ist der Abstand zwischen ihnen und die zugehörige Signal-Laufzeit $T$ selbst zeitveränderlich, und deshalb wird das Schallsignal durch die Übertragung verformt.

Eine anschauliche Darstellung des genannten Unterschieds versucht Abb. 2.10. Hier wird das zum Zeitpunkt $t_0$ emittierte Signal mit der Laufzeit $T(t_0)$ übertragen, das zur Zeit $t_0 + \Delta T$ gesendete Signal dagegen benötige die Laufzeit $T(t_0 + \Delta T)$ zum Empfänger. Nur wenn – wie bei zueinander in Ruhe verharrenden Quelle und Empfänger – die beiden Laufzeiten gleich sind, also wenn $T(t_0) = T(t_0 + \Delta T)$ gilt, dann ist das Empfangssignal ein unverzerrtes Abbild des Quellsignales. Bei reinen Tönen als Quellsignal (Frequenz $f_Q$) entsteht dann am Empfänger die gleiche Frequenz, für die Empfangsfrequenz $f_E$ gilt also $f_E = f_Q$. Wie Kap. 13 zeigt besteht darin eine wichtige Eigenschaft

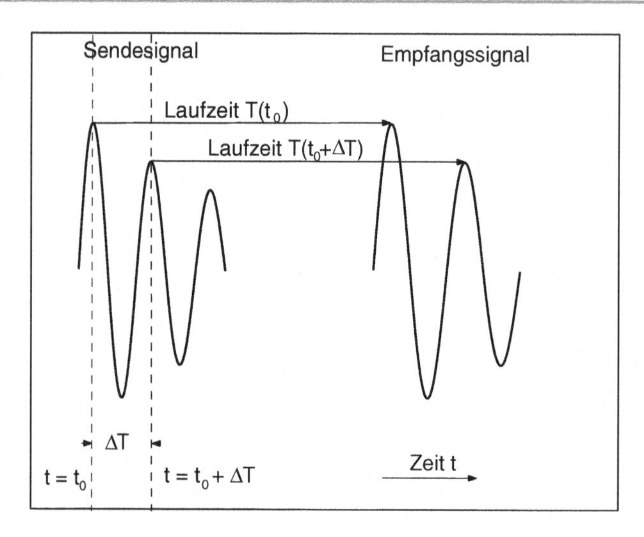


**Abb. 2.10** Prinzipskizze zur Erklärung des Dopplereffekts

von allen zeitinvarianten (und linearen) Übertragern: Bei ihnen sind die Frequenzen von Anregung (Quelle) und Wirkung (Empfänger) immer gleich groß.

Bewegungen von Sender und Empfänger relativ zueinander bilden fast schon das Urbild von zeitveränderlichen (zeitvarianten) Übertragern. Hier sind die beiden Laufzeiten $T(t_0)$ und $T(t_0 + \Delta T)$ unterschiedlich gross, weil sich während des Zeitintervalls $\Delta T$ der Abstand zwischen Quelle und Empfangspunkt geändert hat. Deshalb erfahren sendeseitige reine Töne bei der Übertragung eine Veränderung der Frequenz, die Frequenzen von Sender und Empfänger $f_\text{Q}$ und $f_\text{E}$ sind damit unterschiedlich groß. Dieser Effekt wird (nach seinem Entdecker) Dopplereffekt genannt.

Die aufgeführten Anordnungen aus ruhenden oder bewegten Quellen und Empfänger relativ zueinander und/oder zu einem ruhenden oder bewegten Medium lassen sich anschaulich vergleichen mit einem strömenden Fluss oder einem ruhenden See, auf dessen Oberfläche Wellen entlanglaufen (siehe z. B. Abb. 2.11); letztere symbolisieren die Luftschallwellen im Gas.

Zunächst sei der erstgenannte Fall mit am Ufer ruhender Quelle und einem ebenfalls dort stehenden Beobachter betrachtet (Abb. 2.11). Die ruhende Quelle kann man sich beispielhaft vorstellen wie ein Schlagwerk, das mit der Periode $T_\text{Q}$ wiederholt auf die Wasserfläche aufschlägt, die Quellfrequenz beträgt dabei $f_\text{Q} = 1/T_\text{Q}$. Bei ruhendem Medium $U = 0$ laufen die so erzeugten Störungen mit der Geschwindigkeit $c$ den Wellenleiter entlang, sie würden während einer zeitlichen Periode gerade das Stück $\Delta x = cT_\text{Q}$ zurücklegen. Bei strömendem Medium werden die Störungen vom Fluid natürlich einfach mitgenommen, sie laufen also der Quelle mit der Geschwindigkeit $c + U$ ‚davon', während einer zeitlichen Periode legen sie deshalb die Strecke $\Delta x = (c + U)T_\text{Q}$ zurück. Der örtliche Abstand zweier Störungen bezeichnet die örtliche Periode und damit die Wellen-

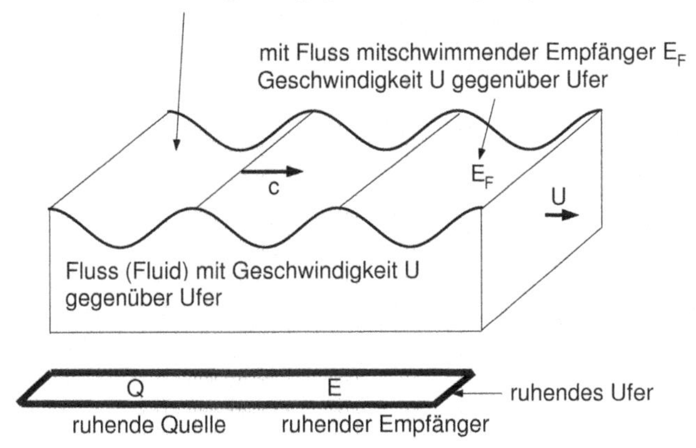


**Abb. 2.11** Prinzipskizze zur Erklärung des Dopplereffekts bei mit dem Fluid mitbewegtem Empfänger

länge $\lambda$. Sie ist gerade gleich der von den Störungen während $T_Q$ zurückgelegten Strecke und beträgt deshalb

$$\lambda = \frac{c + U}{f_Q} . \tag{2.110}$$

Die Wellenlänge hat sich also gegenüber dem ruhenden Medium vergrößert. Dabei ist es übrigens völlig gleichgültig, ob das Wellengebirge vom Ufer aus oder von einem mit dem Fluid mittreibenden Empfänger beobachtet (fotografiert) wird. Auch von einem mit der Strömung mitschwimmenden Schiff aus wird die gleiche Wellenlänge wie vom Ufer aus beobachtet.

Wie eingangs erwähnt sind hier die Frequenzen von Quelle und Empfänger gleich. Das ergibt sich auch aus der anschaulichen Vorstellung des laufenden Wellengebirges. Während der Zeit $\Delta T$ schiebt sich das Stück $(c + u)\Delta T$ am Empfänger vorbei. Die Anzahl $N_E$ der während $\Delta T$ vorbeiziehenden Störungen beträgt deswegen

$$N_E = \frac{\Delta x}{\lambda} = \frac{(c + U)\Delta T}{\lambda} . \tag{2.111}$$

Das Verhältnis $N_E/\Delta T$ bezeichnet die Empfangsfrequenz

$$f_E = \frac{N_E}{\Delta T} . \tag{2.112}$$

Aus (2.110) folgt dann erwartungsgemäß $f_E = f_Q$.

Eine sehr ähnliche Betrachtung ergibt nun auch die Doppler-Verschiebung an einem mit dem Fluid mitschwimmenden Empfänger. Da der Wellentransport mit der Laufgeschwindigkeit $c$ an ihm vorbeizieht (siehe Abb. 2.11), gilt für die Anzahl $N_E$ der an ihm vorbeilaufenden Wellenlängen diesmal

$$N_E = \frac{c\Delta T}{\lambda} \,. \tag{2.113}$$

Daraus folgt nach Einsetzen der Wellenlänge nach (2.110)

$$N_E/\Delta T = \frac{c}{\lambda} = f_Q \frac{c}{c+U} \,. \tag{2.114}$$

Die linke Seite bezeichnet wieder die Empfangsfrequenz. In der rechten Seite kürzt man noch das Geschwindigkeits-Verhältnis $U/c$ durch die Machzahl $M$ ab:

$$M = \frac{U}{c} \,. \tag{2.115}$$

Für die Doppler-Verschiebung bei ruhender Quelle (Frequenz $f_Q$) und mit dem bewegten Medium mitlaufendem Empfänger (Frequenz $f_E$) gilt also

$$f_E = \frac{f_Q}{1+M} \,. \tag{2.116}$$

Wie eingangs erklärt zählen nur Relativbewegungen. Ob also – wie bisher angenommen – das Fluid sich mit einem in ihm eingebetteten Empfänger bewegt und die Quelle (am Ufer) steht, oder ob man Fluid und Empfänger als ruhend ansieht und die Quelle in entgegengesetzter Richtung davonlaufen lässt, das muss sich völlig gleich bleiben. Immer dann, wenn Fluid und Empfänger zueinander in Ruhe bleiben und gemeinsam bewegt werden, beschreibt also (2.116) die Doppler-Verschiebung. Es versteht sich wohl von selbst, dass $M$ dabei eine vorzeichenbehaftete Größe ist; negative Werte von $U$ (Quelle und Empfänger laufen dann aufeinander zu) bleiben hier und im Folgenden zugelassen.

Die Doppler-Verschiebung ändert sich hingegen im eingangs aufgeführten dritten Fall, bei welchem nun die Quelle mit dem Medium mitgeführt wird. Die einfachste Vorstellung, die man sich davon machen kann, ist vielleicht die von Abb. 2.12: In einem ruhenden See (Fluid) befindet sich eine gleichfalls ruhende Quelle, der Empfänger am Ufer dagegen bewege sich mit der Geschwindigkeit $U$ in Abb. 2.12 nach links. Natürlich interessiert sich das Wellenfeld auf dem See gar nicht für die Bewegungen des Empfängers am Ufer, es ist also einfach

$$\lambda = \frac{c}{f_Q} \,. \tag{2.117}$$

Die Anzahl der Perioden $N_E$ des Wellengebirges, das während $\Delta T$ am bewegten Empfänger vorbei eilt, ist

$$N_E = \frac{\Delta x}{\lambda} = \frac{(c-U)\Delta T}{\lambda} \,. \tag{2.118}$$

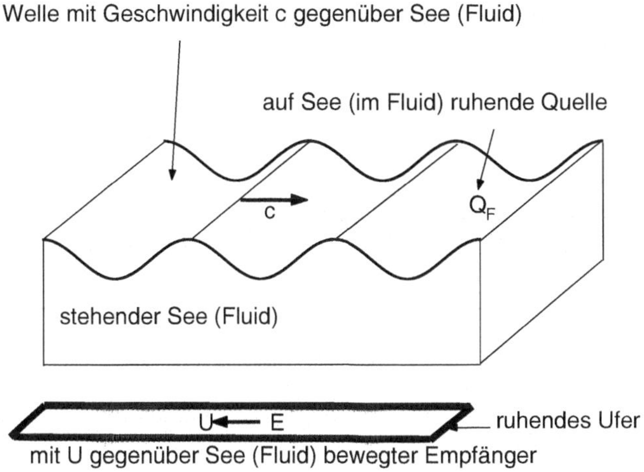

**Abb. 2.12** Prinzipskizze zur Erklärung des Dopplereffekts bei im Fluid ruhender Quelle und bewegtem Empfänger

Weil der Empfänger den Seewellen davon zu laufen versucht, ziehen die Wellen nur mit der Geschwindigkeit $c - U$ an ihm vorbei. Für die Anzahl der Perioden $N_\mathrm{E}$ des Wellengebirges, das während $\Delta T$ am bewegten Empfänger vorbei läuft, gilt deswegen

$$f_\mathrm{E} = \frac{N_\mathrm{E}}{\Delta T} = \frac{(c-U)}{\lambda} = f_\mathrm{Q}\frac{c-U}{c} = (1-M)\,f_\mathrm{Q}\,. \tag{2.119}$$

Gleichung (2.119) beschreibt die Doppler-Verschiebung, wenn Medium und Schallquelle zueinander ruhen.

Wie man sieht, muss man also unterscheiden, ob sich der Sender oder der Empfänger relativ zum Medium bewegt, in diesen beiden Fällen ergeben sich unterschiedliche Doppler-Verschiebungen. Bei Bewegungen der Quelle relativ zum Medium kommt eine Änderung der Wellenlänge hinzu. Die Unterschiede in den Gesetzmäßigkeiten ((2.116) und (2.119)) sind allerdings für kleinere Machzahlen sehr gering, wie auch Abb. 2.13 lehrt. Man bedenke auch, dass eine Machzahl von nur 0,1 in Luft schon einer Geschwindigkeit von 34 m/s und damit mehr als 120 km/h entspricht; größere Geschwindigkeiten treten in der Akustik nur sehr selten auf.

Trotzdem gelten die genannten Gesetzmäßigkeiten nicht nur auch für negative Machzahlen, sondern sogar auch noch für den Fall der Überschallgeschwindigkeit $|M| > 1$, solange die in (2.111) bzw. in (2.118) aufgeführten Anzahlen nicht kleiner als Null werden. Am ehesten interessiert in diesem Geschwindigkeitsbereich $|M| > 1$ wohl der im Fluid ruhende Empfänger und die demgegenüber bewegte Quelle; das entspricht dem mit Überschallgeschwindigkeit auf einen Beobachter zukommenden oder von ihm weg fliegenden Flugzeug. Vielleicht stellt man sich zur Erklärung am einfachsten den Übergang $|M| < 1$ zum Überschall $|M| > 1$ vor. Zunächst wird die Wellenlänge nach (2.110) bei

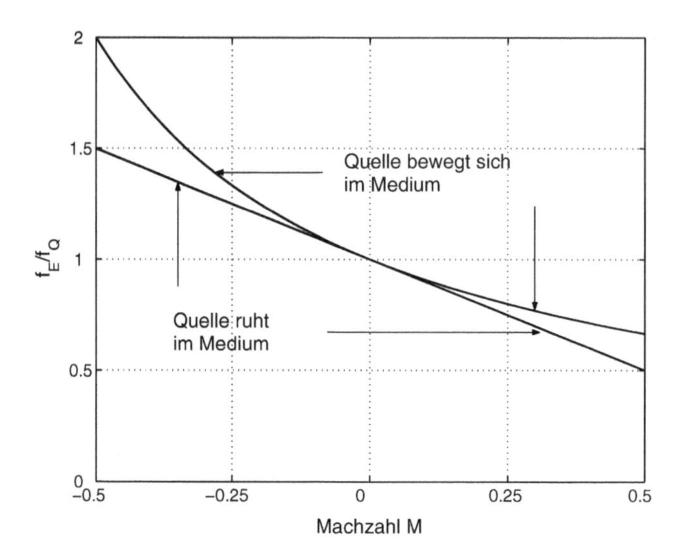


**Abb. 2.13** Doppler-Verschiebungen für Quellen, die im Medium ruhen, und für Quellen, die im Medium bewegt werden

negativen Geschwindigkeiten mit wachsendem $|M|$ immer kleiner; die Wellenausbreitung kommt sozusagen immer schwerer gegen den Wind an, bis sie schließlich in Flugrichtung der bewegten Quelle im Gegenwind bei $|M| = 1$ ganz zusammenbricht. Für $|M| > 1$ findet dann in Flugrichtung gar keine Wellenausbreitung mehr statt. Eine auf den Beobachter mit Überschall zueilende Quelle kann deshalb nicht gehört werden; erst wenn sie vorbei geflogen ist, wird sie auch wahrnehmbar. Die bisherigen Betrachtungen bedienten sich zur Klärung des Grundsätzlichen eindimensionaler Wellenleiter. Bei räumlicher Schallausbreitung unter Wind mit auf der Erdoberfläche ruhender Quelle und gleichfalls ruhendem Beobachtungs-System ergibt sich zwar keine Dopplerverschiebung, jedoch vollzieht sich die Schallausbreitung mit richtungsabhängiger Wellenlänge, wie leicht nachzuvollziehen ist: Mit dem Wind ist die Wellenlänge größer als gegen den Wind, und seitlich dazu ist sie von der Strömungsgeschwindigkeit sogar noch unbeeinflusst. Allgemein lässt sich zeigen, dass man das Schallfeld $p_{\mathrm{M}}(x, y, z)$ für kleine Machzahlen $M$ aus dem Schallfeld bei ruhendem Medium $p(x, y, z)$ wie folgt näherungsweise berechnen kann:

$$p_{\mathrm{M}}(x, y, z) = \mathrm{e}^{jkMx} p(x, y, z) \ . \tag{2.120}$$

Dabei ist eine mit der Geschwindigkeit $U$ in $x$-Richtung laufende Strömung angenommen worden, $k$ bedeutet die Wellenzahl im ruhenden Medium ($k = \omega/c = 2\pi/\lambda$). Die schon genannten Effekte können an der Darstellung der Teilchenbewegung in Abb. 2.14 abgelesen werden. Der Deutlichkeit halber bläst hier der Wind mit einer schon recht großen Machzahl von $M = 0{,}33$ (400 km/h etwa) von links nach rechts.

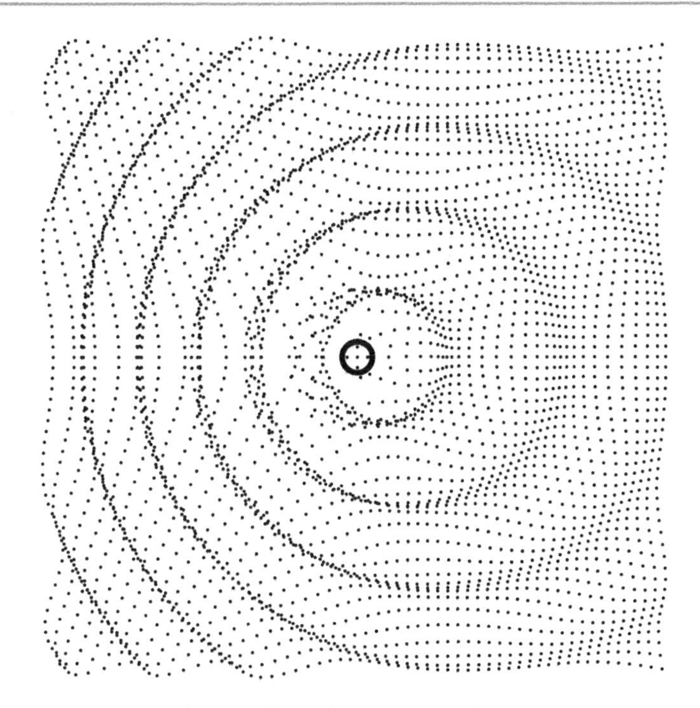

**Abb. 2.14** Teilchenbewegung bei Schallausbreitung im strömenden Medium ($M = 0{,}33$) bei ruhender Quelle über dem ruhenden Koordinatensystem aufgetragen

## 2.7 Brechung

Wie Lichtstrahlen erfährt auch Schall eine Brechung an Grenzflächen, die Stoffe mit unterschiedlichen Wellengeschwindigkeiten voneinander trennen. Die verschiedenen Ausbreitungsgeschwindigkeiten der Schallwellen können dabei z. B. durch Temperatur- und Windgeschwindigkeits-Schichtungen verursacht sein.

Zur Betrachtung dieses Effektes wird von einer von unten in $y < 0$ schräg auf die Trennebene $y = 0$ auftreffenden Welle ausgegangen. Für sie gilt nach (2.61)

$$p_1(x, y,) = p_0\, \mathrm{e}^{-jk_1(x\cos\varphi_1 + y\sin\varphi_1)} ,$$

wobei $k_1 = \omega/c_1$ die Wellenzahl des unteren Halbraumes und $\varphi_1$ den Winkel der Laufrichtung mit der x-Achse bezeichnet. Natürlich gilt dann im oberen Halbraum $y > 0$ ebenso

$$p_2(x, y,) = p_0\, \mathrm{e}^{-jk_2(x\cos\varphi_2 + y\sin\varphi_2)} .$$

Die Gleichheit der Drücke in der Trennebene $y = 0$ verlangt nun, dass offensichtlich

$$k_1 \cos\varphi_1 = k_2 \cos\varphi_2$$

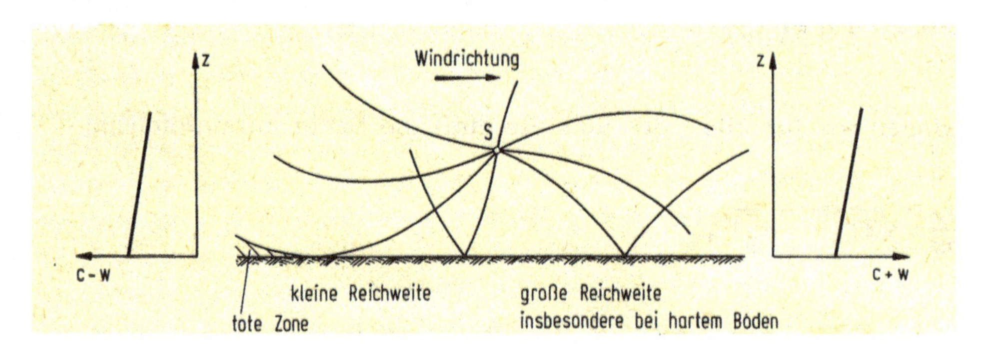


**Abb. 2.15** Gekrümmte Schallstrahlen bei nach oben zunehmender Windgeschwindigkeit $w$

oder

$$\frac{\cos\varphi_2}{c_2} = \frac{\cos\varphi_1}{c_1}$$

sein muss. Für den Fall $c_2 > c_1$ muss natürlich auch $\cos\varphi_2 > \cos\varphi_1$ sein, und weil die Cosinus-Funktion monoton fällt gilt dann $\varphi_2 < \varphi_1$. Der Schallstrahl verhält sich also ganz so, wie man auch intuitiv erwartet: im Bereich mit der größeren Schallgeschwindigkeit wird er sozusagen ‚mehr mit dem Wind mitgenommen'.

Bei der Schallausbreitung im Freien hat man es nun fast immer mit Windgeschwindigkeiten zu tun, die mit der Höhe über dem Erdboden wachsen. Deshalb nimmt auch die Schallgeschwindigkeit auf der Luv-Seite einer Schall-Quelle nach oben hin ab (Schall im ‚Gegenwind', in Abb. 2.15 links), auf der Lee-Seite dagegen nimmt sie nach oben zu (Schall im ‚Mitwind', in Abb. 2.15 rechts). Allgemein gehen damit die Schallstrahlen in gekrümmte Bahnen über. Schallstrahlen einer erhöht angebrachten Schallquelle, die nach unten in Richtung auf den Boden abgestrahlt werden, laufen auf der Luv-Seite in Richtung auf wachsende Schallgeschwindigkeiten und werden deshalb nach oben gekrümmt, wie auch im Abb. gezeigt. Dabei tritt auch eine spezielle Bahn auf, die den Boden nur berührt. Im Gebiet zwischen dieser Bahn und dem Boden liegt offensichtlich eine tote Zone, die gar nicht von Schall erreicht wird. Der aufmerksame Spaziergänger in Wiese und Feld kann selbst bei geeigneten Verhältnissen leicht in Erfahrung bringen, wie eine zunächst gut hörbare, erhöht gebaute Straße oder Schiene mit wachsender Entfernung plötzlich ganz und gar unhörbar und quasi zur Geisterquelle wird, die zwar noch sichtbar, aber unhörbar geworden ist. Auch setzt der Überflug eines Flugzeuges – akustisch gesehen – manchmal plötzlich erst ein, wenn die Maschine die Grenze der toten Zone weit genug vor sich her geschoben hat.

Für die Annahme, dass sich die Schallgeschwindigkeit wie eine Gerade verhält, ließen sich die gekrümmten Bahnen der Ausbreitung noch theoretisch bestimmen, womit dann auch der Abstand der toten Zone berechnet werden könnte. Allerdings wachsen Windgeschwindigkeiten keineswegs linear mit der Höhe, sie verlaufen im Gegenteil eher logarithmisch, so dass hier auf die für praktische Belange recht unzuverlässige Berechnung verzichtet wird.

## 2.8 Wellenaufsteilung

Mit gutem Grund sind in den vorangegangenen Abschnitten dieses Kapitels stets Nichtlinearitäten vernachlässigt worden. Bis zu den höchsten gerade noch wahrnehmbaren Pegeln von bis zu 140 dB sind die Schallfeldgrößen Schalldruck $p$, Schalldichte $\varrho$ und Schalltemperatur $T$ so klein verglichen mit den statischen Ruhegrößen $p_0, \varrho_0$ und $T_0$, dass quadratische Ausdrücke in den Feldgrößen stets weggelassen werden konnten.

Wachsen die Pegel allerdings noch weiter über das für Menschen erträgliche Maß hinaus, wie z. B. bei mit Beschallung durchgeführten Tests für Satelliten-Teile, dann gewinnen die Nichtlinearitäten an Bedeutung. Nun gehört die ‚Akustik der höchsten Pegel' sicherlich nicht zu den eigentlichen Themen ‚Technischer Akustik'. Einige (wenige) Bemerkungen, welcher Effekt in dem genannten Grenzgebiet hauptsächlich zu erwarten ist, werden jedoch wohl auch nicht schaden.

Der wichtigste Sachverhalt ist leicht zu verstehen. Wie im letzten Abschnitt geschildert ändert sich die Schallausbreitungsgeschwindigkeit im strömenden Medium. Nun beschreibt aber gerade auch die Schallschnelle die lokale Bewegung des Mediums, in dem sich das Schallgeschehen abspielt. Deshalb erhöht sich die Schallgeschwindigkeit in Bezirken ‚mit großer Schnelle in Ausbreitungsrichtung', in Bezirken ‚mit großer Schnelle entgegen der Ausbreitungsrichtung' wird sie etwas verringert. Es laufen also die Schnelle-Maxima ‚mit Überschallgeschwindigkeit' und daher rascher als die Schnelle-Minima, die im Prinzip mit ‚Unterschallgeschwindigkeit' laufen. Ein Maximum entfernt sich demnach von einem vorangegangen Minimum und nähert sich dem ihm folgenden Minimum an. Dieser Effekt lässt sich durch eine Simulationsrechnung demonstrieren, deren Ergebnis in Abb. 2.16 vorgestellt wird. Hier ist wiedergegeben zunächst die lineare Welle

$$v_l(x,t) = v_0 \cos\omega \left(t - \frac{x}{c}\right) \tag{2.121}$$

und dann noch die nichtlineare Welle

$$v(x,t) = v_0 \cos\omega \left(t - \frac{x}{c + v_l(x,t)}\right) = v_0 \cos\left(\omega t - \frac{2\pi x}{\lambda(1 + v_l(x,t)/c)}\right) \tag{2.122}$$

jeweils für $t = 0$ als Ortsfunktion für den Fall $v_0 = 0{,}025\,c$, das entspricht einem Pegel von etwa 163 dB. Viel kleinere Schnelle-Amplituden bringen den gezeigten Effekt natürlich zum Erliegen. Weil sich – wie gesagt – die Maxima auf die jeweils folgenden Minima zu bewegen nimmt die Steilheit der entsprechenden Flanken zu, woraus sich der Name des Effekts erklärt. Wie man erkennt wächst die Aufsteilung mit dem Abstand von der (hier in $x = 0$ gedachten) Quelle. In einem gewissen ‚kritischen' Abstand $x_c r$ würde also ein Maximum das nächste Minimum eingeholt haben, es käme zu einer Art von ‚Überschlag', ähnlich wie bei Meeres-Wellen. Der kritische Abstand lässt sich aus dem angenommenen

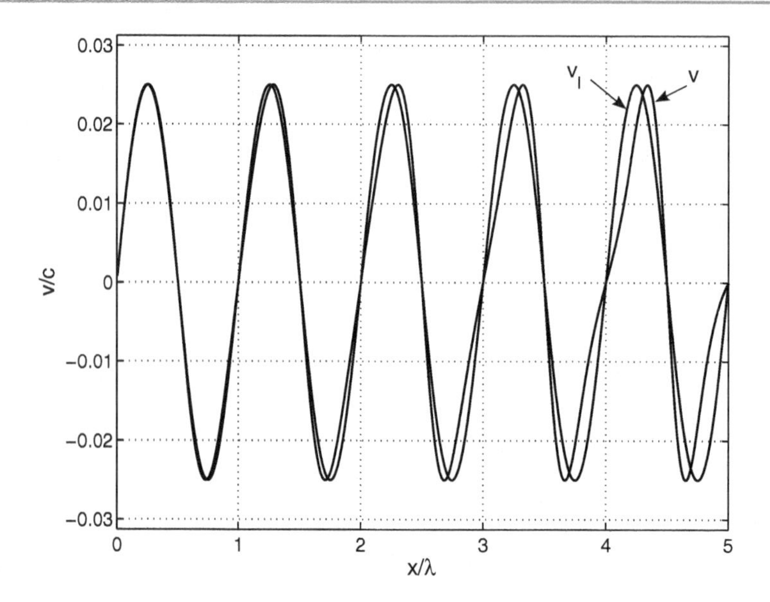


**Abb. 2.16** Simulation der Wellenaufsteilung mit $v_0 = 0{,}025\,c$ für Zeitpunkte $\omega t = 2n\pi$

Modell leicht bestimmen. Für Zeitpunkte $\omega t = 2n\pi$ liegen die Maxima bei

$$\frac{x_{\max}}{\lambda(1 + v_0/c)} = n \ ,$$

die darauf folgenden Minima bei

$$\frac{x_{\min}}{\lambda(1 - v_0/c)} = n + 1/2 \ ,$$

Im Überschlags-Punkt ist $x_{\max} = x_{\min}$, daraus folgt

$$n = \frac{1}{4} \frac{1 - v_0/c}{v_0/c} \approx x_{\text{cr}}/\lambda \ . \tag{2.123}$$

So gesehen ist es also nur eine Frage des Abstandes von der Quelle, bis sich die Wellenaufsteilung einstellt. Für den in Abb. 2.16 gezeigten Fall beträgt $x_{\text{cr}}/\lambda \approx 10$. Bei 100 dB ist andererseits $v_0 \approx 7 \cdot 10^{-3}$ m/s und damit $v_0/c \approx 2 \cdot 10^{-5}$, oder $x_{\text{cr}} \approx 10^4\lambda$. Selbst bei 1000 Hz läge der Überschlags-Punkt also in etwa 3,5 km Entfernung von der Quelle. Es dürfte klar sein, dass über so große Laufstrecken die innere, unvermeidlich Dämpfung im Medium längst für die Glättung des aufgesteilten Signales gesorgt hat, die Pegel-Abnahme mit der Entfernung bei der Ausbreitung im dreidimensionalen Kontinuum tut ein Übriges.

Zu erwähnen ist nur noch, dass sich die vorne angedeuteten (und dann vernachlässigten) Nichtlinearitäten tatsächlich auch als eine Änderung der Schallgeschwindigkeit deuten lassen. Am einfachsten zeigt man das wohl an der adiabatischen Zustandsgleichung, wenn in ihr nun auch noch der quadratisch kleine Term in der Taylor-Entwicklung mit berücksichtigt wird. Mit $f(x) = (1+x)^\kappa \approx 1 + \kappa x + \kappa(\kappa-1)x^2/2$ erhält man an Stelle von (2.15) nun

$$\frac{p}{p_0} = \kappa\frac{\varrho}{\varrho_0} + \frac{\kappa(\kappa-1)}{2}\left(\frac{\varrho}{\varrho_0}\right)^2 = \kappa\frac{\varrho}{\varrho_0}\left[1 + \frac{\kappa-1}{2}\frac{\varrho}{\varrho_0}\right]. \tag{2.124}$$

Wenn jetzt noch wie vorne $c^2 = \kappa p_0/\varrho_0$ benutzt wird, so erhält man schließlich

$$p = c_\mathrm{N}^2\varrho\,, \tag{2.125}$$

worin $c_\mathrm{N}$ eine nichtlineare, orts- und zeitabhängige Schallgeschwindigkeit

$$c_\mathrm{N}^2 = c^2\left[1 + \frac{\kappa-1}{2}\frac{\varrho}{\varrho_0}\right] \tag{2.126}$$

bedeutet. Es lässt sich auf ähnlichem Weg leicht zeigen, dass der im Massen-Erhaltungsprinzip nach (2.19) enthaltene nichtlineare Ausdruck ebenfalls als eine (zusätzliche, nichtlineare) Änderung der Schallgeschwindigkeit gedeutet werden kann.

## 2.9 Zusammenfassung

Schall besteht in (sehr) kleinen Änderungen $p$ des Druckes, $\varrho$ der Dichte und $T$ der Temperatur in Gasen, die sich wellenförmig im Medium mit der Wellengeschwindigkeit $c$ ausbreiten. Bei reinen Tönen besitzen die Wellen die Wellenlänge $\lambda = c/f$. Wärmeleitung tritt bei den sehr schnellen Änderungen der Schallvorgänge nicht auf, die drei Zustandsgrößen erfüllen deshalb – neben der Boyle-Mariotte-Gleichung – die adiabatische Zustandsgleichung. Aus der Boyle-Mariotte-Gleichung folgt für die akustischen Größen

$$\frac{p}{p_0} = \frac{\varrho}{\varrho_0} + \frac{T}{T_0}\,.$$

Die adiabatische Zustandsgleichung auf akustische Größen zugeschnitten lautet

$$\varrho = \frac{p}{c^2}\,.$$

Darin bedeutet $c$ die Schallausbreitungsgeschwindigkeit, sie beträgt

$$c = \sqrt{\kappa\frac{R}{M_\mathrm{mol}}T_0}$$

und hängt damit nur vom Stoff (der Gas-Art) und von der Temperatur ab. Die mit den Dichteänderungen einhergehenden Bewegungen der lokalen Luft werden durch ihre Geschwindigkeit, die Schallschnelle $v$, bezeichnet. Für ebene fortschreitende Wellen (im reflexionsfreien Wellenleiter) ist das Verhältnis aus Druck und Schnelle konstant:

$$p = \varrho_0 c \, v \, .$$

Die Konstante $\varrho_0 c$ wird als Wellenimpedanz oder als Kennwiderstand des Mediums bezeichnet.

Stehende Wellen werden aus zwei fortschreitenden Wellen gleicher Amplitude und entgegengesetzter Laufrichtung gebildet. Sie entstehen also entweder durch Reflexion oder zwischen Quellen. Bei unvollständiger Reflexion setzt sich das Schallfeld sowohl aus fortschreitenden (‚aktiven‘) als auch aus stehenden (‚reaktiven‘) Anteilen zusammen.

Nimmt die Schallenergie in einem gasgefüllten Volumen weder durch innere Verluste noch durch Transport nach außen ab, so entstehen Resonanzen. Für eindimensionale Wellenleiter lassen diese sich auch aus dem ‚Prinzip des gleichphasigen Anschlusses‘ erklären.

Mit der Schallausbreitung läuft die momentan im Medium gespeicherte Schallenergie mit. Letztere setzt sich aus den zwei Anteilen ‚Bewegungsenergie‘ und ‚Kompressionsenergie‘ zusammen. Der Schallenergie-Transport wird durch die Intensität $I = P/S$ beschrieben, sie ist gleich dem Verhältnis aus der die Fläche $S$ durchsetzenden Leistung $P$ und der Fläche $S$ selbst. Wie man zeigen kann, besteht allgemein die Intensität aus dem Produkt von Druck und Schnelle

$$I = p \, v \, .$$

Schallleistungsmessungen können deshalb wie beim Intensitäts-Messverfahren auf der Bestimmung von $v$ z. B. durch Verwendung eines Mikrophonpaares fußen, oder die Messung wird unter Freifeldbedingungen im Fernfeld vorgenommen, weil sich die Intensität in diesem Fall alleine aus dem Schalldruck bestimmen lässt.

Bei Relativbewegungen zwischen Quelle und Empfänger tritt der Doppler-Effekt auf. Damit sind Frequenzverschiebungen gemeint, die sich aus der selbst zeitabhängigen Verzögerungszeit zwischen Sender und Empfänger erklärt. Die Dopplerfrequenz hängt geringfügig davon ab, ob die Quelle oder der Empfänger gegenüber dem Medium ruht.

## 2.10 Literaturhinweise

Eine exzellente und dabei leicht verständliche Beschreibung der Natur von Wellen gibt das Buch „Waves and Oscillations“ von K. U. Ingard (Cambridge University Press, Cambridge 1990). Es behandelt die akustischen Wellen in Gasen, Fluiden und Festkörpern und geht auch auf andere Wellenarten – wie elektromagnetische Wellen und Wellen an der Wasseroberfläche – ein. Zur Intensitätsmesstechnik sei das Buch von F. Fahy “Sound Intensity“ (Elsevier, London und New York 1995) empfohlen.

## 2.11 Übungsaufgaben

**Aufgabe 2.1**
Welche der folgenden Funktionen in Ort und Zeit erfüllen die Wellengleichung?

$$f_1(x,t) = \ln(t + x/c)$$
$$f_2(x,t) = \mathrm{e}^{(x-ct)}$$
$$f_3(x,t) = \mathrm{sh}(\beta(ct + x))$$
$$f_4(x,t) = \cos(ax^2 + bx^3 - ct)$$

**Aufgabe 2.2**
Zu Versuchszwecken wird der Hohlraum zwischen den Scheiben von Doppelfenstern mit Wasserstoff (Dichte 0,084 $\mathrm{kg/m^3}$), mit Sauerstoff (Dichte 1,34 $\mathrm{kg/m^3}$) oder mit Kohlendioxyd (Dichte 1,85 $\mathrm{kg/m^3}$) befüllt. Damit die Scheiben weder nach außen noch nach innen ausbeulen, ist der Druck in der Gasbefüllung gleich dem Luftdruck außen.

- Wie groß sind die Schallgeschwindigkeiten in den genannten zweiwertigen Gasen (Dichte von Luft = 1,21 $\mathrm{kg/m^3}$, Schallgeschwindigkeit = 340 m/s)?
- Wie groß sind die Elastizitätsmodule $E = \varrho_0 c^2$ für die genannten Gase und für Luft?
- Wie groß sind die Wellenlängen für die Frequenz von 1000 Hz?

**Aufgabe 2.3**
In einer ebenen fortschreitenden Welle wird ein Effektivwert des Schalldruckes von 0,04 $\mathrm{N/m^2}$ festgestellt. Wie groß ist

- die Schallschnelle (man rechne mit $\varrho_0 c = 400\,\mathrm{kg/(s\,m^2)}$),
- die Teilchenauslenkung für die Frequenzen von 100 Hz und 1000 Hz,
- die Schallintensität,
- die Schallleistung, die durch eine Fläche von 4 $\mathrm{m^2}$ hindurch tritt und
- Schalldruckpegel, Schallintensitätspegel und Schallleistungspegel für die Fläche von 4 $\mathrm{m^2}$?

**Aufgabe 2.4**
Auf einer würfelförmigen Hüllfläche, die eine Schallquelle umschließt, werden im reflexionsarmen Raum die in der Tabelle genannten A-bewerteten Schalldruckpegel gemessen. Die 6 Teilflächen der Hülle betragen jeweils 2 $\mathrm{m^2}$. Wie groß ist der A-bewertete Schall-

leistungspegel der Quelle?

| Teilfläche | $L/\text{dB(A)}$ |
|---|---|
| 1 | 88 |
| 2 | 86 |
| 3 | 84 |
| 4 | 88 |
| 5 | 84 |
| 6 | 83 |

**Aufgabe 2.5**
Eine mit der Frequenz von 1000 Hz betriebene Schallquelle bewege sich relativ zu einem Empfänger mit der Geschwindigkeit von 50 km/h (oder 100 km/h oder 150 km/h). Wie groß ist die Empfängerfrequenz, wenn

a) die Quelle im Medium ruht und
b) der Empfänger im Medium ruht.

Man betrachte dabei die beiden Fälle, bei denen Sender und Empfänger aufeinander zueilen oder von einander weg streben.

**Aufgabe 2.6**
Wie groß ist die Schallausbreitungsgeschwindigkeit in ‚verbrauchter' Luft (gemeint ist ‚in Stickstoff') und in reinem Sauerstoff jeweils bei 20 °C?

**Aufgabe 2.7**
Eine sogenannte ‚schallweiche' Reflexion wird durch den Reflexionsfaktor $r = -1$ gekennzeichnet. Ein schallweicher Reflektor liegt näherungsweise z. B. vor bei plötzlichen, großen Querschnittserweiterungen (Öffnung eines Rohrstückes ins Freie, z. B. auch am unteren Ende einer Blockflöte).

- Wie lautet die Gleichung für den Ortsverlauf des Schalldruckes vor dem Reflektor im Raumbereich $x < 0$ (Koordinatenursprung am Reflektor angeheftet)? Wo liegen die Knoten des Druckverlaufes?
- Man berechne die Schallschnelle. Wo liegen die Schnelleknoten?
- Man leite die Resonanzgleichung her und gebe die ersten drei Resonanzfrequenzen für eine Rohrlänge von 25 cm an. Dabei bestehe die Schallquelle in einer gestreckten Membran im Abstand $l$ vor dem Reflektor, welche mit einer gegebenen Schnelle $v_0$ bewegt wird.

**Aufgabe 2.8**
Wie groß sind die Wellenlängen in Wasser ($c = 1200\,\mathrm{m/s}$) bei 500 Hz, 1000 Hz, 2000 Hz und 4000 Hz?

**Aufgabe 2.9**
Ein halbunendlicher, eindimensionaler Wellenleiter (luftgefülltes Rohr mit ‚Wellensumpf' am Ende) mit der Querschnittsfläche $S$ wird durch eine gestreckte (plane) Lautsprecher-Membran in $x = 0$ angeregt. Die Membranschnelle $v_\mathrm{M}(t)$ sei $v_\mathrm{M}(t) = v_0 \sin \pi t/T$ im Intervall $0 < t < T$; außerhalb dieses Intervalls für $t < 0$ und für $t > T$ sei $v_\mathrm{M}(t) = 0$. Man bestimme

- den Schalldruck für alle Zeiten und Orte,
- ebenso die Schallschnelle,
- ebenso die Energiedichte,
- ebenso die Intensität und
- die von der Quelle insgesamt abgegebene Energie.

Wie groß ist die von der Quelle erzeugte Energie bei einer Schnelle von $v_0 = 0{,}01\,\mathrm{m/s} = 1\,\mathrm{cm/s}$, einem Durchmesser von 10 cm des Wellenleiters mit kreisförmiger Querschnittsfläche und der Signaldauer von $T = 0{,}01\,\mathrm{s}$?

**Aufgabe 2.10**
Bei einer Messung mit der Intensitätsmesssonde soll ein hochfrequenter Fehler von 2 dB (3 dB) toleriert werden.

- Wie groß ist das Verhältnis aus Sensor-Abstand $\Delta x$ und der Wellenlänge $\lambda$ bei der höchsten zugelassenen Messfrequenz,
- wie groß ist diese maximale Messfrequenz für $\Delta x = 2{,}5\,\mathrm{cm}$?

**Aufgabe 2.11**
Welche Phasentoleranz der Mikrophone ist höchstens akzeptabel, wenn mit einer Intensitätsmesssonde (Sensorabstand $\Delta x = 5\,\mathrm{cm}$) bis hinunter nach 100 Hz bei einem Stehwellenanteil von $p_\mathrm{s}/p_\mathrm{p} = 10$ ($p_\mathrm{s}/p_\mathrm{p} = 100$) auf 1 dB genau gemessen werden soll?

**Aufgabe 2.12**
Ein Einsatzfahrzeug (von Polizei oder Feuerwehr) fährt mit eingeschaltetem Martinshorn bei Windstille an einem über der Fahrbahn geeignet angebrachten Mikrophon mit konstanter Geschwindigkeit $U$ vorbei. Vor der Vorbeifahrt wird die Frequenz von $f_\mathrm{E1} = 555{,}6\,\mathrm{Hz}$ (des wichtigsten Warnsignal-Frequenzbestandteiles) aus dem Mikrophonsignal ermittelt. Nach der Vorbeifahrt beträgt diese Frequenz nur noch $f_\mathrm{E2} = 454{,}6\,\mathrm{Hz}$. Mit welcher Geschwindigkeit fuhr das Einsatzfahrzeug? Wie groß ist Sendefrequenz des Martinshorns?

# 3 Schallausbreitung und Schallabstrahlung

Wie die alltägliche Beobachtung lehrt (und wie einer der nächsten Abschnitte noch zeigen wird), weisen Schallquellen oft eine Richtungs-Abhängigkeit des von ihnen emittierten Schalls auf. Der vom Beobachter wahrgenommene Pegel hängt nicht nur vom Abstand zur Schallquelle ab; auch wenn die Quelle umkreist wird, ändert sich der Pegel mit dem Winkel.

Andererseits ist von einer Reihe auch technisch interessierender Quellen bekannt, dass sie allseitig etwa gleichmäßig Schall aussenden. Nicht zu große Schallquellen, wie kleinere Maschinen, Austrittsöffnungen von Lüftungen mit niederfrequentem Schall, Arbeitsvorgänge wie Rammen, Hämmern und Schlagen und viele andere, vor allem breitbandige Vorgänge, besitzen oft eine praktisch wenig relevante Richtungs-Abhängigkeit im hervorgerufenen Schallfeld. Allgemein kann man sogar zeigen, dass einseitig verdrängende Schallquellen immer dann eine ungerichtete Schallabstrahlung besitzen, wenn ihre Abmessungen klein gegenüber der Wellenlänge sind. Ihre Richtwirkung ist also stets bei hinreichend tiefen Frequenzen kugelförmig. Und schließlich sind bei überschlägigen Vorausberechnungen der Wirkung von Schallquellen Details der Richtungs-Abhängigkeit oft gar nicht bekannt, so dass man auf die (u. U. gar nicht zutreffende) Annahme allseitig gleichmäßiger Emission angewiesen ist.

Es besteht also Grund genug, das Kapitel über Ausbreitung und Abstrahlung mit der ungerichteten Schallabstrahlung im Freien zu beginnen, wobei sekundäre Einflüsse, wie z. B. Witterungsbedingungen, hier zunächst unbeachtet bleiben. Einige Bemerkungen insbesondere zum Einfluss des Windes bei der Ausbreitung werden gegen Ende dieses Kapitels angegeben.

## 3.1 Ungerichtete Schallabstrahlung von Punktquellen

Die Betrachtung ungerichteter Quellen ist besonders einfach, wenn sie anhand des Prinzips der Energieerhaltung durchgeführt wird. Bei allen Schallquellen (auch bei beliebiger



M. Möser, *Technische Akustik*, VDI-Buch, DOI 10.1007/978-3-662-47704-5_3

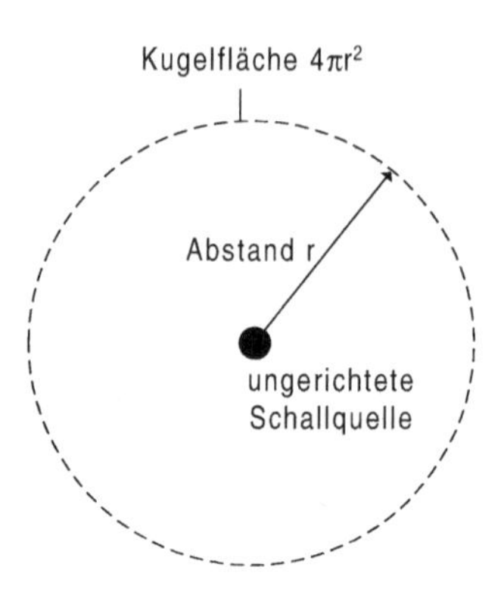


**Abb. 3.1** Hüllfläche in Form einer Kugeloberfläche zur Bestimmung der von einer ungerichteten Punktschallquelle abgestrahlten Leistung

Richtwirkung) muss durch jede beliebige, die Quelle ganz umschließende Hüllfläche die gleiche akustische Leistung $P$ hindurchtreten (wenn Ausbreitungsverluste bei nicht zu großen Quellabständen vernachlässigt werden können). Weil das auch für eine Hülle direkt auf der Quelloberfläche gilt, muss $P$ dabei gleich der von der Quelle in das Medium eingespeisten Leistung sein.

Für die ungerichtete Abstrahlung wählt man (gedachte) Kugelflächen $S = 4\pi r^2$ mit dem Sender im Mittelpunkt (Abb. 3.1). In größerer Entfernung verhalten sich die ausgesandten Kugelwellen immer mehr wie ebene Wellen, weil die Krümmung der Wellenfronten nachlässt. Nach den Leistungs-Betrachtungen in Kap. 2 gilt also im Fernfeld

$$P = \frac{1}{\varrho c} p_{\text{eff}}^2 S = \frac{1}{\varrho c} p_{\text{eff}}^2 4\pi r^2 , \tag{3.1}$$

wobei $P$ wie gesagt die Leistung der Schallquelle darstellt.

Der Schalldruck verringert sich demnach umgekehrt proportional zum Abstand. Natürlich ist die Umformung von (3.1) in ein Pegelgesetz sinnvoll. Dazu wird (3.1) durch die Bezugsleistung $P_0 = (p_0{}^2/\varrho c) \cdot 1\,\text{m}^2$ (siehe Abschn. 2.4) dividiert und anschließend der dekadische Logarithmus genommen. Man erhält so

$$L_\text{p} = L_\text{w} - 20 \lg \frac{r}{\text{m}} - 11\,\text{dB} , \tag{3.2}$$

worin $L_\text{p}$ den Schalldruckpegel im Abstand $r$ darstellt (hier wie im Folgenden bedeutet $r/m$ den dimensionslosen Abstand, also $r/m = r$ geteilt durch 1 m). Dem Abstandsgesetz (3.2) zufolge sinkt der Pegel um 6 dB pro Entfernungsverdopplung. Befindet sich die Quelle auf einer nahezu vollständig reflektierenden Unterlage (Boden), so tritt die Leistung nur noch durch eine Halbkugel hindurch. In diesem Fall erhält man statt (3.2)

$$L_\text{p} = L_\text{w} - 20 \lg \frac{r}{\text{m}} - 8\,\text{dB} . \tag{3.3}$$

## 3.2 Ungerichtete Schallabstrahlung von Linienquellen

In der Praxis kommen manchmal auch sehr lange Geräuschquellen vor, die zum Beispiel aus einzelnen, ungerichtet strahlenden (und inkohärenten) Punktquellen bestehen können. Beispiele dafür sind dicht befahrene Straßen und Eisenbahnzüge. Nur in der unmittelbaren Nachbarschaft dieser langen Quellen lässt sich die zeitliche Feinstruktur hören; an Straße und Schiene lässt sich in ihrer Nähe die Vorbeifahrt der Einzelquellen – der Autos oder der Drehgestelle beim Zug – erkennen. In etwas größerem Abstand dagegen geht das zunächst intermittierende Geräusch alsbald in eine sehr gleichmäßige Gestalt über, die sogar dem Rauschen eines Wasserfalls gar nicht unähnlich ist. Die folgenden Betrachtungen gehen daher von ‚ausreichend großen' Abständen aus, in denen Einzelheiten bereits verwischt und im Gesamtschall vieler etwa gleich weit entfernter Quellen untergegangen sind.

Bei der Leistungsbetrachtung bezieht man sich diesmal auf Zylinder-Oberflächen (Abb. 3.2) und findet ($l$ = Strahlerlänge)

$$P = \frac{p_{\text{eff}}^2}{\varrho c} 2\pi r l \,. \tag{3.4}$$

Für die Pegel folgt daraus

$$L_{\text{p}} = L_{\text{w}} - 10 \lg \frac{l}{\text{m}} - 10 \lg \frac{r}{\text{m}} - 8\,\text{dB} \,, \tag{3.5}$$

oder, falls sich die Quelle wieder auf einer reflektierenden Unterlage befindet,

$$L_{\text{p}} = L_{\text{w}} - 10 \lg \frac{l}{\text{m}} - 10 \lg \frac{r}{\text{m}} - 5\,\text{dB} \,. \tag{3.6}$$

Hier fällt der Schalldruck also nur mit 3 dB pro Entfernungsverdopplung. Dies hat zur Folge, dass sehr lange Quellen wie dicht befahrene Autobahnen einen sehr großen Ein-

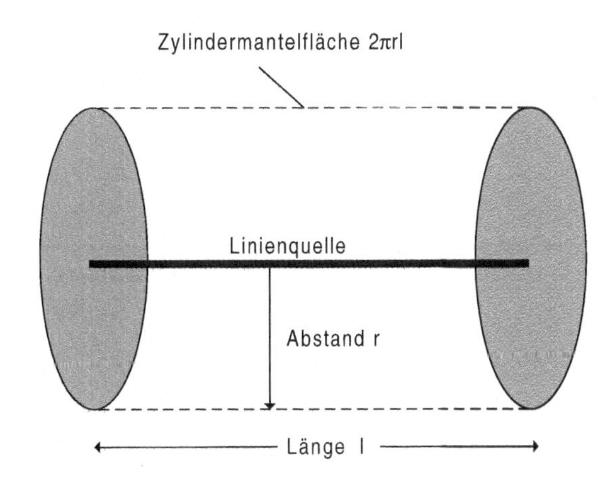


**Abb. 3.2** Hüllfläche in Form einer Zylindermantelfläche zur Bestimmung der von einer ungerichteten Linienschallquelle abgestrahlten Leistung

wirkungsbereich haben. Beispielsweise beträgt der in 1 km Abstand bestimmte Pegel nur 16 dB weniger als der Pegel in 25 m Abstand. Für den A-bewerteten Dauerschallpegel ist sicher ein Wert von $L_{eq}(25\,\text{m}) = 76\,\text{dB(A)}$ an einer Autobahn nicht zu hoch gegriffen, es blieben also noch 60 dB(A) nach einem Kilometer übrig! Glücklicherweise mildert der Einfluss von Boden, Bewuchs und Bebauung diese Lärmbelastung etwas ab. Für kürzere Linienschallquellen (z. B. Personenzüge) muss man in größerer Nähe von (3.6), für größere Entfernungen dagegen von (3.3) ausgehen. In naher Nachbarschaft einer endlich langen Quelle wirkt diese wie eine lange Linienquelle; in großen Abständen dagegen schrumpfen alle Quellen zu einem Punkt zusammen. Der Übergangspunkt zwischen Linien- und Punktquelle liegt etwa beim Abstand $r_{cr} = l/2$, wie man durch Gleichsetzen von (3.1) und (3.4) sieht. In Abständen $r < r_{cr}$ wirkt die Quelle wie eine Linie mit 3 dB Pegelabfall pro Entfernungsverdopplung; für Abstände $r > r_{cr}$ dagegen wirkt sie wie ein Punkt mit 6 dB Pegelabfall pro Entfernungsverdopplung. In der Praxis misst man meist nah an der Quelle, schon um den Einfluss des Hintergrundlärms gering zu halten. Man kann dann nach (3.6) auf die Leistung zurückrechnen und anschließend nach (3.3) auch für Entfernungen $r > l/2$ eine Prognose abgeben.

## 3.3 Volumenquellen

Wie gezeigt ist der Effektivwert des Schalldrucks im Fall der einfachsten Idealisierung allseitig gleichmäßiger Schallabstrahlung proportional zum reziproken Abstand. Nimmt man noch die Erwartung hinzu, dass das Feld in einer radial nach außen laufenden Kugelwelle besteht, so lautet der Ansatz für den Schalldruck

$$p = \frac{A}{r} \mathrm{e}^{-jkr} \tag{3.7}$$

($k$ = Wellenzahl $= \omega/c = 2\pi/\lambda$). Die mehr auf Grund der Plausibilität formulierte (3.7) erfüllt tatsächlich auch die Wellengleichung (2.59) in Kugelkoordinaten, wie sich leicht zeigen lässt.

Um ein so „mathematisch ideales“ Feld mit perfekter Kugelsymmetrie zu erhalten, muss auch die schallsendende Anordnung sehr speziell beschaffen sein. Sie besteht aus einer „atmenden Kugel“, also aus einer Kugeloberfläche $r = a$, die sich mit der örtlich konstanten Schnelle $v_a$ radial ausdehnt und zusammenzieht (siehe auch Abb. 3.3). Man bezeichnet die atmende Kugel auch als „Strahler nullter Ordnung“ oder „Monopolquelle“, um auf das Nichtvorhandensein der Winkelabhängigkeiten hinzuweisen.

Die in (3.7) zunächst noch unbekannt gebliebene Amplitude $A$ kann aus der Schnelle $v_a$ auf der Kugeloberfläche $r = a$ berechnet werden.

Ähnlich wie in (2.27) gilt

$$\varrho \frac{\partial v}{\partial t} = -\frac{\partial p}{\partial r}$$

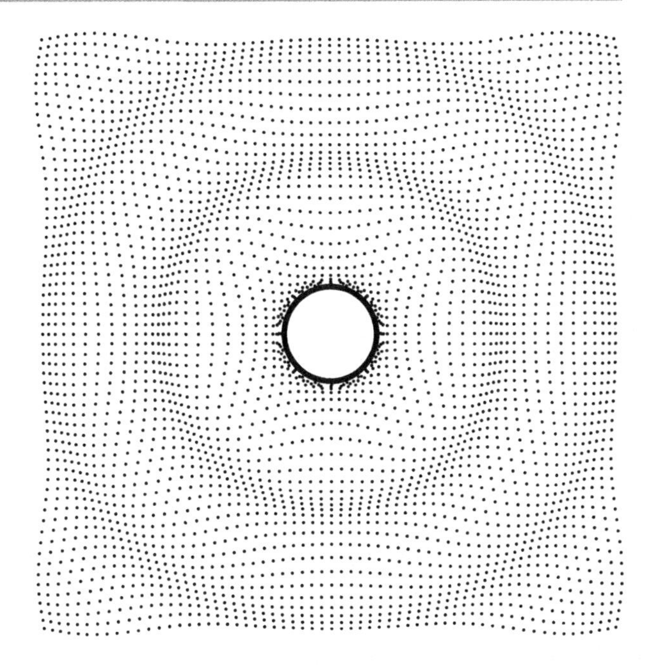

**Abb. 3.3** Schallfeld einer atmenden Kugel

(siehe auch (2.58) in Kugelkoordinaten), oder für komplexe Amplituden und den Ansatz (3.7)

$$v = \frac{j}{\omega\varrho}\frac{\partial p}{\partial r} = \frac{A}{r\omega\varrho}\left(k - \frac{j}{r}\right)\mathrm{e}^{-jkr} = \frac{A}{\varrho c}\left(1 - \frac{j}{kr}\right)\frac{\mathrm{e}^{-jkr}}{r} \,. \tag{3.8}$$

Wegen $v = v_a$ für $r = a$ folgt daraus

$$A = \frac{\varrho c v_a a \,\mathrm{e}^{jka}}{1 - \frac{j}{ka}} \,. \tag{3.9}$$

Wenn man sich hinfort auf kleine Quellen $ka = 2\pi a/\lambda \ll 1$ beschränkt, dann kann man die 1 im Nenner von (3.9) vernachlässigen und erhält

$$A = jk\varrho c\, v_a a^2 = j\omega\varrho\, v_a a^2 \,. \tag{3.10}$$

Insgesamt ist damit der Schalldruck aus (3.7)

$$p = j\omega\varrho\, v_a a^2 \frac{\mathrm{e}^{-jkr}}{r} \tag{3.11}$$

durch Quellgrößen und durch die Tatsache beschrieben, dass es sich um radial nach außen laufende Wellen mit sich verdünnender Energie handelt.

Nun wäre die Schallabstrahlung von einem so mathematisch exakt definierten Kugelstrahler nullter Ordnung nur von theoretischem Interesse, wenn die dabei gewonnenen

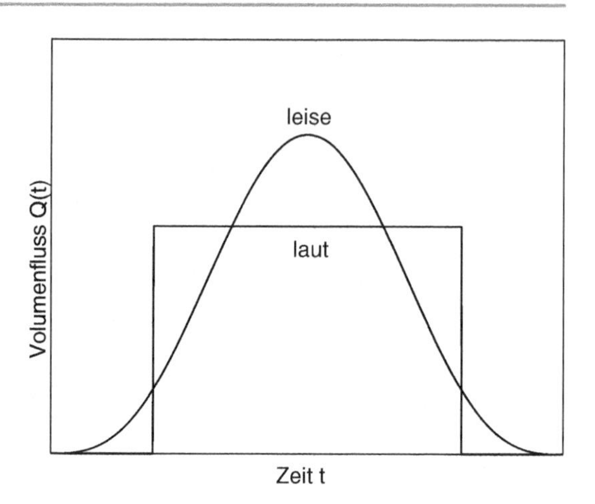


**Abb. 3.4** „Laute“ und „leise“ Volumen-Förderung bei gleicher Gesamtmenge $\int Q(t)\,\mathrm{d}t$

Erkenntnisse nicht auf alle Volumenquellen zu übertragen wären, die klein zur Wellenlänge sind. Darunter sind Quellen zu verstehen, deren wesentliches Charakteristikum in ihrer zeitlichen Volumenänderung oder im Ausstoß von Mediummasse besteht. Gemeint sind also expandierende Körper, zum Beispiel auch einseitig verdrängende Strahler wie der Lautsprecher in einem sonst geschlossenen Gehäuse mit allseitig zur Wellenlänge kleinen Abmessungen, aber auch Explosionen, die Auto-Auspuff-Öffnung oder sich öffnende (oder schließende) Auslassventile (z. B. stellt auch das Öffnen einer Sektflasche eine Volumenquelle dar). Für all diese kleinen Volumenquellen kann man ebenfalls (3.11) benutzen. Dabei besteht die quellbeschreibende Größe in ihrem Volumenfluss $Q$, der allgemein mit

$$Q = \int_S v\,\mathrm{d}S \tag{3.12}$$

aus der Strahlerschnelle und der Strahlerfläche $S$ berechnet wird. Zum Beispiel ist beim Autoauspuff $v(t)$ die Geschwindigkeit des aus der Fläche $S$ ausströmenden Gases.

Der Volumenfluss $Q$ der Originalquelle muss nun noch auf die Oberfläche der atmenden Kugel, der Ersatzquelle, verteilt werden. Bei letzterer ist $Q = 4\pi a^2 v_a$, also gilt allgemein für Volumenquellen

$$p = j\omega\varrho\, Q \frac{\mathrm{e}^{-jkr}}{4\pi r}\,. \tag{3.13}$$

Anders als bei den ebenen fortschreitenden Wellen mit $p = \varrho\, c\, v$ wirkt die dreidimensionale Schallabstrahlung wie eine zeitliche Differentiation der Strahlerschnelle. Weil $j\omega$ die Zeitableitung bedeutet und $\mathrm{e}^{-jkr}$ gleich einer Verzögerung $\mathrm{e}^{-j\omega\tau}$ mit der Verzögerungszeit $\tau = r/c$ ist, lässt sich (3.13) im Zeitbereich als

$$p = \frac{\varrho}{4\pi r} \frac{\mathrm{d}Q(t - r/c)}{\mathrm{d}t} \tag{3.14}$$

schreiben.

Wenn eine geringe Schallerzeugung erwünscht ist, dann muss die zeitliche Änderung des Volumenflusses möglichst gering eingestellt werden. Zum Beispiel ist ein plötzliches, ruckartiges Öffnen von Ventilen ungünstig im Sinne des Lärmschutzes; leiser lässt sich der Vorgang durch allmähliches, langsames Öffnen gestalten. Abbildung 3.4 versucht eine Illustration. Der Schalldruck-Frequenzgang $p \sim j\omega Q = bS$ ist zur Beschleunigung $b$ proportional. Für den Frequenzgang von Lautsprechern ist diese Tatsache natürlich von ausschlaggebender Bedeutung. In Kap. 11 werden dann auch die hier geschilderten Gesetzmäßigkeiten benutzt werden.

## 3.4 Das Schallfeld zweier Quellen

Es gibt gleich eine ganze Reihe von Gründen, sich mit dem Schallfeld von zwei (kleinen) Volumenquellen zu beschäftigen. Anordnungen aus zwei entgegengesetzt gleich großen Quellen kommen praktisch recht oft vor. Jede als Ganzes bewegte kleine Fläche, die nicht in ein Gehäuse eingebaut ist, wie z. B. ein Lautsprecher ohne Box oder Schallwand, kann bei hinreichend tiefen Frequenzen als solch ein Dipol aufgefasst werden. Schiebt die Fläche die Luft auf der rechten Seite nach rechts (Abb. 3.5), so saugt sie auf der linken Seite ebenso an. Die rechts komprimierte Luft fließt um die Kante herum auf die Flächenrückseite und gleicht so die Dichte-Unterschiede (und damit auch die Druckunterschiede) aus, ein Effekt, den man anschaulich als „Massenkurzschluss" bezeichnet. Die Tatsache, dass der Vorgang durch ein Paar gegenphasiger Quellen dargestellt werden kann, führt auf eine nicht-konstante Richtungsverteilung und bei tiefen Tönen auf eine deutlich kleinere Schallabstrahlung als bei einer (vergleichbaren) Einzelquelle, wie die folgenden Betrachtungen zeigen. Bei der heute oft diskutierten „aktiven Lärmbekämpfung" wird (u. a.) versucht, einer nun einmal vorhandenen Quelle ihr phasenverkehrtes Abbild hinzu-

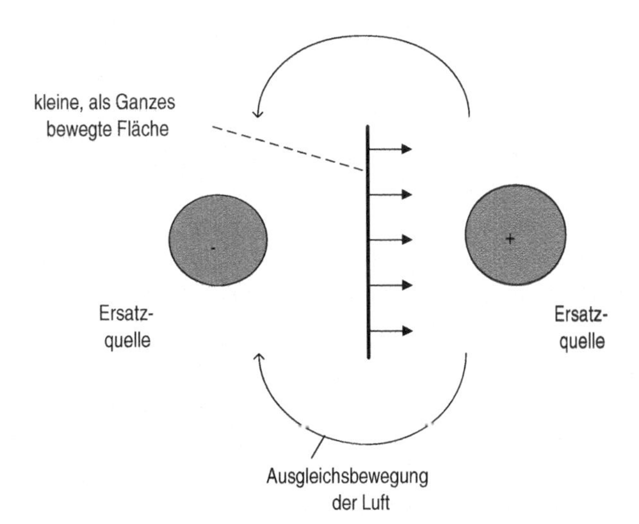


**Abb. 3.5** Eine als Ganzes bewegte kleine Fläche wirkt wie ein Dipol

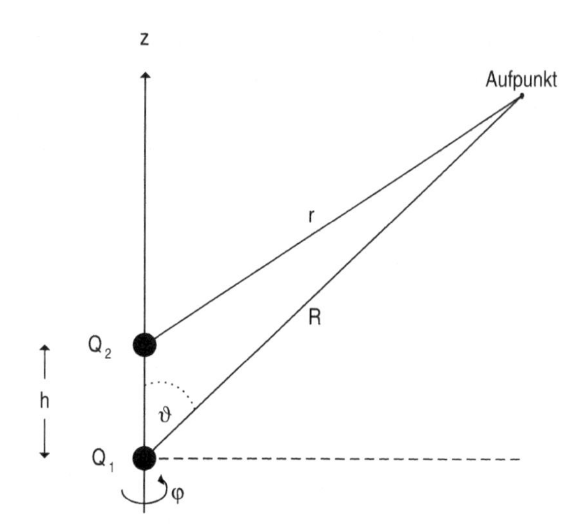


**Abb. 3.6** Lage der Quellen im Koordinatensystem und Benennung der Größen

zufügen. Auch hier besteht die einfachste Modellvorstellung also in zwei entgegengesetzt gleich großen Quellen.

Schließlich interessiert z. B. in der Beschallungstechnik, wie sich das Schallfeld bei Hinzufügen einer zweiten (gleichartigen und kohärenten) Quelle ändert.

Auch bilden die Betrachtungen der Kombination aus zwei kleinen Quellen die einfachste Vorstufe für den allgemeinen Fall, der aus beliebig vielen Teilen zusammengesetzten Quelle. Immerhin läuft die letztgenannte Fragestellung auf die Betrachtung von Lautsprecherzeilen hinaus. Darüber hinaus lassen sich auch allgemein schwingende Oberflächen (z. B. Bleche, Wände, Decken ...) als (hochgradig) zusammengesetzte Strahler auffassen.

Es gibt also viele gute Gründe, sich zunächst mit Kombinationen aus zwei Quellen zu befassen; dabei wird auf die schon angeschnittenen Fragestellungen als praktische Anwendungen hingewiesen werden.

Die im Folgenden untersuchte Modell-Anordnung wird in Abb. 3.6 zusammen mit dem nun benutzten Kugel-Koordinatensystem geschildert. Vernünftigerweise werden die Quellen auf der $z$-Achse im Abstand $h$ voneinander angeordnet; es ergibt sich so ein rotationssymmetrisches Schallfeld, das nicht vom Umfangswinkel $\varphi$ abhängt. Üblicherweise bezeichnet man den Winkel zwischen Strahl $R$ vom Nullpunkt zum Aufpunkt und der $z$-Achse als Winkel $\vartheta$; für diese Winkelfestlegung sind deshalb auch alle weiteren Folgegrößen definiert. Zum Beispiel gilt für das Flächenelement der (im Folgenden vorkommenden) Flächenintegration in Kugelkoordinaten

$$\mathrm{d}S = R^2 \sin\vartheta \, \mathrm{d}\vartheta \, \mathrm{d}\varphi \; . \tag{3.15}$$

Die Integrationsfläche einer Kugel wird mit $0 < \varphi < 2\pi$ und $0 < \vartheta < \pi$ abgedeckt. Andererseits ist es z. B. für Messungen durchaus üblich, den Messwinkel $\vartheta_{\mathrm{N}}$ relativ zur

Strahler-Normalen zu zählen. Beide Größen hängen durch

$$\vartheta + \vartheta_N = 90^\circ \tag{3.16}$$

zusammen. Wenn es im Folgenden um die Vorhersage von Richtwirkungen geht, wird $\vartheta_N$ benutzt; sollen dagegen Intensitäten zu Leistungen integriert werden, ist es einfacher, $\vartheta_N$ nach (3.16) durch $\vartheta$ auszudrücken: Dann kann man sich auf bekannte Formulierungen in Kugelkoordinaten verlassen.

Allgemein gilt für das Schallfeld der beiden Quellen nach (3.13)

$$p = \frac{j\omega\varrho}{4\pi}\left\{Q_1\frac{e^{-jkR}}{R} + Q_2\frac{e^{-jkr}}{r}\right\} . \tag{3.17}$$

Wegen der Linearität der Wellengleichung besteht das Schallfeld einfach aus der Summe der Teile.

Die prinzipiellen Eigenschaften des Summenfeldes lassen sich gewiss an geeignet gewählten Beispielen demonstrieren. Zu diesem Zweck sind in den Abb. 3.7 bis 3.10 die jeweiligen Gesamtpegel der Quell-Kombination für gleich große Quellen bei unterschiedlichen Abständen $a$ der Quellen farbkodiert gezeigt. Dabei werden – im Verhältnis zur Wellenlänge – ‚kleine', ‚mittlere' und ‚große' Abstände $a$ durchlaufen, nämlich – in Zahlenwerten ausgedrückt – $a/\lambda = 0{,}25$, $a/\lambda = 0{,}5$, $a/\lambda = 1$ und $a/\lambda = 2$ durchlaufen. Die Lage der Quellen ist durch die beiden rosafarbenen Punkte markiert. Die Abb. 3.11 bis 3.14 geben dann den Fall von entgegengesetzt gleich großen Quellen (Punkte in magenta und grün) bei gleicher Abstands-Variation wieder.

Die sich in den genannten Abbildungen abzeichnenden Tendenzen sind rasch geschildert. Beim kleinsten Abstand $h = 0{,}25\lambda$ und gleich großen Quellen wirken die Quellen (fast) so, als wären sie an ‚ein und dem selben Ort' angebracht, das Gesamtfeld ist im Prinzip um 6 dB heller als das der Einzelquelle alleine. Zieht man die Quellen weiter auseinander (oder ändert beim selben Abstand die Frequenz entsprechend), dann werden schon die ersten Interferenz-Erscheinungen sichtbar. Für $h = 0{,}5\lambda$ heben sich die Einzeldrücke auf der die Quellen durchstoßenden Mittelachse in ausreichender Entfernung von den Quellen gegenseitig (fast) auf, hier ist das Summenfeld offensichtlich viel kleiner als die Teile, aus denen es gebildet wird. Diese Tatsache ließe sich auch als ‚destruktive Interferenz' bezeichnen. Das ‚Restschallfeld' entsteht hier nur, weil die Abstands-Abnahmen mit $1/R$ und mit $1/r$ nicht ganz genau gleich sind. Mit wachsendem Abstand von den Quellen nimmt dieser Unterschied immer mehr ab, das Feld wird nach außen also immer dunkler. In der Mittelebene zwischen den beiden Quellen dagegen ist der Schalldruck naturgemäß immer gerade doppelt so groß wie der der Einzelquellen. Wird die Frequenz weiter auf $h = \lambda$ gesteigert, dann erkennt man schon ein globales Interferenzmuster aus abwechselnd ‚hellen' und ‚dunklen' Streifen, das mit weiter wachsender Frequenz – wie z. B. bei $h = 2\lambda$ – immer ausgeprägter wird.

In gewisser Weise ähnlich verhält es sich bei den entgegengesetzt gleich großen Quellen, die in den Farben Magenta und Grün angedeutet sind. Auch hier wirken sehr kleine

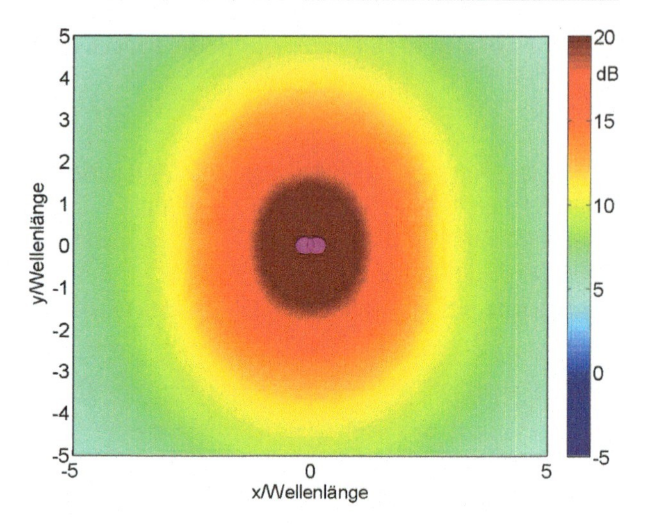


**Abb. 3.7** Schallfeld bei zwei gleich großen Quellen, $h = \lambda/4$

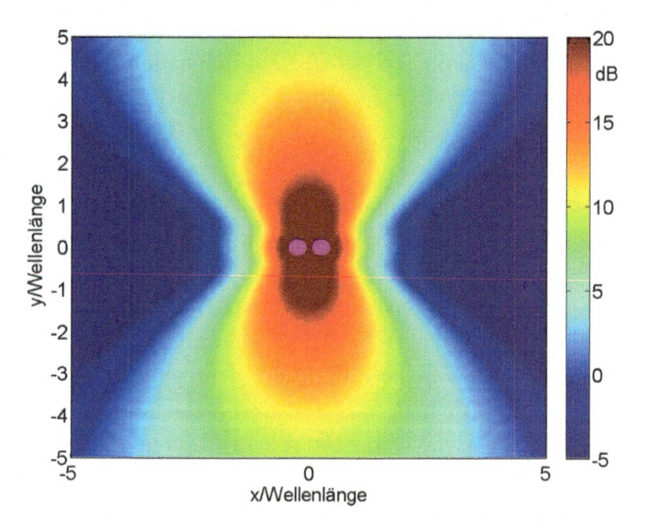


**Abb. 3.8** Schallfeld bei zwei gleich großen Quellen, $h = \lambda/2$

Quellabstände in erster Näherung so, als wären die Quellen an ein und dem selben Ort angebracht. Die Feldsumme ist also global ‚nahe bei Null'. Das Restschallfeld entsteht nur dadurch, dass die Quellen eben doch nicht in einem einzigen Ort angebracht werden können. Natürlich addieren sich diesmal die Teildrücke in der Mittelebene zwischen den Quellen stets vollständig zu Null, bei kleinen Quellabständen konzentriert sich deshalb das verbleibende Restfeld auch hier mehr auf die Achse, welche die Quellen durchstößt. Mit wachsender Frequenz (oder wachsendem Quellabstand) entsteht alsbald wieder Interferenz, diesmal nur mit veränderten Details. So entsteht diesmal für den Fall $h = \lambda/2$ ‚konstruktive' Interferenz auf der Quellen-Achse. Das entgegengesetzte Vorzeichen der Quellen wird gerade durch den Unterschied von einer halben Wellenlänge in der Aus-

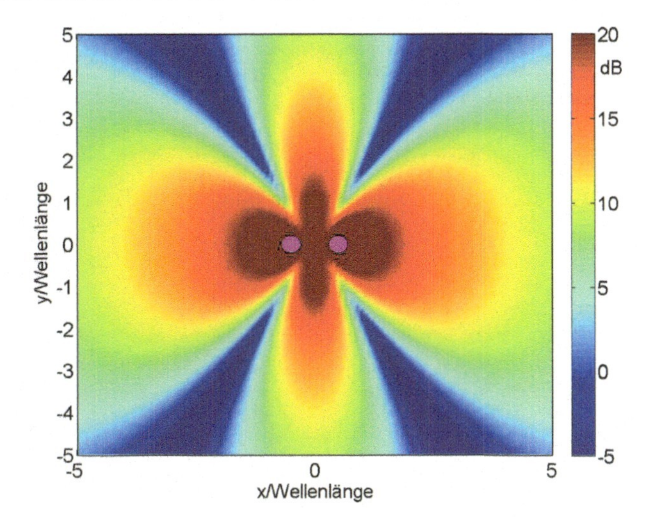


**Abb. 3.9** Schallfeld bei zwei gleich großen Quellen, $h = \lambda$

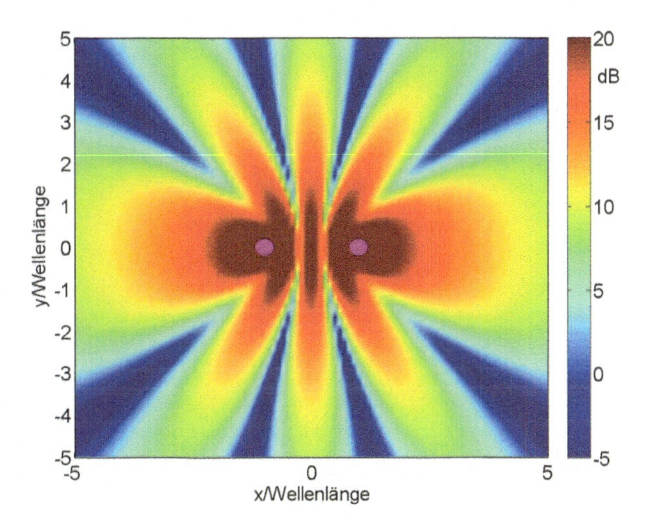


**Abb. 3.10** Schallfeld bei zwei gleich großen Quellen, $h = 2\lambda$

breitung der Teilschalle aufgehoben; deshalb beträgt in diesem Fall und Raumgebiet das Ganze (ungefähr) das Doppelte eines Einzelfeldes. Werden die Quellen noch weiter auseinander gezogen, dann entsteht wieder ein immer ausgeprägteres Interferenzmuster aus abwechselnd hellen und dunklen Streifen ganz ähnlich wie im Fall gleich großer Quellen, nur dass die genaue Lage der Streifen jetzt ,gedreht' erscheint, wie der Vergleich der Abb. 3.10 und 3.14 lehrt.

Die genannten Prinzipien und Effekte sollen nun noch ihrer Größe und Bedeutung nach gefasst werden. Nun kann ja insbesondere in der näheren Umgebung der beiden Quellen $r < h$ wird das Schallfeld sehr stark von Aufpunkt zu Aufpunkt schwanken: Mal zählt die eine Quelle auf Grund der Abstands-Abhängigkeit mehr, mal die andere. Aus diesem

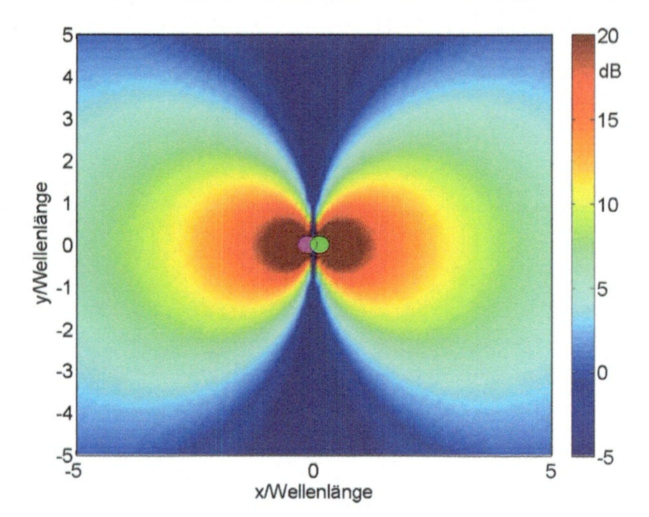


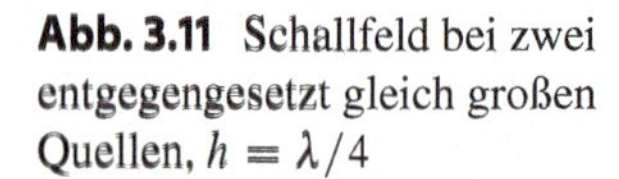

**Abb. 3.11** Schallfeld bei zwei entgegengesetzt gleich großen Quellen, $h = \lambda/4$

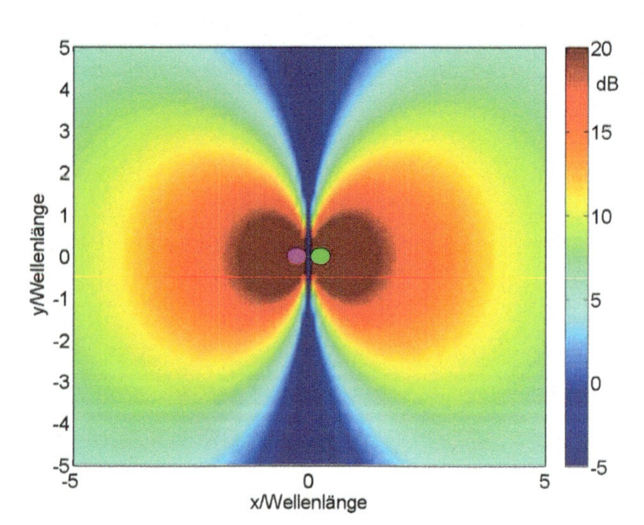


**Abb. 3.12** Schallfeld bei zwei entgegengesetzt gleich großen Quellen, $h = \lambda/2$

Grunde versucht man, eine sogenannte „Fernfeldnäherung" für (3.17) herzustellen. Wie das Folgende schnell zeigt, lassen sich für das Fernfeld tatsächlich recht einfache und übersichtliche quantitative Betrachtungen vornehmen.

Die erste Vereinfachung von (3.17) beruht auf der einfachen Überlegung, dass für $r \gg h$ die durch die Entfernung bewirkte Amplitudenabnahme etwa gleich ist. Man kann also $1/r \approx 1/R$ annehmen. Damit ist im ersten Schritt

$$p_{\text{fern}} \approx \frac{j\omega\varrho}{4\pi R}\left\{Q_1\,\mathrm{e}^{-jkR} + Q_2\,\mathrm{e}^{-jkr}\right\}.$$

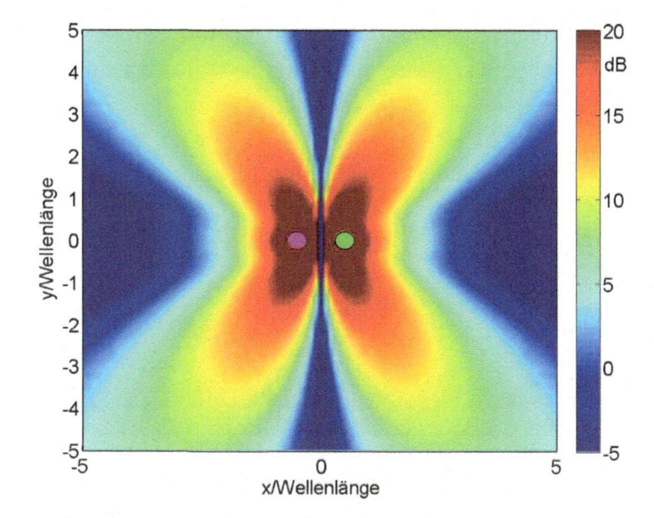


**Abb. 3.13** Schallfeld bei zwei entgegengesetzt gleich großen Quellen, $h = \lambda$

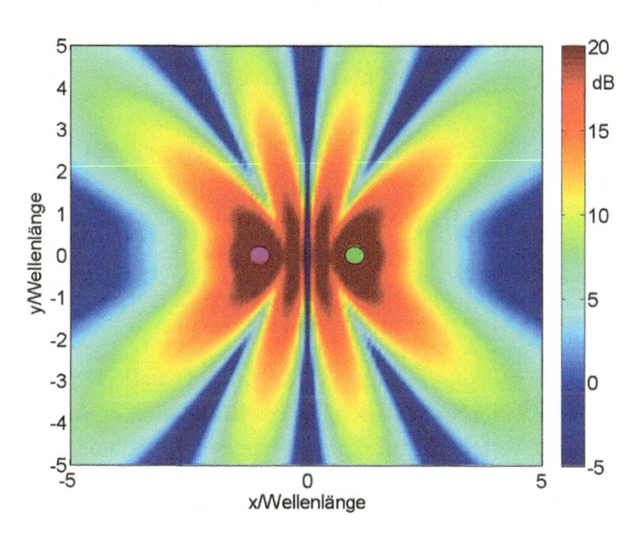


**Abb. 3.14** Schallfeld bei zwei entgegengesetzt gleich großen Quellen, $h = 2\lambda$

Obwohl aus $1/r \approx 1/R$ natürlich auch $r \approx R$ folgt, müssen die Phasenfunktionen $\mathrm{e}^{-jkr}$ und $\mathrm{e}^{-jkR}$ wesentlich genauer untersucht werden, denn durch sie wird ja beschrieben, ob es sich um ‚konstruktive' oder ‚destruktive' Interferenz handelt, oder um ‚etwas dazwischen'. Am einfachsten erkennt man das aus der Umformung

$$p_{\text{fern}} \approx \frac{j\omega\varrho}{4\pi R}\,\mathrm{e}^{-jkR}\left\{Q_1 + Q_2\,\mathrm{e}^{-jk(r-R)}\right\}. \tag{3.18}$$

Die in der Klammer zuletzt auftretende Phasenfunktion hängt von der auf die Wellenlänge bezogenen Differenz aus den beiden Entfernungen ab. Obgleich $r$ und $R$ in einem prozentualen Sinn fast gleich sein können (wie bei der Amplitudenabnahme vorausgesetzt), können die Unterschiede dennoch in der Größenordnung einer Wellenlänge sein, und es ist gerade dieser ‚relativ kleine' Unterschied, der über den tatsächlichen Wert der Phasenfunktion $e^{-jk(r-R)}$ entscheidet.

Um nun zu einer besseren Übersicht zu gelangen, wird zunächst $r$ mit Hilfe des Cosinus-Satzes durch $R$ und $\vartheta$ ausgedrückt:

$$r^2 = R^2 + h^2 - 2Rh\cos\vartheta \ ,$$

oder

$$r^2 - R^2 = (r-R)(r+R) = h^2 - 2Rh\cos\vartheta \ ,$$

bzw. nach der ja eigentlich gesuchten Differenz aufgelöst

$$r - R = \frac{h^2}{r+R} - \frac{2Rh}{r+R}\cos\vartheta \ .$$

Im Fernfeld $R \gg h$ erhält man also in erster Näherung, in der Glieder mit $(h/R)^2$ und höhere Potenzen vernachlässigt werden,

$$r - R \approx -h\cos\vartheta. \tag{3.19}$$

Gleichung (3.18) wird also näherungsweise zu

$$p_{\text{fern}} \approx \frac{j\omega\varrho}{4\pi R}\,e^{-jkR}\left\{Q_1 + Q_2\,e^{jkh\cos\vartheta}\right\} = p_1\left\{1 + \frac{Q_2}{Q_1}\,e^{jkh\sin\vartheta_{\mathrm{N}}}\right\} \ . \tag{3.20}$$

In (3.20) bedeutet $p_1$ den Schalldruck der Quelle 1 ($Q_2 = 0$) alleine.

Vernünftigerweise beschreibt man Schallfelder durch eine „globale" Größe und durch die Feld-Verteilung auf die Richtungen. Der Klammerausdruck in (3.20) gibt die Richtcharakteristik des Strahlerpaares an; weil dabei nur die Unterschiede von Richtung zu Richtung interessieren, kann noch beliebig skaliert werden. Als Maß für die „Strahlerstärke" konzentriert man sich nicht auf einen speziellen Punkt oder eine Richtung, sinnvollerweise gibt man als globales Maß für den Abstrahlvorgang die insgesamt abgestrahlte Leistung $P$ an. Sie lässt sich (siehe auch (3.15)) aus

$$P = \frac{1}{2\varrho c}\int_0^{2\pi}\int_0^{\pi} |p_{\text{fern}}|^2\,R^2\sin\vartheta\,\mathrm{d}\vartheta\,\mathrm{d}\varphi \tag{3.21}$$

nach Einsetzen von (3.20) zu

$$P = P_1\left\{1 + \left(\frac{Q_2}{Q_1}\right)^2 + 2\frac{Q_2}{Q_1}\frac{\sin(kh)}{kh}\right\} \tag{3.22}$$

berechnen ($P_1$ = abgestrahlte Leistung von $Q_1$ alleine). Für (3.22) ist von einem reellwertigen Verhältnis $Q_2/Q_1$ ausgegangen worden. (Hinweis: Die einzige Schwierigkeit in der Berechnung von (3.22) könnte in der Lösung des Integrales $F(kh \sin \vartheta)$ mit

$$F(kh \sin \vartheta) = \int_0^{\pi} \cos(kh \cos \vartheta) \sin \vartheta \mathrm{d}\vartheta$$

bestehen. Die Substitution $u = \cos \vartheta$, $\mathrm{d}u = -\sin \vartheta \mathrm{d}\vartheta$ führt auf ein einfaches Integral.)

Die Diskussion des Strahlerverhaltens wird am einfachsten getrennt für tiefe und hohe Frequenzen durchgeführt.

**Tiefe Frequenzen $h/\lambda \ll 1$**

Für tiefe Frequenzen gilt nach (3.20) mit $\mathrm{e}^{jx} \approx 1 + jx$ für $|x| \ll 1$

$$p_{\text{fern}} \approx p_1 \left\{ 1 + \frac{Q_2}{Q_1} (1 + jkh \sin \vartheta_{\text{N}}) \right\} . \tag{3.23}$$

Solange der richtungsunabhängige Teil $1 + Q_2/Q_1$ nicht gleich Null ist, solange also nicht ein Dipol mit $Q_2 = -Q_1$ betrachtet wird, kann man näherungsweise einfach die Quellstärken addieren: Bei tiefen Frequenzen wirken die Quellen so, als wären sie „in ein- und demselben Ort" angebracht:

$$p_{\text{fern}} \approx p_1 \left( 1 + \frac{Q_2}{Q_1} \right) .$$

Für die Leistung ist dann nach (3.22) wegen $\sin(kh)/kh \approx 1$

$$P \approx P_1 \left( 1 + \frac{Q_2}{Q_1} \right)^2 .$$

Für den Fall gleicher Quellen $Q_2 = Q_1$ verdoppelt sich der Schalldruck gegenüber einer einzelnen Quelle

$$p_{\text{fern}} \approx 2p_1 , \tag{3.24}$$

und die Leistung besteht dementsprechend im Vierfachen der Einzelleistung

$$P \approx 4P_1 . \tag{3.25}$$

Für den Fall des Dipols mit $Q_2 = -Q_1$ dagegen erhält man aus (3.23)

$$p_{\text{fern}}(\text{Dipol}) \approx -jkhp_1 \sin \vartheta_{\text{N}} \tag{3.26}$$

und aus (3.22)

$$P(\text{Dipol}) \approx 2P_1 \left\{ 1 - \frac{\sin(kh)}{kh} \right\} \approx P_1 \frac{(kh)^2}{3} \tag{3.27}$$

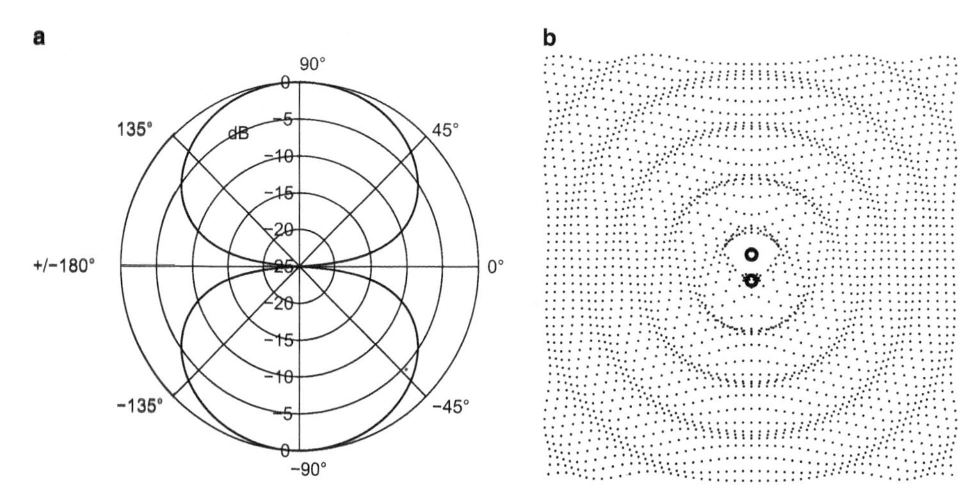


**Abb. 3.15** Richtcharakteristik (**a**) und Teilchenbewegungen (**b**) eines Dipols. Für Teilbild **a** beträgt der Quellabstand $\lambda/2$

(wegen $\sin(x)/x \approx 1 - x^2/6$ für $|x| \ll 1$). Beim Dipol erhält man also tieffrequent eine Achter-Charakteristik, wie in Abb. 3.15 gezeigt. Die dreidimensionale Erweiterung entsteht durch Rotation um die Achse, an der die Einzelquellen angeheftet sind. Die vom Dipol tieffrequent abgestrahlte Leistung ist kleiner als die der Einzelquellen:

$$L_{\mathrm{w}}(\mathrm{Dipol}) = L_{\mathrm{w}}(\mathrm{Einzel}) + 10\lg\frac{(kh)^2}{3} \,. \tag{3.28}$$

In Zahlenwerten ausgedrückt ist der Leistungsunterschied jedenfalls dann nicht sehr groß, wenn unrealistisch kleine Abstände oder allzu tiefe Frequenzen außer Acht bleiben. Für $h/\lambda = 1/8$ beträgt $10\lg((kh)^2/3) = -6{,}8\,\mathrm{dB}$; die vom Dipol erzeugte Leistung ist also nur um etwa 7 dB kleiner als die der Einzelquellen. Wenn man annimmt, dass die Punktquellen hier als Stellvertreter für endlich ausgedehnte, tieffrequente technische Quellen gemeint sind, dann dürfen diese selbst bei den eigentlich für eine Leistungsminderung ja günstigen tieffrequenten Anwendungen nur recht kleine geometrische Abmessungen besitzen. Für 170 Hz mit $\lambda = 2\,\mathrm{m}$ ist $\lambda/8 = 0{,}25\,\mathrm{m}$; der Abstand der beiden Quellen (und damit auch die Strahler-Abmessungen) darf also höchstens 25 cm betragen, um etwa 6 dB Leistungsminderung herzustellen. Größere Abstände würden eine noch kleinere Leistungs-Pegel-Differenz (bei gleicher Frequenz) nach sich ziehen.

In dem geschilderten Sachverhalt liegt einer der Gründe dafür, dass man die Erwartungen an die „aktive Lärmbekämpfung", jedenfalls im Falle der Abstrahlung ins Freie, eher mit Bescheidenheit einschätzen sollte. Selbst wenn zu Demonstrations-Zwecken gegenphasige Lautsprecher bei tiefen Frequenzen benutzt werden, betragen deren Mittelpunkts-Abstände oft mehr als eine Viertel-Wellenlänge, mit einer – dem Höreindruck nach – unbefriedigenden Lärmminderung. Hinzu kommt, dass das tieffrequente Experiment den

Experimentator leicht dazu verleitet, die Lautsprecher zu übersteuern; weil man tiefe Töne ohnedies schlecht wahrnimmt, lässt man sich leicht zu überhöhten Steuerspannungen verführen. Die Folge: Die Lautsprecher klirren im höherfrequenten Bereich, in dem die aktive Maßnahme sogar wirkungslos ist. Weil diese höheren Frequenzen auch noch besser wahrgenommen werden, ist die aktive Maßnahme fast nicht mehr herauszuhören.

**Hohe Frequenzen $h \gg \lambda$**

Für hohe Frequenzen erhält man nach (3.20) Richtwirkungen, die sich über $\vartheta_N$ rasch ändern und dabei zwischen den Druckmaxima

$$|p_{\text{fern}}|^2_{\text{max}} = |p_1|^2 \left(1 + \left|\frac{Q_2}{Q_1}\right|\right)^2 \tag{3.29}$$

und den Druckminima

$$|p_{\text{fern}}|^2_{\text{min}} = |p_1|^2 \left(1 - \left|\frac{Q_2}{Q_1}\right|\right)^2 \tag{3.30}$$

gleichmäßig schwanken. Der Grund dafür besteht in der Interferenz der beiden Felder, deren Beträge sich in den Bäuchen (den Maxima) addieren, in den Knoten (den Minima) dagegen subtrahieren.

Für die insgesamt abgestrahlte Leistung gilt nach (3.22) für $kh \gg 1$

$$P \approx P_1 \left\{1 + \left(\frac{Q_2}{Q_1}\right)^2\right\} = P_1 + P_2 \,. \tag{3.31}$$

Bei hohen Frequenzen addieren sich also (anders als bei den tiefen Frequenzen) die Leistungen der Einzelquellen zur Gesamtleistung des Paares. Diese Tatsache steht im Einklang mit der bereits geschilderten Richtungsverteilung, in der Maxima und Minima abwechseln und gleich oft vorkommen. Demnach ist das mittlere Schalldruckquadrat

$$\bar{p}^2 = \frac{1}{2}|p_{\text{fern}}|^2_{\text{max}} + \frac{1}{2}|p_{\text{fern}}|^2_{\text{min}} = \left(1 + \left|\frac{Q_2}{Q_1}\right|\right)^2 \,.$$

Auch daraus ergibt sich wieder (3.31), weil das mittlere Schalldruckquadrat und die abgestrahlte Leistung zueinander proportionale Größen sind.

Für gleich große Quellen $Q_2 = Q_1$ ebenso wie für entgegengesetzt gleich große Quellen $Q_2 = -Q_1$ findet also eine Leistungs-Verdopplung statt. Daraus folgt z. B., dass sich das als aktive Lärmbekämpfungs-Maßnahme beabsichtigte Hinzufügen der zweiten, phasenverkehrten Quelle nicht nur nicht lohnt, sondern sogar noch einen Nachteil herstellt: Im Sinne kleinster abgestrahlter Leistung lässt man die zweite, „aktive“ Quelle am besten weg. Das wird auch deutlich, wenn man das Quellstärken-Verhältnis $V = Q_2/Q_1$ bestimmt, das zur minimalen abgestrahlten Leistung führt.

Durch Differenzieren von (3.22)

$$\frac{P}{P_1} = 1 + V^2 + 2V\frac{\sin(kh)}{kh}$$

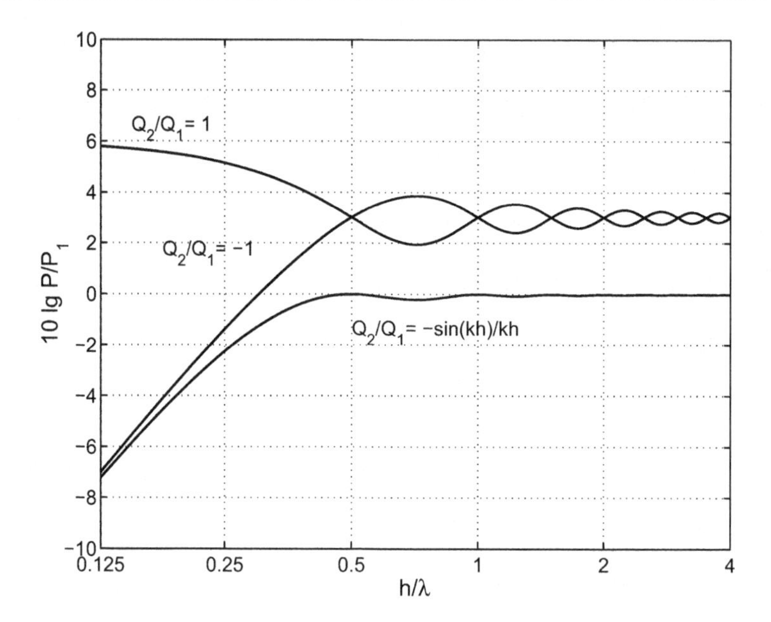


**Abb. 3.16** Frequenzgänge der von zwei Schallquellen abgestrahlten Leistung

nach $V$ findet man als optimales Verhältnis „mit minimaler Gesamtleistung"

$$V_{\text{opt}} = \left.\frac{Q_2}{Q_1}\right|_{\text{opt}} = -\frac{\sin(kh)}{kh} . \tag{3.32}$$

Wie man sieht, ist bei tiefen Frequenzen $Q_2 = -Q_1$ die beste Quellen-Ansteuerung für die zweite Quelle; je höher die Frequenz wird, desto kleiner wird die optimale Ansteuerung $Q_2$, wobei sie sogar das gleiche Vorzeichen wie die „Originalquelle" besitzen kann. Bei hohen Frequenzen strebt $V_{\text{opt}}$ gegen Null.

Abbildung 3.16 versucht noch einmal eine Illustration der genannten Sachverhalte anhand der nach (3.22) gerechneten abgestrahlten Leistung für $Q_2 = Q_1$, für $Q_2 = -Q_1$ und für den (im Sinne der aktiven Lärmbekämpfung) Optimalfall, für den nach (3.32) $Q_2 = -Q_1 \sin(kh)/kh$ ist. Tieffrequent addieren sich die Quellen, daher ein Zuwachs von 6 dB gegenüber der Einzelquelle bei $Q_2 = Q_1$ und die Leistungs-Verringerung bei entgegengesetzt gleich großen Quellen $Q_2 = -Q_1$. Bei hohen Frequenzen schließlich spielt die Phasenbeziehung der Quellen keine Rolle mehr: Hier ist die Gesamtleistung stets gleich der Summe der Einzelleistungen.

Die genannten Sachverhalte lassen sich auch auf eine größere Quellen-Anzahl übertragen. Bei $N$ Quellen gilt für tiefe Frequenzen

$$p_{\text{ges}} = \frac{j\omega\varrho}{4\pi R} \mathrm{e}^{-jkR} \sum_{i=1}^{N} Q_i \tag{3.33}$$

(alle Abstände der Quellen sind klein verglichen mit der Wellenlänge) und für hohe Frequenzen

$$P_{\text{ges}} = \sum_{i=1}^{N} P_i \tag{3.34}$$

(alle Abstände groß verglichen mit $\lambda$).

## 3.5 Lautsprecherzeilen

Die im Schwierigkeitsgrad nächste Stufe von Abstrahlproblemen besteht in der Kombination von beliebig vielen ungerichteten kohärenten Teilquellen, die entlang einer Achse aufgereiht sind. Praktische Realisierungen solcher eindimensionalen Strahler-Ketten dürften wohl ausschließlich in Lautsprecherzeilen bestehen, wie sie in Abb. 3.17 geschildert sind. Der Schnelleverlauf an der Strahleroberfläche wird hier der Einfachheit halber durch die kontinuierliche Funktion $v(z)$ beschrieben. Die Zeile besitzt die Breite $b$, die stets klein verglichen mit der Wellenlänge sein soll. Der Beitrag des in Abb. 3.17 mit eingezeichneten, infinitesimal kleinen Strahlerelementes zum Schalldruck im Aufpunkt beträgt

$$\mathrm{d}p = \frac{j\omega\varrho\, b\, v(z_Q)}{4\pi r}\, \mathrm{e}^{-jkr} \mathrm{d}z_Q \,, \tag{3.35}$$

und deshalb gilt für den Gesamtdruck

$$p = \frac{j\omega\varrho\, b}{4\pi} \int_{-l/2}^{l/2} v(z_Q) \frac{\mathrm{e}^{-jkr}}{r} \mathrm{d}z_Q \,. \tag{3.36}$$

Darin sind $l$ die Strahlerlänge und $r$ der Abstand zwischen Quellpunkt und Aufpunkt $(x, z)$

$$r = \sqrt{(z - z_Q)^2 + x^2} \,.$$

Wie man sieht ist vorausgesetzt worden, dass die Teilstrahler tatsächlich auch Volumenquellen bilden. Die Lautsprecher müssen also in ein Gehäuse (eine Box) eingebaut sein, das den im vorigen Abschnitt geschilderten Massenkurzschluss verhindert. Das durch (3.36) beschriebene Schallfeld ist wieder rotationssymmetrisch hinsichtlich der $\varphi$-Richtung (Abb. 3.17).

Eine übersichtlichere Gestalt nimmt (3.36) in großen Entfernungen an. Zur Herleitung der aus (3.36) folgenden Fernfeldnäherung geht man genauso wie im vorigen Abschnitt vor. An die Stelle von (3.19) tritt für das in $z_Q$ liegende Strahlerelement ($R$ = Mittelpunktabstand, Abb. 3.17)

$$r - R = -z_Q \cos\vartheta = -z_Q \cos(90^\circ - \vartheta_N) = -z_Q \sin\vartheta_N \,, \tag{3.37}$$

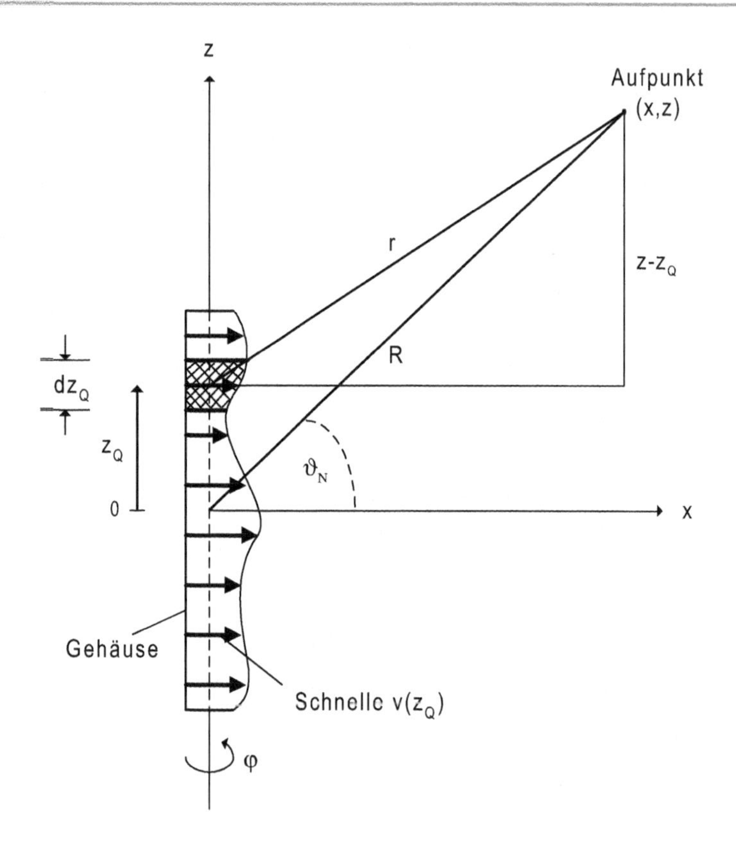


**Abb. 3.17** Lautsprecherzeile und verwendete geometrische Größen

wobei Glieder mit $z_Q^2$ (und höhere Potenzen) bereits weggelassen worden sind. In welchem Frequenzbereich die letztgenannte Vernachlässigung auch wirklich vernünftig ist, das wird im Abschn. 3.5.4 „Fernfeld-Bedingungen" ausführlich erläutert. Darüber hinaus werden nur solche Abstände $R \gg l$ betrachtet, bei denen die Amplituden-Entfernungs-Abnahme $1/r \approx 1/R$ für alle Strahlerbezirke etwa gleich ist. Damit wird aus (3.36) im Fernfeld

$$p_{\text{fern}} = \frac{j\omega\varrho b}{4\pi R}\, \mathrm{e}^{-jkR} \int\limits_{-l/2}^{l/2} v(z_Q)\, \mathrm{e}^{jkz_Q \sin\vartheta_N} \mathrm{d}z_Q\,. \tag{3.38}$$

Der Ausdruck vor dem Integral zeigt Schallwellen an, deren Amplitude umgekehrt proportional zum Abstand fällt. Die Leistungsabgabe der örtlich veränderlichen Quelle und die Feldverteilung auf die Abstrahlrichtungen wird durch das Integral beschrieben. Nur am Rande sei hier erwähnt, dass das Integral die Fourier-Transformierte der Strahlerschnelle bildet (für Einzelheiten dazu siehe Kap. 13).

Welche prinzipiellen Richtcharakteristika bei zusammengesetzten Strahlern zu erwarten sind und durch welche Maßnahmen diese beeinflusst werden können, darüber geben sicher Beispiele am besten Aufschluss. Es sei mit dem einfachsten Fall begonnen, bei dem mit $v(z_Q) = v_0 = \text{const.}$ alle Lautsprecher gleichphasig und mit gleichem Hub betrieben werden.

### 3.5.1 Eindimensionale Kolbenmembran

Für die mit $v(z_Q) = v_0$ bezeichnete eindimensionale Kolbenmembran wird aus (3.38) mit dem Gesamt-Volumenfluss $Q = v_0 bl$

$$p_{\text{fern}} = \frac{j\omega\varrho Q}{4\pi R}\,\mathrm{e}^{-jkR}\frac{1}{l}\int\limits_{-l/2}^{l/2}\left[\cos(kz_Q\sin\vartheta_N) + j(\sin kz_Q\sin\vartheta_N)\right]\mathrm{d}z_Q\,.$$

Aus Symmetriegründen entfällt der Imaginärteil des Integrals und man erhält

$$p_{\text{fern}} = p_Q\frac{\sin\left(k\frac{l}{2}\sin\vartheta_N\right)}{k\frac{l}{2}\sin\vartheta_N} = p_Q\frac{\sin\left(\pi\frac{l}{\lambda}\sin\vartheta_N\right)}{\pi\frac{l}{\lambda}\sin\vartheta_N}\,, \tag{3.39}$$

worin $p_Q$ den Schalldruck der „kompakten" Quelle (mit gleichem Volumenfluss)

$$p_Q = \frac{j\omega\varrho Q}{4\pi R}\,\mathrm{e}^{-jkR} \tag{3.40}$$

bedeutet.

Am einfachsten gestaltet sich die Diskussion des Ergebnisses (3.39), wenn man sich zunächst allgemein über den Verlauf der rechts vorkommenden sogenannten „Spaltfunktion" $\sin(\pi u)/\pi u$ Klarheit verschafft. Die Richtcharakteristik ergibt sich einfach durch $u = l/\lambda\sin\vartheta_N$ als Ausschnitt $|u| < l/\lambda$ aus der Spaltfunktion: Bei Variation von $\vartheta_N$ im Intervall $-90° \leq \vartheta_N \leq 90°$ durchläuft $u$ das Intervall $-l/\lambda \leq u \leq l/\lambda$, das deswegen die Charakteristik angibt.

Die „Abstrahlfunktion" $G(u) = \sin(\pi u)/\pi u$, aus der sich alle Richtcharakteristika durch Ausschnittsbildung direkt ablesen lassen, ist in den Abb. 3.18 und 3.19 gezeigt, wobei in Abb. 3.18 die Funktion selber (für spätere Zwecke) und in Abb. 3.19 die Darstellung durch Pegel gegeben wird. Ihre Haupteigenschaften seien durch die folgenden Stichworte bezeichnet:

- für $u = 0$ beträgt ihr Wert $G(0) = 1$;
- $G(u)$ besteht aus abwechselnd positiven und negativen Sinus-Halb-Wellen unter der Einhüllenden $1/u$;
- die Pegeldarstellung besteht in einer Struktur aus Hauptkeulen (mit dem Zentrum $u = 0$) gefolgt von Nebenkeulen (mit den Zentren $u = \pm(n + 0{,}5)$, $n = 1, 2, 3, \ldots$).

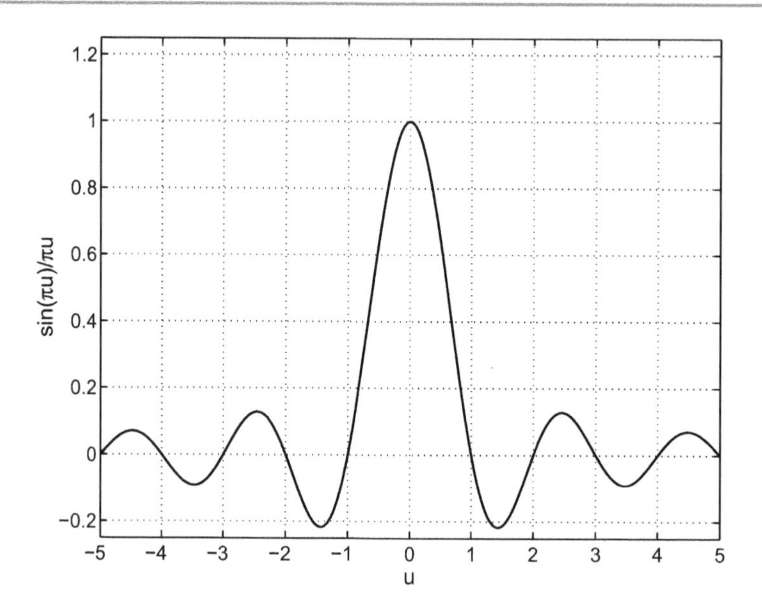


**Abb. 3.18** Spaltfunktion, lineare Darstellung

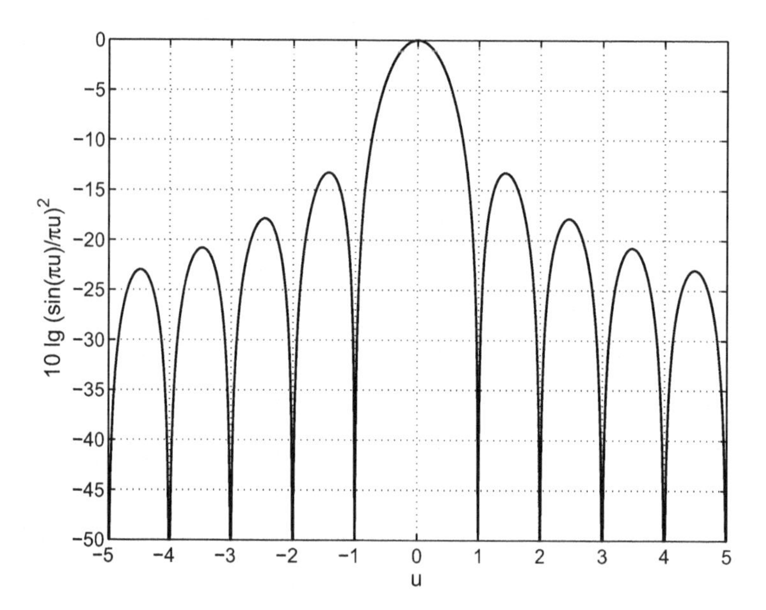


**Abb. 3.19** Spaltfunktion, Darstellung durch Pegel

Einige Beispiele der daraus folgenden Richtcharakteristika werden in Abb. 3.20a,b und c für unterschiedliche Verhältnisse aus Länge und Wellenlänge gezeigt.

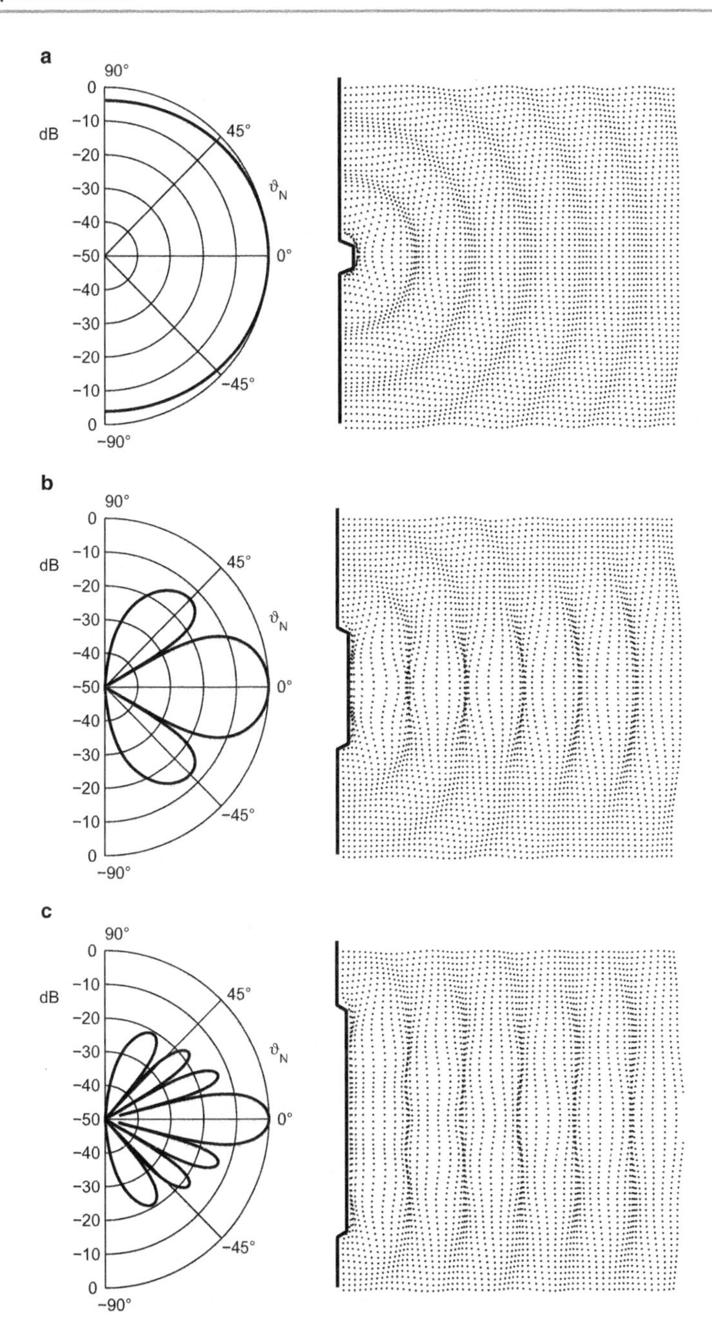


**Abb. 3.20** **a** Richtcharakteristik (*links*) und Teilchenauslenkungen (*rechts*) einer Lautsprecherzeile für $l/\lambda = 0{,}5$; **b** Richtcharakteristik (*links*) und Teilchenauslenkungen (*rechts*) einer Lautsprecherzeile für $l/\lambda = 2$; **c** Richtcharakteristik (*links*) und Teilchenauslenkungen (*rechts*) einer Lautsprecherzeile für $l/\lambda = 4$

Für tiefe Töne $l \ll \lambda$ ($l/\lambda = 0{,}5$ in Abb. 3.20a) entsteht eine fast ungerichtete Abstrahlung, deren Richtwirkung sich aus dem Ausschnitt $|u| < 0{,}5$ in Abb. 3.19 ergibt. Nur an den Rändern $\vartheta_N \approx 90°$ ist schon eine leichte Einschnürung von einigen wenigen dB zu erkennen. Für den Fall einer „mittleren" Frequenz $l/\lambda = 2$ (für $l = 2$ m wäre $\lambda = 1$ m und die Frequenz mit $f = 340$ Hz eigentlich eher noch niedrig) ist der Ausschnitt $|u| < 2$ relevant; die Charakteristik hat nun schon eine recht deutliche Vorzugsrichtung nach vorne, gefolgt von je einer Nebenkeule, die um etwa 13,5 dB unter der Hauptkeule liegt. Der „Einbruch" liegt bei $l/\lambda \sin\vartheta_N = 1$, also bei $\sin\vartheta_N = 0{,}5$ oder bei $\vartheta_N = 30°$. Bei hohen Frequenzen $l/\lambda = 4$ (für $l = 2$ m wäre $\lambda = 50$ cm, die Frequenz also bei 680 Hz) schließlich verfügt die Richtcharakteristik schon über eine recht scharfe Bündelung nach vorne mit schmaler Hauptkeule, der beidseitig je 3 Nebenkeulen folgen.

Bei Anwendungen interessiert vor allem der Schalldruck in der Hauptkeule, für welchen $p(\vartheta_N = 0°) = p_Q$ gilt (siehe (3.39)). In diesem Fall steht die abgestrahlte Leistung eher im Hintergrund des Interesses, weshalb ihre Betrachtung hier auch unterbleibt.

### 3.5.2 Die Formung von Haupt- und Nebenkeulen

Manchmal ist die Struktur aus Haupt- und Nebenkeulen, wie sie bei der eindimensionalen Kolbenmembran auftritt, unerwünscht. Zum Beispiel sollen zwar Zuhörer-Bereiche in einem Auditorium beschallt werden, gleichzeitig aber soll das im selben Raum vorhandene Mikrophon möglichst nicht von abgestrahltem Schall getroffen werden, um Rückkopplungen zu vermeiden. Auch möchte man bei manchen Anwendungen gewisse Flächen mit Schall versorgen, andere dagegen dabei gar nicht stören (z. B. bei Ansagen in Bahnhöfen). Es gibt also Anwendungen, bei denen die Nebenkeulen stören und unterdrückt werden sollen; im Folgenden wird eine spezielle Methode betrachtet, wie das geschehen kann.

Die Grundidee, die der Unterdrückung der Nebenkeulen dabei zu Grunde liegt, lässt sich leicht aus einem einfachen Zusammenhang zwischen zeitlichen Signalen und ihrer Frequenzzusammensetzung herleiten. Übersetzt man den „Rechtecksprung" an den Enden der Kolbenmembran in einen Zeitverlauf, so liegt ein Vorgang „mit Einschaltknack und mit Ausschaltknack" vor. Es sind diese beiden Signal-Unstetigkeiten, die für die (recht) breitbandige Gestalt der Frequenzzusammensetzung des Rechtecksignals sorgen. In der Tat kann man die Spaltfunktion $\sin(\pi u)/\pi u$ als Frequenzspektrum des Zeitsignals deuten, wobei $u = fT$ einzusetzen ist ($T$ = Dauer des Signals). Es ist nun denkbar einfach, die hohen Frequenzen (sie entsprechen den Nebenkeulen) herabzudämpfen: Man muss nur dafür sorgen, dass aus dem schnellen Wechsel an den Signalrändern ein allmählicher, gleitender Übergang gemacht wird. Ein Signalverlauf der Gestalt $f(t) = \cos^2(\pi t/T)$ für $-T/2 < t < T/2$ ist gewiss wesentlich schmalbandiger als das Rechtecksignal. Übertragen auf den Ortsverlauf bei Lautsprecherzeilen würde man also erwarten, dass ein $\cos^2$-förmiger Schnelleverlauf eine Nebenkeulen-Unterdrückung herstellt.

Aus diesem Grund befassen sich die folgenden Betrachtungen mit dem Schnelleverlauf

$$v(z_Q) = 2v_0 \cos^2 \pi \frac{z_Q}{l} \,. \tag{3.41}$$

Der Faktor 2 bewirkt, dass der insgesamt davon produzierte Volumenfluss

$$Q = b \int_{-l/2}^{l/2} v(z_Q) \mathrm{d}z_Q = v_0 b l$$

genauso groß ist wie bei der eindimensionalen Kolbenmembran.

Das abgestrahlte Schallfeld lässt sich in großen Entfernungen wieder nach (3.38) berechnen:

$$p_{\text{fern}} = p_Q \frac{1}{l} \int_{-l/2}^{l/2} 2\cos^2\left(\pi \frac{z_Q}{l}\right) \mathrm{e}^{jkz_Q \sin\vartheta_N} \mathrm{d}z_Q \,.$$

Mit Hilfe von

$$2\cos^2\alpha = 1 + \cos 2\alpha = 1 + \frac{1}{2}\left(\mathrm{e}^{j2\alpha} + \mathrm{e}^{-j2\alpha}\right)$$

wird daraus

$$p_{\text{fern}} = p_Q \frac{1}{l} \int_{-l/2}^{l/2} \left\{ \mathrm{e}^{jkz_Q \sin\vartheta_N} + \frac{1}{2} \mathrm{e}^{j\left(k\sin\vartheta_N + \frac{2\pi}{l}\right)z_Q} + \frac{1}{2} \mathrm{e}^{j\left(k\sin\vartheta_N - \frac{2\pi}{l}\right)z_Q} \right\} \mathrm{d}z_Q \,.$$

Wieder auf die Symmetrieeigenschaften gestützt lassen sich die drei Integrale leicht lösen, man erhält dann

$$\frac{p_{\text{fern}}}{p_Q} = \left\{ \frac{\sin\pi\left(\frac{l}{\lambda}\sin\vartheta_N\right)}{\pi\left(\frac{l}{\lambda}\sin\vartheta_N\right)} + \frac{1}{2}\left[ \frac{\sin\pi\left(\frac{l}{\lambda}\sin\vartheta_N + 1\right)}{\pi\left(\frac{l}{\lambda}\sin\vartheta_N + 1\right)} + \frac{\sin\pi\left(\frac{l}{\lambda}\sin\vartheta_N - 1\right)}{\pi\left(\frac{l}{\lambda}\sin\vartheta_N - 1\right)} \right] \right\} \tag{3.42}$$

für den Schalldruck im Fernfeld. Wie im vorigen Abschnitt ist es gewiss vernünftig, zunächst die abstrahltypische Funktion

$$G(u) = \frac{\sin(\pi u)}{\pi u} + \frac{1}{2} \frac{\sin(\pi(u+1))}{\pi(u+1)} + \frac{1}{2} \frac{\sin(\pi(u-1))}{\pi(u-1)} \tag{3.43}$$

zu diskutieren: Alle von Frequenz zu Frequenz unterschiedlichen Richtcharakteristika bestehen einfach in Ausschnitten $u = l/\lambda \sin\vartheta_N$ aus dem Funktionsverlauf $G(u)$.

Die prinzipielle Gestalt von $G(u)$ ist rasch geklärt. Ihre drei Bestandteile, eine nicht verschobene Spaltfunktion und jeweils eine um 1 nach links und um 1 nach rechts verschobene Spaltfunktion je mit dem Faktor von $1/2$, sind in Abb. 3.21 eingezeichnet. Man

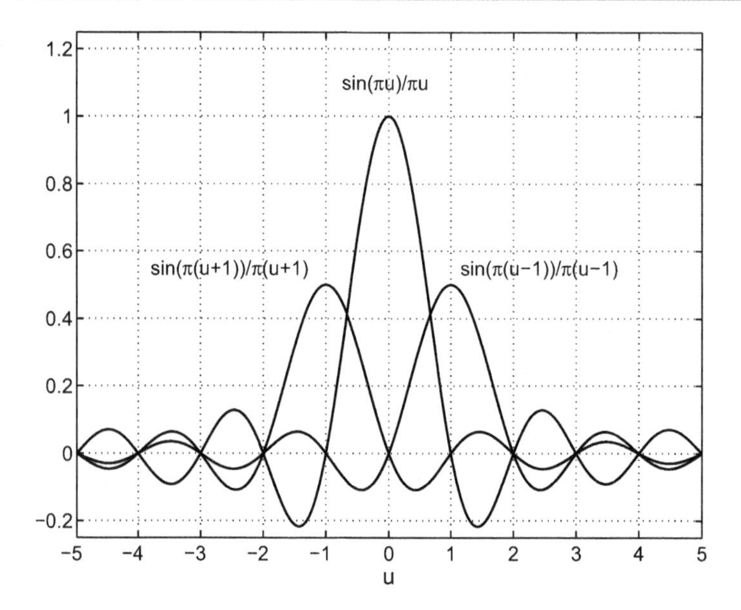


**Abb. 3.21** Die drei Bestandteile der abstrahltypischen Funktion $G(u)$ in (3.42)

erkennt auf „einen Blick" die Veränderung der Summe gegenüber der zur eindimensionalen Kolbenmembran gehörenden „zentralen" Spaltfunktion:

- die Hauptkeule wird durch die Summation in der Breite verdoppelt und
- je weiter weg sich der betrachtete Nebenkeulen-Bereich von der Hauptkeule befindet, desto eher ergänzen sich die Bestandteile in der Summe zu Null: Die Summation wirkt wie eine beträchtliche Nebenkeulen-Unterdrückung.

Diese Effekte sind noch einmal in den Darstellungen von $G(u)$ in Abb. 3.22 (linear) und in Abb. 3.23 (als Pegel) zusammengefasst. Erkennbar sind die Nebenkeulen-Bereiche in Abb. 3.22 gegenüber der „einzelnen" Spaltfunktionen deutlich abgeschwächt. Abbildung 3.23 schildert die Konsequenzen, die sich daraus für die Pegel ergeben.

Eigentlich ist die Schilderung der Richtcharakteristika, die daraus folgt, überflüssig: Sie bestehen in Ausschnitten aus $G(u)$, die im Polardiagramm aufgetragen werden. Abbildung 3.24a,b,c nennt dennoch Beispiele mit den gleichen Parametern wie bei der Kolbenmembran. Bei den mittleren und hohen Frequenzen ist die Nebenkeulen-Unterdrückung bei gleichzeitiger Hauptkeulen-Verbreiterung gut zu erkennen.

Es sind eine ganze Reihe von anderen Orts-Signal-Verläufen bekannt, die eine Seitenkeulen-Unterdrückung herstellen. Allen ist jedoch gemeinsam, dass abgesenkte Nebenkeulen immer mit einer Verbreiterung der Hauptkeule untrennbar verknüpft sind. Für das „beamforming" von Lautsprecherzeilen spielen die Unterschiede zwischen den verschiedenen Signal-Verläufen nur eine untergeordnete Rolle, die vom Einfluss von

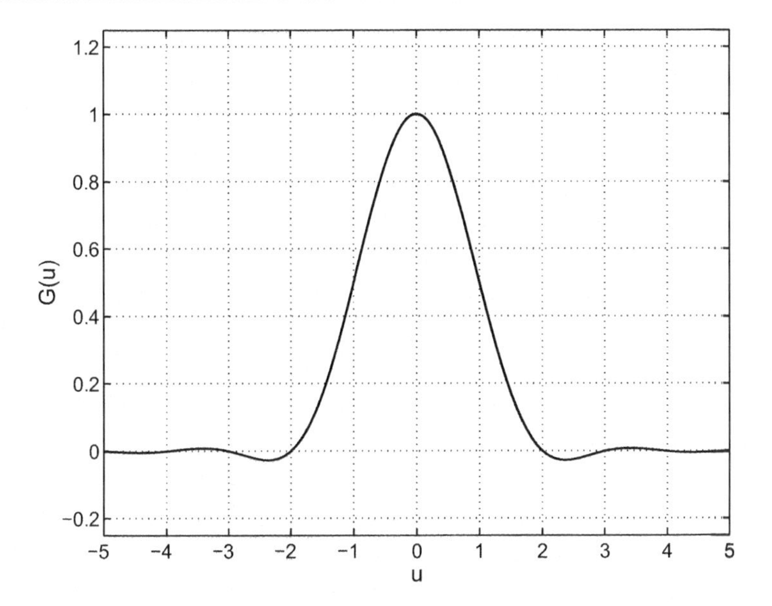


**Abb. 3.22** $G(u)$ in linearer Darstellung

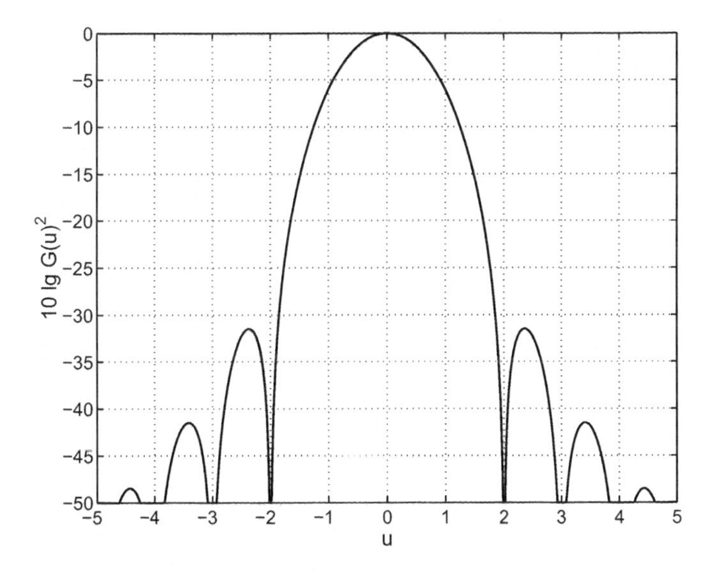


**Abb. 3.23** $G(u)$, Darstellung als Pegel

immer vorhandenen Toleranzen und Ungenauigkeiten praktisch immer verdeckt werden. Ihre Betrachtung lohnt deshalb kaum die Mühe.

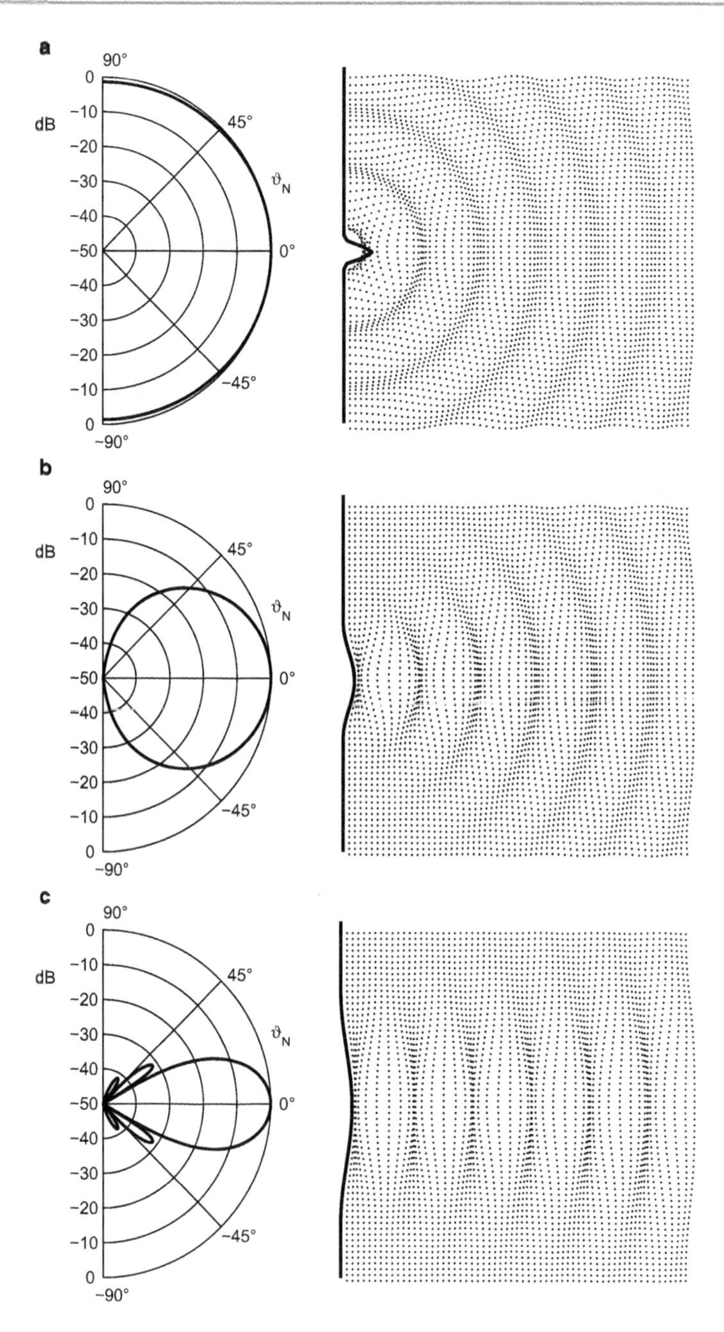


**Abb. 3.24** **a** Richtcharakteristik (*links*) und Teilchenauslenkungen (*rechts*) einer Lautsprecherzeile mit Nebenkeulen-Formung für $l/\lambda = 0{,}5$; **b** Richtcharakteristik (*links*) und Teilchenauslenkungen (*rechts*) einer Lautsprecherzeile mit Nebenkeulen-Formung für $l/\lambda = 2$; **c** Richtcharakteristik (*links*) und Teilchenauslenkungen (*rechts*) einer Lautsprecherzeile mit Nebenkeulen-Formung für $l/\lambda = 4$

### 3.5.3 Elektronisches Schwenken

Von praktischem Interesse ist jedoch die Frage, ob sich die Hauptkeule mit Hilfe von elektrischer Ansteuerung der einzelnen Elemente einer Lautsprecherzeile auf bestimmte, erwünschte Richtungen ablenken lässt. Diese Möglichkeit des elektronischen Schwenks besteht, wie die folgenden Betrachtungen lehren.

Tatsächlich ist der praktische Aufbau, mit dem das geschehen kann, sogar recht leicht herstellbar: Die Lautsprecher-Speise-Spannungen müssen alle nur gegeneinander jeweils um eine Zeit $\Delta t$ verzögert werden, wie in Abb. 3.25 skizziert. Der (von unten gezählt) $i$-te Lautsprecher erhält also die Ansteuerung $u(t - i\,\Delta t)$. Das gleiche gilt natürlich auch für die Schnellesignale der Lautsprecher-Membrane: Die Schnelle einer weiter oben liegenden Quelle ist eine – je nach Lage – verzögerte Version der Schnelle des ersten Elements. Insgesamt wirkt also die Lautsprecherzeile, deren Elemente über eine Kette von gleichartigen Verzögerungsleitungen angesteuert werden, selbst wie ein Wellenleiter: Wenn man idealisierend kleine Sende-Elemente voraussetzt, dann lässt sich die Schnelle der entlang der $z$-Achse angebrachten Quelle durch

$$v(z,t) = f\left(t - \frac{z + l/2}{c_s}\right) \tag{3.44}$$

beschreiben, worin $f(t)$ den Schnelle-Zeitverlauf am Zeilenanfang

$$v(-l/2,t) = f(t) \tag{3.45}$$

bedeutet. In (3.44) wird eine Ortsfunktion genannt, „die mit der Zeit wandert“. Das damit bezeichnete Orts-Zeit-Verhalten besteht also in einer Welle. Die Konstante $c_s$ in (3.44) ist die Wellen-Ausbreitungsgeschwindigkeit, mit der sich das Schnellesignal entlang der Lautsprecherzeile fortpflanzt; es ist also

$$c_s = \Delta z/\Delta t \tag{3.46}$$

($\Delta z$, $\Delta t$: Abstand und Verzögerungszeit zweier Elemente, siehe Abb. 3.25).

Für reine Töne als Steuersignal

$$f(t) = \text{Re}\left\{v_1\, e^{j\omega t}\right\}$$

findet man also mit

$$f(z,t) = \text{Re}\left\{\underline{v}(z)\, e^{j\omega t}\right\}$$

die bekannte Wellenbeschreibung

$$\underline{v}(z) = v_1\, e^{-j\frac{\omega}{c_s}(z+l/2)} = v_0\, e^{-j\frac{\omega}{c_s}z} \tag{3.47}$$

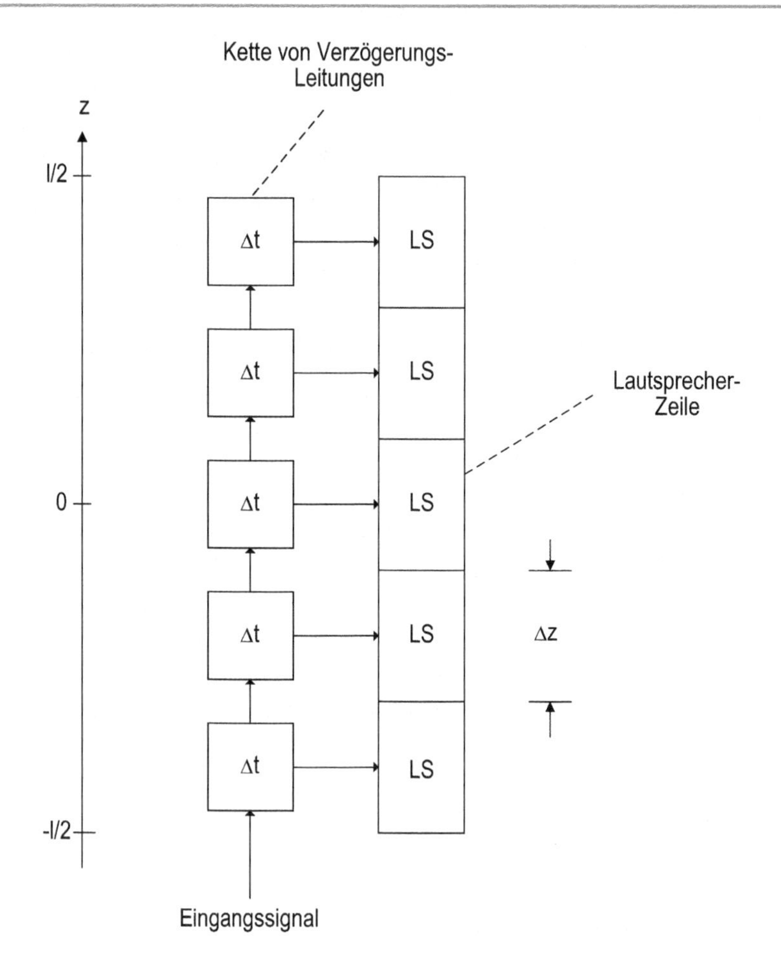


**Abb. 3.25** Lautsprecherzeile, deren Elemente über eine Kette von Verzögerungsleitungen angesteuert werden

für die Welle der Zeilenschnelle. Wie bei jeder harmonischen Wellengestalt kann man das Verhältnis $\omega/c_s$ noch durch eine Abkürzung, die Strahler-Wellenzahl $k_s$

$$k_s = \omega/c_s \tag{3.48}$$

ausdrücken. Auch enthält $k_s$ (und $c_s$) natürlich bereits die „örtliche Periode", die als „Strahler-Wellenlänge" $\lambda_s$ mit

$$\lambda_s = \frac{c_s}{f} = \frac{2\pi}{k_s} \tag{3.49}$$

bezeichnet wird. Ausdrücklich sei noch einmal darauf hingewiesen, dass bislang lediglich die Eigenschaften der zusammengesetzten Quelle selbst, nicht aber die Abstrahlung von ihr betrachtet worden sind: $c_s$, $k_s$ und $\lambda_s$ sind also QUELLEIGENSCHAFTEN, die von den

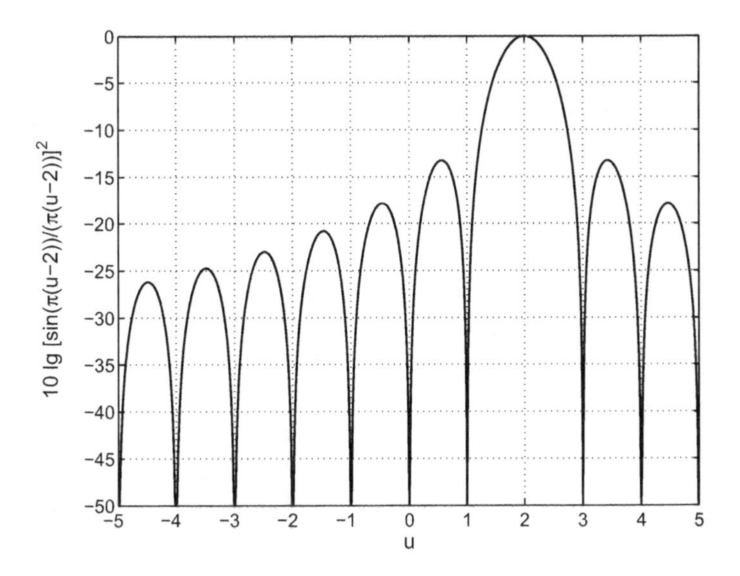


**Abb. 3.26** $G(u)$ nach (3.50) für $l/\lambda s = 2$

MEDIUMEIGENSCHAFTEN $c$, $k$ und $\lambda$ (= Ausbreitungsgeschwindigkeit, Wellenzahl und Wellenlänge in Luft) wohl unterschieden werden müssen.

Die Schallabstrahlung von der oben definierten Schallquelle ist nach (3.38) rasch berechnet:

$$p_{\text{fern}} = p_Q \frac{1}{l} \int_{-l/2}^{l/2} e^{j(k \sin \vartheta_N - k_s) z_Q} dz_Q = p_Q \frac{\sin\left(\frac{kl}{2} \sin \vartheta_N - \frac{k_s l}{2}\right)}{\frac{kl}{2} \sin \vartheta_N - \frac{k_s l}{2}} \tag{3.50}$$

(wie immer ist $p_Q = j\omega \varrho b l v_0 \, e^{-jkR}/4\pi R$ der Druck der „kompakten" Quelle).

Zur Diskussion von (3.50) ist es wohl, wie in den beiden vorigen Abschnitten, am einfachsten, wieder die „abstrahltypische" Funktion

$$G(u) = \frac{\sin(\pi(u - l/\lambda_s))}{\pi(u - l/\lambda_s)} \tag{3.51}$$

zu erläutern. Das Abstrahlgeschehen wird auch hier durch den Ausschnitt $|u| < l/\lambda$ beschrieben. Gleichung (3.51) stellt einfacherweise eine um $l/\lambda_s$ nach rechts verschobene Spaltfunktion dar. Abbildung 3.26 gibt ein Beispiel mit $l/\lambda_s = 2$. Die für die Abstrahlung entscheidende Frage besteht nun einfach darin, ob der für die Abstrahlung „sichtbare" Ausschnitt $|u| < l/\lambda$ das nach $u = l/\lambda_s$ verschobene Maximum der Spaltfunktion umfasst, oder nicht.

**Kurzwellige Strahler**

(Strahlerwellenlänge $\lambda_s$ < Luftschallwellenlänge $\lambda$)

Ist die Strahlerwellenlänge $\lambda_s$ kleiner als die Luftschallwellenlänge, dann liegt das Maximum der Spaltfunktion außerhalb des sichtbaren Ausschnitts $|u| < l/\lambda$. Die Abstrahlung wird hier also nur durch die Nebenkeulen beschrieben; ist $\lambda_s$ sogar viel kleiner als $\lambda$, dann findet hier u. U. eine sehr schwache Schallabstrahlung statt, die sich je nach Strahlerlänge $l/\lambda$ auf mehrere etwa gleichrangige Nebenkeulen verteilt. Für die hier im Vordergrund stehende Anwendung bei elektronisch geschwenkten Lautsprecherzeilen kann man vor allem daraus lernen, dass nur langwellige Zeilen $\lambda_s > \lambda$ und damit $c_s > c$ für die Praxis in Frage kommen.

**Langwellige Strahler**

(Strahlerwellenlänge $\lambda_s$ > Luftschallwellenlänge $\lambda$)

Für langwellige Strahler $\lambda_s > \lambda$ liegt die Hauptkeule der abstrahltypischen Funktion $G(u)$, die nach $u = l/\lambda_s$ verschoben worden ist, immer im für die Richtcharakteristik sichtbaren Bereich. Der Hauptabstrahlwinkel $\vartheta_H$ ergibt sich aus

$$\frac{l}{\lambda} \sin \vartheta_H = \frac{l}{\lambda_s}$$

zu

$$\sin \vartheta_H = \frac{\lambda}{\lambda_s} = \frac{c}{c_s} \,. \tag{3.52}$$

Die eingangs definierte Lautsprecherzeile besitzt also für alle Frequenzen die gleiche geschwenkte Vorzugsrichtung. Hauptkeulenbreite und Anzahl sichtbarer Nebenkeulen hängen nur noch von der in Luftschallwellenlängen ausgedrückten Strahlerlänge ab. Ist $l/\lambda \ll 1$, dann ist auch die geschwenkte Richtcharakteristik fast richtungsunabhängig (Abb. 3.27a); für mittlere (Abb. 3.27b) und hohe (Abb. 3.27c) Frequenzen besteht die Richtcharakteristik in entsprechend größeren Ausschnitten aus $G(u)$. Natürlich können Strahlformungen (beschrieben im vorangegangenen Abschnitt) und elektronisches Schwenken miteinander kombiniert werden.

### 3.5.4 Fernfeldbedingungen

Die in den vorigen Abschnitten geschilderten Betrachtungen sind stets für das „Fernfeld“ durchgeführt worden. Um den Fortgang der Gedankenentwicklung und die Erläuterung der Prinzipien nicht aufzuhalten, ist die Frage, unter welchen Voraussetzungen das Fernfeld überhaupt vorliegt, zunächst zurückgestellt worden. Dass ihre Beantwortung hier nachgeholt wird, dient nicht nur der gedanklichen Vollständigkeit. Wie alle in diesem Buch geschilderten Erwartungen, muss auch das in den letzten Abschnitten erläuterte physikalische Verhalten durch Messungen überprüfbar sein: Welches sind die für das Fernfeld einzuhaltenden Messparameter?

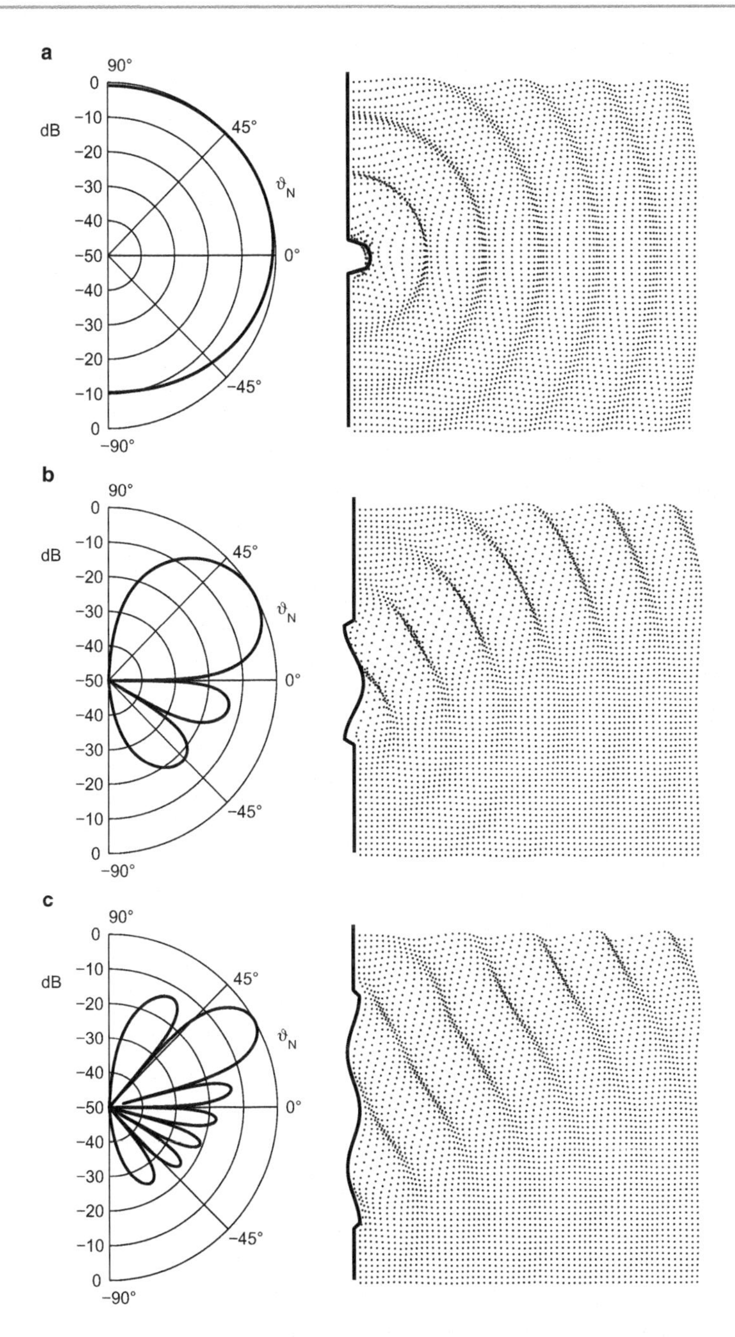


**Abb. 3.27** **a** Geschwenkte Charakteristik (*links*) und Teilchenauslenkungen (*rechts*) für $\lambda_s/\lambda = 2$ und $l/\lambda = 0{,}5$; **b** Geschwenkte Charakteristik (*links*) und Teilchenauslenkungen (*rechts*) für $\lambda_s/\lambda = 2$ und $l/\lambda = 2$; **c** Geschwenkte Charakteristik (*links*) und Teilchenauslenkungen (*rechts*) für $\lambda_s/\lambda = 2$ and $l/\lambda = 4$

*Erstens* sei in Erinnerung gerufen, dass eine wesentliche Voraussetzung für die Fernfeldnäherung (3.38) in der Annahme der für alle Teilstrahler etwa gleichen Amplituden-Entfernungs-Abnahme bestand. Aus dieser Annahme folgt direkt, dass der Mittelpunktabstand $R$ zwischen Strahler und Aufpunkt groß verglichen mit der Strahlerlänge $l$ sein muss. Die erste Fernfeldbedingung lautet also

$$R \gg l \,. \tag{3.53}$$

*Zweitens* sei daran erinnert, dass der die Phase bestimmende Ausdruck $k(r-R)$ (als Funktion der Lage $z_{\mathrm{Q}}$ des aktuellen Strahlerelementes) nur bis zum LINEAREN Anteil angenähert worden ist. Will man ergründen, unter welchen Voraussetzungen dabei keine relevanten Fehler gemacht werden, muss man bis zum QUADRATISCHEN Term nähern und dessen Einfluss diskutieren. Nach Abb. 3.17 gilt für das Dreieck aus $R$, $r$ und $z_{\mathrm{Q}}$

$$r(z_{\mathrm{Q}}) = \sqrt{R^2 + z_{\mathrm{Q}}^2 - 2Rz_{\mathrm{Q}}\cos\vartheta} \,.$$

Die Taylor-Reihe davon ist (nach dem Glied mit $z_{\mathrm{Q}}^2$ abgebrochen) bekanntlich

$$r \approx r(0) + z_{\mathrm{Q}} \left.\frac{\mathrm{d}r}{\mathrm{d}z_{\mathrm{Q}}}\right|_{z_{\mathrm{Q}}=0} + \frac{z_{\mathrm{Q}}^2}{2} \left.\frac{\mathrm{d}^2 r}{\mathrm{d}z_{\mathrm{Q}}^2}\right|_{z_{\mathrm{Q}}=0} .$$

Die Koeffizienten, die sich aus den Ableitungen errechnen, sind $r(0) = R$,

$$\frac{\mathrm{d}r}{\mathrm{d}z_{\mathrm{Q}}} = \frac{z_{\mathrm{Q}} - R\cos\vartheta}{r}$$

und damit

$$\left.\frac{\mathrm{d}r}{\mathrm{d}z_{\mathrm{Q}}}\right|_{z_{\mathrm{Q}}=0} = -\cos\vartheta \,,$$

$$\frac{\mathrm{d}^2 r}{\mathrm{d}z_{\mathrm{Q}}^2} = \frac{r - (z_{\mathrm{Q}} - R\cos\vartheta)\frac{\mathrm{d}r}{\mathrm{d}z_{\mathrm{Q}}}}{r^2}$$

und damit

$$\left.\frac{\mathrm{d}^2 r}{\mathrm{d}z_{\mathrm{Q}}^2}\right|_{z_{\mathrm{Q}}=0} = \frac{R - R\cos^2\vartheta}{R^2} = \frac{\sin^2\vartheta}{R} \,.$$

Demnach gilt

$$r \approx R - z_{\mathrm{Q}}\cos\vartheta + \frac{z_{\mathrm{Q}}^2 \sin^2\vartheta}{2R} \,.$$

In zweiter Näherung besteht also die Phasenfunktion in

$$\mathrm{e}^{-jkr} = \mathrm{e}^{-jkR}\,\mathrm{e}^{jkz_{\mathrm{Q}}\cos\vartheta}\,\mathrm{e}^{-j\frac{kz_{\mathrm{Q}}^2\sin^2\vartheta}{2R}} \,.$$

Will man erreichen, dass die Exponentialfunktion mit $z_Q^2$ im Argument durch 1 angenähert werden kann (wie für die Fernfeldnäherung (3.38) vorausgesetzt worden ist), dann muss

$$\frac{k z_Q^2 \sin^2 \vartheta}{2R} \ll \pi/4$$

für alle auftretenden $\vartheta$ und $z_Q$ eingehalten werden. Weil $z_Q$ höchstens $l/2$ und $\sin(\vartheta)$ höchstens 1 werden kann, ist das stets erfüllt, wenn

$$\frac{2\pi}{\lambda} \frac{l^2}{4} \frac{1}{2R} \ll \pi/4$$

gilt, oder, nur etwas übersichtlicher geschrieben, für

$$\frac{l}{\lambda} \ll \frac{R}{l}. \tag{3.54}$$

Gleichung (3.53) bezeichnet die zweite Voraussetzung, die für die Brauchbarkeit der Fernfeldnäherung (3.38) erfüllt sein muss. Wird ein Phasenfehler von $\pi/4$ als tolerabel aufgefasst, dann kann man „$\ll$“ in (3.53) durch „$<$“ ersetzen.

*Drittens* stützt man den Begriff des „Fernfeldes“ auf das Verlangen, die Impedanz $z = p/v_R$ ($v_R$ = Radialkomponente der Schnelle) möge gleich der Impedanz der ebenen fortschreitenden Wellen $\varrho c$ sein. „Fernfeld“ heißt also immer auch, dass die Intensität aus einer Druckmessung bestimmt werden kann. Durch Anwenden von

$$v_R = \frac{j}{\omega\varrho} \frac{\partial p}{\partial R}$$

auf (3.38) findet man

$$\frac{p}{v_R} = \frac{\varrho c}{1 + \frac{j}{kR}} = \frac{\varrho c}{1 + \frac{j}{2\pi} \frac{\lambda}{R}} .$$

Die dritte Voraussetzung für das Fernfeld verlangt also mit

$$R \gg \lambda , \tag{3.55}$$

dass der Abstand $R$ groß verglichen mit der Wellenlänge sein soll. Weil $kR \approx 6{,}3$ für $R = \lambda$ gilt, ist die Abweichung vom Wert $\varrho c$ stets klein, wenn „$\gg$“ in (3.54) ebenfalls einfach durch „$>$“ ersetzt wird.

Nochmals zusammengefasst kann man also feststellen, dass sich ein Punkt $R$ dann im Fernfeld befindet, wenn alle drei Bedingungen

$$R \gg l \tag{3.56}$$

und

$$\frac{R}{l} \gg \frac{l}{\lambda} \tag{3.57}$$

und

$$R \gg \lambda \tag{3.58}$$

zutreffen. In (3.57) und (3.58) nimmt man meist einen tolerablen Fehler in Kauf, wenn das Verlangen „viel größer“ durch das weniger strenge „größer“ ersetzt wird.

Die Bedeutung von (3.56) bis (3.58) für den zugelassenen Messbereich wird rasch klar, wenn man sich einen gegebenen Strahler und einen festen Messabstand $R$ vorstellt. Letzteren wählt man so, dass nach (3.56) $R \gg l$ gilt; z. B. sei $R = 5\,\mathrm{m}$ und $l = 1\,\mathrm{m}$. Gleichung (3.57) besagt dann, dass die Fernfeldbedingungen mit wachsender Frequenz, ab einer gewissen Frequenz-Grenze, verlassen werden. Im Beispiel $R = 5\,\mathrm{m}$ und $l = 1\,\mathrm{m}$ gilt (3.57) nur für $\lambda > 20\,\mathrm{cm}$, also für Frequenzen unterhalb von 1700 Hz. Gleichung (3.58) $R > \lambda$ dagegen besagt, dass die Wellenlänge kleiner als 5 m sein soll; der Frequenzbereich für das Fernfeld beginnt also oberhalb von $f = 68\,\mathrm{Hz}$. Allgemein definieren (3.57) und (3.58) demnach Bandgrenzen, innerhalb derer Fernfeldbedingungen vorliegen. Gleichung (3.56) betrifft eine geometrische Voraussetzung.

Die Fernfeldbedingungen (3.56) bis (3.58) können ohne weiteres auf die flächenförmigen Strahler des nächsten Abschnitts übertragen werden. Dabei ist unter $l$ die größere der beiden Strahlerabmessungen zu verstehen.

## 3.6 Schallabstrahlung von Ebenen

Oft interessiert die Schallabstrahlung von großen schwingenden Flächen wie von Wänden und Decken in Gebäuden, von Fenstern, von Blechen, die z. B. Maschinengehäuse oder Teile von Kraftfahrzeugen, Flugzeugen, Eisenbahnen sein können: Es gibt eine sehr große Anzahl von Beispielen für Strahler, die aus einer gestreckten, ebenen Fläche bestehen. Grund genug also, hier die zweidimensionale Erweiterung der Schallabstrahlung von eindimensionalen Quellen vorzunehmen.

Die dabei verwendete Methode ist auch ganz die gleiche wie in Abschn. 3.5. Die schwingende Ebene wird gedanklich in infinitesimal kleine Volumenquellen zerlegt, deren Drücke im Aufpunkt durch Integration aufsummiert werden. Dabei ist freilich ein wichtiger Unterschied zum eindimensionalen, schmalen Sender zu beachten. Bei dem flächigen Sender nämlich wird das von einer kleinen Teilquelle hervorgerufene Schallfeld an der großen Quellfläche reflektiert. Man sieht das vielleicht am einfachsten ein, wenn man sich einen kleinen schwingenden Flächenteil in einer ansonsten starren, unbewegten Ebene vorstellt, an der die Teilkugelwellen der infinitesimalen Sender vollständig zurückgeworfen werden. Bei der Lautsprecherzeile ist die Reflexion des Schallfeldes eines Elementes an allen anderen ohne Erwähnung beiseite gelassen worden. Diese Vernachlässigung bestand ganz zurecht, weil die Zeilenbreite $b$ stets als schmal verglichen mit der Wellenlänge – und damit näherungsweise als nichtreflektierend – angenommen worden ist.

Bei der Abstrahlung von ausgedehnten Flächen muss nun die Reflexion am Strahler selbst berücksichtigt werden. Weil das reflektierte Feld für endlich ausgedehnte Flächen von ihrer Beschaffenheit und Größe ebenso wie von der Lage der aktuell betrachteten kleinen Volumenquelle abhängt, würde die Betrachtung des Feldes bei endlich großen strahlenden Flächen „im Freien" außerordentlich kompliziert werden. Geht man dagegen von unendlich großen schwingenden Flächen aus, dann verschwinden diese Abhängigkeiten: Unbeeinflusst von seiner Lage unterliegt jedes Strahlerelement der gleichen Totalreflexion an der unendlich ausgedehnten Ebene. Die folgenden Betrachtungen gehen deshalb davon aus, dass die $z$-gerichtete Schnelle $v_z(x, y)$ in der ganzen Ebene $z = 0$ (die diesmal als Strahlerfläche gewählt wird) bekannt und gegeben ist. Das heißt andererseits nicht, dass nicht auch endlich ausgedehnte Schwinger betrachtet werden, nur sind diese dann als Teil einer sonst unbeweglich starren Schallwand mit $v_z = 0$ aufzufassen.

Die Größe des von einem Elementarstrahler in der Schallwand insgesamt hervorgerufenen Feldanteiles lässt sich mit Hilfe eines einfachen Gedankenganges bestimmen. Dazu stellt man sich die kleine Volumenquelle zunächst in einem gewissen Abstand $z$ vor dem Reflektor in $z = 0$ vor. Das reflektierte Feld kann man sich erzeugt denken durch eine Spiegelquelle im Punkt $-z$ hinter der Schallwand, das Gesamtfeld wird also von den Quellen in $z$ und $-z$ aufgebaut. Lässt man nun die Originalquelle zurück in die Schallwand wandern, so erkennt man, dass die Reflexion gerade wie eine Verdopplung der Quelle bzw. wie eine Druckverdopplung wirkt. Demnach gilt wie in (3.35) für den Anteil $\mathrm{d}p$ der infinitesimal kleinen Volumenquelle mit dem Volumenfluss $v(x_Q, y_Q)\,\mathrm{d}x_Q\,\mathrm{d}y_Q$

$$\mathrm{d}p = \frac{j\omega\varrho v(x_Q, y_Q)}{2\pi r}\,\mathrm{e}^{-jkr}\,\mathrm{d}x_Q\,\mathrm{d}y_Q\,, \tag{3.59}$$

worin $r$ den Quellpunkt-Aufpunkt-Abstand

$$r = \sqrt{(x - x_Q)^2 + (y - y_Q)^2 + z^2} \tag{3.60}$$

beschreibt. Der Gesamtdruck aller Strahlerteile beträgt damit

$$p(x, y, z) = \frac{j\omega\varrho}{2\pi} \int_{-\infty}^{\infty} \int_{-\infty}^{\infty} v(x_Q, y_Q) \frac{\mathrm{e}^{-jkr}}{r} \mathrm{d}x_Q\,\mathrm{d}y_Q\,. \tag{3.61}$$

Gleichung (3.61) ist unter dem Namen „Rayleigh-Integral" bekannt. Wie erläutert bezieht es sich auf Schnellen, die in der ganzen Ebene $z = 0$ gegeben sind. Bei endlich großen schwingenden Flächen setzt das Rayleigh-Integral voraus, dass diese einen Teil einer starren, unbeweglichen Schallwand bilden. Gleichung (3.61) kann deswegen nur unter Einschränkungen und Vorbehalten auch auf die Schallabstrahlung von schwingenden Flächen im Freien ohne Schallwand angewandt werden, wie z. B. auf Eisenbahnräder, auf vorne und hinten offene Lautsprecher, etc. Das Rayleigh-Integral wird in diesen Fällen auch dann eine brauchbare Näherung für das wahre Schallfeld ergeben, wenn die Abmessungen der strahlenden Fläche im hohen Frequenzbereich bereits groß verglichen mit der Wellenlänge sind. Für tiefe Frequenzen dagegen spielt der Massenkurzschluss zwischen Vorder- und Rückseite ($z > 0$ und $z < 0$) eine Hauptrolle beim Abstrahlgeschehen, und gerade dieser Kurzschluss ist durch die in (3.61) implizit enthaltene Schallwand ausgeschlossen worden. Tieffrequent wird das Rayleigh-Integral deshalb immer zu recht falschen Vorhersagen für freie Strahler „ohne Schallwand" führen.

Das Rayleigh-Integral ist nur in seltenen Ausnahmefällen analytisch beherrschbar (ein Beispiel mit einer geschlossenen Lösung von (3.61) wenigstens für die Mittelpunktachse $z = 0$ und eine numerische Lösung im allgemeinen Aufpunkt werden im nächsten Abschnitt gegeben). Dagegen lässt sich wieder eine einfache und übersichtliche Fernfeldnäherung aus (3.61) herleiten. Für die dabei zur Beschreibung des Aufpunktes benutzten Kugelkoordinaten gilt bekanntlich

$$x = R \sin\vartheta \cos\varphi$$
$$y = R \sin\vartheta \sin\varphi$$
$$z = R \cos\vartheta$$

($R$: Abstand des Punktes $(x, y, z)$ vom Ursprung, $\vartheta$: Winkel zwischen $z$-Achse und Strahl zwischen Ursprung und Aufpunkt, $\varphi$: Winkel zwischen $x$-Achse und in die Ebene $z = 0$ projiziertem Strahl).

Für die Fernfeldnäherung ist zunächst die Annahme einer endlichen Strahlerfläche erforderlich, das sei hier mit endlichen Integrationsintervallen

$$p(x, y, z) = \frac{j\omega\varrho}{2\pi} \int_{-l_y/2}^{l_y/2} \int_{-l_x/2}^{l_x/2} v(x_Q, y_Q) \frac{e^{-jkr}}{r} dx_Q dy_Q \tag{3.62}$$

angedeutet. Wie in Abschn. 3.5.4 erläutert werden als Fernfeldbedingungen

$$R \gg l, \quad R \gg \lambda \quad \text{und} \quad R/l \gg l/\lambda$$

vorausgesetzt ($l = \max(l_x, l_y)$). Wieder darf im Fernfeld $1/r \approx 1/R$ ($R$ = Mittelpunktabstand) gesetzt und vor das Integral gezogen werden. Für $r$ gilt

$$r^2 = (x - x_Q)^2 + (y - y_Q)^2 + z^2 = x^2 + y^2 + z^2 + x_Q^2 + y_Q^2 - 2(xx_Q + yy_Q)$$
$$\approx R^2 - 2(xx_Q + yy_Q) ,$$

weil $x_Q^2$ und $y_Q^2$ unter Fernfeldbedingungen vernachlässigt werden dürfen. In Kugelkoordinaten ausgedrückt ist also

$$r^2 - R^2 = (r - R)(r + R) = -2R(x_Q \sin\vartheta \cos\varphi + y_Q \sin\vartheta \sin\varphi) ,$$

oder (mit $r + R = 2R$ bis auf quadratisch kleine Terme)

$$r - R = -(x_Q \sin\vartheta \cos\varphi + y_Q \sin\vartheta \sin\varphi) .$$

Die Fernfeld-Näherung für die Abstrahlung von Ebenen lautet also

$$p_{\text{fern}}(R,\vartheta,\varphi) = \frac{j\omega\varrho}{2\pi R}\,\mathrm{e}^{-jkR} \cdot \int\limits_{-l_y/2}^{l_y/2}\int\limits_{-l_x/2}^{l_x/2} v(x_Q,y_Q)\,\mathrm{e}^{jk(x_Q\sin\vartheta\,\cos\varphi + y_Q\,\sin\vartheta\,\sin\varphi)}\,\mathrm{d}x_Q\,\mathrm{d}y_Q \qquad (3.63)$$

(das Doppelintegral rechts stellt die zweifache Fourier-Transformierte der Strahlerschnelle dar, siehe dazu auch Kap. 13 dieses Buches).

Für die meisten interessierenden Modellannahmen für Strahler kann (3.63) einfach gelöst und auf Produkte von Richtcharakteristika zurückgeführt werden, die schon bei den Lautsprecherzeilen diskutiert worden sind. Zum Beispiel ist für die rechteckförmige Kolbenmembran mit $v = v_0$ für $|x| \leq l_x/2$, $|y| \leq l_y/2$ und $v = 0$ sonst (mit $Q = v_0 l_x l_y$)

$$p_{\text{fern}} = \frac{j\omega\varrho Q}{4\pi R}\,\mathrm{e}^{-jkR}\,\frac{\sin\left(\pi\frac{l_x}{\lambda}\sin\vartheta\,\cos\varphi\right)}{\pi\frac{l_x}{\lambda}\sin\vartheta\,\cos\varphi}\,\frac{\sin\left(\pi\frac{l_x}{\lambda}\sin\vartheta\,\sin\varphi\right)}{\pi\frac{l_x}{\lambda}\sin\vartheta\,\sin\varphi}\,.$$

Zu ähnlichen Ausdrücken führt auch die Annahme wellenförmiger Strahler.

Insbesondere folgt aus (3.63) für tiefe Frequenzen $kl_x \ll 1$ und $kl_y \ll 1$ noch

$$p_{\text{fern}} \simeq \frac{j\omega\varrho}{4\pi R}\,\mathrm{e}^{-jkR}\int\limits_{-l_y/2}^{l_y/2}\int\limits_{-l_x/2}^{l_x/2} v(x_Q,y_Q)\,\mathrm{d}x_Q\,\mathrm{d}y_Q\,. \qquad (3.64)$$

In erster Näherung ist also das Schallfeld zum Netto-Volumenfluss des Strahlers proportional. Bei wellenförmigen Strahlern entscheiden u. U. Kleinigkeiten über die Größe des Netto-Volumenflusses und damit über die Abstrahlung, wie schon erläutert.

Schließlich sei noch daran erinnert, dass im Fernfeld definitionsgemäß die Impedanz $\varrho\,c$ vorliegt. Deshalb gilt für die Intensität

$$I = \frac{1}{2\varrho\,c}|p_{\text{fern}}|^2\,. \qquad (3.65)$$

Die Schallleistung lässt sich damit durch Integration über eine Halbkugel berechnen:

$$P = \frac{1}{2\varrho\,c}\int\limits_0^{\pi/2}\int\limits_0^{2\pi}|p_{\text{fern}}|^2 R^2 \sin\vartheta\,\mathrm{d}\varphi\,\mathrm{d}\vartheta\,. \qquad (3.66)$$

## 3.7 Schallfeld vor einer kreisförmigen Kolben-Membran

Bei Fernfeldbetrachtungen ist in den vorigen Abschnitten stets großer Wert darauf gelegt worden, die Voraussetzungen dafür zu nennen. Eine gewiss recht interessante Frage besteht darin, welche Effekte wohl zu erwarten sind, wenn die Fernfeldbedingungen verletzt werden. Die folgenden Betrachtungen geben eine Antwort anhand des Beispiels einer kreisförmigen Kolben-Membran. Die Betrachtung eines beliebigen Aufpunktes im Halbraum vor der Membran ist dabei ohne numerische Hilfsmittel nicht zu bewältigen. Für die Mittelachse vor dem Strahler kann man jedoch recht einfach eine gut zu übersehende analytische Lösung des Abstrahlproblems angeben, weshalb dieser Sonderfall an den Anfang gestellt wird.

### 3.7.1 Schallfeld auf der Mittel-Achse

Der Schalldruck auf der Achse vor der kreisförmigen Kolben-Membran (Schnelle $v_0 =$ const. in $r < b$) wird aus dem Rayleigh-Integral (3.61) berechnet (siehe Abb. 3.28). In Polarkoordinaten

$$\begin{aligned} x_Q &= R_Q \cos\varphi_Q \\ y_Q &= R_Q \sin\varphi_Q \\ \mathrm{d}x_Q\,\mathrm{d}y_Q &= \mathrm{d}S = R_Q\,\mathrm{d}R_Q\,\mathrm{d}\varphi_Q \end{aligned}$$

ausgedrückt wird aus (3.61)

$$p = \frac{j\omega\varrho\, v_0}{2\pi} \int_0^{2\pi}\int_0^{b} \frac{\mathrm{e}^{-jkr}}{r} R_Q\,\mathrm{d}R_Q\,\mathrm{d}\varphi_Q\,, \tag{3.67}$$

worin $r = \sqrt{R_Q^2 + z^2}$ den Abstand zwischen Strahlerelement $R_Q$ und dem Punkt auf der $z$-Achse bedeutet. Der Radius der Kolben-Membran wird mit $b$ bezeichnet. Bei Drehung

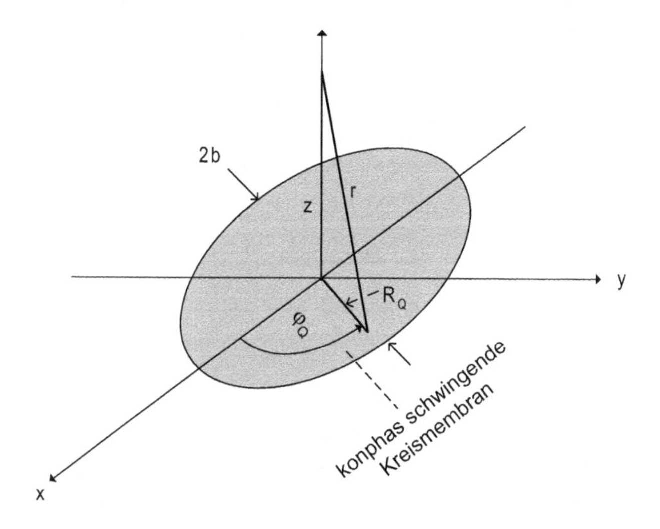


**Abb. 3.28** Lage der kreisförmigen Kolben-Membran im Koordinatensystem mit Bezeichnung der geometrischen Größen

des Quellpunktes in Abb. 3.28 um die $z$-Achse ändert sich der Quellpunkt-Aufpunkt-Abstand $r$ nicht, der Integrand in (3.67) ist also von $\varphi_Q$ unabhängig. Deshalb wird

$$p = j\omega\varrho\, v_0 \int_0^b \frac{\mathrm{e}^{-jk\sqrt{R_Q^2+z^2}}}{\sqrt{R_Q^2+z^2}} R_Q \mathrm{d}R_Q\,. \tag{3.68}$$

Mit Hilfe der Substitution

$$u = \sqrt{R_Q^2+z^2}$$

$$\mathrm{d}u = \frac{R_Q\,\mathrm{d}R_Q}{\sqrt{R_Q^2+z^2}}$$

$$R_Q = 0 \rightarrowtail u = z$$

$$R_Q = b \rightarrowtail u = \sqrt{b^2+z^2}$$

lässt sich (3.68) leicht lösen:

$$p = j\omega\varrho\, v_0 \int_z^{\sqrt{b^2+z^2}} \mathrm{e}^{-jku}\,\mathrm{d}u = \varrho\, c\, v_0 \left(\mathrm{e}^{-jkz} - \mathrm{e}^{-jk\sqrt{b^2+z^2}}\right),$$

bzw.

$$p = \varrho\, c\, v_0\, \mathrm{e}^{-j2\pi z/\lambda}\left(1 - \mathrm{e}^{-j2\pi(\sqrt{b^2+z^2}-z)/\lambda}\right). \tag{3.69}$$

Offensichtlich kann der Schalldruck auf der $z$-Achse Nullstellen besitzen. Die Lage der Nullstellen $p(z_0) = 0$ ergibt sich aus

$$\sqrt{(b/\lambda)^2 + (z_0/\lambda)^2} - z_0/\lambda = n\,.$$

Daraus folgt

$$(n + z_0/\lambda)^2 = n^2 + (z_0/\lambda)^2 + 2nz_0/\lambda = (b/\lambda)^2 + (z_0/\lambda)^2\,,$$

oder

$$z_0/\lambda = \frac{(b/\lambda)^2 - n^2}{2n}\,. \tag{3.70}$$

In (3.70) durchläuft $n$ solange die Werte $n = 1, 2, 3, \ldots$ wie sich positive Werte $z_0/\lambda$ ergeben. Zum Beispiel erhält man

- für $b/\lambda = 1$ die einzige Nullstelle $z_0/\lambda = 0$ ($n = 1$) auf der Membran-Mitte selbst

- und für $b/\lambda = 4$ die Nullstellen $z_0/\lambda = 7{,}5$ ($n = 1$); $z_0/\lambda = 3$ ($n = 2$); $z_0/\lambda = 1{,}1667$ ($n = 3$) und wieder die Membran-Mitte $z_0/\lambda = 0$ ($n = 4$).

Einige Bespiele für die axiale Pegelverteilung zeigen die Abb. 3.29, 3.30 und 3.31. Jeweils ergibt sich die am weitesten von der Quelle entfernte Nullstelle aus $n = 1$ zu etwa

$$z_{\max}/\lambda \approx \frac{1}{2}(b/\lambda)^2\,. \tag{3.71}$$

Im Bereich $z < z_{\max}$ liegen also axiale Druckknoten $p = 0$ vor, ihre Anzahl beträgt (etwa) $b/\lambda$.

Nun widerspricht aber gerade eine Schallfeld-Struktur aus abwechselnden Druck-Knoten und Bäuchen in Abstandsrichtung (hier die $z$-Richtung) der Annahme des Fernfeldes: Wie (3.63) zeigt, ließe sich das Fernfeld als der Bereich von Strahlerabständen auffassen, in dem als einzige $R$-Abhängigkeit die Amplitudenabnahme mit $1/R$ (und damit der Pegelabfall von 6 dB pro Entfernungsverdopplung) vorkommt. Nach der das Fernfeld beschreibenden Gleichung (3.63) ist eine Struktur aus Minima und Maxima entlang der Abstandsachse im Fernfeld nicht möglich.

Demnach kann der Bereich $z < z_{\max}$ nicht zum Fernfeld gehören, nur für

$$z \gg z_{\max} = \frac{1}{2}\frac{b^2}{\lambda}$$

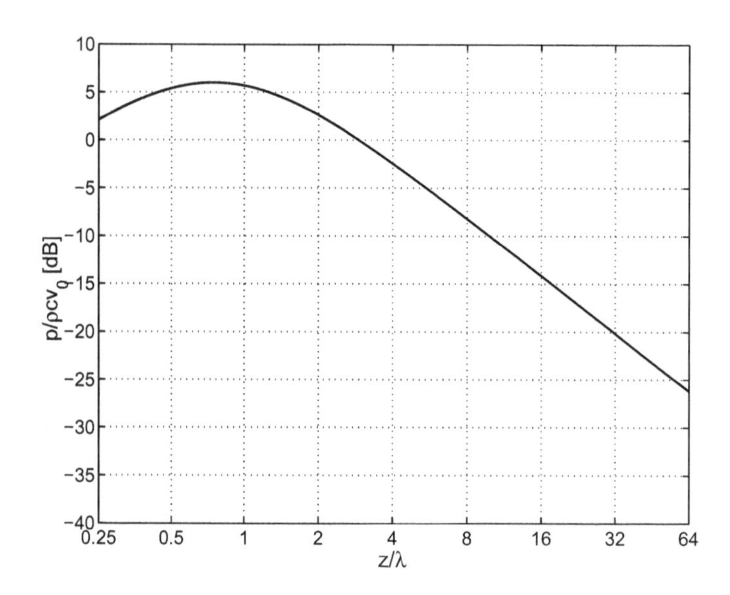


**Abb. 3.29** Ortsverlauf des Schalldruckpegels entlang der Mittelachse $z$ vor der Membran für $b/\lambda = 1$

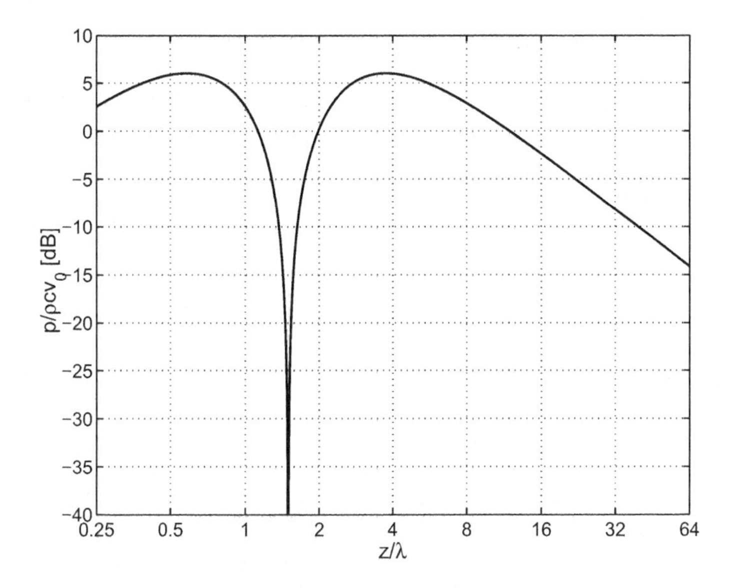


**Abb. 3.30** Ortsverlauf des Schalldruckpegels entlang der Mittelachse $z$ vor der Membran für $b/\lambda = 2$

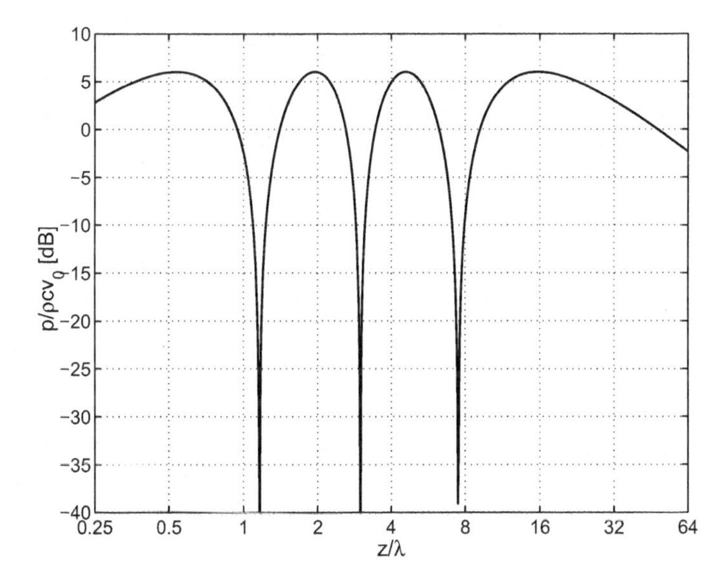


**Abb. 3.31** Ortsverlauf des Schalldruckpegels entlang der Mittelachse $z$ vor der Membran für $b/\lambda = 4$

oder für

$$\frac{b}{\lambda} \ll \frac{z}{b} \qquad (3.72)$$

können „Fernfeldbedingungen" vorliegen. Gleichung (3.72) ist mit der früher abgeleiteten Gleichung (3.57) identisch.

Aus den genannten Betrachtungen zeigen sich umgekehrt die zu erwartenden Effekte, wenn ein zu kleiner Messabstand $z$ gewählt und (3.72) verletzt wird. Der gemessene Pegel-Umfangsverlauf kann Schalldruck-Minima aufweisen, die zwar für den speziellen Messabstand so auch tatsächlich vorhanden sind, bei anderen, größeren Abständen aber gar nicht auftauchen. Die gemessene Richtcharakteristik ist also untypisch für andere Abstände, und damit ziemlich bedeutungslos. Nur im Fernfeld misst man Richtwirkungen, die sich mit wachsendem Abstand nicht mehr verändern, und gerade darin kann man auch den Zweck der Fernfeld-Definition sehen.

Abschließend sei noch die zu (3.69) gehörende Fernfeldnäherung abgeleitet. Wenn man $z \gg b$ voraussetzt, dann ist

$$\sqrt{z^2 + b^2} = z\sqrt{1 + (b/z)^2} \approx z\left(1 + \frac{1}{2}\frac{b^2}{z^2}\right) = z + \frac{1}{2}\frac{b^2}{z},$$

und also wird

$$p_{\text{fern}} \approx \varrho\, c\, v_0\, \mathrm{e}^{-j2\pi z/\lambda}\left\{1 - \mathrm{e}^{-j\pi\frac{b^2}{\lambda z}}\right\}.$$

Wenn nach (3.72) $b^2 \ll \lambda z$ ist, dann findet man mit $\mathrm{e}^{-jx} \approx 1 - jx$ den Fernfelddruck

$$p_{\text{fern}} = \frac{j\varrho\, c\, v_0 b^2 \pi}{\lambda z}\,\mathrm{e}^{-j2\pi z/\lambda} = \frac{j\omega\varrho\pi b^2 v_0}{2\pi z}\,\mathrm{e}^{-j2\pi z/\lambda}. \tag{3.73}$$

Gleichung (3.73) ist mit dem Ergebnis von (3.63) für $\vartheta = 0$ (das bezeichnet die $z$-Achse) identisch.

### 3.7.2 Allgemeine Schallfeld-Verteilung vor der Membran

Das Schallfeld der Kreis-Membran im beliebigen Aufpunkt lässt sich numerisch recht einfach bestimmen, wenn der Strahler gedanklich durch viele (ungerichtete Monopol-) Punktquellen ersetzt wird. Für die folgenden Auswertungen wurde ein Quadrat mit den Kantenlängen $2b$ in 400 gleichgroße kleine (‚Mini-')Quadrate zerlegt (wie ein Blatt Papier mit Karo-Kästchen), in der Mitte der Karos wurde jeweils eine Punktschallquelle angenommen. Es wurden dann nur die Teildrücke aufsummiert, die von Teilquellen innerhalb der Kreismembran herstammen. Auf diese Weise wurde die Kreis-Membran also durch (etwa) 300 Quellen nachgebildet. Natürlich wurde dann noch die Symmetrie der Anordnung ausgenutzt, so dass nur (etwa) 150 Quellen innerhalb des Halbkreises wirklich auch zu berücksichtigen waren. Die Teildrücke errechnen sich einfach aus $\mathrm{e}^{-jkr}/r$, wobei $r$ den Abstand zwischen aktuellem Quellpunkt und Aufpunkt bedeutet. Das Programm zur Berechnung des Druckes umfasst kaum mehr als 10 Zeilen, die Rechenzeit pro Auswertung kaum mehr als eine Minute.

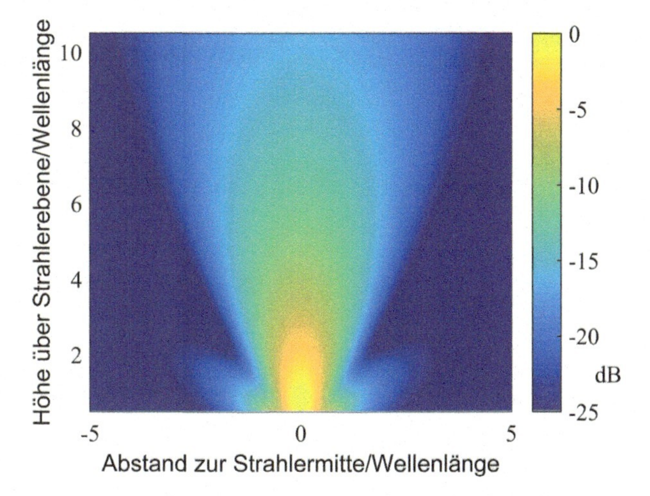


**Abb. 3.32** Schalldruckpegel vor einer Kreismembran für $b/\lambda = 1$

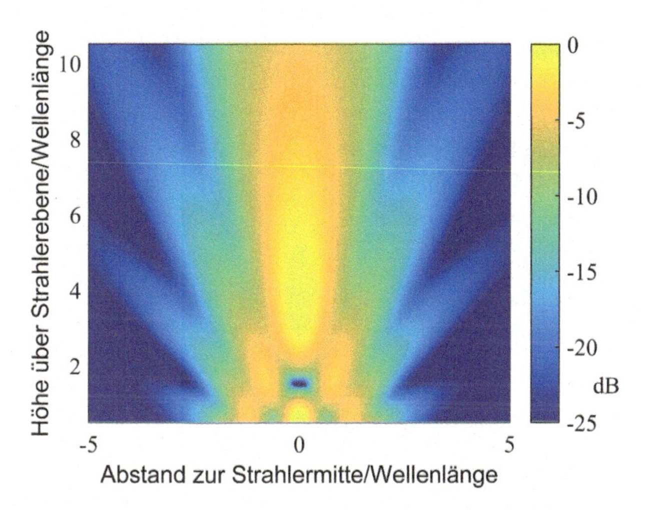


**Abb. 3.33** Schalldruckpegel vor einer Kreismembran für $b/\lambda = 2$

Die so berechneten Schallfelder sind in den Abb. 3.32, 3.33 und 3.34 wiedergegeben. Abgebildet ist der Schalldruckpegel in der Mittelebene vor der Membran, die Mittelachse der Bilder fällt also gerade mit der $z$-Achse zusammen. Die Schallfeld-Darstellungen könnten also z. B. die $(x, z)$-Ebene betreffen; wegen der Rotations-Symmetrie liegt in jeder Ebene, die die $z$-Achse als Mittellinie enthält, die gleiche Ortsverteilung vor. Die Skalierung der Pegel ist so gewählt worden, dass im lautesten Punkt immer gerade ein Pegel von 0 dB vorliegt.

Die Fernfeld-Bedingung (3.72) kann man durch

$$\frac{z}{\lambda} \gg \left[\frac{b}{\lambda}\right]^2 \tag{3.74}$$

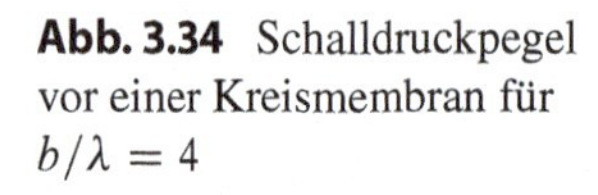

Abb. 3.34 Schalldruckpegel vor einer Kreismembran für $b/\lambda = 4$

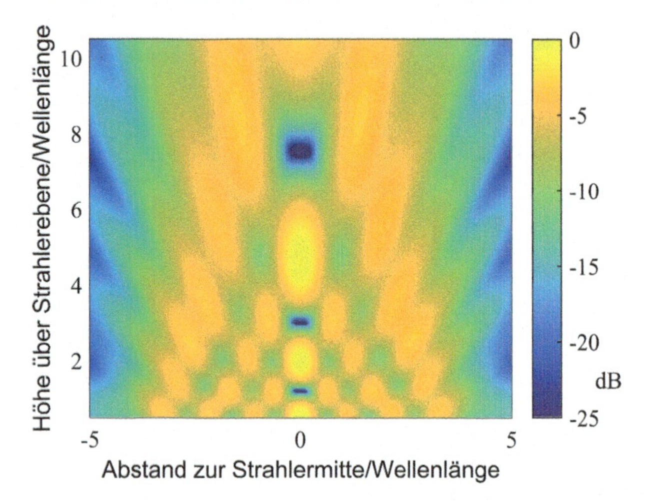


ersetzen; deshalb liegt ein großer Bereich von Abb. 3.32 bereits im Fernfeld, bei Abb. 3.33 ist vielleicht noch das obere Drittel dem Fernfeld zugehörig und in Abb. 3.34 ist gar kein Fernfeld vorhanden. Die im vorigen Abschnitt bestimmten Druck-Knoten auf der $z$-Achse sind in Abb. 3.33 und in Abb. 3.34 erkennbar. Man erkennt, dass die auf Kreisen um den Strahler-Mittelpunkt bestimmten Richtcharakteristika vom Radius dieses Kreises abhängt. Natürlich wird die radial nach außen weisende Schall-Schnelle in den Druck-Knoten nicht ebenfalls gleich Null sein; die Wellenimpedanz beträgt also keineswegs überall $\varrho\, c$.

Die Richtcharakteristika in den Abb. 3.32 und 3.33 müssen übrigens etwa denen der (ungefähr) gleich-großen Lautsprecherzeilen in den Abb. 3.20b und c entsprechen.

## 3.8 Zusammenfassung

Pro Abstandsverdopplung verringert sich der Schalldruckpegel bei Punktquellen um 6 dB, bei Linienquellen um 3 dB. Kleine Volumenquellen erzeugen ein Schallfeld, dessen Wellenfronten Kugelschalen bilden. Quellkombinationen rufen Interferenz-Erscheinungen hervor, die Richtcharakteristika bewirken. Letztere können sich auch mit dem Abstand zur Quelle ändern, nur im durch die drei Bedingungen $r \gg l$, $r \gg \lambda$ und $r/l \gg l/\lambda$ festgelegten Fernfeld wird die Umfangs-Charakteristik vom Abstand unabhängig, und nur im Fernfeld beträgt die Wellenimpedanz $\varrho\, c$. Diese Tatsache muss für Freifeld-Messungen von Intensität und Leistung beachtet werden.

Beim Dipol besteht die Charakteristik in einer Doppel-Kugel. Großflächige, konphas schwingende Strahler (Lautsprecherzeilen z. B.) bilden je nach Größe und Wellenlänge Richtwirkungen in Form einer Hauptkeule, gefolgt von Nebenkeulen. Diese Struktur kann durch Gewichtung der Elemente gezielt verändert werden. Durch Zeitverzögerungen der Lautsprecher-Steuersignale lässt sich die Vorzugsrichtung der Abstrahlung elektronisch schwenken. Solche (und andere) wellenförmigen Strahler erzeugen Schallfelder nur an ihren Rändern, wenn die Strahlerwellenlänge $\lambda_s$ kürzer ist als die des umgebenden Mediums $\lambda$; also für $\lambda_s < \lambda$. Bei langwelligen Strahlern $\lambda_s > \lambda$ ist die ganze Strahlerfläche an der Schallentstehung beteiligt. Die Abstrahlung in der Hauptkeule lässt sich dann als schräg laufender Schallstrahl deuten, dessen Richtung sich aus $\sin\vartheta = \lambda/\lambda_s$ ergibt.

## 3.9 Literaturhinweise

Zur Vertiefung der in diesem Abschnitt behandelten Inhalte wird insbesondere vorgeschlagen das Kapitel 5 aus dem (auch sonst höchst lesenswerten) Werk von E. Meyer und E. G. Neumann „Physikalische und Technische Akustik“ (Vieweg Verlag, Braunschweig 1967) und das Kapitel 6 im Buch „Körperschall“ von L. Cremer und M. Heckl (Springer-Verlag, Berlin und Heidelberg 1996). Eine besonders empfehlenswerte inhaltliche Ergänzung stellt die Arbeit von M. Heckl: „Abstrahlung von ebenen Schallquellen“ (ACUSTICA 37 (1977), S. 155–166) dar. Als frühe, sehr detailreiche Arbeit zum Thema Abstrahlung sei Stenzel; Brosze, O.: „Leitfaden zur Berechnung von Schallvorgängen“ (Springer-Verlag, Berlin/Göttingen/Heidelberg 1958) genannt. Und schließlich erlaubt sich der Verfasser den Hinweis auf ein eigenes Buch: Möser, M.: „Analyse und Synthese akustischer Spektren“ (Springer-Verlag, Berlin und Heidelberg 1988)

## 3.10 Übungsaufgaben

**Aufgabe 3.1**
An einem Immissionsort herrscht bereits ein A-bewerteter Schalldruckpegel von 50 dB(A) aus dem Schalleintrag einer benachbarten Fabrik. Nun soll in 50 m Entfernung zum Immissionsort noch eine Pumpe errichtet werden. Die Pumpe darf höchstens am Immissionsort den Pegel von $L_P = 53{,}3$ dB(A) alleine erzeugen, damit der Gesamtpegel die Grenze von 55 dB(A) nicht überschreitet (siehe Aufgabe 1.1 aus den Übungsaufgaben zu Kap. 1). Wie groß darf der A-bewertete Leistungspegel der Pumpe höchstens sein, damit dieses Ziel erreicht wird?

**Aufgabe 3.2**
An einem Wohnhaus wird ein Dauerschallpegel von 41 dB(A) gemessen, der durch Schalleintrag aus dem umliegenden Industriegebiet erzeugt wird. In der Nähe soll nun eine Straße errichtet werden, für die der prognostizierte Pegel in 25 m Abstand 50 dB(A) beträgt. Wie groß muss der Abstand zwischen Haus und Straße mindestens sein, damit ein Schalldruckpegel von insgesamt 45 dB(A) nicht überschritten wird?

**Aufgabe 3.3**
Ein (kleines) Ventil gibt einen Volumenstrom $Q(t)$ nach der Skizze in Abb. 3.35 ab. Man berechne den Zeitverlauf des Schalldruckquadrates in 10 m Abstand für $Q_0 = 1\,\mathrm{m^3/s}$ und für die Flankenzeiten von $T_F = 0{,}01$ s, 0,0316 s und 0,1 s. Wie groß sind die vorkommenden Schalldruckpegel?

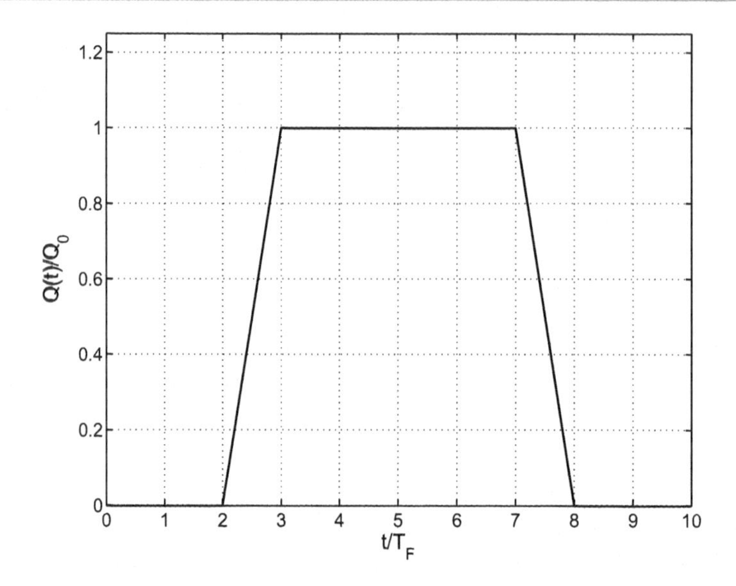


**Abb. 3.35** Zeitverlauf des Volumenflusses zu Aufgabe 3.2

## Aufgabe 3.4

Ein frei hängender Lautsprecher stellt den (recht großen) Pegel von 100 dB in 2 m Abstand her. Wie groß sind die abgestrahlte Leistung und der Leistungspegel? Wie groß ist der Wirkungsgrad, wenn die elektrische Leistungsaufnahme 50 W beträgt?

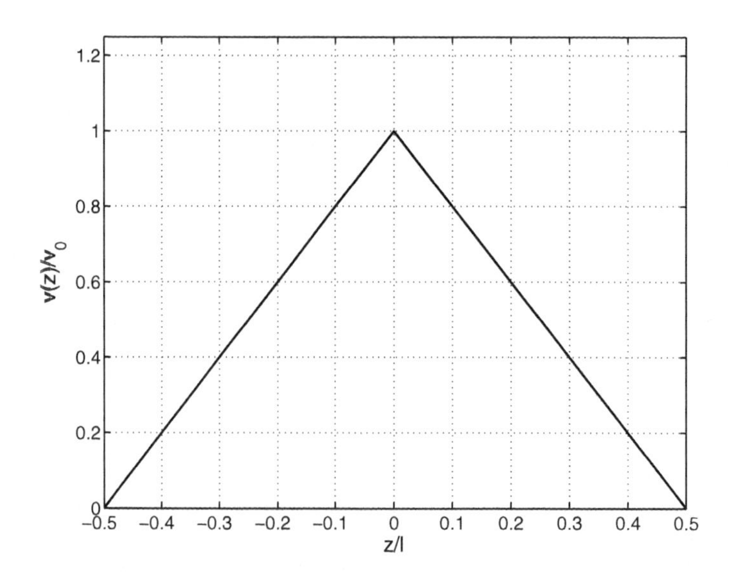


**Abb. 3.36** Ortsverlauf der Schallschnelle zu Aufgabe 3.4

**Aufgabe 3.5**

Eine Lautsprecherzeile besitze einen Schnelle-Ortsverlauf wie in der Skizze Abb. 3.36 dargestellt ($l$ = Länge der Zeile). Für alle Frequenzen sollen die Richtcharakteristika bestimmt werden.

**Aufgabe 3.6**

Für eine Schallquelle mit der größten Ausdehnung von 1 m (50 cm, 2 m) sollen Fernfeldmessungen durchgeführt werden. Zur Einhaltung der geometrischen Voraussetzung $R \gg l$ wird der Messabstand von $R = 5\,l$, also $R = 5$ m (2,5 m, 10 m) festgelegt.

a) Wenn in den verbleibenden beiden Fernfeldbedingungen die Bedingung ‚$\gg$' (‚viel größer als') stets durch ‚fünf mal größer als' ersetzt wird: In welchem Frequenzbereich kann die Fernfeldmessung dann durchgeführt werden?
b) Wenn stattdessen die Bedingung ‚$\gg$' (‚viel größer als') stets durch ‚zwei mal größer als' ersetzt wird: In welchem Frequenzbereich kann die Fernfeldmessung dann durchgeführt werden?

**Aufgabe 3.7**

Bei einer endlich langen Linienquelle (Eisenbahnzug) von 100 m Länge wird in 10 m Abstand der Schalldruckpegel von 84 dB(A) gemessen. Wie groß ist der Pegel in 20 m, in 200 m und 400 m Abstand?

**Aufgabe 3.8**

Wie in der folgenden Skizze (Abb. 3.37) dargestellt seien vier Schallquellen auf den Koordinatenachsen angeordnet. Die Volumenflüsse der Quellen seien dem Betrage nach gleich groß; jedoch sind sie, wie in der Abbildung skizziert, jeweils im Uhrzeigersinn um 90° gegeneinander phasenverschoben. Man berechne den Schalldruck im Raum und stelle die

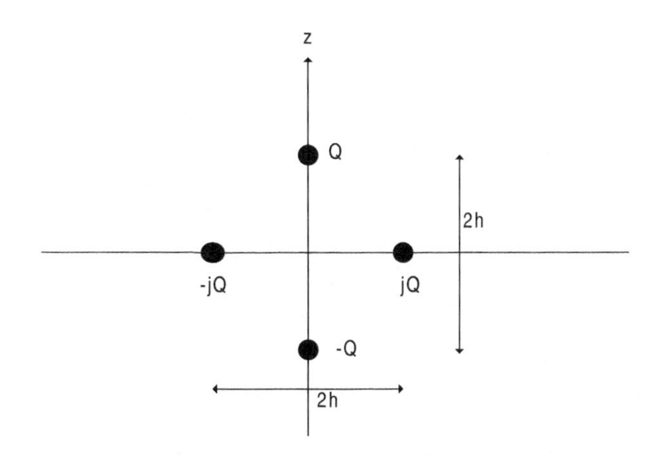


**Abb. 3.37** Anordnung aus vier jeweils gegeneinander phasenverschobenen Quellen

Teilchenbewegungen im Film für die Parameter $2h/\lambda = 0{,}25$; 0,5; 1 und 2 dar. Es seien noch folgende Hinweise gegeben:

Man gehe von Linienquellen aus, deren Feld durch

$$p = A\,\mathrm{e}^{-jkr}/\sqrt{r}$$

beschrieben sei ($r$ ist der Quellpunkt-Aufpunkt-Abstand). Dadurch wird das Interferenzmuster (gegenüber den Punktquellen) nicht beeinflusst, nur die Amplitudenabnahme nach außen verlangsamt sich.

Die Schallschnelle soll nicht analytisch durch Differenzieren bestimmt werden. Zur Vereinfachung wird die Schnelle näherungsweise aus der Druckdifferenz berechnet, man nutze also die Proportionalitäten

$$v_x \sim p(x + \lambda/100, y) - p(x, y)$$

und

$$v_y \sim p(x, y + \lambda/100) - p(x, y) .$$

aus.

Man bedenke auch, dass die Quellgröße (und damit die Skalierung der Schnelle) völlig willkürlich ist.

**Aufgabe 3.9**

Die Membran (Fläche $S$) eines kleinen Lautsprechers in einer kleinen Box wird auf elektronischem Wege zu folgender Auslenkung $\xi$ angeregt:

- für $t < 0$ ist $\xi = 0$,
- für $0 < t < T_D$ ist $\xi = \xi_0 \sin^2\left(\frac{\pi}{2}\frac{t}{T_D}\right)$ und
- für $t > T_D$ ist $\xi = \xi_0$.

Wie lauten Zeit- und Orts-Verlauf des Schalldruckes im ganzen freien Raum?

**Aufgabe 3.10**

Man bestimme den von der Kreis-Kolben-Membran (Radius $b$, in schallharter Wand) hervorgerufenen Schalldruck im Fernfeld.

**Aufgabe 3.11**

Untersucht werden soll die Schallabstrahlung von Platten-Biegeschwingungen der Form

$$v(x, y) = v_0 \sin(n\pi x/l_x) \sin(m\pi y/l_y)$$

(Plattenabmessungen $l_x$ und $l_y$, Schwinger in schallharter Wand, Strahlerbereich in $0 < x < l_x$ und $0 < y < l_y$), deren Strahler-Wellenlängen

$$\lambda_x = \frac{2l_x}{n}$$

und

$$\lambda_y = \frac{2l_y}{m}$$

beide klein verglichen mit der Luftschall-Wellenlänge $\lambda$ sein sollen ($\lambda_x \ll \lambda$ und $\lambda_y \ll \lambda$). Wie groß ist der Schalldruck im Fernfeld in erster Näherung, wenn auch die Querabmessungen $l_x$ und $l_y$ klein verglichen mit der Luftschallwellenlänge sind?

**Aufgabe 3.12**
Wo liegen die Druckknoten auf der Achse vor einer Kreis-Kolben-Membran mit den Durchmessern $b/\lambda = 3{,}5$; 4,5 und 5,5?

**Aufgabe 3.13**
Ein Strahlerpaar besteht aus zwei Quellen mit den Volumenflüssen $Q_1$ und $Q_2 = -(1 + jkh)Q_1$, wobei der Abstand der Strahler mit $h$ bezeichnet ist. Man bestimme die Richtwirkung des Strahlerpaares für tiefe Frequenzen $kh \ll 1$.

# 4 Körperschall

## 4.1 Einleitung

Unter Körperschall versteht man Schwingungen und Wellen in Festkörpern, also z. B. in Platten, Stäben, Wänden, Schiffen, Gebäuden etc. Begreiflicherweise ist der Körperschall im Hinblick auf Schallschutz-Aufgaben von sehr großer Bedeutung: Die Luftschall-Abstrahlung in (bzw. von) den oben genannten Körpern ist durch Bewegungen der Körper-Oberflächen hervorgerufen. Es ist also sehr oft der Körperschall, der für den entstehenden Luftschall (oder den Flüssigkeitsschall) verantwortlich ist. Auch die Luftschall-Dämmung von Wänden, Decken und Fenstern etc. stellt im Kern ein „Körperschall-Problem“ dar.

Nun besteht zwischen Luftschallwellen und Wellen in festen Körpern ein wesentlicher und fundamentaler Unterschied. Ein Gas (oder eine Flüssigkeit) reagiert nämlich auf eine Volumenänderung seiner Masse nur mit einer Änderung des Druckes; eine bloße Änderung der geometrischen Form der Gasmasse beeinflusst den Druck hingegen gar nicht (von Reibungsvorgängen abgesehen). Grenzflächen zwischen Gas-Volumenelementen übertragen deswegen nur Kräfte senkrecht zu den Flächen. Wie man an dem einfachen Beispiel eines durchgebogenen dünnen Stabes mit schlankem Profil (z. B. ein Zeichenlineal) sofort sieht, setzen sich feste Körper dagegen nicht nur gegen eine Verdichtung des Raumes, den sie einnehmen, zur Wehr, sondern auch gegen eine Änderung ihrer bloßen Form. An Grenzflächen von Volumenelementen in festen Körpern werden deshalb auch tangentiale Kräfte übertragen, die man als Schubspannungen bezeichnet. Am Beispiel des statisch auf Biegung beanspruchten Stabes erkennt man das Vorhandensein der im Stab senkrecht zu seiner Achse wirkenden Kräfte leicht: Es sind diese Schubkräfte, die den Stab in seiner verbogenen Form halten; anderenfalls würde er diese Form nicht aufrecht erhalten können.

Statt der einzig bei Gasen vorkommenden Normalkomponente der Spannungen müssen daher bei der Betrachtung von Volumenelementen in festen Körpern an jeder Begrenzungsfläche drei Kraftkomponenten berücksichtigt werden (Abb. 4.1). Ähnlich wie man beim Luftschall die auf die Fläche bezogene Kraft (den Druck) zur Beschreibung verwen-



M. Möser, *Technische Akustik*, VDI-Buch, DOI 10.1007/978-3-662-47704-5_4

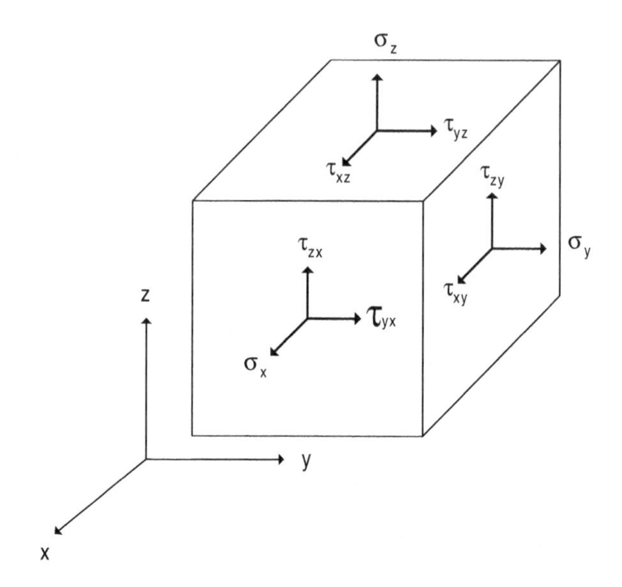


**Abb. 4.1** Normalspannungen und Schubspannungen am Volumenelement im Festkörper

det, benutzt man zur Formulierung der Kraftgesetze im Körperschall die Spannungen, die gleich dem Quotient aus Kraft und Fläche sind. Man hat nun also Normalspannungen (senkrecht zur gedachten Begrenzungsfläche) und Schubspannungen (tangential zur Begrenzungsfläche) zu unterscheiden.

Alle äußeren Spannungskomponenten führen nun natürlich zu einer elastischen Deformation des Körpers, der mit einem zurückfedernden Einschwingen in seine Ruheform reagieren wird, wenn die äußeren Spannungen plötzlich entfernt werden. Wie beim Luftschall erklärt sich der beobachtete Schwingvorgang durch ein fortwährendes Umwandeln von potentieller Energie, die in der Form- und Volumenänderung gespeichert ist, in Bewegungsenergie der beteiligten Massen, und umgekehrt. Dieses „gegenseitige Umfüllen" der Energiespeicher findet nicht nur zeitlich, sondern auch örtlich verteilt statt, so dass Schwingungen in Wellenform auftreten. Der dreiachsige Spannungszustand führt zum Beispiel bei Stäben dazu, dass zu jeder Bewegungsrichtung auch eine Wellenart gehört. Auf Stäben kommen vor

- die transversalen BIEGEWELLEN, bei denen die Auslenkungen senkrecht zur Stabachse und damit auch zur Wellen-Ausbreitungs-Richtung sind (Abb. 4.2),
- die ebenfalls transversalen TORSIONSWELLEN durch Verdrillung der Stabquerschnitte und
- die longitudinalen DEHNWELLEN, bei denen sich die Auslenkungen vor allem längs der Stabachsen vollziehen (Abb. 4.3).

Noch zusätzlich verkompliziert werden die Verhältnisse dadurch, dass die Biegewellen mit Auslenkungen in beiden senkrecht zur Stabachse weisenden Richtungen vorkommen

**Abb. 4.2** Biegewellen auf Stäben

**Abb. 4.3** Dehnwellen auf Stäben

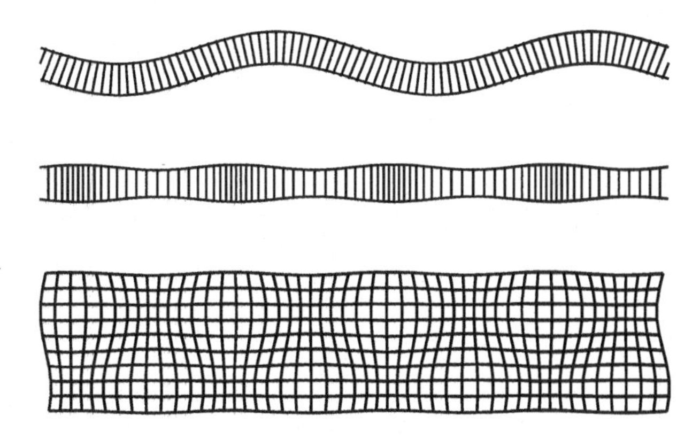

**Abb. 4.4** Welle höherer Ordnung (Mode) bei dicken Platten

können. Nur bei Kreisquerschnitten (oder quadratischem Querschnitt) werden sich die beiden Biegewellen auch gleich verhalten. Wie man an einem Stab mit flachem, gestrecktem Querschnitt (Lineal) leicht feststellen kann, ist die Biegesteife allgemein von der Belastungsrichtung abhängig.

Darüber hinaus kommen für Stäbe und Platten noch weit mehr Wellenarten in Betracht, wenn man die endlichen Querabmessungen mit einbezieht. Ebenso wie beim Luftschall bilden sich dann Querverteilungen (= Moden) aus, zu denen je eine Wellenart gehört (ein Beispiel ist in Abb. 4.4 aufgeführt). Die oben genannten Wellen erscheinen nur als einfachste Sonderfälle der Moden. Es ist klar, dass hier nicht auf die ganze Vielfalt von in Stäben und Platten vorkommenden Körperschall-Wellen eingegangen werden kann. Der tiefer interessierte Leser sei für eine umfassende Schilderung der Wellenarten insbesondere auf das Werk von L. Cremer und M. Heckl: Körperschall (Springer, Berlin 1996) verwiesen. Hier muss die Beschränkung auf das für die nächsten Kapitel unbedingt Erforderliche genügen.

Hauptsächlich interessiert in der Technischen Akustik die BIEGEWELLEN-Ausbreitung, denn diese Wellenform, die natürlich auch auf seitlich ausgedehnten Platten vorkommt, ist aus einem einfachen Grund die Wichtigste: Hier stehen die Platten-Auslenkungen senkrecht auf der Platten- oder Stab-Oberfläche, sie werden also viel eher eine Luftschall-Abstrahlung bewirken als Dehnwellen und Torsionswellen mit im Wesentlichen zur Oberfläche tangentialen Bewegungen. Hinzu kommt ein zweiter, aus der Anschauung leicht zu ermessender Grund für die vorrangige Rolle der Biegewellen. Die Biegung setzt nämlich der anregenden äußeren Kraft (in praktisch relevanten Fällen) einen viel kleineren Widerstand entgegen als zum Beispiel bei der Beanspruchung auf Dehnung. Man kann daher annehmen, dass Biegewellen viel leichter anzuregen sind und demnach das Schwinggeschehen dominieren.

Die Betrachtung der Biegewellen beginnt mit dem einfachsten Fall von Stäben und wird danach auf die Verhältnisse bei den praktisch mehr interessierenden Platten übertragen.

## 4.2 Die Biegewellengleichung für Stäbe

Die statische Biegung von Stäben und Balken ist begreiflicherweise ein sehr wichtiges Thema in der Statik von Tragwerken, das seit langem geklärt ist. Man kann deshalb auf die Erkenntnisse der statischen Biegelehre zurückgreifen und sie hier benutzen. Neben den kinetischen Größen der Stabauslenkung $\xi(x)$ und des Biegewinkels $\beta(x)$ (Abb. 4.5), für welche bei den hier ausschließlich interessierenden kleinen Biegewinkeln

$$\frac{\partial \xi}{\partial x} = \operatorname{tg} \beta \approx \beta \tag{4.1}$$

gilt, interessieren vor allem die Normalspannungen und Schubspannungen in den Stabquerschnitten. Wenn man wie in der statischen Biegelehre davon ausgeht, dass die Längsspannungen linear von einer (längsspannungsfreien) neutralen Stabfaser anwachsen (Abb. 4.5 und 4.6), dann lassen sich die Längsspannungen $\varepsilon_x$ in einem auf die neutrale Faser wirkenden Moment

$$M = \int\limits_S \varepsilon_x y \, \mathrm{d}S$$

zusammenfassen. Für dieses Biegemoment gilt, dass es um so größer ist, je stärker der Stab bei der Biegung gekrümmt ist. Eine vernünftige Annahme ist

$$M \sim \frac{1}{r_\mathrm{k}} ,$$

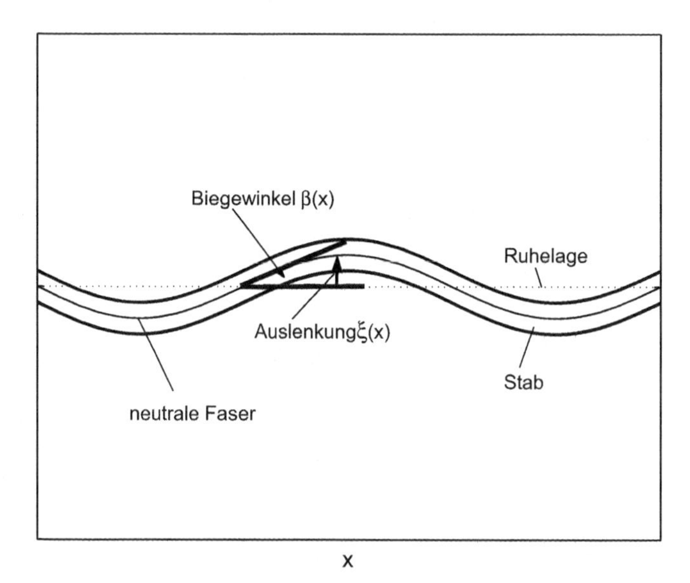


**Abb. 4.5** Auslenkung und Biegewinkel bei der elastischen Verbiegung von Stäben

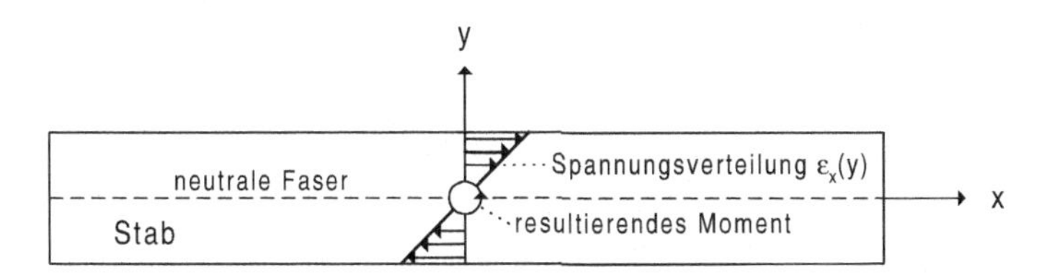


**Abb. 4.6** Spannungsverteilung und Moment bei der elastischen Verbiegung von Stäben

worin $r_\text{k}$ den Radius des Krümmungskreises am betreffenden Punkt des Stabes darstellt. Bekanntlich gilt für kleine Auslenkungen

$$\frac{1}{r_\text{k}} = \frac{\partial^2 \xi}{\partial x^2} .$$

Man erhält also mit der Proportionalitätskonstanten $B$

$$M = -B \frac{\partial^2 \xi}{\partial x^2} , \tag{4.2}$$

wobei das Vorzeichen von $M$ nur deswegen so gewählt worden ist, damit $M$ und $\xi$ für Wellen der Form $\xi = \xi_0 \cos(kx - \omega t)$ gleiches Vorzeichen besitzen. Die Proportionalitätskonstante $B$ wird als Biegesteife bezeichnet. Sie beinhaltet nicht nur die spezifische Steifigkeit $E$ des Materials, sondern hängt auch noch von der Querschnittsgeometrie ab. Oben ist schon anschaulich begründet worden, dass letztere in die Biegesteife eingeht. Die Biegelehre zeigt, dass

$$B = E \int_S y^2 \, \mathrm{d}y \, \mathrm{d}z = EI \tag{4.3}$$

ist. Darin bedeutet $S$ die Stab-Querschnittsfläche, $y = 0$ beschreibt die Lage der neutralen Faser. Die spezifische Steifigkeit $E$ heißt Elastizitätsmodul. Er ergibt sich aus der Steife $s$ eines als Feder aufzufassenden Materialblocks der Querschnittsfläche $S$ und der Dicke $h$, der nach dem Hooke'schen Gesetz eine Zusammendrückung $\Delta x$ erfährt, wenn er mit einer Kraft $F$ belastet wird:

$$F = s\Delta x = \frac{ES}{h} \Delta x . \tag{4.4}$$

Der Elastizitätsmodul lässt sich also aus der Federsteife einer Probe und deren Oberfläche $S$ und Dicke $h$ aus $E = \mathrm{s}h/S$ bestimmen. Eine entsprechende Messanordnung zur Bestimmung des Elastizitätsmoduls $E$ wird in Kap. 5 (Abb. 5.7) geschildert.

Die die Querschnittsgeometrie beschreibende Größe $I$ heißt axiales Flächenträgheitsmoment. In diesem Buch interessieren ausschließlich Rechteckquerschnitte. Für diese gilt mit der Stabdicke $h$ (sie wird in Richtung der anregenden Kraft gezählt) und der Breite $b$ nach (4.3)

$$I = \frac{bh^3}{12} .$$

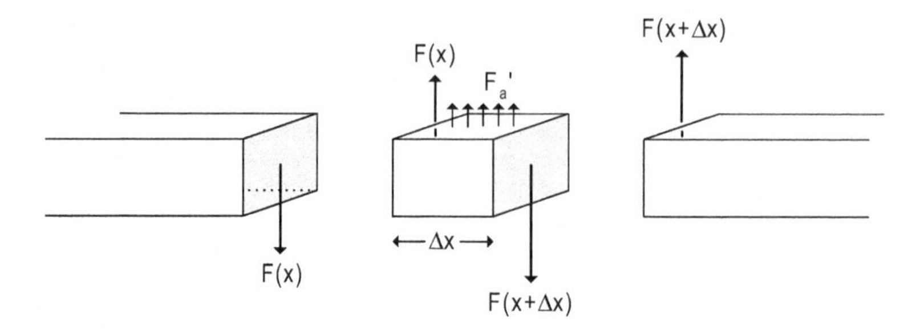


**Abb. 4.7** Freigeschnittenes Stabelement

Als zweites Beispiel sei nur der Vollkreis (Radius $a$)

$$I = \frac{\pi}{4} a^4$$

genannt. Weitere Flächenträgheitsmomente findet man z. B. in Dubbel: Taschenbuch für den Maschinenbau (Springer, Berlin 2001), einem für Akustiker auch sonst sehr nützlichem Werk.

Ähnlich wie das Biegemoment die Normalspannungen zusammenfasst, kann auch den Schubspannungen $\tau$ in Auslenkungsrichtung eine Querkraft

$$F = \int_S \tau_{xy} \mathrm{d}y \mathrm{d}z \tag{4.5}$$

zugeordnet werden. Wie die statische Biegelehre zeigt, ergibt sich die am Querschnitt tangential angreifende, nach unten weisende Querkraft aus dem Biegemoment zu

$$F = -\frac{\partial M}{\partial x} . \tag{4.6}$$

Auf ein aus dem Stab freigeschnittenes Element (Abb. 4.7) der Länge $x$ wirkt nun wegen actio = reactio das transversale Kräftepaar $F(x + \Delta x)$ und $-F(x)$. Berücksichtigt man noch eine äußere Kraft $F_\mathrm{a}' = F_\mathrm{a} \Delta x$ in Auslenkungsrichtung (z. B. die Anregung des Balkens durch einen Schlag), die auf die Länge $\Delta x$ gleichmäßig verteilt ist, so verlangt das Newton'sche Gesetz

$$\Delta x \varrho S \ddot{\xi} = F(x) - F(x + \Delta x) + \Delta x F_\mathrm{a}' ,$$

oder, nach Grenzübergang $\Delta x \to 0$,

$$m' \ddot{\xi} + \frac{\partial F}{\partial x} = F_\mathrm{a}' . \tag{4.7}$$

Darin bezeichnet $m'$ die Stabmasse und $F_\mathrm{a}'$ die äußere Kraft, jeweils bezogen auf die Längeneinheit. Gleichungen (4.6) und (4.2) ergeben zusammen

$$\frac{\partial F}{\partial x} = -\frac{\partial^2 M}{\partial x^2} = B\frac{\partial^4 \xi}{\partial x^4} ,$$

und deshalb erhält man schließlich aus (4.7) die Biegewellengleichung

$$m'\ddot{\xi} + B\frac{\partial^4 \xi}{\partial x^4} = F_\mathrm{a}' .$$

Sie stimmt nur insofern mit der Wellengleichung für Gase überein, als auch hier die zweite Zeitableitung auftritt. Die wesentlichen Unterschiede zwischen Biegewellen und Luftschallwellen werden rasch klar, wenn man zu reinen Tönen

$$\xi(x,t) = \mathrm{Re}\left\{\xi(x)\,\mathrm{e}^{j\omega t}\right\}$$

übergeht. Für die komplexen Amplituden geht die Biegewellengleichung für die Auslenkung in

$$\frac{\partial^4 \xi}{\partial x^4} - \frac{m'}{B}\omega^2\xi = \frac{F_\mathrm{a}'}{B} ,$$

bzw. für die Schnelle $v = j\omega\xi$ in

$$\frac{\partial^4 v}{\partial x^4} - \frac{m'\omega^2}{B}v = \frac{j\omega F_\mathrm{a}'}{B} \tag{4.8}$$

über. Für die manchmal noch benötigte Winkelschnelle $w = \mathrm{d}\beta/\mathrm{d}t$, das Biegemoment $M$ und die Querkraft $F$ gilt nach (4.1), (4.2) und (4.6):

$$w = \frac{\partial v}{\partial x} , \tag{4.9}$$

$$M = -\frac{B}{j\omega}\frac{\partial^2 v}{\partial x^2} , \tag{4.10}$$

$$F = \frac{B}{j\omega}\frac{\partial^3 v}{\partial x^3} . \tag{4.11}$$

Winkelschnelle, Moment und Querkraft können jeweils aus dem Schnelleverlauf berechnet werden.

## 4.3 Die Ausbreitung der Biegewellen

Die wichtigsten prinzipiellen Merkmale der Biegewellen lassen sich mit einem Wellenansatz

$$v = v_0\,\mathrm{e}^{-jk_\mathrm{B}x}$$

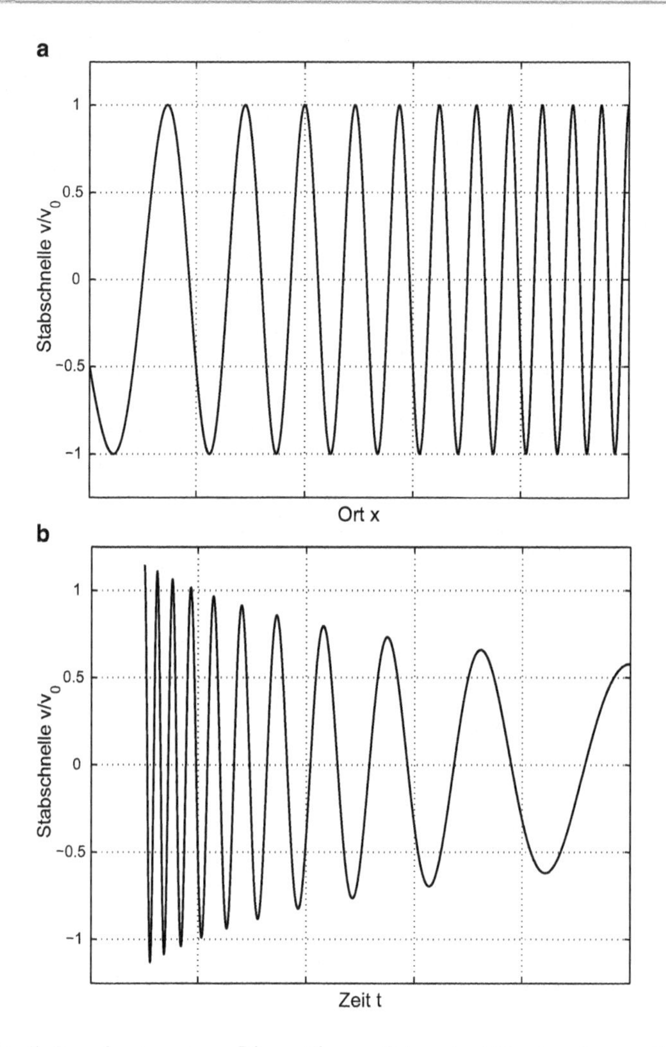


**Abb. 4.8** Schnelle Impulsantwort von Biegestäben. **a** Ortsverlauf für eingefrorene Zeit. **b** Zeitverlauf an festem Ort

für die außerhalb von lokalen äußeren Kräften gültige homogene Differentialgleichung

$$\frac{\partial^4 v}{\partial x^4} - \frac{m'}{B}\omega^2 v = 0 \tag{4.12}$$

erklären. Durch Einsetzen erhält man

$$k_{\mathrm{B}}^4 = \frac{m'}{B}\omega^2 . \tag{4.13}$$

Mit

$$k_{\mathrm{B}} = \frac{2\pi}{\lambda_{\mathrm{B}}} = \frac{\omega}{c_{\mathrm{B}}}$$

gilt für Biegewellenlänge

$$\lambda_{\mathrm{B}} = 2\pi \sqrt[4]{\frac{B}{m'}} \frac{1}{\sqrt{\omega}} \tag{4.14}$$

und für die Biegewellen-Ausbreitungs-Geschwindigkeit

$$c_{\mathrm{B}} = \sqrt[4]{\frac{B}{m'}} \sqrt{\omega} \,. \tag{4.15}$$

Man erhält also eine Biegewellenlänge $\lambda_{\mathrm{B}}$, die nur mit der Wurzel aus der anwachsenden Frequenz abnimmt und eine frequenzabhängige Ausbreitungsgeschwindigkeit besitzt. Diese Tatsachen beinhalten einen fundamentalen Unterschied zwischen Luftschallwellen und Biegewellen. Wenn man nämlich von der Betrachtung reiner Töne zu Zeitverläufen übergeht, die aus mehreren spektralen Komponenten zusammengesetzt sind, so bewirkt die frequenzabhängige Ausbreitungsgeschwindigkeit, dass sich die spektralen Komponenten gegenseitig „davonlaufen“, und zwar um so mehr, je weiter der von ihnen zurückgelegte Weg und je größer ihr Frequenzabstand ist. Das bedeutet, dass die spektrale Zusammensetzung an zwei Stellen eines Stabes unterschiedlich ist, und daraus folgt, dass in unterschiedlichen Stellen auch ganz unterschiedliche Zeitverläufe der Stabschnelle vorgefunden werden. Der Zeitverlauf verzerrt sich längs der Biegewellenausbreitung.

Diesen Effekt nennt man Dispersion. Man kann ihn z. B. an der „Impulsantwort“ (= Stabschnelle, wenn der Stab in $x = 0$ zur Zeit $t = 0$ durch einen kurzen Schlag angeregt wird) in Abb. 4.8a erkennen. Die hochfrequenten Bestandteile der sehr breitbandigen Anregung treffen vor den tieferen ein, im Eintreffpunkt nimmt die Momentanfrequenz allmählich ab. Eine Entsprechung findet man im für einen festen Zeitpunkt aufgetragenen Ortsverlauf: Die hohen Frequenzen haben einen größeren Weg zurückgelegt als die tiefen Anteile (Abb. 4.8b). Die in Abb. 4.8 gezeigten Kurven bestehen in der graphischen Darstellung des Ergebnisses der Aufgabe 13.8 in Kap. 13.

## 4.4 Stabresonanzen

Wie allseitig begrenzte, endlich große Gasvolumina führen auch Stabstücke Resonanzschwingungen aus, wenn über die Enden nur wenig oder keine Schwingenergie abfließt. Resonanzfrequenzen und Schwingungsformen, die ein Stabstück ausführt, hängen von den Lagerbedingungen der Stabenden ab. Man unterscheidet dabei vor allem die unterstützte, die eingespannte und die freie Lagerung der Stab-Endpunkte:

- Die unterstützte Lagerung besteht z. B. aus einem auf einem Punkt aufliegenden Stab. Dabei wird die Auslenkung behindert, es gilt hier also $v = 0$. Das Lager nimmt zwar die Biegekraft, nicht aber das Biegemoment auf. Aus diesem Grund verschwindet das Stab-Biegemoment, es ist also $M = 0$. Eine andere Möglichkeit zur Realisierung einer unterstützenden Lagerung bestünde in der Befestigung mit einem (beliebig leichtgängigen) Scharnier.

- Bei dem eingespannten Stabende werden Kraft und Moment vom Lager aufgenommen. Der Biegeschwinger kann sich nun am Lagerpunkt weder bewegen noch drehen; für Stabschnelle und Winkelschnelle gilt also $v = 0$ und $w = 0$.
- Bei einem sich an seinem Ende frei bewegenden Stab werden weder die Bewegung noch die Drehbewegung behindert; es werden weder Kräfte noch Momente aufgenommen. Aus diesem Grunde gilt $M = 0$ und $F = 0$.

Eine rechnerische Betrachtung von Stabresonanzen erfordert im allgemeinen Fall einen Ansatz für die Stabschnelle, der aus vier voneinander linear unabhängigen Lösungsfunktionen der Biegewellengleichung (4.8) besteht. Weil – wie gesagt – Schwingungen ohne Anregung gesucht sind, wird dabei die homogene Biegewellengleichung betrachtet ($F'_a = 0$ in (4.8)). Mit dem genannten Ansatz müssten dann die insgesamt vier Randbedingungen an den Stabenden befriedigt werden; das würde also auf ein System von vier Gleichungen führen. Etwas einfacher gestaltet sich die Betrachtung, wenn man symmetrische Anordnungen voraussetzt; damit sind Stabstücke gemeint, die an ihren beiden Enden über die gleichen Randbedingungen verfügen. In diesem Fall lassen sich dann geradsymmetrische und ungeradsymmetrische Schwingungsformen getrennt betrachten. Wie das Folgende zeigt, führt das auf die Beschreibung mit nur zwei Gleichungen, die dafür allerdings zweimal getrennt durchgeführt werden muss. Dabei liegen die Stabenden in den Punkten $x = -l/2$ und $x = +l/2$.

Für die geradsymmetrischen Schwingungsformen wird die Stabschnelle

$$v_g = A_1 \cos k_B x + A_2 \operatorname{ch} k_B x \tag{4.16}$$

und für die ungeradsymmetrischen Schwingungsformen die Stabschnelle

$$v_u = A_1 \sin k_B x + A_2 \operatorname{sh} k_B x \tag{4.17}$$

angesetzt. $A_1$ und $A_2$ sind Konstante, ch und sh bezeichnen den hyperbolischen Cosinus und Sinus. Im Folgenden werden die drei schon angedeuteten Fälle des beidseitig unterstützten, eingespannten oder freien Stabstückes behandelt.

### 4.4.1 Unterstützte Stabenden

#### Gerade Schwingungsformen des beidseitig unterstützten Stabes

Die Lagerbedingungen $v(l/2) = 0$ und $M(l/2) = 0$ für den am Ende $x = l/2$ unterstützten Stab ergeben

$$A_1 \cos k_B l/2 + A_2 \operatorname{ch} k_B l/2 = 0 \tag{4.18}$$

und (weil das Moment nach (4.10) zur zweiten Ortsableitung der Schnelle proportional ist)

$$A_1 \cos k_B l/2 - A_2 \operatorname{ch} k_B l/2 = 0 \,. \tag{4.19}$$

Durch Subtraktion dieser beiden Gleichungen erhält man unmittelbar $A_2 = 0$. Damit noch eine von Null verschiedene Schwingung ohne Anregung vorhanden sein kann, muss die Konstante $A_1$ von Null verschieden sein, $A_1 \neq 0$. Deshalb besteht die Resonanzbedingung in $\cos k_B l/2 = 0$. Daraus folgt $k_B l/2 = \pi/2 + n\pi$ oder

$$k_B l = (2n+1)\pi \tag{4.20}$$

($n = 0, 1, 2, \ldots$). Für die Resonanzfrequenzen erhält man damit wegen $k_B = \sqrt[4]{m'\omega^2/B}$

$$f = (2n+1)^2 \frac{\pi}{2l^2} \sqrt{\frac{B}{m'}} \,. \tag{4.21}$$

Die Gestalt der Schwingungsform in der Resonanz wird als Mode bezeichnet. Für die Moden gilt nach dem Ansatz (4.16) mit $k_B l/2 = \pi/2 + n\pi$ und mit $A_2 = 0$

$$v_{g,\text{mod}} = \cos\left((2n+1)\pi \frac{x}{l}\right) . \tag{4.22}$$

Schwingungsmoden sind beliebig skalierbar, weshalb hier willkürlich $A_1 = 1$ gesetzt wurde.

### Ungerade Schwingungsformen des beidseitig unterstützten Stabes

Die Forderungen $v(l/2) = 0$ und $M(l/2) = 0$ für den am Ende $x = l/2$ unterstützten Stab ergeben

$$A_1 \sin k_B l/2 + A_2 \operatorname{sh} k_B l/2 = 0 \tag{4.23}$$

und (wieder weil das Moment nach (4.10) zur zweiten Ortsableitung der Schnelle proportional ist)

$$A_1 \sin k_B l/2 - A_2 \operatorname{sh} k_B l/2 = 0 \,. \tag{4.24}$$

Aus der Subtraktion dieser Gleichungen folgt wieder $A_2 = 0$. Damit noch eine von Null verschiedene Schwingung ohne Anregung vorhanden sein kann, muss auch diesmal die Konstante $A_1$ von Null verschieden sein, $A_1 \neq 0$. Deshalb besteht die Resonanzbedingung in $\sin k_B l/2 = 0$. Daraus folgt $k_B l/2 = n\pi$ oder

$$k_B l = 2n\pi \tag{4.25}$$

($n = 1, 2, \ldots$). Für die Resonanzfrequenzen folgt

$$f = (2n)^2 \frac{\pi}{2l^2} \sqrt{\frac{B}{m'}} \,. \tag{4.26}$$

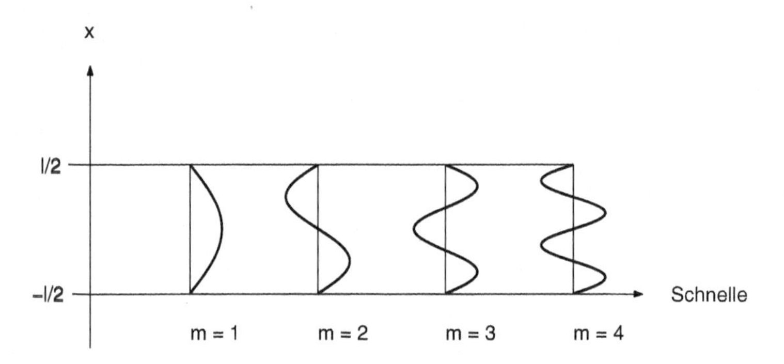


**Abb. 4.9** Schwingungsmoden von an den Rändern unterstützten Stäben

Für die Moden gilt nach dem Ansatz (4.17) mit $k_B l/2 = n\pi$ und mit $A_2 = 0$

$$v_{u,mod} = \sin\left(2n\pi\frac{x}{l}\right). \tag{4.27}$$

Auch hier ist der Einfachheit halber mit $A_1 = 1$ skaliert worden.

### Zusammenfassung für den beidseitig unterstützten Stab

Die zu den Resonanzen gehörenden $k_B l$ betragen nach (4.20) und (4.25) abwechselnd ungeradzahlige und geradzahlige Vielfache von $\pi$. Zusammengefasst gilt also

$$k_B l = m\pi \tag{4.28}$$

Insgesamt ergeben sich also die Resonanzfrequenzen wegen $k_B = \sqrt[4]{m'\omega^2/B}$ zu

$$f = m^2\frac{\pi}{2l^2}\sqrt{\frac{B}{m'}} \tag{4.29}$$

mit $m = 1, 2, 3, \ldots$, wobei ungerade $m$ geradsymmetrische Moden mit Formen nach (4.22) und gerade $m$ ungeradsymmetrische Moden mit Formen nach (4.27) bedeuten. Wie man sieht wächst der Abstand zwischen zwei Resonanzen quadratisch an; die Anzahl der Resonanzereignisse in einem gewissen Frequenzband fester Breite nimmt mit wachsender Mittenfrequenz des Bandes ab. In der fallenden Frequenzdichte der Resonanzen besteht ein Unterschied zu den Resonanzen von eindimensionalen gasförmigen Wellenleitern. Außerdem sind die Biege-Resonanzfrequenzen umgekehrt proportional zum Quadrat der Wellenleiterlänge $l$; auch darin unterscheiden sie sich vom Luftschall, bei dem die Resonanzfrequenzen umgekehrt proportional zur Länge selbst sind.

Die ersten vier Schwingungsmoden sind der Anschaulichkeit halber in Abb. 4.9 gezeigt.

### 4.4.2 Eingespannte Stabenden

#### Gerade Schwingungsformen bei eingespannten Stabenden

Die Randbedingungen $v(l/2) = 0$ und $w(l/2) = 0$ für den am Ende $x = l/2$ eingespannten Stab ergeben

$$A_1 \cos k_{\mathrm{B}}l/2 + A_2 \operatorname{ch} k_{\mathrm{B}}l/2 = 0 \tag{4.30}$$

und (weil die Winkelschnelle nach (4.9) zur Ortsableitung der Schnelle proportional ist)

$$A_1 \sin k_{\mathrm{B}}l/2 - A_2 \operatorname{sh} k_{\mathrm{B}}l/2 = 0\,. \tag{4.31}$$

Von Null verschiedene Lösungen $A_1$ und $A_2$ gibt es nur dann, wenn die Determinante des homogenen Systems der beiden letztgenannten Gleichungen verschwindet, nur dann treten Schwingungen ohne Anregung – Resonanzen – auf. Aus diesem Grund besteht die Gleichung, welche die Resonanzfrequenzen bestimmt, in

$$\cos k_{\mathrm{B}}l/2 \operatorname{sh} k_{\mathrm{B}}l/2 + \sin k_{\mathrm{B}}l/2 \operatorname{ch} k_{\mathrm{B}}l/2 = 0\,, \tag{4.32}$$

oder in

$$\operatorname{tg} k_{\mathrm{B}}l/2 = -\operatorname{th} k_{\mathrm{B}}l/2 \tag{4.33}$$

(tg = Tangens, th = hyperbolischer Tangens). Gleichung (4.33) besteht in einer transzendenten Gleichung für die Werte von $k_{\mathrm{B}}l/2$, die die Resonanzen bezeichnen. Sie kann leicht graphisch oder näherungsweise gelöst werden; das wird im Anschluss an die rechnerische Behandlung der ungeraden Schwingungsformen diskutiert.

#### Ungerade Schwingungsformen bei eingespannten Stabenden

Für ungerade Schwingungsformen ergeben die Randbedingungen $v(l/2) = 0$ und $w(l/2) = 0$ für den am Ende $x = l/2$ eingespannten Stab

$$A_1 \sin k_{\mathrm{B}}l/2 + A_2 \operatorname{sh} k_{\mathrm{B}}l/2 = 0 \tag{4.34}$$

und (weil die Winkelschnelle nach (4.10) zur Ortsableitung der Schnelle proportional ist)

$$A_1 \cos k_{\mathrm{B}}l/2 + A_2 \operatorname{ch} k_{\mathrm{B}}l/2 = 0\,. \tag{4.35}$$

Von Null verschiedene Lösungen $A_1$ und $A_2$ gibt es wieder nur dann, wenn die Determinante des homogenen Systems der beiden letztgenannten Gleichungen verschwindet, nur dann treten Schwingungen ohne Anregung – Resonanzen – auf. Aus diesem Grund besteht die Gleichung, welche die Resonanzfrequenzen bestimmt, in

$$\sin k_{\mathrm{B}}l/2 \operatorname{ch} k_{\mathrm{B}}l/2 - \cos k_{\mathrm{B}}l/2 \operatorname{sh} k_{\mathrm{B}}l/2 = 0\,, \tag{4.36}$$

oder in

$$\operatorname{tg} k_{\mathrm{B}}l/2 = \operatorname{th} k_{\mathrm{B}}l/2\,. \tag{4.37}$$

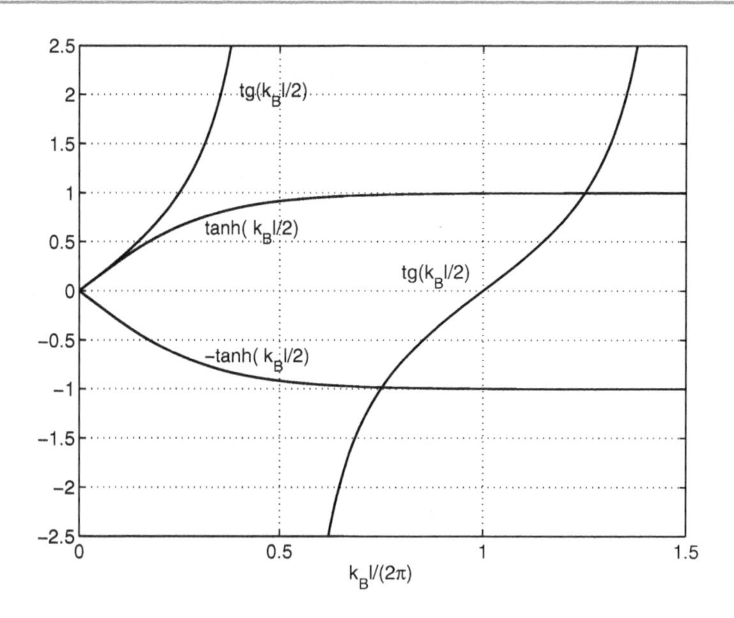


**Abb. 4.10** Graphische Lösung der Eigenwertgleichungen (4.33) und (4.37)

## Zusammenfassung bei eingespannten Stabenden

Nach (4.33) und (4.37) ergeben sich also die Resonanzen abwechselnd aus den Schnittpunkten der Tangensfunktion mit dem positiven und dem negativen Tangens Hyperbolicus (siehe auch Abb. 4.10). Selbst beim ersten Schnittpunkt mit dem kleinsten Argument $k_B l/2$ liegt der Tangenshyperbolikus bereits sehr nahe beim Wert 1. In sehr guter Näherung kann man daher die Resonanzbedingung

$$\operatorname{tg} k_B l/2 = \pm 1 \tag{4.38}$$

benutzen. Sie führt (wie man auch in Abb. 4.10 erkennen kann) zu

$$k_B l/2 = 3\pi/4;\ 5\pi/4;\ 7\pi/4;\ \ldots$$

oder zu

$$k_B l = (2m + 1)\pi/2 \tag{4.39}$$

($m = 1, 2, \ldots$). Für die Resonanzfrequenzen folgt

$$f = \left(m + \frac{1}{2}\right)^2 \frac{\pi}{2l^2}\sqrt{\frac{B}{m'}}\,. \tag{4.40}$$

Für alle praktischen Fälle ist die Anwendung der genannten Näherungsrechnung mehr als ausreichend genau. Eine noch genauere Betrachtung des ersten Schnittpunktes von

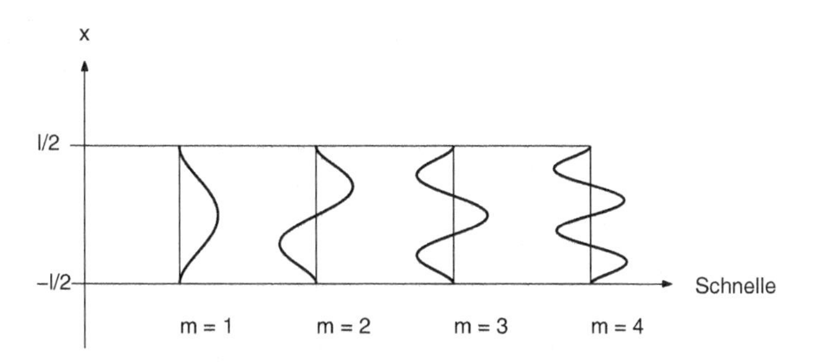


**Abb. 4.11** Schwingungsmoden von an den Rändern eingespannten Stäben

Tangens und Tangenshyperbolikus ergibt statt $k_B l = 1{,}5\pi$ für $m = 1$ den genaueren Wert $k_B l = 1{,}506\pi$. Der Fehler bei der tiefsten Resonanzfrequenz beträgt damit bereits weniger als 1 %.

Die geradsymmetrischen Modenformen erhält man, wenn (4.31) nach $A_2$ aufgelöst und anschließend in den Ansatz (4.16) eingesetzt wird:

$$v_{g,mod} = \cos k_B x + \frac{\sin k_B l/2}{\operatorname{sh} k_B l/2} \operatorname{ch} k_B x \ . \tag{4.41}$$

Weil es sich bei diesen Moden um geradsymmetrische Schwingungen in Resonanz handelt, wird darin noch $k_B l/2 = 3\pi/4;\ 7\pi/4;\ 11\pi/4 \ldots$ eingesetzt. Wieder ist willkürlich $A_1 = 1$ benutzt worden.

Die ungeradsymmetrischen Modenformen erhält man schließlich, wenn (4.35) nach $A_2$ aufgelöst und anschließend in den Ansatz (4.17) eingesetzt wird:

$$v_{u,mod} = \sin k_B x - \frac{\cos k_B l/2}{\operatorname{ch} k_B l/2} \operatorname{sh} k_B x \ . \tag{4.42}$$

Weil es sich bei diesen Moden um ungeradsymmetrische Schwingungen in Resonanz handelt, wird darin noch $k_B l/2 = 5\pi/4;\ 9\pi/4;\ 13\pi/4 \ldots$ eingesetzt. Auch hier ist $A_1 = 1$ gewählt worden.

Die ersten vier Modenformen sind in Abb. 4.11 aufgetragen.

### 4.4.3 Freie Stabenden

Die Resonanzen von an den Rändern frei schwingenden Stäben lassen sich auf den beidseitig eingespannten Fall zurückführen, wenn man die Ansätze in den (4.16) und (4.17) nicht für die Schwingschnelle, sondern für das Biegemoment notiert, wenn also statt (4.16) und (4.17)

$$M_g = A_1 \cos k_B x + A_2 \operatorname{ch} k_B x \tag{4.43}$$

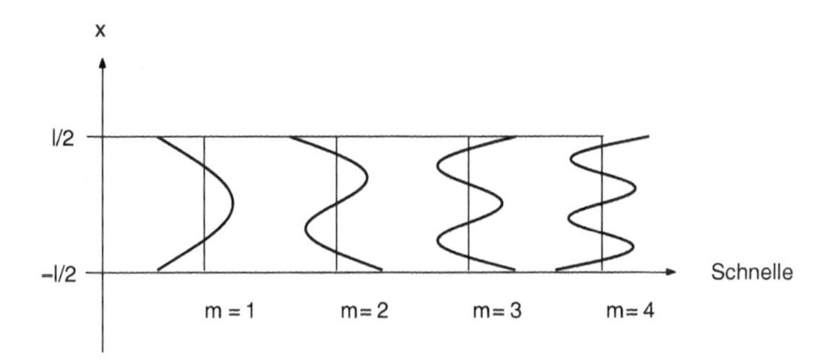


**Abb. 4.12** Schwingungsmoden von an den Rändern frei schwingenden Stäben

und für die ungeradsymmetrischen Formen die Stabschnelle

$$M_u = A_1 \sin k_B x + A_2 \operatorname{sh} k_B x \tag{4.44}$$

angesetzt wird. Die Randbedingung $F(l/2) = 0$ ist gleichbedeutend damit, dass die erste Ortsableitung des angesetzten Momentes verschwindet. Zusammen mit der Forderung $M(l/2) = 0$ ergeben sich daraus (4.30) und (4.31) für den geradsymmetrischen, (4.34) und (4.35) für den ungeradsymmetrischen Fall. Aus diesem Grund sind dann natürlich auch die Resonanzfrequenzen des an beiden Enden frei schwingenden Stabes gleich denen des beidseitig eingespannten Falles. Für den freien Stab gilt also auch (4.39) (und natürlich auch (4.40)) für die Resonanzfrequenzen.

Die Schwingungsformen (durch die Schwingschnelle dargestellt) sind natürlich nicht mit denen des eingespannten Falles identisch. Die freien Schwingmoden ergeben sich durch zweifache Integration von (4.41) zu

$$v_{g,mod} = \cos k_B x - \frac{\sin k_B l/2}{\operatorname{sh} k_B l/2} \operatorname{ch} k_B x \tag{4.45}$$

(hierin gilt $k_B l/2 = 3\pi/4; 7\pi/4; 11\pi/4 \ldots$) und durch zweifache Integration von (4.42) zu

$$v_{u,mod} = \sin k_B x + \frac{\cos k_B l/2}{\operatorname{ch} k_B l/2} \operatorname{sh} k_B x \tag{4.46}$$

(hierin gilt $k_B l/2 = 5\pi/4; 9\pi/4; 13\pi/4 \ldots$). Auch diesmal sind die ersten vier Moden graphisch dargestellt (Abb. 4.12).

## 4.5 Biegeschwingungen von Platten

### 4.5.1 Die Wellengleichung und ihre Lösungen

Durch ähnliche (allerdings recht umfangreiche) Betrachtungen wie beim eindimensionalen Stab kann die Biegewellengleichung für homogene Platten hergeleitet werden. Sie lautet

$$\frac{\partial^4 v}{\partial x^4} + 2\frac{\partial^4 v}{\partial x^2 \partial y^2} + \frac{\partial^4 v}{\partial y^4} - \frac{m''}{B'}\omega^2 v = \frac{j\omega p}{B'} . \qquad (4.47)$$

Mit $p$ ist eine äußere Flächenkraft (z. B. ein Druck) auf die Platte bezeichnet. Diesmal stellt $m''$ die auf die Fläche bezogene Plattenmasse dar:

$$m'' = \varrho h \qquad (4.48)$$

(Plattendichte $= \varrho$, $h$ $=$ Dicke), die ebenso wie die Platten-Biegesteife aus der Stab-Biegesteife (für rechteckigen Querschnitt) je Breiteneinheit hervorgeht:

$$B' = \frac{E}{1-\mu^2}\frac{h^3}{12} . \qquad (4.49)$$

Der die Querkontraktionszahl $\mu$ enthaltende Faktor berücksichtigt die Tatsache, dass die Platten-Volumenelemente etwas steifer als die Stab-Elemente wirken. Während das Material bei der Stab-Biegung auch ein wenig seitlich (senkrecht zu Stab und Auslenkungsrichtung) ausweichen kann, entfällt diese Möglichkeit bei der Platte. Für $\mu$ gilt etwa je nach Material $\mu < 0{,}5$ (meist ist sogar $\mu = 0{,}3$), so dass man im Rahmen der Genauigkeit, in der Materialparameter bekannt sind, stets $\mu^2 \ll 1$ vernachlässigen kann.

Für die eindimensionale Wellenausbreitung der Plattenbewegungen, die z. B. durch eine Linienkraft oder eine auftretende Schallwelle angeregt wird, geht die Biegewellengleichung über in

$$\frac{1}{k_{\mathrm{B}}^4}\frac{\mathrm{d}^4 v}{\mathrm{d}x^4} - v = \frac{jp}{m''\omega} , \qquad (4.50)$$

mit

$$k_{\mathrm{B}}^4 = \frac{m''}{B'}\omega^2 \qquad (4.51)$$

(zu diesen Gleichungen hätte man übrigens auch leicht kommen können, indem man die Stabgleichung (4.8) durch die Stabbreite teilt). Man erhält also die gleichen Abhängigkeiten für die freien Biegewellen

$$v = v_0\,\mathrm{e}^{-jk_{\mathrm{B}}x} ,$$

die weit genug von anregenden Kräften entfernt vorliegen, wie beim Stab:

$$\lambda_B = 2\pi \sqrt[4]{\frac{B'}{m''}} \frac{1}{\sqrt{\omega}} , \tag{4.52}$$

$$c_B = \sqrt[4]{\frac{B'}{m''}} \sqrt{\omega} . \tag{4.53}$$

Auch bei der Platte ist die Ausbreitungsgeschwindigkeit der Biegewellen frequenzabhängig, die Übertragung von Auslenkungen erfolgt dispergierend. Die Wellenlänge ist ebenfalls umgekehrt proportional zur Wurzel der Frequenz. Ein von einer Punktkraft erzeugtes, radial-symmetrisches Feld besitzt die gleiche prinzipielle Wellengestalt wie die ebenen Plattenwellen. Aus Energiegründen muss die Amplitude dabei jedoch umgekehrt proportional zur Wurzel aus dem Abstand $r$ zur Quelle abnehmen. Für nicht zu kleine Entfernungen von der Quelle ist also

$$v = \frac{A}{\sqrt{r}} e^{-jk_B r} .$$

Während bei der Betrachtung von Stab-Biegewellen mehr das physikalisch Grundsätzliche interessiert hat, soll diesmal das Augenmerk mehr auf die praktisch zu erwartenden Verhältnisse und Größenordnungen gerichtet sein. Zunächst ist festzustellen, dass die Verwendung der Biegesteife bei praktischen Rechnungen etwas unhandlich ist. Daher wird der Quotient $m''/B'$ durch leichter überschaubare Material-Angaben ersetzt, dabei wird gleichzeitig noch $\mu^2 \ll 1$ vernachlässigt:

$$\frac{m''}{B'} = 12 \frac{\varrho h}{E h^3} = \frac{12}{c_L^2 h^2} . \tag{4.54}$$

Darin ist

$$c_L = \sqrt{\frac{E}{\varrho}}$$

(wie man zeigen kann) die Longitudinal-Wellen-Geschwindigkeit bei Stäben aus gleichem Material. Meistens verwendet man $c_L$, Dicke $h$ und Flächenmasse $m''$ zur akustischen Beschreibung von Platten. Die Einflüsse von Material (ausgedrückt in $c_L$), Dicke $h$ und Frequenz $f$ lassen sich in (4.52) und (4.53) nicht unmittelbar übersehen, weil die Parameter $B'$ und $m''$ sowohl vom Material als auch von der Dicke abhängen. Übersichtlich lassen sich die Abhängigkeiten erkennen, wenn man (4.54) in (4.52) und (4.53) einsetzt. Man erhält so für die Biegewellenlänge die nun leicht handhabbare Gleichung

$$\lambda_B \approx 1{,}35 \sqrt{\frac{h c_L}{f}}$$

**Tab. 4.1** Materialdaten gebräuchlicher Stoffe

| | Dichte $\varrho$ (kg/m³) | $c_L$ (m/s) | $\eta$ |
|---|---|---|---|
| Aluminium | 2700 | 5200 | $\approx 10^{-4}$ |
| Stahl | 7800 | 5000 | $\approx 10^{-4}$ |
| Blei | 11.300 | 1250 | $10^{-3} - 10^{-1}$ |
| Kupfer | 8900 | 3700 | $2 \cdot 10^{-3}$ |
| Messing | 8500 | 3200 | $10^{-3}$ |
| Schwerbeton | 2300 | 3400 | $5 \cdot 10^{-3}$ |
| Leichtbeton | 600 | 1700 | $10^{-2}$ |
| Ziegel (+ Mörtel) | 2000 | 2500–3000 | $10^{-2}$ |
| Sperrholz | 600 | 3000 | $10^{-2}$ |
| Eiche | 700–1000 | 1500–3500 | $10^{-2}$ |
| Fichte | 400–700 | 1200–2500 | $10^{-2}$ |
| Gipskartonplatten | 1200 | 2400 | $8 \cdot 10^{-3}$ |
| Hartfaserplatten | 600–700 | 2700 | $10^{-2}$ |
| Plexiglas | 1150 | 2200 | $3 \cdot 10^{-2}$ |
| Sand, leicht | 1500 | 100–200 | $10^{-1}$ |
| Sand, verdichtet | 1700 | 200–500 | $10^{-2}$ |
| Glas | 2500 | 4900 | $2 \cdot 10^{-3}$ |

und für die Ausbreitungsgeschwindigkeit

$$c_B \approx 1{,}35\sqrt{hc_L f}\ .$$

Die folgende Tab. 4.1 nennt die Parameter für die praktisch wichtigsten Materialien. Die Verlustfaktor-Angaben betreffen die reine innere Dämpfung, zu der noch Strahlungsverluste und bei vielen Konstruktionen die Dämpfung durch Reibung an Fügestellen (z. B. an Schraubverbindungen) hinzukommen. Nutzen und Bedeutung der mit dem Verlustfaktor $\eta$ bezeichneten Größe sind in den Kap. 5 und 8 geschildert.

Wie man Tab. 4.1 entnehmen kann, weichen die Longitudinal-Wellen-Geschwindigkeiten der verschiedenen Materialien nicht allzu sehr von einander ab. Grob wird der Bereich von 2000 bis 5000 m/s überdeckt. Dagegen ist der Bereich von in der Akustik interessierenden Dicken sehr viel breiter. Das Autoblech von 0,5 mm Dicke interessiert ebenso wie die 0,5 m starke Betonwand, immerhin ein Dickenfaktor von 1 : 1000.

Entsprechend groß ist der Wellenlängenbereich. Zum Beispiel erhält man für 1000 Hz

$$\lambda(0{,}5\,\text{mm Blech}) = 7\,\text{cm}\ ,$$
$$\lambda(25\,\text{cm Leichtbeton}) = 90\,\text{cm}\ ,$$
$$\text{zum Vergleich } \lambda(\text{Luft}) = 34\,\text{cm}\ .$$

Wie man schon aus den Beispielen sieht, sind dünne Platten kurzwelliger und dicke Platten langwelliger als Luft.

Die Unterschiede zwischen „lang"- und „kurzwelligen" Bauteilen sind für die Luftschalldämmung der Platten von erheblicher Bedeutung, wie das entsprechende Kapitel dieses Buches ausführlich erklärt. Allgemeiner lässt sich die Eigenschaft „kurzwelliger als Luft" (oder eben „langwelliger als Luft") einem Frequenz-Intervall zuordnen. Die beiden Wellenlängen $\lambda_0$(Luft) und $\lambda_B$(Biegewellen)

$$\lambda_0 = c/f \quad \text{und} \quad \lambda_B \approx 1{,}35\sqrt{\frac{hc_L}{f}}$$

werden bei einer bestimmten „kritischen" Frequenz $f_{cr}$ gleich groß. Wie man durch Quadrieren der Wellenlängen und anschließendes Gleichsetzen leicht zeigt gilt für $f_{cr}$

$$f_{cr} = \frac{c^2}{1{,}82hc_L} \; .$$

Andere Namen für die kritische Frequenz sind „Grenzfrequenz" oder „Koinzidenzgrenzfrequenz" (Koinzidenz = Übereinstimmung). Für Frequenzen

- $f < f_{cr}$ unterhalb der kritischen Frequenz sind die Biegewellen KÜRZER als die Luftschallwellen, für Frequenzen
- $f > f_{cr}$ oberhalb der kritischen Frequenz sind die Biegewellen LÄNGER als die Luftschallwellen.

Einige Zahlenbeispiele für die kritische Frequenz sind

- 0,5 mm Blech: 25 kHz,
- 4 mm Glas: 3 kHz,
- 5 cm Gips: 530 Hz und
- 25 cm Beton: 75 Hz.

Wie man erkennt, haben dicke, massive Wände und Decken Grenzfrequenzen am unteren Rand des interessierenden Frequenz-Bereiches, die kritischen Frequenzen von Fenstern oder Blechen liegen dagegen am oberen Rand.

Dünnere Wände, die z. B. innerhalb von Wohnungen oder Büros durchaus auch gebaut werden, verfügen über Grenzfrequenzen mitten im interessierenden Band, mit entsprechenden Einbußen in ihrer Luftschalldämmung.

### 4.5.2 Plattenresonanzen

Wie bei Stäben hängen auch Resonanzen und Modenformen von Platten von der Beschaffenheit der Lagerung an den Plattenrändern ab. Mit Ausnahme des unten geschilderten,

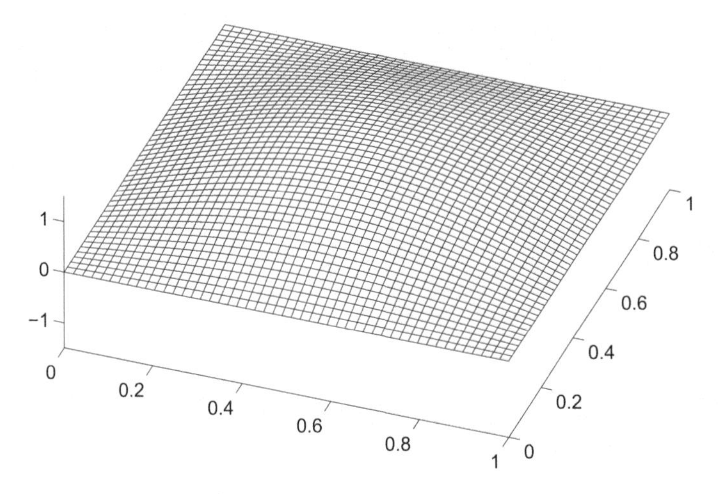


**Abb. 4.13** Schwingungsmode $n_x = 1$ und $n_y = 1$

recht einfachen Falles, bei dem die Platte umlaufend auf einem Lager aufgestützt ruht, ist die Behandlung des Resonanzproblems keineswegs einfach durchführbar; es handelt sich im Gegenteil immer um eine recht komplizierte und langwierige Betrachtung, die in speziellen Werken zu diesem Thema viele Seiten füllt. Der interessierte Leser sei dazu auf das Werk von Leissa (Leissa, A. W.: ‚Vibration of Plates', Office of Technology Utilization, National Aeronautics and Space Administration, Washington 1969) und auf das von Blevins (Blevins, R. D.: ‚Formulas for natural frequency and mode shape', Van Nostrand Reinhold, New York 1979) verwiesen. Das letztgenannte Buch enthält übrigens auch Abschnitte über die Schwingungen von Stäben (insbesondere auch mit Kombinationen verschiedener Randbedingungen links und rechts an den Enden).

Für den Fall der an allen vier Rändern $x = 0$, $y = 0$, $x = l_x$ und $y = l_y$ aufliegenden, unterstützten Platte bestehen die Modenformen in

$$v = \sin(n_x \pi x / l_x) \sin(n_y \pi y / l_y) \tag{4.55}$$

($n_x = 1, 2, 3, \ldots$ und $n_y = 1, 2, 3, \ldots$). Die Plattenabmessungen sind mit $l_x$ und $l_y$ bezeichnet, die Plattenfläche beträgt $S = l_x l_y$. Die Plattenmoden $(1, 1)$, $(1, 2)$ und $(2, 2)$ sind in den Abb. 4.13, 4.14 und 4.15 gezeigt.

Die Resonanzfrequenzen erhält man durch Einsetzen der Modenformen in die (mit $p = 0$ homogene) Biegewellengleichung (4.47):

$$k_\mathrm{B}^4 = \frac{m''}{B'}\omega^2 = \left(\frac{n_x \pi}{l_x}\right)^4 + 2\left(\frac{n_x \pi}{l_x}\right)^2 \left(\frac{n_y \pi}{l_y}\right)^2 + \left(\frac{n_y \pi}{l_y}\right)^4 = \left[\left(\frac{n_x \pi}{l_x}\right)^2 + \left(\frac{n_y \pi}{l_y}\right)^2\right]^2, \tag{4.56}$$

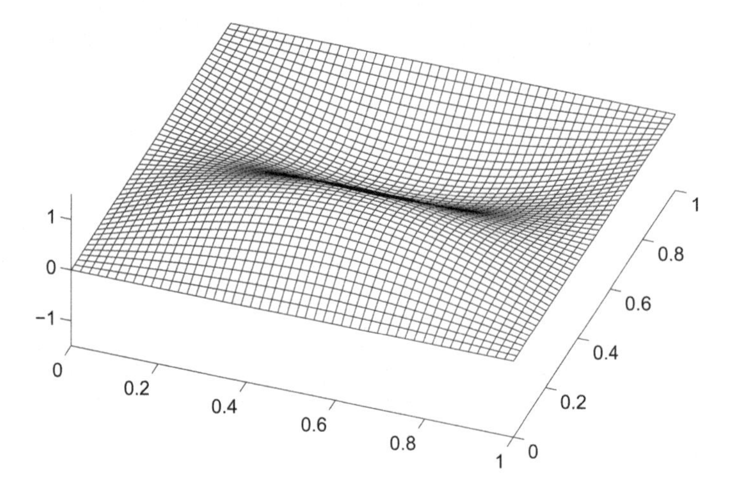


**Abb. 4.14** Schwingungsmode $n_x = 1$ und $n_y = 2$

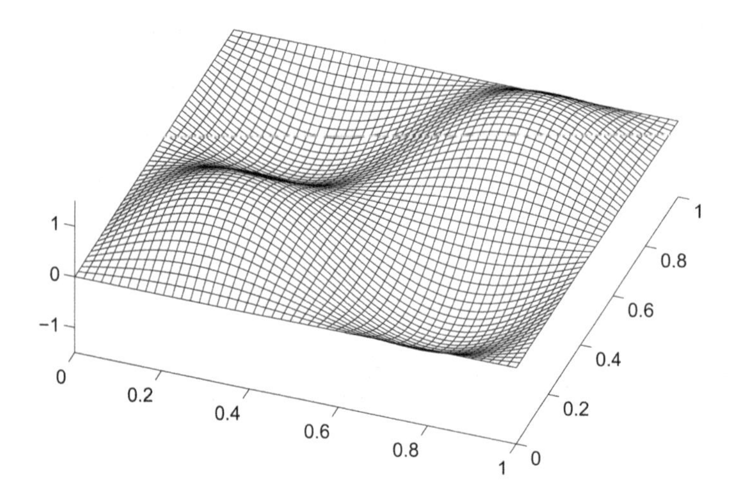


**Abb. 4.15** Schwingungsmode $n_x = 2$ und $n_y = 2$

also gilt

$$f = \frac{\pi}{2} \left[ \left( \frac{n_x}{l_x} \right)^2 + \left( \frac{n_y}{l_y} \right)^2 \right] \sqrt{\frac{B'}{m''}} \,. \tag{4.57}$$

Graphisch lassen sich diese Resonanzfrequenzen einfach darstellen, wenn aus der letzten Gleichung noch die Wurzel gezogen wird. Man erhält dann (Abb. 4.16) für die Wurzel aus der Frequenz je einen Gitterpunkt in einem regelmäßigen Eigenfrequenz-Gitter mit

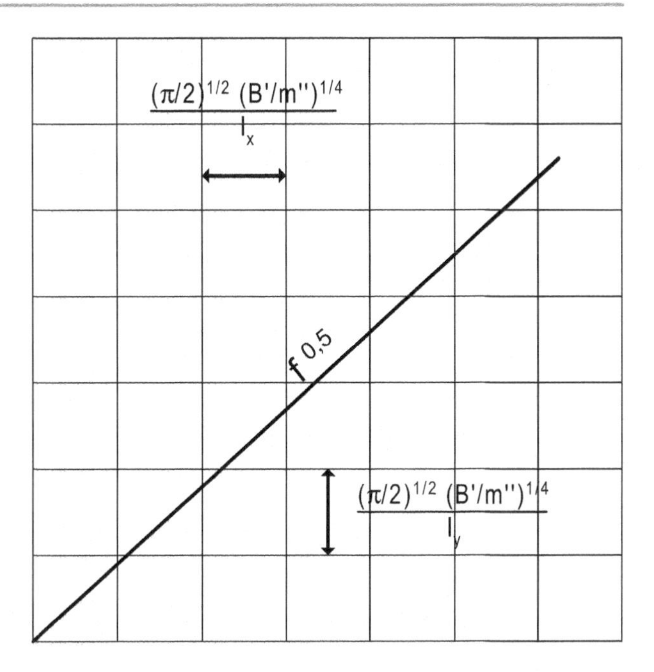


**Abb. 4.16** Resonanzgitter von Biegeschwingungen auf am Rande unterstützten Platten

den Gitter-Kantenlängen

$$\sqrt{\frac{\pi}{2}}\sqrt[4]{\frac{B'}{m''}}\frac{1}{l_x}$$

und

$$\sqrt{\frac{\pi}{2}}\sqrt[4]{\frac{B'}{m''}}\frac{1}{l_y}\,.$$

Jeder Gitter-Knoten bedeutet die Wurzel aus einer Resonanzfrequenz.

Aus dieser Betrachtung lässt sich näherungsweise die Anzahl $\Delta N$ der in einem Frequenzband $\Delta f$ vorhandenen Resonanzfrequenzen abschätzen. Dazu wird zunächst die Anzahl $N$ der im Intervall 0 bis $f$ liegenden Resonanzen bestimmt. Diese ist etwa gleich dem Verhältnis eines Viertelkreises mit dem Radius $\sqrt{f}$ und der Fläche eines Gitterelementes, es gilt also

$$N = \frac{\frac{\pi}{4}f}{\frac{\pi}{2}\sqrt{\frac{B'}{m''}}\frac{1}{l_x l_y}} = \frac{1}{2}fS\sqrt{\frac{m''}{B'}}\,. \tag{4.58}$$

Den Differenzenquotienten $\Delta N/\Delta f$ kann man näherungsweise durch den Differentialquotienten ersetzen,

$$\frac{\Delta N}{\Delta f} \approx \frac{\mathrm{d}N}{\mathrm{d}f} = \frac{1}{2}S\sqrt{\frac{m''}{B'}}\,,$$

und damit gilt

$$\Delta N = \frac{1}{2} S \sqrt{\frac{m''}{B'}} \Delta f \; . \tag{4.59}$$

Für praktische Berechnungen ist es auch diesmal bequemer, das Verhältnis aus $m''$ und $B'$ durch die Longitudinalwellengeschwindigkeit $c_L$ und die Plattendicke $h$ nach (4.54) auszudrücken. Damit erhält man schließlich

$$\Delta N = \frac{1{,}73 S}{h c_L} \Delta f \; . \tag{4.60}$$

Anders als bei Stäben ist also die Resonanzdichte bei Platten eine frequenzunabhängige Konstante. Für ein Blech ($c_L = 5000\,\text{m/s}$) mit 1 mm Dicke und einer Fläche von 1 $\text{m}^2$ erhält man beispielsweise $\Delta N \approx 0{,}35\,\Delta f/\text{Hz}$, in der Bandbreite von $\Delta f = 100\,\text{Hz}$ liegen also unabhängig von der Mittenfrequenz des Bandes stets etwa $\Delta N = 35$ Resonanzen. Ungefähr alle 3 Hz tritt eine Resonanz auf. Schrumpft die Plattenfläche auf ein Zehntel mit $S = 0{,}1\,\text{m}^2$, dann liegen nur noch etwa 3,5 Resonanzen in 100 Hz Bandbreite, der mittlere Resonanzabstand beträgt dann also etwa 30 Hz.

Obwohl sich die einzelnen Resonanzfrequenzen bei anderen Lagerungen am Rande (also z. B. frei beweglich aufgehängt statt am Rande aufliegend) verstimmen, bleibt die Anzahl $\Delta N$ der Resonanzen in einem (nicht zu schmalen) Band $\Delta f$ davon weitgehend unberührt. Man kann deswegen (4.60) auch unabhängig von den genauen Lagerungsbedingungen für Abschätzungen benutzen.

## 4.6 Zusammenfassung

Die für die Technische Akustik zweifellos wichtigsten Körperschallwellen bestehen in den auf Stäben und Platten auftretenden transversalen Biegewellen. Anders als bei der Wellenausbreitung in Gasen und Flüssigkeiten hängt die Ausbreitungs-Geschwindigkeit von der Frequenz ab, sie wächst proportional zur Quadratwurzel aus $f$. Bei Körperschallsignalen, die aus mehreren Frequenzen zusammengesetzt sind, werden die Bestandteile also mit unterschiedlichen Geschwindigkeiten transportiert, das führt zum als ‚Dispersion' bezeichneten Auseinanderlaufen der Signalgestalt. Wegen der Dispersion ist die Biegewellenlänge umgekehrt proportional zur Quadratwurzel aus der Frequenz. Daraus folgt, dass die Biegewellenlänge $\lambda_B$ unterhalb einer gewissen Grenzfrequenz $f_{cr}$ kleiner ist als die Luftschallwellenlänge $\lambda$, für $f$ oberhalb von $f_{cr}$ gilt umgekehrt $\lambda_B > \lambda$. Diese Tatsache spielt für die Abstrahlung von Biegewellen (Kap. 3) und für die Schalldämmung von plattenähnlichen Gebilden (Wände, Decken, Fenster, etc., Kap. 8) eine sehr erhebliche Rolle. Die Grenzfrequenz ist umgekehrt proportional zur Dicke des Bauteils $f_{cr} \sim 1/h$, sie liegt also für dünne Bauteile hoch und für dicke Bauteile tief.

Bei endlich ausgedehnten Stabstücken und Platten treten Resonanzerscheinungen auf, wenn über die Ränder nur wenig Schwingenergie abfließt. Die Resonanzfrequenzen hängen dabei von den Lagerungsbedingungen ab. Bei Stäben nimmt der Abstand zweier

Resonanzfrequenzen mit der Frequenz zu, die Dichte der Resonanzen nimmt also ab. Bei Platten ist die Resonanzdichte eine frequenzunabhängige Konstante. Die Schwingungsformen in den Resonanzen werden als Moden bezeichnet.

## 4.7 Literaturhinweise

Fraglos bildet das Werk „Körperschall“ von L. Cremer und M. Heckl (Springer-Verlag, Berlin und Heidelberg 1996) eine unverzichtbare Lektüre für alle, die sich mit dem im Titel genannten Gebiet auseinandersetzen wollen. Für Resonanzvorgänge und Modenformen sei vor allem auf das schon zitierte Werk von Blevins (Blevins, R. D.: ‚Formulas for natural frequency and mode shape‘, Van Nostrand Reinhold, New York 1979) verwiesen.

## 4.8 Übungsaufgaben

**Aufgabe 4.1**
Man bestimme die Koinzidenzgrenzfrequenzen für

- Gipsplatten von 8 cm Dicke ($c_L = 2000\,\text{m/s}$),
- Fensterscheiben von 4 mm Dicke und für
- ein Türblatt aus Eichenholz ($c_L = 3000\,\text{m/s}$) von 25 mm Dicke.

**Aufgabe 4.2**
Man berechne die ersten 5 Resonanzfrequenzen von Aluminium-Stäben der Dicke 5 mm von je 50 cm und 100 cm Länge für den beidseitig aufgestützten und für den beidseitig eingespannten Fall.

**Aufgabe 4.3**
Man bestimme die vier tiefsten Resonanzfrequenzen

- einer Fensterscheibe von 4 mm Dicke und den Abmessungen von 50 cm mal 100 cm,
- einer 10 cm dicken Gipswand ($c_L = 2000\,\text{m/s}$) mit den Abmessungen 3 m mal 3 m und
- einer 2 mm starken Stahlplatte mit den Abmessungen von 20 cm mal 25 cm.

**Aufgabe 4.4**
Man berechne die Resonanzfrequenzen und die Modenformen des links eingespannten und rechts freien Stabes.

**Aufgabe 4.5**

Ein unendlich langer Stab (oder ein Stab mit ‚Wellensumpf' an beiden Enden) wird in seiner Mitte $x = 0$ durch eine senkrecht auf ihn einwirkende Kraft zu Biegeschwingungen mit harmonischem Zeitverlauf angeregt. Man zeichne den Ortsverlauf der Stabschnelle und der Stabauslenkung für die Zeiten $t/T = n/20$ ($T$ = Periodendauer, $n = 0, 1, 2, 3 \dots 20$) im Intervall $-1 < x/\lambda_B < 1$. Wie lautet die Schwinggeschichte von Stabschnelle $v(x = 0, t)$ und Stabauslenkung $\xi(x = 0, t)$ des Stabpunktes unter dem Anregepunkt $x = 0$? Wann werden $v(x = 0, t)$ und $\xi(x = 0, t)$ erstmals in einer Periode $0 < t < T$ maximal?

**Aufgabe 4.6**

Man berechne die Schallschnelle eines in seiner Mitte $x = 0$ durch eine zeitlich sinusförmige Punktkraft mit der Amplitude $F_0$ zu Biegewellen angeregten (zweiseitig unendlich ausgedehnten) Stabes in Abhängigkeit vom Aufpunkt $x$ auf dem Stab.

# 5 Elastische Isolation

Das wohl wichtigste Mittel, den Schwingungseintrag in Gebäude oder ins Erdreich zu verringern, bilden weichfedernde Zwischenelemente zwischen Maschinen, Motoren oder anderen Aggregaten und den sie tragenden Fundamenten. Anwendungsbeispiele für diese Technik des elastischen Entkoppelns sind

- die Lagerung von Maschinen auf Einzelfedern zur Entkopplung von Gebäuden (Abb. 5.1),

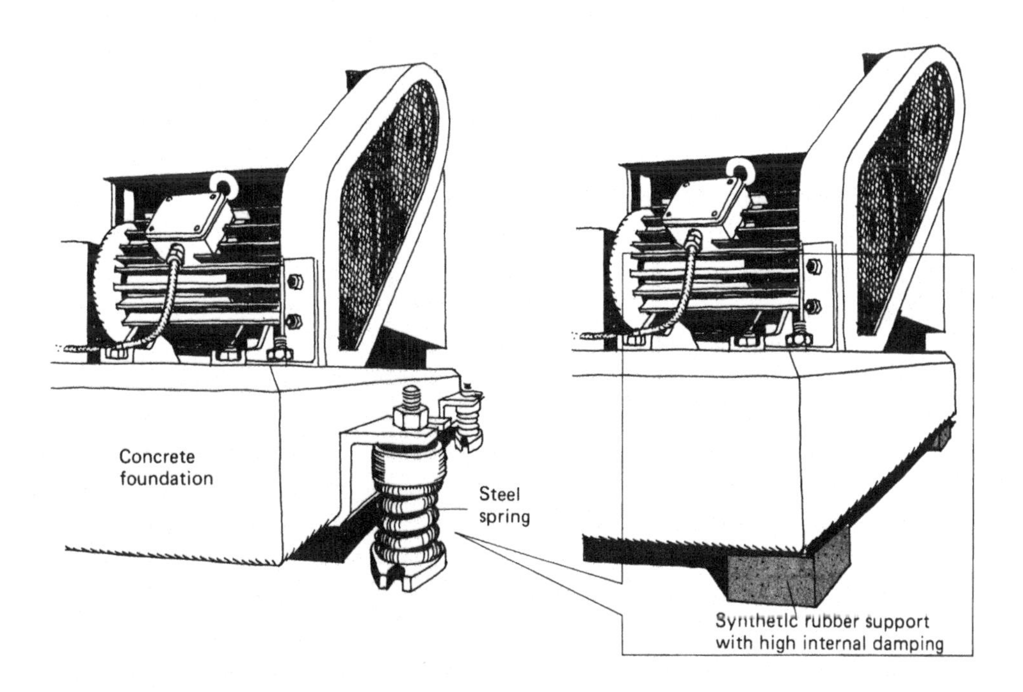


**Abb. 5.1** Maschinenlagerung auf Einzelfedern



M. Möser, *Technische Akustik*, VDI-Buch, DOI 10.1007/978-3-662-47704-5_5

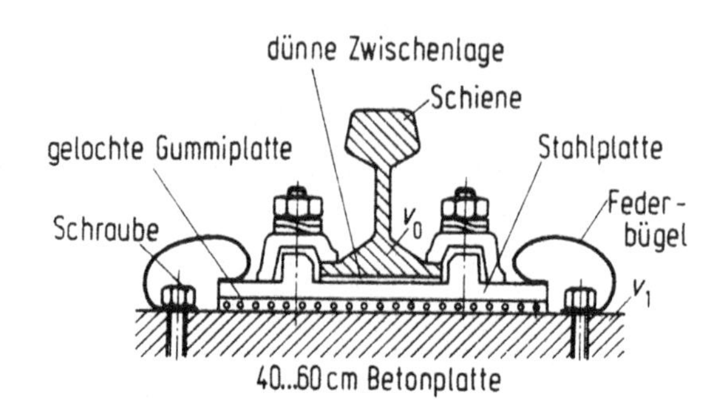


**Abb. 5.2** Elastisches Entkoppeln des Gleises vom Fahrweg-Unterbau auf einer dicken Platte

- Unterschottermatten für Eisenbahn- oder U-Bahn-Gleise in der Nähe von Häusern zur Verringerung des Erschütterungseintrages (Abb. 5.2) und
- der heute wohl fast immer in Gebäuden benutzte schwimmende Estrich (Abb. 5.3, siehe auch das Kapitel über Schalldämmung).

Die genannten Beispiele spannen eine sehr große Bandbreite von Anwendungen und dabei verwendeten technischen Lösungen auf.

Zum Beispiel erweist es sich oft (an Stelle der punktweisen Maschinenfuß-Lagerung wie in Abb. 5.1) als sinnvoll, ein Aggregat oder eine Maschine zunächst auf einer festen Platte (einige Zentimeter Beton) zu befestigen und diese dann durch eine vollflächige weiche Zwischenlage vom Fundament zu entkoppeln. Oft bestehen technische Apparaturen (wie z. B. Kühleinrichtungen) nämlich nicht in einem „kompakten Aufbau", sondern setzen sich aus vielen, durch Kabel und Schläuche miteinander verbundenen Einzelteilen zusammen. Nicht nur deshalb, sondern auch zur Erhöhung der Masse, ist die Vormontage auf einer schwereren Platte erst einmal sinnvoll. Die Vielfalt der Anwendungen deutet sich auch schon in den vielen Varianten von Federelementen und weich gestalteten Platten an, von denen Abb. 5.4 einen kleinen Überblick bietet.

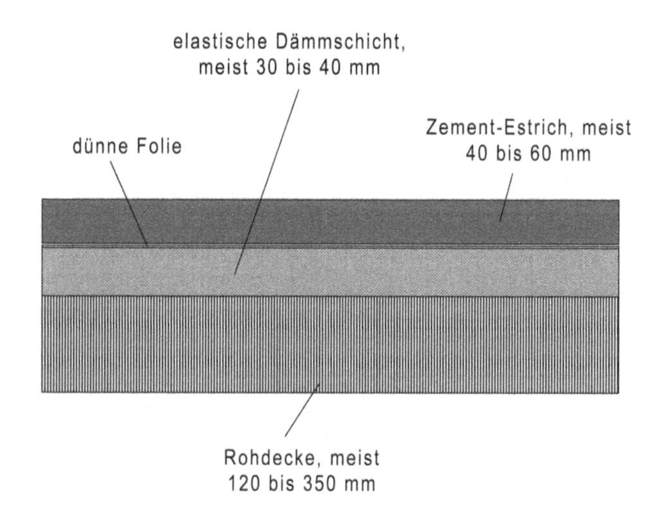


**Abb. 5.3** Aufbau des schwimmenden Estrichs zur Verbesserung der Trittschalldämmung

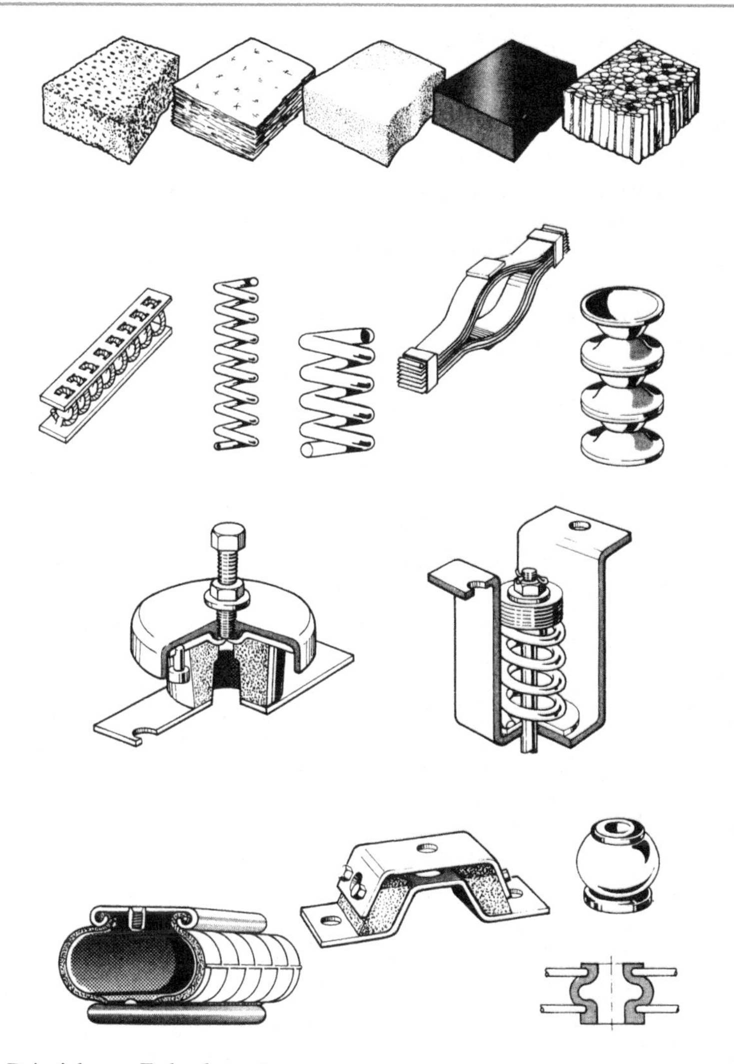

**Abb. 5.4** Beispiele von Federelementen

Die Betrachtungen in diesem Kapitel versuchen, die im Zusammenhang mit der elastischen Lagerung auftretenden Fragen sowohl vom Prinzipverständnis her als auch hinsichtlich der praktischen Anwendung zu beantworten. Der nächste Abschnitt gibt deswegen Auskunft über das Kernprinzip durch Behandlung des einfachsten Modells. Danach wird untersucht, welchen Einfluss die zunächst vernachlässigten physikalischen Effekte besitzen, um realistischere Vorstellungen in der zu erwartenden Größe von Pegelminderungen zu begründen. Schließlich wird noch auf die praktisch wichtigen Fragen eingegangen, wie elastische Lagerungen ausgelegt werden sollen und unter welchen Voraussetzungen sich diese Maßnahmen überhaupt als sinnvoll erweisen.

## 5.1 Wirkung elastischer Lagerung auf starrem Fundament

Das einfachste Modell zur Beschreibung einer elastischen Entkopplung besteht in der Modellierung der Maschine (des Motors, des Aggregats, des Eisenbahnzuges, ...) als eine träge Masse, die durch eine Wechselkraft $F$ zu Schwingungen angeregt wird und mit einer Feder verbunden auf einem starren, unbeweglichen Fundament ruht (Abb. 5.5). Die in Wahrheit erhebliche Bedeutung der endlichen Fundament-Nachgiebigkeit wird erst im Abschn. 5.3 erläutert. Die immer vorhandene innere Dämpfung in der Feder wird durch Annahme eines viskosen Reibdämpfers berücksichtigt.

Auf die Masse wirken die drei äußeren Kräfte

- die anregende Kraft $F$,
- die rückstellende Federkraft $F_s$ mit entgegengesetzter Richtung wie $F$ und
- die ebenfalls rückstellende Reibkraft $F_r$.

Dem Newton'schen Gesetz zur Folge verursacht die Summe der genannten Kräfte die beschleunigte Bewegung der Masse:

$$m\ddot{x} = F - F_s - F_r\ , \tag{5.1}$$

worin $x$ die in $F$-Richtung gezählte Auslenkung der Masse ($\dot{x}$: ihre Geschwindigkeit, $\ddot{x}$: ihre Beschleunigung) bedeutet. Die rückstellenden Kräfte $F_s$ und $F_r$ ergeben sich

- nach dem Hooke'schen Gesetz zu ($s$ = Federsteife)

$$F_s = sx \tag{5.2}$$

- und unter Annahme einer geschwindigkeitsproportionalen Reibkraft zu ($r$ = Reibkoeffizient)

$$F_r = r\dot{x}\ . \tag{5.3}$$

Die Schwingungsgleichung für die Masse lautet demnach

$$m\ddot{x} + r\dot{x} + sx = F\ . \tag{5.4}$$

Für reine Töne

$$x(t) = \mathrm{Re}\left\{x\,\mathrm{e}^{j\omega t}\right\}$$

(das Unterstreichen des komplexen Zeigers $x$ wird zur Schreibvereinfachung weggelassen) wird daraus

$$-m\omega^2 x + j\omega r x + sx = F\ , \tag{5.5}$$

oder natürlich

$$x = \frac{F}{s - m\omega^2 + j\omega r}\ . \tag{5.6}$$

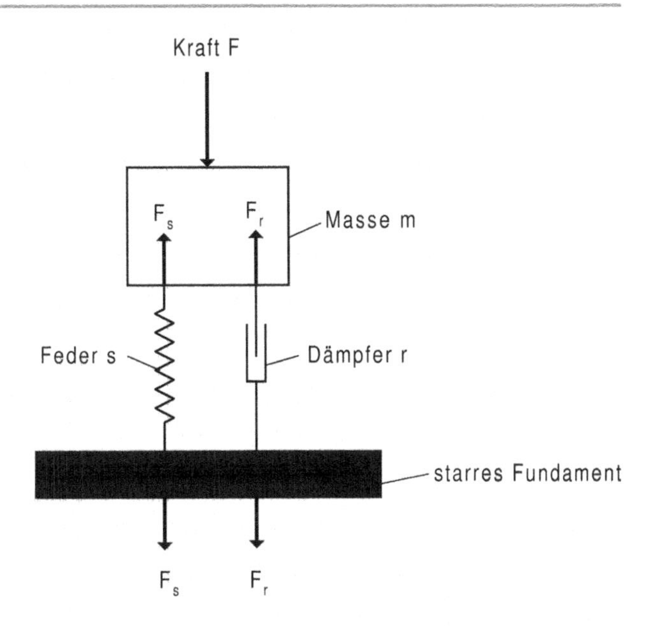


**Abb. 5.5** Modellanordnung zur Berechnung des Einfügungsdämmmaßes von elastischen Lagerungen mit starrem Fundament

Hauptsächlich interessiert bei der Beurteilung des Nutzens der elastischen Lagerung die in das Fundament eingeleitete Kraft $F_F$, die sich aus der Federkraft und der Reibkraft zusammensetzt

$$F_F = F_s + F_r \,, \tag{5.7}$$

oder mit (5.2) und (5.3) und wieder für reine Töne

$$F_F = (s + j\omega r)x \,, \tag{5.8}$$

oder mit (5.6)

$$F_F = \frac{s + j\omega r}{s - m\omega^2 + j\omega r} F \,. \tag{5.9}$$

Als Maß für den Erfolg der Maßnahme „elastisch lagern" gegenüber der „starren Befestigung" am Fundament benutzt man die sogenannte Vergrößerung $V$,

$$V = \frac{\text{Fundamentkraft, starr}}{\text{Fundamentkraft, elastisch}} = \frac{F_F(s \to \infty)}{F_F(s)} \,, \tag{5.10}$$

die hier nach (5.9)

$$V = \frac{s - m\omega^2 + j\omega r}{s + j\omega r} \tag{5.11}$$

ergibt.

Schließlich definiert man noch das Einfügungsdämmmaß (= Pegeldifferenz der Fundamentkraft „ohne" minus „mit" Maßnahme) zu

$$R_E = 10 \lg |V|^2 \,. \tag{5.12}$$

$R_E$ gibt den in Dezibel gemessenen Erfolg der elastischen Lagerung an.

Erkennbar spielt bei der Interpretation der Vergrößerung $V$ (und damit des Einfügungsdämmmaßes) die Resonanzfrequenz

$$\omega_0 = \sqrt{\frac{s}{m}} \tag{5.13}$$

eine wichtige Rolle. Im dämpfungsfreien Fall $r = 0$ könnte die Massenauslenkung $x$ nach (5.6) in der Resonanz $\omega = \omega_0$ unendliche Werte besitzen. Auch verhält sich die Vergrößerung $V$ für tiefe Frequenzen $\omega \ll \omega_0$ offensichtlich ganz anders als für hohe Frequenzen $\omega \gg \omega_0$.

Um eine etwas übersichtlichere Gleichung an Stelle von (5.11) zu bekommen, teilt man Zähler und Nenner noch durch $s$ und erhält so eine Form, in der nur noch Frequenzverhältnisse auftreten:

$$V = \frac{1 - \frac{\omega^2}{\omega_0^2} + j\eta\frac{\omega}{\omega_0}}{1 + j\eta\frac{\omega}{\omega_0}} . \tag{5.14}$$

Dabei ist der Reibkoeffizient $r$ noch durch einen dimensionslosen, sogenannten Verlustfaktor $\eta$ ausgedrückt worden,

$$\eta = \frac{r\omega_0}{s} . \tag{5.15}$$

Wie in einem späteren Abschnitt erklärt wird, kann der Verlustfaktor leicht aus einer Messung bestimmt werden. Es war sicher vernünftig, die (etwas) schwer zugängliche Größe „Reibkoeffizient $r$“ durch eine gut messbare Größe zu ersetzen. Der Verlustfaktor $\eta$ liegt (mit sehr wenigen Ausnahmen) für handelsübliche Federn oder elastische Schichten im Bereich von $0{,}01 < \eta < 1$.

Allgemein ist bei der Erläuterung der Aussagekraft von (5.14) auf vier Frequenzbereiche näher einzugehen:

1. **Tiefe Frequenzen** $\omega \ll \omega_0$.
   Hier ist die elastische Lagerung noch wirkungslos: Nach (5.14) ist $V \approx 1$ und damit $R_\text{E} \approx 0\,\text{dB}$.
2. **Mittlere bis hohe Frequenzen** ($\omega \gg \omega_0$, aber auch $\omega \ll \omega_0/\eta$).
   In diesem Frequenzbereich ist
   $$V \approx -\frac{\omega^2}{\omega_0^2} ,$$
   und damit
   $$R_\text{E} = 10\lg\frac{\omega^4}{\omega_0^4} = 40\lg\frac{\omega}{\omega_0} . \tag{5.16}$$
   Das Schalldämmmaß steigt mit der Frequenz steil mit 12 dB/Oktave an und kann dabei sehr erhebliche Werte annehmen (z. B. $R_\text{E} = 36\,\text{dB}$ drei Oktaven oberhalb der Resonanzfrequenz).

3. **Höchste Frequenzen** $\omega \gg \omega_0/\eta$ (und $\omega \gg \omega_0$).
   Bereits der Dämpfungseinfluss bremst die große Steigung nach (5.16) bei den höchsten Frequenzen ab. Hier ist nur noch

$$V = j\frac{\omega}{\omega_0}\frac{1}{\eta}\,,$$

   und daher gilt für das Einfügungsdämmmaß

$$R_E = 20\lg\left(\frac{\omega}{\omega_0}\frac{1}{\eta}\right) = 20\lg\left(\frac{\omega}{\omega_0}\right) - 20\lg\eta\,. \tag{5.17}$$

   $R_E$ steigt hier nur noch mit 6 dB/Oktave und hängt vom Verlustfaktor ab. Je größer $\eta$, desto kleiner $R_E$.
4. **Resonanzbereich** $\omega \sim \omega_0$.
   In der direkten Umgebung der Resonanzfrequenz wirkt die elastische Lagerung sogar verschlechternd gegenüber der starren Ankopplung ans Fundament. Für $\omega = \omega_0$ ist

$$V = \frac{j\eta}{1 + j\eta}\,,$$

   für kleine Verlustfaktoren $\eta \ll 1$ also

$$R_E \cong 20\lg\eta\,. \tag{5.18}$$

   In der Resonanz ist das Einfügungsdämmmaß also negativ und die damit beschriebene Verschlechterung um so deutlicher, je kleiner der Verlustfaktor $\eta$ ist.

Eine Zusammenfassung der genannten Einzelheiten für den Frequenzgang von $R_E$ findet man in Abb. 5.6. Hier ist $R_E$ über dem Frequenzverhältnis $\omega/\omega_0$ für verschiedene Verlustfaktoren $\eta$ aus (5.14) (und (5.12)) berechnet und dargestellt worden. Zu erkennen sind die schon beschriebenen Tendenzen:

- keine Wirkung unterhalb der Resonanz,
- Verschlechterung in der Resonanz, abgemildert mit steigendem Verlustfaktor,
- in einem Frequenzband, das mit wachsendem $\eta$ schmäler wird, steiler Anstieg von $R_E$ mit 12 dB/Oktave, und schließlich
- Abknicken auf eine Gerade mit nur noch 6 dB/Oktave, wobei ein wachsender Verlustfaktor $\eta$ verschlechternd auf die Dämmung wirkt.

Wie man sieht, mildert ein wachsender Verlustfaktor die Nachteile in der Resonanz-Umgebung ab, begrenzt dabei aber gleichzeitig die Vorteile bei den hohen Frequenzen. Die letztgenannte hochfrequente Verschlechterung durch den Feder-Verlustfaktor ist dabei

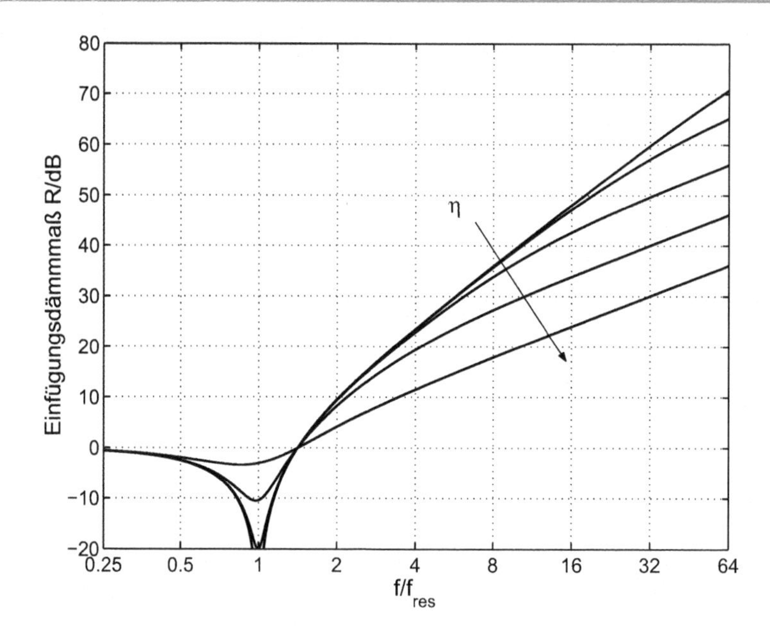


**Abb. 5.6** Theoretisches Einfügungsdämmmaß bei starrem Fundament, gerechnet für $\eta = 0{,}01$; 0,0316; 0,1 und 0,316

allerdings praktisch kaum von Interesse: Tatsächlich werden so große Einfügungsdämmmaße, wie hier theoretisch berechnet, in der Praxis fast nie erreicht. Der Hauptgrund dafür besteht in der Tatsache, dass reale Fundamente nicht starr sind, sondern natürlich eine endliche Nachgiebigkeit besitzen, ein Effekt, dessen Auswirkungen im nächsten Abschnitt genauer untersucht werden.

Wie gesagt ist die hier bei den hohen Frequenzen gefundene Begrenzung durch die Dämpfung selten auch praktisch relevant. Meistens wird man bei Anwendungen deshalb auch dann einen eher größeren Verlustfaktor bevorzugen, wenn die Betriebsfrequenzen der Maschine (des Motors, des Aggregates etc.) weit oberhalb der Resonanzfrequenz liegen. Man muss nämlich beachten, dass beim Hochlaufen oder Anhalten der Maschine der Resonanzbereich durchlaufen wird. Die Auslenkungen, die sich in der Resonanz ergeben, sind nach (5.6) und mit (5.15)

$$x(\omega = \omega_0) = \frac{F}{j\omega_0 r} = \frac{F}{j\eta s} \,. \tag{5.19}$$

Sie müssen natürlich begrenzt werden, denn sonst kann das Aggregat „tanzen“ und möglicherweise die Anlage beschädigen.

Schließlich muss noch erwähnt werden, dass der Einfluss der Dämpfung auf das Einfügungsdämmmaß natürlich vom angenommenen Effekt der viskosen Reibung und damit von (5.3) bestimmt wird. Andere Annahmen über die Dämpfungsart (z. B. sogenannte

Relaxationsdämpfung) sind denkbar. Oft wird auch versucht, die Reibung ohne genauere Kenntnis der Reibungsursache einfach durch eine komplexe Federsteife zu berücksichtigen. An Stelle von (5.5) tritt dann einfach

$$-m\omega^2 x + s(1 + j\eta)x = F \;. \tag{5.20}$$

Wie man sieht, geht dabei die Frequenzabhängigkeit der Reibungskraft verloren. Das führt insbesondere bei den höchsten Frequenzen zu einem anderen Einfügungsdämmmaß als in Abb. 5.6 angegeben. Es dürfte klar sein, dass theoretische Ergebnisse von den gemachten Voraussetzungen abhängen. Wenn man an anderer Stelle (z. B. in Firmenprospekten) eine andere, vielleicht sogar noch optimistischere Einschätzung des Einfügungsdämmmaßes elastischer Lagerungen findet, dann ist diese möglicherweise auf andere Annahmen, aber gewiss nicht auf physikalische Wunder gegründet.

## 5.2 Dimensionierung elastischer Lagerung

Aus der Sicht der Akustiker ist die praktische Auslegung von Federelementen eine höchst einfache Sache: Je größer das Verhältnis aus Betriebsfrequenz(-en) $\omega$ und Resonanzfrequenz $\omega_0$ ist, desto größer ist auch der Erfolg der Maßnahme. Man muss also versuchen, die Resonanz so tief wie möglich abzustimmen, am liebsten auf 0 Hz.

Dass dies nicht möglich ist, ist offensichtlich: Die Maschine (oder um welche Schwingungsquelle es sich eben handelt) müsste wegen $s = 0$ schon schweben, um das zu erreichen. Es sind offenbar „nicht-akustische" Bedingungen, die die praktische Dimensionierung der Federn oder Federschichten bestimmen. Solche Bedingungen können sein:

**a) Feder-Nennlasten**

Natürlich müssen die Federn so ausgelegt sein, dass sie das auf ihnen gelagerte Gewicht auch statisch auffangen können. Für hochwertige Federn oder elastische Schichten gibt der Hersteller meist die Belastungsbereiche der Produktpalette an. Einige Beispiele dafür sind in Tab. 5.1 gezeigt.

Das beschriebene Material ist zur flächigen Lagerung (ähnlich wie in Abb. 5.7) gedacht. Die Flächenpressung $p_{\mathrm{stat}}$ in dieser Anordnung ergibt sich bekanntlich aus

$$p_{\mathrm{stat}} = \frac{Mg}{S} \tag{5.21}$$

($M$ = Gesamtmasse, $S$ = Lagerfläche, $g$ = Erdbeschleunigung $\approx$ 10 m/s$^2$). Für das Beispiel $M = 1000$ kg und $S = 1\,\mathrm{m}^2$ ist also $p_{\mathrm{stat}} = 10.000\,\mathrm{kg\,m/(s\,m)^2} = 10^4\,\mathrm{N/m^2} = 10^{-2}\,\mathrm{N/mm^2}$.

Aus der Produktpalette in Tab. 5.1 wäre also der Produkttyp G zu wählen. Ob die so definierte Lagerung nun auch akustisch noch Sinn macht, ergibt sich aus der Resonanzfrequenz. Dazu berechnet man aus dem Elastizitätsmodul $E$ der elastischen Schicht mit der

**Tab. 5.1** Produktbeschreibung der Produktpalette SYLOMER, Dicken jeweils 12 mm oder 25 mm, jeweils Brandschutzklasse B2 (Herstellerangaben)

| Produktbezeichnung | G | L | P |
|---|---|---|---|
| Dichte (kg/m$^3$) | 150 | 300 | 510 |
| Lastbereich bis (N/mm$^2$) | 0,01 | 0,05 | 0,2 |
| Verlustfaktor | 0,23 | 0,2 | 0,16 |
| E-Modul (N/mm$^2$) | 0,18 bis 0,36 | 0,35 bis 1,1 | 2,2 bis 3,6 |

Dicke $d$ zunächst die Federsteife zu

$$s = \frac{ES}{d}\,, \tag{5.22}$$

und daraus die Resonanzfrequenz

$$f_0 = \frac{1}{2\pi}\sqrt{\frac{s}{M}} = \frac{1}{2\pi}\sqrt{\frac{ES}{Md}}\,. \tag{5.23}$$

Im genannten Beispiel ($M = 1000\,\text{kg}$, $S = 1\,\text{m}^2$, Produkttyp G nach Tab. 5.1 mit $d = 25\,\text{mm}$ und $E = 0{,}2\,\text{N/mm}^2$) wäre also etwa $f_0 = 14\,\text{Hz}$.

Sinnvoll ist die so bestimmte Isolierung, wenn die Betriebsfrequenzen $f$ wenigstens eine Oktave über der Resonanzfrequenz liegen. Die tiefste Betriebsfrequenz lässt sich oft z. B. aus der Drehzahl der Maschine bestimmen, oder die Frequenzbestandteile müssen gemessen werden.

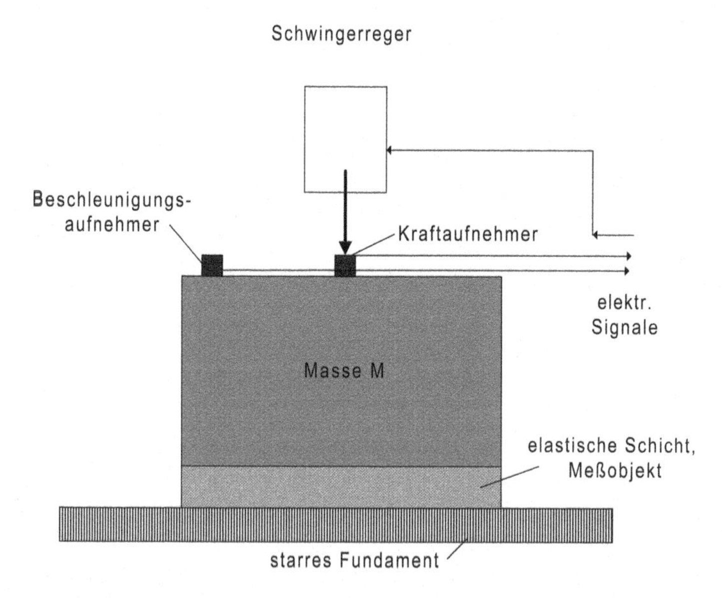


**Abb. 5.7** Messaufbau zur Bestimmung von Elastizitätsmodul $E$ und Verlustfaktor $\eta$ der elastischen Schicht mit der Oberfläche $S$

Erforderlichenfalls lässt sich die Resonanzfrequenz noch durch mehrlagige weiche Schichten, also durch Dickenvergrößerung, nach unten verschieben. Dabei setzt die Stabilität des Gesamtaufbaus natürlich Grenzen: Die Schichtdicke kann höchstens einen kleinen Prozentsatz der kleinsten Kantenlänge betragen.

**b) Betriebsbedingungen**

Manche Geräte erfordern, dass sie selbst nur sehr kleine Bewegungen ausführen dürfen. Das gilt z. B. für den Laser des Mediziners oder für Kernspin-Tomographen, aber auch für bestimmte Druckmaschinen und für die Halbleiterfertigung. Hier muss natürlich auf die noch erlaubten Auslenkungen Rücksicht genommen werden. Das Problem ist meistens nur zu lösen, wenn das Gerät auf einer recht schweren Zusatzmasse montiert wird und mit ihr zusammen weich gelagert wird.

Auch bei Schienenfahrzeugen stellt natürlich die Fahrsicherheit das oberste Gebot dar. Fahrwege auf Unterschottermatten z. B. dürfen sich beim Befahren nicht beliebig „statisch" einsenken.

Gar nicht so selten steht man vor der Aufgabe, ein Material mit unbekannten Daten oder zur überschlägigen Absicherung auf Eignung zu prüfen. Der Elastizitätsmodul $E$ lässt sich aus einem statischen Versuch bestimmen, bei dem eine Probenfläche $S$ (der Dicke $d$) mit einer Masse $M$ gleichmäßig belastet und die dabei bewirkte statische Einsenkung $x_{\text{stat}}$ gemessen wird. Bekanntlich gibt die Kräftegleichung

$$s x_{\text{stat}} = M g \, , \tag{5.24}$$

oder mit (5.22)

$$E = \frac{M g d}{x_{\text{stat}} S} = p_{\text{stat}} \frac{d}{x_{\text{stat}}} \, , \tag{5.25}$$

worin wieder $p_{\text{stat}}$ die statische Pressung (hier im Versuchsaufbau) bedeutet.

Wenn keine Nennlast bekannt ist oder wenn man eine überschlägige Kontrolle von Herstellerangaben vornehmen will, dann kann man wie folgt verfahren. Die meisten Materialien erlauben eine Dickenänderung von höchstens 5 bis 10 % durch Belastung, aus Sicherheitsgründen geht man von höchstens 5 % aus. Um diese Bedingung einzuhalten, ist der erforderliche E-Modul nach (5.25)

$$E_{\text{erf}} = 20 p_{\text{stat}} \tag{5.26}$$

(wobei $p_{\text{stat}}$ diesmal natürlich auf den ANWENDUNGSFALL, nicht auf einen Versuchsaufbau bezogen ist). Das Material muss mindestens diesen E-Modul $E_{\text{erf}}$ besitzen, damit es auch auf Dauer haltbar bleibt. Wie die Beispiele in Tab. 5.1 zeigen, gibt (5.26) einen recht realistischen Zusammenhang zwischen Nennlast $p_{\text{stat}}$ und dem Material E-Modul. Der Elastizitätsmodul der Materialien ist etwa 10 bis 20 mal so groß wie die Nennlast.

Schließlich sei noch erwähnt, dass der Elastizitätsmodul einer Probe auch durch Messung der Resonanzfrequenz in einem Aufbau wie in Abb. 5.7 bestimmt werden kann:

Nach (5.13) ist

$$s = \frac{ES}{d} = M\omega_0^2 \,. \tag{5.27}$$

## 5.3 Einfluss der Fundamentnachgiebigkeit

Bevor der Einfluss der endlichen Fundament-Nachgiebigkeit auf das Einfügungsdämmmaß der elastischen Lagerung geschildert werden kann, muss diese Nachgiebigkeit selbst durch ein technisches Maß beschrieben werden. Üblicherweise wird dafür die Fundament-Impedanz benutzt, die hier zunächst erläutert werden soll.

### 5.3.1 Fundament-Impedanz

Die Fundament-Impedanz $z_F$ ist definiert als das Verhältnis aus einer das Fundament an einer festen Stelle anregenden Kraft $F_F$ und der sich daraufhin an dieser Stelle ergebenden Fundamentschnelle $v_F$

$$z_F = \frac{F_F}{v_F} \,. \tag{5.28}$$

Die Impedanz $z_F$ ist umgekehrt proportional zur „Beweglichkeit" des Fundamentes, wie man leicht sieht, wenn man (5.28) nach $v_F$ auflöst:

$$v_F = \frac{F_F}{z_F} \,.$$

Für ein und dieselbe Kraftanregung $F_F$ erhält man „wenig Bewegung" für betragsmäßig große $z_F$, kleine Impedanzen dagegen führen zu großen Fundamentschnellen. Da in diesem Kapitel vorwiegend mit Auslenkungen statt mit Schnellen gerechnet wird, sei noch auf den Zusammenhang von Fundamentschnelle $v_F$ und Fundamentauslenkung (für reine Töne) hingewiesen:

$$v_F = j\omega x_F \,, \tag{5.29}$$

woraus der später benötigte Zusammenhang

$$F_F = j\omega z_F x_F \tag{5.30}$$

folgt.

Allgemein kann die komplexe Impedanz einen komplizierten, gegebenenfalls durch Messung zu bestimmenden Frequenzgang haben. Wäre z. B. das Fundament selbst ein einfacher Resonator (was ja z. B. für Gebäudedecken durchaus der Fall sein kann), dann ergäbe sich aus der Bewegungsgleichung (ähnlich zu (5.5))

$$\left[ j m_F \omega + \frac{s_F}{j\omega} + r_F \right] v_F = F_F \tag{5.31}$$

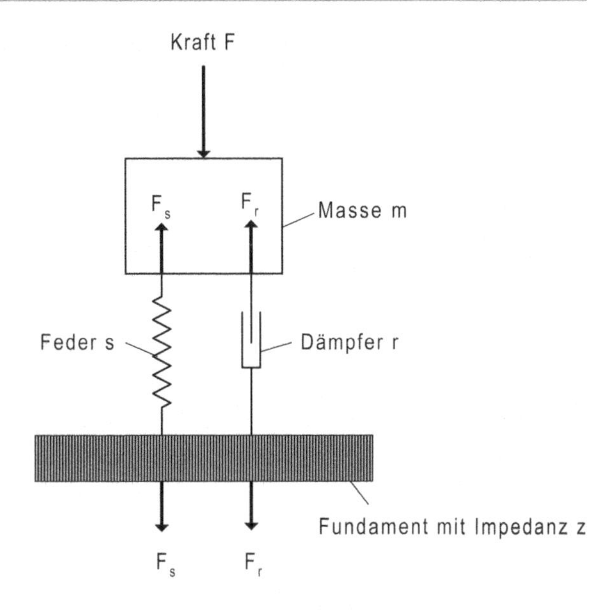


**Abb. 5.8** Modellanordnung zur Berechnung des Einfügungsdämmmaßes von elastischen Lagerungen mit nachgiebigem Fundament

die Fundamentimpedanz

$$z_F = jm_F\omega + \frac{s_F}{j\omega} + r_F \,. \tag{5.32}$$

Solche (oder noch kompliziertere) Frequenzgänge der Fundament-Impedanz im Hinblick auf darauf aufgebaute elastische Lagerungen zu diskutieren, mag für manche praktische Situationen eine lohnenswerte Aufgabe sein. Um das Wesentliche herauszuarbeiten, wird es jedoch vernünftiger sein, sich auf „Impedanztypen“ zu beschränken. Es sollen deshalb im Folgenden nur Impedanzen mit Massecharakter $z_F = j\omega m_F$ und solche mit Federungscharakter $z_F = s_F/j\omega$ betrachtet werden.

### 5.3.2 Die Wirkung der Fundament-Impedanz

Zur Beschreibung der Auswirkung der endlichen Fundament-Impedanz ist zunächst wieder – wie in Abschn. 5.1 – das Aufstellen der Bewegungsgleichung erforderlich, wobei diesmal eine Modellannahme mit beweglichem Fundament getroffen wird (Abb. 5.8).

Nach wie vor muss die Trägheitskraft durch die Summe aus anregender Kraft und der rückstellenden Feder- und Reibungskraft aufgewogen werden. Gleichung (5.1) lautet also für die Massenauslenkung $x$ unverändert

$$m\ddot{x} = F - F_s - F_r \,. \tag{5.33}$$

Diesmal jedoch ist die Federkraft zur DIFFERENZ aus Massenauslenkung $x$ und Fundament-Auslenkung $x_F$ proportional:

$$F_s = s(x - x_F) \,, \tag{5.34}$$

und ebenso gilt für die Reibungskraft

$$F_\mathrm{r} = r(\dot{x} - \dot{x_\mathrm{F}}) \; . \tag{5.35}$$

Die Bewegungsgleichung (5.1) lautet also

$$m\ddot{x} + r(\dot{x} - \dot{x_\mathrm{F}}) + s(x - x_\mathrm{F}) = F \; . \tag{5.36}$$

Hauptsächlich interessiert wieder die in das Fundament eingeleitete Kraft $F_\mathrm{F}$

$$F_\mathrm{F} = F_\mathrm{s} + F_\mathrm{r} = s(x - x_\mathrm{F}) + r(\dot{x} - \dot{x}_F) \; . \tag{5.37}$$

Für komplexe Amplituden ergeben (5.36) und (5.37)

$$-\,m\omega^2 x + (s + j\omega r)(x - x_\mathrm{F}) = F \tag{5.38}$$

und

$$F_\mathrm{F} = (s + j\omega r)(x - x_\mathrm{F}) \; , \tag{5.39}$$

wobei noch zusätzlich die Fundament-Nachgiebigkeit nach (5.30) durch

$$F_\mathrm{F} = j\omega z_\mathrm{F} x_\mathrm{F} \tag{5.40}$$

beschrieben wird.

Mathematisch gesehen bilden (5.38) bis (5.40) ein Gleichungssystem in den drei Unbekannten $x$, $x_\mathrm{F}$ und $F_\mathrm{F}$, das nach den üblichen Verfahren gelöst werden muss, wobei vor allem das Resultat für $F_\mathrm{F}$ interessiert. Ohne andere Lösungswege verhindern zu wollen, hält der Verfasser folgendes Vorgehen für einfach und deshalb für sinnvoll:

1. Addiere $m\omega^2 x_\mathrm{F}$ zu beiden Seiten von (5.38), mit dem Resultat

$$\left[-m\omega^2 + s + j\omega r\right](x - x_\mathrm{F}) = F + m\omega^2 x_\mathrm{F} \; ,$$

   und drücke darin
2. $x_\mathrm{F}$ mit (5.40) durch $F_\mathrm{F}$ aus:

$$\left[-m\omega^2 + s + j\omega r\right](x - x_\mathrm{F}) = F + \frac{m\omega^2}{j\omega z_\mathrm{F}} F_\mathrm{F} = F - \frac{jm\omega}{z_\mathrm{F}} F_\mathrm{F} \; .$$

3. Daraus folgt nach (5.39)

$$F_\mathrm{F} = \frac{s + j\omega r}{s - m\omega^2 + j\omega r}\left[F - \frac{jm\omega}{z_\mathrm{F}} F_\mathrm{F}\right] \; .$$

   Die Auflösung nach $F_\mathrm{F}$ bringt schließlich

$$F_\mathrm{F} = \frac{s + j\omega r}{(s + j\omega r)\left(1 + \frac{jm\omega}{z_\mathrm{F}}\right) - m\omega^2} F \; . \tag{5.41}$$

Auch hier interessiert der durch die elastische Lagerung gewonnene Vorteil und deswegen die Vergrößerung $V$ mit

$$V = \frac{F_F(s \to \infty)}{F_F(s)}$$

und das Einfügungsdämmmaß

$$R_E = 10 \lg |V|^2 .$$

Aus (5.41) folgt

$$F_F(s \to \infty) = \frac{F}{1 + \frac{j\omega m}{z_F}} ,$$

die Vergrößerung wird damit zu

$$V = 1 - \frac{\frac{m\omega^2}{s + j\omega r}}{1 + \frac{j\omega m}{z_F}} , \qquad (5.42)$$

oder, wenn man zur besseren Übersicht wieder die Resonanzfrequenz (bei starrem Fundament) $\omega_0$ und den Verlustfaktor $\eta$ nach (5.13) und (5.15) benutzt

$$\omega_0^2 = s/m \quad \text{und} \quad \eta = \frac{r\omega_0}{s} ,$$

so erhält man

$$V = 1 - \frac{\omega^2}{\omega_0^2} \frac{1}{\left(1 + j\frac{\omega m}{z_F}\right)} \frac{1}{\left(1 + j\eta\frac{\omega}{\omega_0}\right)} . \qquad (5.43)$$

Diese etwas langatmige Rechnerei (die übrigens mit $z_F \to \infty$ wieder erfreulicherweise (5.14) zur Kontrolle liefert) zeigt immerhin einige bemerkenswerte Ergebnisse:

**a) Fundamentimpedanz mit Massecharakter, $z_F = j\omega m_F$**

Hierfür ist

$$V = 1 - \frac{\omega^2}{\omega_0^2\left(1 + \frac{m}{m_F}\right)} \frac{1}{1 + j\eta\frac{\omega}{\omega_0}} . \qquad (5.44)$$

Die endliche Fundamentimpedanz wirkt wie eine Verstimmung der Resonanzfrequenz nach oben, d. h., es ist wie beim starren Fundament

$$V = 1 - \frac{\omega^2}{\omega_{res}^2} \frac{1}{1 + j\eta\frac{\omega}{\omega_0}} , \qquad (5.45)$$

wobei jedoch die Resonanzfrequenz von Masse (= Gerät) *und* Fundament abhängt:

$$\omega_{res}^2 = s\left(\frac{1}{m} + \frac{1}{m_F}\right) . \qquad (5.46)$$

Die in Abschn. 5.1 gegebenen Interpretationen innerhalb der verschiedenen Frequenzbereiche bleiben dabei erhalten.

**b) Fundamentimpedanz mit Federungscharakter, $z_F = s_F/j\omega$**
Hierfür ist

$$V = 1 - \frac{\omega^2}{\omega_0^2\left(1 - \frac{\omega^2 m}{s_F}\right)} \frac{1}{1 + j\eta\frac{\omega}{\omega_0}} . \tag{5.47}$$

Naturgemäß tritt hier ein zweiter Resonanz-Effekt auf, denn Masse (= Gerät) und Fundament bilden selbst schon einen Resonator mit der Masse-Fundament-Resonanzfrequenz

$$\omega_{mF}^2 = \frac{s_F}{m} . \tag{5.48}$$

Es ist damit

$$V = 1 - \frac{\omega^2}{\omega_0^2\left(1 - \frac{\omega^2}{\omega_{mF}^2}\right)} \frac{1}{1 + j\eta\frac{\omega}{\omega_0}} . \tag{5.49}$$

Für praktische Anwendungen darf man wohl annehmen, dass die elastische Lagerung sehr viel weicher ist als das Fundament, es ist also

$$s \ll s_F ,$$

und deshalb gilt

$$\omega_{mF} \gg \omega_0 .$$

Die interessanteste Schlussfolgerung aus (5.49) ist, dass die Vergrößerung $V$ für hohe Frequenzen $\omega \gg \omega_{mF}$ (und kleine Federdämpfung $\eta \approx 0$) frequenzunabhängig wird:

$$V \cong 1 + \frac{\omega_{mF}^2}{\omega_0^2} = 1 + \frac{s_F}{s} \approx \frac{s_F}{s} . \tag{5.50}$$

Das Einfügungsdämmmaß ist lediglich durch das Verhältnis der Federsteifen $s_F$ und $s$ gegeben:

$$R_E \approx 20\lg\frac{s_F}{s} . \tag{5.51}$$

Eine elastische Lagerung mit einer Feder(-schicht) der Steife, die 10 % der Fundamentsteife beträgt, hat also ein Einfügungsdämmmaß von 20 dB. Theoretisch könnte das Dämmmaß nach (5.49) bei hinreichend großen $\eta$ sogar noch mit der Frequenz abnehmen.

Der tiefe Frequenzbereich ist leicht diskutiert. Bei den tiefsten Frequenzen ist wieder

$$R_E \approx 0\,\text{dB} , \tag{5.52}$$

gefolgt vom Resonanzeinbruch mit negativem $R_E$.

Streng genommen ist die Resonanzfrequenz nun durch

$$\omega_A^2 = \omega_0^2\left(1 - \frac{\omega_A^2}{\omega_{mF}^2}\right) \tag{5.53}$$

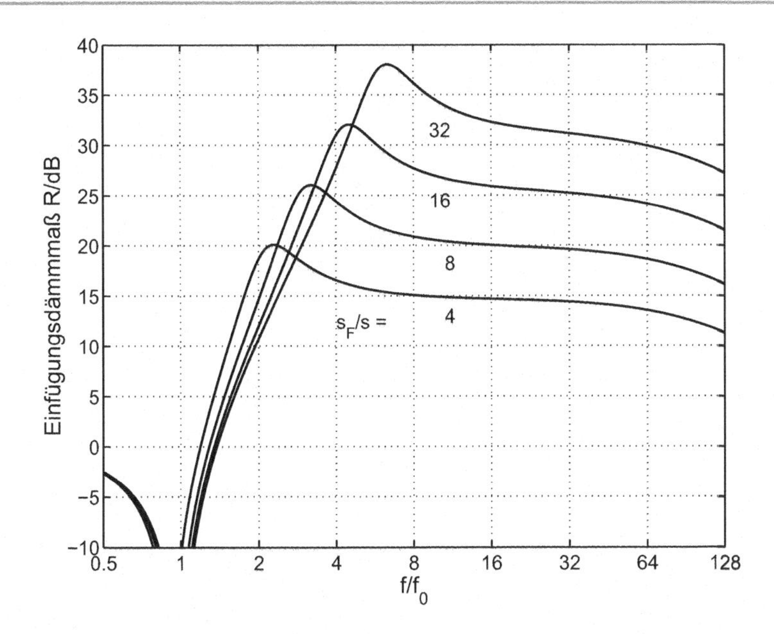


**Abb. 5.9** Einfügungsdämmmaß bei Fundament mit Federungscharakter, gerechnet für $\eta = 0{,}01$ und $\eta(\text{Fundament}) = 0{,}5$

gegeben, für sie gilt also

$$\frac{1}{\omega_A^2} = \frac{1}{\omega_0^2} + \frac{1}{\omega_{mF}^2}\,. \tag{5.54}$$

Meist ist $\omega_{mF}^2 \gg \omega_0^2$, so dass mit $\omega_A \approx \omega_0$ die Verstimmung keine Rolle spielt.

In der „Masse-Fundament-Resonanz“ $\omega \approx \omega_{mF}$ hingegen nimmt $R_E$ dann unendlich große Werte an. Der Grund dafür ist einfach: Ohne elastische Lagerung sind Masse und Fundament in Resonanz; da keine Dämpfung in der Fundamentfeder berücksichtigt worden ist, wird die ins Fundament eingeleitete Kraft $F(s \to \infty)$ unendlich groß. Die durch die elastische Lagerung nun endlich große Fundamentkraft $F_F(s)$ bewirkt dann scheinbar eine „beliebig große Verbesserung“.

Die Kurven in Abb. 5.9 berücksichtigen eine Fundament-Dämpfung durch nachträgliche Annahme einer komplexen Federsteife $s_F$

$$s_F \to s_F(1 + j\eta_F) \tag{5.55}$$

und damit einer komplexen Resonanzfrequenz

$$\omega_{mF}^2 \to \omega_{mF}^2(1 + j\eta_F) \tag{5.56}$$

in (5.49) für $V$, aus der dann $R_E = 10\lg|V|^2$ gerechnet worden ist.

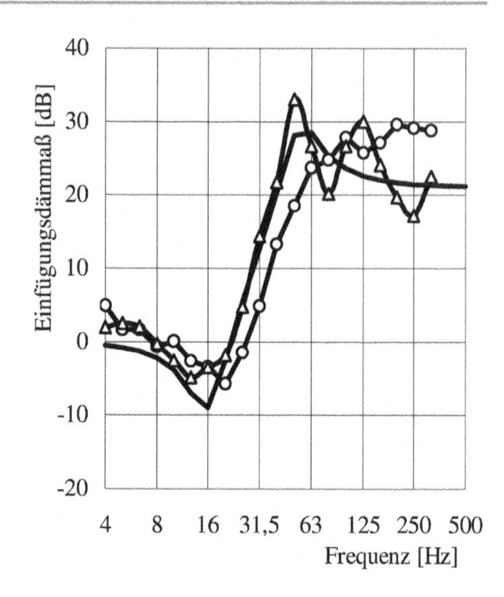


**Abb. 5.10** Einfügungsdämmmaß der Unterschottermatte Sylodyn CN235 (aus: R. G. Wettschurek, W. Daiminger: „Nachrüstung von Unterschottermatten in einem S-Bahn-Tunnel im Zentrum von Berlin" Proc. D-A-CH Tagung 2001, Innsbruck 2001). Messung: arithmetischer Mittelwert über verschiedene Messpunkte und Zugtypen, *Dreiecke*: Fahrtrichtung Süd; *Kreise*: Fahrtrichtung Nord. Rechnung: (Kurve *ohne Symbole*) gerechnet mit dynamischer Steifigkeit von $s'' = 0{,}022\,\mathrm{N/mm^3}$

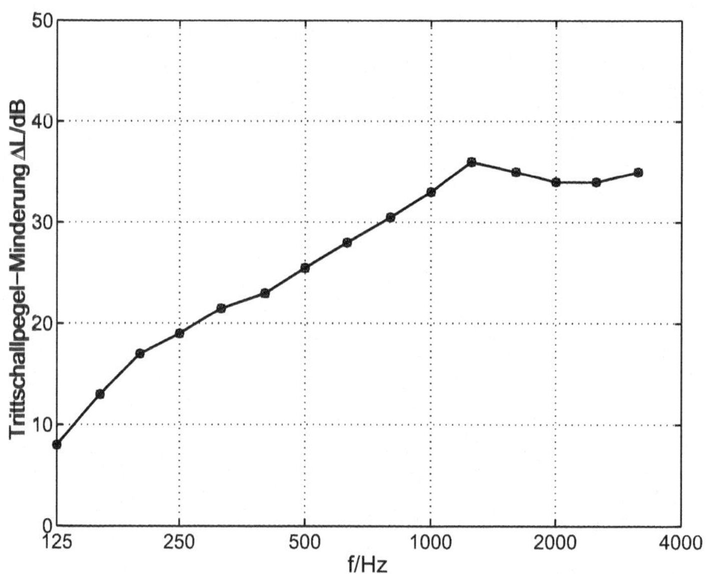


**Abb. 5.11** Gemessene Trittschallpegel-Minderung (= Einfügungsdämmmaß) durch einen schwimmenden Estrich. Deckenaufbau: Rohdecke aus 120 mm Stahlbeton, darauf 35 mm Hartschaum-Dämmplatte, darauf 0,2 mm PE Folie, darauf 50 mm Zementestrich

Zusammenfassend kann man festhalten, dass die Fundament-Impedanz einen ganz erheblichen Einfluss auf das Einfügungsdämmmaß besitzt. Genaue Aussagen über die Wirkung einer elastischen Lagerung setzen deshalb die Kenntnis von $z_F$ voraus. Allgemein lässt sich nur feststellen, dass der tatsächliche Verlauf bei höheren Frequenzen etwa zwischen einer frequenzunabhängigen Geraden und einer Geraden mit der Steigung von 12 dB/Oktave liegt.

Praktisch gemessene Werte – siehe Abb. 5.10 und 5.11 – verhalten sich entsprechend. Niemals wird der nur für starre Fundamente geltende Anstieg mit 12 dB/Oktave wirklich erreicht.

Das Beispiel in Abb. 5.10 weist darauf hin, dass es sich um ein Fundament mit Federungscharakter gehandelt hat. Der Frequenzgang in Abb. 5.11 ist schwer in den Einzelheiten auf einen entsprechenden Impedanz-Frequenzgang zurückzuführen; er zeigt aber immerhin, dass mit einem „schwimmenden" Estrich (eine Zementschicht, die auf einer elastischen Dämmschicht zwischen ihr und der Rohdecke ruht, siehe Abb. 5.3) recht große Einfügungsdämmungen erreicht werden können.

Als praktischer Rat bleibt vor allem, dass man entweder die Einzelheiten des speziellen Problemfalles genau studieren muss – oder dass man sich zumindest vor allzu optimistischen Erwartungen an die Wirkung sehr hüten sollte.

## 5.4 Ermittlung des Übertragungspfades

Selbst bei hinreichend schweren oder steifen Fundamenten ist die praktische Anwendung von elastischen Lagerungen nicht in jedem Fall sinnvoll. Das ist z. B. dann der Fall, wenn das Schallfeld an einem interessierenden Ort nicht durch die Krafteinleitung in das Maschinen-Fundament erzeugt wird.

Abbildung 5.12 skizziert eine typische Situation, die in Gebäuden oft vorkommt. In einem Stockwerk ist ein Gerät montiert, das in einem anderen Raum einen unerwünscht hohen Schallpegel erzeugt. Kann sich hier eine nachträgliche elastische Entkoppelung des Gerätes von der tragenden Decke lohnen?

Um das zu beantworten, muss man bedenken, dass die Schallübertragung (wie auch in Abb. 5.12 skizziert) auf zwei verschiedenen Wegen erfolgen kann:

1. Durch Krafteinleitung in die Decke wird diese zu Schwingungen angeregt, die sich natürlich in angrenzende Bauteile – Wände und Decken – ausbreiten können. An den „Empfangsraum-Wänden" strahlen die Wandbewegungen dann wieder Luftschall ab. Der Einfachheit halber soll dieser Übertragungsweg kurz als „Körperschallpfad" bezeichnet werden.
2. Gleichzeitig strahlen die meisten Geräte auch direkt Luftschall in den „Senderaum", in dem sie stehen. Auch dieser Luftschall wirkt auf die angrenzenden Wände als anregende Kraft (natürlich eigentlich ein örtlich verteilter Druck). Dadurch werden ebenfalls Wand- und Deckenschwingungen erzeugt, die sich im Gebäude ausbreiten und in den Empfangsraum hineinstrahlen. Dieser Übertragungsweg soll kurz „Luftschallpfad" genannt werde.

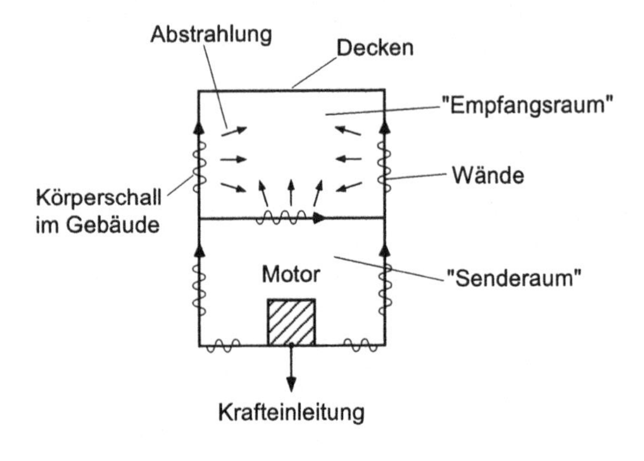


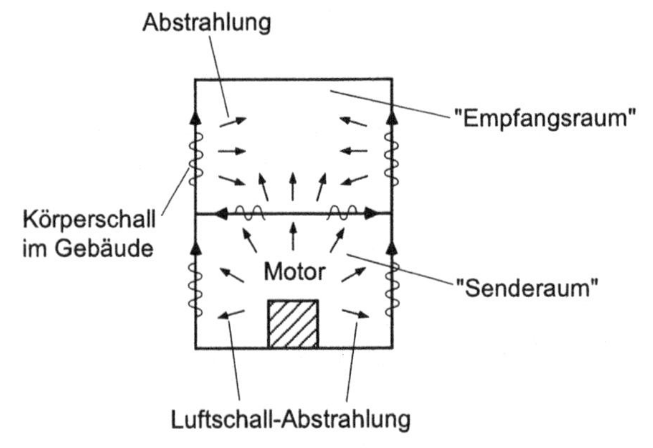


**Abb. 5.12** Die beiden, prinzipiell in Betracht kommenden Übertragungswege

Es ist klar, dass eine elastische Lagerung nur dann eine Geräuschminderung im Empfangsraum herstellen kann, wenn das über den Körperschallpfad übertragene Schallfeld deutlich größer ist als das, welches über den Luftschallpfad zustande kommt. Man muss daher gegebenenfalls durch Messungen prüfen, welcher der Anteile in der konkreten Situation überwiegt.

Am einfachsten ist es, wenn dazu im Senderaum bei abgeschalteter Maschine durch Lautsprecher ein künstliches Schallfeld hergestellt wird. Aus Messungen der Pegeldifferenzen $\Delta L_{\mathrm{M}}$ = Empfangsraumpegel – Senderaumpegel bei Maschinenbetrieb und $\Delta L_{\mathrm{L}}$ = Empfangsraumpegel – Senderaumpegel bei Lautsprecherbetrieb lässt sich auf den Übertragungsweg schließen. Ist $\Delta L_{\mathrm{M}}$ deutlich größer als $\Delta L_{\mathrm{L}}$, dann muss die Körperschallübertragung wichtiger sein als die Luftschallübertragung. In diesem Fall ist eine elastische Entkoppelung der Maschine vom Fundament sinnvoll. Die Pegelminderung, die etwa von dieser Maßnahme erwartet werden kann, beträgt höchstens $\Delta L_{\mathrm{M}} - \Delta L_{\mathrm{L}}$, weil danach der Luftschallübertragungsweg dominant zu werden beginnt.

Ist dagegen $\Delta L_{\mathrm{M}}$ etwa gleich $\Delta L_{\mathrm{L}}$, dann können entweder beide Übertragungswege etwa gleiche Bedeutung besitzen, oder aber die Luftschallübertragung ist wichtiger. Um zwischen diesen beiden Möglichkeiten zu entscheiden, ist eine Zusatzmessung erforderlich. Bei ihr werden künstliche Kräfte durch elektrische Schwingerreger oder durch geeignete Hämmer in das Maschinenfundament eingeleitet, als Quellcharakteristikum dient der Schnellepegel auf dem Fundament. Es werden die Pegeldifferenzen $\Delta L_{\mathrm{M}}$ = Empfangsraumpegel – Senderaumschnellepegel bei Maschinenbetrieb und $\Delta L_{\mathrm{S}}$ = Empfangsraumpegel – Senderaumschnellepegel bei Schwingerregerbetrieb gemessen. Ist $\Delta L_{\mathrm{M}}$ deutlich größer als $\Delta L_{\mathrm{S}}$, dann muss diesmal die Luftschallübertragung wichtiger sein als die Körperschallübertragung. Eine elastische Isolation ist in diesem Fall schlechterdings nutzlos: Es ist die Luftschalldämmung zwischen den beiden Räumen, die nachgebessert werden muss (z. B. durch biegeweiche Vorsatzschalen, siehe Kap. 8).

## 5.5 Messung des Verlustfaktors

Zur Bestimmung des Verlustfaktors misst man bei einem Messaufbau wie in Abb. 5.7 mit einem entsprechenden Aufnehmer den Frequenzgang des Verhältnisses aus Auslenkung $x$ und eingeleiteter Kraft $F$, für das nach (5.6)

$$\frac{x}{F} = \frac{\frac{1}{s}}{1 - \frac{\omega^2}{\omega_0^2} + j\eta\frac{\omega}{\omega_0}} \tag{5.57}$$

(mit $\omega_0$ nach (5.13) und $\eta$ nach (5.15)) erwartet wird. Bei der Messung nutzt man aus, dass bei hohen Verlustfaktoren auch große Breiten des Resonanzgipfels vorhanden sind.

Als Maß für die Gipfelbreite wird die sogenannte Halbwertsbreite $\Delta\omega$ benutzt (siehe auch Abb. 5.13): Links und rechts vom eigentlichen Betragsmaximum in $\omega = \omega_0$

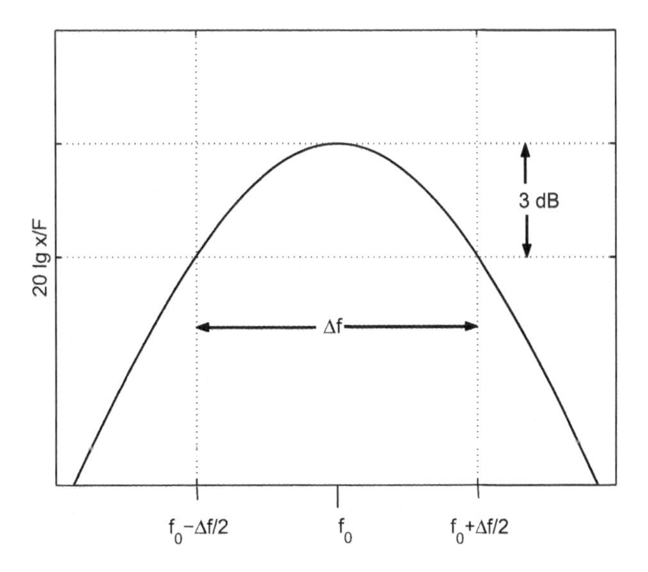


**Abb. 5.13** Definition der Halbwertsbreite $\Delta f$

gibt es Frequenzstellen $\omega = \omega_0 + \Delta\omega/2$ und $\omega = \omega_0 - \Delta\omega/2$, bei denen das Betragsquadrat $|x/F|^2$ gerade halb so groß ist wie im Maximum selbst (die Halbierung des Betragsquadrats entspricht bekanntlich einer Pegeldifferenz von 3 dB zum Maximum). Den Frequenzabstand zwischen den beiden Punkten nennt man Halbwertsbreite.

Den Zusammenhang zwischen Halbwertsbreite und Verlustfaktor erhält man der genannten Definition nach also aus

$$\frac{1}{\left[\left(1-\left(\frac{\omega_0 \pm \Delta\omega/2}{\omega_0}\right)^2\right)\right]^2 + \left[\eta\frac{\omega_0 \pm \Delta\omega/2}{\omega_0}\right]^2} = \frac{1}{2}\frac{1}{\eta^2} \,. \tag{5.58}$$

Näherungsweise darf man für $\Delta\omega \ll \omega_0$

$$\eta\frac{\omega_0 \pm \Delta\omega/2}{\omega_0} \approx \eta$$

setzen, denn dann macht man nur einen kleinen prozentualen Fehler in $\eta$. Damit erhält man

$$\left[1-\left(\frac{\omega_0 \pm \Delta\omega/2}{\omega_0}\right)^2\right]^2 + \eta^2 \approx 2\eta^2 \,,$$

oder

$$1-\left(\frac{\omega_0 \pm \Delta\omega/2}{\omega_0}\right)^2 = \pm\eta \,.$$

Mit

$$\left(\frac{\omega_0 \pm \Delta\omega/2}{\omega_0}\right)^2 = 1 \pm \frac{\Delta\omega}{\omega_0}\frac{1}{4}\left(\frac{\Delta\omega}{\omega_0}\right)^2 \approx 1 + \frac{\Delta\omega}{\omega_0}$$

(wieder ist $\Delta\omega/\omega_0 \ll 1$ angenommen worden) folgt

$$\eta = \frac{\Delta\omega}{\omega_0} = \frac{\Delta f}{f_0} \,, \tag{5.59}$$

wobei noch das Vorzeichen physikalisch sinnvoll ($\eta > 0$) gewählt worden ist. Gleichung (5.59) gibt an, wie man den Verlustfaktor aus der gemessenen Halbwertsbreite $\Delta f$ berechnet.

Bei der Messung mit digitalen Mitteln (FFT-Analysator) muss man darauf achten, dass

- mit einem Fenster mit möglichst schmaler Hauptkeulenbreite (meist also mit dem Rechteckfenster) gemessen wird, und dass
- mindestens 6, lieber aber mehr als 10 Spektrallinien innerhalb der Halbwertsbreite liegen. Gegebenenfalls kann mit Hilfe eines FFT-Zooms für ausreichende Auflösung gesorgt werden.

## 5.6 Die dynamische Masse

Nicht immer lassen sich Maschinen, Geräte, Drehbänke etc. wirklich wie in allen bisherigen Abschnitten als ‚kompakte Masse' auffassen. Sie können im Gegenteil selbst elastischen Verformungen mit Resonanzerscheinungen ausgesetzt sein. Die „bewegte", dynamische Masse, die für die Resonanzfrequenz der Lagerung quasi „zählt", kann deshalb sehr viel kleiner als die statische Ruhemasse sein, wie das Folgende zeigt.

Als Beispiel für eine aus federnd verbundenen Teilen zusammengesetzte Struktur sei ein Eisenbahn- oder U-Bahn-Wagen genannt. Aus Komfortgründen für die Fahrgäste ruht die eigentliche Fahrgastkabine federnd entkoppelt auf den Radsätzen. Zur Verringerung des Schwingungseintrages in das Erdreich wird nun der Fahrweg nochmals zusätzlich z. B. durch eine elastische Gleislagerung oder eine elastische Unterschottermatte isoliert. Die Gesamtanordnung besteht im Prinzip aus zwei Massen und zwei Federn, wie in Abb. 5.14 skizziert. Die obere Masse $m_1$ entspräche im Beispiel des Eisenbahn-Wagens der Fahrgastkabine, die Feder $s_1$ wird von den Stahlfedern zwischen ihr und den Radsätzen gebildet, die Masse $m_2$ besteht aus den Radsätzen, der Schiene und dem Schotterbett, den Abschluss bildet dann die Unterschottermatte $s_2$, deren Untergrund hier als starr angesehen wird. Die Rollanregung findet im Rad-Schiene-Kontakt statt, deshalb wirkt die anregende Kraft auf $m_2$. Der Einfachheit halber sind Reibkräfte vernachlässigt worden. Schon die Bewegungsgleichung für die Masse 1 zeigt das Wesentliche auf. Sie lautet

$$m_1 \ddot{x}_1 = s_1(x_2 - x_1), \tag{5.60}$$

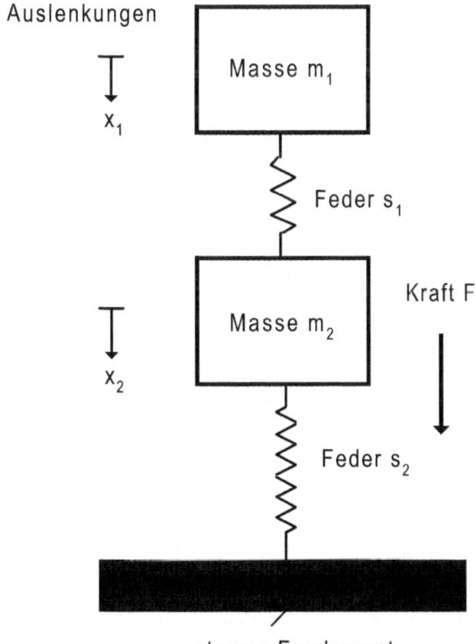


**Abb. 5.14** Modell für die elastische Lagerung von aus federnd verbundenen Teilen zusammengesetzte Strukturen

oder, für reine Töne der Frequenz $\omega$ und komplexe Amplituden

$$-m_1\omega^2 x_1 = s_1(x_2 - x_1), \tag{5.61}$$

woraus

$$x_1 = \frac{x_2}{1 - \omega^2/\omega_1^2} \tag{5.62}$$

mit

$$\omega_1{}^2 = \frac{s_1}{m_1} \tag{5.63}$$

folgt. Die in (5.63) genannte Frequenz $\omega_1$ besteht in der Resonanzfrequenz, die das obere Teilsystem aus $m_1$ und $s_1$ auf starrem Fundament hätte. Diese Resonanz ist aber in den meisten Fällen aus Komfortgründen sehr tief abgestimmt, man kann daher annehmen, dass wenigstens in einem großen für die Schwingungsübertragung im Erdreich interessierenden Frequenzbereich $\omega \gg \omega_1$ gilt. Das bedeutet auch $x_1 \ll x_2$: Die Schwingamplitude der oberen Masse $m_1$ kann immer gegen die Schwingamplitude der Masse $m_2$ vernachlässigt werden, die obere Masse $m_1$ steht praktisch unbeweglich still (was ja für die Fahrgäste gerade erwünscht ist). Es ist fast überflüssig noch zu erwähnen: Natürlich ist die so abgekoppelte Masse $m_1$ für die akustische Wirkung der elastischen Lagerung $s_2$ unwirksam. Das zeigt auch die für $x_1 \ll x_2$ hergeleitete Bewegungsgleichung der Masse $m_2$:

$$m_2\ddot{x}_2 = x_2(s_1 - s_2) + F, \tag{5.64}$$

oder, im Frequenzbereich

$$x_2 = \frac{F}{s_1 + s_2 - m_2\omega^2}. \tag{5.65}$$

Die in das Fundament eingeleitete Kraft beträgt demnach

$$F_F = s_2 x_2 = \frac{F}{(1 - \omega^2/\omega_{12}^2)}\frac{s_2}{(s_1 + s_2)}. \tag{5.66}$$

mit

$$\omega_{12} = \frac{s_1 + s_2}{m_2}. \tag{5.67}$$

Also stützt sich das Einfügungsdämmmaß

$$R = 10\,\lg(F/F_F)^2 = 10\,\lg(1 - \omega^2/\omega_{12}^2)^2 \tag{5.68}$$

nur auf die aus Masse $m_2$ und Federsumme $s_1 + s_2$ gebildete Resonanzfrequenz ab: Die Masse $m_1$ ist dynamisch gar nicht vorhanden, weil von $m_2$ durch $s_1$ abgekoppelt. Für die Wirkung der elastischen Lagerung $s_2$ ist diese Tatsache recht bedauerlich. Die Dimensionierung der Federschicht muss ja anhand der ‚statischen' Gesamtmasse $m_1 + m_2$ erfolgen, z. B. wie vorne erwähnt so, dass das Verhältnis aus statischer Einsenkung und Federdicke einen bestimmten Wert nicht überschreitet. Für die dynamische Wirkung der Isolation zählt dagegen leider nur die unter Umständen viel kleinere ‚dynamische bewegte' Masse $m_2$.

## 5.7 Ausblick

Wie so oft sind auch die vorangegangenen Bemerkungen zur elastischen Lagerung notgedrungen unvollständig geblieben. Einige nicht behandelte Effekte sind im Folgenden genannt.

1. Starre Körper müssen keineswegs einachsige translatorische Bewegungen ausführen, wie hier stillschweigend angenommen. Natürlich können Gegenstände zu jeder der drei Raumachsen je eine translatorische und eine rotatorische Schwingung ausführen. Zur Vermeidung von zum Fundament parallelen Bewegungen und von „Kippschwingungen“ sind vor allem tief liegende Schwerpunkte günstig, die z. B. durch Zusatzmasse (Vormontage von Motoren auf Betonplatten) erreicht werden können.
2. Reale Federelemente bilden oft selbst Wellenleiter, auf denen (bei höheren Frequenzen) stehende Wellen vorkommen können und die in ihren Eigenresonanzen starke Einbrüche in der Einfügungsdämmung aufweisen.

## 5.8 Zusammenfassung

Das elastische Entkoppeln durch Federn oder weiche, elastische Schichten zwischen Körperschall-Quelle und Fundament kann die Körperschall-Einleitung in das Fundament erheblich verringern. Unter einfachsten Annahmen ergibt sich ein Einfügungsdämmmaß, das unterhalb der Resonanzfrequenz des Feder-Masse-Systems etwa 0 dB beträgt, hier ist die Maßnahme zwecklos. In der Resonanzfrequenz kann das Dämmmaß – abhängig vom Verlustfaktor der Federung – negative Werte annehmen. Erst oberhalb der Resonanzfrequenz entfaltet sich die verbessernde Wirkung, das Einfügungsdämmmaß wächst hier mit 12 dB pro Oktave an. Aus der Sicht der Lärm- und Schwingungsbekämpfung besteht das Ziel also stets in einer möglichst niedrigen Abstimmung der Resonanz und damit in der Verwendung möglichst weicher Federungen. Als Faustregel für die Auswahl von Federn oder elastischen Schichten kann man noch statische Einsenkungen zulassen, die etwa 5 bis 10 % der Federlänge oder Schichtdicke ausmachen.

Das Einfügungsdämmmaß kann in nicht unerheblichem Maß durch das tragende Fundament beeinflusst werden. Besitzt letzteres Massecharakter, so verschiebt sich die Resonanzfrequenz zu höheren Frequenzen. Bei Federungscharakter des Fundamentes geht das Einfügungsdämmmaß oberhalb der Resonanzfrequenz in einen frequenzunabhängigkonstanten Wert über, der sich aus dem Verhältnis von Fundamentsteife und Federsteife ergibt. Die Wirkung der elastischen Entkopplung kann darüber hinaus deutlich von der Tatsache abhängen, dass die dynamisch tatsächlich schwingende Masse sehr viel kleiner sein kann als die Ruhemasse der Körperschall-Quelle.

Vor Anwendung ist es in vielen Fällen ratsam zu prüfen, ob die Körperschall-Einleitung in das Fundament den hauptsächlichen Übertragungsweg in das zu schützende Gebiet darstellt.

## 5.9 Literaturhinweis

Das „Handbook of Acoustical Measurements and Noise Control“ (Herausgeber C. M. Harris, Verlag der Acoustical Society of America, ASA, New York 1998) gibt in seinem Kapitel 29 weitere Informationen zum elastischen Entkoppeln. Das „Handbook“ ist darüber hinaus ein wertvolles Nachschlagewerk für viele akustische Fragestellungen.

## 5.10 Übungsaufgaben

**Aufgabe 5.1**
Ein Kern-Spin-Tomograph besitzt die Masse von 1000 kg. Er ruht auf vier quadratischen Füßen, jeweils mit den Abmessungen von 30 cm mal 30 cm. Eine flächige Lagerung zur elastischen Entkopplung soll so ausgelegt werden, dass die statische Einsenkung des entkoppelnden elastischen Lagers das 0,05-fache der Schichtdicke beträgt. Wie groß muss der Elastizitätsmodul der Lagerung sein? Welche Schichtdicke ist erforderlich, wenn die Resonanzfrequenz auf 14 Hz abgestimmt werden soll?

**Aufgabe 5.2**
Welche Federsteife muss das den Kern-Spin-Tomographen (aus Aufgabe 5.1) tragende Fundament besitzen, damit die Pegelminderung des Schwingeintrags ins Gebäude von 6 dB (10 dB, 20 dB) erreicht wird?

**Aufgabe 5.3**
Bei Betrieb des Kern-Spin-Tomographen aus den vorigen Aufgaben werden in dem Raum, in dem er aufgestellt ist (Senderaum), und in einem Wohnraum (Empfangsraum) darüber folgende Oktavpegel gemessen:

| $f$/Hz | Sendepegel/dB | Empfangspegel/dB |
|---|---|---|
| 500 | 65,3 | 32,0 |
| 1000 | 64,4 | 31,4 |
| 2000 | 63,5 | 30,4 |

Anschließend wird der Kern-Spin-Tomograph abgeschaltet. Bei Betrieb eines Lautsprechers werden nun folgende Pegel in Sende- und Empfangsraum gemessen:

| $f$/Hz | Sendepegel(L)/dB | Empfangspegel(L)/dB |
|---|---|---|
| 500 | 85,2 | 45,3 |
| 1000 | 86,4 | 45,2 |
| 2000 | 83,8 | 42,4 |

Lohnt sich eine elastische Entkopplung des Kern-Spin-Tomographen vom Fundament? Falls ja: welche Pegelminderungen lassen sich etwa durch diese Maßnahme erwarten? Wie groß ist der unbewertete Gesamtpegel im Empfangsraum nach der elastischen Entkopplung?

**Aufgabe 5.4**
Angenommen, eine Maschine der Masse $M$ werde von einem Fundament elastisch entkoppelt. Wenn das Fundament ebenfalls in einer Masse besteht: wie groß ist dann die Verstimmung der Resonanzfrequenz gegenüber dem Fall starren Fundaments, wenn die Fundament-Masse doppelt (vierfach, achtfach) so groß ist wie die zu entkoppelnde Masse?

**Aufgabe 5.5**
Als ‚Resonanzfrequenz $\omega_{0\eta}$ des gedämpften Schwingers' bezeichnet man die Frequenz, bei welcher der Frequenzgang $|x/F|^2$ (siehe (5.6)) sein Maximum besitzt. Wie groß ist diese Resonanz mit Dämpfung, kurz auch als ‚gedämpfte Resonanzfrequenz' bezeichnet? Wie groß ist die kritische Dämpfung, bei der die gedämpfte Resonanzfrequenz gleich Null wird? Man drücke die Reibkonstante $r$ durch den Verlustfaktor $\eta$ aus.

# 6 Schallabsorption

Bei der akustischen Gestaltung von Räumen besteht sehr oft die Aufgabenstellung, die an den Raum-Begrenzungsflächen stattfindenden Schallreflexionen gezielt zu beeinflussen. So ist es z. B. in Fabrikhallen notwendig, das emittierte Maschinen-Geräusch wenigstens nicht noch durch Reflexionen in weiter weg liegende Gebiete zu transportieren; man ist also an einer möglichst großen Absorption an den Wänden interessiert. Andererseits gilt es für Zuhörerräume wie Hör- und Konzertsaal, eine ausreichende Schallversorgung des Auditoriums auch über Umwege zu erreichen, ohne dass dabei gleichzeitig eine zu große, durch Vielfach-Reflexionen hervorgerufene Halligkeit geschaffen wird, denn diese würde z. B. die Verständlichkeit erschweren.

Solche Entwurfsziele werden durch den Einsatz von absorbierenden Wand- und Deckenkonstruktionen mit definierten, der Absicht möglichst angepassten Reflexions-Eigenschaften realisiert. Das vorliegende Kapitel dient der Erläuterung von solchen Aufbauten und der Erklärung ihrer Wirkung auf den vor ihnen liegenden Luftraum.

Um das Wesentliche herauszuarbeiten wird man sich dabei am einfachsten auf den senkrechten Schalleinfall einer ebenen Welle auf eine absorbierend/reflektierend ausgestattete Wand beziehen. Auch die messtechnische Bestimmung der akustischen Wandeigenschaften erfolgt oft für diesen Spezialfall. Der Gewohnheit folgend, den experimentellen Nachweis der Theorie voranzustellen, beginnt das Kapitel zunächst mit den Messmethoden zur Bestimmung der akustischen Wandeigenschaften.

## 6.1 Schallausbreitung im Kundt'schen Rohr

Um die Reflexion und Absorption an einer Probe des Wandaufbaues für die definierte Bedingung senkrechten Schalleinfalles ermitteln zu können, ist es zunächst erforderlich, eine ebene Welle im Labor überhaupt erst einmal herzustellen. Sicher bringt die einfache Beschallung eines Wandstücks messtechnisch gewisse Schwierigkeiten mit sich: Eine ebene Welle ließe sich nur in kleinen Raumgebieten herstellen, man würde schwer



M. Möser, *Technische Akustik*, VDI-Buch, DOI 10.1007/978-3-662-47704-5_6

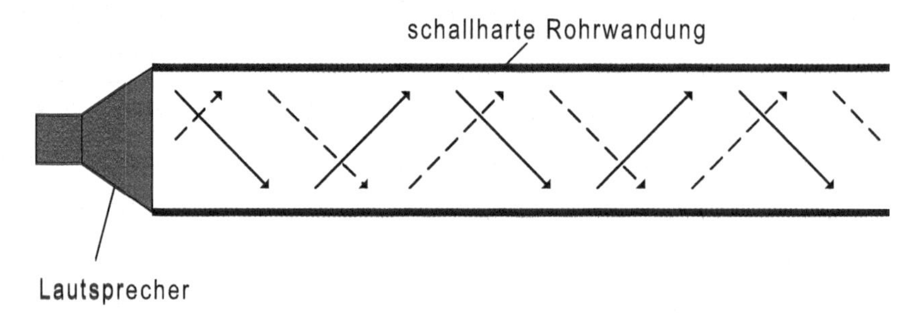


**Abb. 6.1** Prinzipieller Schall-Strahlen-Gang im Rohr

reproduzierbare Ergebnisse erhalten, die von Positionierung und Richtung des Senders abhängen.

Eindeutige und leicht wiederherstellbare Messbedingungen erreicht man dagegen, wenn der Schall in einem eindimensionalen Kontinuum „eingesperrt“ wird, indem er von einem Rohr mit schallharter Berandung innen geführt und so zur Ausbreitung längst der Rohrachse gezwungen wird. Ein solches Rohr, das zur Messung der akustischen Eigenschaften eines mit einer Probe versehenen Abschlusses dient, wird Kundt'sches Rohr genannt (Kundt benutzte es zum Nachweis der wellenförmigen Ausbreitung von Schall). Solange der Rohrdurchmesser klein verglichen mit der Wellenlänge ist, erwartet man in ihm die Schallausbreitung ebener Wellen in Achsenrichtung.

Weil das Kundt'sche Rohr als Messmittel besonders geeignet erscheint, beginnt dieses Kapitel zur „Schallabsorption“ mit seiner grundsätzlichen Betrachtung anhand eines vereinfachten, zweidimensionalen Rohr-Modells, das aus zwei parallelen, schallharten Platten besteht. Im Anschluss wird noch zu überlegen sein, wie die Ergebnisse dieser zweidimensionalen, vereinfachten Betrachtung auf den realistischeren dreidimensionalen Fall übertragen werden können.

Zwischen den zunächst betrachteten parallelen schallharten Platten in $y = 0$ und in $y = h$ breiten sich wegen der an diesen sich ereignenden Reflexionen (wie im Abb. 6.1 skizziert wird) schräg hin- und herlaufende Wellen „im Zick-Zack-Kurs“ aus. Diese einfache und gewiss zutreffende Vorstellung lässt sich wie folgt in einer Gleichung fassen:

$$p = p_0 \, \mathrm{e}^{-jk_x x} \left( \mathrm{e}^{-jk_y y} + r \, \mathrm{e}^{jk_y y} \right) . \tag{6.1}$$

Darin sind die Wellenzahlen der Querrichtung $k_y$ und der Ausbreitungsrichtung $k_x$ zunächst noch unbekannt. Wie $k_x$ und $k_y$ beschaffen sind, diese Frage bildet gerade den Hauptgegenstand der folgenden Betrachtungen, denn diese beiden Größen beschreiben das Prinzipielle der Schallübertragung im (zweidimensionalen) Rohr: $k_y$ bestimmt die mögliche Querverteilung, $k_x$ gibt an, wie diese das Rohr entlangläuft. Weil hier vor allem das Grundsätzliche des Schallübertragers „Rohr“ interessiert, sind bezüglich der Achsrichtung $x$ keine Reflexionen zugelassen worden, das Rohr wird also entweder als „unendlich lang“, oder jedenfalls als „reflexionsfrei abgeschlossen“ aufgefasst.

Für die Wellenzahl $k_y$ der Querrichtung kann man nun wegen der schallharten Berandungen in $y = 0$ und $y = h$ leicht eine Aussage treffen. Diese beiden Randbedingungen verlangen nämlich, dass die Schnellekomponente senkrecht zu den Berandungen $y = 0$ und $y = h$ gleich Null ist. Es ist also

$$\left.\frac{\partial p}{\partial y}\right|_{y=0} = \left.\frac{\partial p}{\partial y}\right|_{y=h} = 0$$

an den seitlichen Begrenzungen. Die erste Randbedingung an der Stelle $y = 0$ liefert $r = 1$. Damit wird aus (6.1)

$$p = 2p_0\,\mathrm{e}^{-jk_x x}\cos k_y y\ .$$

Die zweite Randbedingung an der Stelle $y = h$ verlangt

$$\sin k_y h = 0\ .$$

Diese sogenannte „Eigenwertgleichung" des Rohres hat die Lösungen

$$k_y = \frac{n\pi}{h}\ ; \quad n = 0, 1, 2, \ldots\ . \tag{6.2}$$

Es gibt also nur ganz bestimmte mögliche Wellenzahlen $k_y$ für die Druck-Querverteilungen im Rohr; sie werden als „Eigenwerte" bezeichnet. Zu jedem Eigenwert gehört ein ganz bestimmter Druckverlauf $f_n(y)$ bezüglich der $y$-Richtung

$$f_n(y) = \cos k_y y = \cos\left(\frac{n\pi y}{h}\right)\ ,$$

der „Eigenfunktion" oder „Mode" des Rohres genannt wird. Das Wort „Mode" bedeutet „Zustand", die Moden bestehen also in allen Druckzuständen, die auf Grund der Randbedingungen im Rohr vorkommen können.

Welche der Moden in welcher Zusammensetzung im Rohr vorkommen, darüber kann hier noch nicht entschieden werden. Man muss deshalb zunächst alle Möglichkeiten (und die damit verbundenen schrägen Wellenlaufrichtungen) zulassen. Deswegen lautet der allgemeine, sich aus (6.1) ergebende Druckansatz jetzt

$$p = \sum_{n=0}^{\infty} p_n \cos\left(\frac{n\pi y}{h}\right)\mathrm{e}^{-jk_x x}\ . \tag{6.3}$$

Die möglicherweise auftretenden, cosinus-förmigen Druck-Moden zeichnen sich (wegen den Randbedingungen) durch die Bäuche an den Rändern aus. Sie sind für $n = 0, 1, 2$ und 3 in Abb. 6.2 wiedergegeben. Es handelt sich einfach um Ausschnitte aus der

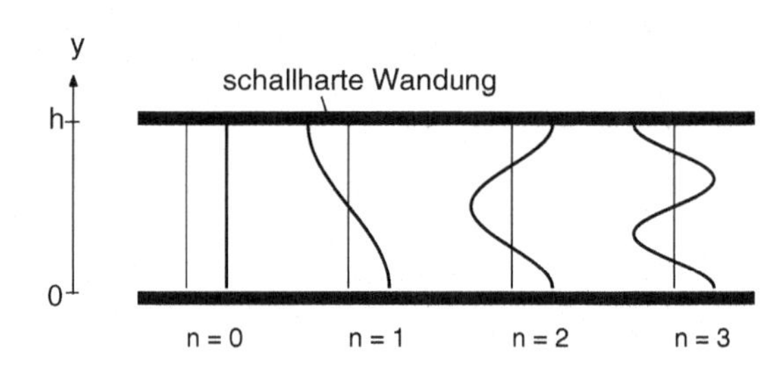


**Abb. 6.2** Schalldruck-Quermoden (zweidimensionaler Kanal)

Cosinus-Funktion, die so auf den Kanalquerschnitt übertragen werden, dass sich immer verschwindende Ableitungen (= „Druck-Bauch") an den Rändern ergeben.

Wie gesagt interessiert nun vor allem die prinzipielle Natur der Ausbreitung der einzelnen Moden, die durch die zugehörige, vom Modenindex $n$ abhängige Wellenzahl $k_x$ beschrieben wird. Letztere erhält man einfach aus der zweidimensionalen Wellengleichung

$$\frac{\partial^2 p}{\partial x^2} + \frac{\partial^2 p}{\partial y^2} + k^2 p = 0$$

($k = \omega/c$), die

$$k_x^2 = k^2 - \left(\frac{n\pi}{h}\right)^2$$

für (6.3) verlangt. Beim Wurzelziehen zur Berechnung von $k_x$ muss man voraussetzen, dass die Wellenzahl $k_x$ entweder eine Schallausbreitung entlang der $x$-Achse oder ein vom Sender weg exponentiell fallendes Nahfeld beschreibt:

$$k_x = \begin{cases} +\sqrt{k^2 - \left(\frac{n\pi}{h}\right)^2} & ; \quad |k| > \frac{n\pi}{h}, \\ -j\sqrt{\left(\frac{n\pi}{h}\right)^2 - k^2} & ; \quad |k| < \frac{n\pi}{h}, \end{cases} \tag{6.4}$$

denn exponentielles Wachstum vom Sender weg ergibt physikalisch ebensowenig einen Sinn wie eine auf den Sender zulaufende Welle. Der Eindeutigkeit wegen sei erwähnt, dass unter beiden Wurzeln in (6.4) ausdrücklich positive, reelle Zahlenwerte verstanden werden sollen.

Offensichtlich gehört zu einer Mode $n$ eine Grenzfrequenz

$$f_n = n\frac{c}{2h} \,. \tag{6.5}$$

Nur für Frequenzen $f > f_n$ oberhalb der modalen Grenzfrequenz $f_n$ findet für die betreffende Querverteilung auch eine Wellenausbreitung mit der entsprechenden Wellenzahl $k_x$ statt. Diese Tatsache drückt sich in einer reellen Wellenzahl $k_x$ aus.

Für Frequenzen unterhalb der modalen Grenzfrequenz $f < f_n$ dagegen findet für diese Mode keine Schallabstrahlung mehr statt, es liegt lediglich ein rasch abfallender Feldverlauf vor, der in größerer Entfernung vom Sender nicht mehr merklich ist. Diese Tatsache drückt sich in einer rein imaginären Wellenzahl $k_x$ aus.

Man bezeichnet die erst ab einer gewissen Frequenz überhaupt einsetzende modale Wellenfortleitung auch als „cut-on" Effekt mit der „cut-on"-Frequenz $f_n$. Der Effekt bewirkt, dass unterhalb der tiefsten Grenzfrequenz

$$f_1 = c/2h$$

(bei der die Rohrbreite $h$ gerade gleich der halben Wellenlänge ist, $\lambda_1/2 = h$) nur ein Schallfeld in Form einer ebenen Welle $n = 0$ in nicht zu kleiner Entfernung vom Sender merklich sein kann. Benutzt man also das Rohr nur unterhalb dieser Grenzfrequenz, dann können fast unabhängig von der Gestalt des Lautsprechers und seiner örtlichen Schnelleverteilung nur ebene Wellen vorkommen. Diese Tatsache wird für die Messung an Absorber-Proben ausgenutzt.

Obwohl die Bestimmung der im Ansatz (6.3) noch unbestimmt gebliebenen Druckkoeffizienten $p_n$ für die weitere Betrachtungen eigentlich nicht unbedingt erforderlich ist, bleibt es doch unbefriedigend, die Berechnung des Schallfeldes nicht zu Ende gebracht zu haben. Auch sind die erforderlichen Betrachtungen doch recht fundamental, und seien deshalb genannt.

Der Schlüssel zur Beantwortung der genannten Frage liegt einfach darin, dass die hier schon betrachtete örtliche Struktur des Schallfeldes immer von der Umgebung (hier den schallharten Platten), die sich in dieser Umgebung dann einstellende Größe des Schallfeldes aber immer von der Schallquelle bestimmt wird. So auch hier. Am einfachsten nimmt man in $x = 0$ eine flache, gestreckte Membran an, die die Schnelleverteilung $v_0(y)$ besitzen möge. Die aus dem Ansatz (6.3) berechnete, $x$-gerichtete Schallschnelle muss in $x = 0$ mit der vorgegebene Membranschnelle $v_0(y)$ übereinstimmen. Daraus erhält man

$$v_0(y) = \frac{j}{\omega\varrho}\frac{\partial p}{\partial x}\bigg|_{x=0} = \frac{1}{\varrho c}\sum_{n=0}^{\infty} p_n \frac{k_x}{k}\cos\left(\frac{n\pi y}{h}\right) .$$

Diese Bestimmungsgleichung für die noch unbekannten modalen Amplituden $p_n$ lässt sich leicht lösen. Dazu wählt man zunächst beliebig eine bestimmte, interessierende Druckamplitude mit dem Index $m$ aus. Obige Gleichung kann nun ganz einfach wie folgt nach $p_m$ aufgelöst werden. Zuerst multipliziert man beide Seiten mit $\cos(m\pi y/h)$ und integriert:

$$\frac{1}{\varrho c}\sum_{n=0}^{\infty} p_n \frac{k_x}{k}\frac{2}{h}\int_0^h \cos\left(\frac{n\pi y}{h}\right)\cos\left(\frac{m\pi y}{h}\right)\mathrm{d}y = \frac{2}{h}\int_0^h v_0(y)\cos\left(\frac{m\pi y}{h}\right)\mathrm{d}y .$$

Wegen

$$\frac{2}{h}\int_0^h \cos\left(\frac{n\pi y}{h}\right)\cos\left(\frac{m\pi y}{h}\right)\mathrm{d}y = \begin{cases} 0, & n \neq m \\ 1, & n = m \neq 0 \\ 2, & n = m = 0 \end{cases}$$

bleibt von der Summe nur das Glied mit $n = m$ übrig. Damit hat man tatsächlich nach $p_m$ aufgelöst, es gilt für diese Druckamplitude

$$p_m = \varrho c \frac{k}{k_x} \frac{2}{h} \int_0^h v_0(y) \cos\left(\frac{m\pi y}{h}\right) \mathrm{d}y \; ; \quad m \neq 0 \tag{6.6}$$

$$p_0 = \frac{\varrho c}{h} \int_0^h v_0(y) \mathrm{d}y \tag{6.7}$$

($k_x = k$ für $m = 0$). Weil $m$ beliebig gewählt worden ist, spielt die tatsächliche Wahl gar keine Rolle: Es ist ganz egal, WELCHES $m$ benutzt wurde. Deshalb lassen sich ALLE $p_m$ aus der obigen Gleichung ausrechnen. Man bezeichnet die geschilderte Methode auch – etwas mathematischer – als „Entwicklung der Lautsprecherschnelle nach den Rohr-Eigenfunktionen".

Ausdrücklich sei zum Schluss nochmals unterstrichen, dass die MODALE ZUSAMMENSETZUNG natürlich NICHT durch cut-on-Effekte bestimmt wird; sie ist einzig eine Frage der Quellstruktur. Die manchmal geäußerte Ansicht, die Moden kämen unterhalb ihrer Grenzfrequenz gar nicht vor, ist ein Irrtum: Sie treten zwar als Nahfelder auf, aber das heißt natürlich nicht, dass es sie gar nicht gibt. Wie das Kapitel über Schalldämpfer zeigt, ist der genannte Irrtum sogar ziemlich fundamental: Er würde einigen Schalldämpfern eine gar nicht wirklich vorhandene „unendlich gute" Wirkung bescheinigen.

Es bleibt noch die Frage, wie sich die Verhältnisse ändern, wenn die bisherige einfache zweidimensionale Idealisierung des Kanals durch zwei parallele, schallharte Platten aufgegeben wird und durch reale dreidimensionale Kanäle ersetzt wird. Der Antwort darauf sind die beiden folgenden Abschnitte gewidmet.

### 6.1.1 Rohre mit Rechteck-Querschnitt

Am einfachsten gestalten sich die Betrachtungen der dreidimensionalen Ausbreitung für den Rechteckkanal mit vier Begrenzungsflächen. Wieder müssen an den Rändern $y = 0, a$ und $z = 0, b$ Druckbäuche vorliegen, deshalb bestehen die zweidimensionalen Druckmoden in

$$p = \sum_{n=0}^{\infty} \sum_{m=0}^{\infty} p_{nm} \cos\left(\frac{n\pi y}{a}\right) \cos\left(\frac{m\pi z}{b}\right) \mathrm{e}^{-jk_x x} \, , \tag{6.8}$$

worin $a$ und $b$ die Querabmessungen des Rechteck-Querschnitts bezeichnen. Die Moden sind also einfach Produkte von eindimensionalen Querverteilungen. Wie man wieder aus der Wellengleichung sieht, betragen die cut-on-Frequenzen

$$f_{nm} = \frac{c}{2} \sqrt{\frac{n^2}{a^2} + \frac{m^2}{b^2}} \, , \tag{6.9}$$

deren tiefste ($f_{01}$ bzw. $f_{10}$) durch die größere Querabmessung gegeben ist.

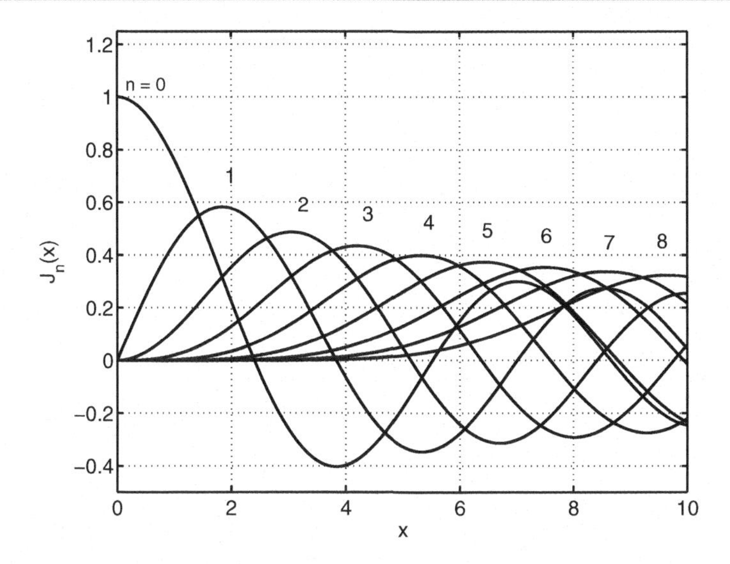


**Abb. 6.3** Besselfunktionen $J_n(x)$ der Ordnungen 0 bis 8

Es hat sich also am Prinzip nichts geändert: Zweidimensional wie dreidimensional lässt sich das Schallfeld im Rohr aus Moden zusammensetzen. Jede Mode verfügt dabei über einen cut-on-Effekt. Die modalen Amplituden errechnen sich aus der Quelle.

### 6.1.2 Rohre mit Kreis-Querschnitt

Und diese beiden Sachverhalte gelten schließlich auch für das zylindrische Rohr mit Kreisquerschnitt, das für Messungen sehr oft benutzt wird. Auch dafür ändert sich nichts am Prinzip des aus Querverteilungen zusammengesetzten Schallfeldes, von denen jede eine cut-on-Frequenz besitzt. Für den Schalldruck gilt

$$p = \sum_{n=0}^{\infty} \sum_{m=1}^{\infty} p_{nm} \cos(n\varphi)\, J_n\left(x_{nm}\frac{r}{a}\right) \mathrm{e}^{-jk_z z} \,. \tag{6.10}$$

Darin stellen $r, \varphi, z$ die Koordinaten des Kreiszylinders dar, die Koordinate $z$ bildet die Achse des Rohres mit der schallharten Wandung in $r = b$. Der Einfachheit halber sind nur geradsymmetrische Druckverteilungen $\cos n\varphi$ zugelassen worden (im allgemeineren Fall ohne Symmetrien kommen noch Ausdrücke mit $\sin(n\varphi)$ dazu). Unter $J_n(x)$ sind die in Abb. 6.3 gezeigten sogenannten Besselfunktionen der Ordnungen $n$ mit $n = 0, 1, 2, \cdots$ zu verstehen. Die Faktoren $x_{nm}$ geben die Nullstellen der (ersten) Ableitung der Besselfunktionen an, die sich (etwa) auch in Abb. 6.3 ablesen lassen. Beispielsweise gilt für die ersten Nullstellen der Ableitung von $J_0(x)$ $x_{01} = 0$, $x_{02} \approx 3{,}8$ und $x_{03} \approx 6{,}7$ (die

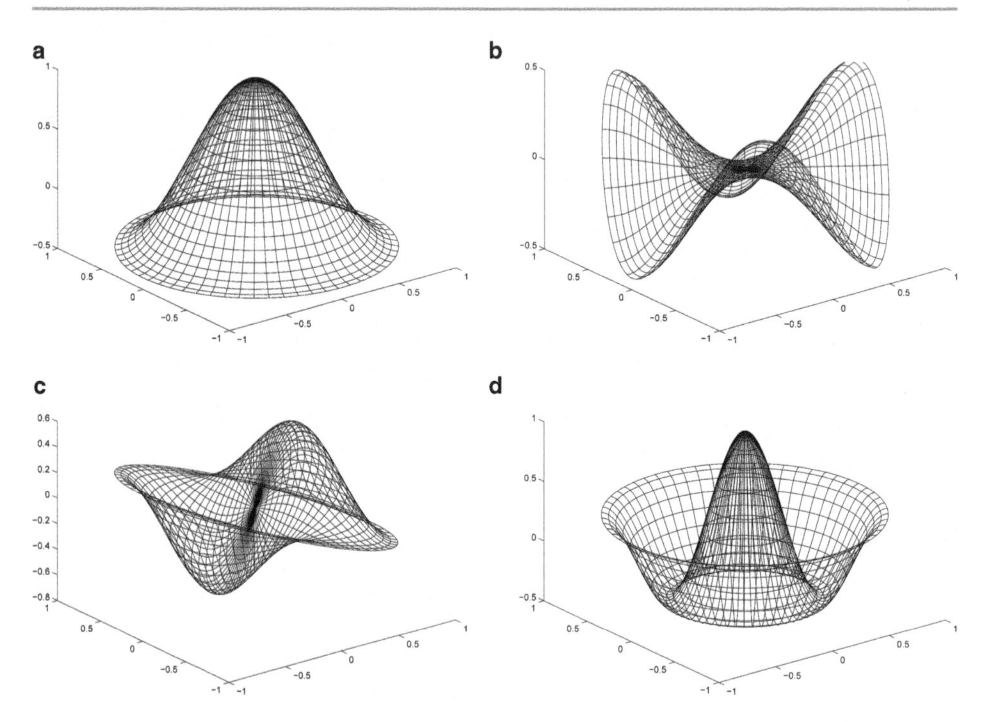


**Abb. 6.4** Beispiele für Schalldruck-Quermoden im Kanal mit Kreisquerschnitt **a** $x_{nm} = 3{,}832$, **b** $x_{nm} = 4{,}201$, **c** $x_{nm} = 5{,}331$, **d** $x_{nm} = 7{,}016$

auf 3 Nachkommastellen genaueren Zahlenwerte findet man in Tab. 6.1). Einige Moden $J_n(x_{nm}r/a)\cos(n\varphi)$ sind in Abb. 6.4 zusammengestellt. Für die Wellenzahlen $k_z$, die die Schallausbreitung der Moden in Rohr-Achsrichtung beschreiben, gilt wegen der Wellengleichung

$$k_z^2 = k^2 - \left(\frac{x_{nm}}{a}\right)^2 . \tag{6.11}$$

Ist die rechte Seite in dieser Gleichung positiv, dann handelt es sich bei der betreffenden Mode um eine ausbreitungsfähige Welle mit reeller Wellenzahl. Wird die rechte Seite dagegen negativ, dann liegt ein Nahfeld mit imaginärer Wellenzahl vor. Daher gehören zu den Moden die cut-on-Frequenzen

$$f_{nm} = x_{nm}\frac{c}{2\pi a} ,$$

wobei für $x_{nm}$ ein Zahlenwert aus der aufsteigend geordneten Tab. 6.1 eingesetzt wird.

**Tab. 6.1** Nullstellen $x_{nm}$ der Besselfunktionen, der Größe nach geordnet. Aus diesen Faktoren können die cut-on Frequenzen kreiszylindrischer Rohre berechnet werden

| $x_{nm}$ | 0 | 1,841 | 3,054 | 3,832 | 4,201 | 5,331 | 6,706 | 7,016 |
|---|---|---|---|---|---|---|---|---|

Die tiefste cut-on-Frequenz

$$f_1 = 0{,}59 \frac{c}{2a} \tag{6.12}$$

ist etwa gleich groß wie bei einem quadratische Rechteck-Kanal ($f_1 = 0{,}5c/b$, $b =$ Seitenlänge) mit gleicher Fläche ($b = \sqrt{\pi} a$).

Auch im kreiszylindrischen Rohr besteht das Schallfeld aus einer Modensumme. Jede Mode besitzt einen cut-on-Effekt. Die modalen Amplituden errechnen sich auch diesmal aus der Quelle.

## 6.2 Messungen im Kundt'schen Rohr

Wie der letzte Abschnitt zeigt ist das Kundt'sche Rohr ein Modenfilter; es kann deshalb unterhalb der tiefsten cut-on-Frequenz zur gezielten Erzeugung einer ebenen Welle genutzt werden. Damit verfügt man über eine Messeinrichtung zur Charakterisierung von teilweise absorbierenden und teilweise reflektierenden Anordnungen bei senkrechtem Schalleinfall.

Zu diesem Zweck wird das Rohr am Ende mit einer Probe des zu untersuchenden Aufbaues (z. B. einer Schicht aus Faserdämmstoff auf starrem Untergrund) abgeschlossen (Abb. 6.5). Das sich im Rohr bei Anregung mit reinen Tönen einstellende Schalldruckfeld besteht aus dem auf die Probe zueilenden und dem reflektierten Wellenanteil:

$$p = p_0 \left\{ \mathrm{e}^{-jkx} + r\,\mathrm{e}^{jkx} \right\} . \tag{6.13}$$

Dabei bedeutet $r$ den Druckreflexionsfaktor der Probe, der gleich dem Verhältnis $p_-/p_+$ aus den Schalldrücken von hinlaufender

$$p_+ = p_0\,\mathrm{e}^{-jkx} \tag{6.14}$$

und rücklaufender Welle

$$p_- = p_0 r\,\mathrm{e}^{jkx} \tag{6.15}$$

an der Stelle der Probenoberfläche $x = 0$ ist. Weil die Reflexion allgemein eine Phasenverschiebung der Wellenteile beinhalten kann, ist der Reflexionsfaktor

$$r = R\,\mathrm{e}^{j\varphi} \tag{6.16}$$

($R =$ Betrag von $r$) als komplexe Zahl anzusehen. Zum Beispiel muss das in eine rückseitig schallhart begrenzte Absorberschicht eindringende Schallfeld zweimal die Schichtdicke passieren, bis es als reflektierte Welle die Schichtoberfläche wieder verlässt. Die damit verbundene Laufzeit muss notwendigerweise durch einen komplexwertigen Reflexionsfaktor erfasst werden.

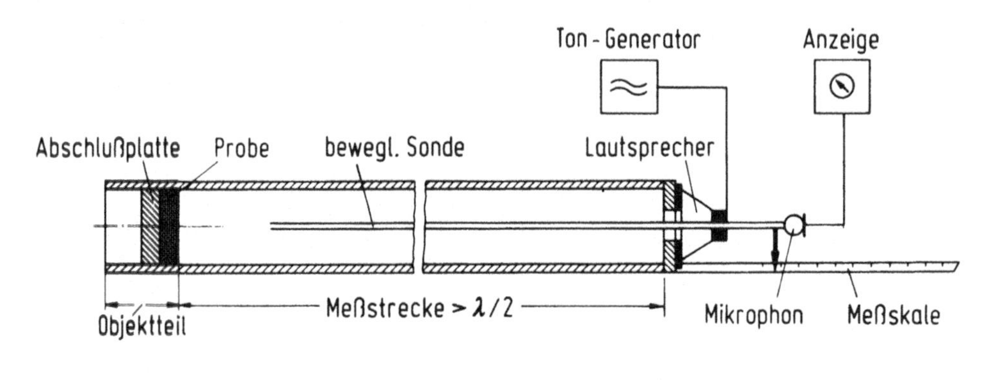


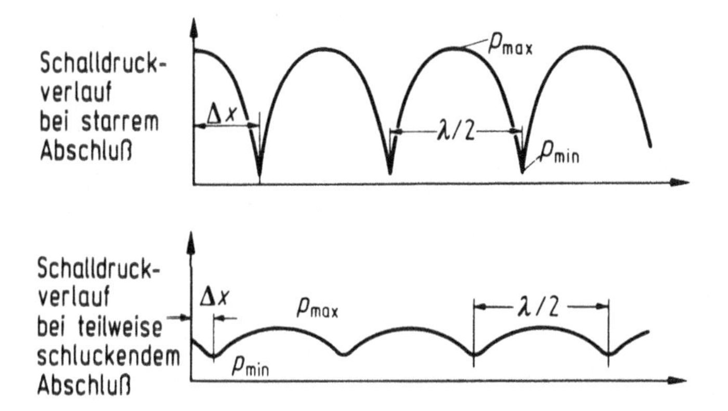


**Abb. 6.5** Messaufbau zur Bestimmung von Absorptionsgrad und Impedanz im Rohr

Wie gesagt drückt (6.13) das Wellenfeld durch die Summe zweier gegenläufiger Wellen aus, wobei der reflektierte Anteil $p_-$ wegen $R \leq 1$ eine kleinere Amplitude besitzen kann; darin ist gerade der Fall unvollständiger Reflexion enthalten. Um sich einen Überblick über den Ortsverlauf des Schallfeldes zu verschaffen, denkt man sich die hinlaufende Welle $p_+$ in einen vollständig reflektierten Anteil und den verbleibenden Rest zerlegt:

$$p_+ = p_0 r \, \mathrm{e}^{-jkx} + p_0(1-r)\, \mathrm{e}^{-jkx} \, .$$

Das Gesamtfeld

$$p = p_0 r \left(\mathrm{e}^{-jkx} + \mathrm{e}^{jkx}\right) + p_0(1-r)\, \mathrm{e}^{-jkx} = 2p_0 r \, \cos(kx) + p_0(1-r)\, \mathrm{e}^{-jkx}$$

ist demnach aus der Summe einer stehenden Welle

$$p_\mathrm{s} = 2p_0 r \, \cos(kx) \tag{6.17}$$

und einer in $x$-Richtung fortschreitenden Welle

$$p_\mathrm{f} = p_0(1-r)\, \mathrm{e}^{-jkx} \tag{6.18}$$

zusammengesetzt (siehe auch Abschn. 2.5),

$$p = p_s + p_f\,.$$

Wie man sich leicht vorstellen kann, drückt sich das Zusammenspiel von stehender und fortschreitender Welle in der Welligkeit des örtlich gemessenen Effektivwertes aus. Bei Totalreflexion $r = 1$ wird das Schallfeld nämlich nur von der stehenden Welle mit dem Effektivwert $\tilde{p}$

$$r = 1: \quad \tilde{p}^2 = 2p_0^2 \cos^2(kx)$$

(siehe auch Abb. 6.5) bestimmt, ein Ortsverlauf mit großer Welligkeit. Ohne Reflexion $r = 0$ dagegen wäre das Wellenfeld nur durch die fortschreitende Welle

$$r = 0: \quad \tilde{p}^2 = \frac{p_0^2}{2}$$

mit örtlich konstantem Effektivwert gegeben. Zwischen diesen beiden Extremfällen stellt sich eine Welligkeit $\tilde{p}_{\mathrm{min}}/\tilde{p}_{\mathrm{max}}$ des Ortsverlaufs ein, die sich durch das Zusammenwirken von stehender und fortschreitender Welle erklärt. Offensichtlich ist die Welligkeit $\tilde{p}_{\mathrm{min}}/\tilde{p}_{\mathrm{max}}$ des Ortsverlaufs $\tilde{p}(x)$ direkt ein Maß für den Reflexionsfaktor, den man deshalb aus der Messung dieses Druckverhältnisses bestimmen kann.

### 6.2.1 Mini-Max-Verfahren

Die interessierende Messvorschrift lässt sich leicht herleiten. Dazu wird zunächst der Ortsverlauf des quadrierten Effektivwertes aus (6.13) berechnet:

$$\begin{aligned}\tilde{p}^2 &= \frac{1}{2}|p|^2 = \frac{1}{2}pp^* = \frac{1}{2}p_0^2\left(\mathrm{e}^{-jkx} + R\,\mathrm{e}^{j(kx+\varphi)}\right)\left(\mathrm{e}^{jkx} + R\,\mathrm{e}^{-j(kx+\varphi)}\right)\\ &= \frac{1}{2}p_0^2\left[1 + R^2 + 2R\cos(2kx+\varphi)\right]\,. \end{aligned} \tag{6.19}$$

Die Maximalwerte davon treten offensichtlich bei $2kx + \varphi = 0, \pm 2\pi, \pm 4\pi, \ldots$ auf, für sie gilt

$$\tilde{p}_{\mathrm{max}}^2 = \frac{1}{2}p_0^2\left(1 + R^2 + 2R\right) = \frac{1}{2}p_0^2(1+R)^2\,. \tag{6.20}$$

Die Minimalwerte treten bei $2kx + \varphi = \pm\pi, \pm 3\pi, \ldots$ auf, für sie gilt

$$\tilde{p}_{\mathrm{min}}^2 = \frac{1}{2}p_0^2\left(1 + R^2 - 2R\right) = \frac{1}{2}p_0^2(1-R)^2\,. \tag{6.21}$$

Demnach gilt für das Verhältnis

$$\mu = \frac{\tilde{p}_{\min}}{\tilde{p}_{\max}} = \frac{1-R}{1+R}\,, \tag{6.22}$$

oder

$$R = \frac{1-\mu}{1+\mu}\,. \tag{6.23}$$

Gleichung (6.23) gibt unmittelbar die Messvorschrift zur Ermittlung des Reflexionsfaktor-Betrages an. Durch Verschieben einer Messsonde auf der Rohr-Achse (Abb. 6.5) können Maximum und Minimum des Effektivwertes leicht ermittelt werden. Da nur das Verhältnis interessiert, ist eine Kalibration nicht erforderlich.

Meist gibt man zur Charakterisierung von Proben nicht den Reflexionsfaktor $R$, sondern den Verlustgrad $\beta$ an. Er ist definiert als das Verhältnis aus der durch die Probenoberfläche fließenden Leistung $\underline{P}_\beta$ und der auf sie auftreffenden Leistung $\underline{P}_+$:

$$\beta = \frac{\underline{P}_\beta}{\underline{P}_+}\,.$$

Allgemein setzt sich dabei die dem Rohr entzogene Leistung $P$ zusammen aus einem wirklichen Verlustanteil $\underline{P}_\alpha$, der durch Umwandlung von Schallenergie in Wärme zustande kommt und einem Anteil $\underline{P}_\tau$, der den Transport von Schallenergie nach außen beinhalten kann (z. B. bei einem offenen oder „fast offenen“ Rohr),

$$\underline{P}_\beta = \underline{P}_\alpha + \underline{P}_\tau\,.$$

Ähnlich wie beim Verlustgrad $\beta$ definiert man:

- den Absorptionsgrad $\alpha = \underline{P}_\alpha/\underline{P}_+$ und
- den Transmissionsgrad $\tau = \underline{P}_\tau/\underline{P}_+$.

Offensichtlich gilt

$$\beta = \alpha + \tau\,.$$

Natürlich kann man bei der beschriebenen Messung im Rohr nur die Gesamtverluste $\beta$, nicht aber ihre Ursachen $\alpha$ und $\tau$ aufschlüsseln. Bei fast allen Anwendungen ist die Interpretation jedoch einfach:

- Bei absorbierenden Proben mit rückseitigem schallhartem Abschluss ist immer $\beta = \alpha$; es sind fast immer solche Proben, die praktisch interessieren.
- Bei dünnen, leichten Abschlüssen ohne absorbierende Schicht ist $\beta = \tau$. Solche sehr leichten Abschlüsse kommen praktisch nicht sehr oft vor; sie werden hier mehr der vollständigen Beschreibung wegen aufgeführt. Ein Beispiel bestünde in einer kleinen Flächenmasse (einem Vorhang aus nicht-porösem Material) zur Abtrennung eines Raumteiles.

Der Zusammenhang zwischen Reflexionsfaktor $R$ und Verlustgrad $\beta$ ergibt sich aus dem Energieerhaltungssatz

$$\underline{P}_+ = \underline{P}_\beta + \underline{P}_- \,,$$

worin $\underline{P}_-$ die reflektierte Leistung bezeichnet. Da es sich um ebene Wellen handelt ist

$$\underline{P}_- = R^2 \underline{P}_+ \,,$$

daraus folgt mit der Definition von $\beta$

$$\underline{P}_+ = \beta \underline{P}_+ + R^2 \underline{P}_+ \,,$$

oder

$$\beta = 1 - R^2 \,. \tag{6.24}$$

Durch Einsetzen von (6.23) erhält man schließlich den Zusammenhang zwischen $\beta$ und dem Welligkeitsparameter $\mu$:

$$\beta = \frac{2}{1 + \frac{1}{2}\left(\mu + \frac{1}{\mu}\right)} \,. \tag{6.25}$$

Wie gezeigt lässt sich der Verlustgrad (und der Betrag des Reflexionsfaktors) aus der Welligkeit des örtlichen Schalldruck-Effektivwert-Verlaufs berechnen. Zur Bestimmung der Phase $\varphi$ des Reflexionsfaktors kann man darüber hinaus noch die Lage der relativen Extrema heranziehen. Da die Minima im allgemeinen praktisch genauer lokalisiert werden können als die Maxima, benutzt man dazu die Lage $x_{\mathrm{min}}$ des ersten, vor der Probe vorgefundenen Minimums, für das

$$2kx_{\mathrm{min}} + \varphi = \pm\pi$$

oder

$$\varphi = \pi \left( \frac{|x_{\mathrm{min}}|}{\lambda/4} \pm 1 \right) \tag{6.26}$$

gilt (man beachte $x_{\mathrm{min}} < 0$ wegen der gewählten Lage des Koordinatenursprungs, es gilt also $x_{\mathrm{min}} = -|x_{\mathrm{min}}|$). Damit ist dann auch der komplexe Reflexionsfaktor $r = R\,\mathrm{e}^{j\varphi}$ bekannt. Bei dem oben geschilderten Verfahren der Bestimmung des Absorptionsgrades aus der Welligkeit sollte darauf geachtet werden, dass zur Ermittlung von $\mu$ das zur Probe nächst-benachbarte Minimum verwendet wird. Der Grund dafür besteht in den unvermeidlichen Verlusten, welche eine Dämpfung der Schallwelle längst ihres Ausbreitungsweges bewirken. Als physikalische Ursachen dafür kommt die immer vorhandene, allerdings sehr geringe innere Luftdämpfung, aber auch die Energieabgabe nach außen in Frage: Natürlich haben Rohrwandungen oft eine hohe, dabei aber gewiss endlich große Luftschalldämmung, so dass immer auch ein wenig Schallenergie durch die Wandung nach außen dringt (bei selbstgebauten Rechteckkanälen z. B. aus Holz tritt dieser Effekt oft recht deutlich zu Tage). Beide Ursachen scheinen eine Minderung des Reflexionsfaktors hervorzurufen und zwar umso mehr, je länger der Weg des vom Sender abgegebenen Schalles ist. Man beobachtet also immer einen höheren Absorptionsgrad als tatsächlich durch die Probe gegeben, und zwar um so mehr, je weiter sich der Messpunkt von der Probenfläche entfernt.

Für ein Rohr mit schallhartem Abschluss wäre also der beobachtete Reflexionsfaktor

$$R = 1 - \Delta R|x|$$

an der Stelle $x$ um die Rohrverluste $\Delta R|x|$ scheinbar vermindert. Sehr kleine Dämpfungen pro Länge $\Delta R$ sind im Normalfall sicher realistisch. Für sie ist dann nach (6.20) und (6.21)

$$\tilde{p}^2_{\max} = \frac{1}{2}p_0^2\,(1 + 1 - \Delta R|x|)^2 \approx 2p_0^2$$
$$\tilde{p}^2_{\min} = \frac{1}{2}p_0^2\,(1 - (1 - \Delta R|x|))^2 \approx \frac{1}{2}p_0^2 \Delta R^2 x^2 \,.$$

Die Rohrdämpfung ist praktisch nur in den Minima erkennbar, die minimalen Effektivwerte liegen auf der Geraden über $x$

$$p_{\min} = p_0 \Delta R x / \sqrt{2} \,.$$

Die Maxima dagegen bleiben von den Verlusten fast unberührt.

Bei Anwendung des hier beschriebenen Verfahrens sollte die Norm EN ISO 10534-1: ‚Akustik – Bestimmung des Schallabsorptionsgrades und der Impedanz in Impedanzrohren – Teil 1: Verfahren mit Stehwellenverhältnis' (von 2001) beachtet werden.

### 6.2.2 Wellentrennung

Der Absorptionsgrad kann auch mit einer aus zwei Mikrophonen bestehenden Sonde gemessen werden. Diese Methode ähnelt der Intensitätsmesstechnik, bei der die Schallschnelle – im Prinzip – ebenfalls aus zwei Mikrophonsignalen bestimmt wird. Etwas formaler gedacht lässt sich der Wellenansatz

$$p = p_0 \left\{ \mathrm{e}^{-jkx} + r\,\mathrm{e}^{jkx} \right\}$$

für die Ausbreitung im eindimensionalen Kontinuum als Feldbeschreibung mit den beiden unbekannten Parametern $p_0$ und $r$ auffassen, die aus zwei gemessenen Schalldrücken bestimmt werden. Man bestimmt auf diese Weise letztlich die Amplituden der beteiligten gegenläufigen Wellen. Deshalb könnte man das Verfahren auch als ‚Wellentrennung' bezeichnen.

Die beiden Messmikrophone bestimmen bei der Wellentrennung den Druck $p_1$ an der beliebig gewählten Stelle $x = x$ und den Druck $p_2$ an der Stelle $x = x - \Delta x$. Für den Quotienten $p_1/p_2$ der komplexen Amplituden gilt dann

$$\frac{p_1}{p_2} = \frac{e^{-jkx} + r\,e^{jkx}}{e^{-jk(x-\Delta x)} + r\,e^{jk(x-\Delta x)}}\,. \tag{6.27}$$

Daraus erhält man für den Reflexionsfaktor

$$r = -e^{-j2kx}\frac{1 - \frac{p_1}{p_2}\,e^{jk\Delta x}}{1 - \frac{p_1}{p_2}\,e^{-jk\Delta x}}. \tag{6.28}$$

Wie man sieht ist der Betrag $R$ des Reflexionsfaktors $r$ von der Wahl des Messortes $x$ unabhängig. Das Schalldruckverhältnis muss nach Betrag und Phase ermittelt werden. Dass gerade in der Phase eine wesentliche Information enthalten ist erkennt man aus der Annahme eines reellwertigen Druckverhältnisses (das stehenden Wellen entspricht). In diesem Fall ist nämlich mit

$$|r| = \left|\frac{\left(1 - \frac{p_1}{p_2}\cos k\Delta x\right) - \left(j\,\frac{p_1}{p_2}\,\sin k\Delta x\right)}{\left(1 - \frac{p_1}{p_2}\cos k\Delta x\right) + \left(j\,\frac{p_1}{p_2}\,\sin k\Delta x\right)}\right|$$

der Betrag des Reflexionsfaktors – unabhängig von der Größe des Druckverhältnisses $p_1/p_2$ – stets $R = 1$. Nur mit der richtigen Phaseninformation also können nicht vollständig reflektierende Anordnungen beschrieben werden. So ergibt sich zum Beispiel für $p_1/p_2 = e^{-jk\Delta x}$ aus (6.28) ganz zutreffend $r = 0$.

Bei der Messung muss nicht notwendigerweise mit monofrequenten Signalen angeregt werden, im Gegenteil ist breitbandige Anregung durch weißes oder rosa Rauschen üblich. In diesem Fall ist zunächst die Ermittlung der komplexen Amplitudenspektren durch eine numerische Spektralzerlegung (z. B. mit Hilfe eines FFT-Analysators) erforderlich. Unter $p_1/p_2$ ist dann das Verhältnis der zu einer enthaltenen Frequenz $\omega$ gehörenden komplexen Amplituden ‚nach Fourieranalyse der Signale' zu verstehen. Der Wert der Wellenzahl $k = \omega/c$ wird aus der zugeordneten Frequenz berechnet. Damit lässt sich (6.28) auch direkt als Frequenzgang $r$ lesen, der mit Hilfe von $\alpha = 1 - |r|^2$ auch direkt in den Frequenzgang des Absorptionsgrades umgerechnet werden kann.

Wegen der Verwandtschaft zum Intensitätsmessverfahren sind auch die Probleme und Fehlerquellen bei der Zwei-Mikrophon-Technik zur Messung der Schallabsorption ähnlich. Die meisten Reflektoren absorbieren tieffrequente Schalle nur schlecht. Im Rohr entstehen deshalb vorwiegend stehende Wellen. Kleine Unterschiede im Phasengang der Mikrophone (die übrigens auch durch nicht genau angegebene Messabstände $\Delta x$ erzeugt werden können) spiegeln dann eine gar nicht vorhandene Intensität in Rohr-Achsenrichtung vor. Zeigt diese auf den Rohrabschluss zu, dann ist der gemessene Wert des Absorptionsgrades größer als der tatsächliche Wert. Zeigt die Intensität vom Rohrabschluss weg und damit zur Quelle hin, dann scheint der Abschluss ‚aktiv' geworden zu sein; ein negativer Absorptionsgrad wäre die Folge.

Auch das ‚Wellentrennungs-Verfahren' ist genormt, siehe dazu die Norm EN ISO 10534-2: ‚Akustik – Bestimmung des Schallabsorptionsgrades und der Impedanz in Impedanzrohren – Teil 2: Verfahren mit Übertragungsfunktion' (von 1998).

Abschließend sei noch ein drittes Verfahren zur Messung des Absorptionsgrades erwähnt. Dieses sogenannte ‚In-situ-Messverfahren' ist vor allem für die Beobachtung von absorbierenden Aufbauten von Interesse, von denen die Vermutung besteht, dass diese über kurz oder lang ihre schluckenden Eigenschaften ändern, die also ‚altern' können. Insbesondere besteht dieser Verdacht für besondere Fahrbahnbeläge von Straßen (‚Flüsterasphalt'), weil sich die Poren durch Abrieb und Staubeintrag zusetzen können.

Das Verfahren kommt mit nur einem einzigen Sensor aus. Das Mikrophon befindet sich dabei zwischen einem Lautsprecher und der zu prüfenden Oberfläche. Die Lautsprecher-Ansteuerung erfolgt mit einem kurzzeitigen Impuls. Das Mikrophon empfängt sowohl den Schalldruck-Zeitverlauf der auf den Reflektor zulaufenden Welle als auch den reflektierten Anteil. Zur Bestimmung des Reflexionsfaktors – und damit auch des Absorptionsgrades – ist noch eine Zusatzinformation über die hinlaufende Welle alleine erforderlich. Diese kann man entweder erhalten,

- wenn sich hinlaufender und rücklaufender Anteil auf Grund ihrer zeitlichen Verschiebung gegeneinander im Messsignal voneinander trennen lassen,
- oder durch eine zweite Messung ohne Reflektor, bei der z. B. die Sende- und Messeinrichtung vom Reflektor weg auf eine zu ihm parallele Richtung gedreht wird.

Die Einzelheiten des Verfahrens sind in der ISO 13472-1: ‚Akustik – Messung der Schallabsorptionseigenschaften vor Ort – Teil 1: Freifeldverfahren' (von 2002) geschildert.

## 6.3 Die Wandimpedanz

Die im letzten Abschnitt behandelten Größen und die zugehörigen Messverfahren beantworten die Frage, wie ein „nun einmal vorhandener Wandaufbau" akustisch wirkt. Rückschlüsse, für welche spezifischen Wandaufbauten welche akustischen Wirkungen erwartet werden können, sind mit dem bisherigen Beschreibungsapparat nicht möglich.

Eine Größe, die den speziellen Aufbau einer reflektierenden Einrichtung beschreibt, ist die Wandimpedanz $z$. Unter ihr soll einfach das Verhältnis aus Druck und Schallschnelle auf der Wandoberfläche $x = 0$ verstanden werden:

$$z = \frac{p(0)}{v(0)} \,. \tag{6.29}$$

In welcher Weise die Wandimpedanz den jeweiligen Wandaufbau beschreibt, diese Frage ist Gegenstand des Abschn. 6.5. Im vorliegenden Abschnitt wird zunächst nur nach dem Zusammenhang zwischen „der neuen und den alten Größen" gefragt.

Der Zusammenhang zwischen der Aufbau-beschreibenden Größe $z$ und der Wirkungs-beschreibenden Größe $\beta$ (bzw. $\alpha$ oder $\tau$) ist rasch geklärt. Mit der getroffenen Wahl des Koordinatensystems so, dass dessen Nullpunkt wieder auf der Wandoberfläche liegt, ist

$$p = p_0 \left(\mathrm{e}^{-jkx} + r\,\mathrm{e}^{jkx}\right) \tag{6.30}$$

und

$$v = \frac{j}{\omega\varrho}\frac{\partial p}{\partial x} = \frac{p_0}{\varrho\,c}\left(\mathrm{e}^{-jkx} - r\,\mathrm{e}^{jkx}\right) \tag{6.31}$$

im Bereich $x < 0$ vor der Wand. Die Wandimpedanz ist also durch

$$\frac{z}{\varrho\,c} = \frac{1+r}{1-r} \tag{6.32}$$

mit dem Reflexionsfaktor verknüpft.

Wie schon erwähnt benutzt man statt des Reflexionsfaktors fast immer den Absorptionsgrad. Deshalb wird jetzt noch der Zusammenhang zwischen $\beta$ und $z$ angegeben. Dazu löst man (6.32) nach $r$ auf,

$$r = \frac{\frac{z}{\varrho\,c} - 1}{\frac{z}{\varrho\,c} + 1},$$

und rechnet daraus den Verlustgrad $\beta$ aus:

$$\beta = 1 - |r|^2 = \frac{4\mathrm{Re}\,\{z/\varrho\,c\}}{[\mathrm{Re}\,\{z/\varrho\,c\} + 1]^2 + [\mathrm{Im}\,\{z/\varrho\,c\}]^2}\,. \tag{6.33}$$

Aus naheliegenden Gründen bezeichnet man (6.33) als „Anpassungsgesetz“. Wie man sieht wird nämlich ein großer Verlustgrad für den Anpassungsfall $z = \varrho\,c$ erreicht, dann ist $\beta = 1$. Dieser Fall kann hergestellt werden entweder durch eine vollständig schluckende Anordnung $\alpha = 1$ (und $\tau = 0$); oder theoretisch auch durch eine einfache (reflexionsfrei gedachte) Rohr-Fortführung mit $\tau = 1$ (bei $\alpha = 0$). Wie man sieht sind Imaginärteile der Impedanz immer „schädlich für die Absorption“: $\beta$ ist ein Maximum immer dann, wenn der Imaginärteil von $z$ gleich Null wird, $\mathrm{Im}\{z\} = 0$. Bei der Behandlung und Betrachtung von Wandimpedanzen wird später ihr komplexwertiger Frequenzgang in der komplexen Wandimpedanz-Ebene graphisch eingetragen werden. Für jede fest gewählte Frequenz gewinnt man einen bestimmten komplexen Zahlenwert – einen Punkt in der komplexen $z/\varrho\,c$-Ebene. Ändert man die Frequenz, dann wandert der Punkt entlang einer Kurve, die ORTSKURVE genannt wird. Kennt man jetzt noch die Linien konstanten Verlustgrades in der komplexen Wandimpedanzebene, dann kann man aus der Kurvenschar $\beta = \text{const.}$ und der Ortskurve auch den Frequenzgang von $\beta$ ablesen.

Die Linien $\beta = \text{const.}$ in der Wandimpedanzebene erhält man durch folgende einfache Betrachtungen. Nur um Schreibarbeit zu sparen setzt man für Real- und Imaginärteil von $z/\varrho\,c$ in (6.33) kurz $x$ und $y$,

$$x = \mathrm{Re}\{z/\varrho\,c\}, \quad y = \mathrm{Im}\{z/\varrho\,c\}\,, \tag{6.34}$$

dann wird aus (6.33)

$$(x+1)^2 - \frac{4}{\beta}x + y^2 = 0\,. \tag{6.35}$$

Wie man aus dem Vergleich mit der allgemeinen Kreisgleichung

$$(x - x_c)^2 + (y - y_c)^2 = a^2 \tag{6.36}$$

($x_c$, $y_c$: Mittelpunkts-Koordinaten, $a$ = Radius des Kreises) erkennt, beschreibt die umgeformte Gleichung (6.35)

$$\left(x - \left(\frac{2}{\beta} - 1\right)\right)^2 + y^2 = \frac{4}{\beta}\left(\frac{1}{\beta} - 1\right) \tag{6.37}$$

Kreise. Linien $\beta$ = const. sind demnach Kreise mit Mittelpunkten auf der reellen Achse und der Mittelpunkts-Koordinate

$$x_c = \frac{2}{\beta} - 1 \tag{6.38}$$

und dem Radius

$$a = \sqrt{\frac{4}{\beta}\left(\frac{1}{\beta} - 1\right)}\,. \tag{6.39}$$

Abbildung 6.6 zeigt einige Linien $\beta$ = const. für $\beta$ = 0,5; 0,55; 0,6...0,9 und 0,95 (hier ist – wie im Folgenden stets – $\alpha = \beta$ angenommen worden). Wie man sieht umschlingen die Kreise einander; ihr Mittelpunkt wandert mit fallendem $\beta$ immer weiter nach rechts,

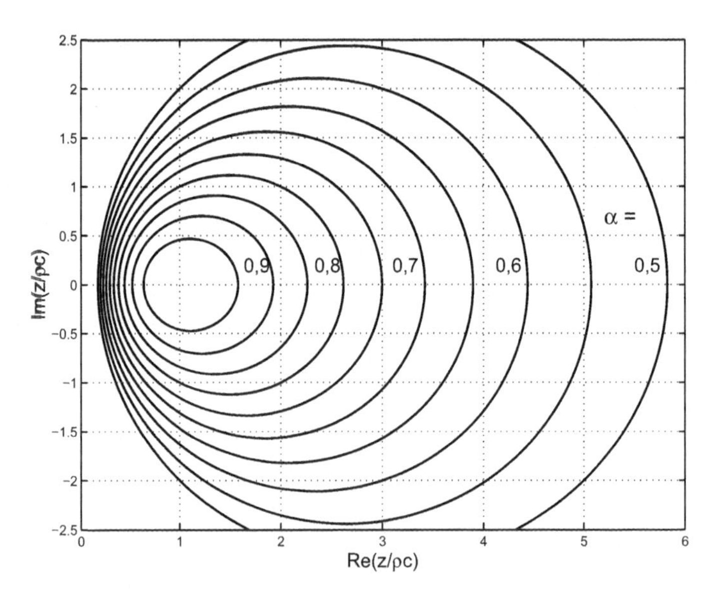


**Abb. 6.6** Kreise konstanten Absorptionsgrades in der Wandimpedanz-Ebene

während der Radius zunimmt. Man bezeichnet die Kurven $\beta = \text{const.}$ auch als „Apollonische Kreise". Im Fall $\beta = 1$ wird der Kreis zum Punkt $z/\varrho c = 1$. Zu $\beta = 0$ gehört die imaginäre Achse.

## 6.4 Theorie des quasi-homogenen Absorbers

In den letzten Abschnitten sind die Begriffe zur Beschreibung von schallreflektierenden und schallabsorbierenden Anordnungen erklärt worden. Im Folgenden wird auf die physikalischen Anordnungen selbst und den durch sie bewirkten Absorptionsgrad eingegangen.

Dabei spielt insbesondere das Absorbermaterial eine wichtige Rolle, das zum Zweck der gezielten Schallabsorption benutzt wird. Verwendet werden poröse, faserige Materialien, die aus vielen Fasern oder Zellen zusammengesetzt sind, z. B. Glas- bzw. Mineralwolle, Kokosfasern, Filze, Holzschliff oder offenzellige Schäume. Die wesentliche Eigenschaft von aus solchen Materialien hergestellten Platten besteht darin, dass sie einer durch sie hindurchfließenden Luftströmung einen Widerstand $r_s$ entgegensetzen. Dadurch stellt sich eine Druckdifferenz

$$p_1 - p_2 = r_s U = \Xi d U \tag{6.40}$$

zwischen Vorder- und Rückseite ein, die dem Widerstand $r_s$ und der Geschwindigkeit $U$ der Gleichströmung proportional ist. Natürlich wird der Strömungswiderstand bei gleichem Material umso größer sein, je größer die Dicke $d$ der Platte ist. Um das Material durch eine von seinen Abmessungen unabhängige Konstante zu beschreiben, führt man den längenspezifischen Strömungswiderstand

$$\Xi = \frac{r_s}{d}$$

ein. Nach (6.40) ist die physikalische Dimension von $\Xi$

$$\dim(\Xi) = \frac{\text{N s}}{\text{m}^4} = 10^{-3} \frac{\text{Rayl}}{\text{cm}} , \tag{6.41}$$

die man häufig nach der genannten Dimensionsumrechnung in Rayl/cm, den Strömungswiderstand dann in Rayl ($1\,\text{Rayl} = 10\,\text{N s/m}^3$) angibt. Der technisch interessierende Bereich des längenspezifischen Strömungswiderstandes beträgt etwa $5\,\text{Rayl/cm} < \Xi < 100\,\text{Rayl/cm}$. Der Zahlenwert hängt vor allem von der „Packungsdichte" der Fasern im Material, aber auch von anderen Parametern (wie z. B. von der Faser-Orientierung relativ zur Strömungsrichtung) ab.

Der physikalische Grund für den Druckabfall entlang der Dicke des Strömungswiderstandes besteht in der Reibung, der die parallel am Absorberskelett entlangstreifenden Luftteilchen ausgesetzt sind. Diese Reibung entsteht durch die Viskosität (= Zähigkeit)

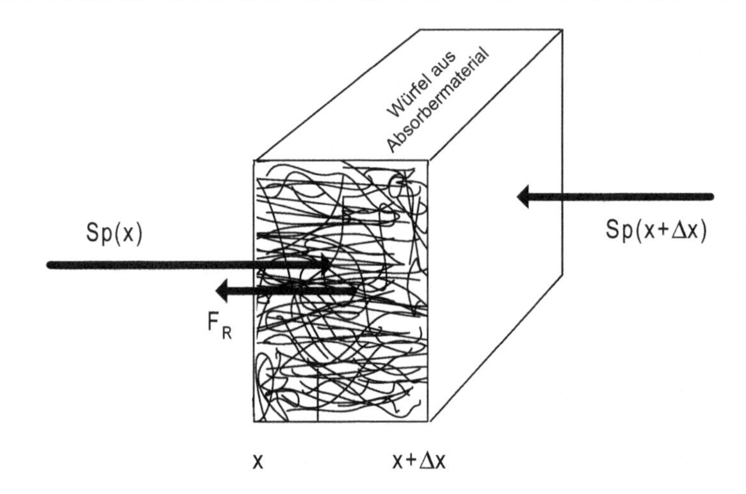


**Abb. 6.7** Kräftegleichgewicht an einem gasgefüllten Würfel aus Absorbermaterial

der Luft in den sehr dünnen Kanälen, die bei größeren Kanal-Durchmessern kaum eine Rolle spielen würde. Deshalb kann man (6.40) auch als Kräftegleichung deuten, wobei die rechte Seite die der äußeren Kraft (pro Fläche) entgegenwirkende Reibungskraft (pro Fläche) darstellt.

Natürlich ist es gerade die viskose Reibung in den Poren und Kanälen, die poröse und faserige Materialien zum gezielten Einsatz der Luftschall-Absorption geeignet machen: Sie verwandelt die Bewegungsenergie des Schallfeldes in Wärme und entzieht dem Schallfeld unwiederbringlich Leistung (nur bei den tiefsten Frequenzen spielt die Wärmeabgabe des Schallfeldes an die Fasern zusätzlich eine Rolle). Man kann daher jetzt schon absehen, dass sich der Einsatz von porösen Absorbern vor allem dann lohnt, wenn diese auch tatsächlich in einem Gebiet mit großen Schnelle-Amplituden liegen. Befinden sich andererseits Absorber in Raumgebieten mit kleinen Schnelle-Amplituden – z. B. dünne Absorberschichten vor schallharten Wänden – dann lässt sich nur eine sehr geringe Schluckwirkung erwarten. Es ist dieses einfache Prinzip, das die Wirkungsweise der meisten, später eingehender beschriebenen Absorber-Anordnungen und deren Konstruktionsregeln teilweise anschaulich erklärt.

Zur Herleitung der Grundgleichungen für die Schallausbreitung im porösen Medium betrachtet man wieder ein Volumenelement $S\Delta x$ (Abb. 6.7), das sich in einem Kontinuum des Mediums befindet. In der bereits in Kap. 2 für das faserfreie Gas aufgestellten Kräftegleichung muss im Fall des Absorbermaterials die Reibungskraft nun zusätzlich berücksichtigt werden. Wenn man annimmt, dass (6.40) auch auf Wechselbewegungen angewandt werden darf, dann beträgt die Reibungskraft $\Xi \Delta x S v$, sie wirkt der Bewegungsrichtung der Schnelle $v$ entgegen. Es ist also

$$\varrho \Delta x S \frac{\partial v}{\partial t} = S\,[p(x) - p(x + \Delta x)] - \Xi \Delta x S v\ . \tag{6.42}$$

Nach dem Grenzübergang $\Delta x \to 0$ wird daraus

$$\varrho \frac{\partial v}{\partial t} = -\frac{\partial p}{\partial x} - \Xi v \, . \tag{6.43}$$

In der Herleitung von (6.43) ist allerdings noch eine Ungenauigkeit enthalten. Ausdrücklich bezog sich nämlich die Kräftegleichung (6.40) für die Reibungskraft auf eine Geschwindigkeit in der Luft *vor* (und hinter) einer dünnen Schicht aus porösem Material. Der Reibungsterm $\Xi v$ meint also eine „äußere“ Schnelle $v_e$, die mit der inneren Schnelle $v_i$ der Luft im Fasermaterial nicht völlig übereinstimmt. Weil die Luft zwischen den Fasern eingezwängt ist, muss $v_i$ wegen der Erhaltung des Durchflusses etwas größer als $v_e$ sein. Natürlich bezieht sich andererseits die Trägheitskraft pro Volumen $\varrho\, \partial v/\partial t$ auf die tatsächliche (mittlere) Bewegung der Luft zwischen den Fasern, also auf die „innere“ Schnelle $v_i$. Korrekt lautet (6.43) also

$$\varrho \frac{\partial v_i}{\partial t} = -\frac{\partial p}{\partial x} - \Xi v_e \, . \tag{6.44}$$

Zur einheitlichen Beschreibung sollte man sich auf die Verwendung entweder von $v_i$ oder $v_e$ festlegen. Weil natürlich vor allem die Kopplung mit äußeren Luftschallfeldern interessiert, wird die äußere Schnelle $v_e$ zur Beschreibung gewählt. Man erhält damit den Vorteil, alles auf „äußere“ Schnellen beziehen zu können; bei den Randbedingungen an Trennstellen zwischen Luft und porösem Medium braucht man dann nur noch die Gleichheit der (äußeren) Schnellen vor und hinter der Trennstelle zu verlangen.

Wenn man nun im sogenannten „Rayleigh-Modell“ des Absorbermaterials zunächst annimmt, dass die Fasern des Skeletts gestreckt sind und parallel liegen, so sind „innere“ und „äußere“ Schnellen durch die Porosität $\sigma$ ($\sigma < 1$)

$$\sigma = \frac{\text{Volumen der Luft im Absorber}}{\text{Gesamtvolumen des Absorbers}}$$

miteinander verknüpft. Unter dieser Annahme ist die Porosität gleich dem Verhältnis aus Summenfläche der luftführenden Kanäle an der Grenze zur freien Luft zur Gesamtoberfläche des Absorbers. Wegen der Massenerhaltung gilt also $v_e = \sigma v_i$.

Berücksichtigt man noch in einem Strukturfaktor $\kappa$ ($\kappa > 1$), dass einige der Kanäle im Absorber „blind“ sein können und mitten im Material als Sackgasse enden oder Umwege bilden (Abb. 6.8 versucht, diese Vorstellung anschaulich zu machen), so ergibt sich im Verhältnis zur inneren Schnelle eine noch geringere äußere Schnelle

$$v_e = \frac{\sigma}{\kappa} v_i \, .$$

Gleichung (6.44) geht also über in

$$\frac{\kappa\varrho}{\sigma} \frac{\partial v_e}{\partial t} = -\frac{\partial p}{\partial x} - \Xi v_e \, . \tag{6.45}$$

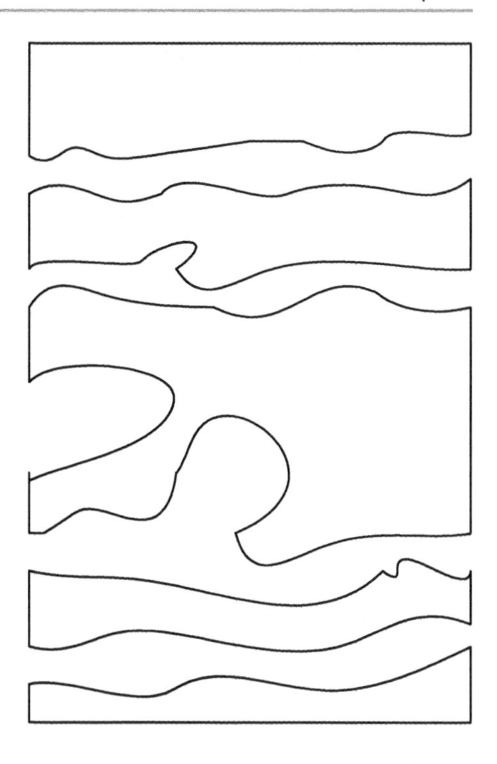

**Abb. 6.8** Struktur aus Taschen und Sackgassen im Absorbermaterial (Prinzipskizze)

Wenn nicht anders angegeben ist bei den hier diskutierten Beispielen stets $\sigma = \kappa = 1$ benutzt worden, um zunächst nur auf das Wesentliche einzugehen.

Für eine vollständige Beschreibung der Schallvorgänge benötigt man noch eine Beschreibung der Kompressions-Vorgänge im Absorbermaterial. Wenn das Faser-Skelett als starr angesehen wird, dann ist wie im Falle ohne Absorptionsmaterial

$$\frac{\partial v_\mathrm{i}}{\partial x} = \frac{1}{\sigma}\frac{\partial v_\mathrm{e}}{\partial x} = -\frac{1}{\varrho c^2}\frac{\partial p}{\partial t} . \tag{6.46}$$

Hier wurde noch $v_\mathrm{e} = \sigma v_\mathrm{i}$ benutzt, denn bei der Federeigenschaft kleiner Volumina kommt es nur auf die eingeschlossene Luftmenge, nicht aber auf die Art der Verteilung – die Struktur – an.

Für reine Töne und komplexe Amplituden gehen die Feldgleichungen (6.45) und (6.46) in

$$v_\mathrm{e} = -\frac{1}{j\omega\varrho\kappa/\sigma + \Xi}\frac{\partial p}{\partial x} \tag{6.47}$$

und

$$\frac{\partial v_\mathrm{e}}{\partial x} = -\frac{j\omega\sigma}{\varrho c^2} p \tag{6.48}$$

über. Zusammen ergeben (6.45) und (6.46) die Wellengleichung im porösen Medium

$$\frac{\partial^2 p}{\partial x^2} + k^2 \left( \kappa - j \frac{\Xi \sigma}{\omega \varrho} \right) p = 0 \; . \tag{6.49}$$

Dabei ist wie immer $k = \omega / c$ die Wellenzahl in Luft. Die Lösungen der Wellengleichung für das Absorbermaterial

$$p = p_0 \, \mathrm{e}^{\pm j k_\mathrm{a} x} \tag{6.50}$$

mit der komplexen Absorberwellenzahl

$$k_\mathrm{a} = k \sqrt{\kappa} \sqrt{1 - j \frac{\Xi \sigma}{\omega \varrho \kappa}} \tag{6.51}$$

stellen gedämpfte Wellen dar. Zerlegt man $k_\mathrm{a}$ nämlich nach Real- und Imaginärteil,

$$k_\mathrm{a} = k_\mathrm{r} - j k_\mathrm{i}$$

($k_\mathrm{r}$ und $k_\mathrm{i}$ positive reelle Zahlen), dann ist der Druck (6.50)

$$p = p_0 \, \mathrm{e}^{\pm j k_\mathrm{r} x} \, \mathrm{e}^{\pm k_\mathrm{i} x} \tag{6.52}$$

in beiden Fällen in Ausbreitungsrichtung gedämpft. Als Kenngrößen für die Wellen benutzt man die Schallgeschwindigkeit $c_\mathrm{a}$

$$c_\mathrm{a} = \frac{\omega}{k_\mathrm{r}}$$

und den Pegelverlauf längs der Ausbreitungs-Richtung (jetzt der positiven $x$-Richtung):

$$D(x) = -20 \lg \mathrm{e}^{-k_\mathrm{i} x} = 8{,}7 k_\mathrm{i} x \; , \tag{6.53}$$

der Pegel fällt also linear entlang der Ausbreitung. Um eine Vorstellung zu bekommen kann man z. B. den Pegelabfall entlang einer gewissen Materialschicht der Dicke $d$

$$D(d) = 8{,}7 k_\mathrm{i} d \tag{6.54}$$

als Kennwert angegeben.

Die wichtigsten in der komplexen Wellenzahl ausgedrückten Sachverhalte erkennt man am einfachsten, wenn die Frequenzbereiche unter und oberhalb der Knickfrequenz

$$\omega_\mathrm{k} = \frac{\Xi \sigma}{\varrho \kappa} \tag{6.55}$$

getrennt betrachtet werden. Die Knickfrequenz liegt dabei für den „normalen" Bereich von 5 Rayl/cm $< \Xi <$ 50 Rayl/cm im Intervall von etwa 500 Hz $< f_\mathrm{f} <$ 5000 Hz.

**Frequenzbereich unterhalb der Knickfrequenz $\omega \ll \omega_k$**
Für $\omega \ll \omega_k$ ist

$$k_a \approx k\sqrt{\kappa}\sqrt{-j\frac{\omega_k}{\omega}} = \frac{1-j}{\sqrt{2}}k\sqrt{\kappa}\sqrt{\frac{\omega_k}{\omega}}\,.$$

Hier gilt

$$c_a = c\sqrt{\frac{2}{\kappa}}\sqrt{\frac{\omega}{\omega_k}}\,. \tag{6.56}$$

Die Ausbreitungsgeschwindigkeit ist hier frequenzabhängig, der Wellentransport also dispersiv.

**Frequenzbereich oberhalb der Knickfrequenz $\omega \gg \omega_k$**
Für $\omega \gg \omega_k$ ist

$$k_a \approx k\sqrt{\kappa}\left(1 - j\frac{1}{2}\frac{\omega_k}{\omega}\right) = k\sqrt{\kappa} - j\frac{\sigma}{2\sqrt{\kappa}}\frac{\Xi}{\varrho\, c}\,.$$

Hier ist also die Wellenausbreitung nicht dispersiv:

$$c_a = \frac{c}{\sqrt{\kappa}}\,. \tag{6.57}$$

Für die Dämpfung $D(d)$ gilt für $\omega \gg \omega_k$

$$D(d) = \frac{4{,}35\sigma}{\sqrt{\kappa}}\frac{\Xi d}{\varrho\, c}\,. \tag{6.58}$$

Die Dämpfung $D(d)$ erreicht für $f > f_k$ einen konstanten Wert. Sie kann dabei eine beachtliche Größe besitzen. Wie man den folgenden Abschnitten entnehmen kann, kommen vor allem poröse Schichten zur Anwendung, für die der entscheidende Dämpfungsquotient $\Xi d/\varrho\, c$ grob das Intervall $0{,}25 < \Xi d/\varrho\, c < 8$ überdeckt. Das bedeutet eine Dämpfung von bis zu etwa 35 dB entlang der Schichtdicke für alle Frequenzen $f > f_k$.

Wie soeben gezeigt lassen sich leicht hohe innere Dämpfungen im porösen Material erreichen. Andererseits muss man beachten, dass ein im Material längs der Ausbreitungsrichtung rasch abnehmender Pegel jedoch nicht als Indikator für eine große Schallschluckung angesehen werden kann. Für eine hohe Absorption muss das Schallfeld erst einmal in den Absorber auch eindringen können um auch geschluckt zu werden. Wenn es wegen mangelhafter Anpassung schon an der Oberfläche reflektiert wird, dann nutzt auch der größte innere Pegelabfall nichts. Über die Absorption entscheidet – wie gezeigt – alleine die Anpassung der für die auftreffende Schallwelle wirksamen Wandimpedanz.

Bei den im Folgenden betrachteten Wandaufbauten wird oft die Schnelle im Absormaterial nach (6.47) aus einem Druckansatz zu berechnen sein. Es ist dafür etwas bequemer, den Nennerausdruck in (6.47) durch die Wellenzahl $k_a$ nach (6.51) auszudrücken:

$$j\frac{\omega\varrho\,\kappa}{\sigma}+\Xi=j\frac{\omega\varrho\,\kappa}{\sigma}\left(1-j\frac{\sigma\,\Xi}{\omega\varrho\,\kappa}\right)=j\frac{\omega\varrho\kappa}{\sigma}\frac{k_a^2}{\kappa k^2}\,.$$

Damit wird aus (6.47)

$$v_e=\frac{j\,\sigma k}{\varrho\,ck_a^2}\frac{\partial p}{\partial x}\,. \tag{6.59}$$

## 6.5 Spezielle absorbierende Anordnungen

Ob ein Aufbau über eine gute oder eine schlechte Absorption verfügt, das kann zunächst zwei prinzipiell mögliche Gründe haben:

- Entweder kann ein geeignetes (oder eben auch ein ungeeignetes) absorbierendes Material verwendet worden sein, oder
- der konstruktive Aufbau – seine Geometrie also – ist angemessen (oder eben auch weniger angemessen) eingestellt worden.

Wie die konstruktiven Details einer Anordnung ihrem Zweck angemessen ausgelegt werden, das muss natürlich für jede prinzipielle Anordnung besprochen werden. Welches Material – welcher Strömungswiderstand also – andererseits sinnvoll verwendet wird, das lässt sich am einfachsten an Hand einer Anordnung diskutieren, bei der alle Dicken und Längen als Einflussgrößen entfallen: an der Reflexion und Absorption am ‚porösen Halbraum' also. Natürlich bildet diese Anordnung gleichzeitig auch den einfachst-möglichen Fall, der schon deshalb an den Anfang gestellt wird. Auch kann man sich die „unendlich dicke" Schicht aus absorbierendem Material durch eine endlich dicke Schicht ersetzt denken, wenn Dicke und Dämpfung so groß sind, dass die Reflexion an der Rückseite keine Rolle spielt. Der poröse Halbraum lässt sich deshalb als Grenzfall auffassen. Die Absorption einer endlich dicken Schicht ist natürlich immer durch die der unendlich dicken Schicht gleichen Materials begrenzt.

### 6.5.1 Die „unendlich dicke" poröse Schicht

Die Betrachtung des Halbraumes ist deswegen so einfach, weil im Absorber keine Reflexion auftritt und so nur eine einzige Welle in $x$-Richtung zu berücksichtigen ist:

$$p=p_0\,e^{-jk_a x}\,.$$

Mit Hilfe von (6.59) erhält man daraus für die Kennimpedanz des porösen Mediums

$$z_a=\frac{p}{v_e}=\frac{\varrho\,c}{\sigma}\frac{k_a}{k}\,.$$

Da an der Trennebene $x = 0$ zwischen Luft und Absorber die Gleichheit der Drücke und der („äußeren") Schnellen vorliegen muss

$$\frac{p_{\text{Luft}}(0)}{v_{\text{Luft}}(0)} = \frac{p(0)}{v_{\text{e}}(0)} ,$$

ist die für das Luftschallfeld wirksame Wandimpedanz $z_\infty$ gleich der Kennimpedanz $z_{\text{a}}$ im absorbierenden Medium:

$$z_\infty = z_{\text{a}} = \varrho\, c \frac{\sqrt{\kappa}}{\sigma} \sqrt{1 - j \frac{\Xi \sigma}{\omega \varrho \kappa}} = \varrho\, c \frac{\sqrt{\kappa}}{\sigma} \sqrt{1 - j \frac{\omega_{\text{k}}}{\omega}} . \tag{6.60}$$

Wenn man von Porosität $\sigma$ und Strukturfaktor $\kappa$ absieht, dann wird die Wirkung des porösen Halbraumes einzig durch das Verhältnis aus Frequenz und Knickfrequenz bestimmt.

Die Ortskurve ist leicht gezeichnet:

### a) Für tiefe Frequenzen $\omega \ll \omega_{\text{k}}$ ist

$$z_\infty \approx \varrho\, c \frac{\sqrt{\kappa}}{\sigma} \sqrt{\frac{\omega_{\text{k}}}{\omega}}\, \mathrm{e}^{-j\pi/4} .$$

Die Ortskurve in der komplexen $z$-Ebene besteht in einer Geraden, die mit der reellen Achse einen Winkel von $-45°$ einschließt (siehe auch Abb. 6.9).

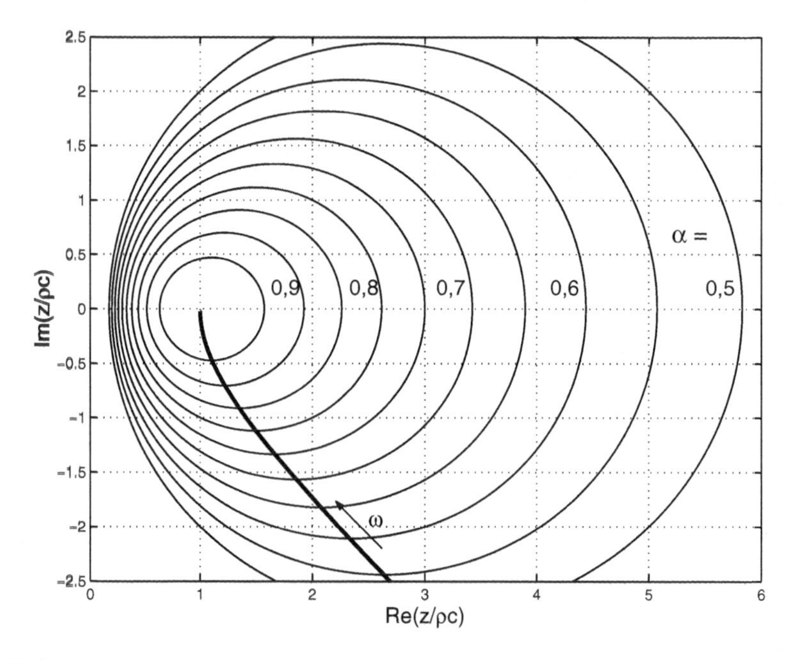


**Abb. 6.9** Impedanz-Ortskurve des porösen Halbraumes

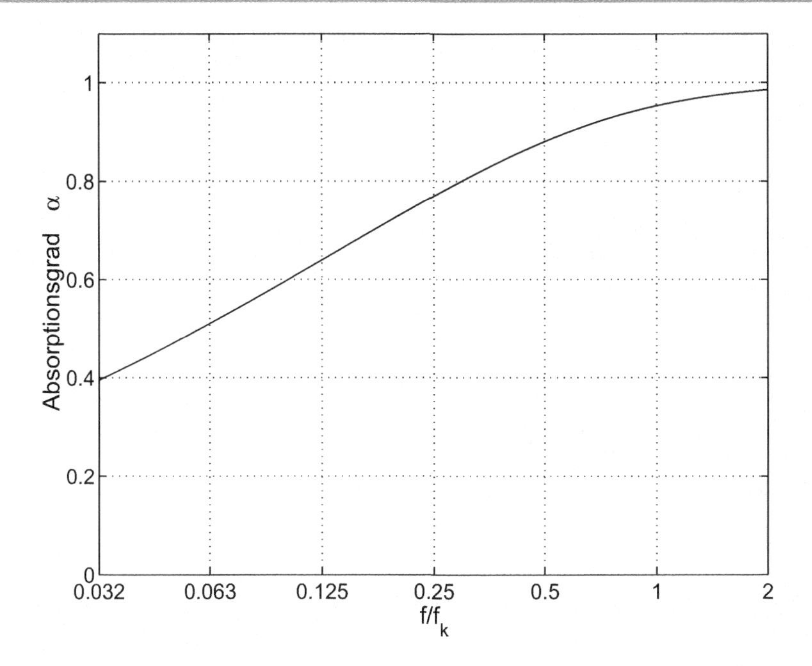


**Abb. 6.10** Absorptionsgrad des porösen Halbraumes

### b) Für hohe Frequenzen $\omega \gg \omega_k$ ist

$$z_\infty \approx \varrho\, c \frac{\sqrt{\kappa}}{\sigma} \left(1 - j \frac{1}{2} \frac{\omega_k}{\omega}\right) .$$

Die Ortskurve dreht von der Geraden ab und strebt einem Punkt auf der reellen Achse und damit der maximalen Absorption zu. Für $\sigma = \kappa = 1$ ist die hochfrequente Impedanz fast angepasst, also nahezu gleich $\varrho\, c$.

### c) Für die Knickfrequenz $\omega = \omega_k$ selbst

ist die Absorption bereits recht hoch. Für $\omega = \omega_k$ folgt aus

$$\sqrt{1 - j} = \sqrt{\sqrt{2}\,e^{-j\pi/4}} = \sqrt[4]{2}\,e^{-j\pi/8} \approx 1{,}2\,e^{-j\pi/8}$$

für die Impedanz

$$z_\infty(\omega = \omega_k) \approx 1{,}2 \varrho\, c \frac{\sqrt{\kappa}}{\sigma}\, e^{-j\pi/8} ,$$

das ist ein Punkt sehr nahe bei der reellen Achse (siehe Abb. 6.9) mit schon großer Absorption. Die genaue Rechnung mit dem Anpassungsgesetz (6.33) liefert den Absorptionsgrad von $\alpha(\omega = \omega_k) = 0{,}93$ (gerechnet für $\sigma = \kappa = 1$).

Insgesamt lässt sich feststellen, dass die Knickfrequenz in etwa über die Eignung eines Materials zur Schallabsorption entscheidet: im Frequenzbereich oberhalb der Knickfrequenz ist der Absorber gut, im Frequenzbereich darunter weniger gut geeignet, wobei die Grenze – wie so oft – nicht wirklich scharf gezogen ist (siehe Abb. 6.10). Jedenfalls kann das Absorber-Material im Frequenzbereich weit unterhalb der Knickfrequenz keine wirklich gute Absorption mehr herstellen.

Schon aus dieser Sicht würde man eigentlich immer einen möglichst kleinen längenspezifischen Strömungswiderstand bevorzugen, und die erforderliche Dämpfung des eingedrungenen Schalles dann durch lange Laufstrecken, also durch große Schichtdicken, erzeugen. Die Erwägung des nötigen Aufwandes hat naturgemäß das gerade entgegengesetzte Ziel, nämlich möglichst Platz zu sparen und den Schall auf möglichst kurzen Wegen zu dämpfen. Immer werden dabei Kompromisse erforderlich sein, wie das Folgende zeigt.

## 6.5.2 Die poröse Schicht endlicher Dicke

Die einfachste Konstruktion, die man zur Schallabsorption wirklich auch benutzen kann, besteht in einer Schicht aus porösem Material, die auf eine schallharte Wand aufgebracht wird (Abb. 6.11). In etwa kann man den Frequenzgang des Absorptionsgrades $\alpha$ schon aus der Anschauung einschätzen. Da die Reflexion an der schallharten Wand mit einem Schnelleknoten an der Wand erfolgt, entfällt auf die Absorberschicht vor der Wand jedenfalls dann ein Bereich mit kleiner Schnelle, wenn die Schichtdicke klein verglichen mit der Wellenlänge ist. Weil Absorber Bewegungsenergie in Wärme verwandeln, ist $\alpha$ bei tiefen Frequenzen sehr gering. Erst wenn der erste Schnellebauch, der im Abstand einer Viertel-Wellenlänge vor der Wand liegt, mit wachsender Frequenz in den Absorber wandert, liegen Bezirke mit großen Schnelle-Amplituden im absorbierenden Material: Der Absorptionsgrad wird groß. Macht man die Wellenlänge zunächst noch etwas kürzer, so wird die poröse Schicht ein wenig schlechter ausgenutzt, das Minimum liegt etwa bei

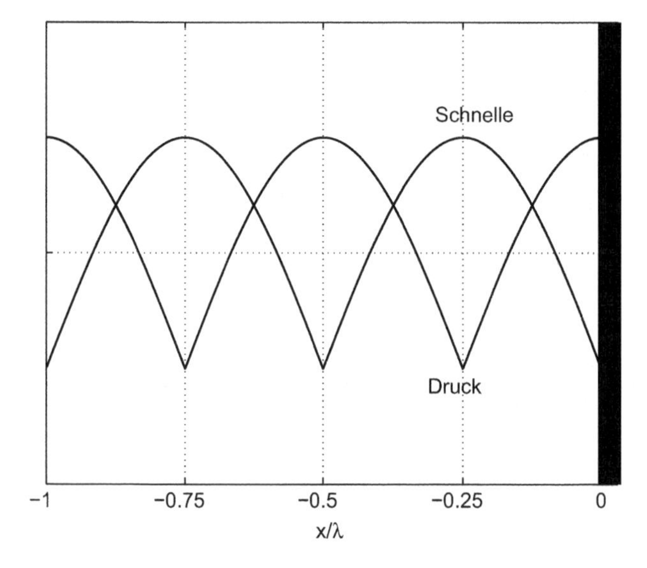


**Abb. 6.11** Ortsverlauf der Effektivwerte von Schalldruck und Schallschnelle vor einem schallharten Reflektor

$d = \lambda/2$. Danach steigt $\alpha$ wieder zu $d = 3\lambda/4$ an, und so fort. Insgesamt erhält man so nach dem ersten Maximum einen schwach schwankenden Verlauf, der allmählich etwa gegen den Wert der unendlich dicken Schicht strebt.

Zur Berechnung der Wandimpedanz und damit des Absorptionsgrades benötigt man einen Ansatz, in dem das Schallfeld aus gegenläufigen Wellen mit dem Reflexionsfaktor $r = 1$ an der rückseitigen schallharten Wand gebildet wird:

$$p = p_0 \left\{ \mathrm{e}^{-jk_\mathrm{a}(x-d)} + \mathrm{e}^{jk_\mathrm{a}(x-d)} \right\} \tag{6.61}$$

$$v = \frac{k\sigma}{\varrho c k_\mathrm{a}} p_0 \left\{ \mathrm{e}^{-jk_\mathrm{a}(x-d)} - \mathrm{e}^{jk_\mathrm{a}(x-d)} \right\} , \tag{6.62}$$

wobei die Schallschnelle nach (6.59) aus dem Druck bestimmt worden ist. Sie erfüllt bereits die Randbedingung $v(x = d) = 0$.

Die von außen für das Luftschallfeld wirksame Impedanz ist (wieder wegen der Gleichheit von Drücken und Schnellen vor und hinter der Trennfläche $x = 0$ zur Luft)

$$z = \frac{p(0)}{v(0)} = -j \frac{\varrho c}{\sigma} \frac{k_\mathrm{a}}{k} \mathrm{ctg}(k_\mathrm{a} d) = -j z_\infty \mathrm{ctg}(k_\mathrm{a} d) . \tag{6.63}$$

Die Diskussion des Verhaltens endlich dicker poröser Schichten soll zunächst bei tiefen Frequenzen $|k_\mathrm{a} d| \ll 1$ beginnen. Für diese ist in erster Näherung wegen $\mathrm{ctg}(k_\mathrm{a} d) \approx 1/k_\mathrm{a} d$

$$z \approx -j \frac{\varrho c}{\sigma} \frac{1}{kd} = -j \frac{\varrho c^2}{\sigma d} \frac{1}{\omega} . \tag{6.64}$$

Durch (6.64) ist die reine Federimpedanz der im Skelett des Absorbers eingeschlossenen Luft mit der Federsteife $\varrho c^2/\sigma d$ beschrieben. Die erste Näherung liefert mit $\alpha = 0$ keine Absorption; erst eine Näherung zweiter Ordnung würde (winzig) kleine Absorptionsgrade $\alpha \neq 0$ bestimmen können. Für tiefe Frequenzen beginnt die Ortskurve auf der negativen imaginären Achse, die in Richtung auf den Ursprung durchlaufen wird.

Für höhere Frequenzen wandelt man am einfachsten den $\mathrm{ctg}(k_\mathrm{a} d)$ in Exponentialfunktionen um,

$$\mathrm{ctg}(k_\mathrm{a} d) = \frac{\cos(k_\mathrm{a} d)}{\sin(k_\mathrm{a} d)} = j \frac{\mathrm{e}^{jk_\mathrm{a} d} + \mathrm{e}^{-jk_\mathrm{a} d}}{\mathrm{e}^{jk_\mathrm{a} d} - \mathrm{e}^{-jk_\mathrm{a} d}} = j \frac{1 + \mathrm{e}^{-j2k_\mathrm{a} d}}{1 - \mathrm{e}^{-j2k_\mathrm{a} d}} ,$$

und erhält aus (6.63)

$$z = z_\infty \frac{1 + \mathrm{e}^{-j2k_\mathrm{a} d}}{1 - \mathrm{e}^{-j2k_\mathrm{a} d}} . \tag{6.65}$$

Eine Vorstellung der Ortskurve kann man gewinnen, wenn man noch den Frequenzbereich oberhalb der Knickfrequenz $\omega > \omega_\mathrm{k}$ annimmt. Hier ist

$$k_\mathrm{a} d = kd \frac{k_\mathrm{a}}{k} \approx kd \left( 1 - j \frac{1}{2} \frac{\Xi}{\omega \varrho} \right) = kd - j \frac{1}{2} \frac{\Xi d}{\varrho c} .$$

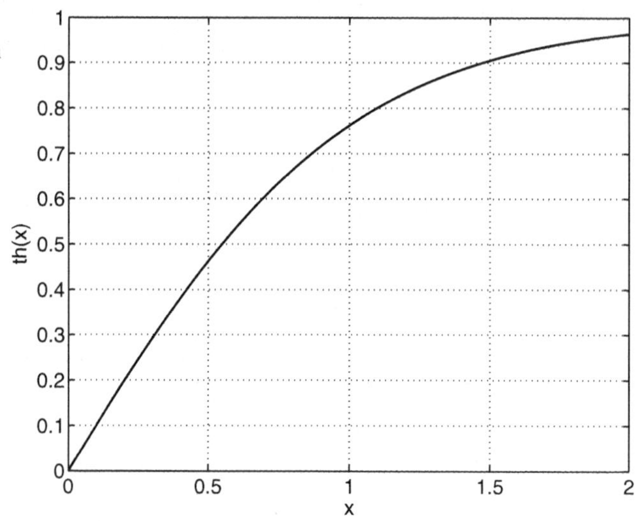


**Abb. 6.12** Verlauf der Tangenshyperbolikus-Funktion th($x$)

Damit wird aus (6.65)

$$z = z_\infty \frac{1 + \mathrm{e}^{-j2kd}\,\mathrm{e}^{-\Xi d/\varrho c}}{1 - \mathrm{e}^{-j2kd}\,\mathrm{e}^{-\Xi d/\varrho c}} \,. \tag{6.66}$$

Es ist naheliegend, Punkte zu betrachten, bei denen der Bruch auf der rechten Seite reell ist. Dabei unterscheidet man noch die Fälle $\mathrm{e}^{-j2kd} = +1$ und $\mathrm{e}^{-j2kd} = -1$:

**a) $d = (2n+1)\frac{\lambda}{4}$**

Für Frequenzen, bei denen

$$\frac{d}{\lambda} = \frac{1}{4} + \frac{n}{2}\,, \quad n = 0, 1, 2, \ldots$$

gilt, ist wegen $2kd = 4\pi d/\lambda = \pi + 2\pi n$

$$z = z_\infty \frac{1 - \mathrm{e}^{-\Xi d/\varrho c}}{1 + \mathrm{e}^{-\Xi d/\varrho c}} = z_\infty th\left(\frac{1}{2}\frac{\Xi d}{\varrho c}\right) \,. \tag{6.67}$$

Wie im vorigen Abschnitt gezeigt wurde, kann man für $\omega > \omega_\mathrm{k}$ etwa $z_\infty \approx \varrho c$ setzen. Damit bezeichnet (6.67) Punkte etwa auf der reellen Achse, deren Abstand zum Ursprung um den Faktor $\mathrm{th}(\Xi d/2\varrho c)$ gegenüber $\varrho c$ verringert sind (zur Erinnerung enthält Abb. 6.12 eine Darstellung des hyperbolischen Tangens, th($x$)).

**b) $d = n\frac{\lambda}{2}$**

Für Frequenzen, bei denen

$$\frac{d}{\lambda} = \frac{n}{2}\,, \quad n = 1, 2, 3, \ldots$$

gilt, ist wegen $2kd = 4\pi d/\lambda = 2\pi n$

$$z = z_\infty \frac{1 + e^{-\Xi d/\varrho c}}{1 - e^{-\Xi d/\varrho c}} = \frac{z_\infty}{\mathrm{th}\left(\frac{1}{2}\frac{\Xi d}{\varrho c}\right)} \,. \tag{6.68}$$

Gleichung (6.68) bezeichnet Punkte etwa auf der reellen Achse, deren Abstand zum Ursprung um den Faktor $1/\mathrm{th}(\Xi d/2\varrho\, c)$ gegenüber $\varrho\, c$ vergrößert sind.

Wie man auch in Abb. 6.13 sehen kann, werden nun die Punkte nach „Fall a" und „Fall b" bei steigender Frequenz abwechselnd durchlaufen, wobei (von kleinen oben nicht berücksichtigten Unterschieden abgesehen) immer wieder eine kreisähnliche Ortskurve überdeckt wird.

Der prinzipielle Verlauf des Absorptionsgrades über der Frequenz lässt sich nun leicht einschätzen:

- Kleine Widerstände $\Xi d/\varrho\, c$ besitzen zwar eine tiefe Knickfrequenz, sie ergeben aber große Kreise der Ortskurve. Der Absorptionsgrad ist noch klein und besitzt einen über der Frequenz schwankenden Verlauf.
- Mit wachsendem Widerstand $\Xi d/\varrho\, c$ nimmt die Absorption zu. Andererseits wächst die Knickfrequenz. Sie gibt wie vorne erklärt grob die Frequenzgrenze an, ab der das Material eine Anpassung erlaubt.
- Bei weiterem Anwachsen des Strömungswiderstand wird die Knickfrequenz immer weiter gesteigert, das Material ist also immer schlechter angepasst, der Absorptionsgrad nimmt wieder ab.

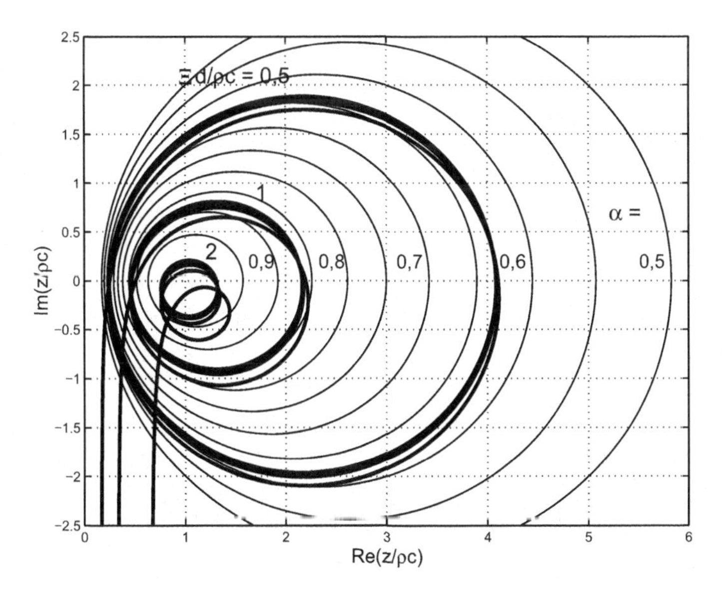


**Abb. 6.13** Ortskurven der Impedanz poröser Schichten vor schallharter Wand

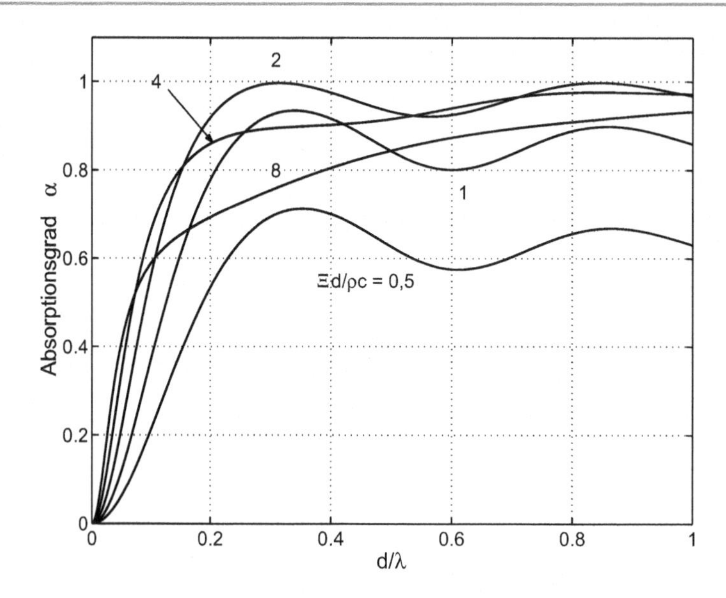


**Abb. 6.14** Absorptionsgrad poröser Schichten vor schallharter Wand

Auch die in den Abb. 6.14 und 6.15 gezeigten Beispiele des Absorptionsgrades bei Variation des Strömungswiderstandes lehren, dass ein mittlerer Strömungswiderstand für eine gute Absorption erforderlich ist. Die jeweils zugehörige Knickfrequenz ergibt sich dabei aus

$$\frac{d}{\lambda_\text{k}} = \frac{\Xi d}{\varrho c}\frac{1}{2\pi}$$

($\lambda_\text{k}$ = Wellenlänge in der Knickfrequenz). Sie liegt also für den Fall mit noch vergleichsweise kleinem $\frac{\Xi d}{\varrho c} = 1$ beispielsweise bei $d/\lambda = d/\lambda_\text{k} = 0{,}16$, bei $\frac{\Xi d}{\varrho c} = 4$ ist die Knickfrequenz dann schon mit $d/\lambda = d/\lambda_\text{k} = 0{,}64$ um zwei Oktaven höher abgestimmt.

Offensichtlich stellt sich ein annähernd „optimaler Frequenzgang" von $\alpha$ für den mittleren Strömungswiderstand von $\Xi d/\varrho c = 2$ ein. Gut absorbierende Aufbauten sollten etwa diesen Wert aufweisen. Die akustische Wirkung beträgt dann $\alpha > 0{,}6$ im Frequenzbereich oberhalb von etwa $d/\lambda = 0{,}1$, wie man Abb. 6.15 entnimmt. Sollen beispielsweise 340 Hz bereits mit $\alpha = 0{,}6$ bedämpft werden, dann kann das mit einer Schicht von 10 cm Dicke bewerkstelligt werden.

Noch viel tiefer abgestimmte Absorber würden eine beträchtliche Schichtdicke benötigen. Aber das ist nicht das einzige Problem: Weil das optimale Produkt aus Strömungswiderstand und Schichtdicke auch bei dicken Schichten unverändert $\Xi d/\varrho c = 2$ beträgt, würde eine wirklich tieffrequente Abstimmung sehr kleine Strömungswiderstände $\Xi$ erforderlich machen. Das wäre nur mit einem sehr lockeren, kaum noch gebundenen und daher instabilen Material überhaupt machbar. Aus diesem Grund und wegen des Platzbedarfs sind poröse Schichten endlicher Dicke für sehr tieffrequente Absorption ungeeignet.

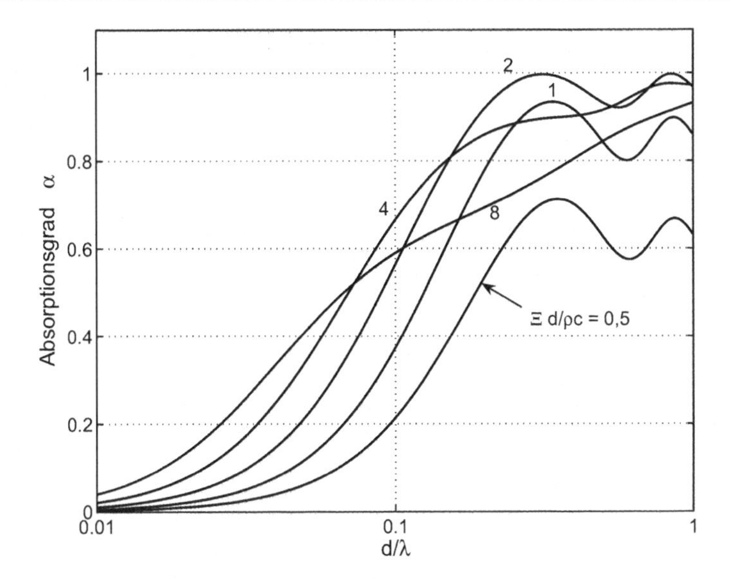


**Abb. 6.15** Wie Abb. 6.14, jedoch mit logarithmisch skalierter Frequenz-Achse

### 6.5.3 Der poröse Vorhang

Um bei den großen notwendigen Dicken poröser Schichten für die Absorption tiefer Frequenzen Material zu sparen und weil Materialien mit kleinen Strömungswiderständen $\Xi$ nur schwer handhabbar sind, kann man dünne Schichten mit größerem $\Xi$ als Vorhang in einem gewissen Abstand vor der Wand anbringen (Abb. 6.16).

Auch für diese Anordnung kann man den Absorptionsgrad zunächst anschaulich einschätzen. Er wird nur dann groß sein, wenn die poröse Schicht in etwa von einem Schnellebauch im Schallfeld vor der Wand getroffen wird. Die Maxima von $\alpha$ liegen also bei

$$\alpha_{\max}: \quad \lambda\left(\frac{1}{4}+\frac{n}{2}\right)=a\ .$$

**Abb. 6.16** Poröser Vorhang vor schallharter Wand

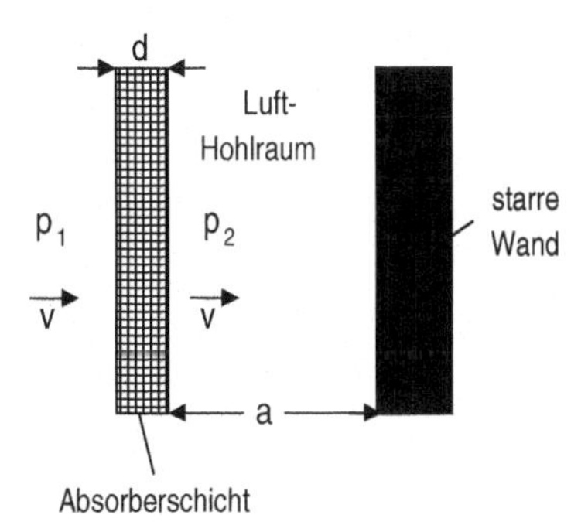

Dazu gehören die Frequenzen

$$f = \frac{c}{a}\left(\frac{1}{4} + \frac{n}{2}\right) . \tag{6.69}$$

Die Minima mit $\alpha \approx 0$ liegen bei

$$\alpha_{\min} : \quad \lambda\frac{n}{2} = a .$$

Dazu gehören die Frequenzen

$$f = \frac{c}{a}\frac{n}{2} . \tag{6.70}$$

Dabei werden die Gipfel umso breiter sein, je größer die Vorhangdicke $d$ ist.

Zur Berechnung setzt man dünne Absorberschichten voraus. Die Druckdifferenz $p_1 - p_2$ der Drücke $p_1$ und $p_2$ vor und hinter dem Vorhang kann dann in Analogie zu (6.40) durch den Strömungswiderstand

$$p_1 - p_2 = \Xi d v \tag{6.71}$$

abgeschätzt werden. Dabei wurde angenommen, dass sich die Schicht nicht elastisch verformt: $v$ bezeichnet die Schnelle sowohl vor als auch hinter dem Vorhang. Aus dem letzten Abschnitt ist die Impedanz $z_2 = p_2/v$ des Luftraumes bekannt (man braucht dazu nur $\sigma = 1$ und $k_a d = ka$ in (6.63) zu setzen):

$$z_2 = \frac{p_2}{v} = -j\varrho\, c \operatorname{ctg}(ka) , \tag{6.72}$$

so dass man aus (6.71) die Impedanz $z$ des Gesamtaufbaus

$$z = \frac{p_1}{v} = \Xi d + \frac{p_2}{v} = \Xi d - j\varrho\, c \operatorname{ctg}(ka) \tag{6.73}$$

erhält.

Die Ortskurve (Abb. 6.17) ist hier eine Parallele zur imaginären Achse, die wegen der Periodizität des Kotangens mehrfach überdeckt wird. Wie stets wird $\alpha$ ein Maximum immer dann, wenn die Ortskurve die reelle Achse kreuzt. Das ist der Fall für

$$\operatorname{ctg}(ka) = 0 ; \quad \text{also} \quad ka = \frac{\pi}{2} + n\pi ,$$

was natürlich mit (6.69) inhaltsgleich ist. Die Maxima betragen

$$\alpha_{\max} = \frac{4\frac{\Xi d}{\varrho c}}{\left(\frac{\Xi d}{\varrho c} + 1\right)^2} = \frac{4}{\frac{\Xi d}{\varrho c} + \frac{\varrho c}{\Xi d} + 2} . \tag{6.74}$$

Sie bleiben gleich, wenn man das Verhältnis $\Xi d/\varrho\, c$ durch seinen Kehrwert ersetzt.

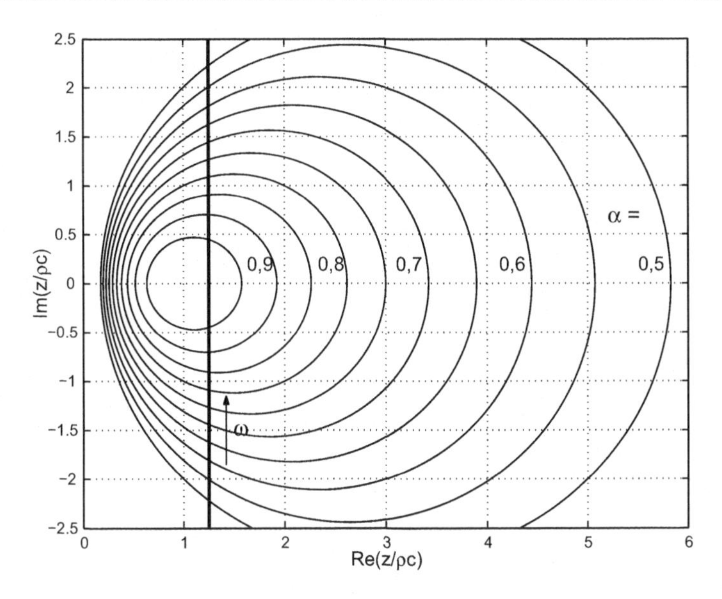


**Abb. 6.17** Ortskurve der Impedanz des porösen Vorhanges

Wie man leicht durch Verschieben der Ortskurve in Abb. 6.17 einsieht, haben

- kleine Widerstände $\Xi d/\varrho c$ schmale Absorptionsgipfel: bei Frequenzänderung von $\mathrm{ctg}(k_a d) = 0$ weg werden rasch viele unterschiedliche Linien $\alpha = \mathrm{const.}$ geschnitten;
- große Widerstände $\Xi d/\varrho c$ breite Absorptionsgipfel: bei Frequenzänderung von $\mathrm{ctg}(k_a d) = 0$ weg werden zunächst nur wenig andere Linien $\alpha = \mathrm{const.}$ geschnitten.

Zusammenfassend (siehe auch Abb. 6.18) kann man feststellen, dass zueinander im Kehrwert stehende Widerstände $\Xi d/\varrho c$ zwar gleiche Absorptionsmaxima, aber sehr unterschiedliche Gipfelbreiten haben. Im Zweifel wird man sich also immer eher für zu große Widerstände entscheiden. Wegen des Platzbedarfes (er ist gleich groß wie bei der Schicht endlicher Dicke) sind auch poröse Vorhänge fast nur als Höhenabsorber zu verwenden.

### 6.5.4 Resonanzabsorber

Einen wirksameren Tiefenabsorber erhält man, wenn man den porösen Vorhang noch mit einer Masse beschwert: Wie das Folgende zeigt, bewirkt die dazugekommene Massenimpedanz bei einer tiefen Frequenz eine Kompensation der durch den Kotangens in (6.73) gegebenen Federimpedanz. Damit gelingt bei gleichem Platzbedarf die Herstellung

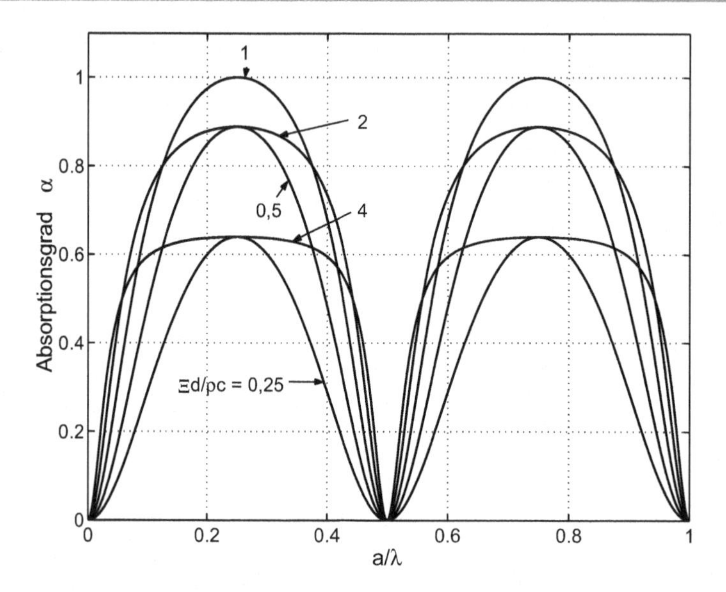


**Abb. 6.18** Absorptionsgrad des porösen Vorhanges

einer Wandimpedanz „ohne Imaginärteil" bei einer niedrigeren Frequenz als ohne Zusatzmasse, und darin liegt der Vorteil des Resonanzabsorbers. Die Wandimpedanz des in Abb. 6.19 geschilderten Aufbaues lässt sich leicht aus dem Trägheitsgesetz bestimmen. Für die Druckdifferenz $p_1 - p_2$ vor und hinter der Masse gilt

$$p_1 - p_2 = j\omega m''v \tag{6.75}$$

($m''$ = Masse pro Fläche), und also ist

$$z = \frac{p_1}{v} = j\omega m'' + \frac{p_2}{v} = j\omega m'' + z_2 \,,$$

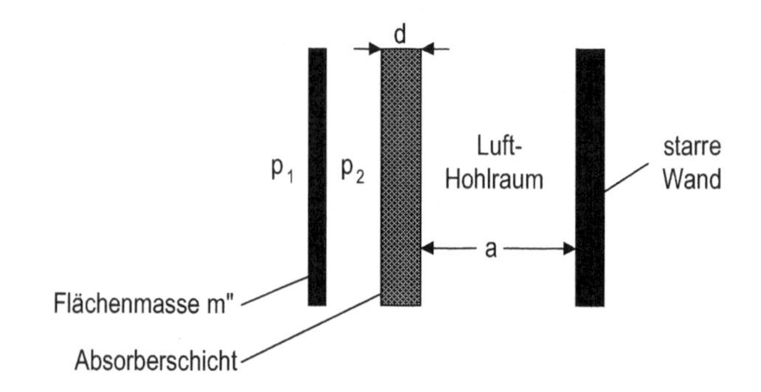


**Abb. 6.19** Aufbau des Resonanz-Absorbers

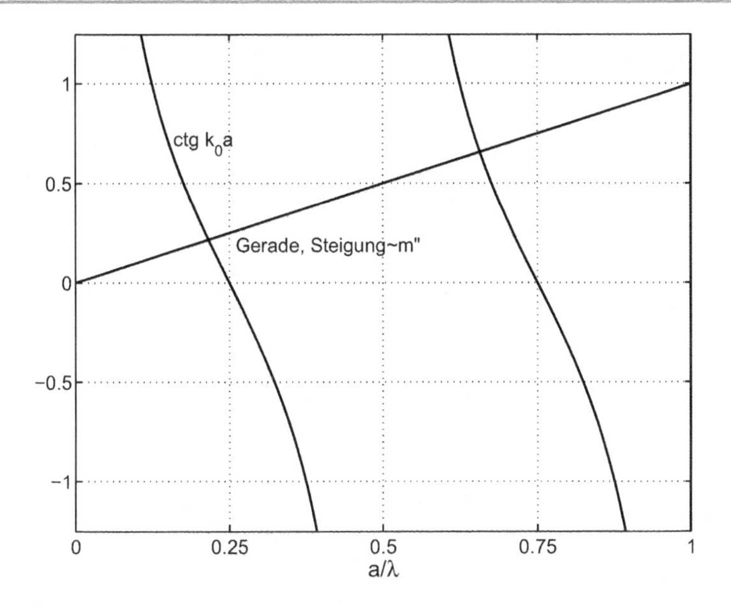


**Abb. 6.20** Graphische Bestimmung der Frequenzen mit maximaler Absorption

worin $z_2$ die Impedanz des porösen Vorhangs (6.73) darstellt. Für den mit einer Masse beaufschlagten porösen Vorhang ist also

$$z = j\omega m'' - j\varrho\, c\, \mathrm{ctg}(ka) + \Xi d \ . \tag{6.76}$$

Die bloße Gestalt der Ortskurve ist die gleiche wie beim porösen Vorhang (Abb. 6.17), wobei allerdings diesmal ganz andere Frequenz-Zuordnungen vorliegen. Statt in den Frequenzen $\mathrm{ctg}(kd) = 0$ beim porösen Vorhang liegen die Frequenzpunkte mit maximaler Absorption beim Resonanzabsorber in

$$\mathrm{ctg}(ka) = \mathrm{ctg}\frac{\omega a}{c} = \frac{\omega m''}{\varrho\, c} \ . \tag{6.77}$$

Die transzendente Gleichung (6.77) zur Bestimmung der Frequenzstellen mit $\alpha = \alpha_{\mathrm{max}}$ lässt sich graphisch leicht lösen: Es handelt sich dabei um die Schnittstellen der Kotangens-Funktion und einer Geraden, deren Steigung proportional zu $m''$ ist. Wie auch das Abb. 6.20 zeigt, liegen die Frequenzen mit maximalem $\alpha$ deshalb um so niedriger, je größer der Massenbelag $m''$ ist. Darin liegt wie gesagt der eigentliche Vorteil von Resonanzabsorbern gegenüber einfachen porösen Vorhängen: Durch den zusätzlichen Massenbelag kann bei unveränderter Konstruktionstiefe eine niedrigere Frequenz-Abstimmung vor allem des ersten Absorptionsgrad-Maximums erreicht werden. Ein typischer Frequenzgang des Absorptionsgrades von Resonanzabsorbern ist in Abb. 6.21 gezeigt. Am Vergleich mit Abb. 6.18 erkennt man die deutlichen Verschie-

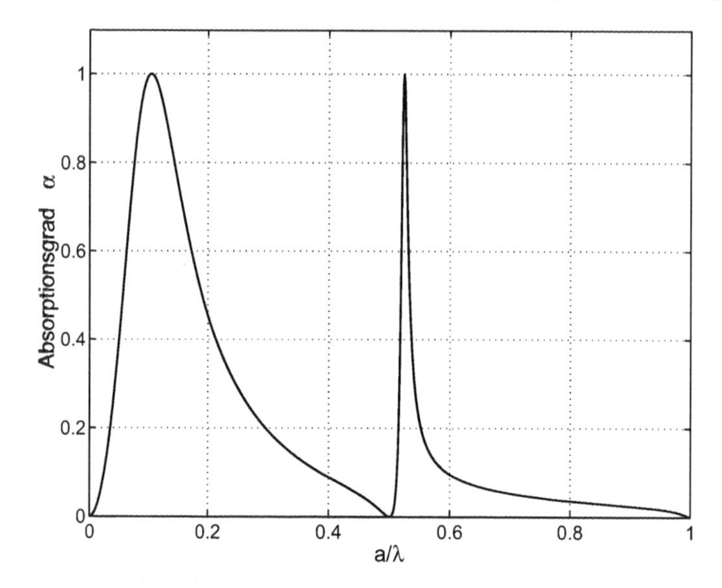


**Abb. 6.21** Absorptionsgrad eines Resonanzabsorbers (mit $\Xi d/\varrho c = 1$ und $m''/\varrho a = 2$ gerechnet)

bungen der Maxima, wobei deren Höhe $\alpha_{\text{max}}$ selbst natürlich unverändert geblieben ist: Genauso wie beim porösen Vorhang ist

$$\alpha_{\text{max}} = \frac{4}{\frac{\Xi d}{\varrho c} + \frac{\varrho c}{\Xi d} + 2}$$

durch (6.74) gegeben.

Bei praktischen Anwendungen interessiert vor allem der tiefste Gipfel. Wenn man davon ausgeht, dass in dessen Frequenzbereich nur Wellenlängen vorkommen, die groß gegenüber der Hohlraumtiefe $a$ sind, dann kann man den Kotangens wieder durch sein reziprokes Argument ersetzen. Im Frequenzbereich des tiefsten Gipfels ist damit näherungsweise

$$z = \Xi d + j\left(\omega m'' - \frac{\varrho c^2}{\omega a}\right) . \tag{6.78}$$

Die Abstimmfrequenz des Absorptionsmaximums ist gleich der Resonanzfrequenz

$$\omega_{\text{res}} = \sqrt{\frac{\varrho c^2}{a m''}} \tag{6.79}$$

des aus Flächenmasse $m''$ und Luftpolstersteife $\varrho c^2/a$ gebildeten einfachen Masse- Feder-Schwingers.

Nun wird eine erwünschte Abstimmfrequenz nur durch das Produkt von Hohlraumtiefe $a$ und Massenbelag $m''$ eingestellt. Man könnte also ebenso gut leichte Beläge mit größerer Hohlraumtiefe wie schwere Beläge mit geringerem Platzbedarf kombinieren. Dabei ist allerdings zu bedenken, welche Konsequenzen eine solche Wahl für die Bandbreite der Absorption hat: Wie wirkt sich eine von der Resonanzfrequenz abweichende Anregefrequenz auf den Absorptionsgrad aus? Am einfachsten lässt sich diese Frage beantworten, wenn man nur kleine Frequenzänderungen gegenüber der Resonanz zulässt. In diesem Fall kann man den Imaginärteil der Impedanz in (6.78) durch das erste Glied der Taylor-Reihe ersetzen:

$$\begin{aligned}\omega m'' - \frac{\varrho c^2}{\omega a} &= (\omega - \omega_{\text{res}}) \left.\frac{\mathrm{d}(\omega m'' - \varrho c^2/\omega a)}{\mathrm{d}\omega}\right|_{\omega=\omega_{\text{res}}} \\ &= (\omega - \omega_{\text{res}}) \left( m'' + \frac{\varrho c^2}{\omega_{\text{res}}^2 a} \right) = 2m''(\omega - \omega_{\text{res}}) \,. \end{aligned} \tag{6.80}$$

Es ist damit

$$\alpha = \frac{4\frac{\Xi d}{\varrho c}}{\left(\frac{\Xi d}{\varrho c} + 1\right)^2 + \left[\frac{2m''}{\varrho c}(\omega - \omega_{\text{res}})\right]^2} \,. \tag{6.81}$$

Üblicherweise drückt man die Gipfelbreite durch den Frequenzabstand $\Delta\omega$ derjenigen beiden Punkte rechts und links vom Maximum aus, bei denen der Absorptionsgrad auf die Hälfte seines Maximalwertes abgesunken ist:

$$\alpha(\omega = \omega_{\text{res}} \pm \Delta\omega/2) = \frac{1}{2}\alpha_{\max} \,.$$

Der Absorptionsgrad beträgt nun gerade dann die Hälfte seines Maximalwertes, wenn die beiden Ausdrücke im Nenner von (6.81) gleich groß sind; also ist

$$\left[\frac{2m''}{\varrho c}(\omega_{\text{res}} \pm \Delta\omega/2 - \omega_{\text{res}})\right]^2 = \left[\frac{\Xi d}{\varrho c} + 1\right]^2 ,$$

oder

$$\Delta\omega = \frac{\Xi d + \varrho c}{m''} \,. \tag{6.82}$$

Die Halbwertsbreite ist demnach umgekehrt proportional zum Massenbelag $m''$. Aus diesem Grund verwendet man meist kleine Massen, wenn man an größerer Bandbreite interessiert ist, und muss dafür eine etwas größere Hohlraumtiefe für die Tiefabstimmung in Kauf nehmen.

Die Abb. 6.22 und 6.23 fassen nochmals die Abhängigkeit des (tiefsten) Absorptionsgrad-Gipfels von den ihn bestimmenden Parametern zusammen.

Wie man sieht (und aus (6.82) abliest) sind:

- die Gipfel bei konstantem $m''$ für große Strömungswiderstände $\Xi d/\varrho c$ breiter, die Maxima selbst sind wieder für zueinander reziproke $\Xi d/\varrho c$ gleich;
- die Gipfel bei konstantem $\Xi d/\varrho c$ umso schmäler, je größer $m''$ ist.

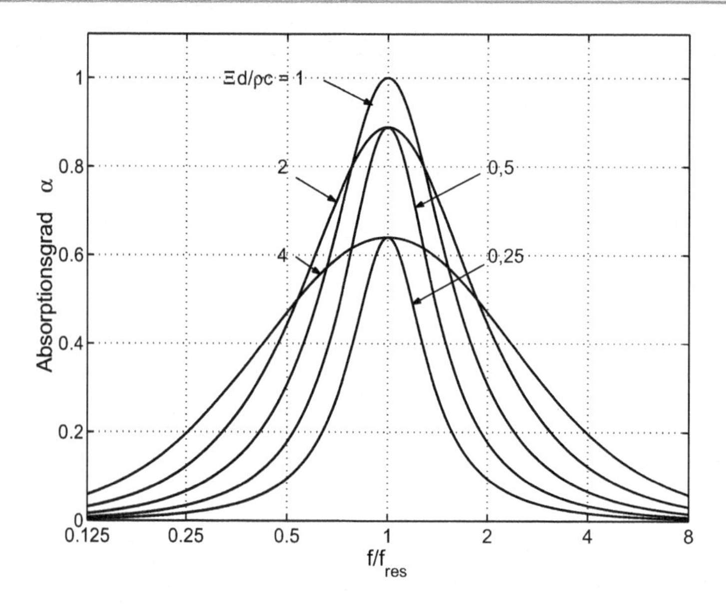


**Abb. 6.22** Absorptionsgrade von Resonanzabsorbern (mit $m''\omega_0/\varrho\, c = 2$ gerechnet)

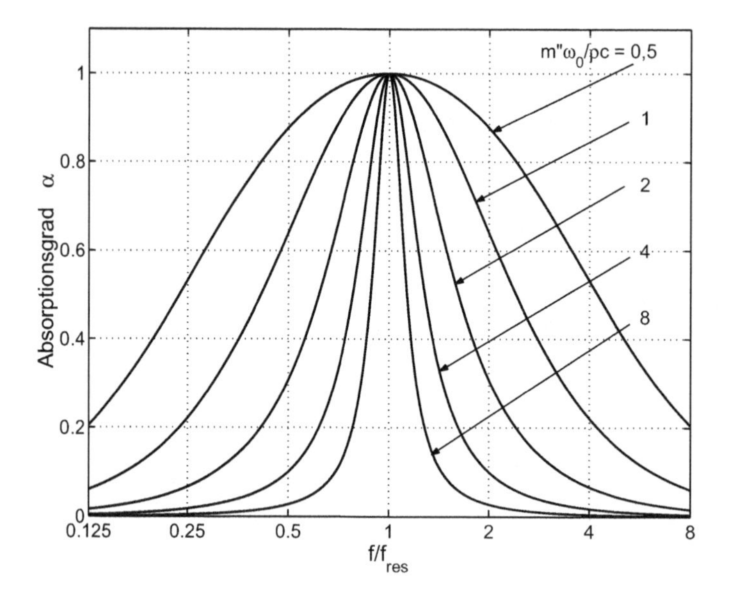


**Abb. 6.23** Absorptionsgrade von Resonanzabsorbern (mit $\Xi d/\varrho\, c = 1$ gerechnet)

Die Größenordnung der praktisch verwendbaren Massenbeläge ist (verglichen mit Fenstern, Blechen oder gar Wänden) ziemlich klein. Das zeigt ein Beispiel, bei dem ein Resonanzabsorber auf 200 Hz abgestimmt werden soll. Der Akustiker würde nun natürlich gern eine möglichst große Hohlraumtiefe $a$ benutzen, um eine kleine Masse und

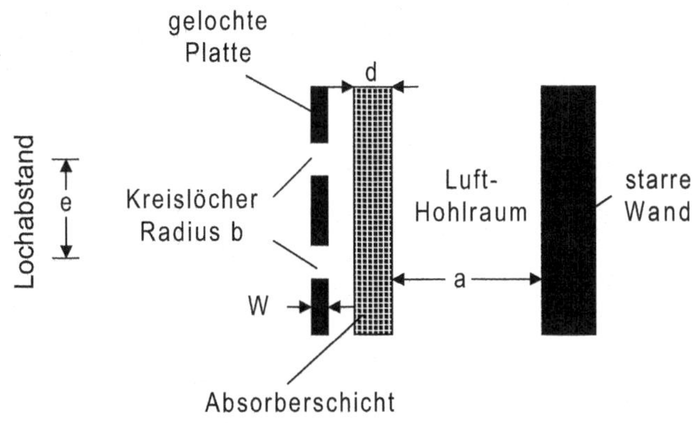


**Abb. 6.24** Aufbau des Resonanz-Absorbers mit Lochplatten

damit eine große Bandbreite herzustellen. Natürlich darf er – aus anderen Gründen – nicht viel umbautes Raumvolumen „abzwacken" (eine Ausnahme bildet bei hohen Räumen die Decke); es sei deshalb angenommen, dass der Aufwand an Tiefe auf 10 cm begrenzt ist (immerhin wären beim porösen Vorhang oder bei der endlich dicken Schicht $\lambda/4 \approx 40\,\text{cm}$ erforderlich!). Daraus ergibt sich mit

$$m'' = \varrho\, c^2/\omega_{\text{res}}^2 a$$

ein Zahlenwert von etwa $m'' = 0{,}850\,\text{kg/m}^2$. Die Halbwertsbreite (bei $\Xi d/\varrho\, c = 1$) beträgt dann etwa $\Delta f = 150\,\text{Hz}$, der Absorber „wirkt" also etwa von 125 bis 275 Hz. Man sieht daran, dass dem Akustiker eine Massenhalbierung (und damit eine Verdopplung der Bandbreite und leider auch der Tiefe $a$) entgegenkäme. Auch Resonanzabsorber haben offensichtlich oft einen erheblichen Platzbedarf, wenn sie tieffrequent und breitbandig wirken sollen.

Wegen der erwünschten kleinen Massenbeläge realisiert man diese oft durch Luftmengen, die in den Bohrungen von gelochten Platten bewegt werden. Wie in Abb. 6.24 dargestellt wird, besteht die absorbierende Gesamtanordnung dann aus einer als unbeweglich starr anzusehenden Platte mit Öffnungen, die in die Absorber-Hinterlegung münden; die Platte ist in einem gewissen Abstand vor einer schallharten Wand montiert.

Es fragt sich nun lediglich, durch welche Gleichung die für gleichmäßige Massenverteilung geltende Kräftegleichung

$$p_1 - p_2 = j\omega m'' v$$

ersetzt werden muss.

Dazu wird die zu einem einzelnen Loch gehörende Masse betrachtet. Sie erfährt links und rechts die Kräfte $p_1 S_{\text{L}}$ und $p_2 S_{\text{L}}$ ($S_{\text{L}}$ = Lochfläche). Das Trägheitsgesetz verlangt also

$$p_1 - p_2 = \frac{M}{S_{\text{L}}} j\omega v_{\text{M}}\,, \tag{6.83}$$

wobei $M$ die im Loch bewegte Masse und $v_M$ ihre Schnelle bedeutet. Nun wird gewiss nicht nur die im Lochvolumen selbst vorhandene Luftmasse bewegt, sicherlich werden davor und dahinter liegende Luftmengen mitgenommen werden. Für Kreislöcher mit dem Radius $b$ kann man annehmen, dass die dadurch begründete „Loch-Mündungs-Korrektur" jeweils vor und hinter dem Loch durch eine Halbkugel gegeben ist, deren Radius gleich dem Lochradius ist. Es ist also ($W$ = „Lochdicke" = Wandungsdicke)

$$M = \varrho \left( \pi b^2 W + \frac{4\pi}{3} b^3 \right) ,$$

oder

$$\frac{M}{S_L} = \varrho \left( W + \frac{4}{3} b \right) . \tag{6.84}$$

Jetzt muss man noch berücksichtigen, dass die „äußere" Schnelle $v$ im Schallfeld und die Lochschnelle $v_M$ sehr unterschiedlich sein können: Die pro Sekunde auf die Lochplatte innerhalb einer Fläche $S$ auftreffende Masse muss sich durch die in $S$ enthaltene Gesamt-Lochfläche $S_{Ltot}$ „hindurch zwängen". Aus der Massenerhaltung folgt

$$S_{Ltot} v_M = S v ,$$

oder

$$v_M = \frac{S}{S_{Ltot}} v = \frac{v}{\sigma_L} , \tag{6.85}$$

wobei $\sigma_L$ den Lochanteil an der Plattenfläche darstellt:

$$\sigma_L = \text{Fläche der Löcher/Gesamtfläche} .$$

Zusammengenommen ist also durch Einsetzen von (6.84) und (6.85) in (6.83)

$$p_1 - p_2 = j\omega \frac{\varrho \left( W + \frac{4}{3} b \right)}{\sigma_L} v . \tag{6.86}$$

Alle vorangegangenen Überlegungen über Resonanzabsorber bleiben erhalten, wenn nur bei den Lochplatten die „wirksame Flächenmasse" aus den Lochplattendaten zu

$$m'' = \frac{\varrho (W + 4b/3)}{\sigma_L} \tag{6.87}$$

berechnet wird. Wie man sieht besteht die bewegte Masse $m''$ NICHT in der in den Löchern gespeicherten Masse, wie manchmal irrtümlich behauptet wird. Weil der Lochanteil $\sigma_L$ immer deutlich kleiner als 1 ist (meist liegt $\sigma_L$ zwischen 0,1 und 0,3), ist die zu berücksichtigende Masse $m''$ viel größer als $\varrho W$.

Es sei noch erwähnt, dass die Mündungskorrektur anders als oben angegeben in Wahrheit „das 1,25-fache einer Kugel" insgesamt beträgt. Eine bessere Übereinstimmung mit praktischen Anordnungen erhält man deshalb, wenn (6.87) noch durch

$$m'' = \frac{\varrho (W + 5b/3)}{\sigma_L} \tag{6.88}$$

ersetzt wird.

Das Beispiel $\sigma_L = 0{,}1$; $W = b = 1\,\text{cm}$ mit $m'' = 350\,\text{g/m}^2$ zeigt, dass die erforderlichen Massenbeläge leicht herstellbar sind.

Die Bauformen von Resonanzabsorbern sind vielfältig. Die oben angesprochene Variante der mit Absorbermaterial hinterlegten Lochplatten wird oft für Akustikdecken benutzt, weil sich hier meistens genug Platz für eine Niedrigabstimmung findet. Andere Aufbauten bestehen z. B. in offenzelligen Schäumen mit verdickter Oberfläche, welche die Zusatzmasse bildet. Bereits seit einiger Zeit werden auch Folienabsorber benutzt, die vom Luftschallfeld zu Membran- und Biegeschwingungen angeregt werden und dem Feld dadurch Schallenergie entziehen. Sie können auch bis zu den tiefsten Frequenzen hin abgestimmt werden.

## 6.6 Der schräge Schalleinfall

In der Anwendungspraxis trifft die Schallwelle fast nie wirklich senkrecht auf die Absorberfläche, im Gegenteil ist in Räumen der diffuse, allseitige Schalleinfall eine realistischere Annahme. Aus diesem Grund sei hier noch der Frage nachgegangen, wie sich die Schallabsorption bei schräg auftreffenden Wellen ändert. Die Antwort ist leicht, wenn dabei lokal wirksame absorbierende Anordnungen vorausgesetzt werden. Bei ihnen sollen definitionsgemäß Ausgleichsvorgänge in der zur Oberfläche parallelen $y$-Richtung nicht auftreten. Bei einem porösen Vorhang in einem gewissen Abstand vor einer schallharten Wand z. B. (siehe Abb. 6.25) setzt das die Segmentierung des Lufthohlraumes durch gleichfalls schallharte Trennelemente voraus. Nur in diesem Fall unterbleibt eine Kopplung der so voneinander getrennten parallelen Lufthohlräume. Lässt man die Segmentierung weg, dann ergibt sich bei schrägem Einfall im Hohlraum ebenfalls ein schräg laufendes Feld aus stehenden Wellen; die Wirkung ist nicht mehr rein lokal. Anordnungen nach dem Schema in Abb. 6.25 lassen sich also als lokal wirksam auffassen und deshalb wieder durch eine ortsunabhängige Impedanz beschreiben. Auch direkt auf schallharte Wände aufgebrachte absorbierende Schichten lassen sich als lokal reagierend auffassen, wenn ihre innere Dämpfung bei ausreichend großem Strömungswiderstand hoch ist.

Für eine schräg unter dem Winkel $\vartheta$ auf die absorbierende Anordnung auftreffende Welle

$$p_{\text{ein}} = p_0\, \mathrm{e}^{-jkx\cos\vartheta + jky\sin\vartheta} \tag{6.89}$$

setzt sich das aus Schalleinfall und reflektiertem Anteil bestehende Gesamtfeld aus

$$\begin{aligned} p &= p_0(\mathrm{e}^{-jkx\cos\vartheta + jky\sin\vartheta} + r\,\mathrm{e}^{jkx\cos\vartheta + jky\sin\vartheta}) \\ &= p_0\mathrm{e}^{jky\sin\vartheta}(\mathrm{e}^{-jkx\cos\vartheta} + r\,\mathrm{e}^{jkx\cos\vartheta}) \end{aligned} \tag{6.90}$$

zusammen. Die ortsunabhängige Wandimpedanz $z$ ergibt sich also aus

$$z = \frac{p}{\frac{j}{\omega\varrho}\frac{\partial p}{\partial x}} = \frac{\rho c}{\cos\vartheta}\frac{1+r}{1-r}\,, \tag{6.91}$$

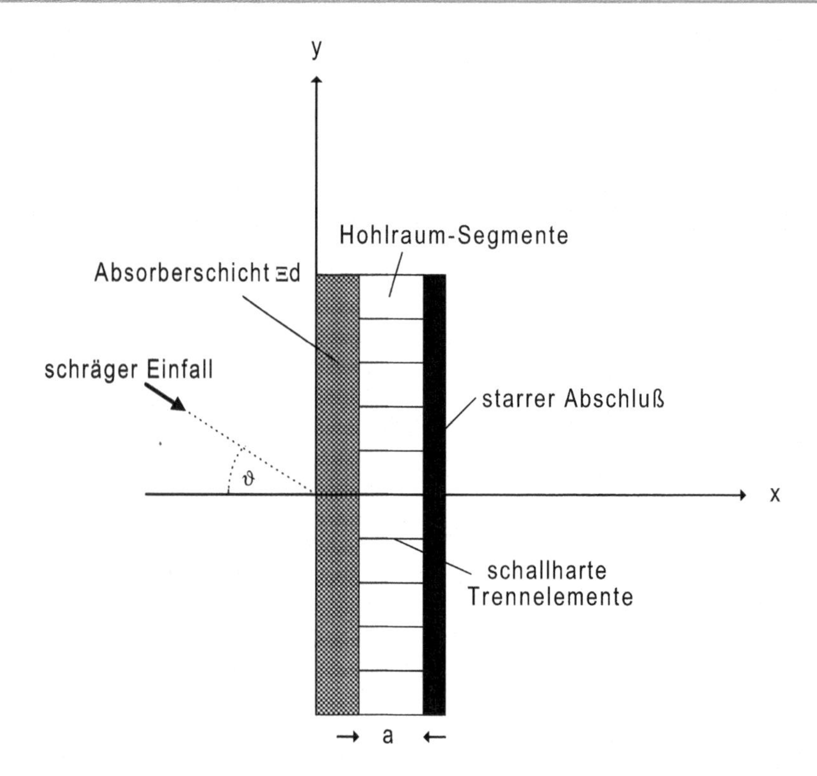


**Abb. 6.25** Die Anordnung aus einer absorbierenden Schicht vor einer Wand mit segmentiertem Hohlraum dazwischen lässt sich als lokal wirksam auffassen, weil Querkopplungen in $y$-Richtung unterdrückt werden

und das bedeutet

$$r = \frac{\frac{z}{\varrho c} \cos\vartheta - 1}{\frac{z}{\varrho c} \cos\vartheta + 1} . \qquad (6.92)$$

Alle vorangegangenen Betrachtungen für den senkrechten Schalleinfall bleiben also erhalten, nur dass die Wandimpedanz mit $\cos\vartheta$ multipliziert werden muss. Nach (6.92) werden Impedanzen, die gegenüber der Anpassung zu gross sind, durch den schrägen Einfall in ihrer Wirkung abgemildert, wie man am Absorptionsgrad des porösen Vorhanges in Abb. 6.26 ablesen kann. Zu kleine Impedanzen hingegen werden noch weiter verringert, der Absorptionsgrad nimmt jetzt mit dem Einfallswinkel ab (Abb. 6.27).

Eine ähnliche Tendenz wie beim porösen Vorhang ergibt sich auch bei einer porösen Schicht direkt auf schallhartem Untergrund. Hier sind die Einzelheiten etwas verwickelter, weil diesmal Real- und Imaginärteil der Impedanz durch den Strömungswiderstand beeinflusst sind. Wie die Abb. 6.28 und 6.29 zeigen, nimmt bei großen Strömungswiderständen nur die tieffrequente Absorption mit dem Einfallswinkel zu, hochfrequent lässt

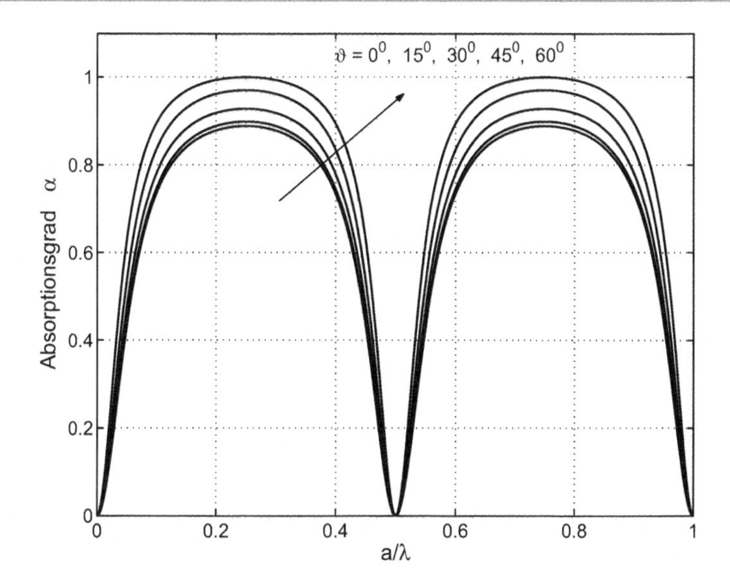


**Abb. 6.26** Absorptionsgrad des porösen Vorhangs mit $\Xi d/\rho c = 2$ bei schrägem Schalleinfall

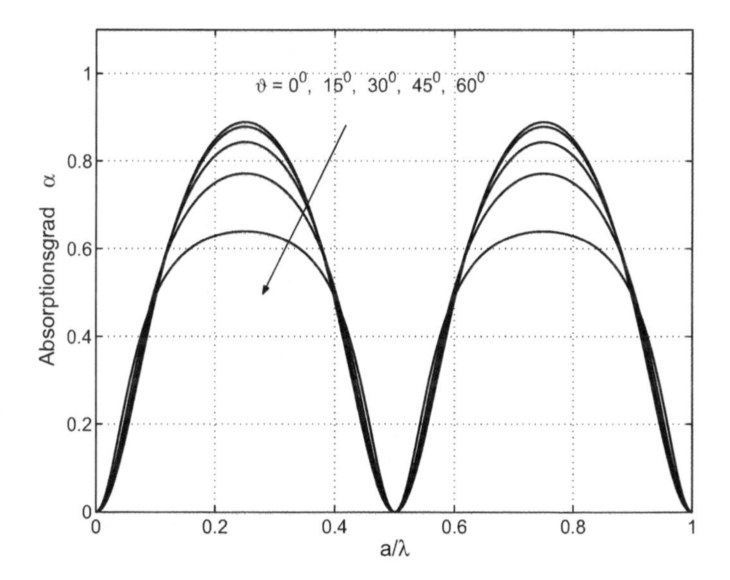


**Abb. 6.27** Absorptionsgrad des porösen Vorhangs mit $\Xi d/\rho c = 0{,}5$ bei schrägem Schalleinfall

die Schallschluckung etwas nach. Bei kleinen Strömungswiderständen sinkt das Absorptionsvermögen dagegen mit dem Einfallswinkel.

Zum Abschluss sei noch vorgeschlagen, zur Nachbildung des diffusen Schalleinfalls den Absorptionsgrad über viele Einfallsrichtungen zu mitteln.

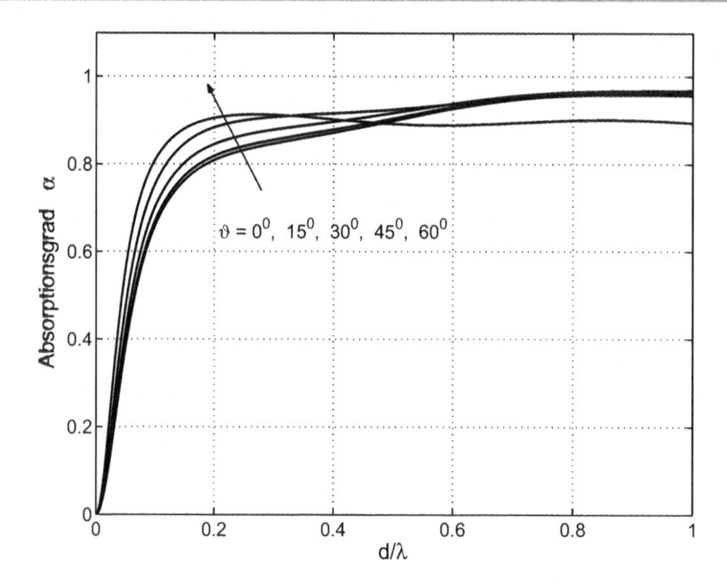


**Abb. 6.28** Absorptionsgrad der porösen Schicht mit $\Xi d/\rho c = 5$ bei schrägem Schalleinfall

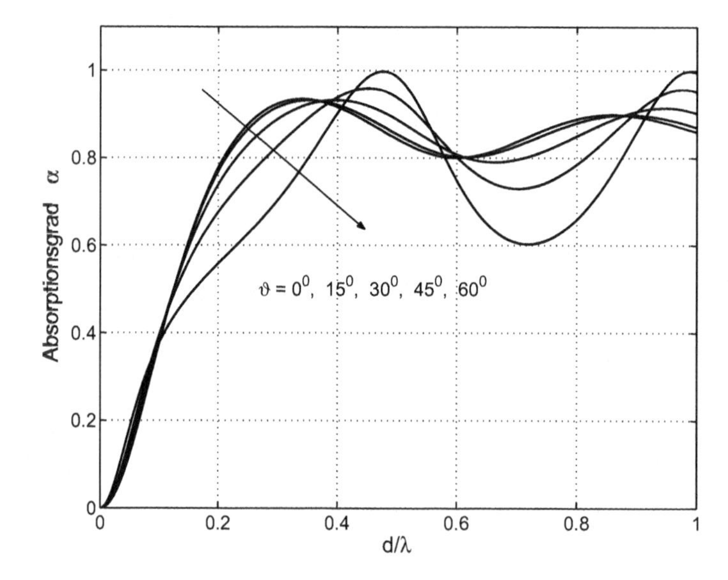


**Abb. 6.29** Absorptionsgrad der porösen Schicht mit $\Xi d/\rho c = 1$ bei schrägem Schalleinfall

## 6.7 Zusammenfassung

Die Messung des Absorptionsgrades von Wandaufbauten wird für den senkrechten Schalleinfall im Kundt'schen Rohr vorgenommen. Dabei wird der Frequenzbereich durch die tiefste cut-on-Frequenz der höheren Quermoden begrenzt. Das Messprinzip beruht darauf, dass das Schallfeld abhängig vom Reflexionsfaktor der Probe aus fortschreitenden und stehenden Wellen zusammengesetzt ist: Bei vollständiger Reflexion treten nur stehende, bei vollständiger Absorption nur fortschreitende Wellen auf. Bei teilweiser Reflexion entsteht daher ein örtlicher Effektivwertverlauf des Schalldruckes mit Minima und Maxima. Das Verhältnis aus Druck-Minimum zu Druck-Maximum ist unmittelbar ein Maß für die Wandabsorption: Ist das Verhältnis nahe bei Null, dann ist auch die Absorption gering, umgekehrt weisen Druckverhältnisse nahe bei 1 auf großen Absorptionsgrad hin.

Zur Beschreibung von Wandaufbauten wird die Wandimpedanz $z$ eingeführt, die gleich dem Verhältnis aus Druck und Schnelle auf der Wandoberfläche ist. Das ,Anpassungsgesetz' regelt den Zusammenhang zwischen Absorptionsgrad $\alpha$ und Wandimpedanz $z$. Es besagt, dass Imaginärteile der Wandimpedanz immer schädlich für die Absorption sind und dass sich $\alpha = 1$ nur für den Anpassungsfall $z = \rho c$ einstellt. Große innere Dämpfungen im Absorbermaterial nutzen also nur dann etwas, wenn das äußere Schallfeld auch in das Material eindringen kann und nicht schon an der Oberfläche reflektiert wird.

Tieffrequente Schallabsorption ist mit porösen Schichten nur unzureichend zu erzielen. Resonanzabsorber können hier in gewissem Umfang für Verbesserungen sorgen.

## 6.8 Literaturhinweise

Wie für ein Lehrbuch ja gar nicht anders möglich ist hier gleich eine ganze Reihe von Fragen und Problemen unbehandelt geblieben. Um nur Beispiele zu nennen:

- Ist es immer zutreffend, von einem starren Absorberskelett auszugehen, oder müssen dessen elastische Eigenschaften in Rechnung gestellt werden?
- Wie sind die heute zunehmend verwendeten sogenannten mikroperforierten Absorber zu verstehen?
- Wie sind die Konstruktionsregeln für Membran- und Folien-Absorber?

Die Antworten auf diese (und andere) Fragen muss anderen Büchern überlassen bleiben. Viele, vor allem auch theoretische Fragestellungen sind im Werk von F. P. Mechel: „Schallabsorber", Bände 1 bis 4, (Hirzel Verlag, Stuttgart ab 1995) beantwortet. Schließlich bildet auch das entsprechende Kapitel 9 „Schallabsorption" von H. V. Fuchs und M. Möser im „Taschenbuch der Technischen Akustik" (Herausgeber G. Müller und M. Möser, Springer-Verlag, Berlin und Heidelberg 2004) einen reichen Wissensschatz über Schallabsorption. Hier finden sich auch zahlreiche Literaturangaben, die man zur Vertiefung spezieller Gebiete nutzen kann.

Ein in praktischer Hinsicht sehr wertvoller Ratgeber mit vielen Anwendungsbeispielen und teils sehr innovativen Lösungen für die Gestaltung von Absorption bildet das im Springer-Verlag (Berlin, Heidelberg, New York 2007) erschienene Buch von H. V. Fuchs „Schallabsorber und Schalldämpfer“.

## 6.9 Übungsaufgaben

**Aufgabe 6.1**

Man verschaffe sich mit Hilfe graphischer Darstellungen einen anschaulichen Überblick über den Orts- und Zeitverlauf des Schalldruckes im Kundt'schen Rohr, dessen Abschluss einen Reflexionsfaktor von $r = 0{,}25$, $r = 0{,}5$ und $r = 0{,}75$ besitzt. Man zeichne dazu den jeweiligen Ortsverlauf bei zeitlich harmonischer Anregung für die Zeiten $t = nT/20$ ($n = 0, 1, 2, 3, \ldots$; $T$ = Periodendauer).

**Aufgabe 6.2**

Man berechne den Frequenzgang von Absorptionsgrad und Wandimpedanz eines im Kundt'schen Rohr vermessenen Aufbaues, der in einer 8 cm dicken Schicht aus Holzfasern-Beton-Gemisch vor schallhartem Abschluss besteht. Die Tabelle gibt die Messwerte von maximalem Pegel $L_{\text{max}}$, von minimalem Pegel $L_{\text{min}}$ und den Abstand $|x_{\text{min}}|$ des ersten Druck-Minimums von der Oberfläche des Messobjektes an.

| Frequenz/Hz | $L_{\text{max}}$/dB | $L_{\text{min}}$/dB | $\lvert x_{\text{min}}\rvert$/cm |
|---|---|---|---|
| 200 | 76,9 | 62,1 | 34,3 |
| 300 | 70,3 | 62,5 | 20 |
| 400 | 75,8 | 72,2 | 18 |
| 500 | 71,2 | 62,7 | 19,5 |
| 600 | 64,5 | 52,5 | 15 |
| 700 | 71 | 56,1 | 12,3 |
| 800 | 72,3 | 56,3 | 10 |
| 900 | 66,9 | 52,3 | 8,8 |
| 1000 | 70,2 | 56,6 | 7,3 |
| 1100 | 73,4 | 61,4 | 6,5 |
| 1200 | 76 | 67,3 | 5,5 |
| 1300 | 76,5 | 69,4 | 5,7 |
| 1400 | 71,6 | 64,2 | 5,7 |
| 1500 | 56,9 | 50,4 | 5,3 |
| 1600 | 61,1 | 52,2 | 4,8 |
| 1700 | 60,5 | 51,1 | 4,4 |
| 1800 | 65,6 | 54,7 | 3,9 |

**Aufgabe 6.3**
Man berechne den Absorptionsgrad, die Phase $\varphi$ des Reflexionsfaktors und die Lage des ersten Minimums bei der Messung im Kundt'schen Rohr für folgende Wandimpedanzen:

- $z/\varrho c = 1 + j$,
- $z/\varrho c = 2 + j$,
- $z/\varrho c = 1 + 2j$,
- $z/\varrho c = 3 + j$ und
- $z/\varrho c = 1 + 3j$.

**Aufgabe 6.4**
Wie groß sind Wandimpedanz und Absorptionsgrad einer Schicht aus porösem Material mit den Daten

- $\Xi = 10^4\,\mathrm{N\,s/m^4}, \sigma = 0{,}97, \kappa = 2$,
- $\Xi = 10^4\,\mathrm{N\,s/m^4}, \sigma = 0{,}97, \kappa = 1$,
- $\Xi = 2 \cdot 10^4\,\mathrm{N\,s/m^4}, \sigma = 0{,}97, \kappa = 2$ und
- $\Xi = 2 \cdot 10^4\,\mathrm{N\,s/m^4}, \sigma = 0{,}97, \kappa = 1$

jeweils mit der Schichtdicke von 10 cm vor einer schallharten Wand bei den Frequenzen von 200 Hz, 400 Hz, 800 Hz und 1600 Hz?

**Aufgabe 6.5**
Angenommen, die Absorptionsgrade aus Aufgabe 6.4 sollen für einen Wasserschalldämpfer hergestellt werden ($c_{\mathrm{Wasser}} = 1200\,\mathrm{m/s}$, $\varrho_{\mathrm{Wasser}} = 1000\,\mathrm{kg/m^3}$). Welcher Strömungswiderstand und welche Schichtdicken sind dann erforderlich (Porosität $\sigma$ und Strukturfaktor $\kappa$ bleiben unverändert)?

**Aufgabe 6.6**
Ein Resonanzabsorber soll auf die Resonanzfrequenz von 250 Hz (350 Hz, 500 Hz) mit der relativen Bandbreite von $0{,}5 = \Delta f / f_{\mathrm{res}}$ eingestellt werden. In der Resonanzfrequenz selbst soll $\alpha = 1$ erreicht werden. Welche Hohlraumtiefen und Massenbeläge sind erforderlich?

**Aufgabe 6.7**
Der kleinste Massenbelag aus Aufgabe 6.6 ($m'' = 0{,}51\,\mathrm{kg/m^2}$) soll durch eine sehr dünne Lochplatte (Dicke $W$ vernachlässigbar klein) realisiert werden. Der Lochanteil betrage 0,05 (0,1). Welche Lochradien sind erforderlich?

**Aufgabe 6.8**
In welchem Abstand sind die Kreislöcher anzuordnen, wenn der Lochanteil von 0,05 (0,1) erreicht werden soll? Man gehe von gleichabständiger Lochanordnung (quadratisches Lochgitter) aus.

**Aufgabe 6.9**
Man bestimme die tiefsten Cut-On-Frequenzen von Rohren mit Rechteckquerschnitt und den Querabmessungen von 5 cm und 7 cm (6 cm und 9 cm).

**Aufgabe 6.10**
Man demonstriere die Abhängigkeit des Absorptionsgrades bei schrägem Schalleinfall vom Einfallswinkel für einen dicken porösen Absorber (Halbraum) mit $\Xi = 10^4\,\mathrm{N\,s/m^4}$, $\sigma = 0{,}9$ und die Frequenz von 1000 Hz (500 Hz) durch eine Kurvenschar mit dem Parameter $\kappa = 1, 2, 4, 8$ und 16.

**Aufgabe 6.11**
Die maximal mögliche Belegung von Lochplatten mit Kreislöchern ist erreicht, wenn der Mittelpunktsabstand der Löcher gleich dem Lochdurchmesser ist. Wie groß ist die maximale Lochbelegung? Man gehe wieder von gleichabständiger Lochanordnung (quadratisches Lochgitter) aus.

**Aufgabe 6.12**
Wie groß ist die Dämpfung der höheren Moden ($n > 1$) im Kundt'schen Rohr aus zwei parallelen, schallharten Platten, wenn die Moden unterhalb ihrer cut-on-Frequenzen angeregt werden?

**Aufgabe 6.13**
Man bestimme die tiefsten Cut-On-Frequenzen von Rohren mit Kreisquerschnitt und dem Durchmesser von 5 cm, 10 cm und 15 cm.

**Aufgabe 6.14**
In einer dicken Schicht aus Absorbermaterial wird eine Dämpfung von 1 dB/cm (= Pegelabfall entlang einer Strecke von 1 cm) mit Hilfe einer Sonde gemessen. Die Frequenz liege oberhalb der den Absorber kennzeichnenden Knickfrequenz $\omega_\mathrm{k}$, die Porosität ist zu $\sigma = 0{,}95$ und der Strukturfaktor zu $\kappa = 2$ bestimmt worden. Wie groß ist der längenspezifische Strömungswiderstand des Materials? Man drücke den Wert auch in Rayl/cm aus.

# 7 Grundlagen der Raumakustik

Wenn man in einem geschlossenen Raum eine zuvor über längere Zeit betriebene Schallquelle plötzlich abschaltet, so hört man einen Nachhall. Seine Dauer hängt von der Raumgröße und von der Raum-Ausgestaltung ab; der Nachhall ist kurz bei kleinen Räumen und bei solchen, die dem Schall eine große absorbierende Fläche bieten. Große Volumina mit wenig Absorption besitzen dagegen lange Nachhalldauern, die leicht einige Sekunden erreichen. In der Zeit von beispielsweise 2 s hat der Schall einen Weg von fast 700 m zurückgelegt, die Raumbegrenzungen also bereits mehrfach getroffen; die Schallwellen sind an den Wänden mehrmals und unter den verschiedensten Winkeln reflektiert worden.

Jede Reflexion an einer (schallharten) ebenen Fläche lässt sich auch als von einer an der Wand gespiegelten Quelle herstammend auffassen. Um auch Mehrfach-Reflexionen durch Quellen darzustellen, müssen danach auch den Spiegelquellen wieder neue Spiegelquellen höherer Ordnung zugeordnet werden.

Für einen Rechteckraum erhält man so einen ganzen „Sternenhimmel" von Ersatzquellen, der in Abb. 7.1 für eine Ebene wiedergegeben ist. Die dreidimensionale Erweiterung hat man sich analog vorzustellen. Das Schallfeld im Raum kann man sich insgesamt ersetzt denken durch die Summe der gleichzeitig von der Originalquelle und allen Spiegelquellen ausgehenden Teilschalle, die Verzögerungen zwischen den Anteilen werden dabei durch die Laufstrecken der von den Spiegelquellen ausgesandten Schalle zum Betrachtungspunkt ausgedrückt.

Sendet die Originalquelle einen kurzen Impuls aus, so erhält man ein Echogramm wie in Abb. 7.2. Nur für die ersten Rückwürfe wird der Eintreffzeitpunkt der Impulse vor allem von der gegenseitigen Lage von Sender und Empfänger und deren Positionen im Raum bestimmt. Für höhere Reflexionen (entsprechend Spiegelquellen höherer Ordnung) verwischen sich die Unterschiede immer mehr, denn die Dimensionen des Raumes werden bald gegenüber den Entfernungen zu den Spiegelquellen vernachlässigbar. Die Anzahl $N$ der bis zur Zeit $t$ eingetroffenen Impulse ($t = 0$ entspricht dem Sendezeitpunkt der Originalquelle) kann man daher abschätzen durch die Anzahl der Quellen, die innerhalb einer Kugel mit dem Radius $r = ct$ liegen. Die Anzahl der Rückwürfe ist etwa gleich



M. Möser, *Technische Akustik*, VDI-Buch, DOI 10.1007/978-3-662-47704-5_7

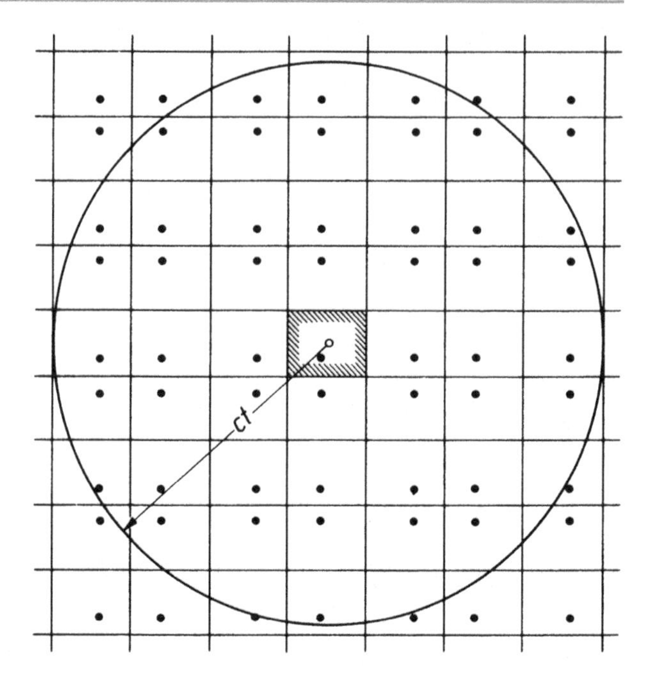


**Abb. 7.1** Spiegelschallquellen eines Rechteckraumes. Begrenzungsflächen des Originalraumes durch Schraffur hervorgehoben

dem Verhältnis aus dem Kugelvolumen $V_s$ und dem Volumen $V$ des Originalraumes,

$$N = \frac{V_s}{V} = \frac{4\pi}{3} \frac{(ct)^3}{V} . \tag{7.1}$$

Für ein Volumen von $V = 200\,\text{m}^3$ ergibt das beispielsweise etwa 800.000 Reflexionen innerhalb der ersten Sekunde.

Wie man an (7.1) und an Abb. 7.2 sieht, nimmt die Dichte der eintreffenden Impulse

$$\frac{\Delta N}{\Delta t} \approx \frac{\mathrm{d}N}{\mathrm{d}t} = 4\pi c \frac{(ct)^2}{V} \tag{7.2}$$

immer mehr zu, die Größe der eintreffenden Energieimpulse wird dagegen mit wachsender Zeit wegen der immer entfernteren Spiegelquellen mit

$$E_{\text{in}} \approx \frac{1}{(ct)^2}$$

kleiner. Im zeitlichen Mittel ergibt sich die in einem Raumpunkt merkliche Energie $E$ als Produkt aus der Anzahl der pro Zeiteinheit eintreffenden Impulse und ihrer Größe

$$E = E_{\text{in}} \frac{\Delta N}{\Delta t} = \text{const} .$$

Die Energiedichte im Raum nimmt also bald einen zeitlich konstanten Wert an. Das gleiche gilt auch für die örtliche Energieverteilung: Je mehr die Raumdimensionen gegenüber

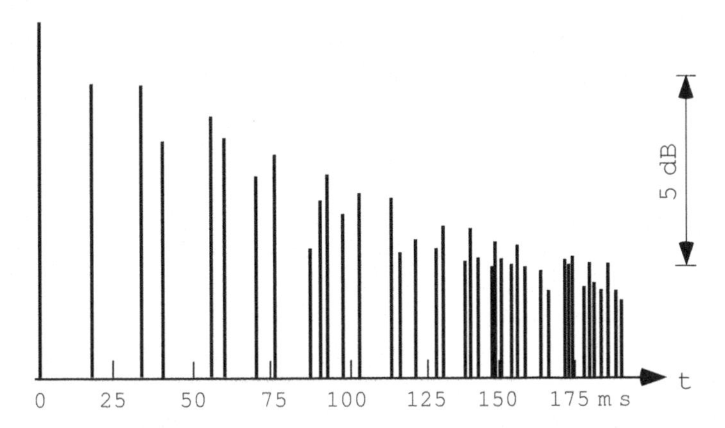


**Abb. 7.2** Zeitfolge der Rückwürfe in einem von ebenen Wänden begrenzten Raum

den Entfernungen der Spiegelquellen verschwinden, desto geringer muss der Einfluss der Lage eines Beobachtungspunktes sein. Man erwartet also sowohl für die örtliche als auch für die zeitliche Energieverteilung konstante Verläufe, solange – wie bisher vorausgesetzt – keine Dämpfung im Raum vorhanden ist.

Nun lehrt die Erfahrung zwar durchaus, dass man in ausreichend halligen Räumen in nicht zu naher Nachbarschaft der Quelle tatsächlich in jedem Raumort etwa die gleiche Lautstärke vorfindet; zeitlich jedoch klingt der Nachhall stets allmählich ab. Der Grund dafür besteht natürlich in der Schwächung, die die Schallwellen durch Dämpfung längs der Ausbreitungswege und durch Absorption an den Wänden (und der Raumeinrichtung) erfahren. Man wird daher in die folgenden Betrachtungen über die Schallausbreitung in Räumen gerade vor allem die Verluste mit einbeziehen müssen. Dadurch wird die Tatsache eines räumlich gleichverteilten Schallfeldes nicht gleichzeitig beeinflusst. Ein solches Schallfeld – es wird anschaulich als „diffus" bezeichnet – wird in erster, „statistischer" Näherung jedenfalls für kleine Dämpfungen vorliegen. Im Einklang mit der anhand der Spiegelquellen gewonnenen Anschauung scheint der diffuse Schall in jedem Raumpunkt etwa aus allen Richtungen gleichermaßen einzutreffen. Es soll also unter einem diffusen Schallfeld ein Feld verstanden werden, das sowohl bezüglich der Einfallsrichtungen als auch bezüglich des örtlichen Pegels gleichverteilt ist.

Ein solches „ideal-diffuses" Schallfeld in Räumen kann natürlich wieder nur eine idealisierte Fiktion sein, reale Räume verfügen sicher über gewisse Abweichungen davon. Je höher die Absorption im Raum und an den Wänden ist, desto mehr werden die wahren Verhältnisse den Annahmen widersprechen. Auch für ungleichmäßig angebrachte Absorber – z. B. hohe Absorption an den Wänden, aber nicht an Decke und Boden – wird die Annahme der Richtungs-Allseitigkeit nicht wirklich erfüllt sein, es würde in diesem Beispiel zu einem sogenannten „Flatterecho" kommen können. Andererseits wird man mit der Annahme statistischer Gleichverteilung wenigstens grob eine Einschätzung über Schallfelder in Räumen erhalten, die mit exakteren Mitteln nur mit riesigem Aufwand und in kaum überschaubarer Weise erreichbar ist. Beim Rechteckraum mit den noch relativ einfach definierten parallelen Begrenzungsflächen kann man mit wellentheoretischen Methoden wenigstens noch für den Fall der kompletten Reflexion an den Wänden einige grundsätzliche Aussagen machen. Liegen dagegen teilweise Schallschluckungen vor und sind diese sogar räumlich verteilt und durch größere Gegenstände im Raum bestimmt, die zusätzlich Streu- und Beugungswirkung besitzen, dann können „strenge" Rechnungen mit Hilfe der Wellentheorie aufgrund ihrer Komplexität nicht mehr durchgeführt werden. Im folgenden werden deshalb nur stark vereinfachende Betrachtungen angestellt. Dabei muss man sich im Klaren darüber sein, dass die getroffenen Vereinfachungen in den Details – z. B. in der örtlichen Verteilung – nur noch statistisch einen Sinn ergeben. Wenn von einem örtlich konstanten Pegel im diffusen Feld gesprochen wird, dann ist in Wahrheit ein räumlicher Mittelwert gemeint, den man durch eine Vielzahl von Messungen in mehreren Aufpunkten ermittelt hat.

Bevor die Betrachtungen anhand der angenommenen Gleichverteilung auf Ort und Richtung beginnen, soll noch die Komplexität der wellentheoretischen Betrachtungen selbst für den einfachen, verlustfreien Rechteckraum illustriert werden. Für diesen – er habe die Kantenlängen $l_x$, $l_y$ und $l_z$ – verlangen die Randbedingungen einen Schalldruck der Form

$$p(x,y,z) = \sum_{n_x=0}^{\infty} \sum_{n_y=0}^{\infty} \sum_{n_z=0}^{\infty} p_{n_x n_y n_z} \cos\left(\frac{n_x \pi x}{l_x}\right) \cos\left(\frac{n_y \pi y}{l_y}\right) \cos\left(\frac{n_z \pi z}{l_z}\right) ,$$

da an allen Begrenzungsflächen Druckbäuche vorliegen müssen. Jede der örtlichen, dreidimensionalen Moden geht nun mit einer Resonanzfrequenz einher, die sich aus der Wellengleichung zu

$$k = \frac{\omega}{c} = \sqrt{\left(\frac{n_x \pi}{l_x}\right)^2 + \left(\frac{n_y \pi}{l_y}\right)^2 + \left(\frac{n_z \pi}{l_z}\right)^2}$$

ergibt. Die Resonanzstellen kann man graphisch im „Frequenzraum" durch ein dreidimensionales Gitter darstellen (Abb. 7.3), wobei jeder aus dem Gitter herausgeschnittene Würfel die Kantenlängen $c/2\,l_x$, $c/2\,l_y$ und $c/2\,l_z$ besitzt. Die Anzahl $M$ der bis zu einer Frequenz $f$ vorgefundenen Resonanzfrequenzen ergibt sich näherungsweise aus dem Volumen einer Achtelkugel mit dem Radius $f$ geteilt durch das Volumen eines Würfels:

$$M = \frac{\frac{\pi}{6} f^3}{\frac{c^3}{8 l_x l_y l_z}} = \frac{4\pi}{3} \left(\frac{f}{c}\right)^3 V . \tag{7.3}$$

Bei einem (kleinen) Raumvolumen von $V = 200\,\text{m}^3$ werden bereits bis zur Frequenz von nur 340 Hz etwa 800 Resonanzen überdeckt! Die Eigenfrequenzdichte beträgt

$$\frac{\Delta M}{\Delta f} \approx \frac{\text{d}M}{\text{d}f} = \frac{4\pi}{c} \left(\frac{f}{c}\right)^2 V . \tag{7.4}$$

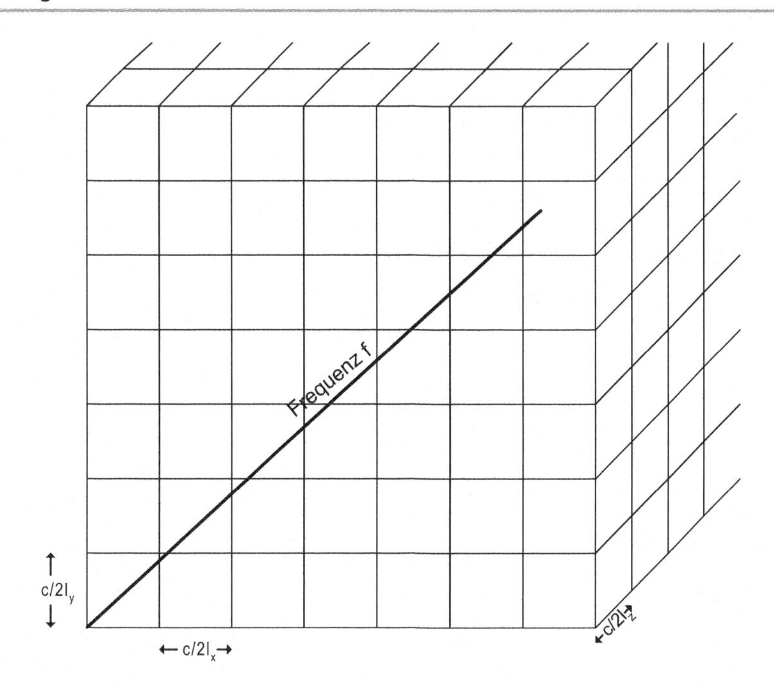


**Abb. 7.3** Graphische Darstellung der Resonanzfrequenzen durch das Resonanzgitter. Jeder Gitterknoten bezeichnet eine Resonanzfrequenz

Im Beispiel wäre also $\Delta M/\Delta f = 60/\text{Hz}$ für $f = 1000\,\text{Hz}$; auf ein Frequenzintervall von 1 Hz Bandbreite entfallen bei $f = 1000\,\text{Hz}$ etwa 60 Resonanzstellen. Diese Zahlen machen wohl deutlich, dass nur die Annahme statistischer Verteilungen eine noch bewältigbare Übersicht über die Schallvorgänge in geschlossenen Räumen bieten kann.

Ein diffuses Schallfeld, das nach Definition einen (etwa) ortsunabhängigen Pegel und einen aus allen Richtungen gleichermaßen erfolgenden Schalleinfall beinhaltet, kann natürlich nur mit hinreichend breitbandigen Signalen hergestellt werden. Ein reiner Ton führt zwangsläufig in schwach gedämpften Räumen zu stehenden Wellen mit ausgeprägten Bäuchen und Knoten. Nur wenn viele stehende Wellen gleichzeitig angeregt werden, können sich diese zu einem nahezu ortsunabhängigen, diffusen Schallfeld zusammensetzen.

Üblicherweise verlangt man deshalb für raumakustische Messungen ein Zusammenspiel von Signalbandbreite $\Delta f$ und Raumvolumen $V$ so, dass bei terzbreiter oder oktavbreiter Rauschanregung

$$\Delta M/\Delta f \approx 1/\text{Hz}$$

eingehalten wird. Gleichung (7.4) gibt dann den zugelassenen Messfrequenzbereich an, für den

$$f \geq \sqrt{\frac{1}{\text{Hz}} \frac{c^3}{4\pi V}} \approx \frac{1800\,\text{Hz}}{\sqrt{V/\text{m}^3}}$$

gilt. Für $V = 200\,\text{m}^3$ z. B. könnte man also erst ab etwa 125 Hz messen. Die praktische Bedeutung der Forderung $\Delta M/\Delta f > 1/\text{Hz}$ ergibt sich z. B. aus der Bandbreite des bei raumakustischen Messungen oft verwendeten Terzbandrauschens, für das bekanntlich $\Delta f = 0{,}23 f_\text{m}$ ($f_\text{m}$ = Mittenfrequenz) gilt. Demnach besagt die genannte Forderung, dass in der Terz mit $f_\text{m} = 125\,\text{Hz}$ mindestens etwa $M = 30$ ($f_\text{m} = 200\,\text{Hz}$: mindestens $M = 50$) Resonanzen enthalten sein sollen.

## 7.1 Das diffuse Schallfeld

In etwa kann man sich das Schallgeschehen in einem Raum vorstellen wie das Füllen eines undichten Gefäßes mit Wasser (Abb. 7.4): Wie die Wasserzuleitung beim Gefäß füllt der Schallsender nach dem Einschalten den Raum allmählich mit Schallenergie, bis ein gewisser Gleichgewichtszustand erreicht ist. Der dann eingependelte Pegel (Flüssigkeits- oder eben Schallpegel) erklärt sich durch den Ausgleich zwischen Zufluss und dem Abfluss durch die Undichtigkeiten, die dem Energieentzug durch Absorption entsprechen. Schaltet man die Quelle nach Erreichen des stationären, eingeschwungenen Zustandes wieder ab, so sinkt der Pegel wieder, die Flüssigkeit bzw. die Schallenergie fließt ab.

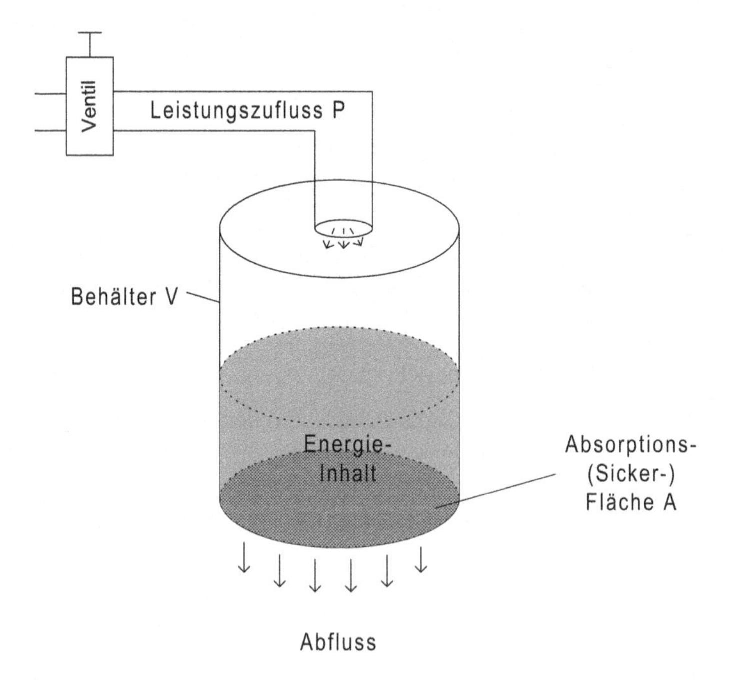


**Abb. 7.4** Analogie zwischen dem Flüssigkeitspegel in einem undichten Gefäß und dem akustischen Energieinhalt eines Raumes

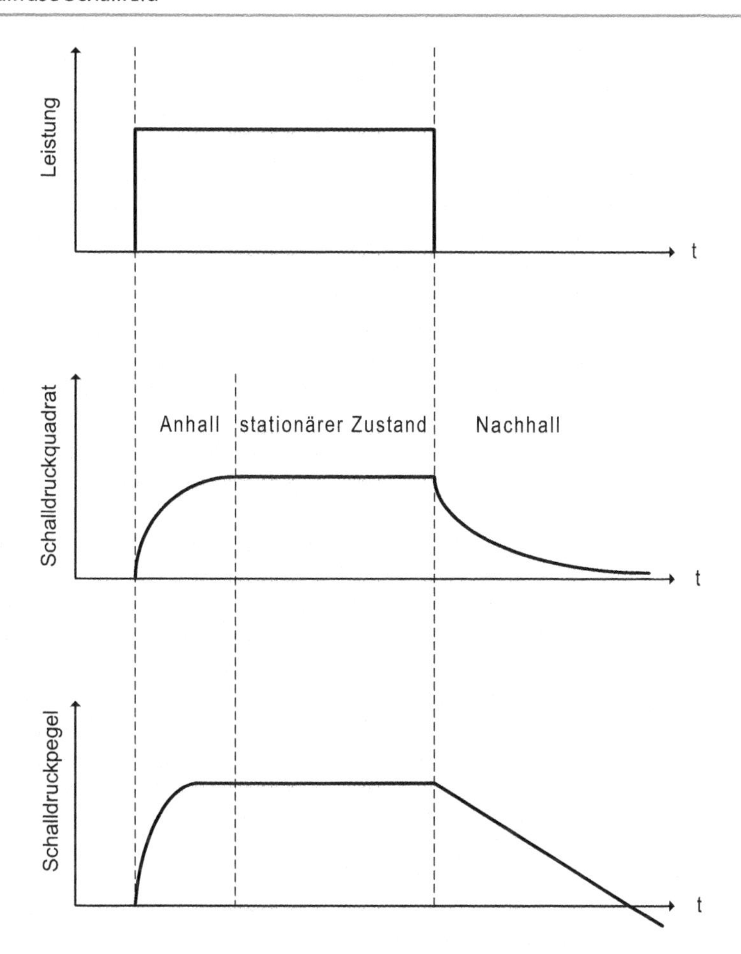


**Abb. 7.5** Prinzipverlauf des diffusen Schallfeldes über der Zeit

Man erwartet also einen Zeitverlauf des diffusen Schallfeldes nach dem Schema der Abb. 7.5, das die naheliegende Unterteilung in die Zeitbereiche „Anhall", „stationärer Zustand" und „Nachhall" wiedergibt. Alle drei Abschnitte können durch eine Energiebilanz beschrieben werden, die einer Massenbilanz bei der Gefäß-Analogie entspricht. Ebenso wie die während der Zeit $\Delta t$ zufließende Flüssigkeit sich verteilen muss auf eine Änderung des Gefäßinhaltes und auf den während der gleichen Zeit stattfindenden Abfluss, muss die vom Sender während $\Delta t$ zugeführte Leistung $P$ sich zusammensetzen aus einer Änderung der im Raum gespeicherten Energie und der während $\Delta t$ abfließenden Verlustleistung $P_L$:

$$P\Delta t = V\Delta E + P_L\Delta t \,, \tag{7.5}$$

worin $E$ die räumliche Energiedichte und $V$ das Raumvolumen bezeichnen.

Es ist nun sicher sinnvoll anzunehmen, dass die Verlustleistung $P_L$ proportional zur aktuell vorhandenen Energiemenge $EV$ ist. Wie bei der Flüssigkeit fließt umso mehr Schall (Flüssigkeit) ab, je höher der Pegelstand gerade ist, wie man mit einem Loch am Fuß eines Gefäßes leicht verifizieren kann. Natürlich ist die Annahme $P_L \sim EV$ auch für den mit Schallenergie gefüllten Raum physikalisch sinnvoll, weil die Verlustleistung in einer absorbierenden Einrichtung stets mit der Größe des Feldes (quadratisch) zunimmt.

Es gilt also

$$P_L = \gamma E V \,, \tag{7.6}$$

wobei $\gamma$ eine „Verlust-Raumkonstante" ist, die mit der absorbierenden Fläche zusammenhängt. Im Falle der Flüssigkeit würde $\gamma$ die Art, Beschaffenheit und Lage der Auslassöffnungen – kurz: Die Abflussfläche – beschreiben. Für die Raumakustik sind in $\gamma$ alle im Raum vorhandenen absorbierenden Flächen enthalten.

Man erhält aus (7.5) und (7.6) im Grenzfall $\Delta t \to 0$ die Energiebilanz

$$\frac{\mathrm{d}E}{\mathrm{d}t} = \frac{P}{V} - \gamma E \,. \tag{7.7}$$

Gleichung (7.7) drückt lediglich die genannte Vorstellung eines „Raumgefäßes" durch eine Formel aus. Dabei ist die Energiedichte nur indirekt aus Schalldruck-Messungen bestimmbar, man muss sich also noch über den Zusammenhang zwischen Druck und Energiedichte Klarheit verschaffen. Wegen der Annahme allseitig gleichmäßigen Schalleinfalles aus allen Richtungen zugleich kann man davon ausgehen, dass die Schallschnelle im kurzen zeitlichen und örtlichen Mittel gleich Null ist; im wesentlichen speichert der Raum also nur potentielle Energie. Deshalb ist

$$E = \frac{\tilde{p}^2}{\varrho c^2} \,, \tag{7.8}$$

worin $\tilde{p}$ den Druck-Effektivwert im diffusen Feld bezeichnet.

### 7.1.1 Nachhall

Wenn man den Leistungs-Zufluss für das Gefäß „Raum" für die Schallenergie abschaltet, dann läuft der Raum allmählich leer. Wie lange dieser Prozess dauert, das hängt wie gesagt von der in der Verlustkonstanten ausgedrückten Abflussfläche ab: Große Flächen führen zu einem raschen, kleine Flächen dagegen zu einem langsamen, lange dauernden Abflussvorgang. Es ist also naheliegend, die Verlusteigenschaften des Raumes durch die Messung seiner Nachklingdauer zu quantifizieren.

Für den bei $t = 0$ abgeschalteten Sender liefert die Gleichung (7.7) mit $P = 0$ die einleuchtende Tatsache, dass die Schallenergie mit

$$E = E_0 \, \mathrm{e}^{-\gamma t} \tag{7.9}$$

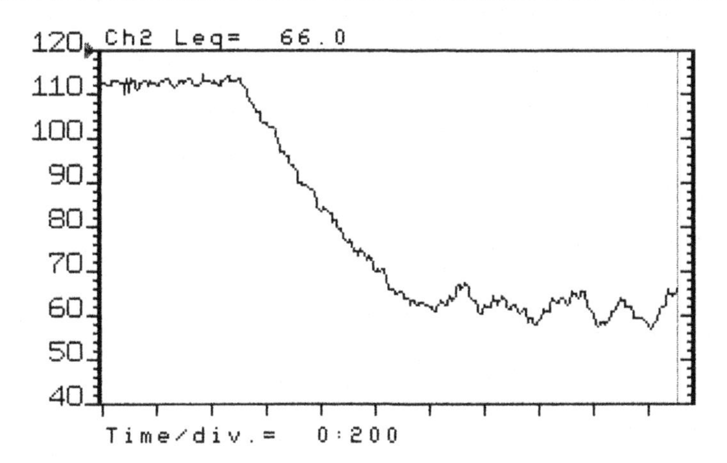


**Abb. 7.6** Pegelschrieb eines Nachhall-Vorganges

nach dem Abschaltzeitpunkt exponentiell fällt. Nach (7.8) gilt dann für den Effektivwert des Schalldruckes

$$\tilde{p}^2(t) = \tilde{p}^2(0)\,\mathrm{e}^{-\gamma t}\,,$$

und daher gilt für den Schalldruckpegel

$$L(t) = 10\lg\frac{\tilde{p}^2}{p_0^2} = L(t=0) - \gamma t 10\lg\mathrm{e}\,. \tag{7.10}$$

Der Pegel fällt linear mit der Zeit. Wie man an einem Beispiel in Abb. 7.6 sehen kann, findet man diesen Pegel-Zeitverlauf bei genügend diffusen Feldern in der Tat auch etwa bei Messungen wieder.

Die noch nicht näher bestimmte Verlustzahl $\gamma$ kann jetzt einfach aus der Steigung der Pegel-Zeit-Geraden berechnet werden. Man verwendet dazu jedoch nicht die „mathematische Steigung" der Kurve – Messkurven sind selten so glatt, dass ihre Differentiation zu einem vernünftigen Ergebnis führen würde – sondern die sogenannte Nachhallzeit $T$, die als diejenige Zeit definiert ist, die nach dem Abschalten des Senders vergeht, bis die Schallenergie auf den millionsten Teil des Anfangswertes abgeklungen ist. Das entspricht also der Zeit, während der ein Pegelabfall um 60 dB stattfindet. Nach (7.10) gilt daher

$$60 = \gamma T 10\lg\mathrm{e}\,,$$

oder

$$\gamma = \frac{13{,}8}{T}\,, \tag{7.11}$$

Praktisch ist die Ermittlung der Nachhallzeit eine einfach zu bewerkstelligende Messaufgabe. Man braucht z. B. nur den Pegel-Zeit-Verlauf nach Abschalten der Quelle mit

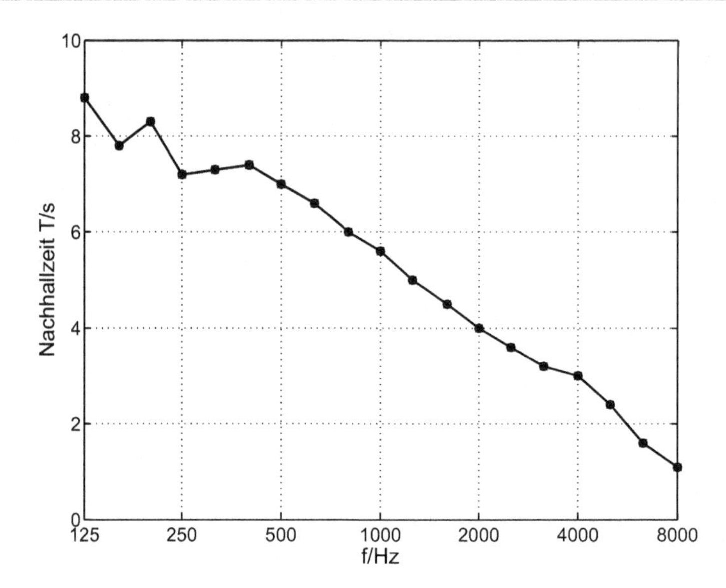


**Abb. 7.7** Frequenzgang der Nachhallzeit des Hallraumes im Institut für Strömungsmechanik und Technische Akustik, TU-Berlin

einem Pegelschreiber zu registrieren. Meist benutzt man nicht den ganzen Pegelabfall von 60 dB, sondern schließt aus der 30 dB-Differenz auf die halbe Nachhallzeit (etc.), man würde sonst einen zu hohen Abstand gegenüber den auch in Abb. 7.6 erkennbaren (elektrischen oder tatsächlichen) Fremdgeräuschen einhalten müssen. Wie schon ausgeführt kann die Schallabsorption stark frequenzabhängig sein, die Messung muss also für mehrere Frequenzbänder – meist in Terz- oder Oktavschritten – durchgeführt werden. Abbildung 7.7 gibt ein Beispiel des Frequenzganges der Nachhallzeit eines Hallraumes, über dessen Verwendungszweck noch zu reden sein wird.

### 7.1.2 Der stationäre Zustand

Die Nachhallphase diente der messtechnischen Charakterisierung der Raum-Verlusteigenschaften. Den vorausplanenden Akustiker interessiert nun natürlich die Frage sehr, wie sich denn diese Verlusteigenschaften auf die im Raum vorhandene Lautstärke auswirkt und wie man letztere durch Maßnahmen gezielt beeinflussen kann. Am einfachsten findet man begreiflicherweise die Antwort auf diese Fragen, wenn man sich „Quellen im Dauerbetrieb“ – den sogenannten stationären Zustand also – vorstellt.

Nach einer hier nicht interessierenden Anhall-Phase im dann erreichten eingeschwungenen Zustand des diffusen Feldes ändert sich der Energieinhalt des Raumes nicht mehr, es ist

$$\frac{\mathrm{d}E}{\mathrm{d}t} = 0 \, .$$

Die vom Sender zugeführte Leistung dient jetzt nur noch zur Deckung der Verluste, es ist also nach (7.7), (7.8) und (7.11)

$$\frac{P}{V} = \gamma E = \frac{13{,}8}{T} E = \frac{13{,}8}{T} \frac{\tilde{p}^2}{\varrho c^2} . \tag{7.12}$$

Mit Hilfe von (7.12) kann man den Schalldruckpegel aus den Raumeigenschaften Volumen $V$ und Nachhallzeit $T$ und aus der Sendeleistung $P$ vorausberechnen.

Aus guten Gründen ist man daran interessiert, die Nachhallzeit eines Raumes gezielt einzustellen. Ein Ziel dabei kann es sein, den Raum durch Bedämpfen möglichst leise zu machen, das ist vor allem der Fall für Zweckräume (wie Büros oder Fabrikhallen). In anderen Fällen sollen bestimmte, erwünschte Nachhallzeiten eingestellt werden von denen bekannt ist, dass sie für „gut hörbare“ Räume je nach Nutzungsart erforderlich sind. So sollen Konzertsäle beispielsweise etwa 2 s Nachhallzeit, Vorlesungsräume dagegen ein $T$ von etwa 0,5 s besitzen.

Um die Einstellung der Nachhallzeit möglich zu machen, muss ihr Zusammenhang zu den im Raum vorhandenen Absorbern betrachtet werden, denn letztere bilden natürlich die Mittel zur Beeinflussung der Nachhallzeit. Dazu denkt man sich zunächst alle im Raum vorhandenen absorbierenden Flächen in Teilflächen zerlegt, die jeweils konstante Eigenschaften besitzen. Dann wird die auf eine Teilfläche $S$ im Raum einseitig auftreffende Leistung $P_{\text{in}}$ betrachtet (wenn ein Gegenstand Vorder- und Rückseite besitzt – wie ein Mensch z. B. – dann besteht er eben aus zwei oder mehreren getrennten Teilflächen). Kennt man den Absorptionsgrad der Fläche, dann kann man die absorbierte Leistung $P_{\text{abs}}$ aus der auftreffenden Leistung berechnen:

$$P_{\text{abs}} = \alpha P_{\text{in}} . \tag{7.13}$$

Hängt der Absorptionsgrad eines Aufbaues noch von der Einfallsrichtung ab, dann benutzt man für $\alpha$ einen über die Richtungen gemittelten Wert.

Wie immer auch die betrachtete Fläche in den „Sternenhimmel“ der Spiegelquellen in Abb. 7.1 gelegt wird, es trägt doch immer nur die Hälfte der Quellen zum einseitigen Leistungs-Auftreffen bei. Der Einfachheit halber sei der von dieser Hälfte der Quellen hervorgerufene Schalldruck mit $p_{1/2}$ bezeichnet. Würde der Schall nur unter einem Winkel zur Flächen-Normalen auftreffen (Abb. 7.8), dann wäre der Leistungstransport auf die Fläche zu mit dem Gesamtdruck $p_{1/2}$ der relevanten Quellen-Hälfte durch

$$P_{\vartheta} = S \frac{\tilde{p}_{1/2}^2}{\varrho c} \cos \vartheta \tag{7.14}$$

verknüpft. Da im vorausgesetzten diffusen Feld Schalleinfall aus allen Richtungen gleichermaßen auftritt, muss für den Gesamtzusammenhang zwischen der auf die Fläche auftreffenden Leistung und dem Druck noch über alle Einfallsrichtungen gemittelt werden. Weil $\cos \vartheta$ alle Wert zwischen Null und 1 gleichermaßen annimmt setzt man im

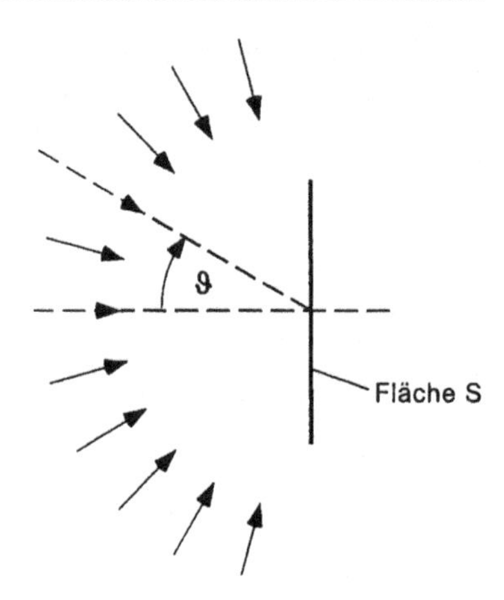


**Abb. 7.8** Einseitig auf die Fläche $S$ aus allen Richtungen auftreffende Intensität

Mittel $\cos\vartheta = 1/2$ und findet für das diffuse Feld

$$P_{\text{in}} = \frac{\tilde{p}_{1/2}^2}{2\varrho\, c} S\,. \tag{7.15}$$

Es ist nicht sehr schwer, den nur von der Hälfte der Quellen herstammenden Druck durch den Gesamtdruck im diffusen Feld auszudrücken. Wie früher gezeigt (siehe Kap. 3, Abschn. 3.4) lassen sich auch kohärente Schallquellen dann als inkohärent auffassen, wenn ihr Abstand groß gegenüber der Wellenlänge ist und wenn unter dem Schalldruckquadrat ein räumlicher Mittelwert verstanden wird. Diese Voraussetzungen sind ohnehin schon als gegeben angenommen worden. Deshalb ist das Schalldruckquadrat der Hälfte der Quellen gerade halb so groß wie das aller Quellen:

$$\tilde{p}_{1/2}^2 = \frac{1}{2}\tilde{p}^2\,. \tag{7.16}$$

Die von einer Seite auf eine Fläche $S$ auftreffende Leistung $P_{\text{in}}$ ist also durch den Schalldruck im diffusen Raum-Feld wie folgt gegeben:

$$P_{\text{in}} = \frac{\tilde{p}^2 S}{4\varrho\, c}\,. \tag{7.17}$$

Die von der Fläche absorbierte Leistung beträgt deshalb

$$P_{\text{abs}} = \alpha P_{\text{in}} = \frac{\tilde{p}^2}{4\varrho\, c}\alpha S\,.$$

Zum Schluss zieht man noch alle im Raum in Frage kommenden Teilflächen $S_i$ in Betracht. Insgesamt folgt daraus

$$P_{\text{abs}} = \frac{\tilde{p}^2}{4\varrho\, c} A\,, \tag{7.18}$$

worin für $A$ schon die Summe aller absorbierenden Teilflächen genommen worden ist:

$$A = \sum_i \alpha_i S_i \ . \tag{7.19}$$

Die sich aus den Produkten von allen Flächen und deren Absorptionsgraden ergebende Größe $A$ wird „äquivalente Absorptionsfläche" genannt. Weil man sich die Absorptionswirkung auch durch eine entsprechend kleinere Fläche mit dem Absorptionsgrad $\alpha = 1$ ersetzt denken kann, ist für $A$ auch der Begriff der „offenen Fensterfläche" gebräuchlich. Ihr Zusammenhang mit der Nachhallzeit $T$ geht aus der Betrachtung des eingeschwungenen, stationären Schallzustandes im Raum hervor, in welchem die vom Sender zugeführte Leistung $P$ gleich der insgesamt absorbierten Leistung $P_{\text{abs}}$ ist. Vergleicht man (7.12) und (7.18), so findet man die nach ihrem Entdecker benannte Sabine'sche Nachhall-Formel

$$\frac{13{,}8V}{cT} = \frac{A}{4} \ .$$

Meist benutzt man die „dimensionslose", für Luft geltende Form

$$T/\text{s} = 0{,}163 \frac{V/\text{m}^3}{A/\text{m}^2} \ . \tag{7.20}$$

Die in der Sabine Formel enthaltene Proportionalität zwischen Nachhallzeit und Raumvolumen entspricht auch der anschaulichen Vorstellung. Es leuchtet unmittelbar ein, dass ein großes Volumen $V$ mit einer viel längeren Nachhallschleppe reagiert als ein kleines Volumen, wenn beide mit der gleichen Absorptionsfläche $A$ ausgestattet werden.

Schon das bereits verwendete Beispiel mit $V = 200\,\text{m}^3$ eines „Würfelraumes" (Kantenlänge $a = 5{,}85\,\text{m}$) zeigt auch, dass man aus der Sabine Formel etwa realistische Nachhallzeiten berechnet. Nimmt man alle Würfelseitenflächen $6a^2$ mit $\alpha = 0{,}05$ als schwach absorbierend an, so beträgt die Nachhallzeit $T = 3{,}3\,\text{s}$. Beachtet werden muss noch, dass die gesamte, im Raum und an den Begrenzungsflächen stattfindende Energieumwandlung von Schall in Wärme in der äquivalenten Absorptionsfläche $A$ vollständig zusammengefasst ist. Natürlich würde man auch in Räumen mit wirklich kompletter Reflexion an allen Seiten eine endlich lange Nachhalldauer ermitteln, dafür würden die (geringen, aber vorhandenen) Verluste längs der Schallausbreitungswege sorgen. Insgesamt setzt sich also $A$ aus den Anteilen

$$A = A_\alpha + A_\text{L} \tag{7.21}$$

zusammen, wobei $A_\alpha$ den gezielt durch Flächen-Absorption einstellbaren Anteil und $A_\text{L}$ den Anteil durch die unvermeidlichen Verluste im Medium Luft repräsentiert. Für die praktisch relevanten Fälle kann man den Ausbreitungs-Anteil $A_\text{L}$ meistens vernachlässigen. Es sei hier nur noch erwähnt, dass die unvermeidlichen Verluste natürlich um so höher sind, je größer das beschallte Volumen ist. Es gilt

$$A_\text{L}/\text{m}^2 = \nu\, V/\text{m}^3 \ . \tag{7.22}$$

Dabei ist $\nu$ eine „Materialkonstante", die vor allem von der Frequenz und der Luftfeuchtigkeit abhängt. Näherungsweise gilt die Erfahrungsgleichung

$$\nu = \frac{80}{\varphi/\%}\left(\frac{f}{\text{kHz}}\right)^2 10^{-3}\,, \tag{7.23}$$

worin $\varphi$ die relative Luftfeuchtigkeit in Prozent angibt. Die unvermeidliche Absorption während der Schallausbreitung nimmt demnach mit wachsender Luftfeuchte ab.

Ohne sonstige Absorption im Raum erhält man aus (7.23) als größtmögliche Nachhallzeit also

$$T_{\text{max}} = 0{,}163\,V/A_{\text{L}} = 0{,}163/\nu = 80/(f/\text{kHz})^2,$$

wenn man von einer (oft in Innenräumen etwa vorhandenen) Luftfeuchtigkeit von $\varphi = 40\,\%$ ausgeht. Man sieht leicht ein, dass die damit gegebene natürliche Nachhall-Begrenzung erst bei den höchsten Frequenzen eine Rolle spielen kann.

Offen geblieben ist noch die anfangs gestellte Frage des quantitativen Zusammenhanges zwischen Schalldruckpegel im stationären Zustand und Absorption im Raum. Die Tatsache, dass im stationären Zustand zugeführte Leistung $P$ und Verlustleistung $P_{\text{abs}}$ gleich groß sind, gibt die Antwort. Nach (7.18) ist nämlich

$$\frac{P_{\text{abs}}}{P_0} = \frac{\tilde{p}^2}{4p_0^2}\frac{A}{\text{m}^2}$$

($P_0$ = Bezugsleistung $= p_0^2/\varrho c \cdot 1\,\text{m}^2$, $p_0$ = Bezugsschalldruck) und damit gilt für den Schalldruckpegel $L$ und Leistungspegel der Quelle $L_{\text{p}}$

$$L = L_{\text{p}} - 10\lg A/\text{m}^2 + 6\,\text{dB}\,. \tag{7.24}$$

Daraus lässt sich bei gegebener Schallleistung und bekannter Absorptionsfläche der Druckpegel (im örtlichen Mittel) vorausberechnen. Wie man sieht kann man den Diffusfeldpegel in Räumen um 3 dB pro Verdopplung der Absorptionsfläche verringern. Die Zusatzausstattung eines Raumes mit Absorption ist allerdings hinsichtlich der erwarteten Pegelsenkungen nur dann wirklich erfolgreich, wenn die ursprünglichen Nachhallzeiten ziemlich lang waren. Kürzere Nachhallzeiten (etwa im Bereich von 1 s) bieten nur sehr selten noch Spielraum für Pegelverringerungen.

Gleichung (7.24) kann auch zur Bestimmung der von einer Quelle (z. B. einer Maschine) abgegebenen Leistung durch Messung des mittleren Raumpegels benutzt werden, wenn die Nachhallzeit des Messraumes bekannt ist (siehe auch die Norm EN ISO 3741: ‚Bestimmung der Schallleistungspegel von Geräuschquellen aus Schalldruckmessungen – Hallraumverfahren der Genauigkeitsklasse 1' von 1999). Für diese Leistungsmessung im Hallraum müssen Räume mit möglichst großer und gut reproduzierbarer Nachhallzeit verwendet werden, damit die Voraussetzungen des diffusen Feldes erfüllt sind. Dabei darf die

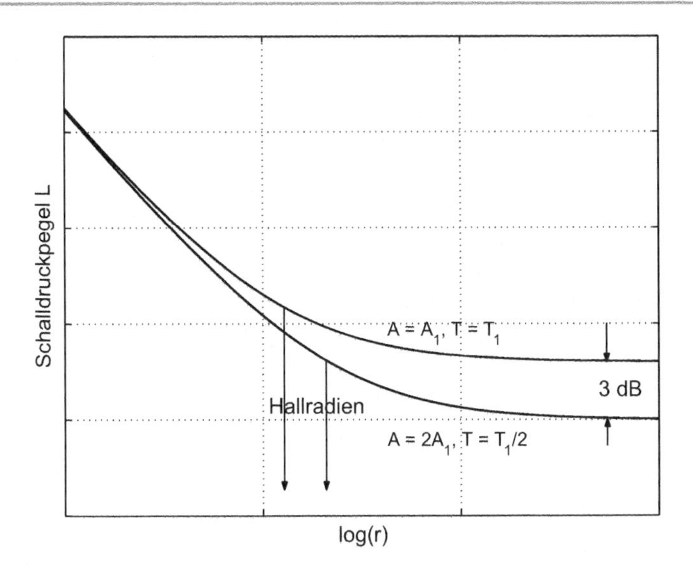


**Abb. 7.9** Ortsverlauf des Schallfeldes in gleichgroßen Räumen mit den Absorptionsflächen $A_1$ und $2A_1$

Messung der einzelnen, für die räumliche Mittelung erforderlichen Schalldruckpegel natürlich nicht zu nahe bei der Quelle erfolgen. In großer Nähe zur der Quelle überwiegt ihr Direktfeld gegenüber dem (fast) nur aus Reflexionen gebildeten Hallfeld; über dem Abstand von der Quelle ist ein örtlicher Pegelverlauf wie in Abb. 7.9 zu erwarten. Dabei hängt der Übergangspunkt zwischen den Grenzfällen von der Höhe des diffusen Feldes ab: Für kleine absorbierende Flächen reicht es bis in größere Quellen-Nachbarschaft. Eine Abschätzung des Übergangspunktes kann man aus der im Freien gültigen Gleichung für das Direktfeld $P = 4\pi r^2 p^2_{\text{direkt}}/\varrho c$ und (7.18) $P = A p^2_{\text{diffus}}/4\varrho c$ herleiten. Wenn man den Hallradius $r_{\text{H}}$ so festlegt, dass er den Abstand von der Quelle bezeichnet, in dem die Schallanteile von direktem und diffusem Feld gleich groß sind, so erhält man $4\pi r_{\text{H}}^2 = A/4$, oder

$$r_{\text{H}} = \frac{1}{7}\sqrt{A}\,. \tag{7.25}$$

Für Abstände $r > r_{\text{H}}$ besteht also das Gesamtfeld fast nur aus diffusem Anteil, für $r < r_{\text{H}}$ etwa nur aus dem Direktschall der Quelle. Entsprechend sind Messungen, die ausdrücklich das gleichmäßige Raum-Schallfeld zum Gegenstand haben, stets außerhalb des Hallradius durchzuführen.

Bei „Räumen mit verteilter Kommunikation" wie Cafés und Restaurants ist es sehr wichtig darauf zu achten, dass „normale Gesprächspartner" nicht vorwiegend vom diffusen Feld und damit vor allem von fremden Gesprächen und Geräuschen mit Schall versorgt werden. In einer solchen schlechten Akustik bleibt den Individuen nur der dann ja auch meist intuitiv beschrittene Ausweg, die eigene Lautstärke zur besseren Verständigung immer weiter zu steigern (solche Räume sind eigentlich nur zu ertragen, weil in ihnen oft trotzdem gute Laune herrscht; akustisch sind sie kleine Katastrophen). Als Maßzahl ließe sich hier vielleicht eine Art „Individualitätsradius“ $r_{\mathrm{I}}$ wie folgt vorschlagen. Angenommen, es befinden sich $N$ gleichzeitig mit gleicher akustische Leistung sprechende Menschen im Raum. Dann bewirkt die Leistung $NP$ dieser $N$ inkohärenten Quellen den Schalldruck

$$p_{\mathrm{diffus}}^2 = 4\varrho c NP/A$$

im Diffusfeld. Der Individualitätsradius wird als derjenige Abstand definiert, bei dem das von einem einzelnen Sprecher erzeugte Direktfeld

$$p_{\mathrm{direkt}}^2 = \varrho c P/4\pi r^2$$

gleich dem Diffusfeld von $N$ Personen ist

$$r_{\mathrm{I}} = \frac{1}{7}\sqrt{\frac{A}{N}} \, .$$

Erhebt man Anspruch auf „ungestörte Unterhaltung“ im Abstand von 0,4 m, dann wird damit gleichzeitig eine Absorptionsfläche von etwa $8\,\mathrm{m}^2$ pro Person (insgesamt also $A = 8N\,\mathrm{m}^2$) verlangt, eine ganz ordentliche Forderung. Für nicht zu dicht mit Tischen ausgestattete Restaurants kann sie meistens durch vollflächige Belegung der Decke mit Absorption realisiert werden. Beliebte, mit dicht gedrängten Besuchern gefüllte Stehkneipen lassen dem Akustiker meist keine Chance.

### 7.1.3 Messung des Absorptionsgrades im Hallraum

Für den gezielten Einsatz von absorbierenden Auskleidungen für raumakustische Zwecke ist es oft erforderlich, ihren Absorptionsgrad gerade unter den Bedingungen des Schalleinfalles aus vielen, verteilten Richtungen unter Laborbedingungen zu messen. Man kann diese Messung in einem Hallraum vornehmen, der in leerem Zustand die Nachhallzeit ($T$ in s, $V$ in $\mathrm{m}^3$, $A$ in $\mathrm{m}^2$)

$$T_{\mathrm{leer}} = 0{,}163\, V/A_{\mathrm{leer}} \tag{7.26}$$

besitzen möge. In $A_{\mathrm{leer}}$ sind alle Verlustursachen des Hallraums, also auch die der Ausbreitung, zusammengefasst. Bringt man anschließend eine absorbierende Fläche $S$ (die bei den üblichen Hallräumen mit ungefähr $V = 200\,\mathrm{m}^3$ etwa $S = 10\,\mathrm{m}^2$ betragen soll) in den Hallraum ein, so erhöht sich die absorbierende Fläche auf

$$A = A_{\mathrm{leer}} + \Delta A \, , \tag{7.27}$$

wenn man zu recht davon ausgeht, dass die Abdeckung eines Hallraum-Oberflächen-Teiles nur eine sehr geringe Rolle spielt. Bei dem Beispiel $V = 200\,\mathrm{m}^3$, Raumbegrenzungen $S_{\mathrm{R}} = 200\,\mathrm{m}^2$ und einer Messfläche von $10\,\mathrm{m}^2$ für den Absorber müsste man streng genommen $A_{\text{leer}}$ um 5 % korrigieren. So genau sind die Nachhallzeiten allerdings gar nicht messbar, die Messtoleranz streut erheblich mehr. Man darf also den „Abdeckungsfehler" getrost außer acht lassen. Zur durch die Probe vergrößerten Absorptionsfläche misst man die Nachhallzeit

$$T = 0{,}163\, V / (A_{\text{leer}} + \Delta A) \ . \tag{7.28}$$

Demnach lässt sich die Absorptionsfläche der Probe

$$\Delta A = 0{,}163 \frac{V}{T} - A_{\text{leer}} = 0{,}163\, V \left( \frac{1}{T} - \frac{1}{T_{\text{leer}}} \right) \tag{7.29}$$

durch Messung der Nachhallzeiten $T$ und $T_{\text{leer}}$ mit und ohne Probe ermitteln. Hieraus kann man den Absorptionsgrad $A$

$$\alpha = \frac{\Delta A}{S}$$

errechnen ($S$ = Probenfläche).

Es kann vorkommen, dass man dabei Absorptionsgrade von $\alpha > 1$ ermittelt, die physikalisch eigentlich nicht vorkommen dürften. Die Ursache dafür besteht darin, dass die Voraussetzung der örtlichen Gleichverteilung nicht streng erfüllt ist. So erhält man an den Kanten des stets eine endliche Dicke aufweisenden Materials immer Beugungseffekte, die auch dann zu einem Druckstau in der Nähe der Kanten führen, wenn die Kantenflächen schallreflektierend abgedeckt werden. Auf diese Weise errechnet man etwas größere Absorptionsgrade als in Wahrheit vorhanden.

Die genannte Messung sollte unter Beachtung der Norm EN ISO 354: ‚Akustik – Messung der Schallabsorption in Hallräumen' (von 2003) durchgeführt werden.

## 7.2 Zusammenfassung

In geschlossenen Räumen stellt sich bei ausreichender Signalbandbreite und nicht zu großer Absorption ein diffuses Schallfeld ein. Für Abstände zur Quelle, die größer als der Hallradius sind, ist der dort vorherrschende Diffusfeldpegel etwa überall gleich, der Schalleinfall erfolgt aus allen Richtungen zugleich. Die örtlich gleichverteilte Schallenergie verhält sich dann ähnlich wie die Flüssigkeit in einem undichten Gefäß: Bei Leistungszufuhr wächst der Energieinhalt und damit der Raumpegel zunächst an und erreicht dann ein stationäres Gleichgewicht, in welchem der Schalldruckpegel noch von der ‚akustischen Undichtigkeit' des Raumes abhängt. Letztere wird durch die ‚äquivalente Absorptionsfläche' oder die ‚scheinbare offene Fensterfläche' quantifiziert, in der alle im Raum wirksamen Verlustmechanismen zusammengefasst sind. Pro Verdopplung der äquivalenten Absorptionsfläche reduziert sich der Raumschallpegel im eingeschwungenen Zustand um 3 dB.

Nach Abschalten einer Quelle fällt der Pegel im Raum linear mit der Zeit, die Steigung der Geraden wächst dem Betrage nach mit der Absorptionsfläche an. Diese Tatsache nutzt man zur Messung der Raumverluste, die durch die Nachhallzeit $T$ ausgedrückt werden. Darunter wird diejenige Zeit verstanden, in welcher der Pegel um 60 dB abnimmt. Der Zusammenhang zwischen Nachhallzeit und Absorptionsfläche wird durch die Sabine-Gleichung $A = 0{,}163\, V/T$ (Absorptionsfläche $A$ in m$^2$, Volumen $V$ in m$^3$, $T$ in s) ausgedrückt. Sie gibt an, wie sich die Nachhallzeit eines Raumes gezielt verändern lässt, sie kann auch zur Bestimmung der in einem Raum vorhandenen Absorptionsfläche aus gemessenen Nachhallzeiten benutzt werden.

## 7.3 Literaturhinweise

Das Werk „Room Acoustics" von H. Kuttruff (Elsevier Science Publishers, London 1991) enthält nicht nur einen höchst lehrreichen und interessanten Wissensschatz über Raumakustik, es ist darüber hinaus sehr gut lesbar und verständlich geschrieben. Eine sehr tiefgehende und detailreiche Schilderung findet man auch in L. Cremers und H. A. Müllers mehrbändigem Werk „Die wissenschaftlichen Grundlagen der Raumakustik" (Hirzel Verlag, Stuttgart 1978).

## 7.4 Übungsaufgaben

**Aufgabe 7.1**

Man bestimme die Schallleistung einer Schallquelle, deren Pegel im diffusen Schallfeld im Hallraum mit $V = 200\,\text{m}^3$ gemessen worden sind. Die Pegel im örtlichen Mittel (es ist ein während der Messzeit sich bewegendes Mikrophon benutzt worden) sind zusammen mit der Nachhallzeit des Hallraumes in der folgenden Tabelle genannt.

| $f$/Hz | $L_{\text{Terz}}$/dB | $T$/s |
|---|---|---|
| 400 | 78,4 | 5 |
| 500 | 80,6 | 4,8 |
| 630 | 79,2 | 4,1 |
| 800 | 80 | 3,6 |
| 1000 | 84,4 | 3,6 |
| 1250 | 84,2 | 3,5 |

Wie groß ist der A-bewertete Schalldruckpegel? Wie groß sind die Schallleistungspegel in Terzen? Wie groß ist der A-bewertete Schallleistungspegel der Quelle (die A-Bewertung ist in Aufgabe 1.1, Kap. 1 genannt)?

Die gleiche Schallquelle wird in einen Wohnraum mit $V = 100\,\text{m}^3$ und einer (mittleren) Nachhallzeit von 0,8 s gebracht. Wie groß ist der A-bewertete Schalldruckpegel in diesem Raum? Wie groß ist der entsprechende Hallradius?

**Aufgabe 7.2**

In einem Cafe mit der Grundfläche von 110 m$^2$ und 3 m Höhe werden folgende Nachhallzeiten gemessen:

| $f$/Hz | $T$/s |
|---|---|
| 500 | 3,8 |
| 1000 | 3,2 |
| 2000 | 2,8 |

Wie groß sind die äquivalenten Absorptionsflächen und die Hallradien? Wie ändern sich die Nachhallzeiten und die Schalldruckpegel im diffusen Feld (bei gleicher Quelle), wenn die Decke des Raumes vollflächig mit einem Absorber ausgekleidet wird, dessen Absorptionsgrad $\alpha = 0{,}6$ bei 500 Hz, $\alpha = 0{,}8$ bei 1000 Hz und $\alpha = 1$ bei 2000 Hz beträgt?

**Aufgabe 7.3**

Im Hallraum mit $V = 200\,\text{m}^3$ wird eine Probe eines absorbierenden Aufbaues von 10 m$^2$ Fläche vermessen. Die Nachhallzeiten im leeren Hallraum und im Hallraum mit der Probe betragen:

| $f$/Hz | $T_{\text{leer}}$/s | $T_{\text{mit}}$/s |
|---|---|---|
| 500 | 5,8 | 3,2 |
| 630 | 5,2 | 2,8 |
| 800 | 4,8 | 2,3 |
| 1000 | 4,6 | 2,0 |

Wie groß sind die Absorptionsflächen und die Absorptionsgrade des absorbierenden Aufbaues?

**Aufgabe 7.4**

Man berechne für einen Rechteckraum der Abmessungen 6 m, 5 m und 4 m die ersten zehn Resonanzfrequenzen.

Wie groß ist die Anzahl der in einer Terz liegenden Resonanzfrequenzen bei den Mittenfrequenzen von 200 Hz, 400 Hz und 800 Hz?

**Aufgabe 7.5**

In einem Raum mit $V = 1000\,\text{m}^3$ wird eine Nachhallzeit von 1,8 s im Frequenzmittel gemessen. Eine Maschine erzeuge in diesem Raum einen gewissen Schalldruckpegel $L_1$ im diffusen Feld. Um wieviel muss sich die äquivalente Absorptionsfläche des Raumes ändern, damit der Pegel beim gleichzeitigen Betrieb von $N$ gleichartigen Quellen unverändert bleibt?

**Aufgabe 7.6**

Es wird ein Schalldruckpegel von 100 dB im Diffusfeld eines Raumes mit $V = 500\,\text{m}^2$ festgestellt. Wie groß ist die Energiedichte im Raum, wie groß ist die gesamte gespeicherte Energie? Wie lange brennt ein Glühlämpchen der Leistung von 1 W, wenn man ihm diese Energie auf elektrischem Wege zur Verfügung stellen könnte?

**Aufgabe 7.7**

Zwei Räume mit den Volumina $V_1$ und $V_2$ seien über eine gemeinsame Türöffnung der Fläche $S_T$ miteinander (bei offener Tür) gekoppelt. Bei geschlossener Tür (mit sehr hoher Schalldämmung) werden die äquivalenten Absorptionsflächen $A_1$ und $A_2$ aus den jeweils gemessenen Nachhallzeiten bestimmt, sie sind damit bekannt. Bei geöffneter Verbindungstür $S_T$ wird in Raum 1 eine Schallquelle mit dem Leistungspegel $L_P$ betrieben.

a) Wie groß ist die Pegeldifferenz $\Delta L = L_1 - L_2$ zwischen den beiden Räumen?
b) Wie groß ist der Schalldruckpegel $L_1$ in Raum 1?

Man gebe die Zahlenwerte für $V_1 = 200\,\text{m}^3$, $V_2 = 100\,\text{m}^3$, $A_1 = 20\,\text{m}^2$, $A_2 = 16\,\text{m}^2$, $S_T = 2\,\text{m}^2$ und $L_P = 95\,\text{dB}$ an.

**Aufgabe 7.8**

In einem Raum mit dem Volumen von $80\,\text{m}^3$ werden die in der folgenden Tabelle genannten Nachhallzeiten in Terzschritten gemessen. Im Raum wird eine Schallquelle betrieben, deren Terz-Schallleistungspegel $L_P$ ebenfalls in der Tabelle aufgeführt sind. Wie groß ist der A-bewertete Schalldruckpegel im Raum? Zur Erleichterung der Bearbeitung ist die A-Bewertung in der letzten Spalte der Tabelle angegeben.

| $f$/Hz | $T$/s | $L_P$/dB | $\Delta_i$/dB |
|---|---|---|---|
| 400 | 1,8 | 78 | −4,8 |
| 500 | 1,6 | 76 | −3,2 |
| 630 | 1,4 | 74 | −1,9 |
| 800 | 1,2 | 75 | −0,8 |
| 1000 | 1,0 | 74 | 0 |
| 1250 | 1,0 | 73 | 0,6 |

# 8 Schalldämmung

In diesem Kapitel wird die Schallübertragung zwischen den Räumen eines Gebäudes (bzw. von außen ins Gebäude) behandelt. Das praktisch recht wichtige Thema betrifft also den Schutz von Innenräumen vor Straßen- und Nachbarschaftslärm. Der in einen Raum eindringende Lärm kann eine der beiden folgenden Ursachen haben:

1. Direkt auf Wände oder Decken des Gebäudes wirken Kräfte ein, wie z. B. durch Begehen eines Fußbodens oder durch Betrieb einer im Gebäude stehenden Maschine. Die Krafteinleitung bewirkt Schwingungen der Gebäudeteile, es entsteht Körperschall, der auch in entferntere Stockwerke fortgeleitet wird. Die Schwingungen der Gebäudeteile regen die sie umgebende Luft zur Schallabstrahlung an. Insgesamt kann man diesen Schall-Entstehungsweg kurz durch die Stichworte „Kräfte → Körperschall → Luftschall" zusammenfassen (Abb. 8.1).
2. Auch das in einem Raum erzeugte Luftschallfeld, z. B. durch Sprechen, Betrieb von Unterhaltungselektronik oder von Maschinen emittiert, stellt bezüglich der umgebenden Wände und Decken eine Kraftanregung dar, die diesmal örtlich verteilt ist und nicht mehr (wie eben) punktförmig erfolgt. Auch hierdurch werden Schwingungen in den Bauteilen erzeugt, der Übertragungsweg lässt sich kurz durch „Luftschall → Körperschall → Luftschall" beschreiben (Abb. 8.1).

Beiden Anregeformen von Schall in Gebäude-Räumen ist gemeinsam, dass die Übertragung nicht notwendigerweise auf einem „direkten" Weg stattfindet (Abb. 8.2). Die Schwingungsausbreitung kann viele Wege nehmen, weil angrenzende Bauteile untereinander Schwingenergie austauschen können. Zum direkten Übertragungsweg über die Trennwand (bzw. Decke) zum angrenzenden Raum kommen noch viele andere, sogenannte Nebenwege hinzu. Im allgemeinen Fall kann man nicht einmal sicher ohne Messungen feststellen, welcher der Wege der wichtigste ist. Beispielsweise kann die direkte Trennwand durch geeigneten Aufbau eine so hohe Schalldämmung besitzen, dass die Flankenübertragung den Hauptpfad darstellt. Die noch weitergehende schalltech-



M. Möser, *Technische Akustik*, VDI-Buch, DOI 10.1007/978-3-662-47704-5_8

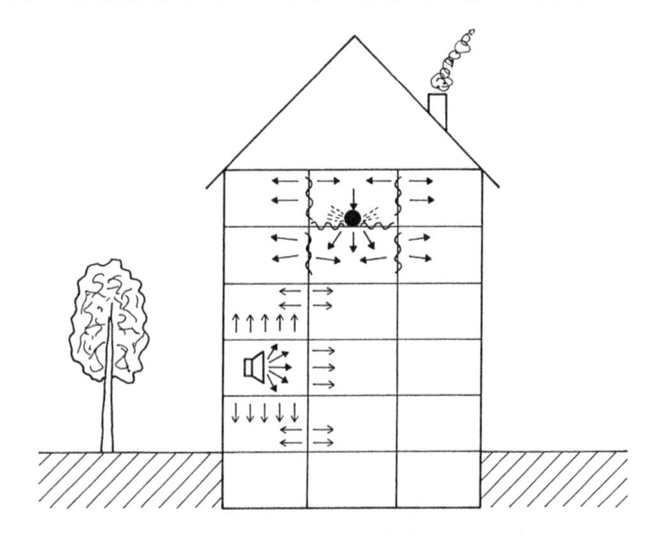

**Abb. 8.1** Übertragung und Entstehung von Luftschall in Gebäuden

nische Verbesserung einer Trennwand muss also nicht immer ein geräuschminderndes Resultat in der Gesamtdämmung hervorbringen.

An diesen Bemerkungen kann man ablesen, welche Komplexität das Problem der Schallübertragung in Gebäuden in Wahrheit besitzt. Hier können natürlich nur die Grundlagen betrachtet werden. Die folgenden Überlegungen betreffen deshalb nur die Schallübertragung durch die direkte Trennwand. In vielen, aber eben nicht in allen Fällen wird damit auch der Hauptübertragungsweg charakterisiert. Zum Beispiel sind sicher die Fenster der Schwachpunkt in der Schalldämmung nach außen, man darf dann die Übertragung über andere Bauteile oft vernachlässigen. Auch für schwere flankierende Bauteile (z. B. Wände mit einer Flächenmasse von mehr als 300 kg/m$^2$) kann man außer bei extremen Anforderungen davon ausgehen, dass der direkte Weg auch der wichtigste ist. Einer guten Tradition folgend beginnt das Kapitel zunächst mit den Messmethoden zur Bestimmung der Schalldämmung von Bauteilen.

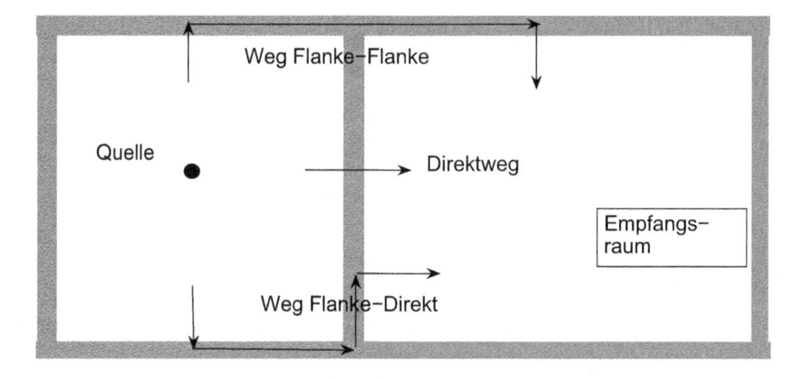


**Abb. 8.2** Beispiele für Schall-Übertragungswege zwischen zwei Räumen

## 8.1 Messung der Luftschalldämmung

Bei der Messung des Schalldämmmaßes bildet das Messobjekt die Trennwand zwischen zwei Räumen (Abb. 8.3), die im Folgenden als Sende- und Empfangsraum bezeichnet werden. Wie im Kapitel über Raumakustik ausführlicher gezeigt wird, hängt der in einem Raum vorhandene Schallpegel nicht nur von der eindringenden Leistung, sondern auch von der akustischen Raumausstattung mit Absorptionsfläche ab. Würde man als Maß für die Schalldämmung einer Wand gegenüber Luftschall einfach die aus den Pegeln im Sende und Empfangsraum gebildete Differenz benutzen, so wäre diese Zahl nicht nur für die Wand-Eigenschaften, sondern zugleich für die Absorptionsfläche des Empfangsraumes charakteristisch.

Grundsätzlich benutzt man daher als wandbeschreibendes Maß den Transmissionsgrad

$$\tau = P_E / P_S \,, \tag{8.1}$$

der das Verhältnis aus der in den Empfangsraum durch die Trennwand übertragenen Leistung $P_E$ zur sendeseitig auf die Wand auftreffenden Leistung $P_S$ darstellt. Setzt man zu beiden Seiten des Trennelements diffuse Schallfelder voraus, so gilt nach (7.17) für die auftreffende Leistung

$$P_S = \frac{\tilde{p}_S{}^2 S}{4 \varrho c} \,,$$

worin $\tilde{p}_S$ den Effektivwert des Schalldruckes im Senderaum beschreibt, $S$ ist die Fläche des Bauelementes (Bezeichnungen siehe auch Abb. 8.3). Im Empfangsraum ist im hier betrachteten eingeschwungenen, stationären Zustand die zugeführte Leistung gleich der absorbierten Leistung (7.18)

$$P_E = \frac{\tilde{p}_E{}^2 A_E}{4 \varrho c} \,,$$

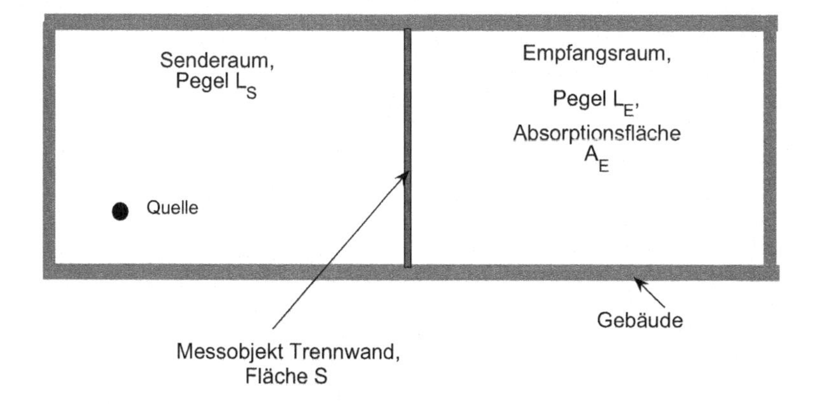


**Abb. 8.3** Messanordnung zur Bestimmung des Dämmmaßes der Trennwand zwischen zwei Räumen

wobei $A_E$ die äquivalente Absorptionsfläche des Empfangsraumes ist. Den Transmissionsgrad

$$\tau = \frac{\tilde{p}_E^{\,2}}{\tilde{p}_S^{\,2}} \frac{A_E}{S} \tag{8.2}$$

drückt man noch durch das Schalldämmmaß $R$

$$R = 10 \lg 1/\tau = L_S - L_E - 10 \lg \frac{A_E}{S} \tag{8.3}$$

aus, womit man sinnvollerweise große Zahlenwerte für $R$ bei kleinen Übertragungen erhält. Unter den Pegeln im Sende- und Empfangsraum $L_S$ und $L_E$ sind natürlich wieder räumliche Mittelwerte zu verstehen (damit sind die Pegel der Schalldruckquadrate jeweils im örtlichen Mittel gemeint). Aus den genannten Gründen ist noch eine Messung der Nachhallzeit $T_E$ im Empfangsraum erforderlich, aus der dann mit Hilfe der Sabine-Formel die äquivalente Absorptionsfläche berechnet wird.

Wie auch die Beispiele von gemessenen Frequenzgängen $R$ in den Abb. 8.9, 8.10 und 8.11 zeigen, sind die Schalldämmmaße von Bauteilen frequenzabhängig, sie steigen in der Tendenz mehr oder minder rasch mit der Frequenz an. Die Messung wird daher unter Variation der Frequenz, meist in Terz- oder Oktavschritten, vorgenommen. Als Prüfschall wird Rauschen entsprechender Bandbreite benutzt. Man erhält so einen Frequenzgang von $R$, der im sogenannten „bauakustischen" Frequenzbereich zwischen 100 Hz und 3,15 kHz ermittelt wird. Höhere Frequenzen interessieren nicht, weil die Dämmung hier fast immer groß ist. Bei tieferen Frequenzen lässt die Ohrempfindlichkeit rasch nach, auch ist die Messung nur schwer durchführbar und ungenau.

Im Grunde ist damit das Schalldämmmaß durch seinen Frequenzgang klar beschrieben, der sich in einer gewissen Anzahl von Zahlenwerten ausdrückt. Damit andererseits die unterschiedlichsten Konstruktionen und Bauarten von Wänden, Decken, Fenstern, Türen ... miteinander möglichst einfach in ihrer Gesamt-Dämmwirkung verglichen werden können, fasst man den Frequenzgang von $R$ noch zu einem Einzahlwert zusammen.

Dies geschieht durch Vergleich des gemessenen Dämmmaß-Frequenzganges mit einer genormten „Bezugskurve" $B$, die auch in Abb. 8.4 dargestellt ist. Die Bezugskurve und das im Folgenden näher erklärte Auswerteverfahren sind in der DIN EN ISO 717 genormt (das Messverfahren selbst legt die DIN EN ISO 140 fest).

Der Vergleich der Messkurve $R$ mit der Bezugskurve $B$ zur Bestimmung des Einzahlwertes geschieht wie folgt. Die Bezugskurve wird solange in 1-dB-Schritten in Richtung auf die Messkurve verschoben, bis die „Summe der Unterschreitungen" $S_U$

$$S_U = \sum \text{Unterschreitungen}$$

der Messkurve gegenüber der Bezugskurve weniger als 32 dB beträgt (Abb. 8.4). Bei der Verschiebung werden nur die Unterschreitungen gezählt (also die Stellen, wo die verschobene Bezugskurve über der Messkurve liegt), Überschreitungen werden nicht berücksichtigt. Der 500 Hz-Punkt der verschobenen Bezugskurve bezeichnet jetzt das sogenannte

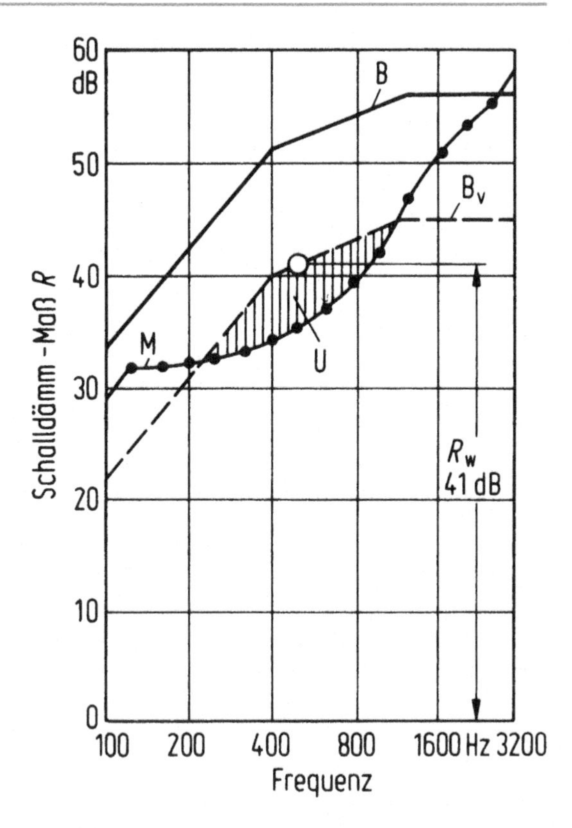


**Abb. 8.4** Zur Definition des bewerteten Schalldämmmaßes $R_w$. $B$ = Bezugskurve, $B_v$ = verschobene Bezugskurve, $M$ = Messwerte, $U$ = Unterschreitungen von $M$ gegenüber $B_v$ (aus: K. Gösele und E. Schröder: Schalldämmung in Gebäuden, Kap. 8 in „Taschenbuch der Technischen Akustik", Springer, Berlin und Heidelberg 2004, Herausgeber G. Müller und M. Möser)

‚bewertete' Schalldämmmaß $R_w$. Wäre die Bezugskurve beispielsweise (im sehr speziellen Fall eines entsprechenden Messergebnisses) nicht zu verschieben, dann betrüge $R_w = 52\,\text{dB}$ (Abb. 8.4).

Die genannte Summe der Unterschreitungen entspricht bei 16 Terzbändern etwa einer „mittleren Unterschreitung" von 2 dB. Die praktische Berechnung von $R_w$ wird nach ‚trial and error' durchgeführt: Man probiert solange Verschiebungen in 1-dB-Schritten aus, bis man ‚die Richtige' gefunden hat. Am einfachsten geht das natürlich mit dem Computer. Abbildung 8.4 versucht, die geschilderte Auswerteprozedur zu veranschaulichen.

Grob gibt $R_w$ das „mittlere" Schalldämmmaß im „mittleren" Frequenzbereich an. Setzt man in (8.3) noch $A_E \sim S$ (was für „normale" Bedingungen in Wohnräumen und für Wände, nicht für Fenster, ganz gut stimmt), so kann man etwa die Pegeldifferenz abschätzen:

$$L_S - L_E = R_w\ . \tag{8.4}$$

Diese – allerdings nicht eben sehr genaue – Abschätzung wird praktisch oft benötigt. Die Frage nach der in einem Raum tatsächlich vorhandenen Lärmbelastung bei bekannter Dämmung und bei bekanntem Außenpegel stellt sich häufig. Die Abschätzung (8.4) kann vor allem dann ziemlich verkehrt sein, wenn der Frequenzgang $R$ des Schalldämmmaßes ganz anderen Schwankungen als die Bezugskurve unterliegt und wenn die „wichtigste" Frequenz wesentlich unter 500 Hz liegt. Eine wirklich korrekte Vorausberechnung des Empfangspegels $L_E$ kann man nur nach (8.3) machen, wozu der Frequenzgang von $L_S$, von $R$ und im Prinzip auch von $A_E$ bekannt sein muss. Natürlich lässt sich der so errechnete Frequenzgang von $L_E$ dann auch wieder in Einzahlwerte (dB(A) etc.) umrechnen. In der Ingenieur-Alltags-Praxis sind die genannten Kenntnisse selten vorhanden (bzw. es ist viel zu teuer, sie zu beschaffen). Man erhält dann mit (8.4) wenigstens einen Anhaltswert.

Hinweise, wie das ermittelte Schalldämmmaß eingeschätzt werden kann, gibt der Anforderungskatalog der DIN 4109 ‚Schallschutz im Hochbau'. Sie nennt ‚Mindestanforderungen' für die jeweiligen Anwendungsgebiete (z. B. Wohnräume, Räume in Krankenhäusern, etc.) ebenso wie Richtwerte für den gehobenen Schallschutz.

## 8.2 Luftschalldämmung einschaliger Bauteile

Wie schon eingangs erwähnt folgt die Schallübertragung von einem Senderaum über eine Wand oder Decke in einen angrenzenden Empfangsraum einer einfachen Wirkungskette: Die auftreffende Luftschallwelle „verbiegt" die Wand elastisch, die Wandschwingungen wirken als Schallsender für den Empfangsraum.

Eine möglichst einfache Modellvorstellung soll Aufschluss über den Einfluss der Wand-Parameter (Masse, Dicke, Biegesteife ...) auf die Luftschalldämmung liefern. Wie in Abb. 8.5 skizziert besteht das Modell aus drei Teilen:

1. Dem „Senderaum" 1, der hier als luftgefüllter Halbraum angenommen wird. Das Schallfeld besteht aus der schräg einfallenden Welle

$$p_a = p_0\, e^{-jkx\cos\vartheta}\, e^{jkz\sin\vartheta} \tag{8.5}$$

und dem reflektierten Feld

$$p_r = rp_0\, e^{jkx\cos\vartheta}\, e^{jkz\sin\vartheta}\ . \tag{8.6}$$

Das Gesamtfeld im Teilraum 1 besteht aus beiden Teilen

$$p_1 = p_a + p_r = p_0\, e^{jkz\sin\vartheta}\left(e^{-jkx\cos\vartheta} + r\, e^{jkx\cos\vartheta}\right)\ . \tag{8.7}$$

2. Dem „Empfangsraum" 2, der ebenfalls als luftgefüllter Halbraum aufgefasst wird. Der Einfachheit halber wird angenommen, dass alle Ortsabhängigkeiten bezüglich der $z$-Richtung vom einfallenden Schallfeld $p_a$ in (8.5) aufgeprägt werden. Der in den Empfangsraum abgestrahlte Schall wird demnach durch

$$p_2 = tp_0\, e^{-jkx\cos\vartheta}\, e^{jkz\sin\vartheta} \tag{8.8}$$

beschrieben, wobei $t$ den Transmissionsfaktor bedeutet.

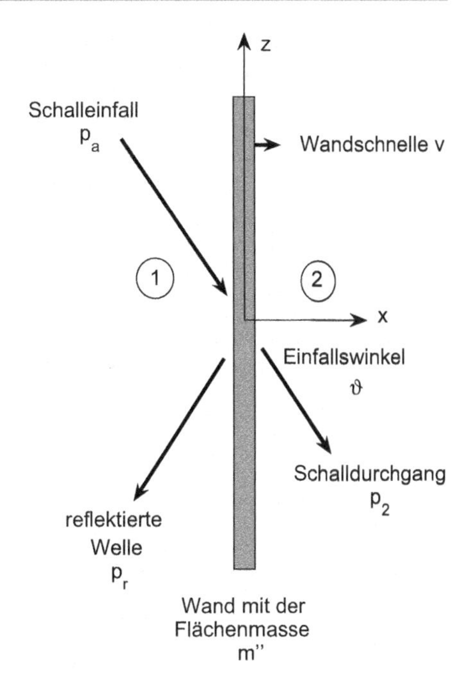


**Abb. 8.5** Modellannahme zur Berechnung des Schalldämmmaßes einer Einfachwand. $p_a$ = einfallendes Schallfeld, $p_r$ = reflektiertes Schallfeld, $p_1 = p_a + p_r$ = Gesamtfeld vor der Wand, $p_2$ = übertragenes Schallfeld

3. Die Wand schließlich wird durch die Druckdifferenz $p_1(0, z) - p_2(0, z)$ zu Schwingungen $v_w$ angeregt, die Lösungen der Biegewellengleichung (siehe Kap. 4.5)

$$\frac{1}{k_B^4} \frac{d^4 v_W}{dz^4} - v_W = \frac{j}{m''\omega} (p_1(x = 0, z) - p_2(x = 0, z)) \tag{8.9}$$

sind.

Wenn man auch für die Wandschwingungen annimmt, dass sie bezüglich der $z$-Richtung „ebenso verlaufen wie das einfallende Schallfeld“

$$v_W = v_0 \, e^{jkz \sin\vartheta} , \tag{8.10}$$

dann folgt aus (8.9) mit (8.7) und (8.8)

$$v_0 = \frac{jp_0}{m''\omega} \frac{(1 + r - t)}{(\frac{k^4}{k_B^4} \sin^4\vartheta - 1)} \tag{8.11}$$

für die Amplitude $v_0$ der Wandwelle $v_W$. Die gesuchten, noch unbekannten Größen sind der Reflexionsfaktor $r$ und der Transmissionsfaktor $t$. Sie ergeben sich einfach aus der Tatsache, dass die Schnellen in der Luft vor und hinter der Wand beide mit der Wandschnelle

$v_W$ übereinstimmen müssen:

$$v_1(x=0) = \frac{j}{\omega\varrho}\left.\frac{\partial p_1}{\partial x}\right|_{x=0} = v_W \tag{8.12}$$

und

$$v_2(x=0) = \frac{j}{\omega\varrho}\left.\frac{\partial p_2}{\partial x}\right|_{x=0} = v_W\,. \tag{8.13}$$

Gleichungen (8.12) und (8.13) sind gleichbedeutend mit

$$\frac{p_0}{\varrho\, c}\cos\vartheta(1-r) = v_0 \tag{8.14}$$

und

$$t\frac{p_0}{\varrho\, c}\cos\vartheta = v_0\,. \tag{8.15}$$

Es ist also $t = 1 - r$, oder

$$r = 1 - t\,. \tag{8.16}$$

Gleichungen (8.11) und (8.15) ergeben schließlich

$$t\cos\vartheta = \frac{j\varrho\, c}{m''\omega}\,\frac{(1+r-t)}{(\frac{k^4}{k_B^4}\sin^4\vartheta - 1)}\,. \tag{8.17}$$

Darin eliminiert man noch $r$ nach (8.16) und erhält den vor allem interessierenden Transmissionsfaktor

$$t = \frac{\frac{2j\varrho\, c}{m''\omega}}{\left(\frac{k^4}{k_B^4}\sin^4\vartheta - 1\right)\cos\vartheta + \frac{2j\varrho\, c}{m''\omega}}\,, \tag{8.18}$$

aus dem man den Transmissionsgrad

$$\tau = |t|^2 \tag{8.19}$$

und das Luftschalldämmmaß

$$R = 10\lg 1/\tau$$

gewinnt.

Bei der Deutung des Ergebnisses (8.18) spielt das Verhältnis aus Biegewellenlänge $\lambda_B$ und Luftschallwellenlänge $\lambda$ eine besondere Rolle. Der Klammerausdruck im Nenner von (8.18) ist nämlich

$$\left(\frac{k^4}{k_B^4}\sin^4\vartheta - 1\right) = \left(\frac{\lambda_B^4}{\lambda^4}\sin^4\vartheta - 1\right) = \left(\frac{f^2}{f_{cr}^2}\sin^4\vartheta - 1\right)\,.$$

Für $\lambda_B \ll \lambda$ (entsprechend $f \ll f_{cr}$) unterhalb der Koinzidenzgrenzfrequenz ist dieser Ausdruck nahezu unabhängig vom Einfallswinkel etwa gleich $-1$. Im Frequenzbereich $f \gg f_{cr}$ ($\lambda_B \gg \lambda$) dagegen hängt der Klammerausdruck sehr vom Einfallswinkel $\vartheta$ ab, insbesondere kann der Ausdruck auch Null werden. Deshalb ist eine Fallunterscheidung $f \ll f_{cr}$ und $f \gg f_{cr}$ erforderlich.

**a) Frequenzbereich unterhalb der Grenzfrequenz $f \ll f_{cr}$**
Hier ist

$$t \approx \frac{\frac{2j\varrho c}{m''\omega}}{\frac{2j\varrho c}{m''\omega} - \cos\vartheta} . \tag{8.20}$$

Das darin vorkommende Verhältnis $\varrho\, c/\omega m''$ ist in fast allen Fällen eine sehr kleine Zahl: Es ist ja $\varrho\, c = 400\,\mathrm{kg/(m^2\,s)}$, selbst für nur 100 Hz und $m'' = 10\,\mathrm{kg/m^2}$ ist $m''\omega = 6300\,\mathrm{kg/(m^2\,s)}$. Wenn man davon ausgeht, dass der streifende Einfall $\vartheta = 90°$ mit $t = 1$ kaum vorkommt und das Schalldämmmaß nicht bestimmen wird, dann kann man also

$$\tau = |t|^2 \approx \left(\frac{2\varrho\, c}{m''\omega}\right)^2 \frac{1}{\cos^2\vartheta} \tag{8.21}$$

und

$$R = 10\lg\left(\frac{m''\omega}{2\varrho\, c}\right)^2 + 10\lg\cos^2\vartheta \tag{8.22}$$

setzen. Wenn man noch diffusen Schalleinfall aus allen Richtungen gleichermaßen annimmt, dann muss man in (8.22) noch einen mittleren Einfallswinkel von $\vartheta = 45°$ einsetzen und erhält so für diesen Fall

$$R = 10\lg\left(\frac{m''\omega}{2\varrho\, c}\right)^2 - 3\,\mathrm{dB} . \tag{8.23}$$

Gleichung (8.23) wird „Massegesetz der Luftschalldämmung" oder auch „Bergersches Massegesetz" genannt. Es besagt, dass $R$ mit 6 dB/Oktave und ebenfalls mit 6 dB/Massenverdopplung steigt.

Wie man sieht, spielt im Frequenzbereich $f \ll f_{cr}$ die Biegesteife der Wand keine Rolle. Man kann deshalb in diesem Frequenzbereich von „biegeweichen Wänden" sprechen. Meist nennt man eine Schale oder Wand „biegeweich", wenn ihre Grenzfrequenz oberhalb des interessierenden Frequenzbereichs liegt.

**b) Frequenzbereich oberhalb der Grenzfrequenz $f \gg f_{cr}$**
Zunächst ist in Abb. 8.6 das sich nach (8.18) ergebende Schalldämmmaß $R = -10\lg|t|^2$ an Hand eines Beispieles gezeigt. Wie man an der Abbildung (und in (8.18)) erkennt, gibt es oberhalb der Grenzfrequenz einen bestimmten „kritischen" Einfallswinkel $\vartheta_{cr}$, bei dem sich ein Totaldurchgang $t = 1$ des Schallfeldes (jedenfalls dem einfachen Modell zur Folge) einstellt: für $\vartheta = \vartheta_{cr}$ mit

$$\sin\vartheta_{cr} = \frac{k_B}{k} = \frac{\lambda}{\lambda_B} = \sqrt{\frac{f_{cr}}{f}} \tag{8.24}$$

scheint die Wand „akustisch nicht vorhanden" zu sein. Der Grund für dieses Resultat besteht in der Tatsache, dass einfallendes Luftschallfeld und Wandschwingungen für $\vartheta =$

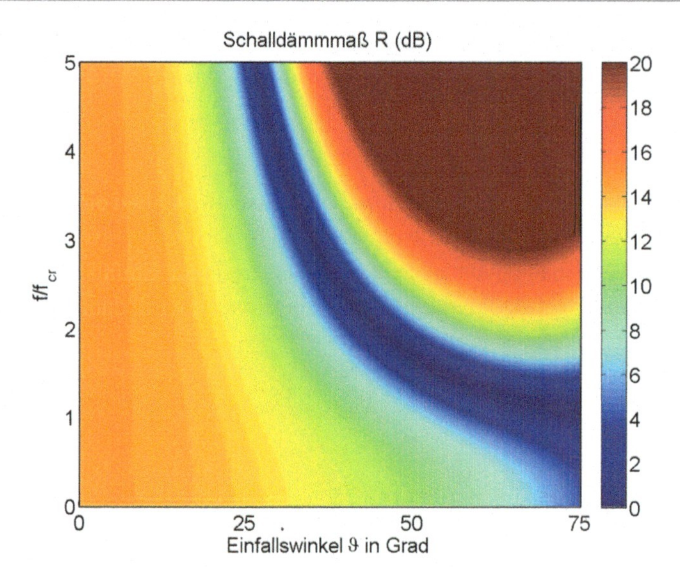


**Abb. 8.6** Abhängigkeit des Schalldämmmaßes vom Einfallswinkel $\vartheta$ und vom Frequenzverhältnis $f/f_{\text{cr}}$ für das Beispiel mit $\varrho c/m''\omega = 0{,}1$

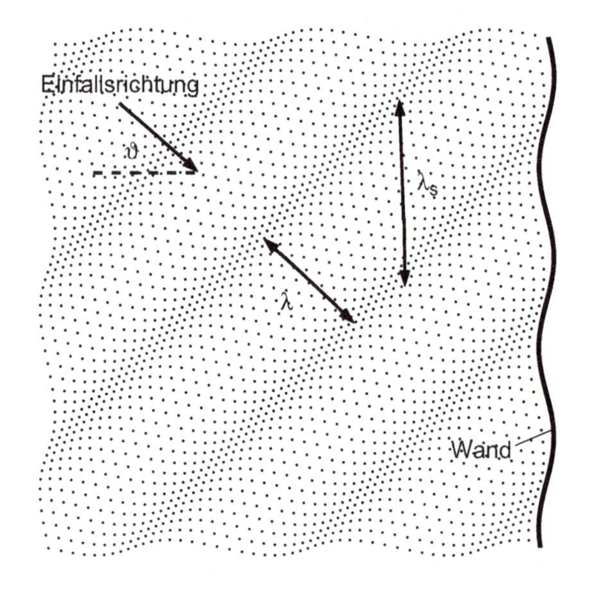


**Abb. 8.7** Eine schräg einfallende Schallwelle mit der Wellenlänge $\lambda$ in Ausbreitungsrichtung hinterlässt in der Wandebene $x = 0$ einen Schalldruck mit der Wellenlänge $\lambda_{\text{s}} = \lambda/\sin\vartheta$

$\vartheta_{\text{cr}}$ perfekt aneinander angepasst sind. Die Spurwellenlänge $\lambda_{\text{s}}$ des Luftschallfeldes direkt auf der Wand (siehe Abb. 8.7)

$$\lambda_{\text{s}} = \lambda/\sin\vartheta \tag{8.25}$$

stimmt für $\vartheta = \vartheta_{\text{cr}}$ gerade mit der Biegewellenlänge überein:

$$\vartheta = \vartheta_{\text{cr}}: \quad \lambda_{\text{s}} = \lambda/\sin\vartheta_{\text{cr}} = \lambda_{\text{B}}\ . \tag{8.26}$$

Man nennt diesen Effekt „Spuranpassung“. Wie man sieht tritt er nur oberhalb der Spuranpassungsgrenzfrequenz auf. Diese wird oft auch einfach als „Grenzfrequenz“ oder als „kritische Frequenz“ bezeichnet.

In der vorher geschilderten (vereinfachten) Modellannahme erhält man wie gesagt für $\vartheta = \vartheta_{cr}$ nach (8.18) einen Übertragungsfaktor von $t = 1$. Obwohl dadurch gewiss auf einen für die Luftschalldämmung sehr wichtigen physikalischen Effekt aufmerksam gemacht wird, ist ein Ergebnis $t = 1$ praktisch doch nicht sehr befriedigend: Totaldurchgang durch eine Wand kann wohl kaum selbst unter idealen Messbedingungen wirklich beobachtet werden. Als einfachste Erklärung dafür bietet sich die bei einer Platte ja immer vorhandene Dämpfung an. Ähnlich wie in Kap. 5 bei der Federsteife versucht man hier die Wandverluste durch eine komplexe Biegesteife auszudrücken. Man ersetzt also

$$B' \to B'(1 + j\eta) \ , \tag{8.27}$$

worin $\eta$ den Wandverlustfaktor bedeutet. Damit wird die Biegewellenzahl komplex

$$k_\mathrm{B}^4 = \frac{m''}{B'}\omega^2 \to \frac{m''}{B'(1 + j\eta)}\omega^2 = \frac{k_\mathrm{B}^4}{1 + j\eta} \ . \tag{8.28}$$

Aus (8.18) wird dann

$$t = \frac{\frac{2j\varrho c}{m''\omega}}{\left(\frac{\lambda_B^4}{\lambda^4}\sin^4\vartheta\,(1 + j\eta) - 1\right)\cos\vartheta + \frac{2j\varrho c}{m''\omega}} \ . \tag{8.29}$$

In der Spuranpassung $\vartheta = \vartheta_{cr}$ (mit $\lambda_\mathrm{B}\sin\vartheta/\lambda = 1$) ist also

$$t(\vartheta = \vartheta_{cr}) = \frac{\frac{2\varrho c}{m''\omega}}{\frac{2\varrho c}{m''\omega} + \eta\cos\vartheta_{cr}} \ . \tag{8.30}$$

Die Schallübertragung hängt jetzt für hinreichend große Frequenzen vom Verlustfaktor ab.

Zur Nachbildung realistischer Umstände nimmt man wieder „diffusen“ Schalleinfall aus allen Richtungen gleichermaßen an. Diese Situation wird beschrieben durch den mittleren Transmissionsgrad

$$\bar{\tau} = \frac{1}{\pi/2}\int_0^{\pi/2} \tau\,(\vartheta)\,\mathrm{d}\vartheta = \frac{1}{\pi/2}\int_0^{\pi/2} |t\,(\vartheta)|^2\,\mathrm{d}\vartheta \tag{8.31}$$

und dem Schalldämmmaß

$$R = -10\lg\bar{\tau} \ . \tag{8.32}$$

Die Integration in (8.31) kann nur näherungsweise analytisch durchgeführt werden. Die etwas langatmige Prozedur zur genäherten Lösung des Integrals wird im folgenden in Form eines Unterkapitels geschildert. Wer sich nicht für die Einzelheiten interessiert versäumt nichts, wenn er es überschlägt, die nächsten 13 Formeln auslässt und bei (8.46) weiterliest.

**Näherungsweise Berechnung der Schalldämmung oberhalb der Grenzfrequenz**

Die näherungsweise Berechnung des Integrals (8.31) wird unter den folgenden beiden Voraussetzungen durchgeführt:

1. Es wird der Frequenzbereich „weit oberhalb" der kritischen Frequenz betrachtet, $f \gg f_{cr}$. Es ist also $\lambda_B \gg \lambda$.
2. Es wird angenommen, dass der Winkelbereich $\vartheta \approx \vartheta_{cr}$ den Wert des Integrals bestimmt.

Mit

$$\sin \vartheta_{cr} = \frac{\lambda}{\lambda_B} \tag{8.33}$$

folgt aus $\lambda_B \gg \lambda$, dass $\vartheta_{cr}$ ein kleiner Winkel ist. Deshalb kann man $\cos \vartheta \approx \cos \vartheta_{cr} \approx 1$ setzen. Weiter gilt für den Imaginärteil des Nenners von (8.29)

$$j \left[ \frac{2\varrho\, c}{m''\omega} + \eta \frac{\lambda_B^4}{\lambda^4} \sin^4 \vartheta \cos \vartheta \right] \approx j \left[ \frac{2\varrho\, c}{m''\omega} + \eta \right], \tag{8.34}$$

weil hier $\sin \vartheta \approx \sin \vartheta_{cr} \approx \lambda/\lambda_B$ und $\cos \vartheta \approx 1$ eingesetzt werden kann. Näherungsweise ist also

$$\bar{\tau} = \frac{\tau_0}{\pi/2} \int_0^{\pi/2} \frac{d\vartheta}{(\frac{\lambda_B^4}{\lambda^4} \sin^4 \vartheta - 1)^2 + (\frac{2\varrho c}{m''\omega} + \eta)^2}, \tag{8.35}$$

mit der Abkürzung

$$\tau_0 = \left( \frac{2\varrho\, c}{m''\omega} \right)^2 . \tag{8.36}$$

Für ausreichend große Frequenzen und nicht zu kleine Verlustfaktoren $\eta$ ist

$$\eta \gg \frac{2\varrho\, c}{m''\omega},$$

und deshalb wird

$$\bar{\tau} = \frac{\tau_0}{\pi/2} \int_0^{\pi/2} \frac{d\vartheta}{\left(\frac{\lambda_B^4}{\lambda^4} \sin^4 \vartheta - 1\right)^2 + \eta^2}. \tag{8.37}$$

Mit der Variablensubstitution

$$u = \frac{\lambda_B}{\lambda} \sin \vartheta$$

$$du = \frac{\lambda_B}{\lambda} \cos \vartheta d\vartheta \approx \frac{\lambda_B}{\lambda} d\vartheta$$

$$d\vartheta \approx \frac{\lambda}{\lambda_B} du$$

wird daraus

$$\bar{\tau} = \frac{\tau_0}{\pi/2} \frac{\lambda}{\lambda_B} \int_0^{\lambda_B/\lambda} \frac{\mathrm{d}u}{(u^4-1)^2+\eta^2} \,. \tag{8.38}$$

Wie gesagt geht man davon aus, dass nur der Winkelbereich $\vartheta \approx \vartheta_{cr}$ interessiert. Das entspricht dem Bereich $u \approx 1$. Damit kann man etwa setzen

$$u^4 - 1 = (u^2-1)\underbrace{(u^2+1)}_{\approx 2} \approx 2(u^2-1) = 2(u-1)\underbrace{(u+1)}_{\approx 2} \approx 4(u-1) \tag{8.39}$$

und man bekommt

$$\bar{\tau} = \frac{\tau_0}{\pi/2} \frac{\lambda}{\lambda_B} \int_0^{\lambda_B/\lambda} \frac{\mathrm{d}u}{16(u-1)^2+\eta^2} = \frac{\tau_0}{\pi/2} \frac{\lambda}{\lambda_B} \frac{1}{16} \int_0^{\lambda_B/\lambda} \frac{\mathrm{d}u}{(u-1)^2+(\eta/4)^2} \,. \tag{8.40}$$

Schließlich erhält man mit der Substitution $y = u - 1$ und daher $\mathrm{d}u = \mathrm{d}y$ das tabellierte Integral

$$\bar{\tau} = \frac{\tau_0}{8\pi} \frac{\lambda}{\lambda_B} \int_{-1}^{\lambda_B/\lambda - 1} \frac{\mathrm{d}y}{y^2+(\eta/4)^2} \,, \tag{8.41}$$

das man in einer Integraltafel nachschlagen kann. Damit wird

$$\bar{\tau} = \frac{\tau_0}{8\pi} \frac{\lambda}{\lambda_B} \frac{1}{\eta/4} \left[\operatorname{arc\,tg}\left(\frac{4}{\eta}\left(\frac{\lambda_B}{\lambda}-1\right)\right) + \operatorname{arc\,tg}\left(\frac{4}{\eta}\right)\right] \tag{8.42}$$

(arc tg ist der inverse Tangens). Für kleine $\eta$ und wegen $\lambda_B \gg \lambda$ nehmen beide arc tg-Terme den Wert von $\pi/2$ an. Damit ist

$$\bar{\tau} = \tau_0 \frac{\lambda}{\lambda_B} \frac{1}{2\eta} \,. \tag{8.43}$$

Wenn man darin noch $\tau_0$ und

$$\frac{\lambda}{\lambda_B} = \sqrt{\frac{f_{cr}}{f}} \tag{8.44}$$

einsetzt, erhält man das einfache und übersichtliche Resultat

$$\bar{\tau} = \left(\frac{2\varrho c}{m''\omega}\right)^2 \sqrt{\frac{f_{cr}}{f}} \frac{1}{2\eta} \,. \tag{8.45}$$

Für das Schalldämmmaß gilt demnach für Frequenzen $f > f_{cr}$ oberhalb der Grenzfrequenz

$$R = 10 \lg \left(\frac{m''\omega}{2\varrho c}\right)^2 + 5 \lg \frac{f}{f_{cr}} + 10 \lg 2\eta \,. \tag{8.46}$$

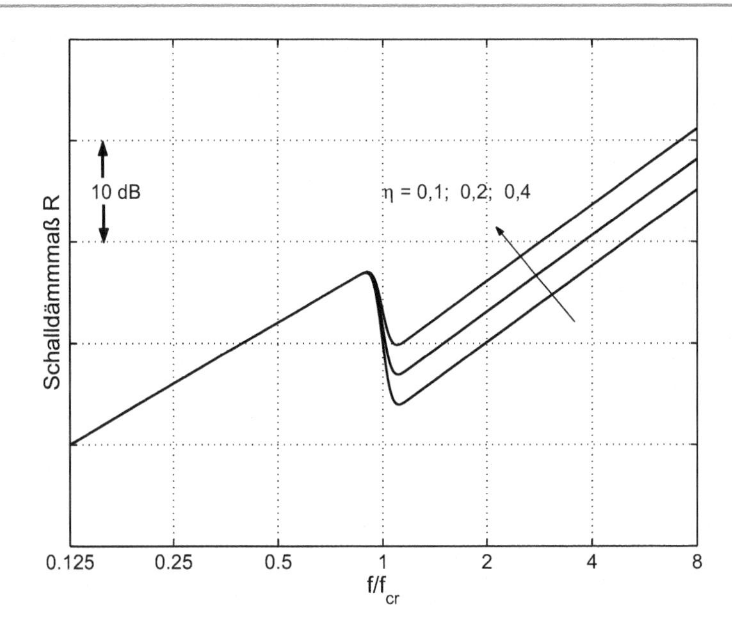


**Abb. 8.8** Prinzipverlauf des Schalldämmmaß-Frequenzganges einer Einfachwand

Das Dämmmaß $R$ steigt hier etwas steiler als im Bereich $f < f_{cr}$ mit 7,5 dB/Oktave an und wird vom Wandverlustfaktor beeinflusst. Über die genaue Verlustursache ist dabei nichts ausgesagt, der Verlustfaktor beinhaltet alle tatsächlich vorkommenden Verlustmechanismen wie innere Dämpfung und Schwingenergie-Abgabe an angrenzende Bauteile.

Eine Zusammenfassung der Frequenzgänge des Schalldämmmaßes von Einfachwänden unterhalb und oberhalb der Grenzfrequenz enthält Abb. 8.8. In der Nähe der Grenzfrequenz selbst versagen die beiden oben geschilderten Betrachtungen, die beiden Asymptoten sind in Abb. 8.8 willkürlich miteinander verbunden worden. Man erkennt aber auch so schon, dass das Schalldämmmaß in diesem Frequenzbereich „nach unten abknickt", und dass dieser Effekt vom Verlustfaktor abhängt (und, wie man zeigen kann, von den hier gar nicht berücksichtigten Wandabmessungen).

Einige praktische Messbeispiele sind in den Abb. 8.9, 8.10 und 8.11 wiedergegeben. Sie haben eine doch recht ähnliche Struktur wie der theoretische Verlauf. Insbesondere kann man den Einbruch in der Koinzidenzgrenze gut erkennen. Auffällig ist, dass der Koinzidenzeinbruch umso drastischer zu Tage tritt, je höher die Grenzfrequenz ist. Theoretische Betrachtungen über Wände endlicher Fläche bestätigen diese Tendenz übrigens.

Nicht immer ist die Übereinstimmung zwischen Theorie und Messung so gut wie in den Abb. 8.9 bis 8.11. Es gibt eine ganze Reihe von Einflüssen, die die Schalldämmung gegenüber der Rechnung verschlechtern, z. B.

- Undichtigkeiten (wichtig bei Türen und Fenstern),
- innere Inhomogenitäten (z. B. Risse im Mauerwerk, aber auch eine Steinstruktur mit lokalen Resonanzen wie bei dünnwandigen Hohlblocksteinen),

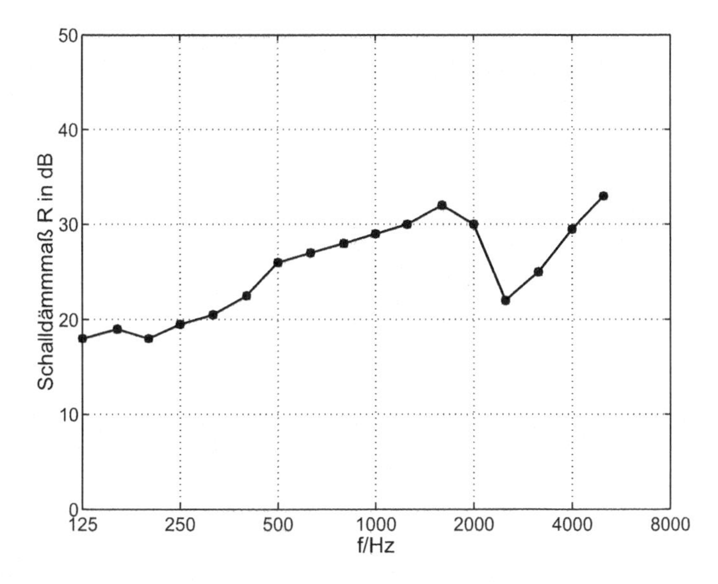


**Abb. 8.9** Schalldämmmaß einer Glasscheibe mit $m'' = 15\,\text{kg/m}^2$ und $f_{\text{cr}} = 2500\,\text{Hz}$

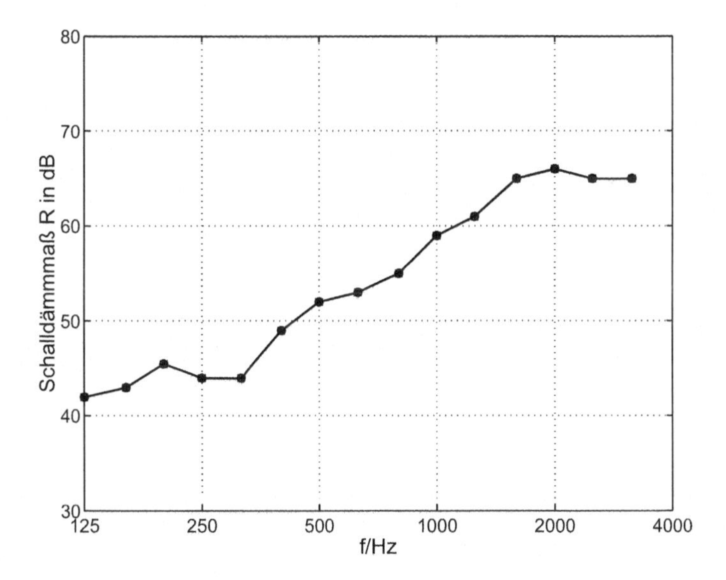


**Abb. 8.10** Schalldämmmaß einer Ziegelwand mit $m'' = 400\,\text{kg/m}^2$ und $f_{\text{cr}} = 130\,\text{Hz}$

- Dickenresonanzen der Wand (Vorder- und Rückseite bewegen sich dann nicht mehr gleich, die Biegewellen-Theorie stimmt dann nicht mehr)
- poröse Baumaterialien, bei denen sich die Schallübertragung eher über die Poren als über das Skelett vollzieht (z. B. hat eine Betonwand – insbesondere bei Gasbeton – eine wesentlich höhere Schalldämmung, wenn die Oberflächen durch Putz verschlossen werden).

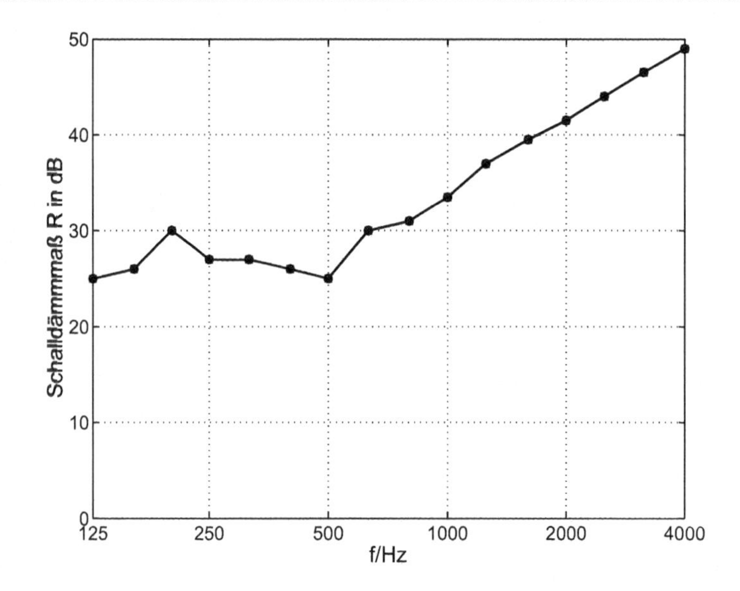


**Abb. 8.11** Schalldämmmaß einer Gipswand mit $m'' = 60\,\mathrm{kg/m^2}$ und $f_{cr} = 350\,\mathrm{Hz}$

Aus diesen Gründen (es mag noch einige mehr geben) ist es oft in der Anwendung erforderlich, sich mehr auf Erfahrungswerte als auf die obigen Formeln zu verlassen. Anhaltswerte hierfür gibt Abb. 8.12, in welchem das bewertete Schalldämmmaß von Wänden und einschaligen Konstruktionen üblicher Baustoffe enthalten ist. Das „Plateau" stammt hier vom Übergang von Schalen, die praktisch im ganzen Frequenzbereich biegeweich sind (sehr hohe Grenzfrequenz bei sehr kleinen Massen) zu den biegesteifen Schalen, deren Grenzfrequenz mit der Dicke (und damit mit der Masse) abnimmt. In Einzelfällen sollte die Literatur auf entsprechende Erfahrungsberichte geprüft werden (z. B. Fasold und Sonntag: Bauphysikalische Entwurfslehre, Band IV: Bauakustik, Verlagsgesellschaft Rudolf Müller, Köln 1971).

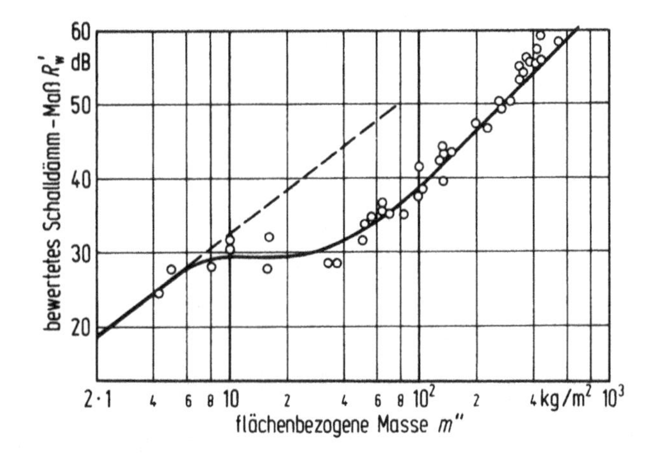


**Abb. 8.12** Abhängigkeit des bewerteten Schalldämmmaßes $R'_w$ von der Flächenmasse bei Einfachwänden aus üblichen Baustoffen (aus: K. Gösele und E. Schröder: Schalldämmung in Gebäuden, Kap. 8 in „Taschenbuch der Technischen Akustik", Springer, Berlin und Heidelberg 2004, Herausgeber G. Müller und M. Möser)

## 8.3 Zweischalige Bauteile (biegeweiche Vorsatzschalen)

Eine recht einfache und preiswerte Methode, die Schalldämmung einer Wand zu verbessern besteht darin, sie mit einer zweiten, vorgesetzten Schale zu versehen. Wie die Betrachtungen aus dem vorigen Abschnitt zeigen, kann die zusätzliche Schale dabei nicht direkt mit der ersten verbunden werden: das würde bei kleinen zusätzlichen Flächenmassen eine nur unwesentliche Erhöhung des Schalldämmmaßes bewirken. Die zweite Schale muss getrennt aufgeständert werden. Immer wird der Platzbedarf gering zu halten sein. Man kann also zwischen den Platten einen Hohlraum annehmen, dessen Dicke $d$ – verglichen mit der Luftschallwellenlänge – klein ist. Der Hohlraum wirkt dann als Feder mit der flächenbezogenen Steife

$$s'' = \frac{\varrho c^2}{d}. \tag{8.47}$$

Der Druck $p_\mathrm{i}$ im Hohlraum zwischen den Platten ist dann

$$p_\mathrm{i} = \frac{s''}{j\omega}(v_1 - v_2) \tag{8.48}$$

(siehe auch Abb. 8.13).

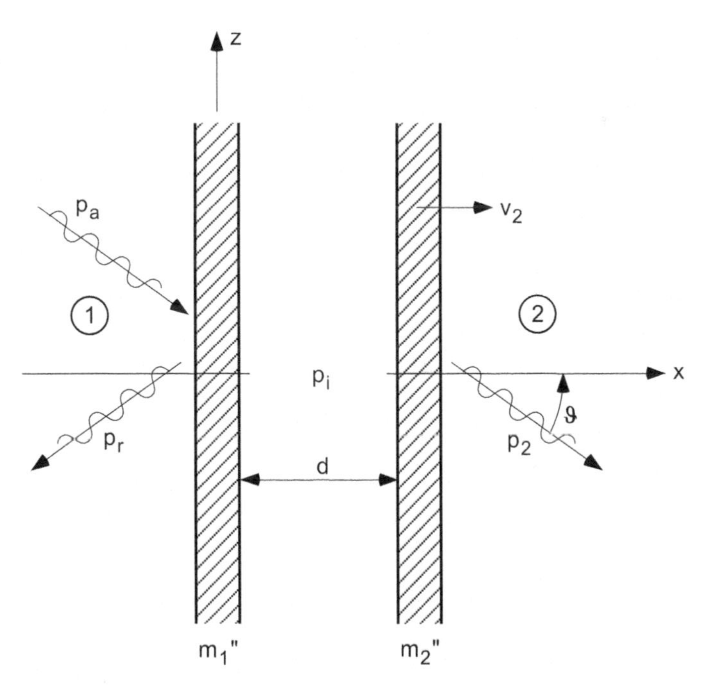


**Abb. 8.13** Modellannahme zur Berechnung des Schalldämmmaßes einer Doppelwand. $p_\mathrm{a}$ = einfallendes Schallfeld, $p_\mathrm{r}$ = reflektiertes Schallfeld, $p_1 = p_\mathrm{a} + p_\mathrm{r}$ = Gesamtfeld vor der Wand, $p_2$ = übertragenes Schallfeld, $p_\mathrm{i}$ = Druck im absorbergefüllten Hohlraum

Das setzt natürlich voraus, dass die Querkopplungen der Volumenelemente im Hohlraum parallel zu den Wänden vernachlässigbar sind, andernfalls würde man parallel zu den Schalen stehende Wellen und Resonanzen erhalten. Mit der obigen Annahme der „reinen Federwirkung" wurde also bereits ein mit Mineralwolle bedämpfter Hohlraum vorausgesetzt, dessen Strömungswiderstand die seitliche Entkopplung im „Flachraum" zwischen den Wänden bewirkt.

Fast immer wird die Vorsatzschale dünn sein. Man kann also annehmen, dass ihre Grenzfrequenz oberhalb des interessierenden Frequenzbereichs liegt. Wie im vorigen Abschnitt erläutert spielen dann dynamische Biegekräfte keine Rolle. Die biegeweiche Vorsatzschale reagiert deshalb nur mit ihrer Trägheitskraft auf den sie anregenden Hohlraumdruck, d. h., es ist

$$p_{\mathrm{i}} = j\omega m_2'' v_2 , \tag{8.49}$$

worin $m_2''$ die Flächenmasse der Vorsatzschale bezeichnet. In (8.49) ist noch angenommen worden, dass der Schalldruck im „Empfangsraum" rechts von der Vorsatzschale (Abb. 8.13) dem Betrage nach viel kleiner ist als $p_{\mathrm{i}}$:

$$|p_2(x = 0)| \ll |p_{\mathrm{i}}| .$$

Wenn man weiter nur schwere, massive „Originalwände" (Index 1) voraussetzt, dann kann man davon ausgehen, dass ihre Schwingungen durch das Hinzufügen der Vorsatzschale nur sehr unwesentlich beeinflusst werden. Man darf also näherungsweise die oben für die Einfachwand gefundenen Ergebnisse für die Schwingungen der Wand 1 übernehmen.

Aus (8.15) und (8.10) wird dann

$$v_1 = \frac{p_0}{\varrho c} t_1 \cos\vartheta \, \mathrm{e}^{jkz \sin\vartheta} , \tag{8.50}$$

wobei wegen (8.18)

$$t_1 = \frac{\frac{2j\varrho c}{m_1''\omega}}{\left(\frac{k^4}{k_1^4}\sin^4\vartheta - 1\right)\cos\vartheta + \frac{2j\varrho c}{m_1''\omega}} \tag{8.51}$$

den Übertragungsfaktor der „Einfachwand" 1 ohne Vorsatzschale darstellt.

Die Schwingungen $v_2$ der Vorsatzschale lassen sich nun leicht berechnen: (8.49) in (8.48) eingesetzt, ergibt

$$j\omega m_2'' v_2 = \frac{s''}{j\omega}(v_1 - v_2) ,$$

oder

$$v_2 = \frac{v_1}{1 - \frac{\omega^2 m_2''}{s''}} = \frac{v_1}{1 - \frac{\omega^2}{\omega_0^2}} . \tag{8.52}$$

Hohlraumfeder $s''$ und Vorsatzschale $m_2''$ bilden einen einfachen Resonator mit der Resonanzfrequenz $\omega_0$ mit

$$\omega_0^2 = \frac{s''}{m_2''} .$$

In $\omega = \omega_0$ könnte die Vorsatzschale wegen der unberücksichtigt gebliebenen Dämpfung theoretisch beliebig große Bewegungen ausführen. Die nachträgliche Einführung eines Feder-Verlustfaktors würde auch hier wieder Abhilfe schaffen.

Setzt man (8.50) in (8.52) ein, so erhält man

$$v_2 = \frac{p_0}{\varrho c} \frac{t_1}{1 - \frac{\omega^2}{\omega_0^2}} \cos\vartheta \, e^{jkz\sin\vartheta} \,. \tag{8.53}$$

Natürlich gilt für den von der Vorsatzschale in den Empfangsraum abgestrahlten Schalldruck wie in (8.8) der Ansatz

$$p_2 = t p_0 \, e^{-jkx\cos\vartheta} \, e^{jkz\sin\vartheta} \,, \tag{8.54}$$

worin diesmal $t$ den Transmissionsfaktor der Doppelwand bedeutet. Wie vorher erhält man $t$ aus der Bedingung

$$\frac{j}{\omega\varrho} \left. \frac{\partial p_2}{\partial x} \right|_{x=0} = v_2 \,.$$

Einfacherweise ist

$$t = \frac{t_1}{1 - \frac{\omega^2}{\omega_0^2}} \,, \tag{8.55}$$

und damit

$$R = 10\lg\frac{1}{\tau} = 10\lg\frac{1}{t^2} = 10\lg\left(1 - \frac{\omega^2}{\omega_0^2}\right)^2 + 10\lg\frac{1}{\tau_1} \,,$$

oder

$$R = R_1 + 10\lg\left(1 - \frac{\omega^2}{\omega_0^2}\right)^2 \,, \tag{8.56}$$

worin $R_1$ das Schalldämmmaß der Einfachwand (Index 1) bedeutet.

Näherungsweise setzt sich das Luftschalldämmmaß der Doppelwand also zusammen aus der Summe des Dämmmaßes der schwereren Wand und einem frequenzabhängigen Term, den man als Einfügungsdämmmaß $R_E$ der Vorsatzschale bezeichnen kann:

$$R = R_1 + R_E \tag{8.57}$$

mit

$$R_E = 10\lg\left(1 - \frac{\omega^2}{\omega_0^2}\right)^2 \,. \tag{8.58}$$

Man erkennt daran, dass die Vorsatzschale

- unterhalb der Resonanz $\omega \ll \omega_0$ mit $R_E = 0$ unwirksam ist,
- in der Resonanz $\omega = \omega_0$ verschlechternd wirkt (natürlich wird die Verschlechterung der Größe nach vom Feder-Verlustfaktor bestimmt) und

- erst oberhalb der Resonanz $\omega \gg \omega_0$ einen wirklichen Vorteil von $R_\mathrm{E} \approx 40\,\lg(\omega/\omega_0)$ bietet, der sehr steil mit 12 dB/Oktave ansteigt.

Zur Dimensionierung lässt sich vor allem sagen, dass man aus der Sicht der Geräuschbekämpfung die Resonanzfrequenz „so tief wie möglich“ haben möchte. Aus

$$f_0 = \frac{1}{2\pi}\sqrt{\frac{\varrho\, c^2}{m_2'' d}} \approx \frac{60\,\mathrm{Hz}}{\sqrt{\frac{m_2''}{\mathrm{kg/m^2}}\frac{d}{m}}}$$

folgt, dass man also im Prinzip an schweren Vorsatzschalen im großen Abstand $d$ vor der ursprünglichen Einfachwand interessiert ist. Das Beispiel $m_2'' = 10\,\mathrm{kg/m^2}$ und $d = 10\,\mathrm{cm}$ mit $f_0 = 60\,\mathrm{Hz}$ zeigt, dass man mit vertretbarem Aufwand hinreichende Tiefabstimmungen unterhalb des „bauakustischen Frequenzbereichs“ (den man üblicherweise bei 100 Hz beginnen lässt) ohne allzu schwere Vorsatzschalen erreichen kann.

Für biegeweiche Vorsatzschalen lehrt die Erfahrung, dass die obige Abschätzung der Dämmmaß-Verbesserung in der Tendenz so schlecht nicht ist, vorausgesetzt natürlich, dass der Hohlraum ausreichend mit Mineralwolle bedämpft ist und feste Verbindungen (sogenannte Körperschallbrücken) der Schalen nicht vorhanden sind. Abbildung 8.14 zeigt eine gemessene Dämmmaß-Verbesserung. Es werden recht hohe Werte von $R_\mathrm{E}$ erreicht, die wenigstens doch im mittleren Messfrequenzbereich etwa auch dem Gesetz (8.58) entsprechen.

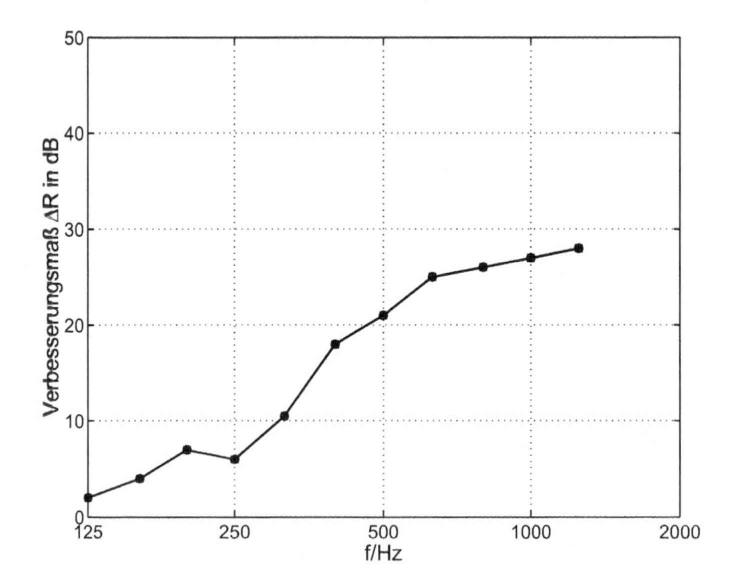


**Abb. 8.14** Verbesserungsmaß $\Delta R$ des Schalldämmmaßes einer Gipswand (Dicke 80 mm) durch eine biegeweiche Vorsatzschale mit $m_2'' = 4\,\mathrm{kg/m^2}$, Hohlraumtiefe 65 mm, mit Mineralwolle ausgefüllt

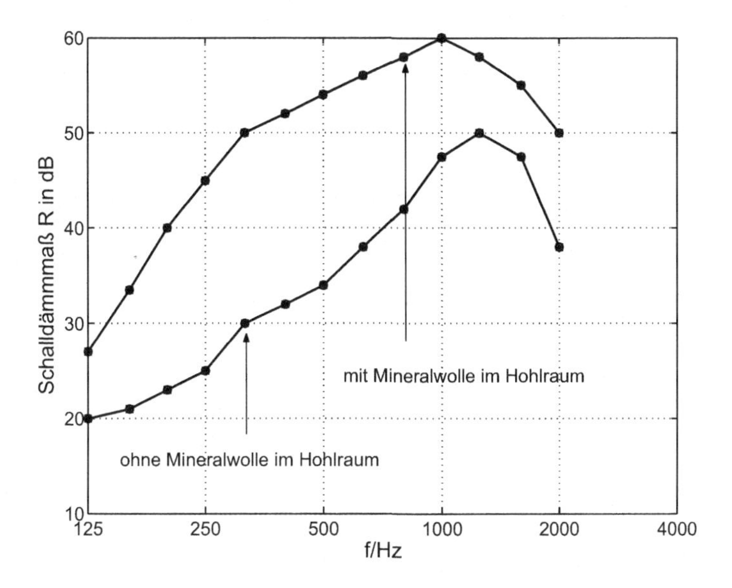


**Abb. 8.15** Schalldämmmaße einer zweischaligen Gipsplattenwand ($f_{cr} = 2000\,\text{Hz}$) mit und ohne Mineralwolle im Hohlraum

Biegeweiche Vorsatzschalen (meistens aus Gipsplatten oder Gipskartonplatten mit Dicken ab etwa 10 mm) sind das wichtigste Mittel des Akustikers bei der nachträglichen Sanierung von Bauwerken. Für leichte zweischalige Konstruktionen (unter denen auch Doppelfenster zu verstehen sind) stimmen die oben genannten überschlägigen Berechnungen oft weniger gut mit praktischen Erfahrungen überein. Der Grund dafür liegt teilweise in den nicht berücksichtigten Einflüssen. Zum Beispiel entfällt die Hohlraumdämpfung bei den Doppelfenstern, auch kann man bei etwa gleichen Schalen nicht mehr davon ausgehen, eine von ihnen schwinge unbeeinflusst von der anderen. Wie wesentlich die Hohlraumdämpfung ist, zeigt sich bei Versuchen an zweischaligen Gipsplatten-Konstruktionen (Abb. 8.15): Die fehlende Absorption verschlechtert die Dämmung drastisch. Es ist daher für Fenster versucht worden, die Dämpfung wenigstens noch an der Laibung vorzunehmen, indem die Hohlraum-Ränder absorbierend ausgestattet werden (Abb. 8.16), immerhin mit nennenswertem Erfolg. Andere Versuche, die Übertragung über den Hohlraum zu beeinflussen, wurden mit Gasfüllungen gemacht (Abb. 8.17), die gleichfalls eine deutliche Wirkung zeigen.

Solche Einflüsse und (praktisch natürlich wichtige) Details können hier nicht ausführlich behandelt werden. Einige Konstruktionsregeln und Abhängigkeiten lassen sich jedoch aus den oben geschilderten Überlegungen und aus der praktischen Erfahrung begründen.

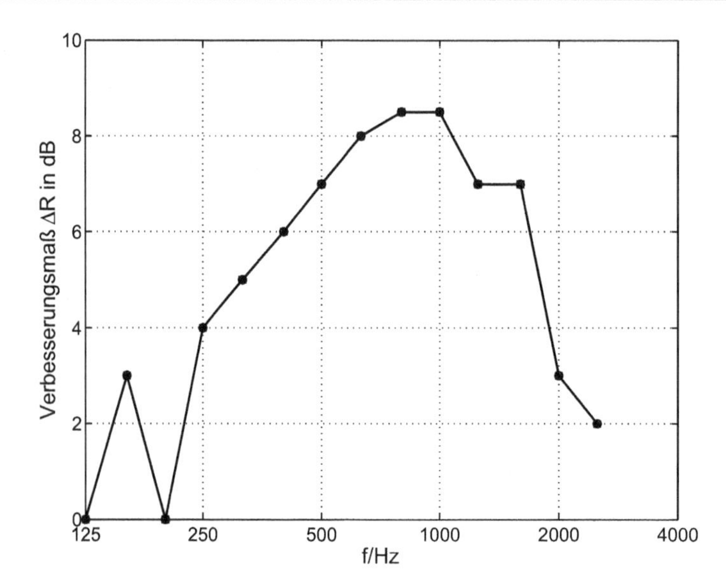


**Abb. 8.16** Verbesserungsmaß $\Delta R$ der Schalldämmung eines Doppelfensters (5 mm und 8 mm Glas, Hohlraum 24 mm dick) durch Auskleiden der Hohlraumränder mit 50 mm Mineralwolle

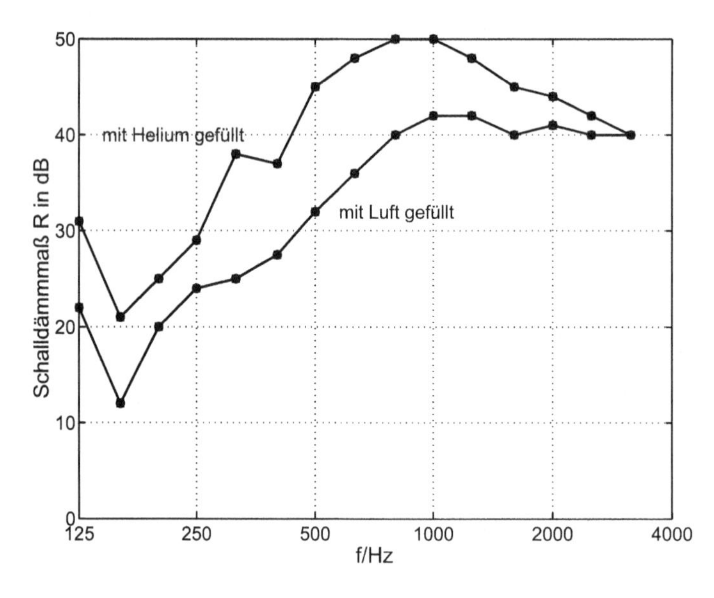


**Abb. 8.17** Schalldämmmaß eines Doppelfensters aus 8 mm und 4 mm Glas, Hohlraum 16 mm mit Luft- und mit Helium-Füllung

Im Sinne eines hohen Schalldämmmaßes ist es günstig

- schwere Gesamtmassen zu verwenden und diese nach Möglichkeit ungleich auf die Schalen zu verteilen (gleichschwere Schalen vermeiden),
- eine große Hohlraumtiefe einzuplanen,
- den Hohlraum möglichst vollflächig mit Absorbermaterial zu bedämpfen,
- Undichtigkeiten zu vermeiden (bei Fenstern ist der Rahmen oft wichtiger als das Glas), und
- Körperschallbrücken (damit sind feste Verbindungen der Schalen gemeint) auf jeden Fall zu vermeiden.

Insbesondere der letzte Punkt muss für die Bauausführung unterstrichen werden. Vorsatzschalen müssen unbedingt getrennt aufgeständert werden, es kommen nur weichfedernde Halterungen an der „Original-Wand“ zur Verbesserung der Stand-Stabilität in Frage. Brücken können die Grenzfrequenz der Gesamtkonstruktion verschieben, so dass im Resultat ein schlechteres Dämmmaß vorliegen kann als ohne Vorsatzschale! Auch schätzt man vorhandene Verbindungen zwischen Originalwand und Vorsatzschale leicht falsch ein, so dass man sich einen zusätzlichen, verschlechternden Resonanzeffekt mitten im interessierenden Frequenzbereich einhandeln kann. Dieser Fehler wird manchmal bei Fassadenverkleidungen mit zu steifer Anbindung an die Hauswand gemacht.

## 8.4 Trittschalldämmung

Unter „Trittschall“ versteht man den von einer Wand oder einer Gebäudedecke abgestrahlten Luftschall, wenn eine in einem anderen Raum gelegenen Decke durch Begehen, das Rücken von Stühlen oder den Betrieb von Küchengeräten und Ähnlichem zu Körperschallschwingungen angeregt wird. Man meint damit also nicht ausschließlich die Schallabstrahlung in den unter der Decke liegenden Raum. Zum Beispiel ist es durchaus üblich, den „Trittschallpegel“ in der Wohnung ÜBER einem Raum mit Publikumsverkehr (Restaurant, Bar, Diskothek, ...) zu ermitteln und gegebenenfalls Minderungsmaßnahmen zu empfehlen.

### 8.4.1 Messung des Trittschallpegels

Zur einheitlichen Klassifizierung des von einem Bauteil ausgehenden Trittschalles benutzt man eine genormte Kraftquelle zur Anregung des betreffenden Bodens, das sogenannte Norm-Trittschall-Hammerwerk (Abb. 8.18). Es besteht aus fünf Hämmern (je 500 g), die mechanisch durch einen Motor bewegt - nacheinander aus definierter Höhe auf den Boden fallen (Schlagfrequenz 5 Hz). Solange der Motor läuft, wiederholt sich der Vorgang periodisch (und macht einen riesigen und deshalb gut messbaren Spektakel). Im Empfangsraum werden die Empfangspegel $L_{\mathrm{E}}$ (in Terzen oder Oktaven im örtlichen Mittel)

**Abb. 8.18** Trittschallhammerwerk zur Bestimmung des Norm-Trittschallpegels. Die Wiedergabe eines etwas älteren Modelles erlaubt den freien Einblick, in modernere Geräte kann man meist nicht hineinschauen

bestimmt. Da man noch die Absorption im Raum berücksichtigen muss (in einem stark gedämpften Raum klingt der Trittschall leiser als in einem schwach gedämpften), ist der Norm-Trittschallpegel $L_n$ durch

$$L_n = L_E + 10 \lg A_E / A_0 \tag{8.59}$$

gegeben, worin $A_E$ die äquivalente Absorptionsfläche des Empfangsraumes ist. Der Bezugswert ist $A_0 = 10\,m^2$, man rechnet $L_E$ also auf einen Raum mit einer Absorptionsfläche von $A_E = 10\,m^2$ um.

Zur Bestimmung des Trittschallschutzes werden die Terz-Trittschallpegel $L_n$ mit einer Bezugskurve bewertet. Das geschieht genauso wie bei der Bestimmung des bewerteten Schalldämmmaßes, nur dass hier die Summe der Überschreitungen der Messwerte gegenüber der Bezugskurve zählen. Die Bezugskurve wird also verschoben bis die Summe der Überschreitungen weniger als 32 dB beträgt, der bei 500 Hz abgelesene Wert der verschobenen Bezugskurve bezeichnet dann den bewerteten Norm-Trittschallpegel (Abb. 8.19).

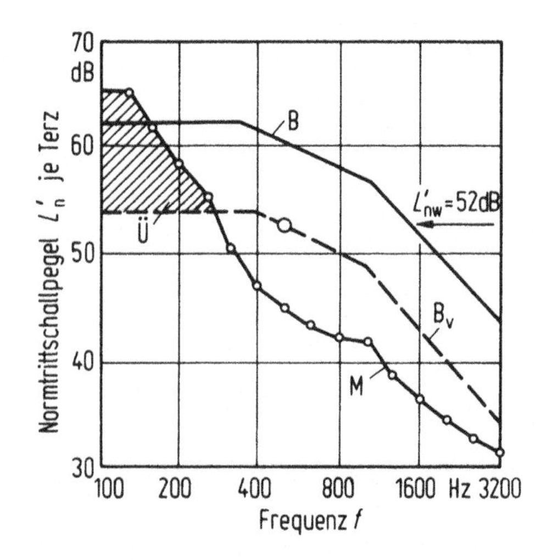


**Abb. 8.19** Zur Definition des Norm-Trittschallpegels. $B$ = Bezugskurve, $B_v$ = verschobene Bezugskurve, $M$ = Messwerte, $\ddot{U}$ = Überschreitungen von $M$ gegenüber $B_v$ (aus: K. Gösele und E. Schröder: Schalldämmung in Gebäuden, Kap. 8 in „Taschenbuch der Technischen Akustik", Springer, Berlin und Heidelberg 2004, Herausgeber G. Müller und M. Möser)

Bezugskurve und Auswerteverfahren sind ebenfalls in der DIN EN ISO 717 genormt (Messverfahren in DIN EN ISO 140).

## 8.4.2 Verbesserungsmaßnahmen

Abbildung 8.20 zeigt einige Norm-Trittschallpegel von Rohdecken. Sie liegen etwa im Bereich von 70 bis 90 dB. Wie man sieht fällt der Pegel mit etwa 10 dB pro Massenverdopplung (eine physikalische Erklärung dafür findet man in L. Cremer, M. Heckl: Körperschall, Springer, Berlin 1995).

Verglichen mit den Forderungen nach DIN 4109 sind die Werte der Rohdecken viel zu hoch. Es gibt jedoch einige einfache Mittel, die eine Verbesserung des Trittschallschutzes auch ohne große Massenerhöhung mit vertretbarem Aufwand erreichen können. Die Größenordnung der erzielbaren Verbesserungen zeigt Tab. 8.1.

Die Gehbeläge lassen sich im Prinzip als auf den Fußboden aufgebrachte „Federschicht" auffassen. Zusammen mit der aufprallenden Masse $M$ der Hämmer beim Hammerwerk oder des Beines beim Gehen ergibt sich ein Feder-Masse-System mit der Resonanzfrequenz

$$\omega_{\mathrm{res}}^2 = \frac{s}{M} .$$

Ebenso wie bei den Doppelwänden beginnt die entkoppelnde Wirkung oberhalb der Resonanzfrequenz, woraus sich die verbessernde Wirkung weichfedernder Beläge ja erklärt. Da ein kurzer Kraftstoß alle Frequenzen gleichermaßen enthält, ist bei genügend tiefer Abstimmung der Resonanz ein beträchtlicher spektraler Energieanteil von der Entkopplung betroffen, die Minderungen sind hoch.

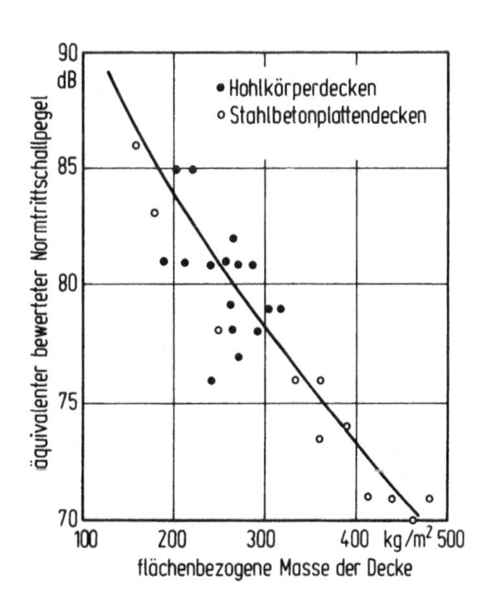


**Abb. 8.20** Norm-Trittschallpegel massiver einschaliger Rohdecken in Abhängigkeit von ihrer flächenbezogenen Masse (aus: K. Gösele und E. Schröder: Schalldämmung in Gebäuden, Kap. 8 in „Taschenbuch der Technischen Akustik", Springer, Berlin und Heidelberg 2004, Herausgeber G. Müller und M. Möser)

**Tab. 8.1** Trittschallverbesserungsmaß gebräuchlicher Fußbodenausführungen

| Gehbeläge | |
|---|---|
| Linoleum, PVC-Beläge ohne Unterlage | 3 bis 7 dB |
| Linoleum auf 2 mm Korkment | 15 dB |
| PVC-Belag mit 3 mm Filz | 15 bis 19 dB |
| Nadelfilzbelag | 18 bis 22 dB |
| Teppich, dickere Ausführung | 25 bis 35 dB |
| Schwimmende Estriche | |
| Zementschicht auf | |
| Wellpappe | 18 dB |
| Hartschaumplatten, steif | etwa 18 dB |
| Hartschaumplatten,weich | etwa 25 dB |
| Mineralfaserplatten | 27 bis 33 dB |

Man erkennt an diesen Bemerkungen aber auch, dass die aufprallende Masse selbst in das Ergebnis eingeht. Das Hammerwerk bildet daher das Begehen einer Decke sicher nicht gerade sehr gut nach, denn die beim Begehen relevanten Massen sind gewiss viel größer. Die mit dem Hammerwerk erzielten Verbesserungen entsprechen deshalb nur bedingt der bei anderer Krafteinleitung vorgefundenen Pegelminderung. Andererseits muss das Hammerwerk ohnehin einen praktikablen Kompromiss darstellen, denn es sollen natürlich auch Geräusche von fallenden Gegenständen, die Deckenanregung durch Lautsprechergehäuse usw. im Trittschallpegel charakterisiert werden.

Bei der Gruppe der schwimmenden Estriche in obiger Tabelle ist die entkoppelnde Wirkung eines Resonators zum Konstruktionsprinzip des Deckenaufbaues gemacht worden. Dazu wird wie in Abb. 5.3 auf die Rohdecke eine federnde Schicht aufgebracht, die eine Flächenmasse (meist einen Zement-Estrich) trägt. Die Pegelminderung beträgt wie bei der Luftschalldämmung

$$\Delta L = 20 \lg \left( \frac{\omega}{\omega_{\mathrm{res}}} \right)^2 ,$$

wobei $\omega_{\mathrm{res}}$ die Resonanzfrequenz mit

$$\omega_{\mathrm{res}}^2 = \frac{s''}{m_2''}$$

ist ($s''$ = flächenspezifische Steife der Federschicht, $m_2''$ = Flächenmasse des Estrichs). Abbildung 8.21 zeigt die Messwerte eines Beispieles. Die Aufbau-Regeln sind ähnlich wie bei der Verbesserung der Luftschalldämmung durch biegeweiche Vorsatzschalen. Körperschall-Brücken müssen vermieden werden. Es ist darauf zu achten, dass der schwimmende Estrich (der Zementbelag) nicht unmittelbar an die flankierenden Wände anschließt. Das kann z. B. geschehen durch Hochziehen der federnden Schicht an den flankierenden Wänden oder durch die Verwendung von Randdämmstreifen.

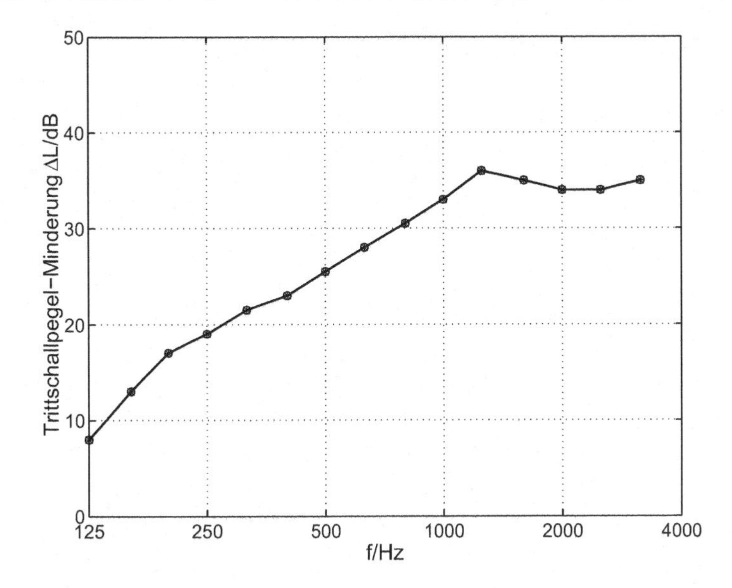


**Abb. 8.21** Verbesserung des Trittschallschutzes durch einen schwimmenden Estrich

Wichtiger noch ist die sorgfältige und vorsichtige Verlegung der Dämmschicht. Es entstehen leicht Löcher, die mit dem aufgegossenen Zement Körperschallbrücken bilden und die verbessernde Wirkung zunichte machen. Das Eindringen von Zement an Stoßkanten von Bahnen verhindert man durch bündiges Aufbringen und Abdecken mit Plastikfolie vor dem Vergießen bzw. durch überlappendes Legen der Bahnen. Manchmal entstehen auch Probleme durch die in der elastischen Dämmschicht verlegten Heizungsrohre. Bei der Bauausführung muss auf die Verwendung weichummantelter Rohre unbedingt geachtet werden.

Schließlich ist noch zu erwähnen, dass untergehängte Decken unter dem angeregten Bauteil eine weit geringere Wirkung zeigen als schwimmende Estriche. Für die als biegeweiche Vorsatzschale abgehängte Decke wird die Übertragung durch die beim Trittschall gleichfalls angeregten flankierenden Wände nicht vermindert; beim richtig verlegten schwimmenden Estrich wird die Flankenübertragung dagegen gleichfalls reduziert. Untergehängte Decken sind daher nur für leichte Decken mit schweren flankierenden Wänden erfolgversprechend.

## 8.5 Zusammenfassung

Die Luftschalldämmung einschaliger Konstruktionen wie Wände, Decken und Fenster, wird vor allem bestimmt von der erst oberhalb einer Grenzfrequenz $f_{cr}$ einsetzenden Spuranpassung zwischen der schräg auf die Konstruktion auftreffenden Luftschallwelle und der Platten-Biegewelle. Für Frequenzen $f < f_{cr}$ unterhalb der auch als ‚kritische Frequenz' oder ‚Koinzidenzgrenzfrequenz' bezeichneten Frequenzgrenze sind die Biegewellen kürzer als die Luftschallwellen, deshalb tritt Spuranpassung nicht auf. Elastische Spannungen in der Wand oder Platte spielen deshalb hier keine Rolle, das Bauteil reagiert nur mit Trägheitskräften auf die Luftschall-Anregung. Das Schalldämmmaß $R$ hängt nur vom Verhältnis der Massenimpedanz der Wand $j\omega m''$ und dem Kennwiderstand des umgebenden Mediums $\varrho c$ ab, $R$ wächst deshalb bei Frequenzverdopplung und bei Massenverdopplung jeweils um 6 dB. Im Frequenzbereich $f > f_{cr}$ oberhalb der Grenzfrequenz ist die Biegewellenlänge größer als die Luftschallwellenlänge. Daher stellt sich stets für einen durch $\sin\vartheta = \lambda(\text{Luft})/\lambda(\text{Biege})$ bezeichneten Winkel Spuranpassung zwischen den beteiligten Wellenarten ein. Das einfachste theoretische Modell ohne Berücksichtigung von Wandverlusten ergibt für diesen Einfallswinkel den Totaldurchgang der auftreffenden Schallwelle. Wird die Dämpfung der Platte mit in Rechnung gestellt und über alle Schalleinfallsrichtungen zur Nachbildung des diffusen Schalleinfalles gemittelt, dann ergibt sich ein Dämmmaß, das mit 7,5 dB pro Oktave anwächst und vom Verlustfaktor $\eta$ abhängt. Im Frequenzbereich der Grenzfrequenz $f_{cr}$ selbst erleidet das Dämmmaß einen Einbruch, der für niedrige Grenzfrequenzen flacher ausfällt als für hohe $f_{cr}$. Die Grenzfrequenz ist umgekehrt proportional zur Dicke $h$ der Platten, $f_{cr} \sim 1/h$ (siehe Kap. 4).

Nachbesserungsmaßnahmen der Luftschalldämmung vorhandener Wandaufbauten können mit getrennt aufgeständerten biegeweichen Vorsatzschalen durchgeführt werden. Die verbessernde Wirkung setzt erst oberhalb der Masse-Feder-Masse-Resonanz des aus Wand-Lufthohlraum-Wand gebildeten Schwingers ein und wächst dann theoretisch mit 12 dB pro Oktave an. Trittschallverbesserungen werden vorzugsweise mit schwimmenden Estrichen erreicht.

Die Messung des Luftschalldämmmaßes erfordert die Bestimmung der mittleren Pegel in Sende- und Empfangsraum und der äquivalenten Absorptionsfläche aus der Nachhallzeit im Empfangsraum, weil der sich in letzterem einstellende Pegel nicht nur von der Schalldämmung der Wand, sondern auch von den Raum-Verlusten abhängt. Aus gleichem Grund werden auch bei der Bestimmung des Norm-Trittschallpegels die Messpegel mit der äquivalenten Absorptionsfläche des Empfangsraumes korrigiert.

## 8.6 Literaturhinweise

Zum Weiterlesen seien folgende beiden Bücher empfohlen: Gösele, Schüle, Künzel: Schall. Wärme. Feuchte (Bauverlag, Wiesbaden 1997) und W. Fasold, E. Sonntag und H. Winkler: „Bauphysikalische Entwurfslehre" (Verlag für Bauwesen, Berlin 1987). Bei Messungen und Messauswertungen soll die DIN EN ISO 140 „Messung der Schalldämmung in Gebäuden und von Bauteilen" (mehrere Teile) zu Rate gezogen werden.

## 8.7 Übungsaufgaben

**Aufgabe 8.1**
Man bestimme das frequenzabhängige Schalldämmmaß einer Wand von $10\,m^2$ Fläche, wenn folgende Schalldruckpegel in Sende- und Empfangsraum und die angegebene Nachhallzeit des Empfangsraumes ($V = 140\,m^3$) gemessen wurden.

| $f$/Hz | $L_S$/dB | $L_E$/dB | $T_E$/s |
|---|---|---|---|
| 400 | 78,4 | 48,2 | 2 |
| 500 | 76,6 | 43,8 | 1,8 |
| 630 | 79,2 | 42,2 | 1,7 |
| 800 | 80,0 | 41 | 1,6 |
| 1000 | 84,4 | 40 | 1,6 |
| 1250 | 83,2 | 40,6 | 1,5 |

**Aufgabe 8.2**
Wie groß ist die Resonanzfrequenz des Aufbaues einer biegeweichen Vorsatzschale mit der Flächenmasse von $12{,}5\,kg/m^2$ ($25\,kg/m^2$) in 5 cm (in 10 cm) Abstand vor einer (viel schwereren) Originalwand?

**Aufgabe 8.3**
Wie groß ist das Schalldämmmaß von Autoblech (Stahlplatte von 0,5 mm Dicke) bei 100 Hz (200 Hz, 400 Hz, 800 Hz)? Man prüfe zuvor die Höhe der Koinzidenzgrenzfrequenz.

**Aufgabe 8.4**
Wie groß ist das Schalldämmmaß einer Betonwand (Schwerbeton) von 35 cm Dicke mit dem Verlustfaktor von $\eta = 0{,}1$ bei 200 Hz, 400 Hz, 800 Hz und 1600 Hz?

**Aufgabe 8.5**
Ein Fenster der Fläche von $3\,m^2$ mit dem Schalldämmmaß von 30 dB ist in eine Wand der Fläche von $15\,m^2$ (ohne Fenster) mit dem Dämmmaß von 60 dB eingelassen. Wie groß ist das Dämmmaß der Kombination?

Bei einem (sehr hohen) Verglasunganteil von 50 % der Gesamtfläche: wie groß ist dann das Dämmmaß der Kombination?

**Aufgabe 8.6**

Bei einem Doppel-Fenster (9/16/13 mm) sind die folgenden Schalldämmmaße in Terzen festgestellt worden:

| Frequenz/Hz | $R_{Terz}$/dB | Bezugskurve/dB |
|---|---|---|
| 100 | 29,4 | 33 |
| 125 | 36,9 | 36 |
| 160 | 41,8 | 39 |
| 200 | 38,2 | 42 |
| 250 | 42,4 | 45 |
| 315 | 40,9 | 48 |
| 400 | 39,4 | 51 |
| 500 | 41,9 | 52 |
| 630 | 46,6 | 53 |
| 800 | 44,5 | 54 |
| 1000 | 42,4 | 55 |
| 1250 | 43,8 | 56 |
| 1600 | 47,1 | 56 |
| 2000 | 51,0 | 56 |
| 2500 | 49,6 | 56 |
| 3150 | 39,9 | 56 |

Wie groß ist das bewertete Schalldämmmaß $R_w$?

# 9 Schalldämpfer

Unter Schalldämpfern versteht man allgemein technische Einrichtungen, die ein durch sie hindurchtransportiertes Schallfeld auf diesem ihrem Ausbreitungspfad möglichst abschwächen.

Der bekannteste Schalldämpfer ist sicher der in Kraftfahrzeugen. Er besteht aus gasführenden Rohrleitungen, die den Motor mit einem „Topf" oder Töpfe unter sich verbinden. Er endet schließlich in einem Auslassrohr, dem sogenannten Endrohr. Im Prinzip besteht also ein solcher Schalldämpfer aus Rohrleitungen mit plötzlich wechselndem Querschnitt.

Sehr oft werden Schalldämpfer auch eingesetzt bei Lüftungs- und Klima-Anlagen. Wohl jede luftführende Leitung zur Be- und Entlüftung von Konzertsälen, Opernhäusern und anderen Versammlungsräumen (wie Hallen für Kongresse oder Ausstellungen) dürfte mit einem Schalldämpfer versehen sein. Auch in vielen industriellen Anlagen, in denen z. B. Luft-Stoff-Gemische durch Gebläse in Rohren transportiert werden, entstehen oft ganz erhebliche Lärmprobleme, die durch entsprechende „akustische Behandlung" der Schallübertragung im Leitungsinneren wenigstens teilweise gelöst werden können.

Zur Verringerung der Schalllängsleitung durch Rohre und Kanäle kommen vor allem zwei grundsätzliche Möglichkeiten in Betracht. Entweder verwendet man wie beim Autoauspuff schallharte Rohrleitungen, deren Querschnitt sich in Achsrichtung plötzlich erweitert oder verringert. Solche Aufbauten sind Reflexionsdämpfer, sie wirken naturgemäß ausschließlich durch Reflexion des Schalles an ihrem Einlass, weil Schallenergie-Umwandlung in Wärme weder beabsichtigt ist noch eine Rolle spielt.

Ein zweites, alternatives Grundprinzip besteht in Rohren, deren Wandungen eine beliebige akustische Oberflächenbeschaffenheit besitzen, die z. B. durch Belegen mit Absorptionsmaterial hergestellt wird. Bei solchen „Wandungsdämpfern" ließe sich die beabsichtigte Wirkung also als Schallenergieverlust in die Rohrwandung hinein beschreiben. Man wäre deshalb geneigt, dieses Funktionsprinzip als „Absorptionsdämpfer" zu beschreiben. Eine genauere, im Folgenden genauer erklärte Betrachtung zeigt allerdings, dass die Hauptwirkung auch bei den Wandungsdämpfern gar nicht immer durch Schallabsorption hervorgebracht wird. Schon der Fall einer schallweich mit $z = 0$ belegten Wandung ergibt



M. Möser, *Technische Akustik*, VDI-Buch, DOI 10.1007/978-3-662-47704-5_9

eine sehr hohe akustische Wirkung, die offensichtlich nicht durch Absorption herbeigeführt wird: Durch eine Fläche $z = 0$ tritt bekanntlich keine Schallleistung hindurch. Man kann daran erkennen, dass auch Wandungsdämpfer durch Reflexion wirken können, die Absorption an der Wandung bildet nicht notwendigerweise die physikalische Ursache für das hergestellte Einfügungsdämmmaß.

Deshalb ist die oft getroffene Klassifizierung in Reflexionsdämpfer und in Absorptionsdämpfer unpräzise: Das tatsächlich wirksame Prinzip lässt sich durch diese Unterscheidung nur unzureichend beschreiben, weil der Haupteffekt bei beiden „Dämpfertypen" nicht in der Umwandlung von Schallenergie in Wärme bestehen muss. Auch könnte man die Bezeichnung „Dämpfer" als irreführend auffassen, wenn man Dämpfung mit Dissipation gleichsetzt. In diesem Kapitel soll das Wort „Dämpfung" ausnahmsweise eher umgangssprachlich, nämlich einfach als Pegelabfall längs einer Strecke benutzt werden, wie gesagt muss die Ursache dafür nicht immer in Dissipation bestehen.

## 9.1 Querschnittsänderungen schallharter Rohrleitungen

Die Betrachtungen in diesem Abschnitt zielen auf Rohre mit kleinerem Querschnitt oder auf entsprechend tiefe Frequenzen: Die Kanal-Querabmessungen sind stets als klein gegenüber der Wellenlänge angenommen. Typische Anwendungsbeispiele sind also

- Kfz-Abgasanlagen, der Rohrdurchmesser beträgt hier 5 cm, und
- das tieffrequente Ventilatorbrummen (oft unter 100 Hz) in Lüftungskanälen von 30 bis 50 cm Breite.

### 9.1.1 Einfacher Querschnittssprung

Die allereinfachste Möglichkeit zur Erzeugung eines Reflektors für einen eindimensionalen Wellenleiter besteht in der plötzlichen Querschnitts-Änderung des Rohres (Abb. 9.1).

Reflexion und Transmission lassen sich aus einfachen Überlegungen bestimmen. Dazu berücksichtigt man im linken (halbunendlichen) Rohrteil eine einfallende, von der Quelle herstammende und eine am Querschnittssprung reflektierte Welle

$$p_1 = p_0 \left(e^{-jkx} + r e^{jkx}\right) \tag{9.1}$$

mit der Schallschnelle

$$v_1 = \frac{j}{\omega \varrho} \frac{\partial p_1}{\partial x} = \frac{p_0}{\varrho c} \left(e^{-jkx} - r e^{jkx}\right) . \tag{9.2}$$

Für den rechten Kanalast wird angenommen, dass er reflexionsfrei sei, es bildet sich demnach nur die übertragene Welle

$$p_2 = t p_0 e^{-jkx} \tag{9.3}$$

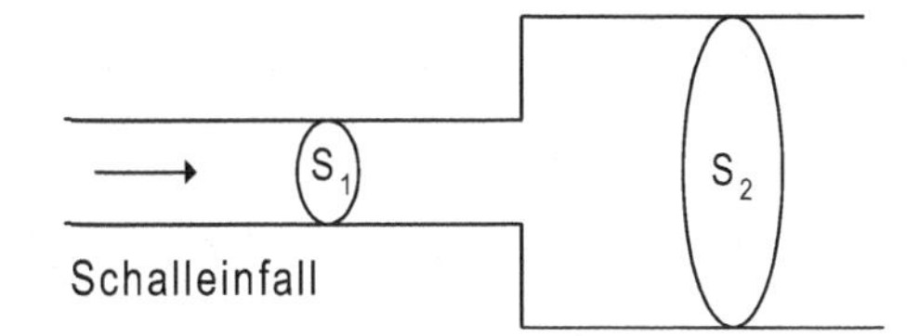


**Abb. 9.1** Einfacher Querschnittssprung

und

$$v_2 = t\frac{p_0}{\varrho c}e^{-jkx} \quad (9.4)$$

aus. Der noch unbekannte Reflexionsfaktor $r$ und der ebenfalls unbekannte Transmissionsfaktor $t$ werden aus den beiden Übergangsbedingungen an der Trennfläche $x = 0$ bestimmt. Zu beiden Seiten der Trennstelle $x = 0$ liegen gleiche Drücke vor,

$$1 + r = t, \quad (9.5)$$

und die pro Zeiteinheit links durch den Querschnitt strömende Masse $\varrho S_1 v_1(0)$ und die rechts durch den Querschnitt strömende Masse $\varrho S_2 v_2(0)$ sind gleich:

$$S_1 v_1(0) = S_2 v_2(0)\ , \quad (9.6)$$

oder, mit (9.2) und (9.4),

$$(1 - r)\, S_1 = t S_2\ . \quad (9.7)$$

Die Gln. (9.5) und (9.7) formulieren die Konsequenzen der Randbedingungen hinsichtlich Transmission und Reflexion, ineinander eingesetzt ergeben sie den Übertragungsfaktor

$$t = \frac{2}{1 + \frac{S_2}{S_1}} \quad (9.8)$$

und den Reflexionsfaktor

$$r = t - 1 = \frac{1 - S_2/S_1}{1 + S_2/S_1}\ . \quad (9.9)$$

Die akustische Wirkung des Schalldämpfers wird durch die von ihm übertragene Schallleistung angegeben. Deshalb interessiert vor allem der Transmissionsgrad

$$\tau = \frac{\text{durchgelassene Leistung}}{\text{auftreffende Leistung}} = \frac{S_2 p_0^2\,|t|^2}{S_1 p_0^2} = \frac{S_2}{S_1}\,|t|^2 = \frac{4\frac{S_2}{S_1}}{1 + 2\frac{S_2}{S_1} + \left(\frac{S_2}{S_1}\right)^2}\ . \quad (9.10)$$

Etwas übersichtlicher wird der Ausdruck für den Transmissionsgrad noch durch Erweitern mit $S_1/S_2$

$$\tau = \frac{4}{\frac{S_2}{S_1} + \frac{S_1}{S_2} + 2}\ . \quad (9.11)$$

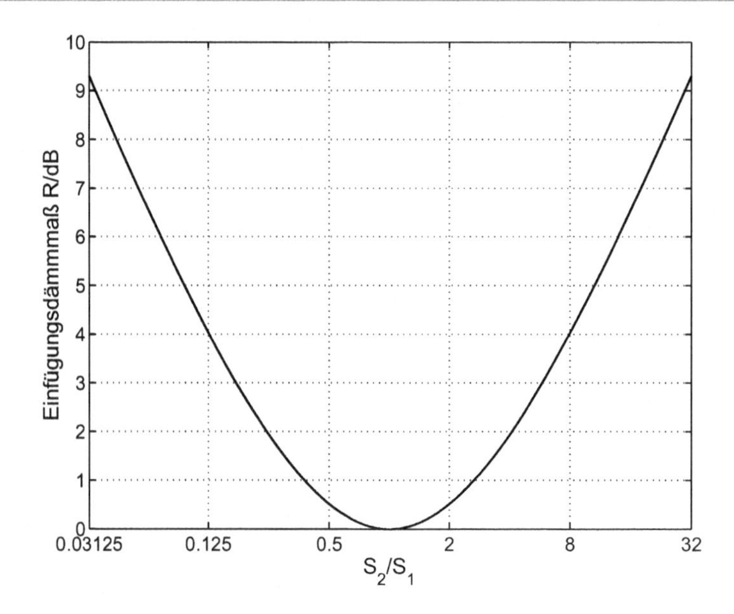


**Abb. 9.2** Einfügungsdämmmaß des einfachen Querschnittssprunges

Das Einfügungsdämmmaß $R$ gegenüber dem gestreckten Kanal mit $S_2 = S_1$ ergibt sich zu

$$R = 10\lg 1/\tau = 10\lg \frac{1}{4}\left(\frac{S_2}{S_1} + \frac{S_1}{S_2} + 2\right) . \tag{9.12}$$

Kanalerweiterungen wirken demnach ebenso wie Kanalverengungen, wenn das Verhältnis aus größerem Querschnitt zu kleinerem Querschnitt gleich bleibt. Das bedeutet auch, dass die Dämmungen bei Beschallung „von links“ und „von rechts“ gleich groß sind.

Abbildung 9.2 gibt den Verlauf von $R$ über dem Querschnittsverhältnis wieder. Die Resultate sind trotz beträchtlichem Aufwand nicht besonders hoch. Bei Kreisrohren mit einem Radiusverhältnis 1 : 2 und demnach einem Flächenverhältnis von 1 : 4 erhält man nur $R = 1{,}9$ dB. Für ein Einfügungsdämmmaß von $R = 6{,}5$ dB wird schon ein Radiusverhältnis von 1 : 4 mit dem Flächenverhältnis 1 : 16 benötigt; das wäre ein beträchtlicher Aufwand.

Für spätere Zwecke sei noch darauf hingewiesen, dass der Reflexionsfaktor $r$ nach (9.9) für sich erweiternde Rohre $S_2 > S_1$ negativ wird (das entspricht im Prinzip einer schallweichen Reflexion), für sich verjüngende Rohre $S_2 < S_1$ dagegen positive Werte annimmt (das entspricht im Prinzip einer schallharten Reflexion).

### 9.1.2 Verzweigungen

Ähnlich einfach wie beim einfachen Querschnittssprung gestaltet sich die Betrachtung der Abzweigung von einer Rohrleitung (Abb. 9.3). Auch kommen Abzweigungen in der

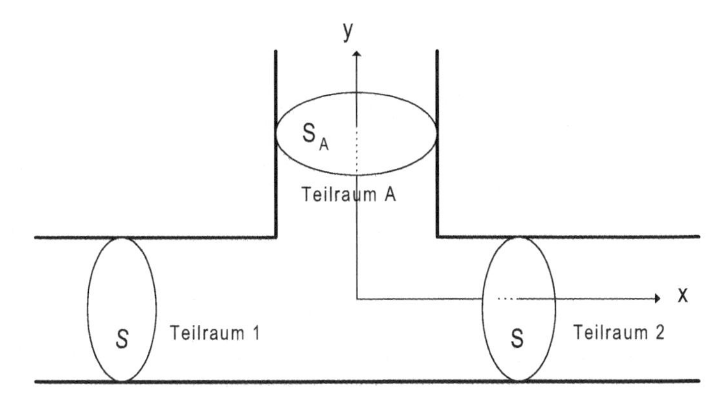


**Abb. 9.3** Rohr mit Abzweigung

Praxis häufig vor, und sie erlauben einen ersten Einblick in die später eingehender geschilderten Wandungsschalldämpfer. Gründe zur Behandlung der Kanalverzweigung sind also genug vorhanden. Vereinfachend sei dabei angenommen, dass im gestreckten Kanal nicht auch noch ein Querschnittssprung auftritt; die Rohräste links und rechts vom Abzweig sollen also gleiche Querschnittsflächen $S$ besitzen. Für den Fall tiefer Frequenzen, bei denen in allen Kanalästen nur die Grundmoden auftreten, müssen die Ansätze für die Teilräume 1 und 2 links und rechts von der Abzweigung ebenso wie im vorigen Abschnitt gemacht werden:

$$p_1 = p_0 \left( \mathrm{e}^{-jkx} + r\mathrm{e}^{jkx} \right) \tag{9.13}$$

mit der Schallschnelle

$$v_1 = \frac{j}{\omega\varrho} \frac{\partial p_1}{\partial x} = \frac{p_0}{\varrho\, c} \left( \mathrm{e}^{-jkx} - r\mathrm{e}^{jkx} \right) . \tag{9.14}$$

Für den rechten Kanalast wird wieder angenommen, dass er reflexionsfrei sei, es bildet sich demnach nur die übertragene Welle

$$p_2 = tp_0\mathrm{e}^{-jkx} \tag{9.15}$$

mit

$$v_2 = t\frac{p_0}{\varrho\, c}\mathrm{e}^{-jkx} \tag{9.16}$$

aus. Beim in $y$-Richtung abzweigenden Ast sollen sowohl Rohrstücke mit reflexionsfreiem Abschluss (in diesem Fall beträgt die Eingangsimpedanz $z_\mathrm{A} = p_\mathrm{A}(y = 0)/v_\mathrm{A}(y = 0) = \varrho\, c$) als auch endlich lange, an ihrem Abschluss in $y = l_\mathrm{A}$ schallhart abgeschlossene Rohrstücke behandelt werden. Beim schallharten Abschluss in $y = l_\mathrm{A}$ beträgt dann die Eingangsimpedanz des Abzweiges (siehe Kap. 6) $z_\mathrm{A} = p_\mathrm{A}(y = 0)/v_\mathrm{A}(y = 0) = -j\varrho\, c\,\mathrm{ctg}(kl_\mathrm{A})$. Anders ausgedrückt wird hier also angenommen, dass die Eingangsimpedanz $z_\mathrm{A}$ des abzweigenden Astes bekannt sei, wobei die beiden genannten Sonderfälle besonders interessieren sollen. Die zwei Unbekannten Reflexionsfaktor $r$ am Einlass und Übertragungsfaktor $t$ der Fortführung folgen aus den Übergangsbedingungen an der Stoßstelle $x = 0$ und $y = 0$. Alle drei Drücke müssen gleich groß sein:

$$p_1(0) = p_A(0) = p_2(0)\,, \tag{9.17}$$

das liefert wieder

$$1 + r = t\,. \tag{9.18}$$

Wegen der Massenerhaltung ist der in die Stoßstelle hinein fließende Volumenfluss $S v_1(0)$ gleich der Summe der heraus fließenden Volumenflüsse $S_A v_A(0) + S v_2(0)$:

$$S v_1(0) = S_A v_A(0) + S v_2(0)\,. \tag{9.19}$$

Wird nun noch durch $S p_1(0)$ geteilt, so erhält man

$$\frac{v_1(0)}{p_1(0)} = \frac{S_A}{S}\frac{v_A(0)}{p_1(0)} + \frac{v_2(0)}{p_1(0)} = \frac{S_A}{S}\frac{v_A(0)}{p_A(0)} + \frac{v_2(0)}{p_2(0)}\,, \tag{9.20}$$

wobei (9.17) benutzt wurde. Der Ausdruck $p_A(0)/v_A(0)$ ist gleich der Eingangsimpedanz $z_A$ des Abzweiges, das Verhältnis $p_2(0)/v_2(0)$ bedeutet die Impedanz $\varrho\,c$ in der Fortführung 2, es gilt also

$$\frac{v_1(0)}{p_1(0)} = \frac{1}{\varrho\,c}\frac{1-r}{1+r} = \frac{S_A}{S}\frac{1}{z_A} + \frac{1}{\varrho\,c}\,, \tag{9.21}$$

oder, unter Zuhilfenahme von (9.18),

$$\frac{2-t}{t} = \frac{S_A}{S}\frac{\varrho\,c}{z_A} + 1\,, \tag{9.22}$$

woraus schließlich der Übertragungsfaktor $t$ folgt:

$$t = \frac{1}{1 + \frac{1}{2}\frac{S_A}{S}\frac{1}{z_A/\varrho\,c}}\,. \tag{9.23}$$

Im Folgenden werden die eingangs bereits genannten hauptsächlich interessierenden Fälle eines selbst reflexionsfrei abgeschlossenen abzweigenden Astes und einer abbiegenden ‚Sackgasse' mit schallhartem Abschluss diskutiert.

### Verzweigung in reflexionsfrei abgeschlossene Äste

Ist der Abzweig mit der Querschnittsfläche $S_A$ selbst an seinem Ende reflexionsfrei abgeschlossen, dann beträgt die Eingangsimpedanz $z_A$ des Astes wie gesagt $z_A = \varrho\,c$. Der Transmissionsfaktor $t$ hängt damit nach (9.23) nur vom Flächenverhältnis $S_A/S$ ab:

$$t = \frac{1}{1 + \frac{1}{2}\frac{S_A}{S}}\,. \tag{9.24}$$

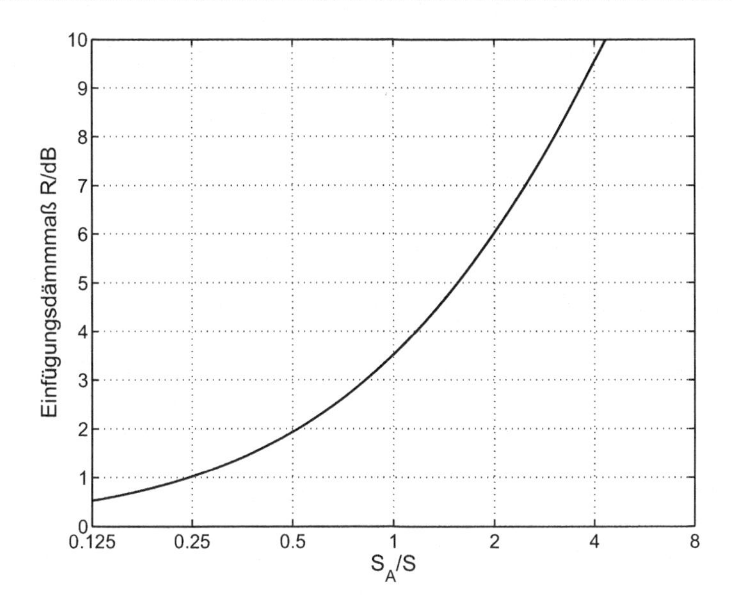


**Abb. 9.4** Einfügungsdämmmaß der Verzweigung

Wenn alle drei Kanaläste mit $S_{\mathrm{A}} = S$ gleiche Querschnittsflächen besitzen, dann sind die Schallfelder in der gestreckten Kanal-Fortführung und im Abzweig gleich. Die Verzweigung des Schallfeldes ist lediglich das Resultat von Erhaltungsprinzipien, in denen die Winkel, die Abzweig und Fortführung mit der Zuleitung bilden, gar keine Rolle spielen. Aus diesem Grund müssen die beiden nach der Verzweigung jeweils weitergeleiteten Wellen identisch sein. Für $S_{\mathrm{A}} = S$ ist $t_{\mathrm{A}} = t = 2/3$, das Einfügungsdämmmaß beträgt also $R = 10\,\lg(1/t^2) = 3{,}5\,\mathrm{dB}$ ($t_{\mathrm{A}}$ = Transmissionsfaktor des Abzweiges).

Das für andere Flächenverhältnisse sich ergebende Einfügungsdämmmaß ist in Abb. 9.4 gezeigt. Bei den größeren Flächenverhältnissen $S_{\mathrm{A}}/S$ bedenke man, dass die Voraussetzung nicht vorhandener höherer Moden schon bei tieferen Frequenzen nicht mehr erfüllt zu sein braucht; die hier abgeleitete einfache Theorie gilt dann nicht mehr.

## Verzweigung in reflektierend abgeschlossene Rohrstücke

Für den Fall der Verzweigung in ein nach der Länge $l_{\mathrm{A}}$ schallhart abgeschlossenes Rohrstück beträgt die Eingangsimpedanz dieser ‚Sackgasse' (siehe Abschn. 6.5)

$$\frac{z_{\mathrm{A}}}{\varrho\, c} = -j\,\mathrm{ctg}(k l_{\mathrm{A}}). \tag{9.25}$$

Damit ist der Impedanz-Frequenzgang des sogenannten ‚$\lambda/4$-Resonators' beschrieben, der für

$$k l_{\mathrm{A}} = \pi/2 + n\pi$$

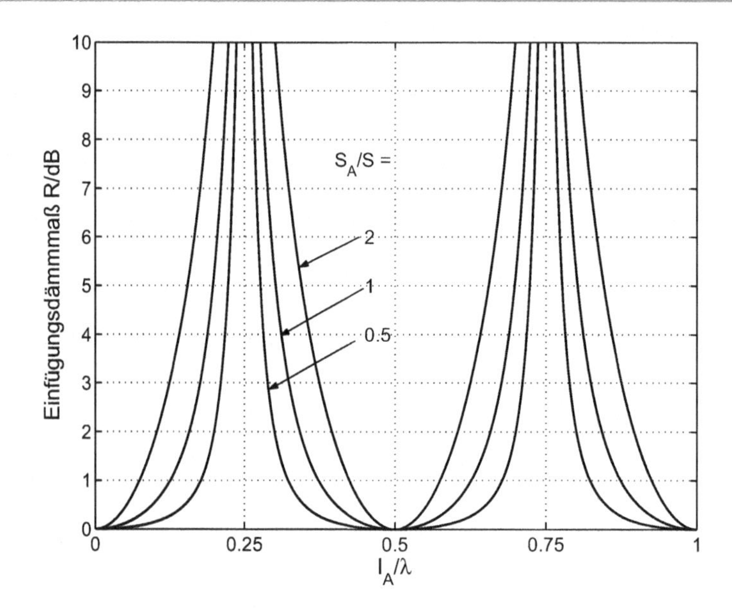


**Abb. 9.5** Wirkung des Abzweigs in Form eines $\lambda/4$-Resonators

($n = 0, 1, 2, \ldots$), oder gleichbedeutend für

$$l_A = \lambda/4 + n\lambda/2 \tag{9.26}$$

Nullstellen aufweist, die Resonanzen anzeigen: Impedanzwerte $z = 0$ signalisieren immer, dass die damit bezeichnete Struktur ‚beliebig leicht' zu Schwingungen angeregt werden kann. Der Transmissionsfaktor der Kanalweiterführung

$$t = \frac{1}{1 + j\frac{1}{2}\frac{S_A}{S}\frac{1}{\mathrm{ctg}(kl_A)}} \tag{9.27}$$

wird in den in (9.26) genannten Resonanzfrequenzen ebenfalls gleich Null. In den Resonanzen des Abzweiges sperrt letztere die Kanalweiterführung offensichtlich komplett! In den zwischen zwei Resonanzen liegenden ‚Antiresonanzen' dagegen wird die Impedanz $z_A$ unendlich groß, der Abzweig kann damit gedanklich durch eine schallharte Fläche ersetzt werden, der Transmissionsfaktor wird $t = 1$. Die Bandbreite der Sperrwirkung um die Resonanzfrequenzen herum hängt vom Querschnittsverhältnis $S_A/S$ ab, wie man auch der Abb. 9.5 entnehmen kann. Die vollständige Kanalsperrung in den Resonanzfrequenzen des Abzweiges hat ihre Ursache in der einfachen Tatsache, dass hier Querabhängigkeiten (in $x$-Richtung) des Schalldruckes im abknickenden Ast von vornherein einfach nicht zugelassen worden sind. Im noch folgenden Abschnitt über die Wandungsschalldämpfer, mit denen ebenfalls eine Wandungsimpedanz von Null hergestellt werden kann, wird die hier

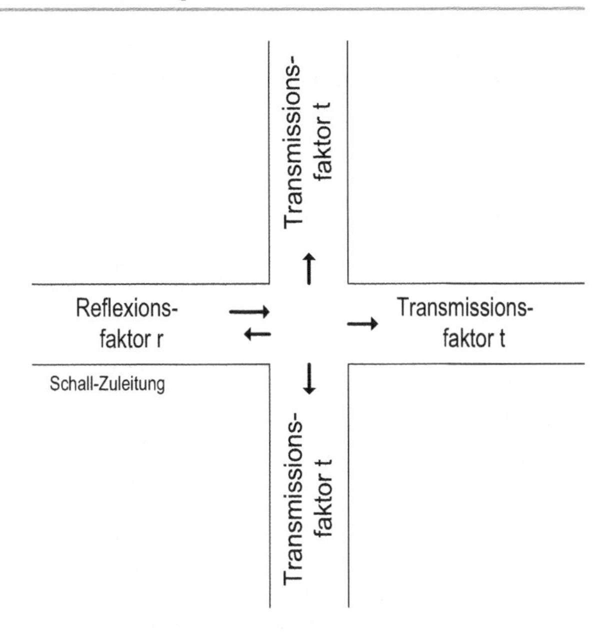


**Abb. 9.6** Kanalkreuzung

vernachlässigte Ortsabhängigkeit des Schallfeldes dann berücksichtigt; diese führt dann zu zwar hohen, aber endlich großen Einfügungsdämmmaßen.

Zum Abschluss dieses Abschnittes sei noch kurz auf die Kreuzung von zwei Kanälen eingegangen (Abb. 9.6), wobei der Einfachheit halber angenommen sei, dass alle Kanäste reflexionsfrei abgeschlossen sind und alle Kanal-Querschnittsflächen gleich groß sind. In diesem Fall stellen sich in den 3 Abzweigen identische Wellenfelder mit gleichen Transmissionsfaktoren $t$ ein. Wegen der Gleichheit aller Drücke an der Kreuzungsstelle gilt

$$1 + r = t, \tag{9.28}$$

wobei $r$ den Reflexionsfaktor in der Zuleitung bedeutet. Die Verzweigung des Volumenflusses verlangt

$$1 - r = 3t\,. \tag{9.29}$$

Daraus folgt $t = 1/2$. An der genannten Kanalkreuzung beträgt das Einfügungsdämmmaß also offensichtlich gerade 6 dB.

### 9.1.3 Kammerschalldämpfer

Einfache Querschnittssprünge sind nicht sonderlich wirksam, wie man dem vorangegangenen Abschn. 9.1.1 entnehmen kann. Durch eine Kombination von zwei Reflektoren zu einer Kammer der Länge $l$ (Abb. 9.7) lassen sich erheblich größere Wirkungen erzielen, wie die folgenden Überlegungen zeigen.

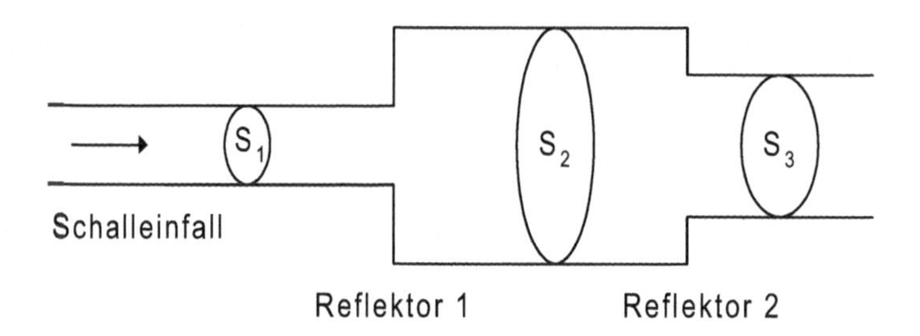


**Abb. 9.7** Kammer-Schalldämpfer

Auf dem Zuleitungsast setzt sich das Schallfeld wieder aus hinlaufender und aus reflektierter Welle zusammen:

$$p_1 = p_0 \left(\mathrm{e}^{-jkx} + r\mathrm{e}^{jkx}\right) . \tag{9.30}$$

Für die Schallschnelle folgt daraus mit $v = \frac{j}{\omega\varrho}\frac{\partial p}{\partial x}$ und $k = \omega/c$:

$$v_1 = \frac{p_0}{\varrho c}\left(\mathrm{e}^{-jkx} - r\mathrm{e}^{jkx}\right) . \tag{9.31}$$

Natürlich könnte man für die Kammer einen ähnlichen Ansatz aus entgegengesetzt laufenden Wellen machen. Die nachfolgende Rechnung gestaltet sich jedoch etwas einfacher, wenn man diesmal für die Lösungen der Wellengleichung die Linearkombination

$$p_2 = p_0 \left(\alpha \sin kx + \beta \cos kx\right) \tag{9.32}$$

mit

$$v_2 = \frac{jp_0}{\varrho c}\left(\alpha \cos kx - \beta \sin kx\right) \tag{9.33}$$

verwendet.

Der Teilraum 3 ist wieder reflexionsfrei abgeschlossen, hier gibt es also nur die durchgelassene Welle

$$p_3 = p_0 t \mathrm{e}^{-jk(x-l)} \tag{9.34}$$

mit

$$v_3 = \frac{p_0}{\varrho c} t \mathrm{e}^{-jk(x-l)} . \tag{9.35}$$

Die Übergangsbedingungen $p_1 = p_2$ und $S_1 v_1 = S_2 v_2$ am Reflektor $x = 0$ liefern

$$1 + r = \beta \tag{9.36}$$

und

$$S_1 (1 - r) = j\alpha S_2 . \tag{9.37}$$

Aus $p_2 = p_3$ und $S_2 v_2 = S_3 v_3$ in $x = l$ folgt

$$\alpha \sin kl + \beta \cos kl = t \tag{9.38}$$

und

$$S_2 (\alpha \cos kl - \beta \sin kl) = -jtS_3 \,. \tag{9.39}$$

Die Gleichungen (9.36) bis (9.39) stellen ein Gleichungssystem in den 4 Unbekannten $\alpha$, $\beta$, $t$ und $r$ dar. Weil wieder vor allem die Transmission interessiert löst man (9.38) und (9.39) nach $\alpha$ und $\beta$ auf:

$$\alpha = t \left[ \sin kl - j \frac{S_3}{S_2} \cos kl \right] \tag{9.40}$$

und

$$\beta = t \left[ \cos kl + j \frac{S_3}{S_2} \sin kl \right] . \tag{9.41}$$

In (9.36) und (9.37) wird der Reflexionsfaktor $r$ eliminiert:

$$\beta + j\alpha \frac{S_2}{S_1} = 2 \,. \tag{9.42}$$

Einsetzen von (9.40) und (9.41) in (9.42) liefert schließlich für den Transmissionsfaktor $t$

$$t \left[ \cos kl + j \frac{S_3}{S_2} \sin kl + j \frac{S_2}{S_1} \left( \sin kl - j \frac{S_3}{S_2} \cos kl \right) \right] = 2 \,,$$

bzw.

$$t = \frac{2}{\cos kl \left(1 + \frac{S_3}{S_1}\right) + j \sin kl \left(\frac{S_3}{S_2} + \frac{S_2}{S_1}\right)} . \tag{9.43}$$

Der Transmissionsgrad $\tau$ besteht aus dem Verhältnis von durchgelassener zu auftreffender Leistung, für ihn gilt also

$$\tau = \frac{S_3}{S_1} |t|^2 = \frac{4 \frac{S_3}{S_1}}{\cos^2 kl \left(1 + \frac{S_3}{S_1}\right)^2 + \sin^2 kl \left(\frac{S_3}{S_2} + \frac{S_2}{S_1}\right)^2} . \tag{9.44}$$

Für eine einfache Interpretation ist es naheliegend, die Querschnittsflächen von Zufluss und Abfluss mit $S_3 = S_1$ gleichzusetzen. Dafür wird

$$\tau = \frac{4}{4 \cos^2 kl + \sin^2 kl \left(\frac{S_1}{S_2} + \frac{S_2}{S_1}\right)^2} .$$

Dieser Ausdruck lässt sich noch etwas vereinfachen:

$$\tau = \frac{4}{4 + \sin^2 kl \left\{ \left(\frac{S_1}{S_2} + \frac{S_2}{S_1}\right)^2 - 4 \right\}} = \frac{1}{1 + \frac{1}{4} \left(\frac{S_1}{S_2} - \frac{S_2}{S_1}\right)^2 \sin^2 \ kl} . \tag{9.45}$$

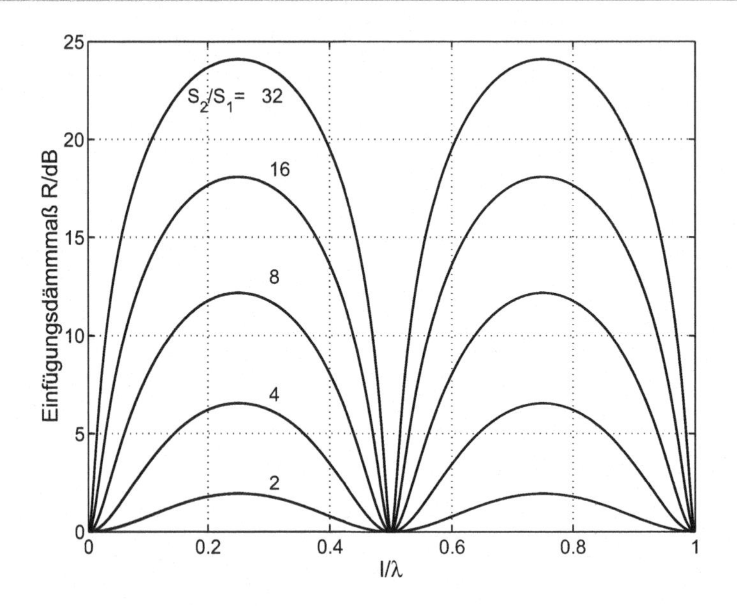


**Abb. 9.8** Einfügungsdämmmaß von Kammer-Schalldämpfern

Das Einfügungsdämmmaß beträgt demnach

$$R = 10\lg 1/\tau = 10\lg\left\{1 + \frac{1}{4}\left(\frac{S_1}{S_2} - \frac{S_2}{S_1}\right)^2 \sin^2 kl\right\} . \tag{9.46}$$

Die Dämmwirkung der Kammer ist also – anders als die des einfachen Querschnittssprunges – frequenzabhängig (siehe auch die Abb. 9.8 und 9.9a–c). Sie hat dabei eine periodische Gestalt, in der abwechselnd Minima und Maxima

$$R = R_{\min} = 0\,\text{dB} \quad \text{für} \quad kl = 0, \pi, 2\pi, \ldots$$

und

$$R = R_{\max} = 10\lg\left\{1 + \frac{1}{4}\left(\frac{S_1}{S_2} - \frac{S_2}{S_1}\right)^2\right\} \quad \text{für} \quad kl = \frac{\pi}{2}, \frac{3\pi}{2}, \frac{5\pi}{2}, \ldots \tag{9.47}$$

vorkommen. Die Maxima nehmen dabei diesmal größere Werte an. Zum Beispiel ist $R_{\max} = 6{,}5\,\text{dB}$ für $S_2/S_1 = 4$ (einfacher Querschnittssprung: $R = 1{,}9\,\text{dB}$) und $R_{\max} = 18{,}1\,\text{dB}$ für $S_2/S_1 = 16$ (einfacher Querschnittssprung: $R = 6{,}5\,\text{dB}$).

Die Frequenzen $f_n$, bei denen die Maxima $R = R_{\max}$ liegen, sind

$$f_n = \frac{1}{4}\frac{c}{l}, \frac{3}{4}\frac{c}{l}, \frac{5}{4}\frac{c}{l}, \ldots . \tag{9.48}$$

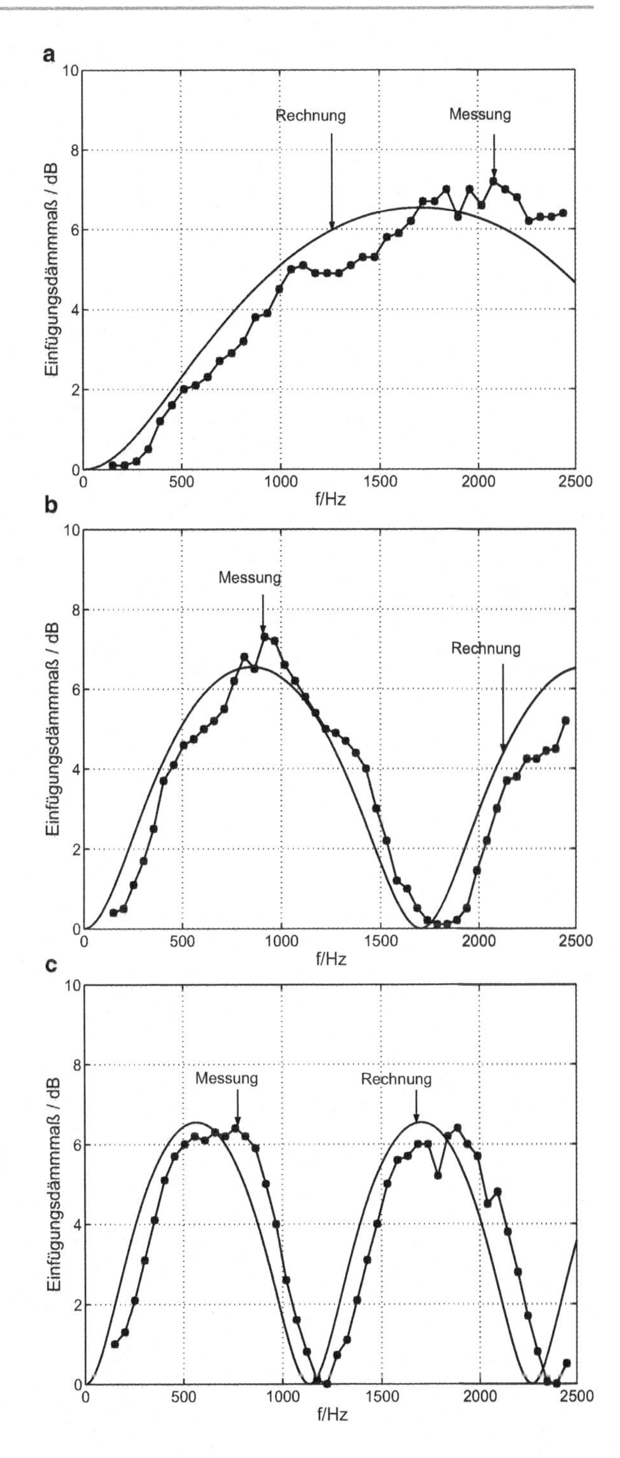


**Abb. 9.9** **a** Gerechnete und gemessene Einfügungsdämmung eines Kammer-Schalldämpfers $S_2/S_1 = 4$, $l = 5\,\mathrm{cm}$ (Messung aus der Diplomarbeit von J. L. Barros); **b** Gerechnete und gemessene Einfügungsdämmung eines Kammer-Schalldämpfers $S_2/S_1 = 4$, $l = 10\,\mathrm{cm}$ (Messung aus der Diplomarbeit von J. L. Barros); **c** Gerechnete und gemessene Einfügungsdämmung eines Kammer-Schalldämpfers $S_2/S_1 = 4$, $l = 15\,\mathrm{cm}$ (Messung aus der Diplomarbeit von J. L. Barros)

Für die zugehörigen Wellenlängen $\lambda = c/f_n$ gilt

$$l = \frac{1}{4}\lambda, \frac{3}{4}\lambda, \frac{5}{4}\lambda, \dots . \tag{9.49}$$

Die Kammerlänge beträgt also in den Maxima ungerade Vielfache einer Viertel-Wellenlänge.

Dass die Frequenzen „mit größter Wirkung" gerade aus der Bedingung „Länge $= \lambda/4 + n\lambda/2$" hervorgehen, das lässt sich auch anschaulich begründen. Die größte Wirkung wird man nämlich gerade dann erwarten, wenn die am Kammerende und dann nochmals am Kammeranfang (damit also bereits doppelt) reflektierte Welle gerade *gegenphasig* zur am Kammeranfang aktuell auftreffenden Welle ist. Weil die Laufstrecke der doppelt reflektierten Welle $2l$ ist und weil Gegenphasigkeit eine Verschiebung um $\lambda/2 + n\lambda$ bedeutet, folgt aus dieser Überlegung ebenfalls $l = \lambda/4 + n\lambda/2$. Insgesamt bildet die Kammer also einen durch die Kammerlänge in der Frequenz und durch das Querschnittsverhältnis in der Wirkungshöhe einstellbaren Schalldämpfer mit „ganz guter" Wirkung, die allerdings nur in bestimmten Frequenzintervallen vorliegt. In der Praxis interessiert meist vor allem das erste, tieffrequente Maximum $n = 0$. Seine Wirkungsbandbreite lässt sich beschreiben durch den Frequenzabstand $\Delta f = f_{1+} - f_{1-}$ der beiden Frequenzen $f_{1-}$ und $f_{1+}$ links und rechts vom Maximum, in denen $R = R_{\max} - 3\,\text{dB}$ ist. Außerhalb der Minima $R = 0\,\text{dB}$ und für Flächenverhältnisse $S_2/S_1$, die nicht zu nahe beim Wert $S_2/S_1 = 1$ liegen, kann das Schalldämmmaß durch

$$R \approx 10 \lg \left\{ \sin^2 kl \left( \frac{S_1}{S_2} - \frac{S_2}{S_1} \right)^2 \right\} - 6$$

angenähert werden. Deshalb gilt für $f_{1+}$ und $f_{1-}$

$$\sin^2 \left( \frac{2\pi\, f_{1\pm} l}{c} \right) = \frac{1}{2},$$

oder natürlich

$$\frac{2\pi\, f_{1+} l}{c} = \frac{3\pi}{4} \quad \text{und} \quad \frac{2\pi\, f_{1-} l}{c} = \frac{\pi}{4}.$$

Es ist also

$$\Delta f = f_{1+} - f_{1-} = \left( \frac{3}{8} - \frac{1}{8} \right) \frac{c}{l} = \frac{1}{4} \frac{c}{l} = f_1 . \tag{9.50}$$

Die 3-dB-Bandbreite ist also gerade genauso groß wie die Mittenfrequenz $f_1$ (Frequenz des ersten Maximums).

Die Abb. 9.9a–c zeigen, dass Theorie und Wirklichkeit recht gut übereinstimmen. Die leichten Frequenzverschiebungen zwischen praktischen und theoretischen Kurven lassen sich dadurch erklären, dass die „akustische Länge" von Kammern etwas kleiner ist als

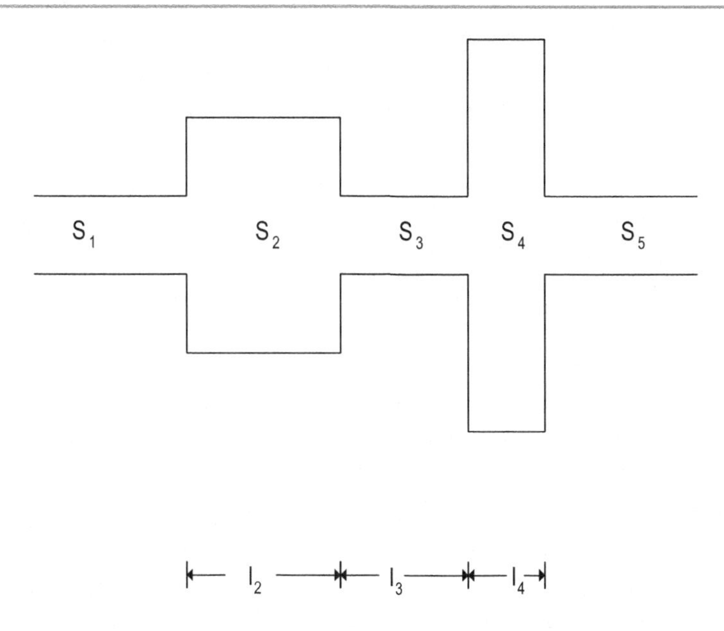


**Abb. 9.10** Schalldämpfer aus mehreren Kammern

die geometrische Länge (bei den dünneren Zu- und Ableitungen wären verlängernde und damit die Kammer verkürzende Mündungskorrekturen in der Berechnung erforderlich).

Dass man mit „Auspufftöpfen ohne Absorption“ schon ganz gute Wirkungen erreichen kann, zeigt ein Beispiel. Immerhin kann man bei einem Rohrdurchmesser von 5 cm, einem Topfdurchmesser von (realistischen) 20 cm und einer Topflänge von 25 cm bei 340 Hz ein Einfügungsdämmmaß von 18 dB erreichen, das bei 170 Hz und 510 Hz auf 15 dB absinkt. Ein gleicher Wirkungsverlauf liegt dann auch im Intervall von 850 bis 1190 Hz (Mittenfrequenz = 1020 Hz) vor.

Es ist naheliegend, die Lücke im Frequenzband um 680 Hz durch einen zweiten, zusätzlichen Topf zu schließen, wie in Abb. 9.10 skizziert. Der nächste Abschnitt ist deshalb der Kombination von Kammern gewidmet.

### 9.1.4 Kammer-Kombinationen

Es soll nun das Problem eines Dämpfers betrachtet werden, der aus $N$ Rohrstücken mit unterschiedlichen Querschnittsflächen $S_i$, $i = 1, 2, \dots N$ und einer Zuleitung und einer Abflussleitung besteht (siehe auch Abb. 9.10).

Die theoretische Betrachtung beinhaltet naturgemäß zwei Schritte:

1. die Übertragung an einem Querschnittssprung und
2. die Übertragung längs eines Rohrstückes mit konstantem Querschnitt.

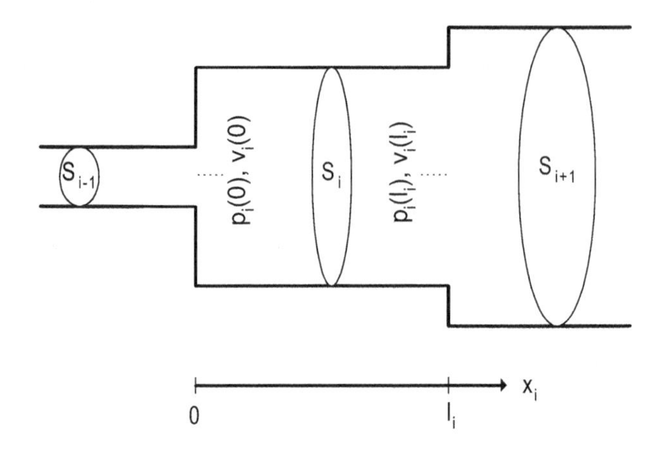


**Abb. 9.11** Definition der Größen zur Beschreibung der Übertragung längs eines Rohr-Abschnittes

Dazu wird an jedem Rohrstück $i$ eine Koordinate $x_i$ angeheftet, $x_i = 0$ beschreibt den Schalleinlass, $x_i = l_i$ den Auslass (siehe Abb. 9.11). Druck und Schnelle am Einlass sind also durch $p_i(0)$ und $v_i(0)$, am Auslass durch $p_i(l_i)$ und $v_i(l_i)$ bezeichnet. Für die Abflussleitung aus dem Dämpfer (das $N + 1$-te, halbunendliche Rohrstück) wird Reflexionsfreiheit angenommen, die Impedanz ist also

$$z_{N+1}(0) = \frac{p_{N+1}(0)}{v_{N+1}(0)} = \varrho c\,. \tag{9.51}$$

Mit Hilfe der nun schon mehrfach verwendeten Übergangsbedingungen an einem Querschnittssprung

$$p_i(l_i) = p_{i+1}(0)$$

und

$$S_i v_i(l_i) = S_{i+1} v_{i+1}(0)$$

lässt sich die Impedanz am Ende des Rohrstückes mit niedrigerer Ordnung aus der Impedanz am Anfang des Rohrstückes mit höherer Ordnung bestimmen:

$$z_i(l_i) = \frac{p_i(l_i)}{v_i(l_i)} = \frac{S_i}{S_{i+1}} \frac{p_{i+1}(0)}{v_{i+1}(0)} = \frac{S_i}{S_{i+1}} z_{i+1}(0)\,. \tag{9.52}$$

Wenn man, wie in (9.51) ausgedrückt, mit dem Gesamtauslass beginnt, dann kann man zunächst mit (9.52) auf die End-Impedanz $z_N(l_N)$ im letzten Rohrstück zurückrechnen. Der nächste Schritt besteht in der Berechnung des Feldgrößen-Verhältnisses $z = p/v$ am Rohrstück-Anfang, $z_N(0)$, aus dem Verhältnis $z_N(l_N)$ am Rohrstück-Ende. Danach beginnt man wieder „von vorne" mit (9.52) und rechnet $z_{N-1}(l_{N-1})$ aus $z_N(0)$, daraus wieder $z_{N-1}(0)$, und das wird solange wiederholt, bis man am Rohr-Einlass angelangt ist.

Was noch zu tun bleibt ist die Berechnung des Zusammenhanges zwischen $z_i(0)$ und $z_i(l_i)$.

Am einfachsten macht man den Ansatz

$$p_i(x_i) = \alpha_i \cos k(x_i - l_i) + \beta_i \sin k(x_i - l_i) \ . \tag{9.53}$$

Wie man leicht durch Einsetzen von $x_i = l_i$ sieht, muss $\alpha_i$ einfach gleich dem Druck an der Stelle $l_i$ sein, $\alpha_i = p_i(l_i)$, und wegen

$$v_i(x_i) = \frac{j}{\omega\varrho}\frac{\partial p_i}{\partial x_i} = -\frac{j}{\varrho c}\{\alpha_i \sin k(x_i - l_i) - \beta_i \cos k(x_i - l_i)\} \tag{9.54}$$

ist $\beta_i$ zur Schnelle in $x_i = l_i$ proportional:

$$\frac{j\beta_i}{\varrho c} = v_i(l_i) \ .$$

Mithin lassen sich an jeder beliebigen Stelle $x_i$ im $i$-ten Rohrstück Druck und Schnelle, $p_i(x_i)$ und $v_i(x_i)$, vollständig durch die Feldgrößen am Rohrstück-Ende $x_i = l_i$ ausdrücken:

$$p_i(x_i) = p_i(l_i) \cos k(x_i - l_i) - j\varrho c\, v_i(l_i) \sin k(x_i - l_i)$$

und

$$v_i(x_i) = -\frac{j}{\varrho c} p_i(l_i) \sin k(x_i - l_i) + v_i(l_i) \cos k(x_i - l_i) \ .$$

Die Impedanz am Rohrstück-Anfang, $z_i(0) = p_i(0)/v_i(0)$ lässt sich damit leicht aus der am Rohr-Ende, $z_i(l_i) = p_i(l_i)/v_i(l_i)$, ausrechnen:

$$\frac{z_i(0)}{\varrho c} = \frac{\frac{z_i(l_i)}{\varrho c} \cos kl_i + j \sin kl_i}{\frac{jz_i(l_i)}{\varrho c} \sin kl_i + \cos kl_i} \ . \tag{9.55}$$

Wie schon erwähnt „hangelt“ man sich in der Rechnung am Dämpfer „von hinten nach vorne“ entlang: Abwechselnd (9.52) und (9.55) anwendend landet man schließlich am Anfang des ersten Rohrstückes, $z_1(0)$. Den Abschluss bildet nun der Ansatz für den (halbunendlichen) Einlasskanal

$$p_E = p_0 \left(e^{-jkx_1} + r_E e^{jkx_1}\right) \tag{9.56}$$

$$v_E = \frac{p_0}{\varrho c} \left(e^{-jkx_1} - r_E e^{jkx_1}\right) \tag{9.57}$$

(bei dem das selbe Koordinatensystem wie beim Rohrstück 1, $x_1$, verwendet wird: Wie gewohnt durchstößt die $x_1$-Achse das Einlass-Kanal-Ende an der Stelle $x_1 = 0$). Es ist

$$\frac{z_E(0)}{\varrho c} = \frac{1 + r_E}{1 - r_E} = \frac{S_0}{S_1}\frac{z_1(0)}{\varrho c} \ , \tag{9.58}$$

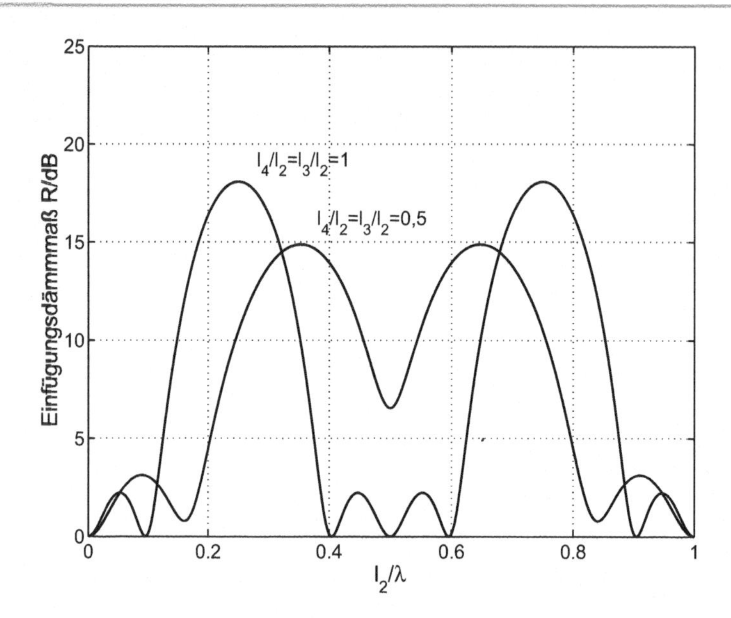


**Abb. 9.12** Wirkung eines Schalldämpfers aus drei Rohrstücken wie in Abb. 9.10 mit $S_1 = S_3 = S_5$ und $S_2 = S_4 = 4S_1$

oder

$$r_E = \frac{\frac{S_0}{S_1}\frac{z_1(0)}{\varrho c} - 1}{\frac{S_0}{S_1}\frac{z_1(0)}{\varrho c} + 1} \,. \tag{9.59}$$

Der Energieerhaltungssatz verlangt

$$\tau = 1 - |r_E|^2 \,. \tag{9.60}$$

Das Einfügungsdämmmaß ist wieder $R = -10 \lg \tau$. Abbildung 9.12 zeigt durchgerechnete Beispiele, eines davon versucht Breitbandigkeit herzustellen.

Mit der oben geschilderten Prozedur können auch Rohre mit beliebiger axialer Querschnittsänderung $S = S(x)$ – wie in Abb. 9.13 skizziert – berechnet werden. Dabei

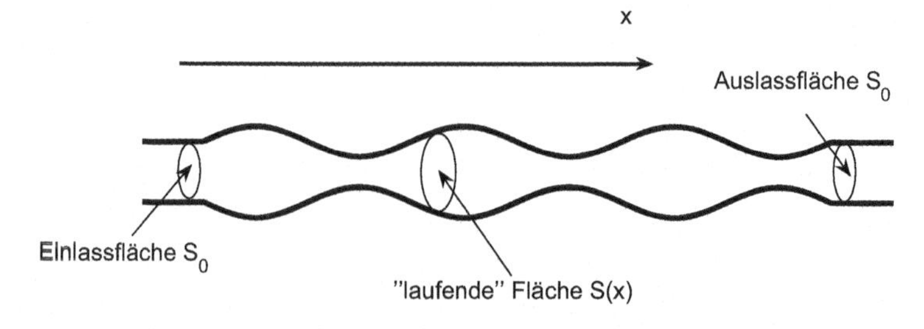


**Abb. 9.13** Rohr mit veränderlichem Querschnitt entlang der Rohrachse

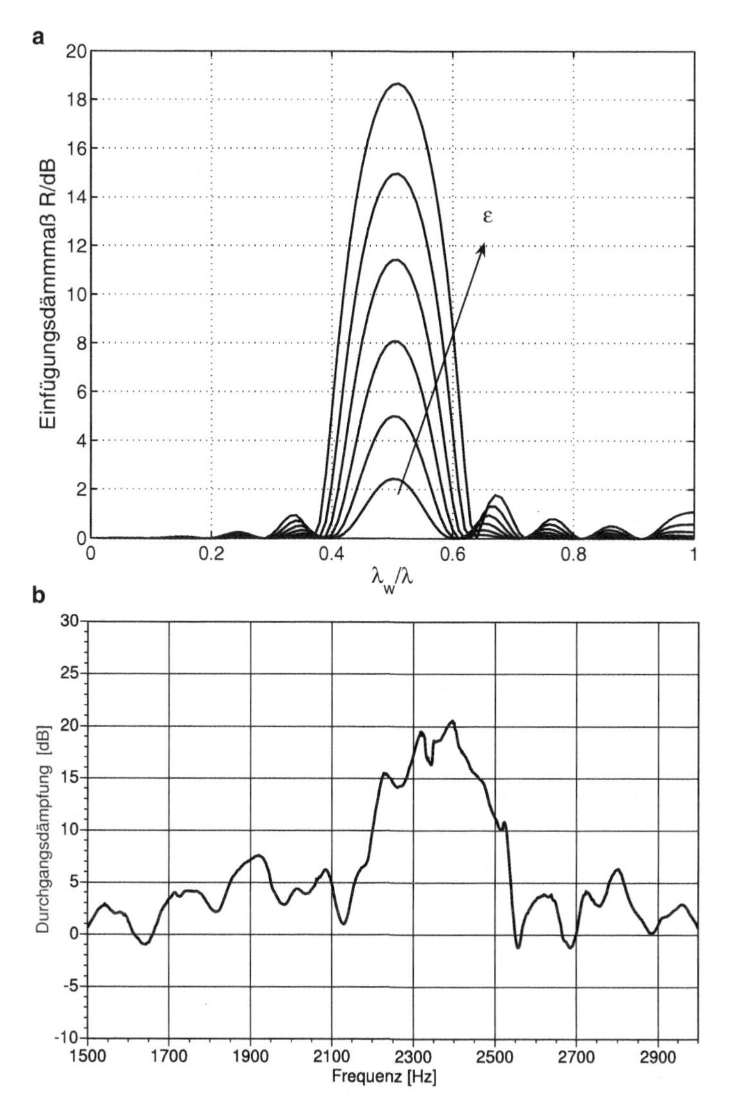


**Abb. 9.14** a Berechnetes Einfügungsdämmmaß von beulstrukturierten Rohren mit der Periode $\lambda_w$ und dem Flächenverhältnis $S(x)/S_0 = 1 + \varepsilon \sin 2\pi x/\lambda_w$ für $\varepsilon = 0{,}1; 0{,}15; 0{,}2; 0{,}25; 0{,}3$ und $0{,}35$, Rohrgesamtlänge $= 5\lambda_w$; **b** Gemessenes Einfügungsdämmmaß von beulstrukturierten Rohren für $\varepsilon = 0{,}25$, Rohrgesamtlänge: $5\lambda_w$

wird der kontinuierliche Verlauf $S(x)$ in viele kleine „Treppenstufen" zerlegt (ähnlich wie in Abb. 13.2 aus Kap. 13). Sowohl die theoretische Rechnung von solchen „periodisch verbeulten Rohren" wie auch praktische Messungen ergeben vor allem, dass sich schmalbandig ziemlich gute Wirkungen bereits bei von 1 nicht sehr abweichenden Flächenverhältnissen erzielen lassen. Abbildung 9.14b gibt das an einer Probe ermittelte

Messergebnis wieder. Abbildung 9.14a zeigt die theoretischen Verläufe für die im Bild genannten Querschnittsfunktionen $S(x)$. Nur in seltenen Ausnahmefällen wird man das recht große, aber sehr schmalbandige Einfügungsdämmmaß in der Praxis auch nutzen können: Das lohnt sich nur bei einem reinen Ton, dessen Frequenz nicht auch noch (z. B. durch die Drehzahl des Motors) veränderlich ist. Obendrein ergibt sich die Frequenz maximaler Wirkung aus $\lambda_w = \lambda/2$ (Wandungsperiode = Luftschallwellenlänge/2), so dass schon aus Aufwandsgründen nur hohe, allenfalls mittlere Frequenzen für Anwendungen in Frage kommen könnten.

## 9.2 Wandungsschalldämpfer

In diesem Abschnitt werden Schalldämpfer behandelt, die durch Auskleidung der Kanalwandung mit einer geeignet gewählten Impedanz hergestellt werden. Praktisch muss man dazu sehr oft einen breiten Kanal in viele einzelne Durchführungen aufteilen, wie in Abb. 9.15 skizziert ist. Oft müssen z. B. in Belüftungsanlagen große Mengen Frischluft gefördert werden. Weil andererseits nur Kanäle mit kleinen Abständen der sie seitlich begrenzenden Flächen auch große Dämpfungen besitzen können, sind Bauarten als Kulissendämpfer (Abb. 9.15) oft erforderlich.

Hier soll nur das Wirkprinzip solcher – und ähnlicher anderer – Dämpfer-Aufbauten erklärt werden. Als einfachst-mögliche Modell-Anordnung wird der zweidimensionale Kanal ($\partial/\partial z = 0$ in Abb. 9.18) behandelt, dessen Wandung in einer schallharten Platte bei $y = 0$ und in einer dazu parallelen Platte mit gegebener Luftschall-Impedanz bei $y = h$ besteht.

Vor Betrachtung dieser Modellanordnung ist es gewiss sinnvoll, zunächst an die bereits in Kap. 6 gesammelten Erkenntnisse über den vielleicht einfachsten Sonderfall – den schallhart berandeten Kanal – zu erinnern und in Hinblick auf die vorkommenden Dämpfungen zu ergänzen. Danach wird der einfachste „neue" Fall behandelt: Die Kanalauskleidung in $y = h$ mit der schallweichen Impedanz von $z = 0$. Wie man sehen wird bestünde darin ein hochwirksamer Schalldämpfer. Zwar stößt die Realisierung von $z = 0$ durchaus auf Schwierigkeiten; trotzdem lohnt die Betrachtung, denn sie trägt einiges zur Erklärung

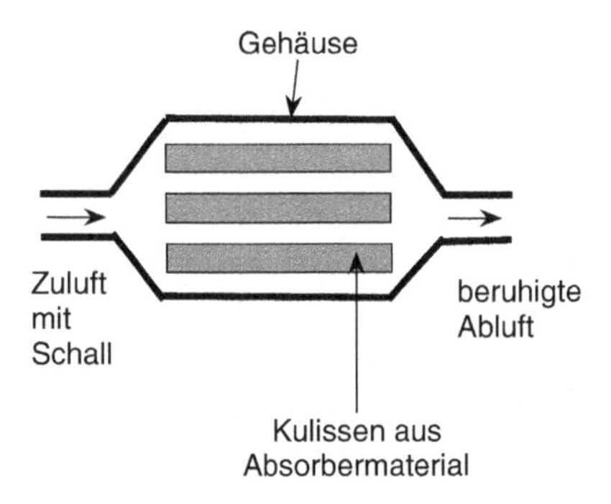


**Abb. 9.15** Aufbau von Kulissen-Schalldämpfern

von Funktionsprinzipien bei. Danach wird dann eine Näherungsbetrachtung für den Fall mit allgemeiner Impedanz durchgeführt, die schließlich zum Schluss noch der exakten Problembehandlung gegenübergestellt wird.

### 9.2.1 Der schallhart berandete Kanal

Der Kanal mit beidseitig schallharter Berandung ist bereits in Kap. 6 behandelt worden; es genügt deshalb, die dort in den Gln. (6.3) und (6.4) (siehe Abschn. 6.1) zusammengefassten Ergebnisse zu rekapitulieren. Der Schalldruck setzt sich aus cosinusförmigen Querverteilungen – den Moden – zusammen; jede Mode besitzt dabei eine gewisse Wellenzahl $k_x$ in Kanal-Achsrichtung, die ihr Ausbreitungsverhalten beschreibt. Es ist

$$p = \sum_{n=0}^{\infty} p_n \cos \frac{n\pi y}{h} \mathrm{e}^{-jk_x x} . \tag{9.61}$$

Die modalen Amplituden $p_n$ müssten (wenn sie interessieren) aus der Schallquelle bestimmt werden; das setzt natürlich dann auch eine (meist gar nicht vorhandene) genaue Kenntnis der Quelle voraus. Jede Mode besitzt eine andere Wellenzahl $k_x$ in Ausbreitungsrichtung, die durch Einsetzen der Summanden von (9.61) in die Wellengleichung errechnet wird (siehe auch (6.4), Abschn. 6.1). Zusammen mit der Tatsache, dass reflexionsfreie Schallfelder stets von der Quelle weg abnehmen müssen, erhält man für die modalen Wellenzahlen

$$k_x = \begin{cases} +\sqrt{k^2 - \left(\frac{n\pi}{h}\right)^2} & ; |k| \geq \frac{n\pi}{h} \\ -j\sqrt{\left(\frac{n\pi}{h}\right)^2 - k^2} & ; |k| \leq \frac{n\pi}{h} \end{cases} . \tag{9.62}$$

Die Mode $n = 0$ zeichnet sich durch die rein reelle Wellenzahl $k_x = k_0$ aus; grundsätzlich wird also im schallhart berandeten Kanal die Grundmode $n = 0$ – die ebene Welle – stets ungedämpft übertragen. Allgemein beschreibt ja der Imaginärteil einer (wie auch immer gearteten) Wellenzahl die Dämpfung des damit bezeichneten Wellentyps. Mit der Zerlegung in Real- und Imaginärteil

$$k_x = k_\mathrm{r} - jk_\mathrm{i} \tag{9.63}$$

verhält sich also das Feld dieser Wellenart wie

$$p \sim \mathrm{e}^{-jk_x x} = \mathrm{e}^{-jk_\mathrm{r} x} \mathrm{e}^{-k_\mathrm{i} x} . \tag{9.64}$$

Der zugehörige Pegel-Ortsverlauf

$$L = 10 \lg |p|^2 \sim 10 \lg \mathrm{e}^{-2k_\mathrm{i} x} = -k_\mathrm{i} x 20 \lg \mathrm{e} = -8{,}7\, k_\mathrm{i} x \tag{9.65}$$

fällt linear mit $x$. Üblicherweise gibt man zur Dämpfungsbeschreibung die Pegeldifferenz $D_\mathrm{h}$ entlang eines Stückes der $x$-Achse an, dessen Länge gerade gleich dem Kanalquerschnitt gewählt wird. Es gilt also allgemein für die modale Dämpfung

$$D_\mathrm{h} = 8{,}7 k_\mathrm{i} h \,. \tag{9.66}$$

Beim schallhart berandeten Kanal haben die Moden $n > 0$ (für Frequenzen unterhalb ihrer cut-on-Frequenz, siehe Kap. 6) die Dämpfungen

$$D_\mathrm{h} = 8{,}7\sqrt{(n\pi)^2 - (kh)^2} \,. \tag{9.67}$$

Näherungsweise gilt also für tiefe Frequenzen $kh \ll n\pi$

$$D_\mathrm{h} \approx 8{,}7 n\pi = 27{,}3n \,. \tag{9.68}$$

Damit sind sehr hohe modale Dämpfungen bezeichnet. Die Mode $n = 1$ nimmt um 27,3 dB ($n = 2$: 54,6 dB) pro Kanalbreite in Längsrichtung des Kanals ab; 4 Kanalbreiten von der Quelle weg ist diese Mode also schon um mehr als 100 dB ($n = 2$: 200 dB) reduziert!

Ein praktischer Nutzen lässt sich daraus für die im Abschnitt „Kundt'sches Rohr“ geschilderte Messtechnik ziehen, bei der die höheren Moden stören, während die Grundmode $n = 0$ erwünscht ist. Für den Einsatz als Schalldämpfer wäre die schallharte Wandung hingegen nur zu gebrauchen, wenn die Quelle keine Grundmode $n = 0$ anregen würde. Das würde sehr spezielle Quell-Konfigurationen voraussetzen, die in der praktischen Geräuschbekämpfung sicher kaum eine Rolle spielen dürften. Für allgemeine Aussagen, die für *jede* Quelle das „prinzipiell Machbare“ angeben, lässt sich nur der „schlechtest-mögliche Fall“ angeben, der in der Mode mit der kleinsten Dämpfung besteht. Hier wie in den folgenden Abschnitten wird deshalb stets nach der kleinsten modalen Dämpfung $D_\mathrm{h}$ der Moden gefragt. Beim Kanal mit schallharter Berandung ist die kleinste Dämpfung einfach $D_\mathrm{h} = 0$; dieser Kanal ist natürlich als Schalldämpfer unbrauchbar.

### 9.2.2 Der schallweich berandete Kanal

Wie das Folgende zeigt, liefert bereits die einfache schallweiche Berandung mit der Randbedingung

$$p(y = h) = 0 \tag{9.69}$$

einen hochwirksamen Schalldämpfer.

Für die Quermoden wird wegen der Randbedingung $\partial p/\partial y = 0$ für $y = 0$ wieder ein Cosinusverlauf angesetzt

$$p \sim \cos qy \,. \tag{9.70}$$

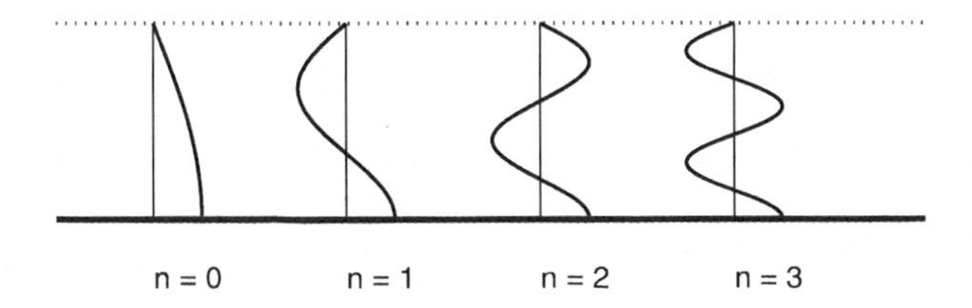


**Abb. 9.16** Schalldruck-Quermoden im *oben* mit $z = 0$ und *unten* mit $z \rightarrow \infty$ berandeten (zweidimensionalen) Kanal

Wegen der Randbedingung (9.69) an der Impedanzfläche in $y = h$ erhält man diesmal aber für die Eigenwerte $q$

$$qh = \pi/2 + n\pi \quad \text{für} \quad n = 0, 1, 2, 3, \ldots \,. \tag{9.71}$$

Das Schallfeld setzt sich diesmal also aus

$$p = \sum_{n=0}^{\infty} p_n \cos\left((\pi/2 + n\pi)\frac{y}{h}\right) \mathrm{e}^{-jk_x x} \tag{9.72}$$

zusammen. Die Quermoden der Form $\cos((\pi/2 + n\pi)\frac{y}{h})$ sind in Abb. 9.16 gezeigt.

Aus der Wellengleichung folgen die modalen Wellenzahlen $k_x$ zu

$$k_x = \begin{cases} +\sqrt{k^2 - \left(\frac{(n+1/2)\pi}{h}\right)^2} & ; |k| \geq \frac{(n+1/2)\pi}{h} \\ -j\sqrt{\left(\frac{(n+1/2)\pi}{h}\right)^2 - k^2} & ; |k| \leq \frac{(n+1/2)\pi}{h} \end{cases} . \tag{9.73}$$

Beim schallweich berandeten Kanal verfügen also alle Moden über eine von Null verschiedene cut-on-Frequenz, für die

$$f_n = \frac{n + 1/2}{2h} c \tag{9.74}$$

gilt. Immerhin beträgt die tiefste cut-on-Frequenz 1700 Hz bei einer Kanalbreite von 5 cm. Für Frequenzen darunter ist keine Mode ausbreitungsfähig, alle Querverteilungen stellen in Längsrichtung gedämpfte Nahfelder dar; das gilt diesmal auch für die Mode $n = 0$ mit der tiefsten cut-on-Frequenz. Näherungsweise gilt für tiefe Frequenzen $kh \ll \lambda/2$ nach (9.66) und (9.73)

$$D_{\mathrm{h}} = 8{,}7(n + 1/2)\pi = 13{,}7 + 27{,}3n \,. \tag{9.75}$$

Im schlechtesten Fall mit $n = 0$ nimmt also das Gesamtschallfeld bei den tiefen Frequenzen um 13,7 dB pro Kanalbreite in Längsrichtung ab. Das ist ein für praktische Verhältnisse außerordentlich hoher Wert, der sogar nur wenig unter dem maximal erreichbaren Wert von $D_{\mathrm{h,max}} = 19{,}1$ dB (siehe dazu den übernächsten Abschnitt) liegt.

Es wäre also für praktische Anwendungen höchst wünschenswert, schallweiche Oberflächen möglichst breitbandig herzustellen. Nun ist es aber gar nicht leicht, überhaupt eine

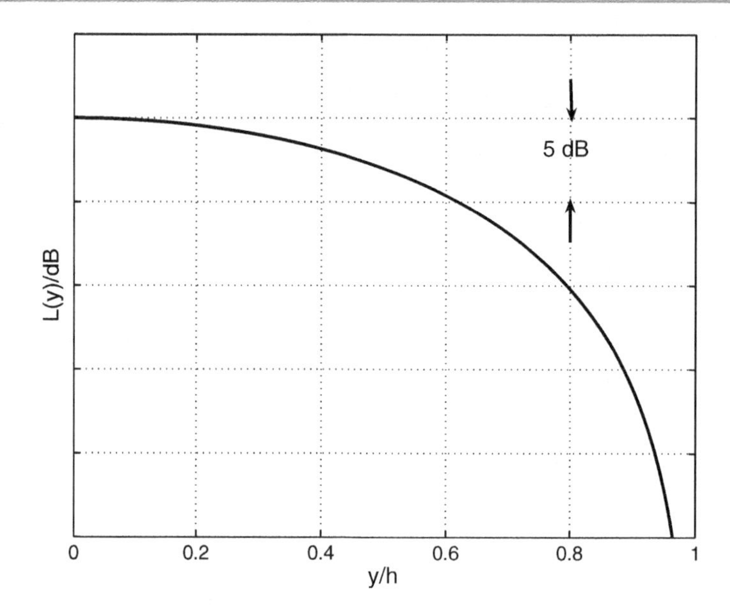


**Abb. 9.17** Pegelverlauf $L(y) = 10 \lg |\cos(\pi y/2h)|$ der Grundmode

Fläche mit der Impedanz $z = 0$ zu schaffen. Wie im Kapitel über Resonanzabsorber erläutert, lässt sich das nur durch einen ungedämpften Aufbau in Form eines Resonators verwirklichen; dieser hat die Impedanz

$$z = j\omega m'' + s''/j\omega$$

mit einem Nulldurchgang $z = 0$ in der Resonanzfrequenz $\omega = \omega_{\text{res}} = \sqrt{s''/m''}$. Für Frequenzen unterhalb oder oberhalb der Resonanz stellen sich dagegen endliche Impedanzwerte mit Steifeverhalten ($\text{Im}\{z\} < 0$) oder Masseverhalten ($\text{Im}\{z\} > 0$) ein. Die Frage, welche zugehörige Dämpfung $D_{\text{h}}$ sich dann noch einstellt, ist gleichzeitig die praktisch sehr interessierende Frage nach der Breitbandigkeit der Wirkung von Kanälen, deren Wandungen durch Resonatoren ausgekleidet sind.

Für Frequenzen $f$ oberhalb der tiefsten cut-on Frequenz $f > f_0$ wird die Mode $n = 0$ zu einer ungedämpften Welle. Liegt die Frequenz noch unterhalb der cut-on-Frequenz der nächsthöheren Mode $n = 1$, dann stellt sich in einiger Entfernung von der Quelle überall die in Abb. 9.17 gezeigte Querverteilung des Schalldruckpegels ein (vorausgesetzt natürlich noch, dass diese Mode von der Quelle auch tatsächlich angeregt wird). Wie man sieht wird das Schallfeld in Form eines Schallstrahles geführt, der Pegel nimmt von der Strahl-Mitte in $y = 0$ – der schallharten Berandung – zur schallweichen Seite hin ab. Für einen auf zwei Seiten schallweich berandeten Kanal würde das Strahl-Maximum in der Mitte zwischen den Grenzflächen liegen. Oberhalb der tiefsten cut-on-Frequenz erfolgt also eine Strahl-Bildung, wobei der Schallstrahl die seitlichen Begrenzungsflächen quasi nicht berührt. Die weitergeleitete Schallleistung konzentriert sich auf die Kanal-Mitte.

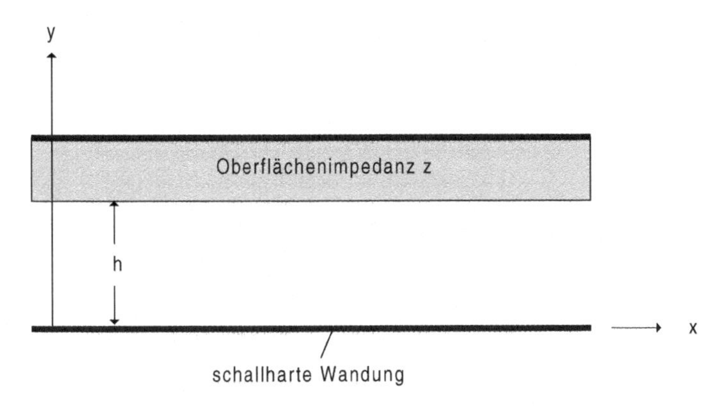


**Abb. 9.18** Modell-Anordnung zur Berechnung der Kanal-Dämpfung durch Wandungsbelegung mit der Impedanz $z$

Von einem prinzipiellen Standpunkt aus ist es noch bemerkenswert, dass bei der schallweichen Berandung unterhalb der tiefsten cut-on-Frequenz mit der sehr hohen Kanal-Dämpfung $D_\mathrm{h}$ keine Energieverluste entstehen. Durch die schallweiche Oberfläche $p(y = h) = 0$ tritt natürlich keine Leistung hindurch, die Kanalwandung entzieht also dem Schallfeld im Inneren keine Energie. Auch ein Kanal mit schallweicher Wandung wirkt deshalb durch Reflexion am Einlass.

### 9.2.3 Der Schalldämpfer mit beliebiger Wandungsimpedanz

Die in den nächsten Abschnitten geschilderten Betrachtungen behandeln zunächst das einfachst-mögliche zweidimensionale Dämpfermodells. Wie Abb. 9.18 zeigt besteht es aus einer schallharten Platte in $y = 0$ und aus einer dazu parallelen Ebene in $y = h$ mit der Impedanz $z$. Für die Feldgrößen in $y = h$ gilt also

$$p\,(y = h) = z v_y\,(y = h)\ . \tag{9.76}$$

Den Anfang der Überlegungen bildet eine Näherung, die nicht nur die Tendenzen der Wirkungsweise aufzeigt, sondern oft auch in der Größenordnung zu schon recht brauchbaren Ergebnissen führt. Wie alle Näherungen stößt jedoch auch diese an ihre Grenzen; was jenseits von diesen liegt, versucht der anschließende Abschnitt wenigstens anzudeuten.

### 9.2.4 Näherungsbetrachtungen für die Grundmode

Der Hauptunterschied zwischen einer schallharten und einer mit der endlichen Impedanz $z$ ausgerüsteten Wandung besteht einfach darin, dass im zweiten Fall Massenfluss durch die Impedanzfläche hindurchschwingt; für $z \to \infty$ ist das ausgeschlossen. Es ist naheliegend, diesen Effekt zunächst näherungsweise eben auch anhand des „akustischen" Massenerhaltungssatzes (2.54)

$$\frac{\partial v_x}{\partial x} + \frac{\partial v_y}{\partial y} = -\frac{j\omega}{\varrho\, c^2} p\,. \tag{9.77}$$

zu betrachten. Wenn man sich auf kleine Kanalbreiten $h \ll \lambda$ beschränkt und nur auf die Grundmode abzielt, dann kann man in (9.77) den Differentialquotienten $\partial v_y / \partial y$ durch den Differenzenquotienten ersetzen:

$$\frac{\partial v_x}{\partial x} + \frac{v_y\,(h) - v_y\,(0)}{h} = -\frac{j\omega}{\varrho\, c^2} p\,. \tag{9.78}$$

Für große Impedanzen $z$ wird die Schalldruck-Querverteilung etwa konstant sein. Unter dieser Voraussetzung lässt sich die Schnelle durch Druck und Impedanz ausdrücken

$$v_y\,(h) = p/z\,. \tag{9.79}$$

Mit $v_y(0) = 0$ wird aus (9.78)

$$\frac{\partial v_x}{\partial x} = -\left(\frac{j\omega}{\varrho\, c^2} + \frac{1}{zh}\right) p\,. \tag{9.80}$$

Wie erwähnt stellt $p/zh$ die durch die Impedanz hindurchtretende Masse (pro Zeiteinheit und Fläche) in Rechnung.

Die Kräftegleichung

$$v_x = \frac{j}{\omega\varrho} \frac{\partial p}{\partial x} \tag{9.81}$$

bleibt von der Wandungsimpedanz natürlich unbeeinflusst. Man kann sie dazu benutzen, um die Schnelle in (9.80) durch den Schalldruck auszudrücken; man findet durch Ableiten von (9.81) nach $x$

$$\frac{j}{\omega\varrho} \frac{\partial^2 p}{\partial x^2} = -\left(\frac{j\omega}{\varrho\, c^2} + \frac{1}{zh}\right) p\,,$$

oder, vereinfacht,

$$\frac{\partial^2 p}{\partial x^2} + \frac{\omega^2}{c^2} \left(1 - j\frac{1}{\frac{z}{\varrho c} kh}\right) p = 0\,. \tag{9.82}$$

Gleichung (9.82) bildet eine eindimensionale Wellengleichung für den Schalldruck. Sie bietet eine vereinfachte Darstellung der Grundmoden-Ausbreitung für „große" Impedanzen und kleine Kanalbreiten $h \ll \lambda$. Was genau unter „großen $z$" zu verstehen ist, darüber kann erst die exaktere Rechnung im nächsten Abschnitt Auskunft geben.

Die in (9.82) enthaltenen Aussagen über die Kanaldämpfung lassen sich aus der zugehörigen Wellenzahl $k_x$ ablesen; sie beträgt

$$k_x = k\sqrt{1 - \frac{j}{\frac{z}{\varrho c}kh}}. \tag{9.83}$$

Wie schon geschildert ist im Imaginärteil der Wellenzahl $k_x = k_\mathrm{r} - jk_\mathrm{i}$ die Dämpfung enthalten (siehe (9.64) und (9.65)), es gilt $D_\mathrm{h} = 8{,}7k_\mathrm{i}h$.

Für praktische Ausführungen von Wandungsaufbauten kommen vor allem Schichten aus porösem Absorbermaterial auf schallhartem Untergrund und eine Belegung der Wandung mit Resonatoren in Frage. Zur Diskussion der durch diese beiden Anordnungen hergestellten Kanaldämpfung sind einige Vorbemerkungen zur Wirkung der drei prinzipiell möglichen Impedanztypen vorteilhaft. Im Fall des (nahezu) verlustfreien Resonators ist die Impedanz stets imaginär, und zwar mit negativem Imaginärteil im Steifebereich unterhalb der Resonanzfrequenz, mit positivem Imaginärteil im Massebereich oberhalb der Resonanzfrequenz. Für poröse Schichten mit nicht zu kleinem Strömungswiderstand strebt die Impedanz dagegen mit wachsender Frequenz einem (positiven) reellen Wert entgegen.

Im Prinzip interessieren also praktisch vor allem entweder imaginäre Impedanzen mit positivem oder negativem Imaginärteil, oder reelle Impedanzen.

**a) Steifeimpedanz $z = -j\,|z|$**

Für Steifeimpedanzen ist die Wellenzahl

$$k_x = k\sqrt{1 + \frac{1}{\frac{|z|}{\varrho c}kh}} \tag{9.84}$$

stets reell: Der Kanal ist ungedämpft.

Im Steifebereich der Impedanz ist die Wandungsbelegung völlig nutzlos. Von einem physikalischen Standpunkt aus ist noch bemerkenswert, dass sich die Schallgeschwindigkeit $c_x$ im Kanal gegenüber der freien Ausbreitung verringert. Aus $k_x = \omega/c_x$ folgt

$$c_x = \frac{c}{\sqrt{1 + \frac{1}{\frac{|z|}{\varrho c}kh}}}. \tag{9.85}$$

Eine Realisierung bestünde in einer (dünnen) Schicht aus porösem Material, das ja bei tiefen Tönen stets wie eine Feder wirkt (siehe Abschn. 6.5.2):

$$\frac{z}{\varrho c} = -\frac{j}{kd}$$

($d$: Schichtdicke).

Für diesen Fall wird also

$$c_x = \frac{c}{\sqrt{1+\frac{d}{h}}} \,. \tag{9.86}$$

**b) Masseimpedanz $z = j\,|z|$**
Impedanzen mit Masseverhalten führen zur Kanal-Wellenzahl

$$k_x = k\sqrt{1-\frac{1}{\frac{|z|}{\varrho c}kh}} \,. \tag{9.87}$$

Diese Wandungsbelegung zieht nur dann eine Kanaldämpfung nach sich, wenn das Argument unter der Quadratwurzel negativ ist, also wenn

$$\frac{|z|}{\varrho c}kh < 1 \,. \tag{9.88}$$

Prinzipiell steigen Impedanzen mit Masseverhalten immer mit der Frequenz an. Gleichung (9.88) bezeichnet deshalb eine Bandgrenze, nur unterhalb von ihr ist die Kanaldämpfung von Null verschieden.

Bei imaginären Wandungsimpedanzen tritt grundsätzlich im zeitlichen Mittel keine Leistung durch diese Fläche. Etwaige Dämpfungen werden also nicht durch Leistungsabgabe an die Wandung hergestellt. Das Wirkprinzip besteht hier, wie beim Kanal mit schallweicher Berandung, in der Erzeugung einer nicht ausbreitungsfähigen Grundmode.

**c) Reelle Impedanz $z = |z|$**
Reellwertige Impedanzen auf der Kanalwandung führen zu Kanal-Wellenzahlen

$$k_x = k\sqrt{1-j\frac{1}{\frac{|z|}{\varrho c}kh}} \,, \tag{9.89}$$

die immer eine Dämpfung enthalten. Wenn man statt „großer Impedanz" weitergehend noch

$$\frac{|z|}{\varrho c}kh > 1$$

fordert, dann lässt sich (9.89) noch durch

$$k_x \simeq k\left(1-j\frac{1}{2}\frac{1}{\frac{|z|}{\varrho c}kh}\right) \tag{9.90}$$

annähern. Richtig gibt (9.90) den Übergang zur schallharten Wandung mit wachsendem $|z|$ wieder; je größer $|z|/\varrho\,c$, desto schlechter die Dämpfung. Umgekehrt kann man jedoch nicht aus (9.90) darauf schließen, dass mit kleinen $|z|$ auch beliebig hohe $D_\mathrm{h}$ erzielbar wären: Für die zu (9.90) führende Rechnung waren ausdrücklich große Impedanzen vorausgesetzt worden.

Aus den erläuterten Wirkprinzipien der drei Impedanztypen lassen sich die Dämpfungsfrequenzgänge von Realisierungen einschätzen. Als tatsächlich benutzbare Wandungsaufbauten kommen wie gesagt entweder eine absorbierende Schicht mit rückseitigem schallhartem Abschluss oder eine Wandungsbelegung mit Resonatoren in Frage; beide werden im Folgenden diskutiert. Dabei ist der Übergang fließend: Die zunächst diskutierte poröse Schicht geht bei kleinem Strömungswiderstand in den Resonator über.

### 9.2.5 Wandungen aus absorbierenden Schichten

Der Impedanzfrequenzgang von rückseitig schallhart abgeschlossenen porösen Schichten der Dicke $d$

$$\frac{z}{\varrho c} = -j\frac{k_a}{k}\mathrm{ctg}(k_a d) \tag{9.91}$$

mit der Wellenzahl

$$k_a = k\sqrt{1 - j\frac{\Xi}{\omega\varrho}}$$

im porösen Material ist in Abschn. 6.5.2 schon ausführlich diskutiert worden. Die dort geschilderten Sachverhalte werden hier noch einmal aufgegriffen und hinsichtlich der Kanaldämpfung benutzt (siehe auch Abb. 6.13, Abschn. 6.5.2. Die Abb. 9.19a–c enthalten durchgerechnete Beispiele nach (9.83), wobei Strömungswiderstand $\Xi d/\varrho c$ und Schichtdicke $d$ variiert werden. Sie dienen zur Illustration der im Folgenden genannten Prinzipien. Zur Erinnerung sei hier nochmals der Zusammenhang zwischen der Kanal-Wellenzahl $k_x$ und der Wandungsimpedanz $z$ wiederholt, es gilt (siehe (9.83))

$$k_x = k\sqrt{1 - \frac{j}{\frac{z}{\varrho c}kh}}\,.$$

Wie in Abschn. 6.5.2 ausführlich geschildert wirkt die Wandungsimpedanz für tiefe Frequenzen $d \ll \lambda$ wie eine Feder; wegen $\mathrm{ctg}(k_a d) \approx 1/k_a d$ gilt $z/\varrho c = -j/kd$. Demnach erwartet man für den Kanal mit einer porösen Schicht als Wandung bei den tiefen Frequenzen eine reelle Wellenzahl $k_x$ und deshalb keine Kanaldämpfung, also $D_\mathrm{h} \approx 0\,\mathrm{dB}$ (siehe auch Abb. 9.19a–c).

Mit wachsender Frequenz kreuzt die Impedanz bei etwa $d \approx \lambda/4$ die reelle Achse. Weil die Impedanzwerte (für kleine Strömungswiderstände, siehe Abb. 6.13) gering sind, strebt die dämpfende Wirkung hier ihrem ersten Maximum zu. Die Kanaldämpfung setzt also für kleine $\Xi d/\varrho c$ plötzlich und mit hohen Maximalwerten ein. Weil die Impedanz mit wachsendem Strömungswiderstand aber zunimmt, fällt das Maximum um so geringer aus, je größer der Strömungswiderstand ist (siehe auch die Abb. 9.19a–c): Das erste Maximum nimmt mit wachsendem Strömungswiderstand ab.

Im weiteren Frequenzverlauf kreuzt die Impedanz ein zweites Mal die reelle Achse, und zwar eine Oktave über der ersten $\lambda/4$-„Dickenresonanz", also etwa für $d \simeq \lambda/2$. Hier nimmt die Impedanz vergleichsweise große Werte an die um so größer sind, je kleiner der Strömungswiderstand ist (vergleiche Abb. 6.13). Mithin liegt hier ein Minimum des Dämpfungsmaßes. Es ist um so geringer, je kleiner $\Xi d/\varrho c$ ist. Mit wachsendem Strömungswiderstand wächst also das Minimum nach oben.

Im Prinzip wiederholt sich danach der Frequenzgang von $D_\mathrm{h}$: Die Impedanz durchläuft im weiteren Verlauf ja etwa einen Kreis, so dass sich eine „quasi-periodische" Struktur ergibt, wie auch die Abb. 9.19a–c zeigen. Selbst wenn die großen, schmalbandigen Maximalwerte von $D_\mathrm{h}$ bei dem kleinsten Strömungswiderstand nicht ganz stimmen sollten (sie treten für kleine Impedanzen auf, für welche die Anwendbarkeit von (9.83) ja zweifelhaft ist), erkennt man doch das Prinzip: Der Frequenzgang von $D_\mathrm{h}$ besteht bei kleinen Strömungswiderständen abwechselnd aus Maxima, die mit wachsendem Strömungswiderstand abnehmen, und Minima, die mit wachsendem Strömungswiderstand zunehmen. Auf diese Weise erhält man dann bei größeren Strömungswiderständen glatte, fast nicht mehr schwankende Verläufe von $D_\mathrm{h}$.

Entweder kann man also in schmalen Bändern recht hohe Dämpfungen (von höchstens $D_\mathrm{h} \approx 13{,}7\,\mathrm{dB}$ in den Punkten mit sehr kleiner Impedanz) erreichen und muss sich dann mit kleinen $D_\mathrm{h}$ außerhalb dieser Maxima zufrieden geben; oder man stellt vergleichsweise kleine, dafür aber sehr breitbandige Dämpfungen $D_\mathrm{h}$ bei mittleren Strömungswiderständen $\Xi d/\varrho c$ her. Übertreibt man den Strömungswiderstandes durch Wahl eines zu großen Wertes von $\Xi d$, dann strebt die Impedanz dem Fall schallharter Berandung zu; deshalb nimmt die Kanaldämpfung bei zu großen $\Xi d$ wieder ab. Offensichtlich gibt es auch hier eine Art Optimum für den breitbandigen Einsatz, das etwa im Bereich von $2 \leq \Xi d/\varrho c \leq 4$ liegt.

Für breitbandige Schalle sind „Kammfilter" nach Art der schwach gedämpften Resonatoren natürlich unbrauchbar: Es nützt nichts, einen kleinen Bandbereich aus dem Signal fast ganz herauszunehmen und den „großen Rest" dafür ungehindert passieren zu lassen. Anwendungen von wenig gedämpften Resonatoren liegen deshalb nur für spezielle, tonale Störschallfelder vor, die praktisch nur eine einzige Frequenzkomponente enthalten. Der nächste Abschnitt wird auf diesen durchaus nicht ungewöhnlichen Fall näher eingehen, bei dem es zum Beispiel nur um den Grundton eines Ventilatorklangs (etwa bei der Entlüftung von Tiefgaragen) geht.

In sehr vielen praktischen Fällen müssen Schalldämpfer vor allem auch breitbandig ausgelegt werden. Natürlich darf die Frischluftzufuhr eines Konzertsaales nicht mit dem Außenlärm verunreinigt sein, unabhängig von dessen Frequenzzusammensetzung. Auch die Schalldämpfer für Kraftfahrzeuge müssen – schon wegen der sich ständig ändernden Drehzahl – breitbandig ausgelegt werden. In diesen Fällen müssen die schon genannten „nicht zu großen und nicht zu kleinen", mittleren Strömungswiderstände in der Wandungsbelegung mit Absorptionsmaterial vorgesehen werden, die etwa im Intervall $2 \leq \Xi d/\varrho c \leq 4$ liegen. Diese Wahl führt zu breitbandigen Wirkungen, dabei werden Erfolge von höchstens $D_\mathrm{h} = 3$ bis $4\,\mathrm{dB}$ erzielt, je nach Schichtdicke $d$.

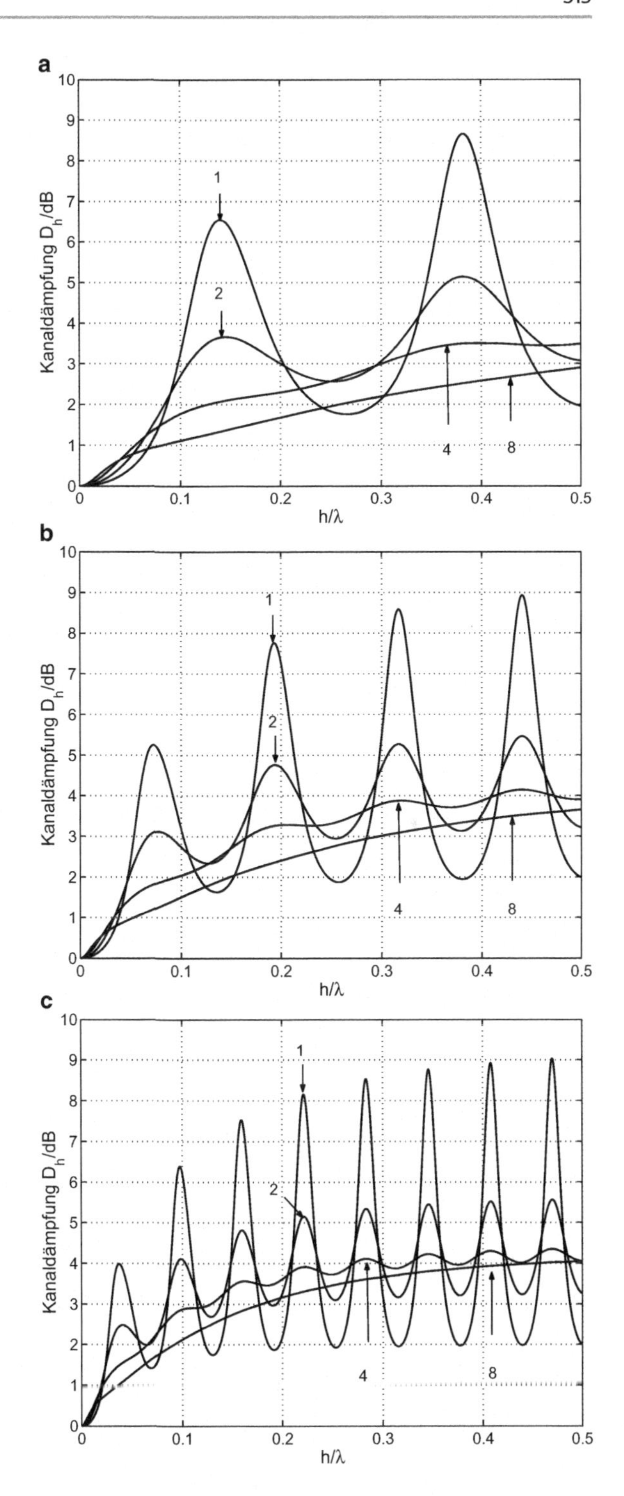


**Abb. 9.19** **a** Kanaldämpfung $D_\mathrm{h}$ für Auskleidung mit absorbierenden Schichten, $d/h = 2$. Die *Zahlen* an den Kurven geben den Wert von $\Xi d/\varrho c$ an; **b** Kanaldämpfung $D_\mathrm{h}$ für Auskleidung mit absorbierenden Schichten, $d/h = 4$. Die *Zahlen* an den Kurven geben den Wert von $\Xi d/\varrho c$ an; **c** Kanaldämpfung $D_\mathrm{h}$ für Auskleidung mit absorbierenden Schichten, $d/h = 8$. Die *Zahlen* an den Kurven geben den Wert von $\Xi d/\varrho c$ an

Wie erwähnt belegen die Abb. 9.19a–c, dass es für die Größe von $D_\mathrm{h}$ nur wenig auf dicke Schichten $d$ ankommt; für höhere Frequenzen sind die Werte von $D_\mathrm{h}$ – bei ausreichendem Strömungswiderstand – von der Dicke $d$ wenig beeinflusst. Große Dicken $d$ benötigt man andererseits, wenn tieffrequente Dämpfungen $D_\mathrm{h}$ hergestellt werden müssen. Wie man auch den Abb. 9.19b,c entnehmen kann setzt die dämpfende Wirkung etwa eine Oktave unterhalb der ersten Dickenresonanz $d = \lambda/4$, also etwa für $d = \lambda/8$ ein. Sollen noch 100 Hz dieser Dämpfung unterzogen werden, dann beträgt die erforderliche Schichtdicke 42,5 cm. Wird vernünftiger Weise noch $\Xi d = 4\varrho c$ verlangt, dann beträgt der längenspezifische Strömungswiderstand demnach etwa $\Xi = 4000\,\mathrm{N\,s/m^4}$. Dieser Wert ist sehr klein, er setzt eine ziemlich geringe Packungsdichte der Fasern und damit recht locker gebundenes Material voraus. Würde man für noch tiefere Frequenzen noch größere Dicken $d$ mit unverändertem Strömungswiderstand $\Xi d/\varrho c = 4$ vorsehen wollen, dann wäre dafür nochmals eine Verringerung des längenspezifischen Widerstandes $\Xi$ und daher eine noch lockerere Struktur notwendig. Hier wird man rasch an die Grenze des Machbaren stoßen. Prinzipiell sind deshalb Wandungsdämpfer aus absorbierenden Schichten für die sehr tieffrequente Dämpfung ungeeignet.

## 9.2.6 Wandungen aus Resonatoren

Für die Realisierung von Wandungsbelegungen mit Resonatoren kommen zwei Möglichkeiten in Betracht, die hier beide diskutiert werden sollen. Entweder kann man dazu wie in Abb. 9.20 gezeigt ein Rohrbündel benutzen. Die Rohrstücke sind dabei alle gleich lang und an der an die Wandung angrenzenden Seite offen, auf der Rückseite schallhart verschlossen. Der Resonanzfall (mit der tiefsten Resonanzfrequenz) tritt hier ein, wenn die Länge der Rohrstücke eine Viertel-Wellenlänge beträgt. Deshalb wird dieser Aufbau im Folgenden als $\lambda/4$-Resonator bezeichnet.

Eine andere Realisierung-Möglichkeit besteht darin, die genannten Rohrstücke noch durch Massenbeläge $m''$ auf ihrer offenen Seite vom Kanal abzugrenzen. Das kann z. B. durch Verwendung von Lochplatten geschehen (siehe Abschn. 6.5.4). Dieser Aufbau eröffnet die Möglichkeit einer tieferen Abstimmung der tiefsten Resonanzfrequenz bei gleicher Rohrlänge $a$. Anders ausgedrückt lässt sich durch den Massenbelag bei gleicher Resonanzfrequenz Konstruktionstiefe $a$ einsparen.

### $\lambda/4$-Resonatoren

Die durch das Rohrbündel hergestellte Wandungsimpedanz beträgt wie in (9.91)

$$\frac{z}{\varrho c} = -j \operatorname{ctg}(ka) , \tag{9.92}$$

nur dass diesmal $k$ die Wellenzahl in Luft bedeutet und dass statt der Schichtdicke $d$ die Rohrlänge $a$ einzusetzen ist.

**Abb. 9.20** Aufbau eines Kanals mit Wandungsbelegung aus Resonatoren in Form von hinten abgeschlossenen Rohrstücken der Tiefe $a$

Der Prinzipverlauf der Dämpfung $D_{\mathrm{h}}$ geht als Grenzfall mit kleinem Strömungswiderstand aus dem vorigen Abschnitt hervor und ist dort schon genannt: Es handelt sich um einen schmalbandigen Verlauf, der in der Resonanz $ka = k_{\mathrm{R}}a = \pi/2$ mit (etwa) $D_{\mathrm{h}} = 13{,}7\,\mathrm{dB}$ des schallweich berandeten Kanals einsetzt. Das Bandende $k_{\mathrm{E}}$ der Wirkung kann aus (9.83) und (9.92)

$$k_x = k\sqrt{1 + \frac{1}{kh\,\mathrm{ctg}(ka)}} = k\sqrt{1 + \frac{\mathrm{tg}(ka)}{kh}}$$

bestimmt werden. Das Bandende $k_{\mathrm{E}}$ wird erreicht, wenn die Kanal-Wellenzahl reell wird, also für

$$\mathrm{tg}\,k_{\mathrm{E}}a = -k_{\mathrm{E}}h = -\frac{h}{a}k_{\mathrm{E}}a\,. \tag{9.93}$$

Die letzte Umformung in (9.93) ist gemacht worden, weil sich daraus eine einfache graphische Lösung dieser transzendenten Gleichung gewinnen lässt. Wie auch Abb. 9.21 zeigt, ist $k_{\mathrm{E}}a$ durch den Schnittpunkt der Tangens-Funktion $\mathrm{tg}\,k_{\mathrm{E}}a$ und der Geraden $-h/a\;k_{\mathrm{E}}a$ gegeben. Je kleiner die Geradensteigung $h/a$ ist, desto weiter rechts liegt der Schnittpunkt und umso größer ist die Bandbreite. Die Bandbreite wächst also mit der Konstruktionstiefe $a$. Wie man sieht beträgt die maximal mögliche Bandbreite dabei wegen $k_{\mathrm{E}} = 2k_{\mathrm{R}}$ höchstens eine Oktave.

Die in Abb. 9.21 als Beispiel eingezeichnete Gerade gibt den Fall $h/a = 1$ wieder. Wie man leicht abliest liegt dafür der Schnittpunkt bei $k_{\mathrm{E}}a/\pi \approx 0{,}65$. Das Bandende der Wirkung ist also etwa durch

$$\frac{f_{\mathrm{E}}}{f_{\mathrm{R}}} = \frac{k_{\mathrm{E}}a}{k_{\mathrm{R}}a} = \frac{0{,}65\pi}{0{,}5\pi} \approx 1{,}3$$

gegeben.

Tatsächlich aber ergibt sich für den Fall $a = h$ noch gar kein brauchbarer Schalldämpfer, weil hier die cut-on-Frequenz der Mode $n = 0$ des schallweich berandeten Kanals mit der Resonanzfrequenz der Rohrstücke übereinstimmt. Dass man mit $a = h$ noch keine Erfolge verbuchen kann zeigt auch die maximale Dämpfung $D_{\max}$ in der Resonanzfrequenz,

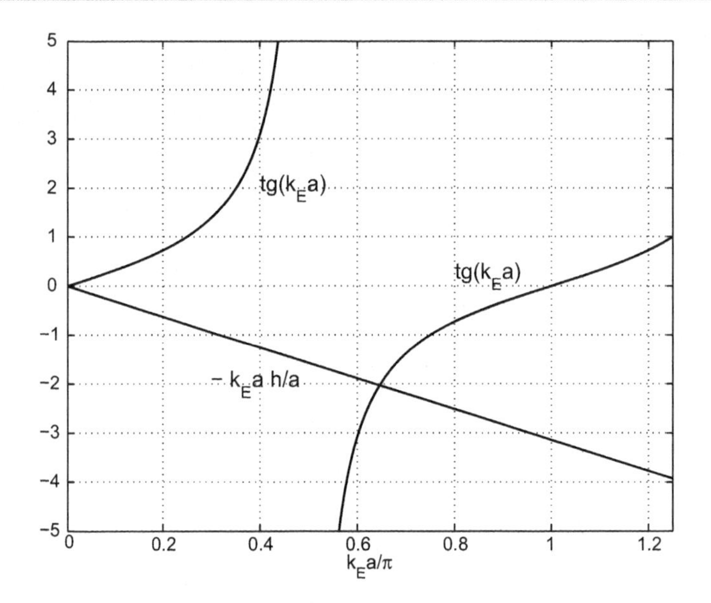


**Abb. 9.21** Grafische Lösung der transzendenten Gleichung (9.93)

die sich aus (9.73) (mit $n = 0$) wie folgt abschätzen lässt:

$$D_{\text{max}} = 8{,}7k_i h = 8{,}7h\sqrt{\left(\frac{\pi}{2h}\right)^2 - k^2} = 8{,}7\sqrt{\frac{\pi^2}{4} - (kh)^2}$$
$$= 8{,}7\sqrt{\frac{\pi^2}{4} - (ka)^2\frac{h^2}{a^2}} = 8{,}7\frac{\pi}{2}\sqrt{1 - \frac{h^2}{a^2}}$$

(wegen $ka = \pi/2$ in der Resonanzfrequenz). Für $h = a$ beträgt die maximale Dämpfung offenbar $D_{\text{max}} = 0$. Erst für $a = 2h$ wird das maximal Mögliche (13,7 dB) mit $D_{\text{max}} = 11{,}9$ dB etwa ausgeschöpft.

Einige experimentell ermittelte Dämpfungsmaße $D_h$ sind in Abb. 9.22 wiedergegeben. Dabei wurde der Abb. 9.20 geschilderte Aufbau verwendet. Man kann erkennen, dass die Verbindungslinie in Form einer Geraden zwischen dem „schallweichen" Punkt in der Resonanzfrequenz und dem 0 dB-Punkt am Bandende schon eine ganz brauchbare Näherung ergibt.

Wandungsbelegungen mit Resonatoren sind offenkundig einzig bei schmalbandigen Geräuschen brauchbar, für breitbandigen Schall sind sie nicht geeignet. Bei der Dimensionierung legt man sich zunächst auf die zu bekämpfende Frequenz und damit auf die Rohrlänge $a$ fest. Je nach erforderlicher Bandbreite (die sich z. B. durch Drehzahlschwankungen oder Temperaturunterschiede zwischen Sommer und Winter ergeben kann) legt man dann die Kanalbreite $h$ fest. Für tiefe Frequenzen sind so beträchtliche Bautiefen erforderlich, dass man von Realisierungen in dieser Bauform sicher eher absehen sollte.

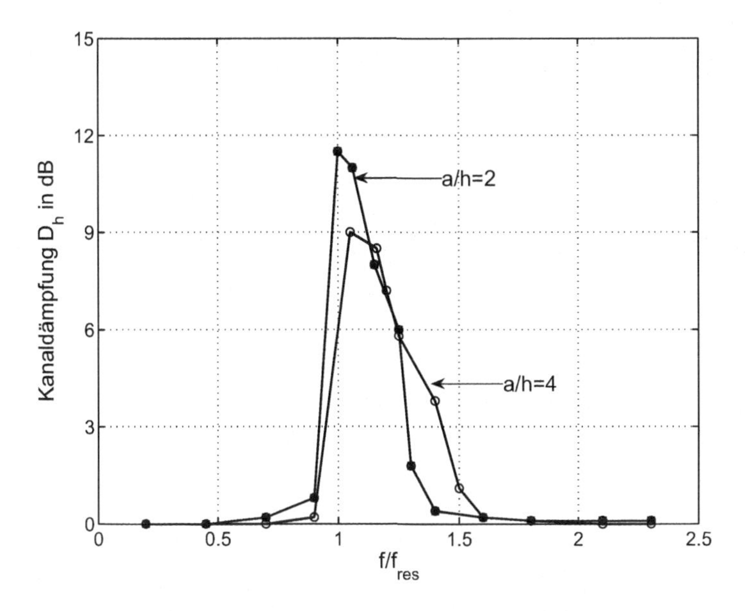


**Abb. 9.22** Mit dem Aufbau aus Abb. 9.20 gemessene Dämpfungs-Frequenzgänge (Messungen von T. Kohrs)

Beispielsweise wäre für die Resonanzfrequenz von 100 Hz $a = 85\,\text{cm}$ erforderlich. Mit den im nächsten Abschnitt genannten Aufbauten lässt sich Platz sparen.

### Resonatoren mit Massenbelag

Wie gesagt lässt sich eine Einstellung der Resonanzfrequenz mit kleineren Rohrlängen als $a = \lambda/4$ durch Abdeckung der Rohrstücke mit einem Massenbelag $m''$ erreichen (siehe auch Abschn. 6.5.4). In diesem Fall ist

$$\frac{z}{\varrho c}kh = j\left(\frac{\omega m''}{\varrho c} - \frac{c}{\omega a}\right)kh = j\left(\frac{\omega^2 m'' a}{\varrho c^2} - 1\right)\frac{h}{a} = j\left(\frac{\omega^2}{\omega_{\text{res}}^2} - 1\right)\frac{h}{a}\,.$$

Zur Abschätzung der Bandbreite geht man wieder von

$$k_x = k\sqrt{1 - j\frac{1}{\frac{z}{\varrho c}kh}} = k\sqrt{1 - \frac{1}{\left(\frac{\omega^2}{\omega_{\text{res}}^2} - 1\right)\frac{h}{a}}}$$

aus. Das Bandende $\omega_{\text{E}}$ wird dann durch

$$\left(\frac{\omega^2}{\omega_{\text{res}}^2} - 1\right)\frac{h}{a} = 1$$

oder durch

$$\frac{\omega_{\text{E}}}{\omega_{\text{res}}} = \sqrt{\frac{a}{h} + 1} \tag{9.94}$$

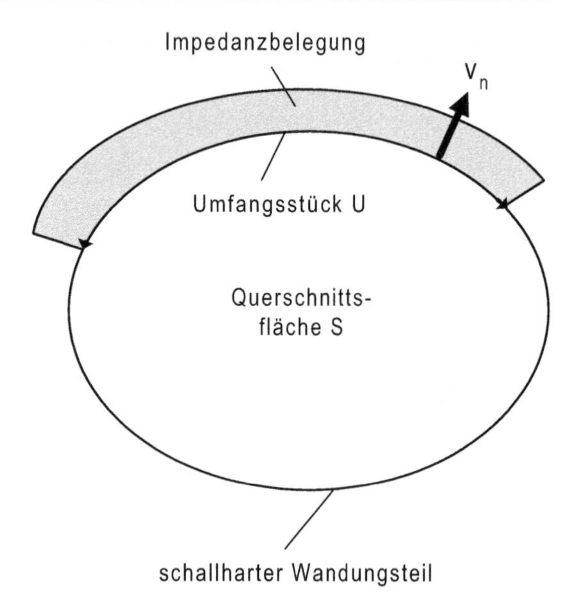


**Abb. 9.23** Zur Definition der Größen in (9.96)

markiert. Auch beim Aufbau ,mit Massenbelag, ist eine gewisse Tiefe $a \geq h$ für nicht zu schmale Bandbreiten erforderlich. Im Prinzip ist dabei jedoch eine viel kleinere absolute Dicke $a$ erforderlich als ohne Massenbelag.

### 9.2.7 Beliebige Querschnittsgeometrien

Zum Abschluss der näherungsweisen Betrachtung von Kanälen mit durch die Wandungsbelegung hergestellter Dämpfung sei noch kurz auf andere Kanal-Querschnittsgeometrien eingegangen (Abb. 9.23). Der Massenerhaltungssatz, auf ein schmales Kanalstück der Länge $\Delta x$ angewandt, ergibt an Stelle von (9.78) die allgemeine Gleichung

$$\frac{\partial v_x}{\partial x} + \frac{U}{S} v_n = -\frac{j\omega}{\varrho c^2} p \, . \tag{9.95}$$

Darin ist $S$ die Kanal-Querschnittsfläche und $U$ der mit der Impedanz belegte Umfang. Setzt man wieder $v_n = p/z$ ein, so findet man

$$\frac{\partial v_x}{\partial x} = -\left( \frac{j\omega}{\varrho c^2} + \frac{1}{zS/U} \right) p \, . \tag{9.96}$$

An die Stelle von $zh$ in (9.80) tritt also $zS/U$. Weil darin die einzige Änderung besteht wird aus (9.83)

$$k_x = k \sqrt{1 - \frac{j}{\frac{z}{\varrho c} k \frac{S}{U}}} \, . \tag{9.97}$$

Alle schon genannten Überlegungen können in entsprechender Weise übernommen werden.

Als Kontrolle dieses Ergebnisses diene der weiter oben geschilderte Fall des Rechteckkanals mit schallharten Flächen und einer mit $z$ ausgestatteten Fläche an der oberen Kanalbegrenzung. Die mit $z$ ‚belegte Querlänge' sei $l$, dann ist mit der Kanalhöhe $h$ die Querschnittsfläche $S = hl$ und der belegte Umfang $U = l$. Das ergibt gerade wieder $S/U = h$. Für zweiflächige Belegung ist $U = 2l$ und daher $S/U = h/2$. Das wirkt also wie eine Halbierung der Impedanz. In etwa verdoppeln sich dadurch die erreichbaren Dämpfungen, z. B. ist $D_{\mathrm{h,max}} \approx 27\,\mathrm{dB}$ für den zweiseitig schallweich ausgekleideten Kanal.

Für Kreisquerschnitte (Radius $b$) und vollständige Belegung entlang des Umfangs gilt $S = \pi b^2$ und $U = 2\pi b$, also $S/U = b/2$.

Schließlich sein noch erwähnt, dass man unter stark vereinfachenden Annahmen die Kanaldämpfung auch aus dem (für den senkrechten Schalleinfall bestimmten) Absorptionsgrad der Kanalwandung abschätzen kann. In der praktischen Anwendung benutzt man meist poröse Schichten als Kanalwandungen. Für höhere Frequenzen und größere Strömungswiderstände $\Xi d$ ($d$ = Schichtdicke) ist die zugehörige Wandungsimpedanz etwa reell (siehe das Kapitel über Schallabsorber, insbesondere Abb. 6.13). Man kann also (9.90) sinngemäß benutzen und findet

$$k_x \simeq k \left( 1 - j \frac{1}{2} \frac{1}{\frac{|z|}{\varrho c} k \frac{S}{U}} \right) . \tag{9.98}$$

Für den Pegelabfall längs einer Strecke $l$ in Längsrichtung gilt wie in (9.66)

$$D_l = 8{,}7 k_{\mathrm{i}} l = 4{,}35 \frac{l}{\frac{|z|}{\varrho c} k \frac{S}{U}} . \tag{9.99}$$

Andererseits besagt das Anpassungsgesetz (6.33) für reelle Impedanzen

$$\begin{aligned} \alpha &= \frac{4\mathrm{Re}\{z/\varrho c\}}{[\mathrm{Re}\{z/\varrho c\} + 1]^2 + [\mathrm{Im}\{z/\varrho c\}]^2} \approx \frac{4\mathrm{Re}\{z/\varrho c\}}{[\mathrm{Re}\{z/\varrho c\} + 1]^2} \\ &\approx \frac{4|z|/\varrho c}{(|z|/\varrho c + 1)^2} \approx \frac{4}{|z|/\varrho c} , \end{aligned} \tag{9.100}$$

wenn größere Impedanzverhältnisse $|z|/\varrho c$ vorausgesetzt werden. Aus (9.99) und (9.100) folgt die nach ihrem Entdecker genannte ‚Piening-Formel'

$$D_l \approx 1{,}1 \frac{Ul}{S} \alpha , \tag{9.101}$$

die man für eine erste, grob überschlägige Orientierung über die zu erwartende Dämpferwirkung benutzen kann.

### 9.2.8 Exakte Berechnung bei beliebiger Impedanz

In fast allen praktischen Anwendungen sind die im vorigen Abschnitt geschilderten Abschätzungen und Prinzipien für die Kanaldämpfung genau genug: Entweder zielt man auf Breitbandigkeit und damit auf Wandungsabsorption mit ohnedies großer Impedanz ab; oder man wendet die schmalbandig hochwirksame Resonator-Belegung an, die in der Resonanzfrequenz mit der hohen „schallweichen" Dämpfung beginnt und dann sehr rasch zum Bandende hin abfällt. Weil es andererseits doch immer auch etwas unbefriedigend bleibt, sich nur auf Näherungen zu verlassen, und weil die folgende Berechnung auch nicht sehr schwierig ist, sei hier doch noch auf die Frage der exakten Berechnung des Schallfeldes zwischen den parallelen Ebenen $y = 0$ (mit $v = 0$) und $y = h$ (mit der Impedanz $z$) eingegangen.

Die Randbedingung $\partial p/\partial y = 0$ für $y = 0$ erfordert den Ansatz

$$p = A\cos(k_y y)\mathrm{e}^{-jk_x x} \tag{9.102}$$

für die Moden der Querverteilung. Die Wellenzahlen $k_y$ folgen aus der Randbedingung in der Ebene $z = h$, $p(h) = zv(h)$:

$$\cos(k_y h) = -\frac{jk_y z}{\omega\varrho}\sin k_y h = -jk_y h\frac{z/\varrho c}{kh}\sin k_y h$$

oder

$$-j(k_y h)\,\mathrm{tg}(k_y h) = \frac{kh}{z/\varrho c}\,. \tag{9.103}$$

Gleichung (9.103) bildet die sogenannte Eigenwertgleichung für die Schallausbreitung im Kanal. Die Lösungen von (9.103) geben alle vorkommenden Querwellenzahlen $k_y$ an. Die daraus resultierenden axialen Wellenzahlen $k_x$ folgen wieder aus der Wellengleichung, die für (9.102)

$$k_x h = \sqrt{(kh)^2 - \left(k_y h\right)^2} \tag{9.104}$$

verlangt. In $k_x$ sind die modalen Wellen-Eigenschaften enthalten, insbesondere gilt auch hier natürlich

$$D_\mathrm{h} = -8{,}7\mathrm{Im}\{k_x h\}\,.$$

Alle schon behandelten Sonderfälle müssen in der Eigenwertgleichung wiedergefunden werden. In der Tat, für $z \to \infty$ geht (9.103) in $\sin k_y h = 0$ und also in $k_y h = n\pi$ ($n = 0, 1, 2, \ldots$) über. Auch für $z = 0$ ergibt diese Kontrolle mit $\cos k_y h = 0$ die Eigenwerte $k_y h = \pi/2 + n\pi$ ($n = 0, 1, 2, \ldots$), das ist das schon früher hergeleitete Ergebnis.

Diese Beispiele geben auch Auskunft über das in (9.103) enthaltene Prinzip: Diese transzendente Gleichung hat nicht eine, sondern (unendlich) viele Lösungen. Die Ausbreitung wird allgemein durch eine Vielzahl von Moden beschrieben, deren Wellenzahlen sämtlich Lösungen von (9.103) sind. Wenn die modalen Amplituden nicht bekannt sind, berechnet man die Kanaldämpfung stets aus der Mode mit der kleinsten Dämpfung $D_\mathrm{h}$, die als „Grundmode“ bezeichnet wird.

Auch die im vorigen Abschnitt schon betrachtete Näherung für diese Grundmode bei großer Impedanz geht aus (9.103) wieder hervor. Setzt man $|z/\varrho c| \gg kh$ voraus, dann kann man für die Grundmode in (9.103) $\operatorname{tg} k_y h \approx k_y h$ annähern und findet

$$\left(k_y h\right)^2 = j\,\frac{kh}{z/\varrho c}\,,$$

und daher

$$k_x h = \sqrt{(kh)^2 - j\,\frac{kh}{z/\varrho c}}$$

wie in (9.83).

Der einzige, hier noch nicht behandelte, in der Praxis wenigstens auch manchmal relevante Fall besteht in kleinen, imaginären Impedanzen, der bei der Wandungsbelegung mit Resonatoren in der Nähe der Resonanzfrequenz vorkommt. Für $|z/\varrho c| \ll kh$ kann man im Bereich der Grundmode

$$k_y h = \frac{\pi}{2} + \Delta$$

($|\Delta| \ll \pi/2$) annehmen. Aus (9.103) wird dann näherungsweise

$$-j\left(\frac{\pi}{2} + \Delta\right)\frac{\sin\left(\frac{\pi}{2} + \Delta\right)}{\cos\left(\frac{\pi}{2} + \Delta\right)} \approx j\,\frac{\frac{\pi}{2} + \Delta}{\sin\Delta} \approx j\,\frac{\frac{\pi}{2} + \Delta}{\Delta} = j\left(1 + \frac{\pi}{2}\frac{1}{\Delta}\right) = \frac{kh}{z/\varrho c}\,.$$

Nach $\Delta$ aufgelöst,

$$\Delta = -\frac{\frac{\pi}{2}}{1 + j\,\frac{kh}{z/\varrho c}}\,,$$

folgt daraus schließlich die Querwellenzahl $k_y$ zu

$$k_y h = \frac{\pi}{2} + \Delta \approx \frac{\pi}{2}\,\frac{j\,\frac{kh}{z/\varrho c}}{1 + j\,\frac{kh}{z/\varrho c}} = \frac{\pi}{2}\,\frac{1}{1 - j\,\frac{z/\varrho c}{kh}} \approx \frac{\pi}{2}\left(1 + j\,\frac{z/\varrho c}{kh}\right).$$

Im letzten Schritt ist noch $1/(1-x) \approx 1 + x$ für $|x| \ll 1$ benutzt worden. Die axiale Wellenzahl ist damit

$$k_x h = \sqrt{(kh)^2 - \frac{\pi^2}{4}\left(1 + j\,\frac{z/\varrho c}{kh}\right)^2} \tag{9.105}$$

oder für hinreichend tiefe Frequenzen $kh \ll \pi/2$

$$k_x h \approx -j\,\frac{\pi}{2}\left(1 + j\,\frac{z/\varrho c}{kh}\right) = \frac{\pi}{2}\left(\frac{z/\varrho c}{kh} - j\right).$$

Für die Kanaldämpfung gilt also

$$D_{\mathrm{h}} = -8{,}7\,\mathrm{Im}\{k_x h\} = 13{,}7\left[1 - \mathrm{Im}\left\{\frac{z/\varrho c}{kh}\right\}\right]. \tag{9.106}$$

Für die Herleitung von (9.106) ist eine Näherung der Tangens-Funktion in der Nähe ihrer Polstelle gemacht worden, die – wie erwähnt – kleine Impedanzen voraussetzt. Nun sind „Näherungen in der Polstelle" immer sehr empfindlich gegenüber kleinen Abweichungen, und deshalb verliert (9.106) mit wachsender Impedanz rasch an Gültigkeit. Immerhin lässt sich jedoch eine Einschätzung über die Wirkung der Impedanztypen bei kleinen Absolutwerten ablesen.

Wie man sieht nimmt nämlich die Kanaldämpfung mit wachsender (kleiner) Massenimpedanz $z = j\,|z|$ ab. Mit wachsender (kleiner) Federungsimpedanz dagegen nimmt $D_{\mathrm{h}}$ zu und kann offensichtlich auch größer als $D_{\mathrm{h}} = 13{,}7\,\mathrm{dB}$ (wie im Fall $z = 0$) werden.

Andererseits ist für größere Steifeimpedanz wie vorne erläutert überhaupt keine Kanaldämpfung $D_{\mathrm{h}} = 0$ zu erwarten. $D_{\mathrm{h}}$ muss also bei kleinen, dem Betrage nach wachsenden Steifeimpedanzen zunächst bis zu einem Maximalwert hin zunehmen, und danach sehr rasch kleiner werden und gegen Null streben. Offensichtlich existiert eine Optimal-Impedanz im Steifebereich der Impedanz, für die $D_{\mathrm{h}}$ den größtmöglichen Wert $D_{\mathrm{h,opt}}$ annimmt.

Die Frage der Optimalimpedanz lässt sich am einfachsten an einer grafischen Darstellung der Eigenwertgleichung

$$-\,jw\,\mathrm{tg}\,w = \beta \tag{9.107}$$

beantworten, die hier zunächst allgemein erläutert sei.

In (9.103) ist der Kürze wegen $w = k_y h$ und $\beta = kh/(z/\varrho c)$ gesetzt worden. Gleichung (9.107) beschreibt eine transzendente Gleichung, in der $\beta$ gegeben und die Lösungen $w$ gesucht sind. Am einfachsten findet man diese Lösungen anhand einer Wertetabelle der komplexen Funktion $F(w) = -jw\,\mathrm{tg}(w)$, die man mit einem Computer leicht erstellen kann. Zum Beispiel könnte man eine Matrix von komplexen Funktionswerten $F$ berechnen, wobei in einer Zeile der Imaginärteil von $w = w_{\mathrm{r}} + jw_{\mathrm{i}}$ konstant gehalten wird, während der Realteil $w_{\mathrm{r}}$ mit der Spaltennummer systematisch variiert wird. Auf diese Weise gewinnt man eine tabellarische Beschreibung von $F(w)$, die Zeilen geben die Funktionswerte für $w_{\mathrm{i}} = \mathrm{const.}$, die Spalten für $w_{\mathrm{r}} = \mathrm{const.}$ an. Für einen gegebenen Wert von $\beta$ ließen sich so durch Auffinden von $F(w) = \beta$ in der Tabelle die Lösungen der Eigenwertgleichung ablesen.

Die Aussagen der Matrix können aber auch grafisch dargestellt werden. Zum Beispiel können die komplexen Werte von $F(w)$, die sich für $w_{\mathrm{i}} = \mathrm{const.}$ und veränderlichem $w_{\mathrm{r}}$ in einer Zeile der Matrix ergeben, in einer Grafik zu einer Linie miteinander verbunden werden. Man erhält so Linien $w_{\mathrm{i}} = \mathrm{const.}$ in der komplexen Zahlenebene, sie sind in Abb. 9.24 dargestellt. Entlang einer Linie $w_{\mathrm{i}} = \mathrm{const.}$ variiert $w_{\mathrm{r}}$, und zwar wird in Pfeilrichtung wachsend $0 \le w_{\mathrm{r}} \le \pi$ überstrichen (das Kurvenende $w_{\mathrm{r}} = \pi$ kann außerhalb des dargestellten Bereichs liegen). Die Kurven $w_{\mathrm{i}} = \mathrm{const.}$ können sich selbst schneiden:

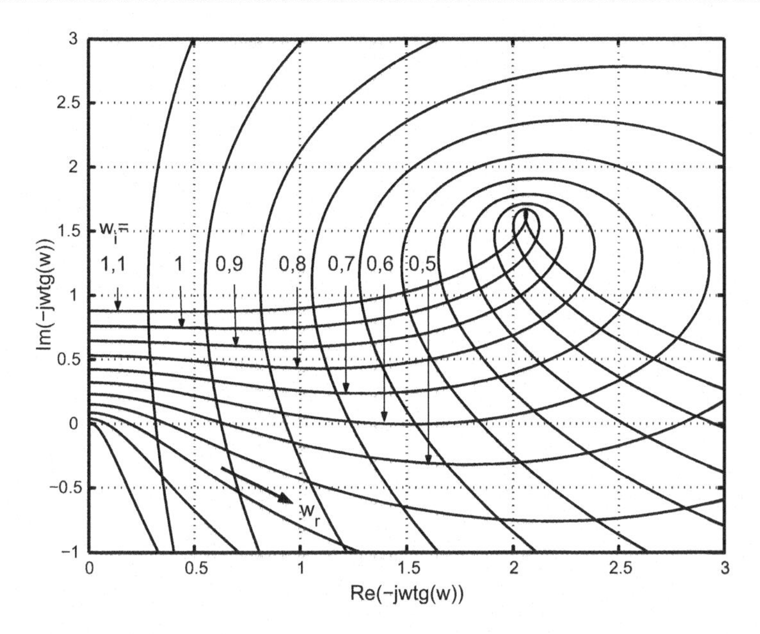


**Abb. 9.24** Linien $w_i$ = const.

Das bedeutet ja nur, dass die Eigenwertgleichung (9.107) eben auch mehrere Lösungen hat. Würde man ein größeres Intervall von $w_\text{r}$ als hier benutzt wählen, dann würde die komplexe Ebene auch mehrfach überdeckt. Damit man für ein beliebigen (gegebenen) Wert von $\beta$ den zugehörigen Eigenwert $w$ mit der kleinsten Dämpfung leicht und sicher ablesen kann sind in Abb. 9.25 noch die Linien $w_\text{r}$ = const. gezeigt. Zum Beispiel liest man für $\beta = 1{,}5 + j\ 0{,}5$ aus Abb. 9.24 etwa $w_i = 0{,}8$ und aus Abb. 9.25 etwa $w_\text{r} = 1$ ab.

Aus diesen Darstellungen von $F(w)$ muss sich auch die Lösung des Optimalproblems ablesen lassen. Dazu ist zunächst festzustellen, dass wegen

$$k_x h = \sqrt{(kh)^2 - w^2} \approx -jw = w_\text{i} - jw_\text{r}$$

(für $kh \ll |w|$) der Realteil $w_\text{r}$ der Lösung $w$ die Dämpfung bestimmt; es ist ja

$$D_\text{h} \approx 8{,}7 w_\text{r} .$$

Wie gesagt schneiden sich die Kurven $w_\text{i}$ = const. selbst, der Schnittpunkt bezeichnet für den damit definierten Wert von $\beta$ zwei Moden mit $w = w_1 = w_{\text{r}1} + jw_\text{i}$ und $w = w_2 = w_{\text{r}2} + jw_\text{i}$, die unterschiedliche Dämpfungen $w_{\text{r}1}$ und $w_{\text{r}2}$ besitzen. Dabei ist $w_1$ der Wert von $w$, bei dem die Kurve den Schnittpunkt in Pfeilrichtung das erste Mal passiert, $w_2$ der Wert, bei dem die Kurve das zweite Mal den Schnittpunkt durchläuft. Es gilt also $w_{\text{r}1} < w_{\text{r}2}$. Die Kanaldämpfung $D_\text{h}$ wird stets auf die Mode mit der schwächsten Dämpfung gestützt, es ist also $D_\text{h} \approx 8{,}7 w_{\text{r}1}$.

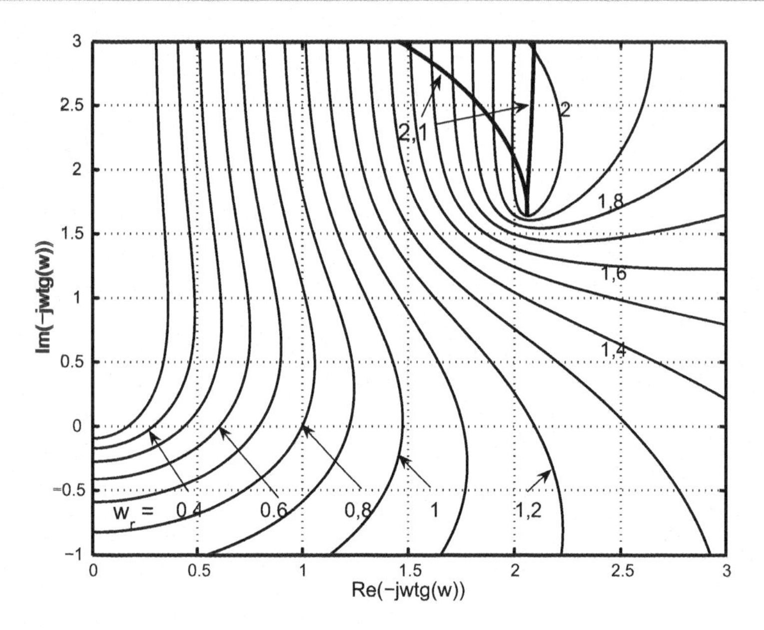


**Abb. 9.25** Linien $w_r = \text{const.}$

Wenn man nun die Entwicklung der Kurvenschar $w_i = \text{const.}$ mit wachsendem $w_i$ verfolgt, so erkennt man, dass die „Schleife", die die Kurven bei der Rückkehr in den Schnittpunkt mit sich selbst nehmen, immer enger werden. Mit zunehmendem $w_i$ wird also $w_{r1}$ größer, während $w_{r2}$ gleichzeitig abnimmt. Schließlich kollabiert die Schleife zu einem Punkt. Er heißt Windungspunkt; in ihm gilt $w_1 = w_2$, die beiden $w$-Werte des Schnittpunktes fallen zusammen. Der Windungspunkt gibt die maximal mögliche Kanaldämpfung $D_{h,opt}$ an: $w_{r1}$ kann zwar weiter zunehmen; gleichzeitig muss dann aber $w_{r2}$ unter den Optimalwert fallen, so dass die kleinstmögliche Dämpfung geringer werden würde.

Offensichtlich bildet der Windungspunkt $w_1 = w_2$ eine zweifache Nullstelle von

$$G(w) = \beta + jw \operatorname{tg} w \,. \tag{9.108}$$

Für den Windungspunkt kann man aus Abb. 9.24 und aus Abb. 9.25 etwa

$$\beta_{\text{opt}} \approx \frac{kh}{z_{\text{opt}}/\varrho c} = 2{,}05 + j\,1{,}6 \tag{9.109}$$

ablesen. Daraus folgt für die Optimalimpedanz

$$\frac{z_{\text{opt}}}{\varrho c} \simeq \frac{h}{\lambda}\,(1{,}9 - j\,1{,}5)\,. \tag{9.110}$$

Sie besteht also in einer kleinen Steifeimpedanz mit zusätzlichem, etwa gleich großem Realteil.

Die sich für $z = z_{\text{opt}}$ einstellende maximale Dämpfung $D_{\text{h,opt}}$ kann aus Abb. 9.25 abgelesen werden. Sie beträgt mit $w_{\text{r,opt}} = 2{,}1$ offensichtlich $D_{\text{h,opt}} = 8{,}7 w_{\text{r,opt}} = 18{,}3\,\text{dB}$.

Zur Kontrolle des genannten Ergebnisses können folgende Überlegungen herangezogen werden. Der genannte Windungspunkt bildet wie erwähnt eine doppelte Nullstelle von (9.108). Wie im Reellen ist das der Fall, wenn sowohl

$$G(w) = 0 \tag{9.111}$$

als auch

$$\frac{\text{d}G\,(w)}{\text{d}w} = 0 \tag{9.112}$$

erfüllt sind. Gleichung (9.112) führt nach elementarer Rechnung auf

$$\sin 2w + 2w = 0. \tag{9.113}$$

Die (einzige) Lösung von (9.113) muss ebenfalls den Windungspunkt angeben. Gleichung (9.113) lässt sich numerisch rasch und sicher lösen, das Ergebnis beträgt

$$w_{\text{opt}} = 2{,}106 + j1{,}126\;, \tag{9.114}$$

woraus ebenfalls die Optimaldämpfung $D_{\text{h,opt}} = 18{,}3\,\text{dB}$ folgt.

Die Frage, worin das maximal Mögliche besteht, ist von einem wissenschaftlichen Standpunkt aus gesehen immer interessant. Praktisch ist die diskutierte Optimalimpedanz allerdings fast gänzlich bedeutungslos. Sie wäre allenfalls nur sehr schmalbandig in der Nähe der Resonanzfrequenz eines Resonators herstellbar.

Zum Abschluss sei noch eine Bemerkung zur numerischen Lösung der Eigenwertgleichung (9.107) angefügt, die sich keineswegs als besonders schwierig erweist. Mit Funktionen zu arbeiten, die Polstellen enthalten, ist bei numerischen Verfahren immer ungünstig. Deshalb formt man die Eigenwertgleichung zur Vermeidung dieses Problems in

$$H(w) = jw\,\sin\,w + \beta\,\cos\,w = 0 \tag{9.115}$$

um. Diese Funktion lässt sich rasch und sicher programmieren und auf Nullstellen untersuchen. Es genügt dabei, einen schmalen Streifen (von etwa $0 < w_i < 5$) oberhalb der reellen Achse zu betrachten, in dem alle Nullstellen (auch die höherer Moden) enthalten sein müssen, weil außerhalb des Streifens für noch größere $w_i$ etwa $j\,\sin w \approx -\cos w$ gilt. Auch reicht es aus, die numerische Nullstellensuche auf den Betrag $|H(w)|$ zu stützen.

## 9.3 Zusammenfassung

Das Wirkprinzip von Kanalschalldämpfern kann in Reflexion und in Absorption bestehen. Reine Reflexionsdämpfer sind z. B. Querschnittssprünge, Verzweigungen und eingefügte Kammern (z. B. Auspufftöpfe). Auch Wandungsdämpfer bilden bei imaginärer Wandungsimpedanz reine Reflektoren.

Allgemein gilt das Prinzip, dass man entweder bei gleichem Aufwand schmalbandig recht hohe Einfügungsdämmmaße erreichen kann, oder man muss breitbandig mit vergleichsweise kleiner Wirkung zufrieden sein. Beispiele für schmalbandige Dämpfer sind Rohre mit in Längsrichtung periodisch veränderlichem Querschnitt bei kleinem Hub der Verengungen und Erweiterungen, die Wandungs-Auskleidung mit schwach gedämpften Resonatoren und die nur in einem Frequenzpunkt herstellbare Wandungs-Optimalimpedanz. Breitbandige, aber kleinere Schalldämpfungen $D_{\mathrm{h}}$ erhält man bei Wandungsimpedanzen aus absorbierenden Schichten mit etwa $\Xi d/\varrho c = 4$. Große Pegelminderungen lassen sich dabei dann nur durch entsprechende Länge des Dämpfers herstellen.

## 9.4 Literaturhinweis

F. P. Mechel hat einen wichtigen Teil seines Werkes „Schallabsorber“ (Bände 1 bis 4, Hirzel Verlag, Stuttgart, ab 1995) dem Thema der schallschluckenden bzw. reaktiven Kanalauskleidung gewidmet.

## 9.5 Übungsaufgaben

**Aufgabe 9.1**
Ein kreiszylindrischer Kammerschalldämpfer (ohne absorbierende Auskleidung) soll im Frequenzbereich zwischen 200 Hz und 600 Hz ein Einfügungsdämmmaß von mindestens 7 dB herstellen. Wie sind die erforderlichen Topfabmessungen (Durchmesser und Länge), wenn der Topf in ein Rohr von 5 cm Durchmesser eingefügt wird? Wie groß ist die tiefste cut-on-Frequenz des Topfes?

**Aufgabe 9.2**
Man bestimmte die tieffrequente Dämpfung $D_a$ eines Kanals (quadratischer Querschnitt, Kantenlänge $a$), der auf dem ganzen Umfang mit der Impedanz $\varrho\, c$ ($2\varrho\, c$) belegt ist. Wie groß ist die Dämpfung $D_b$ bei kreisförmigem Querschnitt (Radius $b$)?

**Aufgabe 9.3**
Die Wandung eines Schalldämpfers wird zur Reduktion von Netzbrummen (Frequenz $= 50$ Hz) einseitig mit ungedämpften Resonatoren ausgestattet. Die Hohlraumtiefe im Resonator betrage 50 cm (1 m). Welcher Massenbelag ist erforderlich?

**Aufgabe 9.4**

Angenommen, die Netzfrequenz ändere sich um 5 Hz auf 55 Hz oder auf 45 Hz. Wie ändert sich dann die Wandungsimpedanz, die in Aufgabe 9.3 definiert worden ist? Welche Konsequenzen hätte das für die Kanaldämpfung? Wie groß ist die maximal erreichbare Kanaldämpfung? Es sei dabei angenommen, dass die Kanal-Querabmessung $h = 0{,}25\,\mathrm{m}$ beträgt.

# 10 Schallschutzwände

Ein jeder Mitmensch kennt aus eigener Anschauung den Versuch, lästigen Lärm zu vermeiden, indem man ein Hindernis zwischen sich und den Erzeuger bringt. Dem Pressluft-hammer oder dem Rasenmäher trachtet man hinter dem nächsten Haus zu entgehen; bei der Erholung in Waldesstille schlägt man rasch den Weg über den nächsten Hügel ein, wenn die Motorsäge der Forstarbeiter die Stille zerschneidet.

Ebenso weiß auch ein jeder, wie fruchtbar – oder eben fruchtlos – solche Versuche sind. Der Blickkontakt zur Quelle ist längst durch große Hindernisse ausgeschlossen, der Lärm dringt dennoch mit nur mäßiger oder mittelmäßiger Abschwächung an das Ohr. Offensichtlich gelingt dem Schall, was unser Blick nicht kann: Er beugt sich um das Hindernis herum, weicht also von der geraden Ausbreitung ab. Der physikalische Effekt heißt deshalb „Beugung".

In unserer lärmreichen Welt hat die Frage große Bedeutung, wie bereits vorhandene oder neu zu bauende Schallschirme (Gebäude, Wände, Wälle …) gezielt zum Schutz gegen Belästigung (und Krankheit) genutzt und welche Pegelminderungen damit erreicht werden können. Allein in Deutschland dürfte die Länge von Lärmschutzwände an Straßen und Schienenwegen sicherlich in Tausenden von Kilometern gezählt werden. Wie groß ihre Wirkung ist, welche Pegelsenkung von ihnen bereitgestellt wird, das sind Fragen, die zum Kerngebiet von Technische Akustik gehören, und die hier deshalb aufgegriffen werden.

Andererseits lassen sich hier nicht alle Beugungsphänomene behandeln. Zum Beispiel hängt die Beugung gewiss von der Körpergestalt des Hindernisses ab, ein hier nicht diskutierter Einfluss. Das Folgende muss sich auf das Prinzipielle und Grundsätzliche mit Betrachtungen an Hand einer möglichst einfachen Anordnung konzentrieren. Deshalb handelt der folgende Abschnitt von der Beugung an einer schallharten, halbunendlich ausgedehnten Schneide, die von einer schräg einlaufenden Welle getroffen wird (Abb. 10.1). Dieses Beugungsproblem ist übrigens vor etwa 60 Jahren zuerst von Sommerfeld in seinen „Vorlesungen über Theoretische Physik" (für Licht) behandelt worden (Sommerfeld, A.: ‚Vorlesungen über Theoretische Physik', Akademische Verlagsgesellschaft, Leipzig



M. Möser, *Technische Akustik*, VDI-Buch, DOI 10.1007/978-3-662-47704-5_10

1964). Verglichen mit den großen physikalischen Entdeckungen des gleichen Jahrhunderts, dem Werk Albert Einsteins, ist die auch quantitative Erfassung des Beugungsphänomens erstaunlich jung. Bis heute gehört das Thema auch keineswegs immer zum Repertoire der Akustik-Ausbildung. Vielleicht liegt der Grund dafür zum Teil einfach darin, dass sich die in Wahrheit recht einfach fassbaren und einleuchtenden Sachverhalte erst nach einigem Rechnen mit Formeln ergeben, wie das Folgende zeigt.

## 10.1 Beugung an der halbunendlichen Schneide

Die Modell-Anordnung, die den nun folgenden Betrachtungen zu Grunde liegt, ist in Abb. 10.1 vorgestellt. Sie besteht aus der halbunendlichen Schneide, die die positive $x$-Achse $0 \leq x < \infty$ einnimmt. Die Schneide wird als sehr dünn und zunächst auf Ober- und Unterseite als schallhart reflektierend angesehen. In einem späteren Abschnitt wird dann noch besprochen, wie sich schallweiche Oberflächen (Druck $=0$ auf Ober- und Unterseite) und beidseitig vollständig absorbierende Oberflächen verhalten.

Die Anregung erfolgt durch eine Volumen-Linienquelle im Abstand $a$ vor dem Ende ($x = 0, y = 0$) der halbunendlichen Schneide, das gleichzeitig den Ursprung des Koordinatensystems bildet. Es werden hier die Koordinaten des Kreiszylinders verwendet, der Winkel $\varphi$ zählt mathematisch positiv relativ zur Oberseite des dargestellten, beliebig

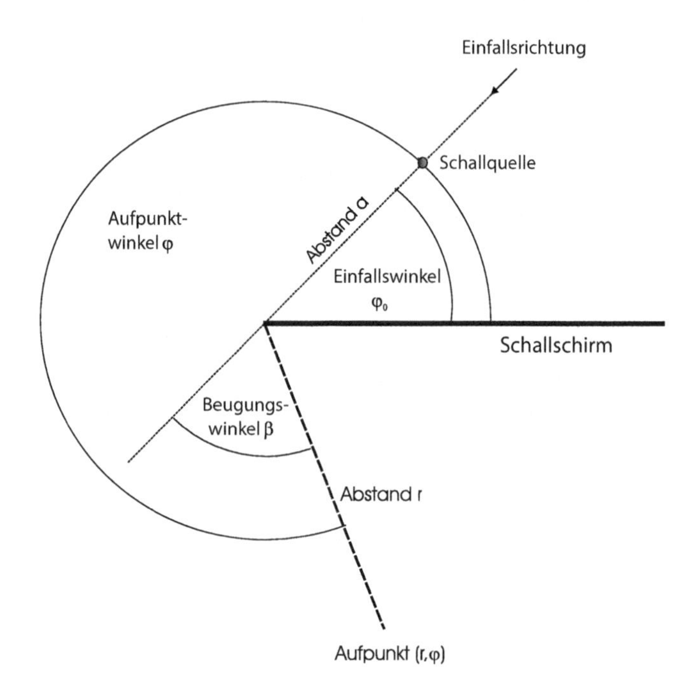


**Abb. 10.1** Geometrische Größen am halbunendlichen Schirm. Beugungswinkel $\beta = \varphi - \pi - \varphi_0$

dünnen Schallschirmes. Der Winkel $\varphi$ überdeckt nur das Intervall $0 \leq \varphi \leq 360°$; Werte außerhalb des genannten Intervalls sind nicht zugelassen. Die Lage der Quelle ist durch den Winkel $\varphi_0$ bezeichnet. Es wird hier der zweidimensionale Fall behandelt, längs der auf der Zeichenebene senkrecht stehenden Richtung treten keine Änderungen auf ($\partial/\partial z = 0$). Der innerhalb des Zylinders mit dem Radius $a$ liegende Bereich wird als ‚Teilraum 1', der außerhalb in $r > a$ liegende Bereich wird als ‚Teilraum 2' bezeichnet.

Im Zylinderkoordinatensystem nimmt die Wellengleichung für den Schalldruck folgende Gestalt an:

$$r^2 \frac{\partial^2 p}{\partial r^2} + r \frac{\partial p}{\partial r} + \frac{\partial^2 p}{\partial \varphi^2} + k^2 r^2 p = 0 \tag{10.1}$$

($k = \omega/c = 2\pi/\lambda$ = Wellenzahl der freien Wellen). Diese Wellengleichung im zylindrischen Koordinatensystem ist in vielen mathematischen Nachschlagewerken zu finden.

Die Lösungsfunktionen in $\varphi$-Richtung werden nun so angesetzt, dass sie stehende Wellen in Umfangsrichtung bilden und dabei die Randbedingungen auf der Schirm-Oberkante und auf der Unterkante ($\partial p/\partial \varphi = 0$ für $\varphi = 0$ und für $\varphi = 360°$) erfüllen. Offensichtlich müssen die möglichen $\varphi$-Abhängigkeiten durch

$$p \sim R(r) \cos(n\varphi/2) \tag{10.2}$$

($n = 0, 1, 2, 3, \ldots$) gegeben sein, denn gerade diese Cosinus-Verläufe erfüllen wie verlangt die Randbedingungen auf Ober- und Unterseite der schallharten Schneide. Damit reduziert sich die Wellengleichung auf die gewöhnliche Differentialgleichung

$$r^2 \frac{\partial^2 R}{\partial r^2} + r \frac{\partial R}{\partial r} + (k^2 r^2 - (n/2)^2) R = 0\,. \tag{10.3}$$

Die Lösungen dieser sogenannten Bessel'schen Differentialgleichung bestehen in den Besselfunktionen $J_{n/2}(kr)$ und Neumannfunktionen $N_{n/2}(kr)$ mit den nicht-ganzzahligen Ordnungen $n/2$. Für die ersten 10 Ordnungen $n$ sind die Funktionen in den Abb. 10.2 und 10.3 gezeigt. Die Funktionen sind tabelliert und (z. B.) in MATLAB als Standard-Routine enthalten.

Wie man an den Bildern erkennt handelt es sich im Wesentlichen um Sinus-Funktionen mit schwach fallender Amplitude. Das wird auch an den beiden folgenden, für große Argumente $x$ gültigen Näherungen deutlich. Es gilt

$$J_{n/2}(x) \simeq \sqrt{\frac{2}{\pi x}} \cos(x - n\pi/4 - \pi/4) \tag{10.4}$$

und

$$N_{n/2}(x) \simeq \sqrt{\frac{2}{\pi x}} \sin(x - n\pi/4 - \pi/4)\,. \tag{10.5}$$

Fortschreitende Wellen bestehen offensichtlich aus Summen von Bessel- und Neumannfunktionen. Die sogenannten Hankelfunktionen erster und zweiter Art sind definiert

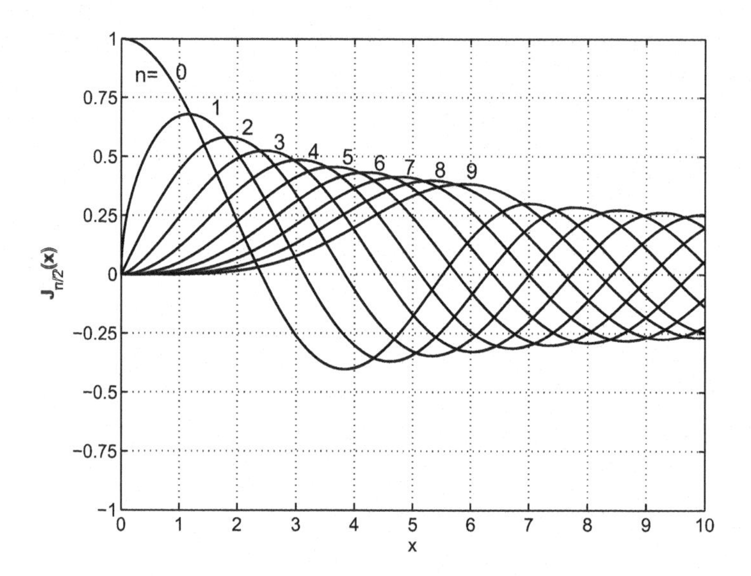


**Abb. 10.2** Besselfunktionen $J_{n/2}(x)$

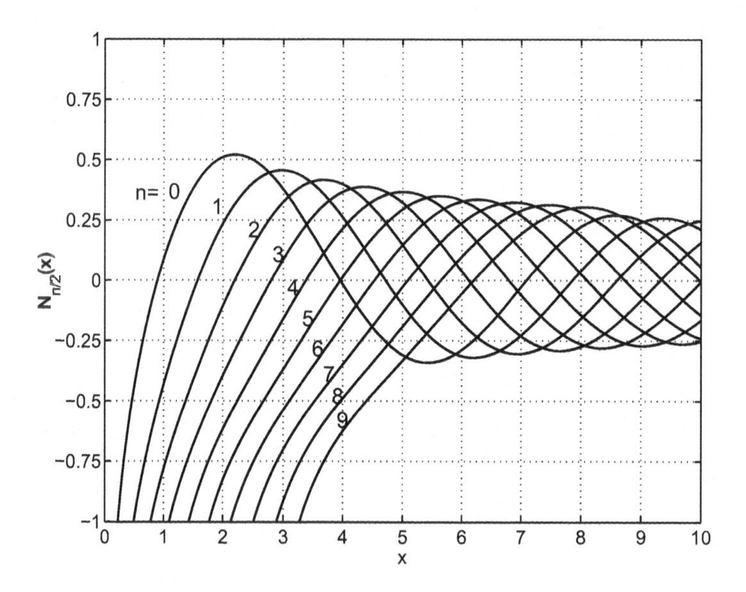


**Abb. 10.3** Neumannfunktionen $N_{n/2}(x)$

als

$$H_{n/2}^{(1)}(x) = J_{n/2}(x) + jN_{n/2}(x) \tag{10.6}$$

und als

$$H_{n/2}^{(2)}(x) = J_{n/2}(x) - jN_{n/2}(x) \,. \tag{10.7}$$

Offensichtlich handelt es sich bei der Hankelfunktion erster Art im Prinzip um eine im Koordinatensystem nach innen in $-r$-Richtung laufende, bei der Hankelfunktion zweiter Art um eine nach außen in $+r$-Richtung laufende Welle.

Ein wichtiger Unterschied zwischen Neumann- und Besselfunktionen besteht in der Tatsache, dass erstere in $x = 0$ Polstellen aufweisen, die sich übrigens wie $\ln(x)$ für $n = 0$ und sonst wie $x^{-n/2}$ verhalten. Die Besselfunktionen dagegen besitzen endliche Werte ($J_0(0) = 1, J_{n/2}(0) = 0$).

Für die in Abb. 10.1 gekennzeichneten Teilräume müssen nun unterschiedliche Ansätze für den Schalldruck gemacht werden.

### Teilraum 1

In Teilraum 1 zwischen Wandkante und dem Kreis mit dem Radius $a$, auf dem die Quelle liegt, kann der Druck an der Stelle der Wandkante nicht über alle Grenzen wachsen; im Gegenteil muss das Schallfeld (außer an der Stelle der Quelle selbst) überall endlich große Werte besitzen. Aus diesem Grund kommen Neumannfunktionen als Ansatzfunktionen nicht in Frage. Deshalb wird für den Teilraum 1 der Ansatz

$$p_1 = \sum_{n=0}^{\infty} a_{n/2} J_{n/2}(kr) \cos(n\varphi/2) \tag{10.8}$$

gemacht. Dabei sind die Größen $a_{n/2}$ unbekannte Koeffizienten, die noch aus den Randbedingungen auf der Trennfläche zwischen den Teilräumen und der Quelle bestimmt werden müssen.

### Teilraum 2

Das Wellenfeld in Teilraum 2 kann nur aus in $+r$-Richtung laufenden Wellen bestehen. Aus dem Unendlichen kann kein Schallfeld zurückkommen. Weil auch sonst keine Reflektoren vorliegen, können auch keine isolierten, stehenden Wellen vorhanden sein. Für den Teilraum 2 muss also der Ansatz

$$p_2 = \sum_{n=0}^{\infty} b_{n/2} H_{n/2}^{(2)}(kr) \cos(n\varphi/2) \tag{10.9}$$

formuliert werden.

Wie schon gesagt müssen nun noch die Koeffizienten $a_{n/2}$ und $b_{n/2}$ aus den Randbedingungen auf dem Kreis mit dem Radius $a$ bestimmt werden. Dazu wird der Kreis $r = a$ einmal innenseitig im Teilraum 1 in $r = a - \varepsilon$ und einmal außenseitig im Teilraum 2 in $r = a + \varepsilon$ (jeweils mit einem sehr kleinen $\varepsilon \to 0$) umfahren. Dabei ergeben sich an der gleichen Stelle $\varphi$ natürlich immer auch die gleichen Drücke, und zwar auch an der Stelle der Quelle $\varphi = \varphi_0$. Zwar kann hier das Schallfeld sehr groß werden, weil jedoch die angenommene ungerichtete Schallquelle den gleichen Schalldruck zu beiden Seiten erzeugt, sind die Drücke $p_1(a-\varepsilon,\varphi_0)$ und $p_2(a+\varepsilon,\varphi_0)$ gleich groß unabhängig davon, wie groß sie tatsächlich sind. Es gilt also ohne Einschränkungen kurzgefasst

$$p_1(a,\phi) = p_2(a,\phi)\ . \tag{10.10}$$

Auch für die $r$-gerichtete Schallschnelle $v_r$ muss man in jeder Stelle $\varphi$ auf den beiden Kreisen überall den gleichen Werte antreffen, es ist also auch $v_{r1} = v_{r2}$. Das gilt diesmal freilich nicht für den Ort der Quelle. Zu beiden Seiten der Quelle erzeugt sie entgegengesetzt gleich große Schallschnellen. Bei einer (beliebig kleinen) Punktquelle und beliebiger Nähe zur Quelle auf den beiden Kreisen unterscheiden sich demnach die beiden Schallschnellen an der Stelle der Quelle um einen unendlich großen Betrag. Die Differenzfunktion $v_{r2} - v_{r1}$ ist also überall gleich Null, außer an der Stelle $\varphi = \varphi_0$. In $\varphi = \varphi_0$ ist die Differenzfunktion unendlich groß. Ein solche Funktion, die überall gleich Null ist und nur in einem einzigen Punkt einen dann unendlich großen Wert besitzt, ist die Dirac'sche Deltafunktion $\delta(\varphi-\varphi_0)$. Es gilt also

$$v_{r1}(a,\varphi) - v_{r2}(a,\varphi) = Q_0\delta(\varphi-\varphi_0)\ . \tag{10.11}$$

Dabei bedeutet $Q_0$ eine Quellgröße, deren Bedeutung erst später geklärt werden soll.

Die Bestimmung der noch unbekannten Koeffizienten $a_{n/2}$ und $b_{n/2}$ aus den Randbedingungen (10.10) und (10.11) benötigt nun nur noch fundamentale Rechenschritte. Am einfachsten ist es vielleicht, die Randbedingung gleicher Drücke in $r = a$ zu einer Neuformulierung zu benutzen. Diese Randbedingung ist nämlich in den nun neu formulierten Ansätzen

$$p_1 = \sum_{n=0}^{\infty} d_{n/2} J_{n/2}(kr) H^{(2)}_{n/2}(ka) \cos(n\varphi/2) \tag{10.12}$$

und

$$p_2 = \sum_{n=0}^{\infty} d_{n/2} H^{(2)}_{n/2}(kr) J_{n/2}(ka) \cos(n\varphi/2) \tag{10.13}$$

bereits erfüllt. Die Differenzfunktion $v_{r1}(a,\varphi) - v_{r2}(a,\varphi)$ ergibt sich aus dieser Neuformulierung wegen $v_r = j/(\omega\varrho)\,\partial p/\partial r$ zu

$$\frac{j}{\varrho c}\sum_{n=0}^{\infty} d_{n/2}\left[H^{(2)}_{n/2}(ka)J'_{n/2}(ka) - H'^{(2)}_{n/2}(ka)J_{n/2}(ka)\right]\cos(n\varphi/2) = Q_0\delta(\varphi-\varphi_0)\ . \tag{10.14}$$

Darin bedeutet $'$ die Ableitung nach dem Argument (also $\partial/\partial kr$). Die enthaltene rechteckige Klammer lässt sich erheblich vereinfachen:

$$\left[H^{(2)}_{n/2}J'_{n/2} - H'^{(2)}_{n/2}J_{n/2}\right] = j\left[J_{n/2}N'_{n/2} - J'_{n/2}N_{n/2}\right] = \frac{2j}{\pi ka} \tag{10.15}$$

(im letzten Schritt ist ein Additionstheorem für die Bessel- und Neumannfunktionen benutzt worden, siehe dazu ein geeignetes Taschenbuch der Mathematik, z. B. Abramowitz,

M. (Hrsg.); Stegun, I. A. (Hrsg.): ‚Handbook of Mathematical Functions', 9th Dover Printing, New York 1972). Damit bleibt schließlich

$$\sum_{n=0}^{\infty} d_{n/2} \cos(n\varphi/2) = \frac{\pi k a \varrho c\, Q_0}{2} \delta(\varphi - \varphi_0) \tag{10.16}$$

als Bedingungsgleichung für die Koeffizienten $d_{n/2}$ übrig. Sie kann leicht wie folgt nach einer speziellen Unbekannten $d_{m/2}$ aufgelöst werden. Dazu werden beide Seiten mit $\cos(m\varphi/2)$ multipliziert und über das Intervall $0 < \varphi < 2\pi$ integriert. Auf der linken Seite entstehen dadurch die Integrale

$$\int_0^{2\pi} \cos(n\varphi/2) \cos(m\varphi/2) \mathrm{d}\varphi \ .$$

Diese Integrale sind stets gleich Null, außer für den Fall $n = m$, für den

$$\int_0^{2\pi} \cos^2(m\varphi/2) \mathrm{d}\varphi = \begin{cases} \pi, & m \neq 0 \\ 2\pi, & m = 0 \end{cases}$$

gilt. Damit bleibt von der Summe in (10.16) nur der Summand mit $n = m$ übrig und es ist

$$d_{m/2} = \frac{k a \varrho c\, Q_0}{2\varepsilon_m} \cos(m\varphi_0/2) \ , \tag{10.17}$$

wobei noch der Kürze wegen

$$\varepsilon_m = \begin{cases} 1, & m \neq 0 \\ 2, & m = 0 \end{cases}$$

gesetzt worden ist. Gleichung (10.17) gilt für jeden beliebig ausgewählten Koeffizienten $d_{m/2}$ und damit für jeden Index $m$. Gleichung (10.17) gibt demnach alle Koeffizienten $d_{m/2}$ an.

Damit ist das Schallfeld im ganzen Raum durch

$$p_1 = \frac{k a \varrho c\, Q_0}{2} \sum_{n=0}^{\infty} \frac{1}{\varepsilon_n} J_{n/2}(kr) H_{n/2}^{(2)}(ka) \cos(n\varphi/2) \cos(n\varphi_0/2) \tag{10.18}$$

und durch

$$p_2 = \frac{k a \varrho c\, Q_0}{2} \sum_{n=0}^{\infty} \frac{1}{\varepsilon_n} H_{n/2}^{(2)}(kr) J_{n/2}(ka) \cos(n\varphi/2) \cos(n\varphi_0/2) \tag{10.19}$$

beschrieben.

Zunächst muss nun noch die Quellgröße $Q_0$ betrachtet werden. Dies geschieht am einfachsten anhand eines Sonderfalls. Dazu wird die Quelle auf den Winkel von $\varphi_0 = 180°$

gedreht. Die schallharte Schneide wendet nun der Quelle ihre Seite mit der Dicke von Null zu, für die Quelle ist die schallharte Schneide daher akustisch unsichtbar. Das Schallfeld ist deshalb genauso verteilt wie ohne schallharte Schneide; im genannten Sonderfall liegt also das ungestörte Schallfeld der Quelle ‚im Freien' vor. Am einfachsten wird die Quelle sicherlich durch den Schalldruck beschrieben, den sie im Abstand $a$ von ihr erzeugt. Dieser Druck liegt u. a. auch im Ursprung des Koordinatensystems vor und wird deshalb in Zukunft mit $p_Q(0)$ bezeichnet. Damit soll angedeutet werden, dass mit $p_Q(0)$ der Druck der Quelle alleine im Nullpunkt gemeint ist. Da nur die Besselfunktion der Ordnung Null wegen $J_{n/2}(0) = 0$ für $n > 0$ in der Summe für $p_1$ einen Beitrag liefert, gilt (mit $J_0(0) = 1$)

$$\frac{ka\varrho c\, Q_0}{4} H_0^{(2)}(ka) = p_Q(0)\ .$$

Dieses Ergebnis wird nun in (10.18) und (10.19) eingesetzt. Die örtliche Schalldruckverteilung lautet damit also

$$p_1 = p_Q(0) \sum_{n=0}^{\infty} \frac{2}{\varepsilon_n} J_{n/2}(kr) \frac{H_{n/2}^{(2)}(ka)}{H_0^{(2)}(ka)} \cos(n\varphi/2)\cos(n\varphi_0/2) \tag{10.20}$$

und

$$p_2 = p_Q(0) \sum_{n=0}^{\infty} \frac{2}{\varepsilon_n} J_{n/2}(ka) \frac{H_{n/2}^{(2)}(kr)}{H_0^{(2)}(ka)} \cos(n\varphi/2)\cos(n\varphi_0/2)\ . \tag{10.21}$$

Obwohl diese Gleichungen zweifellos das Schallfeld zutreffend beschreiben, sind sie doch recht unübersichtlich und könnten allenfalls durch Computer-Programme auf ihre Aussagen hin untersucht werden. Um die Inhalte direkt herauszuschälen werden im Folgenden schrittweise Vereinfachungen vorgenommen.

Eine erste Vereinfachung muss sich aus dem Sonderfall der weit entfernten Schallquelle ergeben. Der Schalleinfall besteht dann nur noch in einer schräg unter dem Winkel $\varphi_0$ einfallenden ebenen Welle. Die Näherungen (10.4) und (10.5) ergeben für die Hankelfunktion zweiter Art

$$H_{n/2}^{(2)}(x) \simeq \sqrt{\frac{2}{\pi x}}\, \mathrm{e}^{-j(x-n\pi/4-\pi/4)}\ , \tag{10.22}$$

und damit geht (10.20) über in

$$p(r,\varphi) = p_1 = p_Q(0) \sum_{n=0}^{\infty} \frac{2\,\mathrm{e}^{jn\pi/4}}{\varepsilon_n} J_{n/2}(kr)\cos(n\varphi/2)\cos(n\varphi_0/2)\ . \tag{10.23}$$

Gleichung (10.23) gilt mit sich immer weiter entfernender Quelle auch immer genauer; im Grenzfall der ebenen Welle mit unendlich weit entfernter Quelle gibt sie also die korrekte Lösung und stellt dann nicht etwa eine Näherung dar. Der Teilraum 2 ist nun ins Unendliche gerückt und interessiert daher nicht mehr. Die (10.23) gibt nun das Schallfeld im ganzen Raum an. Um das anzudeuten ist in (10.23) statt $p_1$ auch schon kurz $p$ geschrieben worden, und das wird nun beibehalten.

Nun ist der Ausdruck für den Schalldruck zwar etwas einfacher geworden, weil ein nicht sehr wichtig erscheinender Parameter (der Quellabstand) nicht mehr auftritt; übersichtliche, leicht zu verstehende Ergebnisse sind jedoch noch immer nicht direkt ablesbar. Überdies ist die Konvergenz der Reihe rechts vor allem von der Wahl des Abstandes $r$ abhängig. Gerade bei, im Anwendungsfall besonders interessierenden, großen Abständen (Wohngebiete neben Straßen mit Schallschutzwänden) wird die numerische Berechnung sehr aufwendig, weil die Besselfunktionen mit wachsender Ordnung erst dann klein werden, wenn die Ordnung größer wird als das Argument $kr$. Das sind Gründe genug, in den einschlägigen Tabellenwerke nach anderen Darstellungsformen zu suchen. In der Tat findet man z. B. in dem Werk (das übrigens auch sonst sehr zu empfehlen ist) der Autoren Gradshteyn, Ryzhik: Table of Integrals, Series and Products (Academic Press, New York 1965), dort Seite 973, Nr. 8.511.5, die Möglichkeit, die Reihe auf der rechten Seite durch die sogenannten Fresnel-Integrale auszudrücken. Die Anwendung der dort genannten Gleichung erfordert zunächst noch die Zerlegung der Summe in (10.23) mit Hilfe von $2\cos(n\varphi/2)\cos(n\varphi_0/2) = \cos(n(\varphi-\varphi_0)/2) + \cos(n(\varphi+\varphi_0)/2)$ in zwei Teile. Man erhält so für den Schalldruck

$$p(r,\varphi) = p_- + p_+ \tag{10.24}$$

mit

$$p_- = G_-\, p_Q(0)\, e^{jkr\cos(\varphi-\varphi_0)} \tag{10.25}$$

und

$$p_+ = G_+\, p_Q(0)\, e^{jkr\cos(\varphi+\varphi_0)}\ , \tag{10.26}$$

worin zur besseren Übersicht

$$G_- = \frac{1}{2} + \frac{1+j}{2} C\left(\sqrt{2kr}\cos\frac{\varphi-\varphi_0}{2}\right) + \frac{1-j}{2} S\left(\sqrt{2kr}\cos\frac{\varphi-\varphi_0}{2}\right) \tag{10.27}$$

und

$$G_+ = \frac{1}{2} + \frac{1+j}{2} C\left(\sqrt{2kr}\cos\frac{\varphi+\varphi_0}{2}\right) + \frac{1-j}{2} S\left(\sqrt{2kr}\cos\frac{\varphi+\varphi_0}{2}\right) \tag{10.28}$$

benutzt worden ist. Die dabei auftretenden sogenannten Fresnel-Integrale sind durch

$$C(x) = \sqrt{\frac{2}{\pi}} \int_0^x \cos\left(t^2\right) dt \tag{10.29}$$

und durch

$$S(x) = \sqrt{\frac{2}{\pi}} \int_0^x \sin\left(t^2\right) dt \tag{10.30}$$

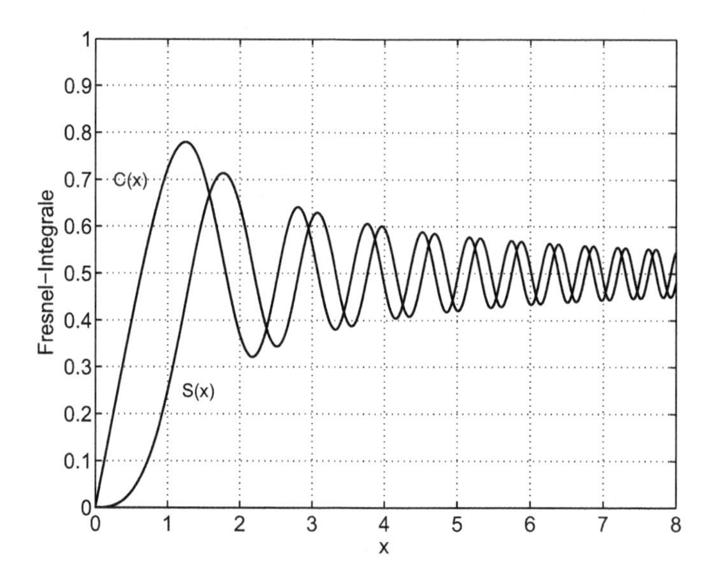


**Abb. 10.4** Fresnel-Integrale $S(x)$ und $C(x)$

definiert. Sie sind in Abb. 10.4 gezeigt (das verwendete MATLAB-Programm zur Berechnung von $C$ und $S$ ist im Anhang zu diesem Kapitel zur freien Benutzung für jedermann abgedruckt).

Diese Darstellung des Schalldruckes bietet gegenüber der Reihenform in (10.23) große Vorteile. Die Fresnel-Integrale sind nicht nur sehr einfach zu programmieren (siehe den Anhang zu diesem Kapitel), sie können überdies gerade für die vor allem interessierenden großen Abstände $r$ recht einfach angenähert werden. Damit wird eine direkte und unmittelbare Einschätzung des Schallfeldes möglich gemacht.

Wie man erkennt, handelt es sich bei $C$ und $S$ um Funktionen, die bei wachsendem Argument mit abnehmender Amplitude um den Wert von $1/2$ schwanken. Näherungen für die Fresnel-Integrale lauten deshalb für $x \gg 1$

$$C(x) \simeq \frac{1}{2} + \frac{1}{\sqrt{2\pi x}} \sin\left(x^2\right) \tag{10.31}$$

$$S(x) \simeq \frac{1}{2} - \frac{1}{\sqrt{2\pi x}} \cos\left(x^2\right) \; . \tag{10.32}$$

Für negative Argumente muss die aus den Definitionen (10.29) und (10.30) folgende Symmetrie

$$C(-x) = -C(x) \tag{10.33}$$

$$S(-x) = -S(x) \tag{10.34}$$

beachtet werden. Ausdrücklich sei noch daran erinnert, dass der für den Umfangswinkel $\varphi$ zugelassene Wertebereich $0 < \varphi < 2\pi$ beträgt. Winkel außerhalb dieses Intervalls – insbesondere negative Winkel – sind nicht erlaubt, sie führen zu falschen Ergebnissen bei der Auswertung. Auch für die Einfallsrichtung $\varphi_0$ sind positive Werte vorausgesetzt. Wie oben ausgeführt, ist unter $p_Q(0)$ in (10.24) derjenige Schalldruck zu verstehen, den die einfallende ebene Welle ohne Abschirmwand (im Freien) im Koordinatenursprung $r = 0$ erzeugen würde. Für die schräg einfallende ebene Welle alleine gilt bekanntlich

$$p_{\text{ein}} = p_Q(0)\, \mathrm{e}^{jk(x\cos\varphi_0 + y\sin\varphi_0)} \; ,$$

oder, mit $x = r\cos\varphi$ und $y = r\sin\varphi$ für die Koordinatensysteme $(x, y)$ und $(r, \varphi)$, und wegen $\cos\varphi\ \cos\varphi_0 + \sin\varphi\ sin\varphi_0 = \cos(\varphi - \varphi_0)$,

$$p_{\text{ein}} = p_Q(0)\, \mathrm{e}^{jkr\cos(\varphi-\varphi_0)} \; . \tag{10.35}$$

Die Amplitude der ebenen Welle ist naturgemäß ortsunabhängig und beträgt überall $p_Q(0)$. Deshalb gilt für das Einfügungsdämmmaß der halbunendlichen Wand

$$R_E = -10\lg\left|\frac{p(r,\varphi)}{p_Q(0)}\right|^2 \; . \tag{10.36}$$

Das Einfügungsdämmmaß ist natürlich von Ort zu Ort verschieden.

Der einfacheren Lesbarkeit halber sei noch erwähnt, dass die Indices – und + in den (10.24) bis (10.28) auf das jeweilige Argument $\varphi - \varphi_0$ oder $\varphi + \varphi_0$ beziehen. Über die physikalische Bedeutung der beiden Bestandteile in (10.24) wird im nächsten Abschnitt berichtet.

## 10.2 Diskussion des Schallfeldes

### 10.2.1 Graphische Darstellung

Vielleicht ist es angebracht, zunächst einmal einige Ergebnisse durch anschauliche Darstellungen typischer Anwendungsfälle vorzustellen. Dazu werden die Auslenkungen der Aufpunkte im elastischen Kontinuum aus Gas berechnet,

$$\xi_x = \frac{1}{\varrho\omega^2}\frac{\partial p}{\partial x}; \qquad \xi_y = \frac{1}{\varrho\omega^2}\frac{\partial p}{\partial y} \tag{10.37}$$

und anhand eines Punktrasters dargestellt (siehe die Abb. 10.5 bis 10.7). Die Ableitungen kann man näherungsweise aus Differenzenquotienten gewinnen, also z. B. aus $\mathrm{d}p/\mathrm{d}x \approx (p(x + \Delta x) - p(x))/\Delta x$ (für die Abb. 10.5 bis 10.7 ist $\Delta x = \lambda/100$ benutzt worden, eine Wahl, die sich auch sonst gut bewährt), wobei $p$ jeweils aus (10.24) bestimmt

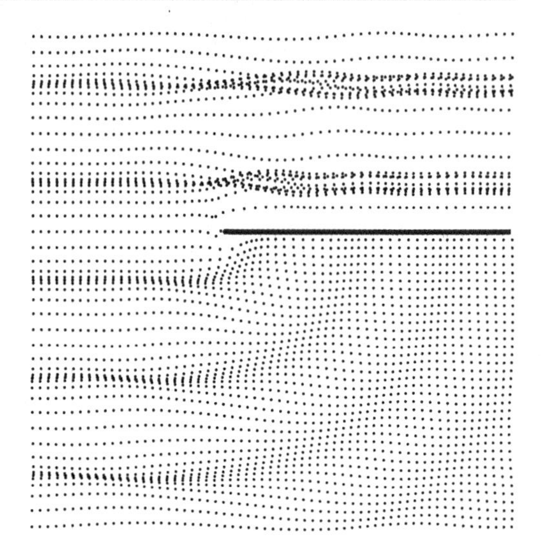

**Abb. 10.5** Teilchenbewegungen im Schallfeld vor der halbunendlichen Schneide, Einfallswinkel $\varphi_0 = 90°$

wird. Das so entstandene Bewegungsmuster ist leicht zu lesen: „Überdichte" der Punkte (gegenüber dem gleichabständigen Muster „ohne Schall") zeigt Schalldichte und Schalldruck oberhalb der atmosphärischen Größen an („Unterdichte": unterhalb), der Abstand zweier Gebiete mit hoher (niedriger) Kompression zeigt die Wellenlänge an. Die Bilder geben das jeweilige Schallfeld für eine bestimmte, feste (eingefrorene) Zeit wieder; mehrere solche Momentaufnahmen (z. B. für $t/T = 0; 1/50; 2/50; \ldots, 49/50$ mit $T =$ Periodendauer) nacheinander würden einen Trickfilm ergeben, der die zeitliche Geschichte der Wellenausbreitung schildert.

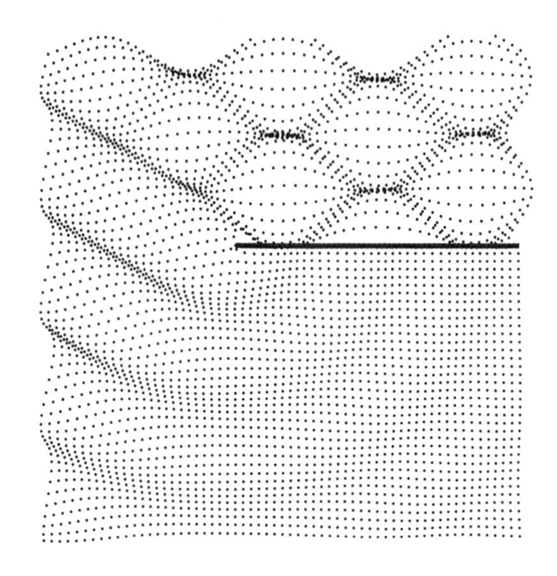

**Abb. 10.6** Teilchenbewegungen im Schallfeld vor der halbunendlichen Schneide, Einfallswinkel $\varphi_0 = 60°$

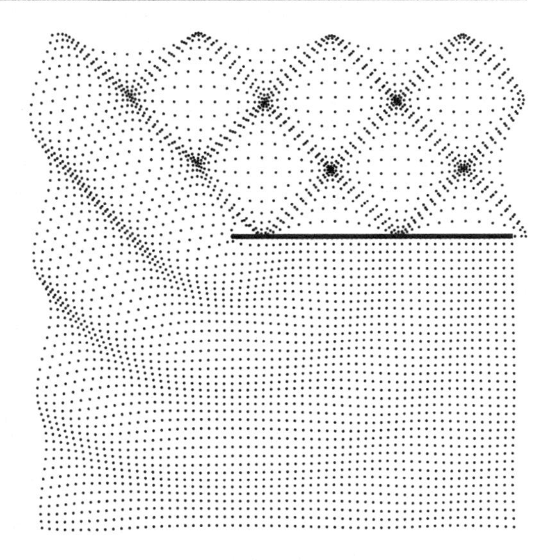

**Abb. 10.7** Teilchenbewegungen im Schallfeld vor der halbunendlichen Schneide, Einfallswinkel $\varphi_0 = 45°$

Die so hergestellten Momentaufnahmen des Schallfeldes in den Abb. 10.5 bis 10.7 zeigen vernünftige Tendenzen. Neben der Tatsache, dass es sich offenbar wirklich überall um Wellen handelt,

- sind die Randbedingungen zu beiden Seiten der schallharten Schneide erfüllt,
- ist die Reflexion an der Schirm-Oberseite mit dem Resultat stehender Wellen im Bereich $\varphi < \pi - \varphi_0$ zu erkennen,
- besteht das Gesamtfeld im „Lichtbereich" $\pi - \varphi_0 < \varphi < \pi + \varphi_0$ nur in der ungestört vorbeilaufenden einfallenden ebenen Welle, und schließlich
- ist die erwartete Beugungswelle in das Schattengebiet (je nach Einfallswinkel mehr oder weniger gut) erkennbar.

Für den Schattenbereich ist anzumerken, dass die sichtbare Dynamik der Darstellungsweise in Teilchenbewegungs-Bildern wie in den Abb. 10.5 bis und 10.7 schätzungsweise etwa 10 dB beträgt, weswegen Einfügungsdämmmaße von $R_E > 10$ dB auf diese Weise optisch kaum darstellbar sind. Eine hinsichtlich des Einfügungsdämmmaßes ‚besser lesbare' Darstellung gibt Abb. 10.8 mit der farbkodierten Wiedergabe des Einfügungsdämmmaßes (wobei das Koordinatensystem gleichzeitig noch so gedreht worden ist, dass die Wand – hier rosa eingezeichnet – ‚aufrecht steht' und der Schall-Einfall von links erfolgt).

### 10.2.2 Interpretation des Schallfeldes

Schon die Exponentialfunktionen in den beiden prinzipiellen Bestandteilen $p_-$ und $p_+$ des Schallfeldes $p = p_- + p_+$

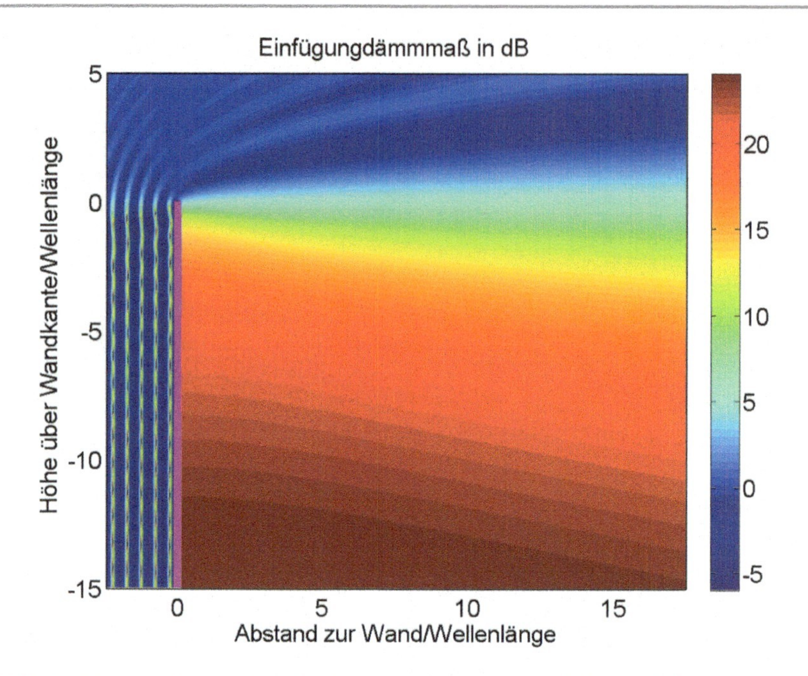


**Abb. 10.8** Farbkodierte Darstellung des Einfügungsdämmmaßes, Einfallswinkel $\varphi_0 = 90°$

$$p_- = G_- \, p_Q(0)\, e^{jkr\cos(\varphi-\varphi_0)}$$

und

$$p_+ = G_+ \, p_Q(0)\, e^{jkr\cos(\varphi+\varphi_0)} ,$$

nach (10.25) und (10.26) legen die Vermutung nahe, dass es sich bei $p_-$ um das am Schallschirm zwar bereits gebeugte, an seiner Oberfläche aber nicht reflektierte Schallfeld handelt, während $p_+$ gerade diese Reflexion beschreibt. Es ist ja die einfallende Welle durch

$$p_{ein} = p_Q(0)\, e^{jkr\cos(\varphi-\varphi_0)} = p_Q(0)\, e^{jk(x\cos\varphi_0+y\sin\varphi_0)} ,$$

gegeben und für die durch Reflexion entstandene Welle gilt bekanntlich

$$p_{refl} = p_Q(0)\, e^{jkr\cos(\varphi+\varphi_0)} = p_Q(0)\, e^{jk(x\cos\varphi_0-y\sin\varphi_0)} .$$

Offenbar würden dann die Faktoren $G_-$ und $G_+$ die Beugung der genannten Teilschalle beschreiben.

Für die genannte Vermutung sprechen weitere gute Gründe. So sind z. B. die Teildrücke $p_-$ und $p_+$ auf der Wand-Oberfläche sowohl auf der dem Schalleinfall zugewandten Vorderseite $\varphi = 0$ als auch auf der Rückseite in $\varphi = 2\pi$ gleich groß, nach (10.25) und (10.26) gilt nämlich $p_-(\varphi = 0) = p_+(\varphi = 0)$ und $p_-(\varphi = 2\pi) = p_+(\varphi = 2\pi)$. Am schallharten Reflektor selbst erfolgt hier – wie stets – die Druckverdopplung des Schalleinfalles.

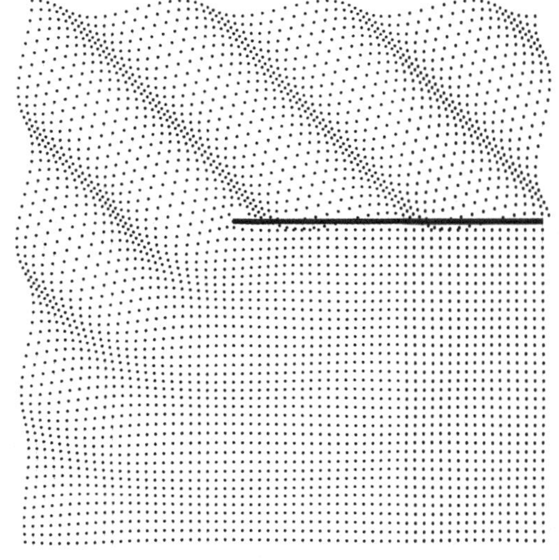

**Abb. 10.9** Teilchenbewegungen, nur aus $p_-$ berechnet, Einfallswinkel $\varphi_0 = 45°$

**Abb. 10.10** Teilchenbewegungen, nur aus $p_+$ berechnet, Einfallswinkel $\varphi_0 = 45°$

Am überzeugendsten aber ist wohl die numerische Auswertung in Form der Teilchenbewegungen, die jeweils nur aus $p_-$ und aus $p_+$ alleine folgen. Diese Anteile am Gesamtfeld sind in den Abb. 10.9 und 10.10 für den Einfallswinkel von $\varphi_0 = 45°$ gezeigt. Die Summe dieser Teilchenbewegungen ergibt gerade wieder diejenigen von Abb. 10.7. Offensichtlich besteht $p_-$ wirklich im gebeugten Schalleinfall, und $p_+$ im reflektierten und gebeugten Anteil am Gesamtfeld.

Diese Erkenntnis erlaubt übrigens auch die Einschätzung von Schallschirmen mit schallweichen Oberflächen, für die bekanntlich $p(\varphi = 0) = p(\varphi = 2\pi) = 0$ gilt. Für den schallweichen Fall gilt also einfach

$$p(\text{schallweich}) = p_- - p_+ \,,$$

und für beidseitig vollständig absorbierende Schirme entfällt einfach der reflektierte Teil

$$p(\text{absorbierend}) = p_- \,.$$

Alle nun noch folgenden Betrachtungen beziehen sich wieder auf Schirme mit schallharten Oberflächen. Insbesondere wird dabei im vor allem interessierenden Schallschatten hinter der Wand der Einfachheit halber angenommen, dass $p_-$ und $p_+$ etwa gleich groß sind. Diese Vereinfachung stellt sicher eine eher grobe Näherung dar, deren Vorteil jedoch in recht übersichtlichen Ergebnissen besteht. Ein vollständig absorbierender Schirm hätte dieser Vereinfachung nach ein um 6 dB höheres Einfügungsdämmmaß, ein Wert, der nur der Annahme geschuldet ist und in Wahrheit gewiss nur in Ausnahmefällen erreicht oder gar überschritten werden wird, wie der folgende Abschnitt zu absorbierenden Schallschutzwänden zeigen wird.

### 10.2.3 Diskussion der Raumbezirke

Wie erwähnt besteht einer der Vorteile der Schallfelddarstellung durch (10.24) in den recht einfach durchführbaren Näherungsbetrachtungen. Diese werden hier nicht nur zur Untersuchung des natürlich vorrangig interessierenden Schattenfeldes angestellt; zur Kontrolle des Ergebnisses seien darüber hinaus auch noch der Reflexionsbereich, der ‚Lichtbereich' und die Schattengrenze betrachtet. Welche Raumbezirke mit diesen Bezeichnungen gemeint sind, das ist in Abb. 10.11 wiedergegeben. Weil die Umgebung der Schirmkante $r \approx 0$ praktisch fast nicht interessant ist, wird im Folgenden $kr \gg 1$ vorausgesetzt.

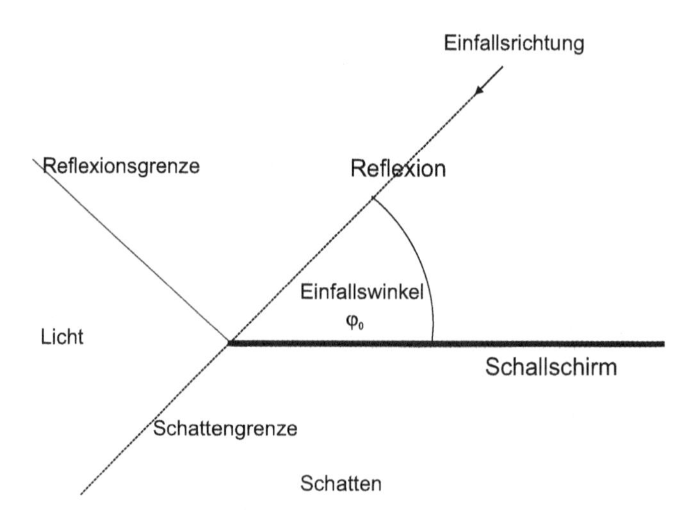


**Abb. 10.11** Bezeichnung der Raumbezirke

Über das prinzipielle Verhalten der Größen $G_-$ und $G_+$ entscheidet das Vorzeichen des Argumentes in den zugehörigen Fresnel-Integralen, denn diese schwanken um den Wert $1/2$ für positive Argumente und um $-1/2$ für negative Argumente (siehe (10.33) und (10.34)).

Wenn man mit $u$ jeweils das Argument der Fresnel-Integrale bezeichnet, also $u = \sqrt{2kr}\cos(\varphi-\varphi_0)/2$ für $G_-$ und $u = \sqrt{2kr}\cos(\varphi+\varphi_0)/2$ für $G_+$, dann folgt aus (10.31) bis (10.34)

$$G \approx 1 \quad \text{falls} \quad u > 0 \quad \text{und} \quad |u| \gg 1 \tag{10.38}$$

und

$$G \approx \frac{(1-j)\mathrm{e}^{-ju^2}}{2\sqrt{2\pi}\,|u|} \quad \text{falls} \quad u < 0 \quad \text{und} \quad |u| \gg 1 \,. \tag{10.39}$$

Mit den in (10.38) und (10.39) genannten Vereinfachungen lässt sich nun das prinzipielle Verhalten des Schallfeldes in den genannten Raumbezirken leicht diskutieren. Sinnvoller Weise wird dabei noch von $0 \leq \varphi_0 \leq 90°$ ausgegangen.

### a) Reflexionsbereich

Der Bereich „Reflexion" ist durch

$$\varphi < \pi - \varphi_0$$

gekennzeichnet. In ihm ist

$$\frac{\varphi-\varphi_0}{2} < \frac{\pi}{2} - \varphi_0$$

und

$$\frac{\varphi+\varphi_0}{2} < \frac{\pi}{2} \,.$$

Demnach gilt

$$\cos\frac{\varphi-\varphi_0}{2} > 0$$

und

$$\cos\frac{\varphi+\varphi_0}{2} > 0 \,.$$

Die *beiden* Argumente der auftretenden Fresnel-Integrale sind demnach positiv, und damit gilt nach (10.38) $G_- \approx 1$ und $G_+ \approx 1$. Es ist also im Reflexionsbereich nach (10.24) bis (10.28)

$$p\,(r,\varphi) \approx p_Q\,(0)\left\{\mathrm{e}^{jkr\cos(\varphi-\varphi_0)} + \mathrm{e}^{jkr\cos(\varphi+\varphi_0)}\right\} \,. \tag{10.40}$$

Der erste Term beschreibt wie gesagt das einfallende, der zweite Term das in $\varphi = 0$ an der Schirm-Oberseite reflektierte Feld.

### b) Lichtbereich

Der Bereich „Licht" bezeichnet den Raumteil, in dem die ungestörte, einfallende Welle als Resultat erwartet wird. Hier ist

$$\pi - \varphi_0 < \varphi < \pi + \varphi_0,$$

und demnach gilt

$$\frac{\pi}{2} - \varphi_0 < \frac{\varphi - \varphi_0}{2} < \frac{\pi}{2}$$

und

$$\frac{\pi}{2} < \frac{\varphi + \varphi_0}{2} < \frac{\pi}{2} + \varphi_0 \, .$$

Aus diesem Grund ist

$$\cos \frac{\varphi - \varphi_0}{2} > 0$$

und

$$\cos \frac{\varphi + \varphi_0}{2} < 0 \, .$$

Es ist also $G_- \approx 1$, für die vorausgesetzten großen Abstände $kr \gg 1$. Dagegen wird $G_+$ nach (10.39) klein und kann deswegen gegenüber $G_-$ vernachlässigt werden. Wie nicht anders zu erwarten spielt im Lichtbereich die am Schirm reflektierte Welle keine Rolle. Das Gesamtfeld besteht also nach (10.24) bis (10.28) in

$$p\,(r,\varphi) = p_Q\,(0)\,\mathrm{e}^{jkr\cos(\varphi-\varphi_0)}$$

ganz richtig nur aus der einfallenden Welle.

Die Betrachtungen im Reflexions-Bereich und im Licht-Bereich dienten mehr der Interpretation und der nachträglichen Kontrolle der aufgeführten Gleichungen; die folgenden Betrachtungen im Schattenbereich dagegen geben an, welcher Nutzen vom Schallschirm erwartet werden kann.

### c) Schattengrenze

Auf der Schattengrenze

$$\varphi = \pi + \varphi_0$$

gilt

$$\frac{\varphi - \varphi_0}{2} = \frac{\pi}{2}$$

und

$$\frac{\varphi + \varphi_0}{2} = \frac{\pi}{2} + \varphi_0 \, .$$

Das Argument der Fresnel-Integrale für $G_-$ ist, wegen $\cos(\varphi - \varphi_0)/2 = 0$, ebenfalls gleich Null, und es ist mit $S = C = 0$

$$G_- = \frac{1}{2} \, .$$

Das Argument der Fresnel-Integrale für $G_+$ ist wegen

$$\cos\frac{\varphi+\varphi_0}{2}<0$$

negativ. Nach (10.39) kann man dann $G_+$ wieder gegenüber $G_-$ vernachlässigen, daher gilt

$$p\,(r,\varphi)=p_{\mathrm{Q}}\,(0)\,\frac{1}{2}\mathrm{e}^{-jkr}\ . \tag{10.41}$$

Für größere Entfernungen von der Schirmkante erhält man demnach auf der Schattengrenze eine Halbierung des einfallenden Schallfeldes. Man könnte diese Tatsache als „durch den Schirm hergestellte halbe Abdeckung" der weit entfernten Quelle deuten, ähnlich wie beim Sonnenuntergang, bei dem zu einem bestimmten Zeitpunkt nur das halbe Himmelsgestirn sichtbar ist. Auf der Schattengrenze strebt das Einfügungsdämmmaß mit der Entfernung gegen

$$R_{\mathrm{E}}=6\,\mathrm{dB}\ . \tag{10.42}$$

Natürlich ist das am Schirm reflektierte Feld $p_+$ auf der Schattengrenze viel kleiner als $p_-$ und kann deshalb auch hier – wie geschehen – vernachlässigt werden.

## d) Schattengebiet

Im Schattengebiet

$$\varphi>\varphi_0+\pi$$

gilt

$$\frac{\varphi-\varphi_0}{2}>\frac{\pi}{2}$$

und

$$\frac{\varphi+\varphi_0}{2}>\frac{\pi}{2}+\varphi_0\ .$$

Diesmal sind die Argumente aller Fresnel-Integrale negativ, und es ist deshalb nach (10.39)

$$G_-\approx\frac{(1-j)\mathrm{e}^{-j2kr\cos^2\frac{\varphi-\varphi_0}{2}}}{2\sqrt{2\pi}\left|\sqrt{2kr}\cos\frac{(\varphi-\varphi_0)}{2}\right|}$$

$$G_+\approx\frac{(1-j)\mathrm{e}^{\ j2kr\cos^2\frac{\varphi+\varphi_0}{2}}}{2\sqrt{2\pi}\left|\sqrt{2kr}\cos\frac{(\varphi+\varphi_0)}{2}\right|}\ .$$

Natürlich sind der durch die Beugung bereits geschwächte, einfallende Feldanteil $p_-$ und der davon, durch Reflexion an der Schirmunterseite hergestellte Anteil $p_+$ von gleicher Größenordnung. Deshalb gilt für den Druck

$$p=p_{\mathrm{Q}}\,(0)\,\frac{(1-j)}{2\sqrt{2\pi}}\,\frac{\mathrm{e}^{-jkr}}{\sqrt{2kr}}\left\{\frac{1}{\left|\cos\frac{(\varphi-\varphi_0)}{2}\right|}+\frac{1}{\left|\cos\frac{(\varphi+\varphi_0)}{2}\right|}\right\} \tag{10.43}$$

(für die Argumente der Exponentialfunktionen ist von $\cos(\alpha) - 2\cos^2(\alpha/2) = \cos(\alpha) - (1 + \cos(\alpha)) = -1$ Gebrauch gemacht worden).

## 10.3 Wirkung im Schallschatten

Für Betrachtungen im Schatten ist es recht naheliegend zu vermuten, dass es auf den Abstand eines Punktes zur Schattengrenze $\varphi = \varphi_0 + \pi$ ankommt. Aus diesem Grund wird hier der sogenannte Beugungswinkel $\beta$ eingeführt. Er zählt relativ zur Schattengrenze, d. h. es gilt

$$\varphi = \pi + \varphi_0 + \beta \, .$$

Für die beiden Winkelausdrücke in (10.43) ist also

$$\left|\cos \frac{\varphi - \varphi_0}{2}\right| = \sin \frac{\beta}{2}$$

und

$$\left|\cos \frac{\varphi + \varphi_0}{2}\right| = \sin\left(\frac{\beta}{2} + \varphi_0\right) .$$

Für kleine Beugungswinkel gelten die hier für das Schattengebiet abgeleiteten Näherungen ohnedies nicht (siehe die obigen Bemerkungen zur Schattengrenze), man muss also „mittlere bis größere“ Beugungswinkel voraussetzen. Für (etwa) $30° < \beta < 120°$ und $0° < \varphi_0 < 90°$ unterscheiden sich aber $\sin(\beta/2 + \varphi_0)$ und $\sin(\beta/2)$ nicht sehr. Man darf deshalb in (10.43) den zweiten Term durch den ersten abschätzen:

$$p \approx p_Q(0) \, \frac{(1-j)}{\sqrt{2\pi}} \, \frac{e^{-jkr}}{\sqrt{2kr} \sin \frac{\beta}{2}} \, , \tag{10.44}$$

für das Einfügungsdämmmaß gilt dann

$$R_E = 10 \lg \left| \frac{p_Q(0)}{p} \right|^2 \approx 10 \lg \left( 4\pi^2 \frac{r}{\lambda} \sin^2 \frac{\beta}{2} \right) . \tag{10.45}$$

Der darin enthaltene Ausdruck $2r \sin^2(\beta/2)$ lässt sich noch geometrisch deuten. Er ist nämlich gleich dem Unterschied $U$ aus dem Weg, den ein Schallstrahl von der weit entfernten Quelle „abknickend“ über die Schirmkante zum Aufpunkt nimmt, und aus dem „direkten“ Weg des Schallstrahles zum Aufpunkt bei weggelassener Wand (Abb. 10.12). Diese Wegdifferenz heißt Umweg $U$, für ihn gilt nach Abb. 10.12

$$U = r - D = r - r\cos\beta = r\,(1 - \cos\beta) = 2r \sin^2 \frac{\beta}{2} \, ,$$

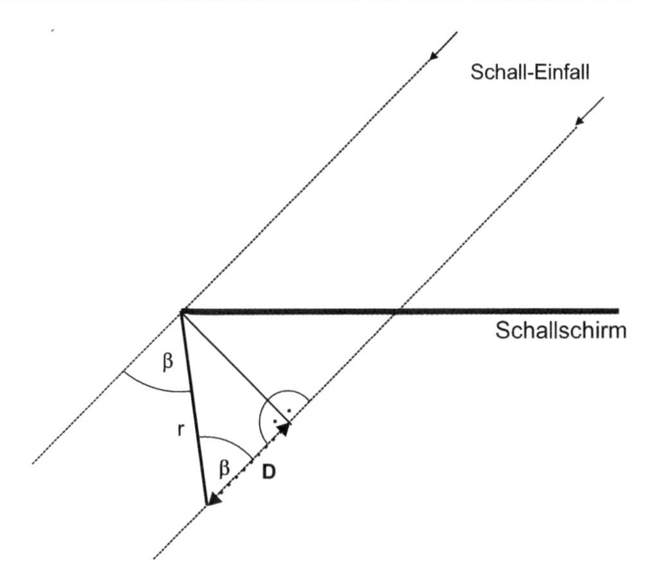


**Abb. 10.12** Schallumweg $U$ = Kantenweg $r$ − Direktweg $D$

und folglich ist

$$R_\mathrm{E} \approx 10\,\mathrm{lg}\left(2\pi^2 \frac{U}{\lambda}\right) . \tag{10.46}$$

Gleichung (10.46) heißt „Umweggesetz", weil es besagt, dass die von Schallschutzwänden hervorgerufene Einfügungsdämmung nur vom Verhältnis aus Umweg und Wellenlänge abhängt.

Praktisch alle Berechnungen der Wirkung von Schallschutzwänden (siehe z. B. VDI 2720: Schallschutz durch Abschirmung im Freien) werden auch heute noch nach (10.46) oder jedenfalls doch nach einer sehr ähnlichen Näherung durchgeführt. In dieser Richtlinie (und auch sonst manchmal in der Literatur) wird der Umweg (etwas unanschaulich) als ‚$z$-Wert' bezeichnet. Das Umwegprinzip wird auch auf Quellen mit endlichem Wandabstand angewandt. Der Umweg wird dann aus der weiter unten noch genannten geometrischen Betrachtung berechnet. Die Reflexion am Boden wird vernachlässigt.

Nach (10.46) sind die folgenden prinzipiellen Tendenzen für Schallschutzwände zu erwarten:

- Das Einfügungsdämmmaß ist frequenzabhängig, für tiefe Frequenzen ist die Wirkung schlechter als für hohe Frequenzen.
- Möglichst hohe Schallschutzwände sind für möglichst große Umwege erforderlich.
- Tiefliegende Quellen direkt auf Straße oder Schiene sind für die abschattende Wirkung günstiger als hochliegende Schallerzeuger.

Das Reifengeräusch eines LKW wird also besser abgeschattet als ein hochliegendes, offenes Auspuffrohr. Bei Eisenbahnzügen ist die Wandwirkung für die Lok schlechter als für

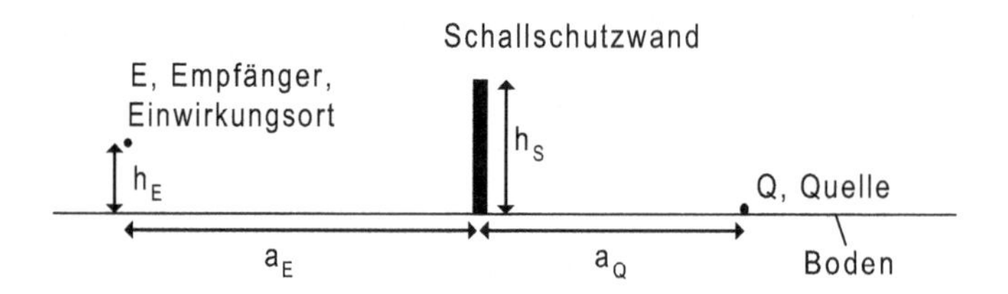


**Abb. 10.13** Anordnung aus Quelle $Q$, Schallschutzwand der Höhe $h_S$ und Einwirkungsort $E$

den angehängten Wagen, weil beim Wagen fast nur der Rad-Schiene-Kontakt, bei der Lok jedoch auch noch die obenliegenden Luftschlitze für den Motor zählen.

Obwohl das Umweggesetz sicher die wesentlichen Grundprinzipien bei der Abschirmung herausstellt, so gibt es doch das Einfügungsdämmmaß vor allem in der Nähe der Schattengrenze sehr unbefriedigend wieder. Eine Näherung, die diesen Nachteil beseitig, besteht in

$$R_E = 20 \lg \left( \sqrt{\pi} \frac{\sqrt{2\pi U/\lambda}}{\mathrm{th}(\sqrt{2\pi U/\lambda})} \right) . \tag{10.47}$$

Darin bezeichnet th den hyperbolischen Tangens. Wie man leicht erkennt gibt (10.47) auch auf der Schattengrenze $U = 0$ den vernünftigen Schätzwert von $R_E = 10 \lg \pi = 5\,\mathrm{dB}$ an, der sich um nur 1 dB vom wahren Wert (6 dB) unterscheidet. Für große Umwege $U$ geht (10.47) dann mit $\mathrm{th}(\sqrt{2\pi U/\lambda}) \approx 1$ gerade in das Umweggesetz (10.46) über.

Die Bestimmung der Einfügungsdämmung ist hier auf rein geometrische Betrachtungen reduziert worden, deren qualitative und quantitative Bedeutung für die praktische Anwendung hier noch diskutiert werden sollen. Abbildung 10.13 zeigt eine typische Anordnung aus Quelle (Abstand $a_Q$ zur Wand), Schallschirm der Höhe $h_S$ (über der Quelle) und Einwirkungsort $E$, der um $h_E$ über der Quelle liege und den Abstand $a_E$ von der Wand besitze. Bei Straße oder Schiene liegen die Hauptquellen auf dem Fahrweg; die Höhen $h_S$ und $h_E$ zählen dann relativ zu diesem. Für den Kantenweg $K$ (= Strahlenweg von $Q$ nach $E$ über die Schirmkante) folgt nach zweimaliger Anwendung des Satzes von Pythagoras

$$K = \sqrt{h_S^2 + a_Q^2} + \sqrt{(h_S - h_E)^2 + a_E^2} ,$$

für den Direktweg gilt

$$D = \sqrt{h_E^2 + (a_E + a_Q)^2} .$$

Der Umweg $U$ beträgt $U = K - D$. In der Praxis liegen die schützenswerten Gebiete fast immer so weit entfernt, dass $a_E \gg h_S$ gilt. Typisch sind gewiss Entfernungen $a_E$ von mindestens 100 m oder sogar mehreren hundert Metern und Schirmhöhen von selten mehr als 5 m. Praktisch immer gilt also $a_E \gg h_S$. Die Ausdrücke mit $(h_S - h_E)^2$ bzw. mit $h_E^2$ sind also sehr viel kleiner als $a_E^2$, solange $h_E$ nicht zu sehr über die Schirmhöhe $h_S$ hinauswächst. Betrüge beispielsweise $a_E = 20(h_S - h_E)$, dann wäre ja $(h_S - h_E)^2 =$

$a_E^2/400$ eine vergleichsweise außerordentlich kleine Zahl, die den Wert der betroffenen Wurzel fast nicht beeinflusst. Die quadratisch kleinen Terme in den Wurzeln können also vernachlässigt werden. Dafür erhält man

$$K = \sqrt{h_S^2 + a_Q^2} + a_E$$

und

$$D = a_E + a_Q .$$

Für grosse Abstände $a_E$ hängt also der Umweg $U$ mit

$$U = K - D = \sqrt{h_S^2 + a_Q^2} - a_Q \tag{10.48}$$

fast nicht von Messabstand $a_E$ und Messpunkthöhe $h_E$ ab. Das Einfügungsdämmmaß wird daher ausschließlich durch Quellabstand $a_Q$ und Schirmhöhe $h_S$ bestimmt, es ist fast unabhängig von der Wahl des Empfangspunktes $E$.

Aus dieser Überlegung kann auch die realistische Größenordnung des Einfügungsdämmmaßes abgeschätzt werden. Als Beispiel sei eine (etwa übliche) 5 m Wand an einer breiten, dreispurigen Straße betrachtet. Die Spurbreite beträgt etwa 3,5 m, hinzu kommen noch einmal 3 m Abstand vom Fahrbahnrand zur Schallschutzwand (z. B. für die Standspur). In etwa kann man die Quelle in der Straßenmitte, also in ungefähr 8 m Entfernung zur Wand annehmen. Damit ergibt sich ein Umweg von 1,43 m. Die Schwerpunktfrequenz für Verkehrslärm liegt bei etwa 1000 Hz mit $\lambda = 0{,}34$ m. Die Fresnelzahl beträgt damit $N = 8{,}44$. Wegen $N > 0{,}36$ kann (10.46) benutzt werden, und aus ihr ergibt sich $R = 22{,}2$ dB.

Bemerkenswert ist noch, dass der Umweg $U$ über dem Abstand $a_Q$ zwischen Wand und Quelle monoton abnimmt. Die Wirkung der Schallschutzwand ist also um so größer, je näher Quelle und Wand zusammengebracht werden können.

### 10.3.1 Bedeutung der Höhe von Schallschutzwänden

Natürlich fragt sich noch, welche Vorteile eine vergrößerte Bauhöhe der Wand zu bieten hat. Wenn bei ansonsten unveränderter Situation eine höhere Schallschutzwand $h_2$ gegenüber der bisherigen Höhe $h_1$ vorgesehen wird, dann wird damit der Vorteil $\Delta R$

$$\Delta R = 10 \lg\left(\frac{U_2}{U_1}\right) \tag{10.49}$$

für das Einfügungsdämmmaß erreicht. Dabei bezeichnen $U_1$ und $U_2$ die zu $h_1$ und $h_2$ gehörenden Umwege. Der gewonnene Vorteil hängt jetzt noch vom Quellabstand ab. Das Intervall, in dem der Zugewinn $\Delta R$ liegen muss, kann allgemein jedoch einfach eingeschätzt werden. Der minimale Zugewinn ergibt sich dann, wenn die Wand bereits ‚gut wirkt'; das ist der Fall für einen kleinen Wandabstand zur Quelle. Dann sind nach (10.48) die Umwege gleich den Höhen und es gilt

$$\Delta R_{\text{min}} = 10 \lg \left( \frac{h_2}{h_1} \right) . \tag{10.50}$$

Für weit entfernte Quellen andererseits, deren Abstand $a$ viel größer ist als die Wandhöhe $h$, gilt etwa

$$\sqrt{a^2 + h^2} \approx a + \frac{h^2}{2a} , \tag{10.51}$$

also beträgt der Umweg $U \approx h^2/2a$. Deswegen gilt

$$\Delta R_{\text{max}} = 20 \lg \left( \frac{h_2}{h_1} \right) = 2\Delta R_{\text{min}} . \tag{10.52}$$

Für weit entfernte Quellen wirkt sich also ein Bauhöhenzuwachs in einem größeren Dämmungsgewinn aus als für nah an der Wand angesiedelte Quellen. Die Verbesserungen sind dabei – jedenfalls unter realistischen Annahmen – nicht allzu hoch. Wird z. B. statt einer Wand von 5 m Höhe eine mit 6 m Höhe gebaut, dann liegt der Zugewinn an Dämmung zwischen 0,8 und 1,6 dB, abhängig von der Lage der Quelle. Selbst die Verdopplung der Bauhöhe bewirkt nur Verbesserungen zwischen 3 und 6 dB. Hohe erforderliche Einfügungsdämmmaße sind bei Schallschutzwänden recht teuer.

Wie das Beispiel im vorigen Abschnitt zeigt können Schallschutzwände grob etwa 20 dB Einfügungsdämmung erzielen. Noch deutlich größere Dämmmaße würden wahre Wand-Giganten erforderlich machen. Schallschutzwände bilden damit gewiss ein wichtiges Hilfsmittel zur Lärmbekämpfung; ebenso gewiss stellen sie allerdings auch kein Allheilmittel dar.

### 10.3.2 Schallschutzwälle

Das einfache Modell eines Hindernisses in Form einer halbunendlichen Wand hat eine recht übersichtliche Beschreibung des Beugungs- und Reflexionsgeschehens ergeben. Dafür sind doch einige Fragen offen geblieben. Lassen sich z. B. die Berechnungsvorschriften ohne weiteres auch auf andere Geometrien wie zum Beispiel auf Schallschutzwälle an Stelle von Wänden übertragen?

Zum Beispiel lässt sich auch die Wirkung keilförmiger Schallschutzwände (also von Schallschutzwällen) theoretisch berechnen (siehe die Abb. 10.14 und 10.15).

Die Wiedergabe des Formelapparates würde hier gewiss zu weit führen. Zwei numerische Auswertungen davon seien hier jedoch in den Abb. 10.14 und 10.15 wiedergegeben. Wie man in Abb. 10.14 erkennt, spielt der Öffnungswinkel unterhalb von 90° praktisch keine Rolle, man kann also für $\gamma < 90°$ ganz zu recht das Umweggesetz benutzen, oberhalb von 90° dagegen werden die Abweichungen vom Umweggesetz rasch signifikant,

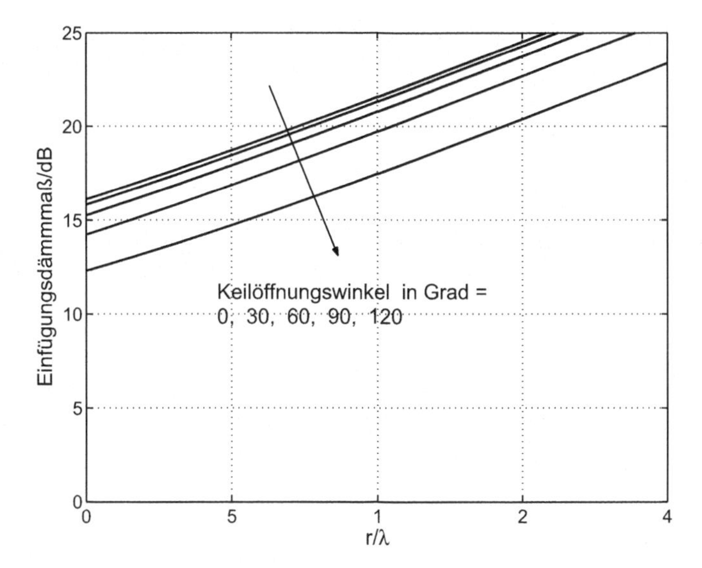


**Abb. 10.14** Einfügungsdämmmaß von keilförmigen Schallschutzwällen, gerechnet für den Einfallswinkel $\varphi_0 = 60°$ und den Beugungswinkel $\beta = 60°$

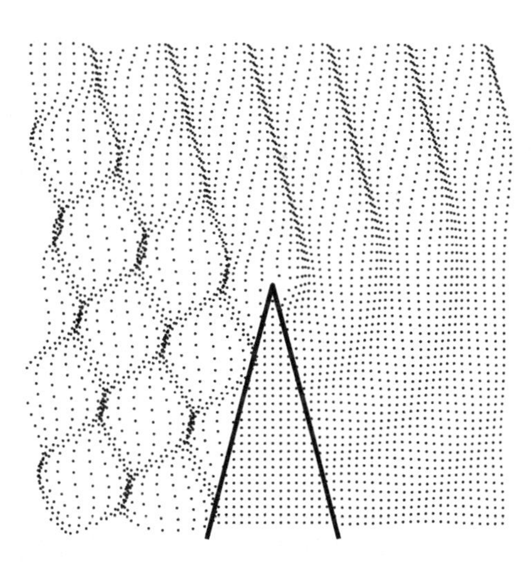

**Abb. 10.15** Reflexion und Beugung an keilförmigen Schallschutzwällen

hier liegen schlechtere $R_E$ vor als sie sich für die gestreckte halbunendliche Schneide ergeben würden. Öffnungswinkel von mehr als 120° kommen durchaus bei Hausdächern und aufgeschütteten Erdwällen vor; wie man sieht muss man mit zum Teil nicht unerheblichen Einbußen bei der Schalldämmung gegenüber gleich hohen, gestreckten Wänden rechnen.

### 10.3.3 Absorbierende Schallschutzwände

In der praktischen Anwendung werden Schallschutzwände fast immer auf der der Quelle zugewandten Innenseite absorbierend ausgeführt. Wie vorne bereits erklärt wird dadurch im Schatten hinter der Wand kein Vorteil bewirkt – jedenfalls bei dem bislang vorausgesetzten großen Quellabstand zur Wand.

Andererseits spielt die auf die Wand aufgebrachte Schallabsorption eine Rolle, wenn Mehrfach-Reflexionen z. B. zwischen einem großen Fahrzeug und der Schallschutz-Wand auftreten (siehe dazu auch Abb. 10.16), wie etwa bei der Vorbeifahrt von Eisenbahnzügen oder Lastkraftwagen. Hier kann der Abstand zwischen den Begrenzungsflächen – der Wand und der Fahrzeughaut – u. U. recht klein sein. Zwar liegen bei den genannten großen Geräuscherzeugern die eigentlichen Quellen tief, sie bestehen nämlich hauptsächlich aus dem Reifengeräusch oder dem Rollgeräusch des Rad-Schiene-Kontakts. Bei reflektierender Schallschutzwand wird das Schallfeld dann aber auf einem Zick-Zack-Kurs (wie in Abb. 10.16) nach oben geführt und trifft dann schließlich unter einem für die Abschirmwirkung recht ungünstigen Winkel auf die Kante. Dieser Effekt bewirkt quasi eine Verlagerung der Quelle von Schiene oder Straße zu einem viel höher gelegenen Ort. Dadurch kann die dämmende Wirkung beträchtlich verringert werden.

Für Vorbeifahrten von kleineren Quellen dagegen spielt die Reflexion an Fahrzeug selbst kaum eine Rolle. Mehrfach-Reflexionen können nur auftreten, wenn zu beiden Seiten des Fahrweges Schallschutzwände errichtet worden sind. Meist sind die Abstände dann aber so groß, dass der Schalleinfall von Original-Quellen ebenso wie von Spiegelquellen mehr oder weniger streifend erfolgt.

Vermieden werden kann der genannte Zick-Zack-Effekt bei großen Geräuscherzeugern in naher Nachbarschaft zur Wand durch die Benutzung von quellseitig absorbierenden

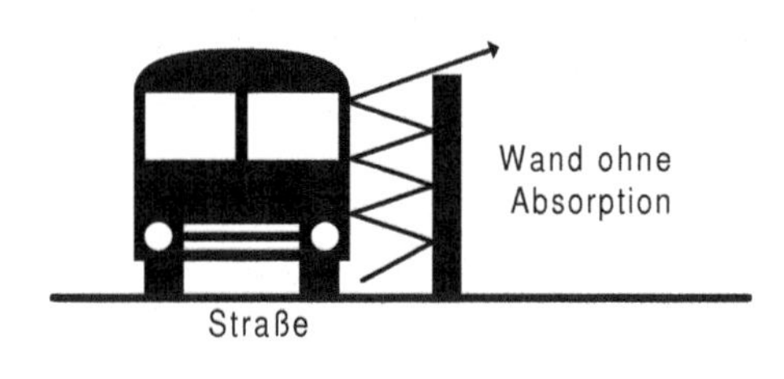


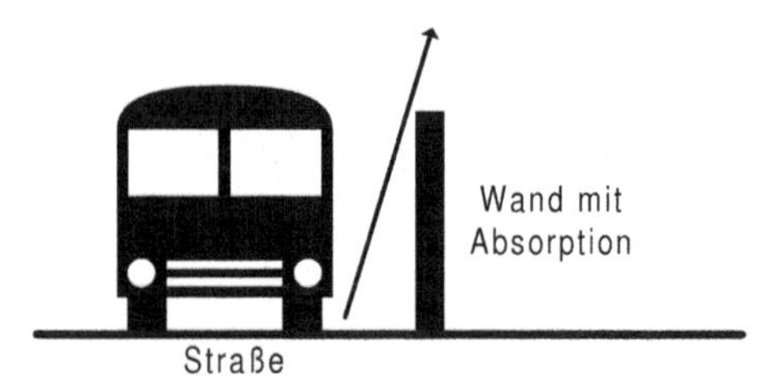


**Abb. 10.16** Prinzipweg des Schallstrahles von der Quelle zur Schirmkante bei Schallschutzwänden mit oder ohne Absorption auf der Quellseite

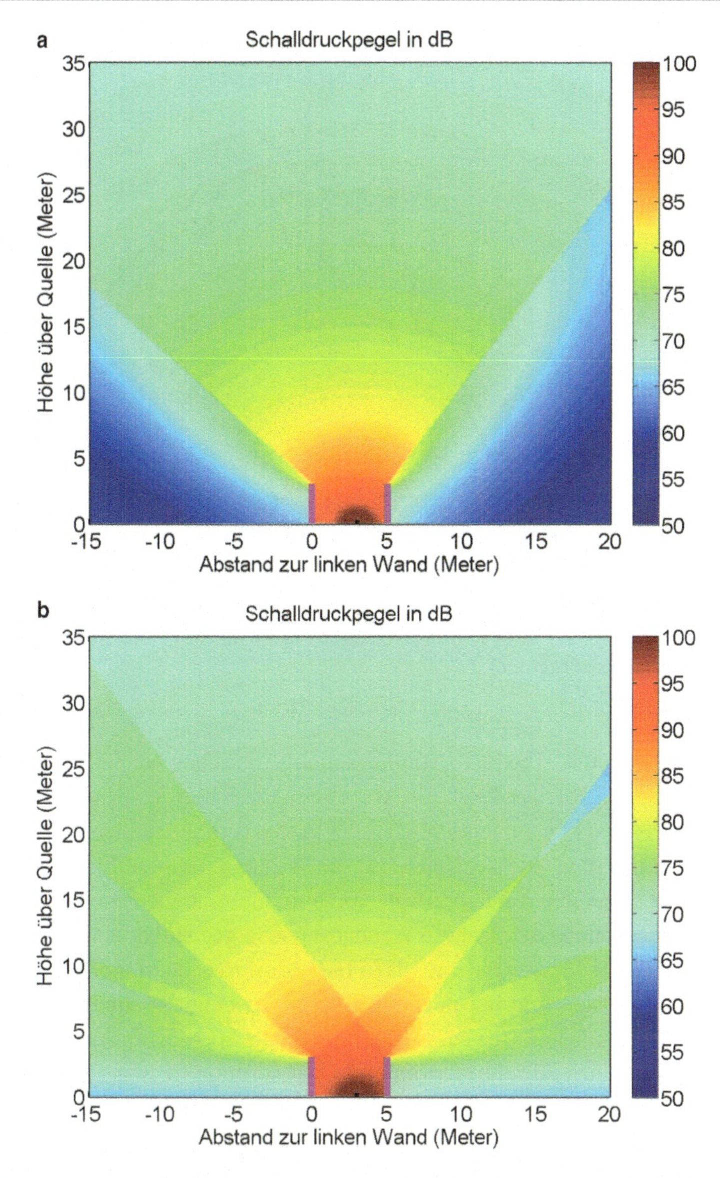


**Abb. 10.17** Schalldruckpegel bei vollständig absorbierenden (**a**) und bei vollständig reflektierenden (**b**) Wänden

Schallschutzwänden. Welche Unterschiede dabei vorkommen können zeigt eine Simulationsrechnung. Zwei Ergebnisse davon sind beispielhaft in Abb. 10.17 gezeigt. Die Simulation beruht auf der Annahme von Spiegelquellen, deren Felder ebenfalls an der jeweils entsprechenden Wand gebeugt werden. Der Einfachheit halber wurde jeweils angenommen, dass der Pegel der Quelle im Freien in 1 m Abstand 100 dB beträgt. Gerechnet

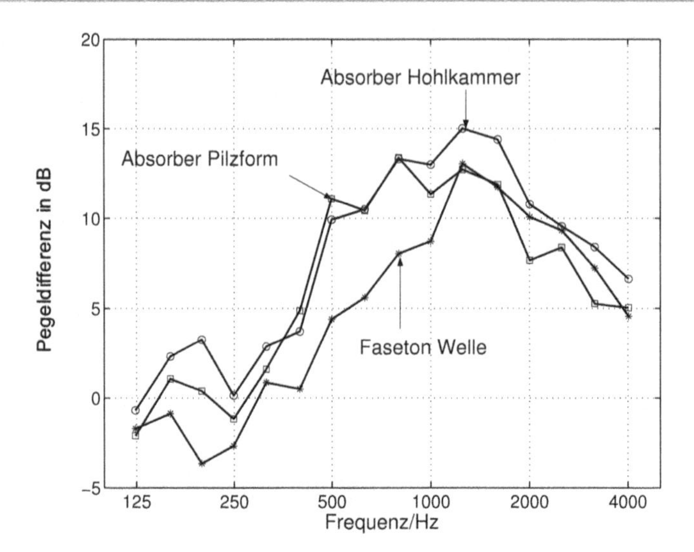


**Abb. 10.18** Terzpegelminderung im örtlichen Mittel (30 Messpositionen) durch absorbierende Belegung, gemessen hinter einer 3,5 m hohen Wand bei LKW-Vorbeifahrt (LKW-Höhe ebenfalls 3,5 m) in 1 m Abstand von der Wand für drei unterschiedliche absorbierende Belegungen. Wände der Fa. Rieder, Maishofen, Österreich

wurde für die Schwerpunkt-Frequenz von Verkehrs-Geräuschen bei 500 Hz. Man erkennt die starke Ortsabhängigkeit der durch die Absorption erreichten Verbesserung.

In extremeren Fällen können tatsächlich recht große Verbesserungen der Wandabsorption zugeschrieben werden. Messbeispiele für die Wirkung der absorbierenden Belegung im Schattengebiet hinter der Wand gibt Abb. 10.18. In ihm sind die Pegelminderungen angegeben, die sich durch die quellseitige Wandabsorption gegenüber einer reflektierenden Wand ergeben. Bei der Messung wurde dazu die absorbierende Wandbelegung mit Blechen abgedeckt, die Pegel sind mit und ohne diese Abdeckung ermittelt worden. Die so bestimmten Verbesserungen waren beträchtlich, wie Abb. 10.18 lehrt. Auch der qualitative Zusammenhang zwischen Abschirmwirkung und Absorption ist hier nachgewiesen: Der höchste Absorptionsgrad führt auch zur größten Pegeldifferenz. Hier betrug allerdings der Abstand zwischen Wand und Reflektor (einem Lastkraftwagen) nur 1 m, Wand und LKW waren beide 4 m hoch. Diese Situation wird allenfalls einmal in einem Baustellenbereich auch wirklich auftreten; unter ‚normalen' Verhältnissen sind die Abstände deutlich größer.

Wie erwähnt zeigt sich, dass diese großen Verbesserungen sehr rasch mit dem Abstand zwischen Reflektor (in Abb. 10.16: das Fahrzeug) und Schallschutzwand nachlassen. Bei einem Abstand, der gleich der Höhe der Schallschutzwand ist, bleiben nur etwa 3 dB Verbesserung durch die Absorption übrig. Weil dieser Effekt auch nur für große Fahrzeuge wie Lastkraftwagen auftritt und bei den kleinen Quellen wie Personenwagen und Motorrädern nicht vorkommt, spielt die Absorption von Schallschutzwänden an Straßen hinsichtlich des Immissionspegels meist nur eine sehr kleine, unbedeutende Rolle.

### 10.3.4 Bedeutung des Schalldurchganges

Schließlich wäre noch zu erwähnen, dass auch der Schalldurchgang durch die Wand selbst eine Rolle spielen kann, wenn die Schallschutzwand keine ausreichende Schalldämmung besitzt. Die Schallversorung auf der Wandrückseite vollzieht sich sowohl durch die oben behandelte Beugung als auch durch die Wand hindurch. Allgemein sind also zwei Übertragungswege zu berücksichtigen. Sie seien hier durch die Transmissionsgrade $\tau_B$ für den Beugungspfad und durch $\tau_D$ für den Durchgangspfad bezeichnet. Das zu den Transmissionsgraden gehörende Schalldämmmaß beträgt nach dessen Definition

$$R = 10 \lg \left( \frac{1}{\tau} \right) . \tag{10.53}$$

Weil für beide Wege ein und dieselbe Quelle zählt, gilt für den Gesamt-Transmissionsgrad

$$\tau_{ges} = \tau_B + \tau_D . \tag{10.54}$$

Deswegen besteht das Gesamt-Dämmmaß aus

$$R_{ges} = 10 \lg \frac{1}{\tau_{ges}} = 10 \lg \frac{1}{\tau_B + \tau_D} = 10 \lg \frac{1}{10^{-R_B/10} + 10^{-R_D/10}} . \tag{10.55}$$

Etwas übersichtlicher kann man dafür auch

$$R_{ges} = 10 \lg \frac{10^{R_B/10}}{1 + 10^{(R_B - R_D)/10}} = R_B - 10 \lg(1 + 10^{(R_B - R_D)/10}) \tag{10.56}$$

schreiben. Demnach bewirkt ein Durchgangsdämmmaß von $R_D = R_B$ eine Verschlechterung von 3 dB in der Gesamtwirkung gegenüber einer sehr gut dämmenden Wand. Für $R_D = R_B + 6$ dB beträgt das Gesamt-Dämmmaß $R_{ges} = R_B - 1$ dB; für $R_D = R_B + 10$ dB gilt schließlich $R_{ges} = R_B - 0{,}4$ dB. Wie oben gezeigt sind selbst kleinere Zugewinne an Dämmung oft nur mit nicht unbeträchtlichen Bauhöhenzuwächsen erreichbar. Deshalb sollte wenigstens beim Schalldurchgang keine Dämmung ‚verschenkt' und etwa $R_D = R_B + 6$ dB angestrebt werden.

## 10.4 Ausblick

Andere, angesichts der praktischen Bedeutung von Schallschirmen ja wichtige und deshalb viel diskutierte Fragen zur Beeinflussung ihrer Wirkung betreffen

- die Bodenreflexion,
- Wind und Wetter,

- Ausbreitungsdämpfung über große Entfernungen,
- Bewuchs,
- unkonventionelle, zum Beispiel überhängende Geometrie,
- und andere, hier nicht genannte Einflüsse.

## 10.5 Zusammenfassung

Das Beugungsfeld im geometrischen Schatten hinter einer sehr langen, schallharten und dünnen Wand gehorcht dem ‚Umweggesetz', nach dem sich das Einfügungsdämmmaß der Wand aus der Differenz von ‚Schallweg über die Kante des Schirmes' und ‚Direktweg ohne Wand' – jeweils bezogen auf die Wellenlänge – ergibt. Für praktische Verhältnisse ergeben sich Dämmmaße, die nur von der Wandhöhe und vom Wand-Quellabstand abhängen. Nur selten betragen die dabei realisierbaren Einfügungsdämmmaße mehr als 20 dB.

Je nach Öffnungswinkel kann das Einfügungsdämmmaß von Wällen etwas schlechter sein als das von gleich hohen gestreckten Wänden.

Zur Vermeidung von Vielfachreflexionen zwischen Quelle und Schallschutzwand, die die Abschirmwirkung beeinträchtigen, sollte für Absorption auf der Quellseite der Wand gesorgt werden.

Das Durchgangsdämmmaß von Schallschutzwänden sollte mindestens um etwa 6 dB über dem Beugungsdämmmaß liegen, damit das Gesamt-Dämmmaß nicht wesentlich vom Schalldurchgang beeinflusst wird.

## 10.6 Literaturhinweise

Zum Vertiefen des Stoffes sei vor allem das Werk von Skudrzyk, E.: The Foundations of Acoustics (Springer, Wien 1971) empfohlen. Die Frage der Beeinflussung des Beugungsfeldes durch Impedanzgebung wird in Möser, M.: ‚Die Wirkung von zylindrischen Aufsätzen an Schallschirmen' (ACUSTICA 81 (1995), S. 565–586) behandelt. Als Nachschlagwerk über mathematische Funktionen ist das Buch von Abramowitz, M. (Hrsg.); Stegun, I. A.(Hrsg.): ‚Handbook of Mathematical Functions' (9th Dover Printing, New York 1972) von großem Wert.

## 10.7 Übungsaufgaben

**Aufgabe 10.1**

Man berechne die Pegelminderung bei Bauhöhenänderung von 4 m auf 5,5 m, von 4 m auf 7,5 m, von 5,5 m auf 7,5 m und von 7,5 m auf 10 m von Schallschutzwänden, wenn die Immissionsorte weit entfernt sind (Abstände mehrere hundert Meter) und keine Sichtverbindung zu den Quellen besteht. Als Quellabstände sollen die Fahrbahn-Mitten einer dreispurigen Straße benutzt werden (Quell-Abstände zur Wand 6,7 m, 10,5 m und 15 m, Quellen auf der Fahrbahn). Man nehme an, dass die Schwerpunktfrequenz des Verkehrsgeräusches bei 1000 Hz liegt.

**Aufgabe 10.2**
Wie groß sind die Einfügungsdämmmaße von Schallschutzwänden der Bauhöhen 4 m, 5,5 m, 7,5 m und 10 m für weit entfernte Immissionsorte ohne Sichtverbindung zu den Quellen mit den Abständen 6,7 m, 10,5 m und 15 m zur Wand? Man rechne auch diesmal mit $f = 1000\,\text{Hz}$.

**Aufgabe 10.3**
Wenn man sehr nah bei der Wand liegende Quellen und sehr weit von der Wand weg liegende Quellen berücksichtigt: wie groß sind die maximale und die minimale Pegelminderung bei Bauhöhenänderung von 4 m auf 5,5 m, von 4 m auf 7,5 m, von 5,5 m auf 7,5 m und von 7,5 m auf 10 m von Schallschutzwänden, wenn die Immissionsorte weit entfernt sind (Abstände mehrere hundert Meter) und keine Sichtverbindung zu den Quellen besteht?

**Aufgabe 10.4**
Um wieviel liegt das Gesamt-Dämmmaß $R_{\text{ges}}$ unter dem Beugungsdämmmaß $R_{\text{B}}$, wenn das Durchgangsdämmmaß der Schallschutzwand um 6 dB kleiner ist als $R_{\text{B}}$?

**Aufgabe 10.5**
Wie in der folgenden (nicht maßstäblichen) Skizze (Abb. 10.19) dargestellt sollen zwischen einer Quelle und einem Empfänger zwei unterschiedliche Wände vorhanden sein. Praktisch kommt eine solche Situation beispielsweise vor, wenn eine Bahnstrecke neben einer Straße liegt, wobei letztere beidseitig mit Schallschutzwänden ausgestattet ist. Wie groß ist das Einfügungsdämmmaß, wenn die Schwerpunktfrequenz 500 Hz beträgt?

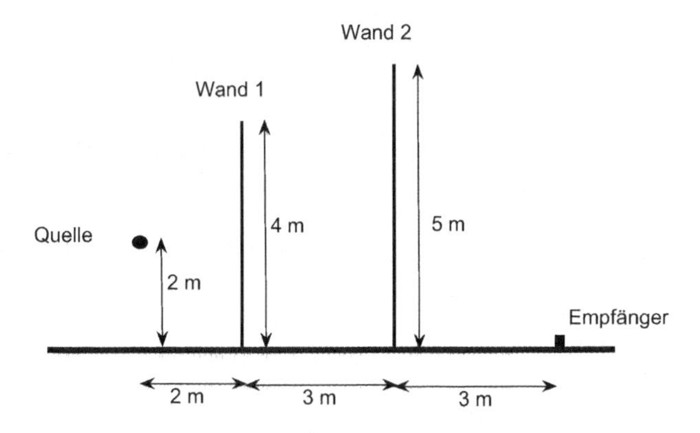


**Abb. 10.19** Anordnung aus Quelle, Empfänger und zwei Wänden in Aufgabe 10.5

**Aufgabe 10.6**
Wenn in der Anordnung der vorangegangenen Aufgabe 10.5 die kleinere der beiden Schallschutzwände von 4 m Höhe weggelassen wird und alles sonst unverändert bleibt, um wieviel ändert sich dann das Einfügungsdämmmaß am Empfangspunkt?

## 10.8 Anhang: MATLAB-Programm für die Fresnel-Integrale

```
function [cfrenl,sfrenl] = fresnel(xarg)
   x=abs(xarg)/sqrt(pi/2);
   arg=pi*(x^2)/2;
   s=sin(arg);
   c=cos(arg);

   if x>4.4

        x4=x^4;
        x3=x^3;
            x1=0.3183099 - 0.0968/x4;
            x2=0.10132 - 0.154/x4;
            cfrenl=0.5 + x1*s/x - x2*c/x3;
            sfrenl=0.5 - x1*c/x - x2*s/x3;
        if  xarg<0
                        cfrenl=-cfrenl;
                        sfrenl=-sfrenl;
        end

   else

            a0=x;
            sum=x;
            xmul=-((pi/2)^2)*(x^4);
            an=a0;
            nend=(x+1)*20;

            for n=0:1:nend
                        xnenn=(2*n+1)*(2*n+2)*(4*n+5);
                        an1=an*(4*n+1)*xmul/xnenn;
                        sum=sum + an1;
                        an=an1;
            end

            cfrenl=sum;
            a0=(pi/6)*(x^3);
            sum=a0;
            an=a0;
            nend=(x+1)*20;
```

```
            for n=0:1:nend
                        xnenn=(2*n+2)*(2*n+3)*(4*n+7);
                        an1=an*(4*n+3)*xmul/xnenn;
                        sum=sum + an1;
                        an=an1;
            end

            sfrenl=sum;

        if xarg<0
                        cfrenl=-cfrenl;
                        sfrenl=-sfrenl;

        end
    end
```

# 11 Elektroakustische Wandler für Luftschall

Die Grundlage einer jeden naturwissenschaftlichen oder ingenieurwissenschaftlichen Disziplin bildet die Messung der interessierenden Größen. Alle in diesem Buch benannten physikalischen Effekte müssen durch Messungen auch nachweisbar sein; die akustische Messtechnik zum Nachweis von tatsächlicher Emission und Immission gehört zum Alltagsgeschäft der Technischen Akustik.

Gründe genug also, hier die beiden praktisch wichtigsten Luftschallmikrophone – das Kondensatormikrophon und das elektrodynamische Mikrophon – näher zu betrachten, die den Kern einer jeden Mess- und Auswerte-Einrichtung ausmachen. Natürlich gibt es viel mehr Typen, z. B. der auf Biegung beanspruchte Piezoschwinger in Telefonkapseln, die heute gängigen, sehr preiswerten Elektret-Mikrophone, die (altertümlichen) Kohle-Mikrophone und elektromagnetischen Mikrophone, und damit ist die Liste noch keineswegs vollständig. Mehrere Gründe sprechen für die hier getroffene Auswahl:

1. Der einzige Mikrophontyp, der den in der Normung genannten Genauigkeitsanforderungen genügt, ist das Kondensatormikrophon. Für Absolutmessungen wie die Feststellung eines Pegels ist es deshalb unverzichtbar. Man bedenke, dass als zu hoch festgestellte Pegel erhebliche rechtliche und finanzielle Konsequenzen nach sich ziehen können; Präzision ist hier deshalb oberstes Gebot. Kondensatormikrophone sind in der Herstellung aufwendig und deshalb nicht billig.
2. Für Relativmessungen dagegen kann man weit preisgünstigere Mikrophone einsetzen: Wenn nur die Pegeldifferenz (z. B. zwischen zwei Räumen bei der Messung der Luftschalldämmung) oder der Pegelabfall wie bei der Messung der Nachhallzeit zählt, kann man auch die preisgünstigeren, dafür im Absolutwert ungenaueren elektrodynamischen Mikrophone verwenden. Auch für Studiozwecke sind elektrodynamische Mikrophone vollkommen ausreichend.
3. Und schließlich wäre die Behandlung noch anderer Typen in großen Teilen redundant: Alle Wandler haben ähnliche mechanische Aufbauten (oder lassen sich doch ähnlich



M. Möser, *Technische Akustik*, VDI-Buch, DOI 10.1007/978-3-662-47704-5_11

wie hier beschreiben), und bei (fast) allen wird der Frequenzgang vom mechanischen Aufbau bestimmt, wie sich im Folgenden noch zeigen wird.

Schließlich interessieren für viele Messungen auch die Einrichtungen zur gezielten Herstellung von Schall, die Lautsprecher. Auch hier soll die Beschränkung auf den gängigsten Typ, den elektrodynamischen Lautsprecher, genügen. Lautsprecher und Mikrophone fasst man unter dem Oberbegriff „elektroakustische Wandler" zusammen, um damit anzudeuten, dass hier entweder akustische Energie in elektrische verwandelt wird, oder umgekehrt.

Ihrem Wesen nach sind die hier behandelten Wandler-Prinzipien (und andere) reversibel: Sie können sowohl als Mikrophon als auch als Lautsprecher benutzt werden.

Beispielsweise versetzt man beim elektrodynamischen Lautsprecher die an der Membran befestigte Spule, die in ein Magnetfeld eintaucht, durch Wechselströme in Schwingungen. Durch die Membran erfolgt so eine Luftschallabstrahlung. Die gleiche Einrichtung kann man aber auch als Mikrophon benutzen: Die Wechselkräfte des Schalldrucks versetzen die Membran in Bewegungen, welche eine induzierte Spannung zur Folge haben, die an der Spule abgegriffen werden kann. Dabei wird natürlich die spezifische Bauart dem Zweck entsprechen.

Naturgemäß muss man bei den Wandlern sowohl ihren mechanischen Aufbau als auch ihren elektrischen Schaltkreis in Betracht ziehen. Die mechanische Funktionsweise besteht nun einfach darin, dass eine Relativbewegung zwischen der Membran und dem Gehäuse durch Druckkräfte und durch elektromagnetische Kräfte erzeugt wird. Da das Gehäuse entweder vergleichsweise schwer oder starr befestigt ist, kann man es als ruhend ansehen. Es interessiert also nur die Bewegung der Membran mit der Masse $m$, die noch die Masse einer Spule, oder anderer mit der Membran mitbewegter Teile, enthalten kann. Auf sie wirkt die äußere Kraft

$$F = F_\mathrm{p} + F_\mathrm{e} , \tag{11.1}$$

worin $F_\mathrm{p}$ die Druckkraft und $F_\mathrm{e}$ die elektromagnetische Kraft repräsentiert. Man kann gewiss

- für Mikrophone $F_\mathrm{e} \ll F_\mathrm{p}$ und
- für Lautsprecher $F_\mathrm{p} \ll F_\mathrm{e}$

annehmen. Es wäre ein schlechter Schallempfänger, bei dem die elektrisch rückwirkende Kraft gegenüber der anregenden Druckkraft auch nur vergleichbar groß wäre. Ebenso werden Lautsprecher in ihrer Abstrahlung nicht wesentlich von dem von ihnen erzeugten Luftschallfeld rückwirkend beeinflusst. Gleichwohl sind diese Rückwirkungen stets vorhanden, sie bleiben hier vernachlässigt.

Wie gesagt bestehen alle hier vorgestellten Wandler im wesentlichen aus einer Masse (ggf. inklusive einer mitbewegten Zusatzmasse), die federnd an einem schweren, fast unbeweglichen Gehäuse befestigt ist. Der mechanische Aufbau besteht also immer in einem

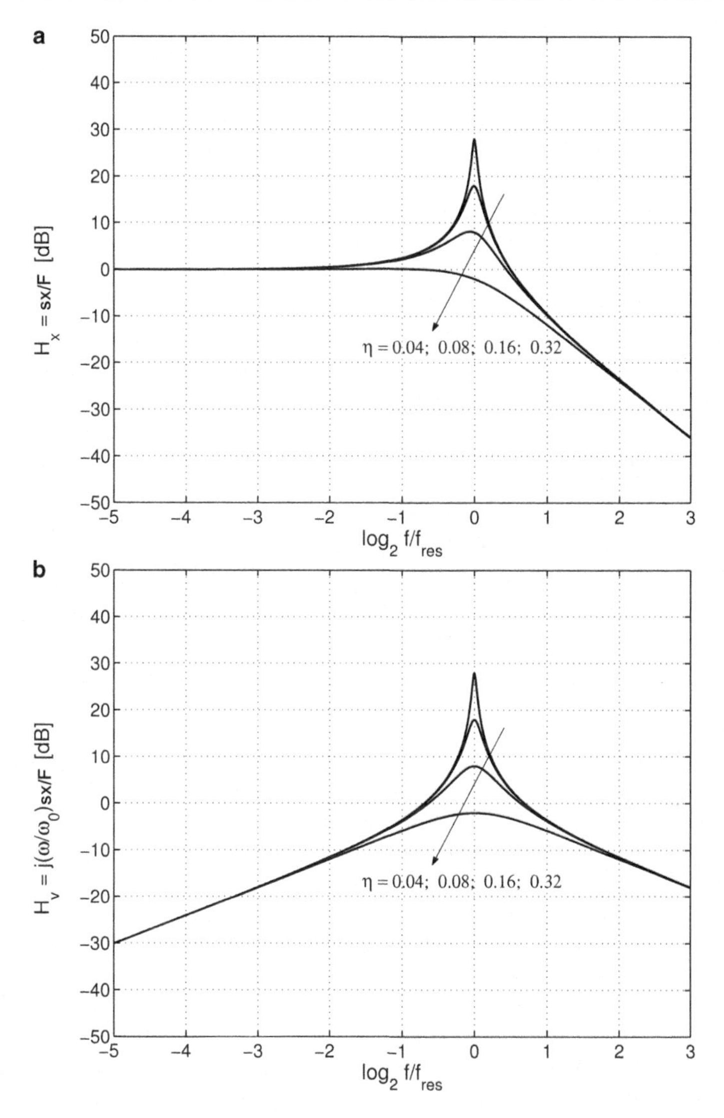


**Abb. 11.1** Frequenzgang von Auslenkung (**a**) und Schnelle (**b**) beim einfachen Resonator

einfachen Resonator, der in Kap. 5 schon ausführlich diskutiert worden ist. Nach den Betrachtungen in Abschn. 5.1 „Wirkung elastischer Lagerung auf starrem Fundament“ gilt für die Auslenkung $x$ der mit der Feder $s$ am unbeweglichen Gehäuse befestigen Masse $m$, die der Kraft $F$ ausgesetzt ist (siehe (5.6), Abschn. 5.1)

$$x = \frac{F}{s - m\omega^2 + j\omega r} = \frac{F/s}{1 - \frac{\omega^2}{\omega_0^2} + j\eta\frac{\omega}{\omega_0}}. \tag{11.2}$$

Dabei bedeuten wie in Abschn. 5.1

$$\omega_0 = \sqrt{\frac{s}{m}}$$

die Resonanzfrequenz und

$$\eta = \frac{r\omega_0}{s}$$

den Verlustfaktor des mechanischen Wandleraufbaus (siehe auch (5.46) und (5.15)).

Wie die folgenden beiden Abschnitte zeigen, beruht das Wandlerprinzip beim Kondensatormikrophon auf der Membran-Auslenkung $x$ selbst; die Ausgangsspannung $U \sim x$ ist beim Kondensatormikrophon proportional zur Auslenkung $x$. Elektrodynamische Mikrophone dagegen nutzen das Induktionsgesetz aus, für sie gilt deswegen $U \sim v = j\omega x$. Es ist dieser Unterschied in den beiden Typen, der auch für die von einander verschiedenen Frequenzgänge letztendlich verantwortlich ist. Wie man in Abb. 11.1 sieht, ist der Frequenzgang von $v/F = j\omega x/F$ natürlich einfach die (in mathematisch positive Richtung) „gedrehte" Version von $x/F$. Der Frequenzgang von $H_x = x/F$ ist konstant unterhalb der Resonanzfrequenz und fällt oberhalb von ihr mit 12 dB/Oktave ab. Der Frequenzgang $H_v = j\omega x/F = j\omega H_x$ dagegen steigt mit 6 dB/Oktave zur Resonanzfrequenz hin und nimmt danach mit ebenfalls 6 dB/Oktave ab. Es ist dieser Unterschied, der sich in den Frequenzgängen der betroffenen Wandler niederschlägt, wie das Folgende zeigt.

## 11.1 Das Kondensatormikrophon

Das Kernstück dieses Mikrophontyps besteht aus einem Kondensator, dessen eine Elektrode von der hauchdünnen, sehr leichten Membran gebildet wird; die Gegenelektrode dagegen ist vergleichsweise sehr massiv und schwer. Ein Beispiel des konstruktiven Aufbaus eines Kondensatormikrophons ist in Abb. 11.4 gegeben.

Das Wandlerprinzip besteht darin, dass sich die Kapazität des Kondensators mit der Membranauslenkung $x$ ändert. Bekanntlich ist die Kapazität eines Plattenkondensators umgekehrt proportional zum Plattenabstand $d$:

$$C_0 \sim \frac{1}{d} \,. \tag{11.3}$$

Wenn nun also der Plattenabstand bei Beschallung um $x$ verringert wird, dann ist

$$C \sim \frac{1}{d - x} \,. \tag{11.4}$$

Weil die in (11.3) und (11.4) nicht mitgeschriebene Proportionalitätskonstante die gleiche ist, folgt daraus

$$C = C_0 \frac{d}{d - x} = C_0 \frac{1}{1 - x/d} \,. \tag{11.5}$$

Dabei bedeutet $C_0$ die Ruhekapazität des Kondensators.

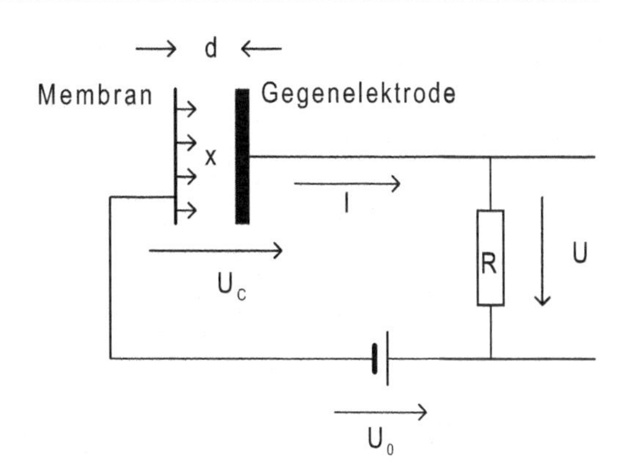


**Abb. 11.2** Prinzip des Kondensatormikrophons

Natürlich muss die Mikrophon-Kapazität zunächst mit einer Gleichspannung versorgt werden, damit überhaupt ein elektrisches Signal nach außen abgegriffen werden kann. Den prinzipiellen Schaltkreis zeigt Abb. 11.2. Er besteht in dem geschlossenen Kreis aus Kapazität, Ohm'schem Widerstand $R$ und Gleichspannungsquelle $U_0$. Der Widerstand $R$ stellt bereits den nachfolgenden, sehr hochohmigen Verstärker zur Weiterverarbeitung der außerordentliche kleinen Wechselspannung an ihm dar. Die Ruhekapazität beträgt natürlich nur einige $10^{-11}$ F, mehr ist technisch kaum erreichbar. Für $U_0$ sind Werte zwischen etwa 20 und 200 V gebräuchlich, diese Vorspannung wird begrenzt durch die Überschlagsgefahr zwischen den Elektroden.

Für die Kondensatorspannung im Kreis gilt gemäß der Definition des Begriffs „Kapazität"

$$U_c = \frac{Q}{C} = \frac{Q}{C_0}\left(1 - \frac{x}{d}\right) . \tag{11.6}$$

Die Ausgangsspannung $U$ ergibt sich aus dem Spannungsverlauf

$$U_c + U - U_0 = 0$$

zu

$$U = U_0 - U_c . \tag{11.7}$$

Eine sehr einfache und nur für die allertiefsten Frequenzen versagende Einschätzung des Mikrophon-Frequenzganges gewinnt man auf Grund folgender Überlegung. Wenn der Ausgangswiderstand $R$ viel größer ist als der Wechselstromwiderstand $1/j\omega C_0$ des Kondensators, dann wird der Schaltkreis praktisch „wie offen" betrieben. Für $R \gg 1/\omega C_0$, damit also für Frequenzen $\omega \gg 1/RC_0$, fließt nahezu kein Strom im Kreis. Aus diesem Grund muss man die elektrische Ladung auf den Elektroden des Kondensators als „eingefroren" und unveränderlich betrachten können. Näherungsweise gilt also im Frequenzbereich $\omega \gg 1/RC_0$ mit $Q \approx Q_0$ in (11.6)

$$U_c = \frac{Q_0}{C_0}\left(1 - \frac{x}{d}\right) = U_0\left(1 - \frac{x}{d}\right) \tag{11.8}$$

(wegen $U_0 = Q_0/C_0$). Damit ist nach (11.7)

$$U = U_0 \frac{x}{d}$$

die Ausgangsspannung $U$ direkt zur Membranauslenkung $x$ proportional. In dem genannten Frequenzbereich gilt mit (11.2) also zusammengefasst

$$\frac{U}{p} = \frac{U_0 \frac{S}{sd}}{1 - \frac{\omega^2}{\omega_0^2} + j\eta\frac{\omega}{\omega_0}} . \tag{11.9}$$

Dabei ist noch vorausgesetzt worden, dass sich die Membrankraft aus dem Produkt von Druck und Membranfläche ergibt,

$$F = pS , \tag{11.10}$$

eine Annahme, die gewiss zutrifft, solange die Membran-Quer-Abmessungen klein verglichen mit der Luftschallwellenlänge sind.

Der Frequenzgang (11.9) wird ausschließlich durch den des mechanischen Aufbaus $H_x(\omega) = x/F$ bestimmt, $H_x(\omega)$ ist also für den Mikrophon-Frequenzgang ausschlaggebend.

Die Annahme von eingefrorenen Ladungen auf dem Kondensator ist übrigens nicht nur eine Näherung für hinreichend große Frequenzen. Es gibt auch dauerpolarisierte Bauarten, bei denen statt des Kondensators piezokeramische Schichten verwendet werden; sie kommen ohne Gleichspannungsquelle aus.

Wie gesagt gilt (11.9) nur für Frequenzen $\omega \gg \omega_\text{k}$, wobei $\omega_\text{k}$ durch

$$\omega_\text{k} = 1/RC_0 \tag{11.11}$$

definiert ist. Diese „Kennfrequenz“ $\omega_\text{k}$ (wegen des in $\omega = \omega_\text{k}$ knickenden Frequenzganges auch als „Knickfrequenz“ bezeichnet, siehe auch Abb. 11.3) liegt bei allen Kondensatormikrophonen sehr niedrig, typisch bei etwa $f_\text{k} = \omega_\text{k}/2\pi \simeq 10\,Hz$. Der Frequenzgang des Mikrophons ist damit eigentlich im relevanten Frequenzbereich genau genug beschrieben. Es ist andererseits nicht gerade schwierig, den Ladungsfluss zu oder von den Elektroden zu berücksichtigen. Die Kondensatorladung setzt sich allgemeiner aus dem Gleichanteil $Q_0$ und einer Wechselladung $q$ zusammen:

$$Q = Q_0 + q .$$

Die Kondensatorspannung $U_\text{c}$ wird dann nach (11.6)

$$U_\text{c} = \frac{Q}{C} = \frac{Q_0 + q}{C_0}\left(1 - \frac{x}{d}\right) \approx \frac{Q_0}{C_0}\left(1 - \frac{x}{d}\right) + \frac{q}{C_0} = U_0 - U_0\frac{x}{d} + \frac{q}{C_0} .$$

Dabei ist der quadratisch kleine Term mit $xq$ vernachlässigt worden, die Wechselgrößen sind klein verglichen mit den Gleichanteilen $q \ll Q_0$ und $x \ll d$. Für die Ausgangsspannung $U$ ist damit nach (11.7)

$$U = U_0 \frac{x}{d} - \frac{q}{C_0} \,.$$

Hier kommen nur noch Wechselgrößen vor. Die Wechselladung $q$ kann noch mit $q = I/j\omega$ durch den Wechselstrom im Kreis ausgedrückt werden:

$$U = U_0 \frac{x}{d} - \frac{I}{j\omega C_0} \,,$$

oder, wegen des Ohm'schen Gesetzes $I = U/R$ für den Ausgangswiderstand $R$

$$U = U_0 \frac{\frac{x}{d}}{1 + \frac{1}{j\omega R C_0}} = U_0 \frac{\frac{x}{d}}{1 - j\frac{\omega_k}{\omega}} \,. \tag{11.12}$$

Der elektrische Aufbau des Kondensatormikrophons wirkt also wie ein Hochpass mit der Knick- (oder Kenn-)Frequenz $\omega_k$. Für $\omega > \omega_k$ ist der Frequenzgang konstant, für $\omega < \omega_k$ wächst er mit der Steigung von 6 dB/Oktave von tiefen Frequenzen her kommend gegen die Knickfrequenz an.

Der Gesamtfrequenzgang, der sich mit $F = pS$ in (11.2) und aus (11.12) ergibt,

$$G_{up} = \frac{U}{p} = \frac{\frac{S}{sd} U_0}{\left(1 - j\frac{\omega_k}{\omega}\right)\left(1 - \frac{\omega^2}{\omega_0^2} + j\eta\frac{\omega}{\omega_0}\right)} \,, \tag{11.13}$$

besteht also in einem Bandpass, der von der elektrischen Knickfrequenz $\omega_k$ bei tiefen Tönen und von der mechanischen Resonanz $\omega_0$ bei hohen Tönen begrenzt wird (Abb. 11.3). Im Übertragungsbereich $\omega_k \ll \omega \ll \omega_0$ beträgt die Empfindlichkeit

$$G_{up,0} = \frac{S}{sd} U_0 \,. \tag{11.14}$$

Als größte Betriebsfrequenz gibt man üblicherweise den Punkt an, bei dem $G_{up}$ um 1 dB über $G_{up,0}$ liegt. Für diesen Punkt gilt also

$$\left|\frac{G_{up}}{G_{up,0}}\right|^2 = 10^{0,1} = 1{,}25 \,.$$

Für ausreichend kleine $\eta$ und wegen $\omega \gg \omega_k$ folgt

$$\left(1 - \frac{\omega^2}{\omega_0^2}\right)^2 = \frac{1}{1{,}25} = 0{,}8 \,,$$

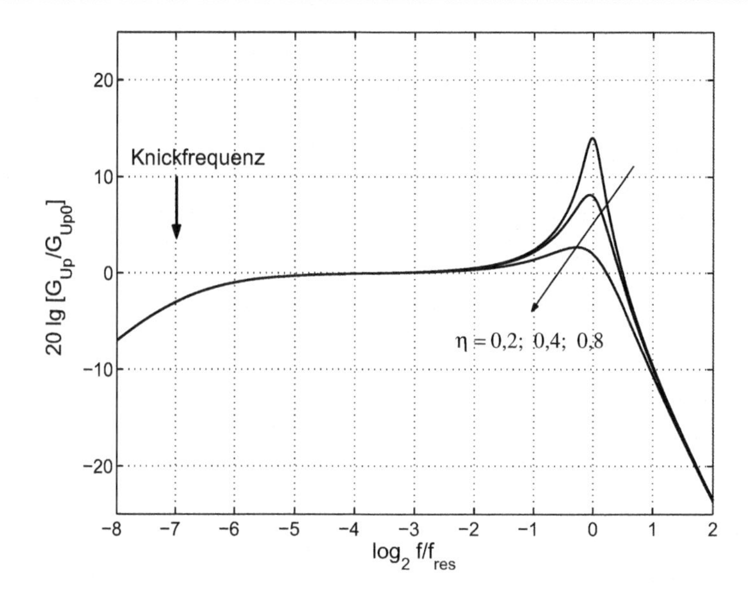


**Abb. 11.3** Theoretischer Frequenzgang des Kondensatormikrophons. Die elektrische Knickfrequenz $\omega_k$ liegt hier willkürlich, aber realistisch gewählt gerade 7 Oktaven unter der Resonanzfrequenz. Gerechnet für $\eta = 0{,}2$; 0,4 und 0,8

oder

$$\omega \simeq 0{,}3\omega_0 \tag{11.15}$$

für die Betriebsgrenze des Mikrophons.

Einige Daten handelsüblicher Mikrophone gibt die Tab. 11.1.

Die in Tab. 11.1 angegebene Empfindlichkeit ist nach dem Signalverstärker, der Bestandteil des Mikrophons ist, gemessen. Wie man sieht sind großflächige Mikrophone empfindlicher als solche mit kleiner Membranfläche, etwa entsprechend dem Flächenverhältnis. Die Hauptschwierigkeit bei Kondensatormikrophonen besteht in ihrem Eigenrauschen, das auf den sehr hochohmigen Widerstand zurückgeführt werden kann. Die noch (mit 1 dB Genauigkeit) messbaren Pegel sind bei den kleinen Typen recht groß; sie taugen also nicht zur Messung leiser Schalle, für die empfindlichere Mikrophone mit großer Membranfläche eingesetzt werden müssen.

**Tab. 11.1** Technische Daten von Kondensatormikrophonen

| Durchmesser | Übertragungsfaktor | Frequenzbereich | Dynamikbereich |
|---|---|---|---|
| (mm) | (mV/Pa) | (Hz) | (dB(A)) |
| 3,2 | 1 | 6,5–140 k | 55–168 |
| 6,4 | 4 | 4–100 k | 36–164 |
| 12,7 | 12,5 | 4–40 k | 22–160 |
| 23,8 | 50 | 4–18 k | 11–146 |

Wie man an der Tabelle abliest, nimmt die Resonanzfrequenz mit wachsender Membranfläche ab, eine Tendenz, die hier noch näher betrachtet werden soll. Die theoretische Resonanzfrequenz beträgt

$$\omega_0^2 = \frac{s}{m} ,$$

wobei sich die Gesamtsteife aus den zwei Anteilen

$$s = s_E + s_L \tag{11.16}$$

zusammensetzt. Der Steifeteil $s_E$ stellt die Lagersteife der Membran dar, $s_L$ ist die Steife des Luftpolsters zwischen den Elektroden mit

$$s_L = \frac{\varrho c^2 S}{d} . \tag{11.17}$$

In der Herstellung entsteht die Membran aus einer dünnen, vorgespannten Metallfolie, die über den sie später tragenden Ring gelegt und dort befestigt wird. Der Steifeteil $s_E$ wird von der Eigenspannung der Membran bewirkt. Die Masse $m$ ist nicht ganz so groß wie die tatsächliche Membranmasse, $m$ bezeichnet die etwas kleinere „bewegte" Membranmasse.

Eine oft genannte Lehrmeinung vertritt die Ansicht, dass der Luftsteifeteil $s_L$ größer sei als die Lagerungssteife $s_E$. Weil nun aber (bei Verwendung der gleichen Metallfolie) für alle Größen die Masse

$$m = m''S$$

mit der Fläche wächst, würde sich aus der Annahme $s_L \gg s_E$ die Resonanzfrequenz

$$\omega_0^2 = \frac{\varrho c^2 S}{d m'' S} = \frac{\varrho c^2}{m'' d} \tag{11.18}$$

ergeben. Demnach müsste die Resonanzfrequenz *unabhängig* von der Membranfläche sein; in der obigen genannten Tabelle gezeigte Erfahrung belegt eine andere Tendenz. Es scheint viel eher plausibel zu sein, dass die Lagerungssteife $s_E$ überwiegt und von der Mikrophongröße unabhängig ist; in diesem Fall gilt

$$\omega_0^2 = \frac{s_E}{m'' S} . \tag{11.19}$$

Die Resonanzfrequenz würde demnach umgekehrt proportional zum Durchmesser der Membran abnehmen; die Zahlenwerte in der Tabelle weisen auf diesen Zusammenhang hin.

Auch der in Abb. 11.4 geschilderte technische Aufbau eines Kondensatormikrophons spricht für die Annahme $s_L \ll s_E$, denn durch die Lochung der Gegenelektrode wird die Luftschicht-Steife drastisch herabgesetzt: Bei Zusammendrücken des Kondensators kann die Luft durch die Bohrungen entweichen und braucht so nicht komprimiert zu werden,

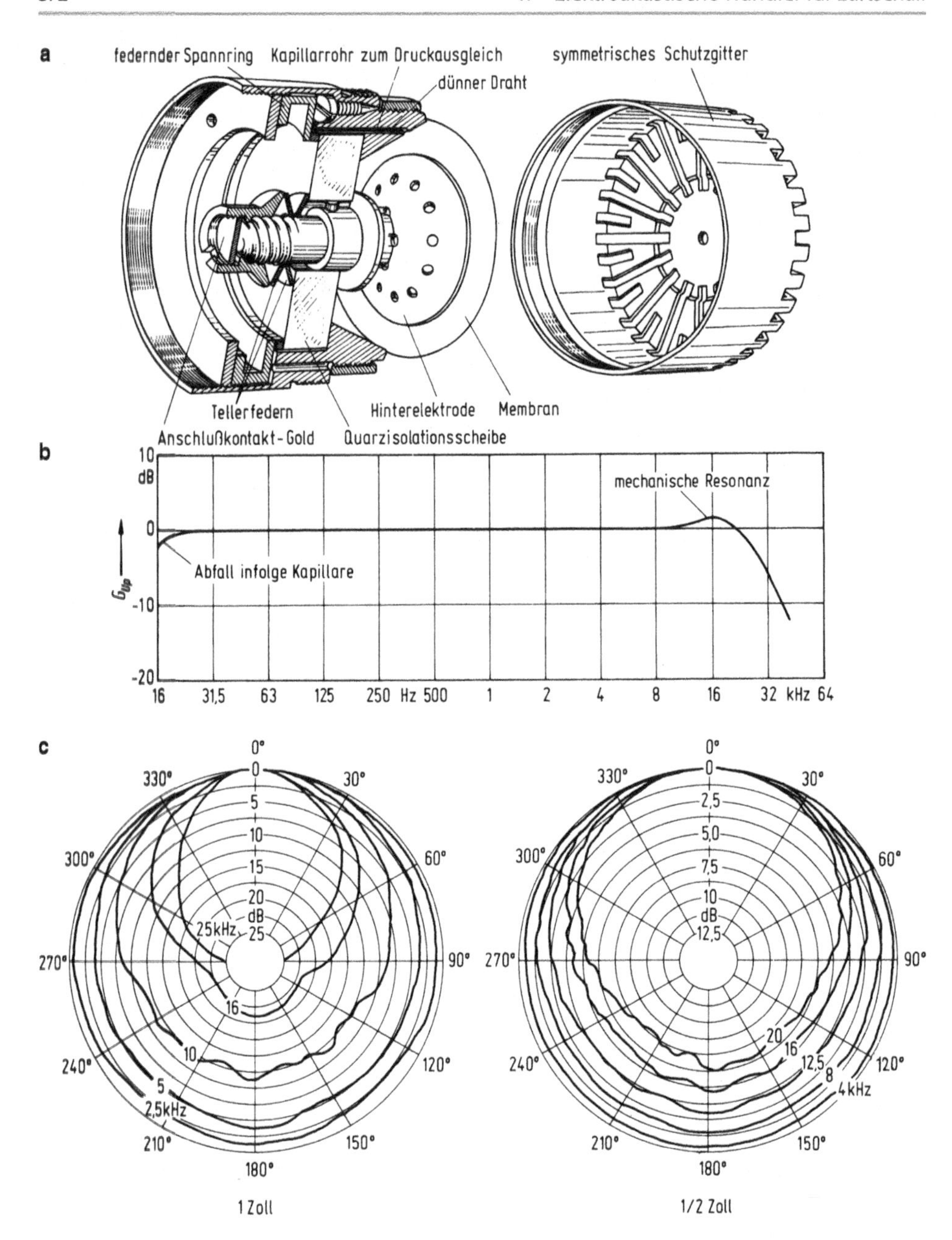


**Abb. 11.4** Fallbeispiel eines Kondensatormikrophons

das bewirkt eine deutliche Herabsetzung der Schicht-Steife. Die Perforation der Gegenelektrode dient denn auch nicht hauptsächlich der hergestellten Steife-Verringerung, ihr Zweck besteht vielmehr in der Bedämpfung des Resonanzgipfels durch die Reibung, der die viskose Luft beim Passieren der Bohrungen ausgesetzt ist. Im Wesentlichen wird der Verlustfaktor $\eta$ durch diesen Effekt hergestellt; die Resonanzfrequenz dagegen wird fast nur durch die Parameter der Membran selbst eingestellt.

Der in Abb. 11.4 mit gezeigte Frequenzgang belegt, dass die Resonanzdämpfung gut gelingt. Eine leichte Überhöhung der Resonanzfrequenz kann sogar nützlich sein, wenn mehr auf den schrägen, seitlichen Schalleinfall abgezielt wird; siehe dazu auch den folgenden Abschnitt. Die hochempfindliche Mikrophonmembran würde selbst bei kleineren Luftdruckschwankungen zerstört werden, wenn nicht eine Verbindung zwischen innen und außen in Form einer Kapillare für Druckausgleich sorgen würde. Im wesentlichen wirkt die in der Kapillare vorhandene Luft wie eine Masse $m_\mathrm{k}$, so dass für die Druckdifferenz $\Delta p$ zwischen Außenraum und der Luft zwischen den Elektroden

$$\Delta p = j\omega \frac{m_\mathrm{k}}{S_\mathrm{Q}} v$$

($S_\mathrm{Q}$ = Kapillarenquerschnitt, $m_\mathrm{k}$ = in der Kapillare bewegte Masse, $v$ deren Schnelle) gilt. Damit erreicht man tieffrequent den Druckausgleich $\Delta p \approx 0$, hochfrequent dagegen wird der Innenraum vom Außenraum entkoppelt. Bei tiefen Frequenzen wird durch den Druckausgleich die Empfindlichkeit des Mikrophons herabgesetzt. Offenbar liegt bei dem in Abb. 11.4 wiedergegebenen Mikrophontyp die elektrische Knickfrequenz noch deutlich unterhalb der Knickfrequenz der Kapillare.

Wie man der Tab. 11.1 von Mikrophonen entnehmen kann, ist die Diskussion darüber, welcher Steifeanteil die größere Rolle spielt, vielleicht von wissenschaftlichem, kaum aber von praktischem Interesse: Bei allen aufgeführten Größen wird der gesamte, praktisch vorkommende Frequenzbereich abgedeckt (eine Ausnahme bildet lediglich der Ultraschallbereich). In der Praxis liegen denn auch die Nachteile größerer Mikrophone gegenüber den kleineren nicht in der abnehmenden Resonanzfrequenz, sondern viel eher in der sich bei großen Membranen schon im mittleren Frequenzbereich bemerkbar machenden Richtungsempfindlichkeit; diesem Thema ist der nächste Abschnitt gewidmet.

## 11.2 Richtungsempfindlichkeit von Mikrophonen

Grundsätzlich treten zwei prinzipielle Effekte auf, die bei höheren Frequenzen für eine Richtungsempfindlichkeit von Mikrophonen sorgen können:

1. In ihrem geometrischen Gesamtaufbau mit Gehäuse, evtl. Haltegriff und Schutzgitter, bilden Mikrophone Reflektoren gegenüber dem einfallenden Schallfeld: Wie alle Messeinrichtungen stören sie im Prinzip die Größe, die zu messen sie bestimmt sind. Die Reflexion kann je nach Beschallungsrichtung unterschiedlich sein. Sie führt jedoch stets zu einer Druckerhöhung, der sich einstellende Schalldruck kann dabei höchstens das Doppelte des einfallenden Feldes betragen. Reflexionen am Mikrophon wirken also wie ein Anwachsen der Empfindlichkeit, die auf höchstens 6 dB begrenzt ist.

Druckstaus am Mikrophon sind deshalb eher marginale, nebensächliche Phänomene, die man allenfalls zu kleinen Frequenzgangkorrekturen durch Formgebung nutzen kann.

2. Ausgeprägte, stark winkelabhängige Empfindlichkeiten bei hohen Frequenzen lassen sich nicht aus Reflexionen am Mikrophonkörper begründen. Vielmehr beruhen rasch veränderliche Richtcharakteristika auf der Tatsache, dass der Schalldruck auf der Membranfläche ortsabhängig ist. Die Membrankraft ergibt sich nur bei tiefen Frequenzen aus dem Produkt $pS$; allgemeiner gilt auch für hohe Frequenzen

$$F = \int_S p \, \mathrm{d}S \, . \tag{11.20}$$

Bei entsprechend kleinen Wellenlängen und schräger Beschallung treten auf der Membran Bezirke mit gegenphasigen Drücken auf, die Gesamtkraft kann deswegen u. U. sogar Null werden.

Die Konsequenzen der „druck-integrierenden Membranwirkung“ (11.20) können für eine kreisförmige Membran leicht berechnet werden, wenn man dabei die Reflexion an der Membran außer acht lässt. Dazu wird eine schräg auf die Membran auftreffende ebene Welle angenommen. Wie Abb. 11.5 zeigt, wird der Winkel zwischen der Laufrichtung mit $\vartheta$ bezeichnet. Bekanntlich wird die Welle im eingezeichneten Koordinatensystem durch

$$p = p_0 \mathrm{e}^{jkx \sin\vartheta} \mathrm{e}^{jkz \cos\vartheta} \tag{11.21}$$

beschrieben. Damit wird aus dem Druckintegral (11.20) unter Benutzung von $x = r \cos\varphi$

$$F = p_0 \int_0^b \int_0^{2\pi} \mathrm{e}^{jkr \sin\vartheta \cos\varphi} \mathrm{d}\varphi r \mathrm{d}r = p_0 \int_0^b \int_0^{2\pi} \cos\left(kr \sin\vartheta \ \cos\varphi\right) \mathrm{d}\varphi r \mathrm{d}r \, .$$

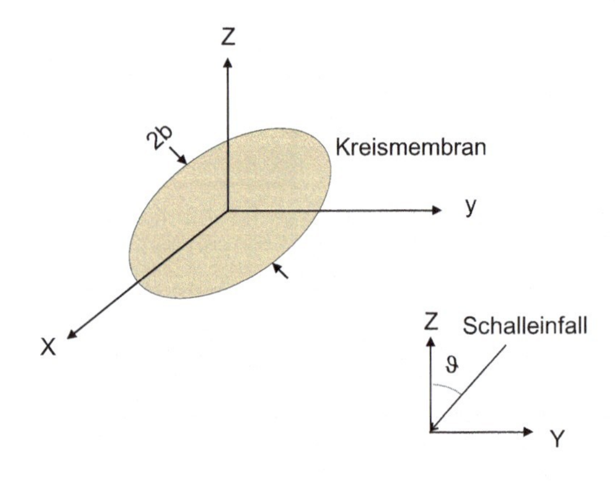


**Abb. 11.5** Lage der Kreismembran (Radius $b$) im Koordinatensystem

Das innere Integral ergibt die Besselfunktion nullter Ordnung, es bleibt

$$F = 2p_0 \int_0^b \pi J_0 (k \sin\vartheta\ r)\, r\mathrm{d}r\ .$$

Auch dieses Integral findet man in einer Integraltafel (z. B. in: Gradshteyn, I. S.; Ryzhik, I. M.: Table of Integrals, Series and Products. Academic Press, New York 1965, S. 634, Nr. 5.52 1), mit deren Hilfe man schließlich

$$F = \pi b^2 \frac{2J_1 (kb \sin\vartheta)}{kb \sin\vartheta} p_0 = Sp_0 \frac{2J_1 (kb \sin\vartheta)}{kb \sin\vartheta}\ . \tag{11.22}$$

($J_1$ = Besselfunktion erster Ordnung) berechnet. Im Ausdruck für die Mikrophon-Empfindlichkeit (11.13) für das Kondensatormikrophon, bzw. (11.29) für das elektrodynamische Mikrophon, muss man also noch $S$ durch

$$S \to S\,G(u) \tag{11.23}$$

mit

$$G(u) = \frac{2J_1(u)}{u} \tag{11.24}$$

und

$$u = kb \sin\vartheta \tag{11.25}$$

ersetzen.

Alle Richtcharakteristika gewinnt man (wie im Kap. 3 über Abstrahlung) aus den jeweils durch $u = kb$ begrenzten Ausschnitten aus der Funktion $G(u)$. Letztere ist – ebenso wie 3 charakteristische Beispiele für Richtcharakteristika in den Abb. 11.6b–d –in Abb. 11.6a gezeigt.

Bei tiefen Frequenzen spielt die Einfallsrichtung keine Rolle, alle Richtungen weisen die gleiche Mikrophon-Empfindlichkeit auf. Erst wenn die Membranabmessung und die Wellenlänge in die gleiche Größenordnung kommen, ergeben sich ausgeprägtere Winkelverläufe. Messkurven sind in Abb. 11.4 enthalten.

Man bemerke noch, dass die in den Abb. 11.6b und c geschilderten Richtwirkungen für handelsübliche Mikrophone schon für recht hohe Frequenzen auftreten. Zum Beispiel bedeutet $kb = 2\pi b/\lambda = 2{,}5$ selbst für den schon recht großen Durchmesser von $2b = 2{,}5$ cm eine Wellenlänge von $\lambda = 0{,}03$ m, das entspricht der Frequenz von etwa 10 kHz.

In Abb. 11.6b–d ist die Winkelabhängigkeit bei fester Frequenz für drei Fälle aufgetragen; ebenso gut kann man natürlich den Frequenzgang bei festem Einfallswinkel auftragen, Abb. 11.7 zeigt Beispiele. Bei den hohen Frequenzen erhält man je nach Einfallsrichtung jeweils einen anderen Frequenzgang. Zusammen mit der Mikrophon-Formgebung (die die Reflexion am Mikrophonkörper beeinflusst) und der Wahl des

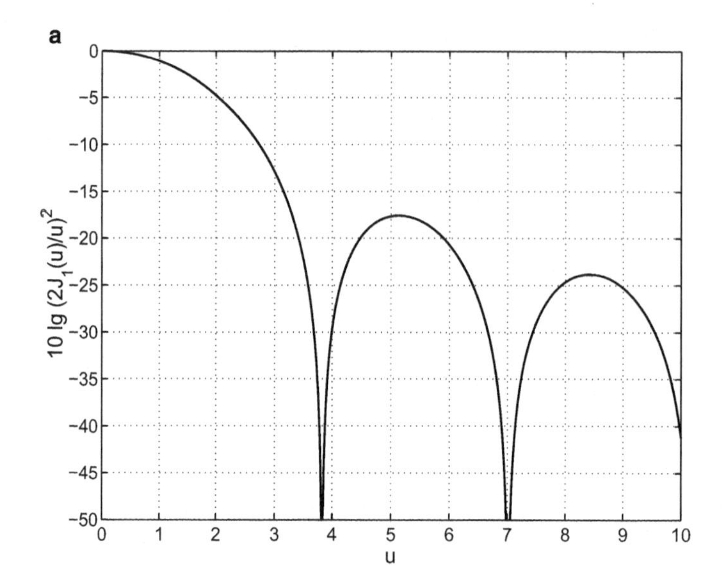


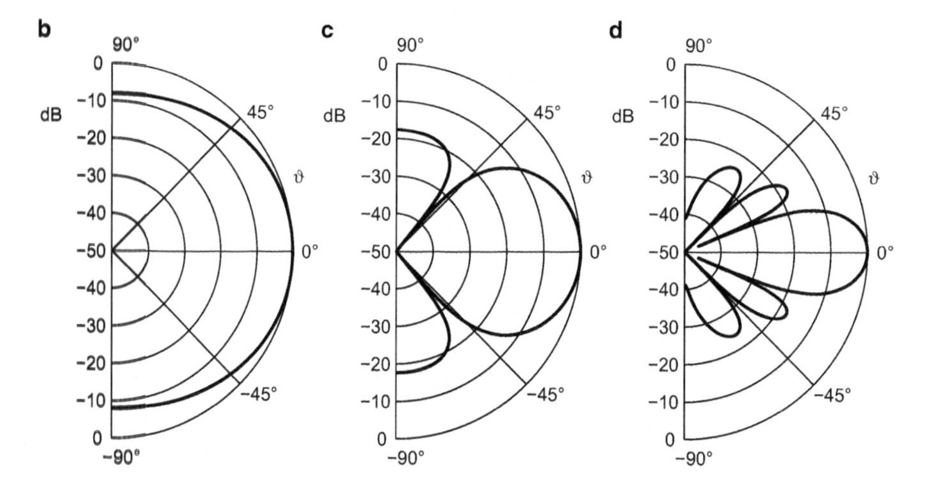


**Abb. 11.6** **a** Richtungsfunktion $G(u) = 2J_1(u)/u$; Richtcharakteristik für **b** $u_{\max} = kb = 2{,}5$, **c** $u_{\max} = kb = 5$, **d** $u_{\max} = kb = 10$

Mikrophon-Verlustfaktors kann man diese Frequenzgänge noch bis zu einigen dB beeinflussen. Mikrophone, deren Frequenzgang bei 0° Einfallswinkel so mit einem „optimiert glatten Frequenzgang" versehen sind, nennt man „Freifeld-Mikrophone". Ist dagegen der 45°-Frequenzgang optimiert, dann spricht man von einem „Diffusfeld-Mikrophon", wobei man ausdrücklich davon ausgeht, dass im diffusen Feld der mittlere Einfallswinkel 45° beträgt.

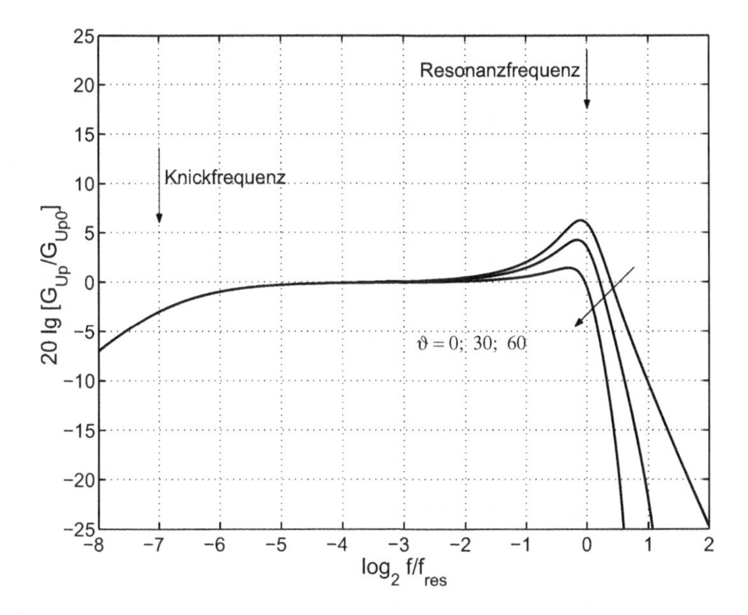


**Abb. 11.7** Frequenzgänge des Kondensatormikrophons für verschiedene Einfallsrichtungen. Die elektrische Knickfrequenz $\omega_k$ liegt hier willkürlich, aber realistisch gewählt gerade 7 Oktaven unter der Resonanzfrequenz. Gerechnet für $\eta = 0{,}5$ und $b/\lambda = 0{,}4$ in der Resonanzfrequenz

## 11.3 Das elektrodynamische Mikrophon

Beim elektrodynamischen Mikrophon wird das physikalische Prinzip eines Wechselstrom-Generators ausgenutzt: Werden Leiterschleifen in einem Magnetfeld senkrecht zu den Feldlinien bewegt, so wird in ihnen eine elektrische Spannung induziert. Häufigste Bauart ist das Tauchspulenmikrophon (Abb. 11.10), bei dem eine mit der Membran bewegte Spule in den ringförmigen Spalt eines Topfmagneten eintaucht. Elektrisch kann man es als reale Spannungsquelle mit dem Innenwiderstand $R_i + j\omega L$ und der idealen Spannungsquelle $U_i$ (Induktionsspannung)

$$U_i = B\ell v \tag{11.26}$$

auffassen. Hierin ist $B$ die magnetische Induktion im Luftspalt, $\ell$ ist die Leiterlänge und $v$ die Schnelle von Spule und Membran. Der Kreis wird durch den Lastwiderstand $R_a$ geschlossen, an welchem die Wandlerspannung $U$ abgegriffen wird (Abb. 11.8). Für sie ist

$$U = U_i - (R_i + j\omega L)\, I \ , \tag{11.27}$$

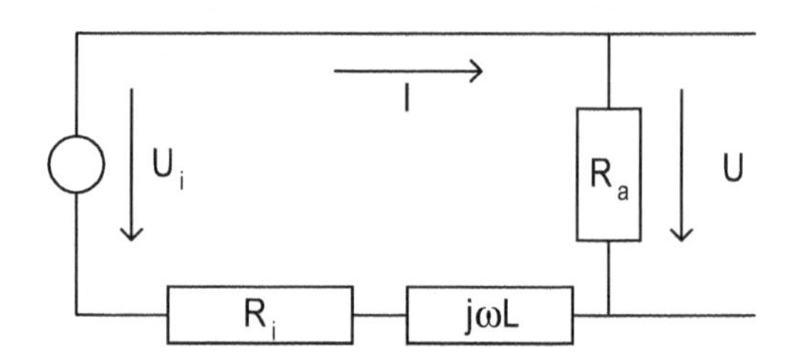


**Abb. 11.8** Schaltskizze des elektrodynamischen Mikrophons

bzw. mit (11.26) und $I = U/R_\mathrm{a}$

$$U = \frac{R_\mathrm{a} B\ell}{R_\mathrm{a} + R_\mathrm{i} + j\omega L} v\,. \tag{11.28}$$

Hier ist also die Wandlerspannung der Membranschnelle proportional. Den Übertragungsfaktor $U/p$ erhält man, indem $v = j\omega x$ nach (11.2) durch die Kraft $F = pS$ ausgedrückt wird ($R = R_\mathrm{a} + R_\mathrm{i}$):

$$U = \frac{\frac{R_\mathrm{a}}{R} B\ell S \frac{j\omega}{s}}{\left(1 + j\omega \frac{L}{R}\right)\left(1 - \frac{\omega^2}{\omega_0^2} + j\frac{\omega}{\omega_0}\eta\right)} p\,. \tag{11.29}$$

Wegen der nicht beliebig klein zu machenden Masse von Membran und Spule kommt hier eine Hochabstimmung der Resonanz $\omega_0$ nicht in Frage. Bei praktischen Verhältnissen liegt sie sogar tiefer als die Knickfrequenz

$$\omega_\mathrm{k} = R/L\,. \tag{11.30}$$

Bei tiefen Frequenzen $\omega \ll \omega_0$ beginnt demnach der Frequenzgang mit einem Anstieg mit $\omega$ (entsprechend 6 dB/Oktave), worauf – wegen der groß zu wählenden Dämpfung – ein schwacher, breiter Resonanzgipfel folgt.

Zwischen $\omega_0$ und $\omega_\mathrm{k}$ fällt der Frequenzgang mit $1/\omega$ (entsprechend der Steigung von −6 dB/Oktave) ab (Abb. 11.9). Oberhalb von $\omega_\mathrm{k}$ schließt sich die Abnahme der Empfindlichkeit mit −12 dB/Oktave an.

Für ein Mikrophon wäre ein solcher Frequenzgang nicht zu gebrauchen, wenn es nicht gelänge, ihn mit einigen „Kunstgriffen" zu begradigen. Durch Ankopplung zusätzlicher mechanischer Schwingkreise – z. B. in Form besonderer Hohlräume hinter der Membran – erzielt man entsprechend abgestimmte und in der Breite eingestellte Resonanzeffekte. Um eine über den ganzen Frequenzbereich wirksame Kompensation des Frequenzganges zu erhalten, schafft man mehrere Resonatoren durch Unterteilung des zur Verfügung stehenden Luftraumes im Mikrophon-Gehäuse in mehrere verschieden große Volumina, die über

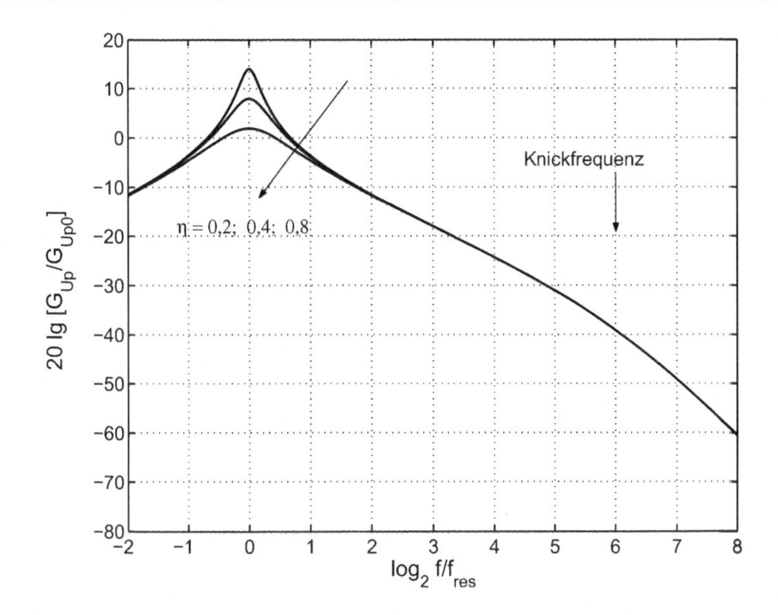


**Abb. 11.9** Theoretischer Frequenzgang eines elektrodynamischen Mikrophons. Die elektrische Knickfrequenz liegt hier willkürlich gewählt 6 Oktaven über der Resonanzfrequenz. Gerechnet für $\eta = 0{,}2; 0{,}4$ und $0{,}8$

kleine Schläuche mit der für die Membran direkt wirksamen Luftsteife verbunden sind. Die Luft in den Schläuchen wirkt als Masse, das angekoppelte Volumen als Steife des damit erhaltenen einfachen Resonators, dessen Resonanzfrequenz durch Schlauchlänge und Volumen eingestellt werden können. Für die Dämpfung sorgen absorbierende Stoffe (Filz) und Labyrinthe mit großen Reibungsoberflächen (Abb. 11.10). Auf diese Weise erhält man zufriedenstellende Frequenzgänge, die Studio-Anforderungen genügen.

Erwähnenswert ist sicher noch, dass der Phasengang des elektrodynamischen Mikrophons in jeder Resonanz um 180° dreht. Weil der Aufbau der mechanischen Resonatoren nicht hochpräzise erfolgt (das würde den Preis unverhältnismäßig in die Höhe treiben), können beträchtliche Phasenschwankungen zwischen einzelnen Exemplaren auftreten. Wenn es also, wie bei der Intensitätsmesstechnik (Kap. 2), gerade auf gleichen Phasengang zweier Mikrophone ankommt, sind elektrodynamische Mikrophone ungeeignet.

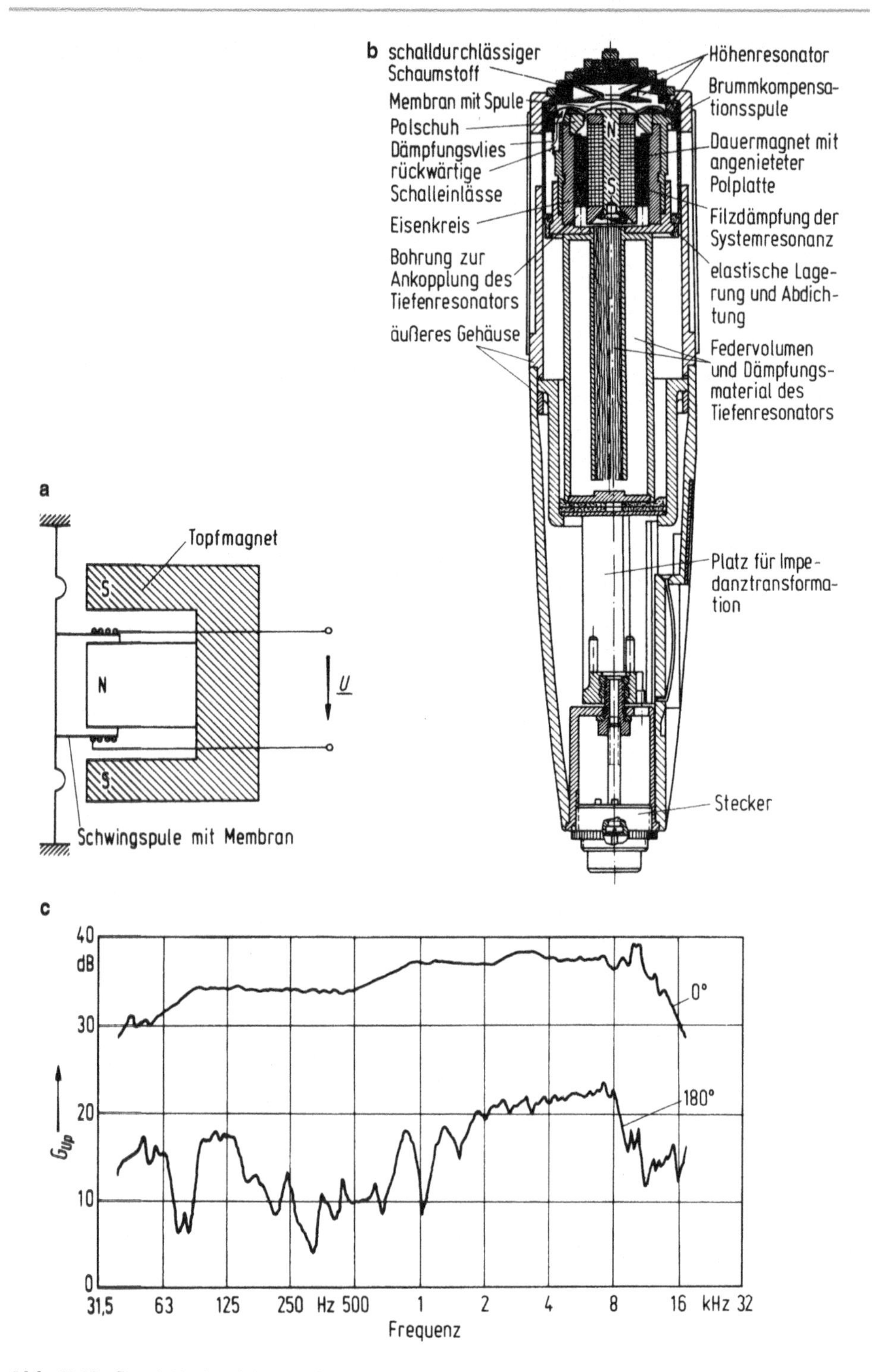


**Abb. 11.10** Spezielle Ausführung eines elektrodynamischen Mikrophons

## 11.4 Der elektrodynamische Lautsprecher

Der elektrodynamische Lautsprecher ist das reversible Pendant zum elektrodynamischen Mikrophon: Wird an die Spule eine äußere Spannung angelegt, so erfährt sie eine elektrische Kraft

$$F = B\ell I \; , \tag{11.31}$$

worin

$$I = \frac{U}{R_\mathrm{i} + R_\mathrm{a} + j\omega L} \tag{11.32}$$

durch die Impedanz des Lautsprechers $R_\mathrm{i} + j\omega L$ und den Innenwiderstand $R_\mathrm{a}$ der Spannungsquelle gegeben ist (Abb. 11.11).

Nach (11.2) gilt für die Membranschnelle $v$

$$v = \frac{j\omega B\ell/s}{(R_\mathrm{i} + R_\mathrm{a} + j\omega L)\left(1 - \frac{\omega^2}{\omega_0^2} + j\frac{\omega}{\omega_0}\eta\right)} U \; . \tag{11.33}$$

Sie besitzt also den gleichen prinzipiellen Frequenzgang wie das entsprechende Mikrophon (Abb. 11.9). Nun interessiert natürlich die Membran-Schnelle nicht sehr, viel mehr kommt es auf den in einem gewissen Abstand hervorgerufenen Schalldruck an.

Die Abstrahlung von bewegten Membranen ist in Kap. 3 geschildert, man braucht also nur die dort bereits genannten Sachverhalte hier zu rekapitulieren. Zur Verhinderung des tieffrequenten Massenkurzschlusses (und der damit einhergehenden Verschlechterung der Abstrahlung) werden Lautsprecher in eine Box (oder eine „große" Schallwand) eingebaut. Sie wirken damit bei tiefen Frequenzen wie eine Volumenquelle (s. Abschn. 3.3 mit (3.13))

$$p \approx \frac{j\omega\varrho Q}{4\pi r} \mathrm{e}^{-jkr} = \frac{j\omega\varrho\pi b^2 v}{4\pi r} \mathrm{e}^{-jkr} \; , \tag{11.34}$$

worin $b$ den Membranradius bezeichnet. Es gilt also für $b \ll \lambda$

$$p = \frac{-\omega^2\varrho\pi b^2 B\ell/s}{(R_\mathrm{i} + R_\mathrm{a} + j\omega L)\left(1 - \frac{\omega^2}{\omega_0^2} + j\frac{\omega}{\omega_0}\eta\right)} \frac{\mathrm{e}^{-jkr}}{4\pi r} U \; . \tag{11.35}$$

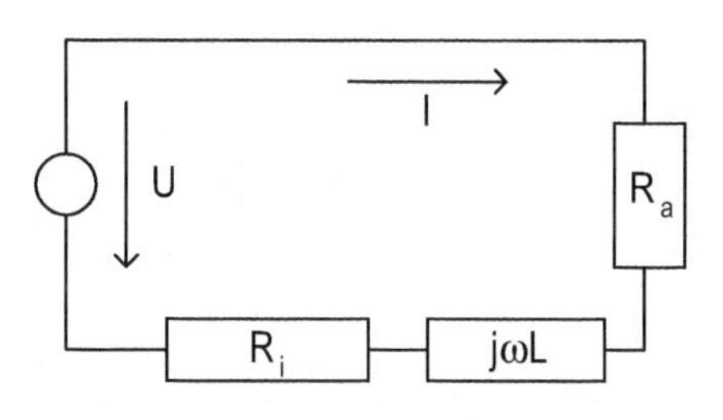


**Abb. 11.11** Schaltskizze des elektrodynamischen Lautsprechers

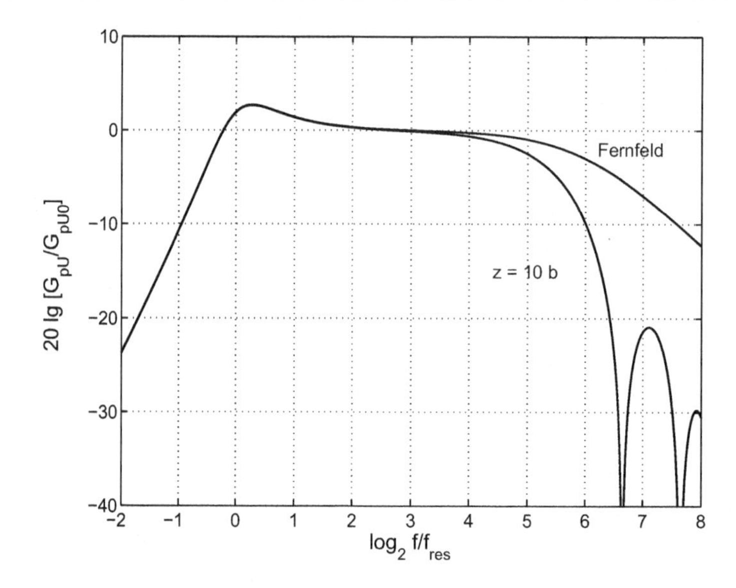


**Abb. 11.12** Theoretischer Frequenzgang eines elektrodynamischen Lautsprechers. Die elektrische Knickfrequenz liegt hier willkürlich gewählt 6 Oktaven über der Resonanzfrequenz. Gerechnet für $\eta = 0{,}8$ und im Fernfeld oder für einen festen Punkt auf der Mittelachse vor dem Lautsprecher

Auch beim Lautsprecher ist die elektrische Knickfrequenz

$$\omega_{\mathrm{k}} = \frac{R_{\mathrm{i}} + R_{\mathrm{a}}}{L} \tag{11.36}$$

viel höher als die sogar mit Absicht möglichst tiefgelegte Resonanzfrequenz. Gleichung (11.35) lehrt nämlich, dass im Frequenzband $\omega_0 < \omega < \omega_{\mathrm{k}}$ der Schalldruck-Frequenzgang konstant ist, in diesem Band ist

$$|p| \approx \frac{\omega_0^2 \varrho \pi b^2 B\ell/s}{(R_{\mathrm{i}} + R_{\mathrm{a}})4\pi r} U \, .$$

Zur Resonanzfrequenz hin steigt der Frequenzgang mit 12 dB/Oktave an, oberhalb von $\omega_{\mathrm{k}}$ fällt er mit 6 dB/Oktave. Der sich theoretisch ergebende Frequenzgang ist in Abb. 11.12 geschildert. Im Prinzip hat die Lautsprecher-Abstrahlung Bandpasscharakter, unten durch die mechanische Resonanz, oben durch die Knickfrequenz begrenzt.

Bei höheren Frequenzen setzt dann – wie in Kap. 3 besprochen – die Richtcharakteristik der Abstrahlung ein, für jeden Abstrahlwinkel liegt hochfrequent ein anderer Frequenzgang von $p/U$ vor. Gleichung (11.34) gilt bei hohen Frequenzen weiter unter Fernfeldbedingungen auf der Mittelachse vor der Lautsprechermembran. Allgemeiner lässt sich der Schalldruck auf der $z$-Achse vor der Membran nach (3.68) durch

$$p = \varrho c v_0 \mathrm{e}^{-jkz} \left\{ 1 - \mathrm{e}^{-jk\left(\sqrt{z^2+b^2}-z\right)} \right\}$$

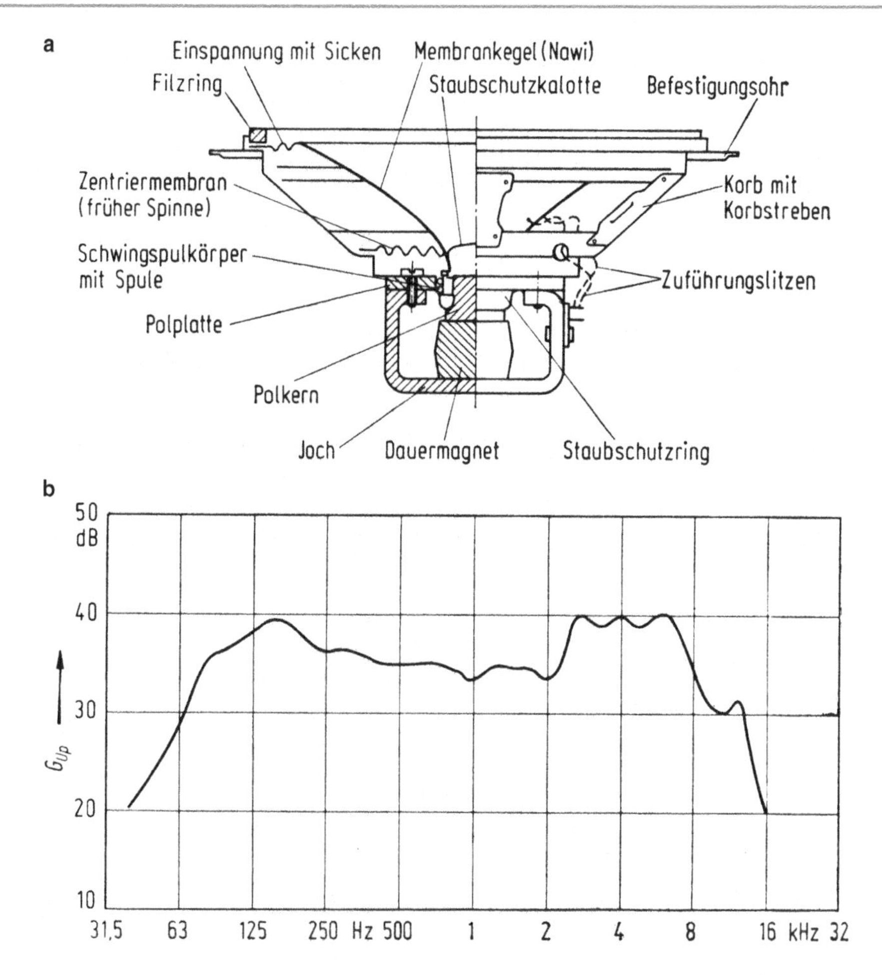


**Abb. 11.13** **a** Spezielle Ausführung eines elektrodynamischen Lautsprechers, **b** sein Frequenzgang

beschreiben. Für einen festen Punkt auf der $z$-Achse ergibt sich dann der in Abb. 11.12 mit eingetragene Frequenzgang der Lautsprecher-Abstrahlung. Der in der Praxis nutzbare Frequenzbereich schrumpft noch dadurch, dass die Lautsprechermembran bei höheren Frequenzen nicht immer eine konphas schwingende Fläche darstellt. Ähnlich wie bei den Biegeschwingungen von Platten und Stäben stellen sich Eigenschwingungen ein, die mit dynamischen Verformungen der Membran einhergehen. Die Fläche „zerfällt" dabei in gegenphasig schwingende Teilsender, und das führt zu einer Verschlechterung der Abstrahlwirkung. Da man auf leichte und daher nicht sehr steife Membrane angewiesen ist (denn sonst würde die oberhalb der Resonanz wirksame Massenimpedanz allzu groß), kann man die Steifigkeit nur durch Formgebung erhöhen und damit die Eigenschwingungen so hoch wie möglich abstimmen. Zu diesem Zweck werden NAWI-Membranen (NAWI = Nicht abwickelbare Fläche) benutzt. Abbildung 11.13 zeigt den praktischen

Aufbau eines elektrodynamischen Lautsprechers nebst dem dazugehörenden Frequenzgang. In etwa wird der vorhergesagte Bandpasscharakter bestätigt. Es handelt sich um einen ausgesprochenen Breitbandlautsprecher, der etwa von 100 Hz bis 8 kHz nutzbar ist. Abschließend sei noch angemerkt, dass die Wirkungsgrade von Lautsprechern sehr klein sind und selten mehr als 1 % betragen.

## 11.5 Akustische Antennen

Bei einigen Messaufgaben, die unter Zuhilfenahme von Mikrophonen durchgeführt werden, steht die örtliche Verteilung der Schallquellen im Vordergrund des Interesses. Anwendungs-Beispiele dafür sind rasch gefunden. Wenn man sich auf einen unvoreingenommenen Standpunkt ohne Vorwissen stellt, dann fragt sich z. B., welche Teile eines vorbeifahrenden Kraftfahrzeuges oder eines an Schienen gebundenen Fahrzeuges eigentlich den Hauptanteil an der gesamten Abstrahlung tragen, sind es die Räder oder der Motor, oder kommen andere, noch nicht erwähnte technische Einrichtungen (wie Lüfter, Stromabnehmer, etc.) dafür in Frage?

Antworten auf solche Fragen werden mit Hilfe von sogenannten ‚akustischen Antennen' (oder ‚Arrays') gefunden, zwei Anwendungen dafür sind hier in den Abb. 11.14 und 11.15 gezeigt.

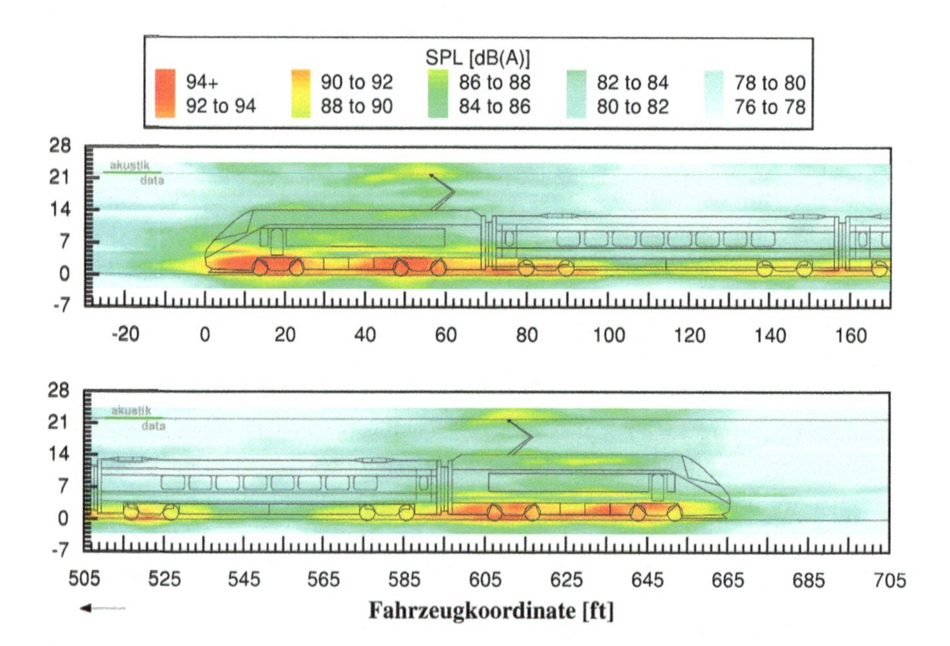


**Abb. 11.14** Schallquellenverteilung einer Zugvorbeifahrt mit 240 km/h (von ‚akustik-data' mit 29 Mikrophonen gemessen). SPL steht für die englische Bezeichnung Sound Pressure Level für Schalldruckpegel. Dieses Bild deutet auf die hauptsächliche Bedeutung des Rad-Schiene-Kontakts hin, darüber hinaus ist sogar noch der Einfluss des Stromabnehmers erkennbar

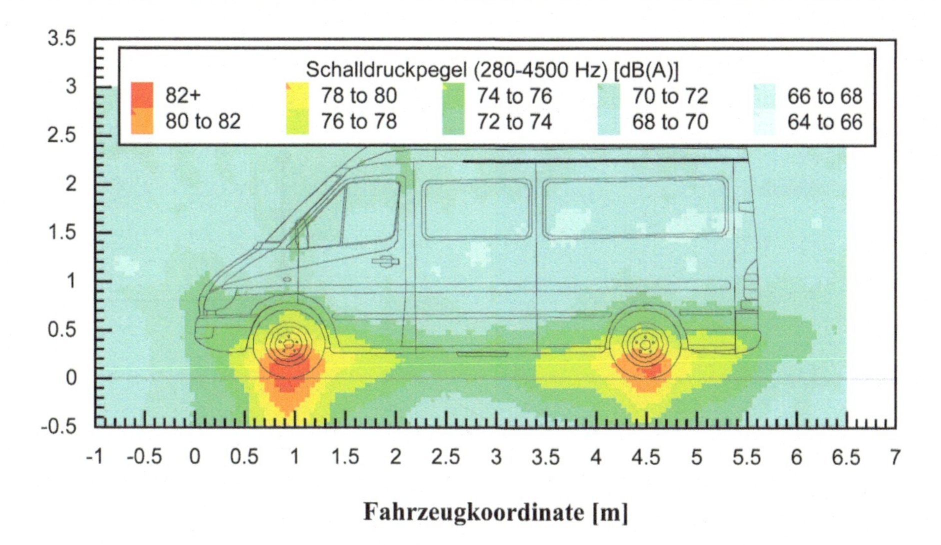


**Abb. 11.15** Schallquellenverteilung bei einer Vorbeifahrt eines Kleinlasters mit 120 km/h (von ‚akustik-data' gemessen). Deutlich kann man die Bedeutung des Reifen-Fahrbahn-Kontakts als dominante Schallquelle erkennen

Offensichtlich war für diese Bilder ein Messinstrument erforderlich, dass in gewisse, interessierende Richtungen geschwenkt werden kann und das andere, dann unerwünschte Richtungen unterdrücken kann. Dieses Messinstrument ließe sich als ‚akustische Antenne' bezeichnen und bildet den Gegenstand dieses Abschnittes.

Elektronisch schwenkbare, auf Vorzugsrichtungen einstellbare Anordnungen für die Abstrahlung von Schall sind mit den Lautsprecherzeilen (siehe den Abschn. 3.5 dieses Buches) schon behandelt worden. Mit einem ganz analogen, ähnlichen Empfängeraufbau aus mehreren, örtlich verteilten Mikrophonen lassen sich nun auch ganz ähnliche elektronisch schwenkbare, verstellbare Richtcharakteristika für die Empfängerzeile herstellen. Hier wie dort geschieht das durch Verzögerung der einzelnen Mikrophon- bzw. Sensor-Signale gegeneinander, wie das Folgende zeigen wird. Die Ähnlichkeit zwischen dem ‚Sende-' und dem ‚Empfangsproblem' ist sogar noch weitergehend: auch bei den ‚akustischen Antennen' können, ebenso wie bei den Lautsprecherzeilen, durch Gewichtung der (Empfangs-)Signale Seitenkeulen-Unterdrückungen erreicht werden.

## 11.5.1 Mikrophon-Zeilen

Der einfachste und am leichtesten durchschaubare Aufbau besteht in einer Zeile aus gleichabständig angeordneten Mikrophonen. Der Aufbau und seine Lage in dem im Folgenden verwendeten Koordinatensystem sind in Abb. 11.16 geschildert. Diese Mikrophon-Anordnung sei kurz auch als ‚Linienarray' bezeichnet.

**Abb. 11.16** Mikrophonzeile aus gleichabständig angeordneten Sensoren (durch die *Kreisflächen* symbolisiert) mit dem hier verwendeten Kugel-Koordinatensystem

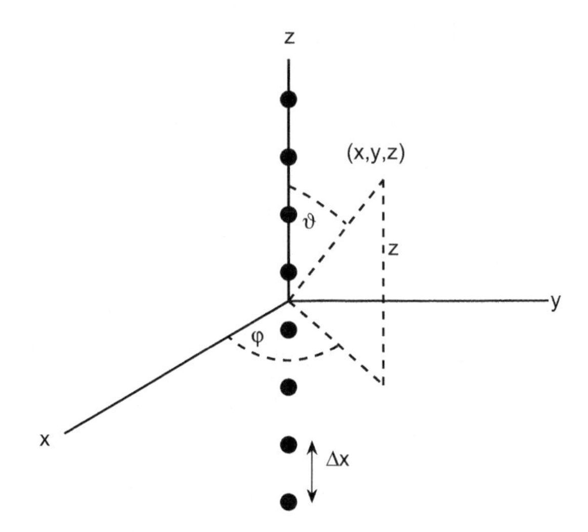


Der Algorithmus zur Auswertung der Mikrophonsignale beruht auf einer sehr einleuchtenden Überlegung. Wenn alle Mikrophonsignale keinerlei Verschiebung gegeneinander besitzen, dann ist der Effektivwert $S_{\text{eff}}$ der Summe $S$ aller Mikrophon-Ausgangssignale erheblich größer als für den Fall, bei dem die einzelnen Signale alle gegeneinander zeitlich verzögert sind. Für ein Signal $r(t)$ mit ‚kurzer' Dauer (z. B. ein schmaler Rechteckverlauf) gilt nämlich für den Fall ohne Verzögerungen der Teile gegeneinander

$$S_{\text{eff}}^2(0) = \frac{1}{T}\int_0^T [N r(t)]^2 \mathrm{d}t = N^2 r_{\text{eff}}^2 ,$$

wobei $r_{\text{eff}}$ den Effektivwert eines Einzelsignales $r(t)$ darstellt. Sind jedoch alle Signale jeweils um gewisse, untereinander ungleiche und von Null verschiedene Verzögerungszeiten $\tau_i \neq 0$ gegeneinander verschoben, dann besteht $S_{\text{eff}}$ in

$$S_{\text{eff}}^2(\tau) = \frac{1}{T}\int_0^T \left[\sum_{i=0}^{N-1} r(t-\tau_i)\right]^2 \mathrm{d}t = N r_{\text{eff}}^2 .$$

In Pegeln ausgedrückt ist demnach der Effektivwert der *unverzögerten* Signale um $10\ \lg N$ größer als der der gegeneinander *verzögerten* Signale, es gilt also $10\ \lg[S_{\text{eff}}^2(\tau)/S_{\text{eff}}^2(0)] = 10\ \lg N$.

Diese Tatsache kann man zur ‚Ortung' von auf die Mikrophonzeile auftreffende Schallwellen nutzen. Bei schrägem Schalleinfall auf das Linienarray unter den Winkeln $\vartheta_{\text{ein}}$ und $\varphi_{\text{ein}}$ sind die sonst völlig gleichen Mikrophonsignale um gewisse, von $\vartheta_{\text{ein}}$ abhängige Zeiten $\tau_i$ gegeneinander verschoben. Der Effektivwert der Signalsumme wäre also vergleichsweise klein (nämlich $S_{\text{eff}}^2(0) = N r_{\text{eff}}^2$, wie oben gezeigt). Wenn man nun andererseits die Signale künstlich im Computer (oder durch Verzögerungsleitungen) in gewissen, kleinen Zeitschritten geeignet gegeneinander verschiebt, dann findet man nur für den speziellen Fall, in welchem die durch den schrägen Schalleinfall hergestellten Verzögerungszeiten gerade wieder künstlich rückgängig gemacht worden sind, den ‚großen' Wert $S_{\text{eff}}^2 = N^2 r_{\text{eff}}^2$. Für alle anderen, quasi ‚versuchsweise' herbeigeführten künstlichen Verzögerungen der einzelnen Kanäle läge der ‚kleine' Wert $S_{\text{eff}}^2 = N r_{\text{eff}}^2$ vor. Über einer veränderlichen Verzögerungszeit aufgetragen würde also ein um $10 \lg N$ aus dem sonst (etwa) gleichmäßig-konstanten Pegelverlauf herausragendes Maximum darauf hindeuten, dass eine schräg einlaufende Welle eben diese speziellen Verzögerungszeiten $\tau_i$ an den Mikrophonorten hinterlassen hat.

Natürlich ist es nun noch sinnvoll, die Verzögerungszeiten $\tau$ durch die Einfallsrichtung auszudrücken. An einem Punkt $z$ auf der $z$-Achse des in Abb. 11.16 eingezeichneten Koordinatensystems beträgt der Laufzeitunterschied gegenüber dem Koordinatenursprung

$$\tau = \frac{z}{c} \cos \vartheta \, . \tag{11.37}$$

($c$ = Schallgeschwindigkeit). Dabei zählen positive $\tau$ vorauseilend gegenüber dem Punkt $z = 0$. Durch Variation aller möglicherweise vorkommenden ‚versuchsweisen' Einfallsrichtungen im Intervall $0° < \vartheta < 180°$ entstehen die ‚versuchsweisen' Verzögerungszeiten in den Mikrophonorten, für welche dann die Summation durchgeführt wird. Die ‚versuchsweisen' Einfallsrichtungen werden von nun an als ‚Beobachtungswinkel' $\vartheta$ bezeichnet. In den im Folgenden gezeigten Diagrammen wird natürlich stets über dem variablen ‚Beobachtungswinkel' aufgetragen.

Um eine möglichst einfache und anschauliche Begründung des Auswerte-Algorithmus für das Linienarray anzugeben, sind bislang ‚kurze' zeitliche Signale angenommen worden. Dieses auch durch die Handlungsaufforderung ‚Verzögere und summiere' kurz bezeichnete Verfahren wird tatsächlich auch in der Anwendungspraxis nahezu immer verwendet.

Für längere Zeitsignale allerdings hängt das mit ‚Verzögere und Summiere' hergestellte Mess- und Auswerte-Ergebnis von Dauer und Beschaffenheit des Signals ab, weil dann je nach Verzögerungszeit Überlappungen entstehen. Zur Diskussion des allgemeinen Falles ist es daher vernünftig, gedanklich eine Zerlegung in reine Töne (siehe Kap. 13) vorzunehmen und die Frequenzbestandteile getrennt zu diskutieren. Im Folgenden wird deshalb die Wirkung des genannten Algorithmus über der veränderlichen Frequenz $\omega$ betrachtet.

Für die nun angenommene zeitlich sinusförmige Signalgestalt wird die erforderliche Verzögerung mit der Zeit $\tau$ durch die Multiplikation der komplexen Amplitude mit $e^{-j\omega\tau}$ hergestellt. Weil wie gesagt die an der positiven $z$-Achse vorgefundenen Signale vorauseilen und das durch Verzögern wieder rückgängig gemacht werden muss, gilt für den ‚Verzögere und summiere'-Algorithmus nun

$$S(\vartheta) = \sum_{i=0}^{N-1} p_i \, e^{-jkz_i \cos \vartheta} \, . \tag{11.38}$$

Wie man sieht stellt nun $S(\vartheta)$ die Summe der komplexen (noch phasenverschobenen) Folge der Mikrophon-Amplituden $p_i$ dar. Der Einfachheit halber erfolgt die Notation bereits in Schalldrücken (es ist also eine geeignete Kalibration vorausgegangen).

Die prinzipielle Gestalt dieser Richtcharakteristika lässt sich am einfachsten diskutieren, wenn angenommen wird, dass das einfallende Schallfeld aus einer unter den Winkeln $\vartheta_{\mathrm{ein}}$ und $\varphi_{\mathrm{ein}}$ schräg einlaufenden Welle der Form

$$p_{\mathrm{ein}} = p_0 \mathrm{e}^{jkz(z\cos\vartheta_{\mathrm{ein}} + x\cos\varphi_{\mathrm{ein}}\sin\vartheta_{\mathrm{ein}} + y\sin\varphi_{\mathrm{ein}}\sin\vartheta_{\mathrm{ein}})} \tag{11.39}$$

besteht. Sie erzeugt an den Mikrophonorten $z_i$ die Schalldrücke

$$p_i = p_0 \mathrm{e}^{jkz_i\cos\vartheta_{\mathrm{ein}}} . \tag{11.40}$$

In diesen Fall besteht also die gebildete Signalsumme in

$$S(\vartheta) = p_0 \sum_{i=0}^{N-1} \mathrm{e}^{-jkz_i(\cos\vartheta - \cos\vartheta_{\mathrm{ein}})} . \tag{11.41}$$

Für die gleichabständige Mikrophonzeile gilt für die Mikrophonorte $z_i$

$$z_i = -l/2 + i\Delta x . \tag{11.42}$$

($i = 0, 1, 2, \ldots, N-1$, $l$ = Gesamtlänge der Zeile $= \Delta x(N-1)$). Damit wird aus der Signalsumme

$$S(\vartheta) = p_0 \mathrm{e}^{jkl/2} \sum_{i=0}^{N-1} \mathrm{e}^{-jk\Delta x\, i\,(\cos\vartheta - \cos\vartheta_{\mathrm{ein}})} . \tag{11.43}$$

Mit Hilfe der Summenformel für geometrischen Reihe

$$\sum_{i=0}^{N-1} q^i = \frac{1-q^N}{1-q} \tag{11.44}$$

erhält man aus (11.43) mit $q = \mathrm{e}^{-jk\Delta x(\cos\vartheta - \cos\vartheta_{\mathrm{ein}})}$

$$S(\vartheta) = p_0 \mathrm{e}^{jkl/2} \frac{1 - \mathrm{e}^{-jk\Delta x\, N\,(\cos\vartheta - \cos\vartheta_{\mathrm{ein}})}}{1 - \mathrm{e}^{-jk\Delta x(\cos\vartheta - \cos\vartheta_{\mathrm{ein}})}} . \tag{11.45}$$

Dieser Ausdruck lässt sich vor allem hinsichtlich seines Betrages noch etwas übersichtlicher schreiben,wenn $\mathrm{e}^{-j\frac{k}{2}\Delta x\, N\,(\cos\vartheta - \cos\vartheta_{\mathrm{ein}})}$ aus dem Zähler und $\mathrm{e}^{-j\frac{k}{2}\Delta x(\cos\vartheta - \cos\vartheta_{\mathrm{ein}})}$ aus dem Nenner herausgezogen wird:

$$S(\vartheta) = p_0 \mathrm{e}^{jkl/2} \frac{\mathrm{e}^{-j\frac{k}{2}\Delta x\, N\,(\cos\vartheta - \cos\vartheta_{\mathrm{ein}})}}{\mathrm{e}^{-j\frac{k}{2}\Delta x(\cos\vartheta - \cos\vartheta_{\mathrm{ein}})}}$$

$$\frac{\mathrm{e}^{j\frac{k}{2}\Delta x\, N\,(\cos\vartheta - \cos\vartheta_{\mathrm{ein}})} - \mathrm{e}^{-j\frac{k}{2}\Delta x\, N\,(\cos\vartheta - \cos\vartheta_{\mathrm{ein}})}}{\mathrm{e}^{j\frac{k}{2}\Delta x(\cos\vartheta - \cos\vartheta_{\mathrm{ein}})} - \mathrm{e}^{-j\frac{k}{2}\Delta x(\cos\vartheta - \cos\vartheta_{\mathrm{ein}})}} .$$

Mit $e^{ja} - e^{-ja} = 2j \sin a$ erhält man daraus für den ausschließlich interessierenden Betrag

$$|S(\vartheta)| = p_0 \left| \frac{\sin[\frac{k}{2}\Delta x\, N\, (\cos\vartheta - \cos\vartheta_{\text{ein}})]}{\sin\,[\frac{k}{2}\Delta x (\cos\vartheta - \cos\vartheta_{\text{ein}})]} \right|$$

$$= p_0 \left| \frac{\sin[\pi N \frac{\Delta x}{\lambda}(\cos\vartheta - \cos\vartheta_{\text{ein}})]}{\sin[\pi \frac{\Delta x}{\lambda}(\cos\vartheta - \cos\vartheta_{\text{ein}})]} \right| . \quad (11.46)$$

Für die Interpretation dieses Ergebnisses ist es günstig, zunächst die verallgemeinerte Variable

$$\Omega = \frac{\Delta x}{\lambda}(\cos\vartheta - \cos\vartheta_{\text{ein}}) \quad (11.47)$$

einzuführen. Die so entstandene Funktion

$$G(\Omega) = \left| \frac{\sin[\pi N \Omega]}{\sin[\pi \Omega]} \right| . \quad (11.48)$$

ist recht einfach zu diskutieren:

- $G(\Omega)$ ist periodisch mit der Periode 1: es ist $G(\Omega + 1) = G(\Omega)$,
- $G(\Omega)$ besitzt pro Periode $N - 1$ Nullstellen $\Omega = n/N$ $(n = 1, 2, 3, \ldots)$ und
- im Punkt $\Omega = 0$ beträgt $G(0) = N$ (wegen $\sin x = x$ für kleine $x$).

Eine graphische Darstellung von $G$, bestehend aus einer Periode, ist in Abb. 11.17 wiedergegeben.

Aus dem Verlauf von $G(\Omega)$ lässt sich die jeweilige Gestalt der Richtcharakteristika $S(\vartheta)$ ablesen. Weil die Zuordnung zwischen dem Beobachtungswinkel $\vartheta$ und der Variablen $\Omega$ durch (11.47) beschrieben ist, bestehen die Intervalle in ‚Ausschnitten' aus der Funktion $G$ im Intervall

$$\Omega_{\text{min}} < \Omega < \Omega_{\text{max}} \quad (11.49)$$

mit

$$\Omega_{\text{min}} = -\frac{\Delta x}{\lambda}(1 + \cos\vartheta_{\text{ein}})$$

und mit

$$\Omega_{\text{max}} = \frac{\Delta x}{\lambda}(1 - \cos\vartheta_{\text{ein}}) .$$

Dieses Intervall wird bei Variation des Beobachtungswinkels im Intervall $0 < \vartheta < 180°$ von oben nach unten (also beginnend bei $\Omega_{\text{max}}$ für $\vartheta = 0°$) durchlaufen. Die Breite des überdeckten Intervalls beträgt $\Delta\Omega = \Omega_{\text{max}} - \Omega_{\text{min}} = 2\Delta x/\lambda$ (siehe auch Abb. 11.17).

Die aus diesen Überlegungen hervorgehenden Richtcharakteristika sind in den Abb. 11.18 bis 11.20 für $\Delta x/\lambda = 0{,}125$, 0,25 und 0,5 gezeigt. Wie allgemein für Richtcharakteristika üblich zählen die in diesen Bildern angegebenen Winkel $\vartheta_n$ und $\vartheta_{\text{ein},n}$ relativ zur Normalenrichtung der Mikrophonzeile, es gilt also $\vartheta_n = \vartheta - 90°$ und $\vartheta_{\text{ein},n} = \vartheta_{\text{ein}} - 90°$.

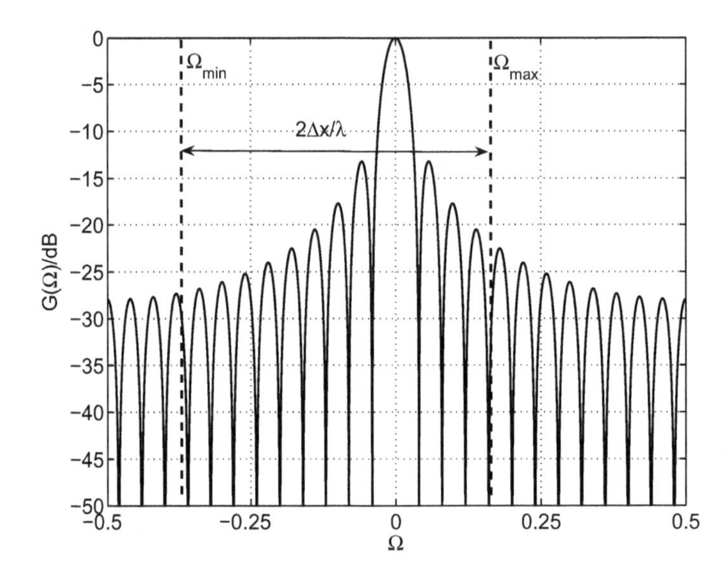


**Abb. 11.17** Richtungsfunktion $G(\Omega)$ zur Erzeugung der Richtcharakteristika für $N = 25$ Sensoren

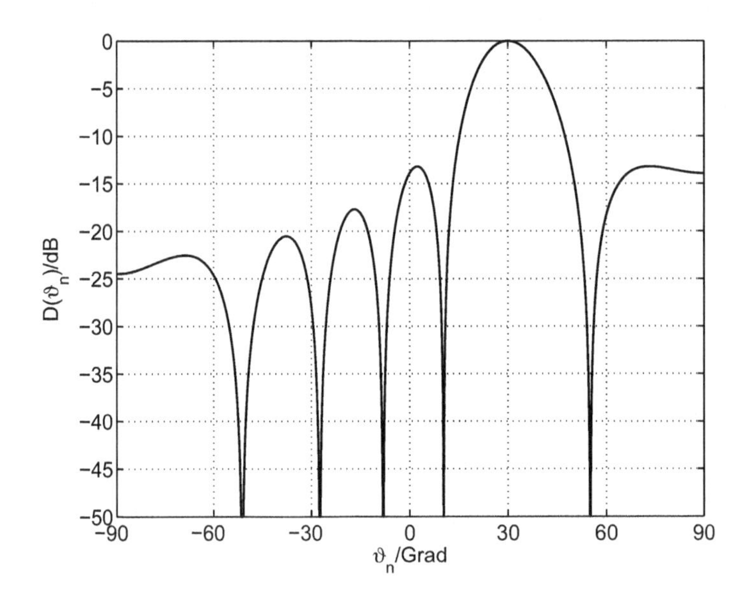


**Abb. 11.18** Richtcharakteristik $D(\vartheta_n)$ über dem Beobachtungswinkel $\vartheta_n$ für $\Delta x/\lambda = 0{,}125$, Schalleinfall unter $\vartheta_{\text{ein},n} = 30°$, gerechnet für $N = 25$ Sensoren

Kontrast und Schärfe können aus der Gestalt der erhaltenen Resultate für eine einzelne einfallende Welle eingeschätzt werden. Dabei muss man sich für die praktische Anwendung vorstellen, dass mehrere Schallquellen mit unterschiedlichen Quellstärken und Einfallsrichtungen gleichzeitig vorhanden sind. In diesem Fall besteht das durch ‚Ver-

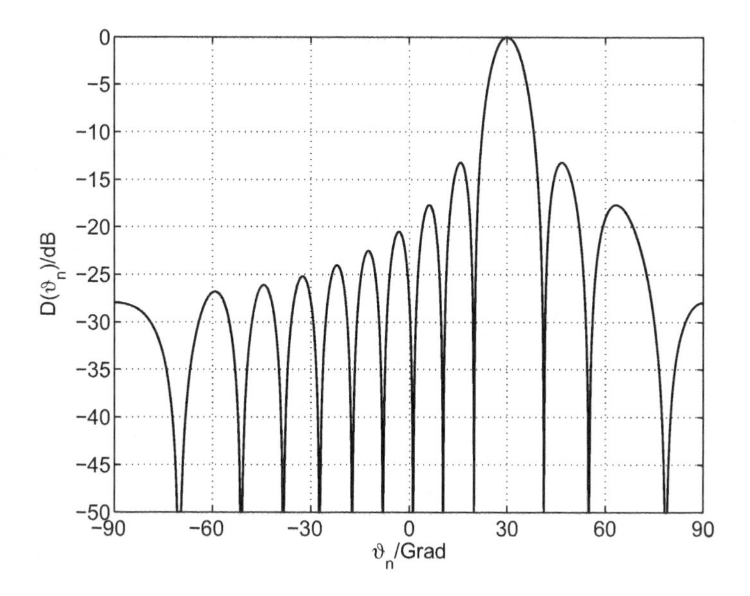


**Abb. 11.19** Richtcharakteristik $D(\vartheta_n)$ über dem Beobachtungswinkel $\vartheta_n$ für $\Delta x/\lambda = 0{,}25$, Schalleinfall unter $\vartheta_{\text{ein},n} = 30°$, gerechnet für $N = 25$ Sensoren

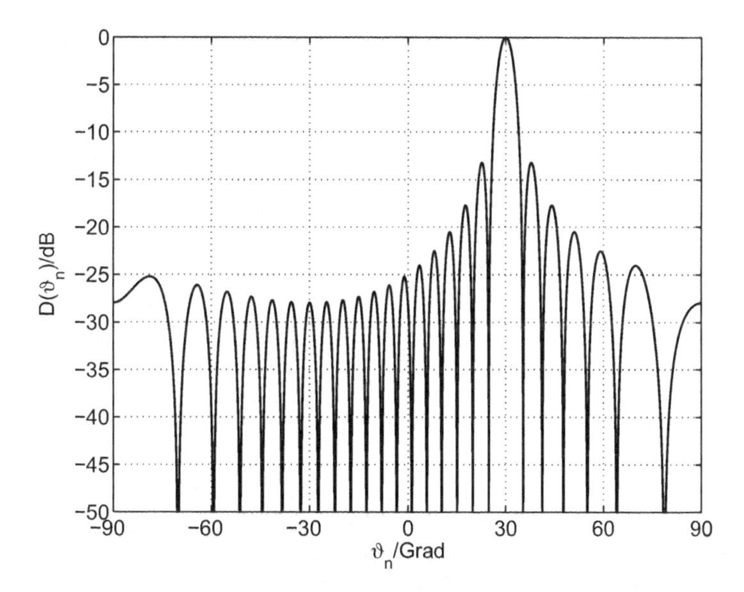


**Abb. 11.20** Richtcharakteristik $D(\vartheta_n)$ über dem Beobachtungswinkel $\vartheta_n$ für $\Delta x/\lambda = 0{,}5$, Schalleinfall unter $\vartheta_{\text{ein},n} = 30°$, gerechnet für $N = 25$ Sensoren

zögere und summiere' gebildete Ausgangssignal natürlich ebenfalls in einer Summe von gegeneinander je nach Einfallsrichtungen verschobenen Funktionen $G(\Omega)$. Wenn dabei noch ‚deutliche' Einzelmaxima auf das Vorhandensein mehrerer Quellen hinweisen sollen, dann müssen die Einzelmaxima – die sogenannten ‚Hauptkeulen' – möglichst schmal sein. Wenn weiter noch ‚schwache' Quellen bei Vorhandensein von ‚stärkeren' Quellen geortet werden sollen, dann sollten die Pegelabstände zwischen Hauptkeulen und Nebenkeulen möglichst groß sein, denn andernfalls verschwindet die Hauptkeule der schwachen Quelle unter den Nebenkeulen der starken. Insgesamt sind also schmale Hauptkeulen und große Abstände zwischen Haupt- und Nebenkeulen erwünscht.

Aus den Richtcharakteristika und den angegebenen Gleichungen lassen sich für diese beiden Eigenschaften, die die Qualität der Messeinrichtung angeben, folgende allgemeine Prinzipien ablesen:

- Je tiefer die Frequenz, je kleiner also das Verhältnis aus Sensorabstand und Wellenlänge $\Delta x/\lambda$ ist, desto kleiner ist auch die Breite des über dem Winkel aufzutragenden Intervalles. Demzufolge sind die Keulen und insbesondere auch die Hauptkeule bei tiefen Frequenzen breit, ihre Breite nimmt mit wachsendem Verhältnis $\Delta x/\lambda$ und daher mit wachsender Frequenz ab. Bei tiefen Frequenzen ist die Auflösung schlecht, sie verbessert sich mit wachsender Frequenz.
- Die beste Auflösung im Sinne kleinster Hauptkeulenbreite erhält man für $\Delta x/\lambda = 0{,}5$. Noch größere, bei Variation von $\vartheta$ überdeckte Intervalle sollte man nicht zulassen, denn dann würde mehr als eine Periode von $G(\Omega)$ überdeckt werden. Das hätte zur Folge, dass mehrere Hauptkeulen in der Richtcharakteristik sichtbar würden; damit kann dann keine eindeutige Zuordnung zu einem Einfallswinkel mehr erfolgen.
- Der Pegelabstand zwischen der Hauptkeule und der kleinst-möglichen Nebenkeule beträgt $20\lg N$ (wegen $G(0) = N$ und weil die Einhüllende von $G$ für $\Omega = 1/2$ zu $1/\sin\pi\Omega = 1$ wird). Die Vergrößerung des Hauptkeulen-Nebenkeulen-Abstandes durch die Verwendung einer größeren Anzahl $N$ von Sensoren vollzieht sich also langsam. Um nennenswerte Verbesserungen zu erzielen müssen (etwa) Verdopplungen vorgesehen werden.
- Das gilt auch für die Hauptkeulenbreite $\Delta\Omega_{\mathrm{HK}} = 2/N$, die nur langsam mit wachsendem $N$ abnimmt.

Zum Schluss sei noch hervorgehoben, das die Mikrophonsignale von $\varphi_{\mathrm{ein}}$ unabhängig sind (siehe (11.40)): wenn die Schalleinfallsrichtung um die $z$-Achse in Abb. 11.16 gedreht wird, dann bleiben die Mikrophonspannungen davon unberührt. Treten mehrere einfallende Wellen mit gleichem Winkel $\vartheta_{\mathrm{ein}}$, aber unterschiedlichen Winkeln $\varphi_{\mathrm{ein}}$ gleichzeitig auf, dann bestehen die auf der $z$-Achse vorgefundenen Signale in der Summe der Teildrücke. Hinsichtlich der Umfangsrichtung $\varphi$ summiert die Mikrophonzeile also alle einfallenden Bestandteile auf.

Wenn auch in der Umfangsrichtung noch Quellen, bzw. einfallende Schallanteile voneinander diskriminiert werden sollen, dann sind zweidimensionale Mikrophon-Anordnungen erforderlich. Gewiss genügt hier in diesem Lehrbuch die Schilderung der grundlegenden Idee von Mikrophon-Antennen. Im folgenden Abschnitt sind deshalb nur einige kürzere Bemerkungen zu den flächigen Anordnungen genannt.

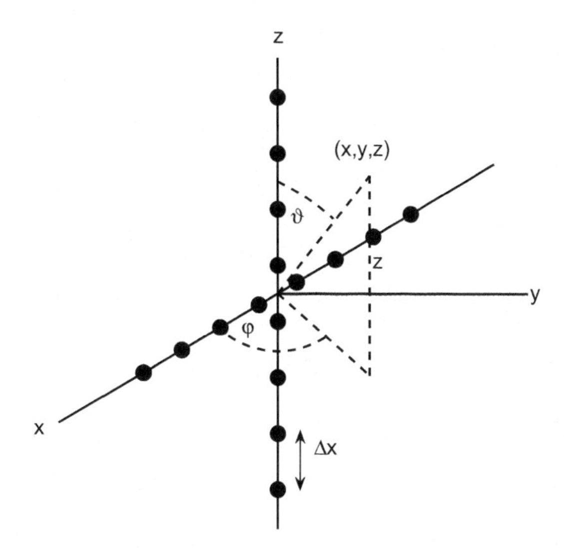


**Abb. 11.21** Kreuzförmige Anordnung aus gleichabständig angeordneten Mikrophonen

### 11.5.2 Zweidimensionale Sensor-Anordnungen

Die einfachste zweidimensionale Erweiterung von Mikrophon-Zeilen, die dann auch noch eine Ortung in der Umfangsrichtung $\varphi$ erlaubt, besteht in der kreuzweisen Anordnung von zwei senkrecht zueinander angebrachten Mikrophon-Zeilen, wie das in Abb. 11.21 dargestellt ist. Kurz sei eine solche Mikrophon-Anordnung auch als ‚Kreuzarray' bezeichnet.

Die Simulationsrechnung zur Ermittlung der Array-Eigenschaften erfolgt genauso wie beim Linienarray: die zeitverzögerten Signale werden aufsummiert. Unter der Annahme von reinen Tönen entspricht das wieder der Phasenverschiebung der komplexen Amplituden, die komplexe Amplitude des Array-Ausganges besteht also in

$$S(\vartheta) = \sum_{i=0}^{N-1} p_i \, \mathrm{e}^{-jk(z_i \cos\vartheta + x_i \cos\varphi \sin\vartheta)} , \qquad (11.50)$$

wobei die Mikrophon-Positionen mit $(x_i, z_i)$ bezeichnet sind und $p_i$ wie vorne die komplexe Amplitude des Mikrophon-Signales am Sensor $i$ darstellt. Die Größen $\vartheta$ und $\varphi$ geben eine anschauliche Darstellung der für das Kreuzarray so erzielten Resultate der Simulationsrechnung kann beispielsweise ‚quasi-fotographisch' erfolgen. Dazu stellt man sich eine zum Array parallele ‚Fotoebene' vor. In jedem Punkt der Fotoebene wird dann der Pegelwert farbkodiert angegeben, der von der akustischen Antenne in der durch den Foto-Punkt bezeichneten Einfallsrichtung bestimmt worden ist. Solche Darstellungen sind für das Kreuzarray in den Abb. 11.22 und 11.23 gezeigt.

Eine einfache Überlegung erklärt die Haupteigenschaften der gezeigten Bilder. Für den senkrechten Schalleinfall einer in $-y$-Richtung fortschreitenden Welle (Abb. 11.22) bildet das Kreuzarray für den Beobachtungspunkt ‚ohne Verzögerungszeiten' $\vartheta = 90°$,

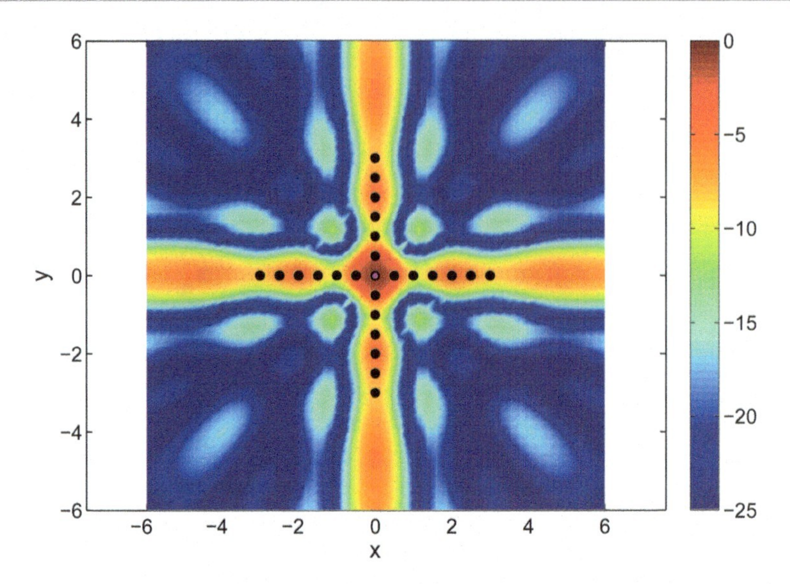


**Abb. 11.22** Quasi-fotographische Darstellung des mit dem Kreuzarray bestimmten Pegelverlaufes. Der *kleine helle, rosafarbene Punkt in Bildmitte* gibt die wahre Einfallsrichtung der einfallenden ebenen Welle wieder. Die *schwarzen Punkte* symbolisieren das Kreuzarray. Der Abstand zweier Mikrophone beträgt $\Delta x/\lambda = 0{,}5$. *Rechts* ist die Pegel-Skalierung angegeben

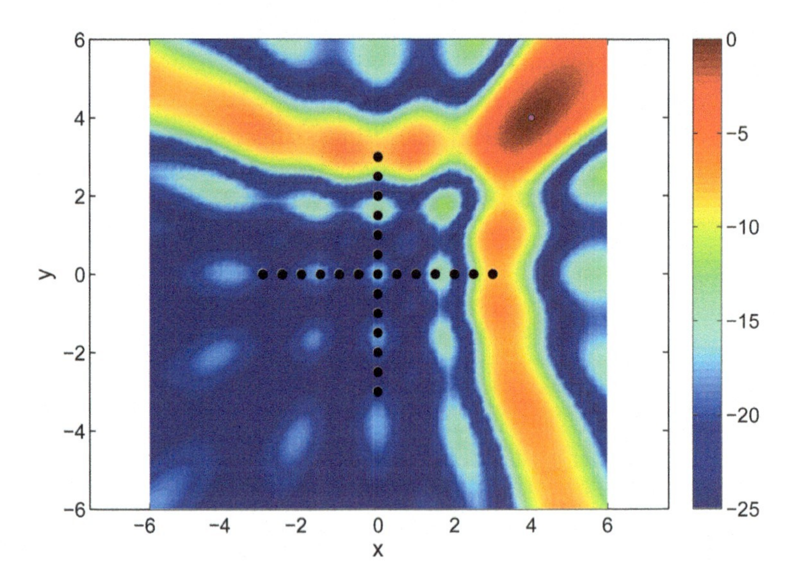


**Abb. 11.23** Quasi-fotographische Darstellung des mit dem Kreuzarray bestimmten Pegelverlaufes. Der *kleine helle, rosafarbene Punkt rechts oben* gibt die wahre Einfallsrichtung der einfallenden ebenen Welle wieder. Die *schwarzen Punkte* symbolisieren das Kreuzarray. Der Abstand zweier Mikrophone beträgt $\Delta x/\lambda = 0{,}5$. *Rechts* ist die Pegel-Skalierung angegeben

$\varphi = 90°$ die Signalsumme, die im $2N$-fachen der (untereinander völlig gleichen) Einzelsignale bestehen. Dabei bezeichnet $N$ die Anzahl der Sensoren pro Zeile. Wenn die Schalleinfallsrichtung nun von $\vartheta_{\text{ein}} = 90°$, $\varphi_{\text{ein}} = 90°$ um die $z$-Achse auf eine andere Richtung $\vartheta_{\text{ein}} = 90°$, $\varphi_{\text{ein}} \neq 90°$ gedreht wird, dann ist die Summe über die längs der $z$-Achse angeordneten Sensoren gleich $N$, die Summe über die längs der x-Achse angeordneten Sensoren dagegen (etwa) gleich Null. Damit wird also der Beobachtungsrichtung $\vartheta = 90°$, $\varphi = 90°$ diesmal das $N$-fache Einzelsignal zugeordnet, obwohl eine ganz andere tatsächliche Einfallsrichtung vorliegt. Der Pegelabstand zwischen der ‚wahren' Einfallsrichtung (nach wie vor natürlich mit dem Wert $2N$) und der senkrechten Beobachtungsrichtung mit dem Wert $N$ beträgt also nur 6 dB. Dieser Pegelabstand zwischen der Hauptkeule und der nächst höheren Seitenkeule ist recht gering. Die Darstellung in Abb. 11.22 zeigt, dass die Hauptkeule gebildet wird aus zwei senkrecht zueinander liegenden ‚hellen' Streifen, deren Helligkeiten summiert werden; der Schnittpunkt der Streifen gibt dann die Lage der Quelle an. Diese Prinzip bleibt für den schrägen Schalleinfall in Abb. 11.23 natürlich erhalten, nur dass die Streifen nun keine Geraden mehr bilden sondern eine etwas kompliziertere geometrische Form besitzen. Das Kreuzarray hat zwei durch seine Struktur bestimmte ‚Vorzugsrichtungen', es behandelt quasi nicht alle Einfallsrichtungen gleich.

Häufig werden die Mikrophone wegen der genannten Nachteile des Kreuzarrays stattdessen auf einem Ring angeordnet (Abb. 11.24). Diese Anordnung besitzt keine ausgeprägten Vorzugsrichtungen mehr, sie behandelt alle Einfallsrichtungen gleich.

Die mit dem Ringarray erzielten Pegelverteilungen sind quasi-fotographisch für zwei Beispiele in Abb. 11.25 aufgeführt. Wie man sieht ist hier der Quellbereich von einem ‚dunklen Ring' umgeben, der Hinweis auf die Lage der Quelle ist dadurch viel deutlicher als beim Kreuzarray.

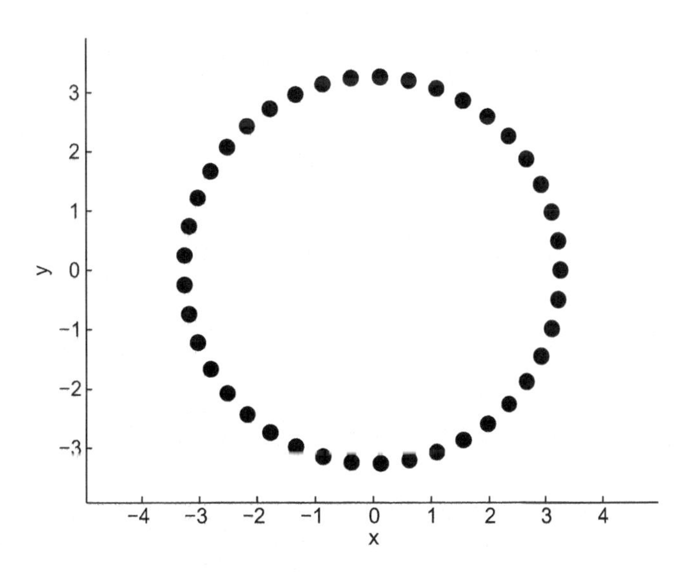


**Abb. 11.24** Ringförmige Anordnung aus gleichabständig angeordneten Mikrophonen

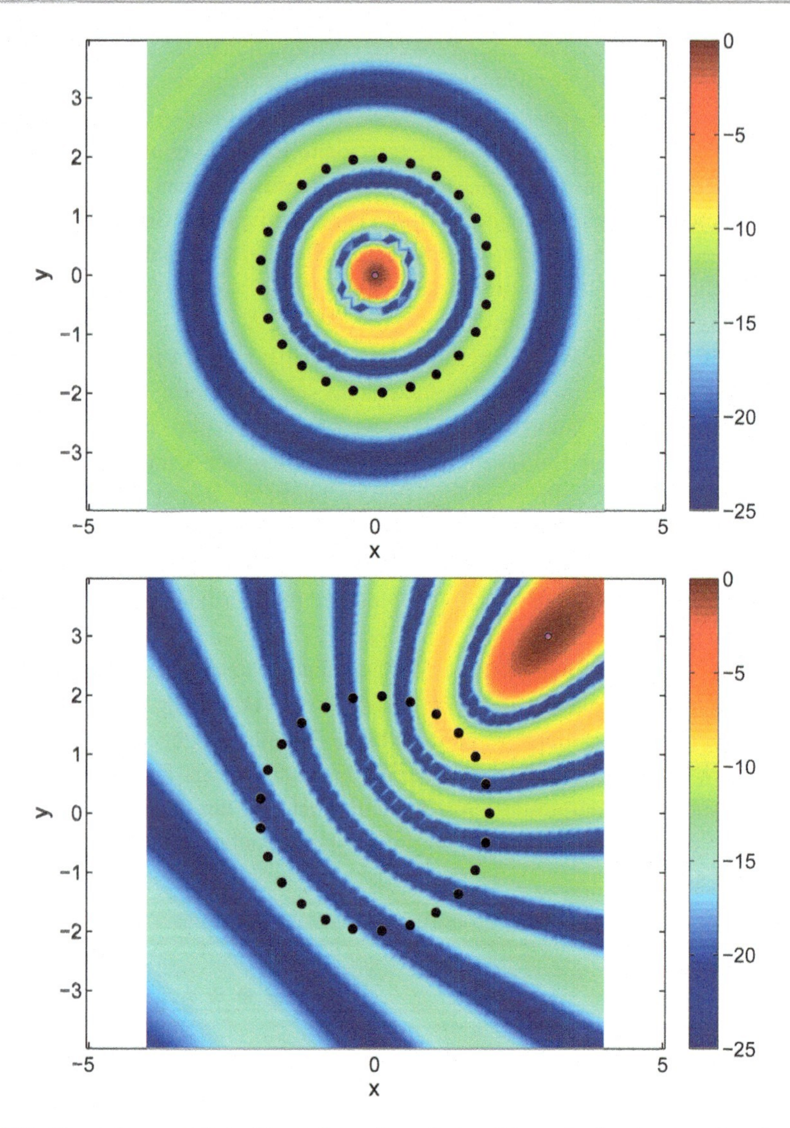


**Abb. 11.25** Quasi-fotographische Darstellung des mit dem Ringarray bestimmten Pegelverlaufes. Der *kleine rosafarbene Punkt* gibt wieder jeweils die wahre Einfallsrichtung an. Die *schwarzen Punkte* symbolisieren das Ringarray. Der Abstand zweier Mikrophone beträgt $\Delta x/\lambda = 0{,}5$. *Rechts* ist die Pegel-Skalierung angegeben

Es sei noch darauf hingewiesen, dass die ‚scheinbare' Bildqualität der gezeigten ‚quasi-fotographischen' Darstellung in erheblichem Maße von dem dabei benutzten Pegelbereich abhängt. Die Bilder erscheinen schärfer, die Quellbezirke konzentrierter, wenn kleinere Pegelintervalle benutzt werden. In der praktischen Anwendung werden solche kleinen ‚Tricks' und Nachbesserungen begreiflicherweise gern und oft verwendet. In diesem Lehr-

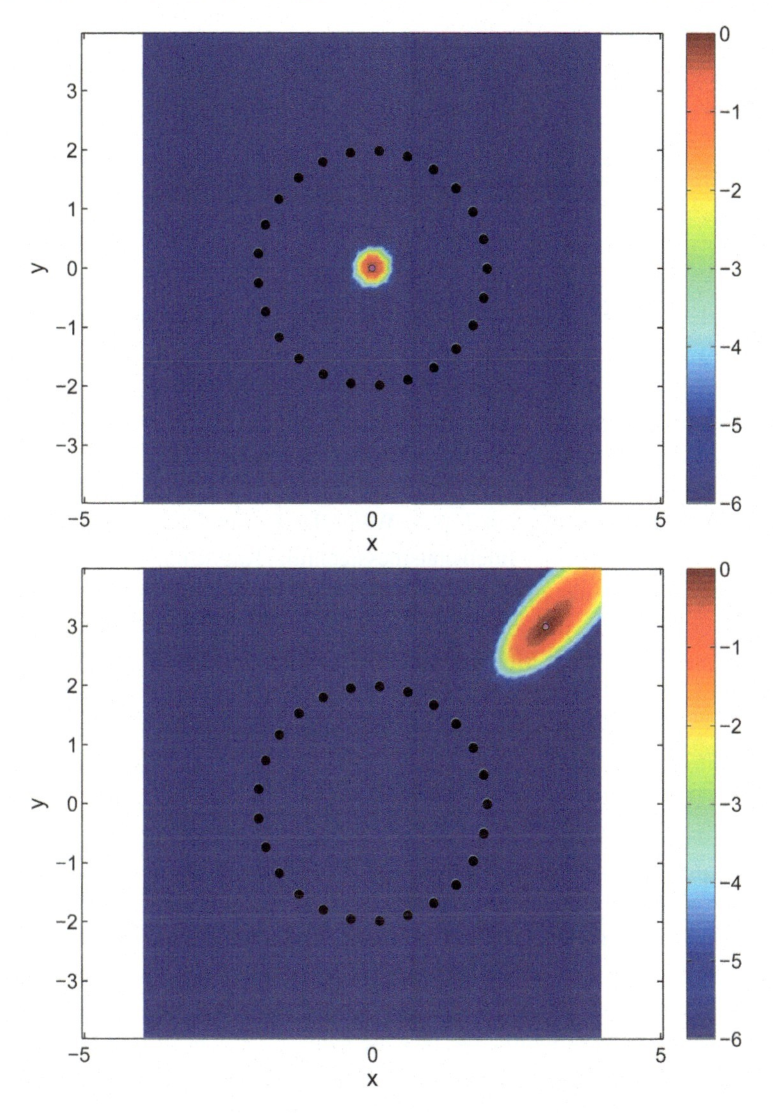


**Abb. 11.26** So erscheint die quasi-fotographische Darstellung des mit dem Ringarray bestimmten Pegelverlaufes, wenn nur das dargestellt Pegelintervall kleiner gemacht wird

buch stehen natürlich ‚Zahlen und Fakten', und nicht ‚schöne Bilder' im Vordergrund des Interesses. Um dennoch den Einfluss der Bild-Dynamik auf des Erscheinungsbild zu demonstrieren zeigt Abb. 11.26 die genau gleichen Fälle wie in Abb. 11.25, nur mit geändertem Pegelintervall der Darstellung.

Kreuz- und Ring-Array sind hier mehr exemplarisch betrachtet worden. Natürlich kommen auch noch andere Geometrien wie Anordnungen aus drei Geraden, Spiralen und quadratische Feld-Belegung in Frage, einige davon werden auch tatsächlich in der Praxis benutzt. Auch müssen die Mikrophonabstände nicht alle untereinander gleich sein. Wenn man die Abstände von innen nach außen wachsen lässt, dann wird das Array größer. Das hat bei tiefen Frequenzen den Vorteil einer besseren Auflösung.

## 11.6 Zusammenfassung

Bei den Schallempfängern sind Kondensatormikrophon und elektrodynamisches Tauchspulenmikrophon behandelt worden. Die Frequenzgänge beider Typen werden fast ausschließlich durch den mechanischen Aufbau bestimmt. Für Präzisionsmessungen, wie sie oft in der Praxis erforderlich sind, kommen wegen des sehr glatten Frequenzganges nur Kondensatormikrophone in Frage. Für Relativmessungen, wie z. B. bei der Messung von Pegeldifferenzen oder Nachhallzeiten, oder für Audiozwecke genügen auch die kostengünstigeren elektrodynamischen Typen. Wenn der Phasengang der Mikrophone eine große Rolle spielt, etwa bei der Intensitätsmesstechnik (Kap. 2), müssen ebenfalls Kondensatormikrophone benutzt werden. Die Richtcharakteristik von Mikrophonen resultiert vor allem aus der Tatsache, dass die auf die Membran einwirkende Gesamtkraft durch das Schalldruck-Integral über die Membranfläche bestimmt ist. Daraus ergeben sich Richtwirkungen, die je nach Verhältnis des Membrandurchmessers zur Wellenlänge in einer Haupt-Nebenkeulen-Struktur bestehen.

Der Schalldruck-Frequenzgang von elektrodynamischen Lautsprechern besitzt Bandpasscharakter, der Frequenzgang ist im Übertragungsbereich etwa konstant. Der Grund dafür besteht hauptsächlich in der Tatsache, dass der Schalldruck in einiger Entfernung von Volumenquellen zur zeitlichen Änderung des Volumenflusses und damit zur Membranbeschleunigung proportional ist. Der Übertragungsbereich wird unten durch die mechanische Resonanz und oben etwa durch die elektrische Knickfrequenz begrenzt.

‚Akustische Antennen', die aus einer gewissen Anzahl von örtlich verteilten Mikrophonen bestehen, können Schalldruckpegel als Funktion der Einfallsrichtung ermitteln. Dies geschieht durch Summation der gegeneinander zeitlich verschobenen Wandler-Ausgangssignale. Die Richtcharakteristika des damit insgesamt hergestellten Messgerätes ähneln denen von Lautsprecherzeilen und besitzen die gleichen Tendenzen: breite Haupt- und Neben-Keulen bei kleineren Verhältnissen aus Wandler-Gesamtabmessung und Wellenlänge; schmale, trennscharfe Keulenstruktur, wenn das genannte Verhältnis klein wird.

## 11.7 Literaturhinweise

Eine sehr wertvolle Ergänzung und Erweiterung zu den Themen dieses Kapitels bildet das Buch ‚Akustische Messtechnik' (Herausgeber M. Möser), das im Jahr 2007 beim Springer-Verlag (Berlin und Heidelberg) erscheinen wird.

## 11.8 Übungsaufgaben

**Aufgabe 11.1**
Welche Frequenzen gehören zu den in Abb. 11.6 wiedergegebenen Richtcharakteristika, wenn die Membran einen Durchmesser von 25 mm besitzt?

**Aufgabe 11.2**
Ein Beschleunigungsaufnehmer besteht aus einem piezoelektrischen Element, das mechanisch als elastische Schicht aufgefasst werden kann (siehe auch das folgende Prinzipbild Abb. 11.27). Die Unterseite des Piezoelementes wird auf dem Objekt (starr) befestigt, dessen Beschleunigung $a_m$ vermessen werden soll. Auf der Oberseite ist die elastische Keramik mit einer Masse beschwert. Die Ausgangsspannung $U$ (nach einem geeignet gewählten sogenannten ‚Ladungsverstärker' für den sehr kleinen Ladungsfluss) ist proportional zur Federkraft $F_s$ auf das Piezoelement, $U = EF_s$, wobei $E$ eine frequenzunabhängige Wandlerkonstante darstellt. Wie ist der Frequenzgang von $U/a_m$?

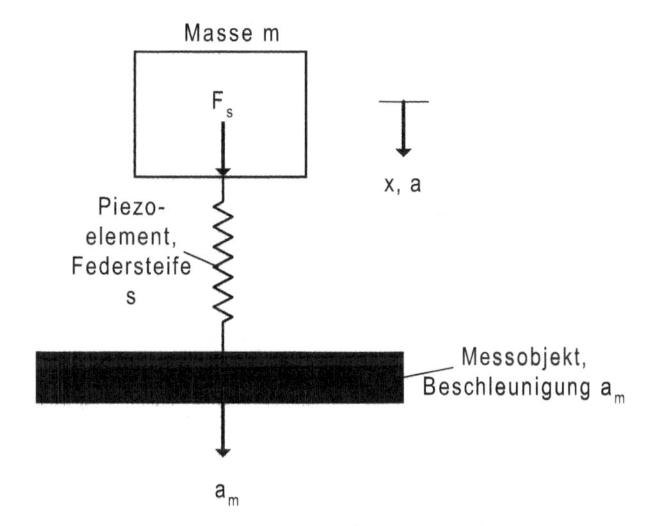


**Abb. 11.27** Prinzipieller Aufbau eines Beschleunigungsaufnehmers für Körperschallmessungen

**Aufgabe 11.3**
Ein Mikrophon besitze den Übertragungsfaktor von 10 mV/Pa (1 Pa = 1 N/m$^2$). An seinem Ausgang wird eine Wechselspannung von 20 µV (Effektivwert) gemessen, die nur durch das Mikrophon-Eigenrauschen zustande gekommen ist. Wie groß wäre der Schalldruckpegel vor einem idealen, rauschfreien, sonst aber gleichen Mikrophon, der gerade diese Spannung erzeugt? Man nennt diesen so definierten Pegel auch den ‚Ersatzschalldruckpegel'.

**Aufgabe 11.4**

Bei welchen Einfallswinkeln $\vartheta$ liegen allgemein die ‚Einbrüche' (Ausgangsspannung = 0) in der Richtcharakteristik von Mikrophonen

$$G(\omega, \vartheta) = \frac{2J_1\,(kb\sin\vartheta)}{kb\sin\vartheta}$$

($b$ = Membran-Radius)? Man gebe die Zahlenwerte für $b/\lambda = 1$; 2 und 3 an. Wie groß ist die zu den $b/\lambda$-Werten jeweils gehörende Frequenz für den Mikrophon-Durchmesser von $2b = 2{,}5\,\mathrm{cm}$ ($2b = 1{,}25\,\mathrm{cm}$)?

# 12 Grundlagen der aktiven Lärmbekämpfung

Schon im Kapitel über die Schallabstrahlung ist die Möglichkeit genannt worden, ‚Schall mit Schall' auszulöschen: Je nach Abstand zweier gegenphasig betriebener Quellen ergibt sich eine mehr oder weniger große Minderung der abgestrahlten Schallleistung. Man kann eine der beiden Quellen ‚als absichtlich zur anderen Quelle zum Zweck der Lärmbekämpfung hinzugefügt' deuten. Darin besteht sozusagen das Urbild der sogenannten aktiven Lärmbekämpfung, die manchmal auch, vielleicht etwas überzeichnet, ‚Antischall' genannt wird. In diesen Begriffen fasst man allgemein alle diejenigen Lärmminderungsverfahren zusammen, die auf der Verwendung von elektroakustischen Wandlern (Kap. 11) fußen. Die störende, quasi unvermeidlich gegebene Schallquelle nennt man dabei die ‚primäre' Quelle, derjenige elektroakustische Wandler, der zum Zwecke der Lärmbekämpfung hinzugefügt wird, heißt ‚sekundär'.

Das im Abschn. 3.4 ‚Schallfeld zweier Quellen' ausführlich diskutierte Beispiel für aktive Lärmminderung lehrt aber auch schon, dass solche aktiven Methoden auf Anwendungen ‚unter vereinfachenden Umständen' beschränkt sind. Erfolgreich ist das Hinzufügen der zweiten Quelle nämlich nur in Sonderfällen:

- Nur unter der Voraussetzung tiefer Frequenzen im Störschall erfolgt eine global wirksame Minderung der abgestrahlten Schallleistung. Um diese Reduktion erfolgreich wirklich auch herzustellen müssen die Frequenzen bei ausgedehnteren technischen primären Quellen entweder sehr tief sein, oder der primäre Schallerzeuger muss ziemlich kleine Abmessungen besitzen.
- Für höhere Frequenzen kann man zwar die sekundäre Quelle stets so betreiben, dass sich in einem gewünschten Raumpunkt ein sehr kleines, im Idealfall sogar verschwindendes Summenfeld durch Interferenz einstellt, diese Wirkung ist allerdings lokal stark begrenzt. Unweigerlich gilt für das globale Schallfeld, dass die abgestrahlte Leistung in der Summe der Teilleistungen (ohne Vorhandensein der jeweils anderen Quelle) besteht. Die aktive Maßnahme ist also nur dann sinnvoll, wenn ihr Ziel eben auch nur im Schutz eines kleinen Raumgebietes besteht.



M. Möser, *Technische Akustik*, VDI-Buch, DOI 10.1007/978-3-662-47704-5_12

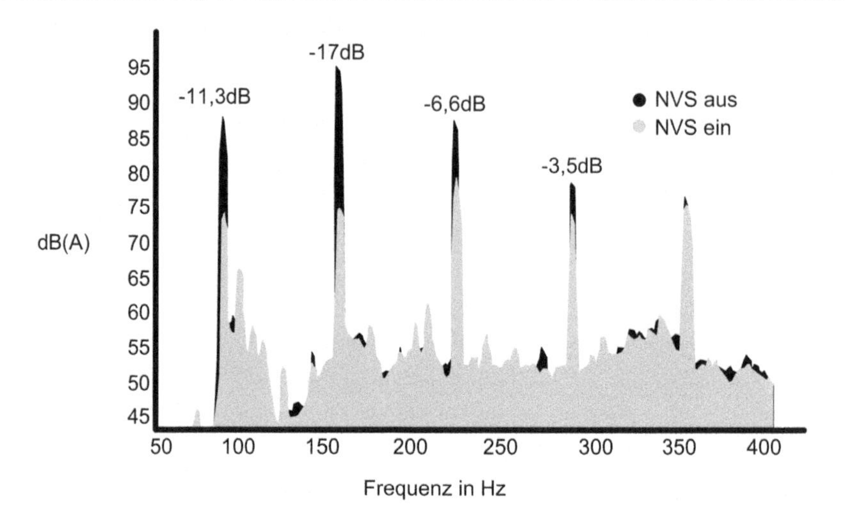


**Abb. 12.1** Geräuschspektren in einem Turbo-Propeller-getriebenen Flugzeug ohne (NVS aus) und mit (NVS ein) aktiver Unterdrückung der Schallabstrahlung. (aus: J. Scheuren ‚Aktive Beeinflussung von Schall und Schwingungen', Kapitel 13 in G. Müller und M. Möser: Taschenbuch der Technischen Akustik, Springer-Verlag, Berlin und Heidelberg 2004)

Solche günstigen Sonderfälle, bei denen z. B. nur tiefe Töne oder kleine Raumgebiete betroffen sind, haben dabei durchaus praktische Relevanz. Einige Einsatzgebiete, in denen aktive Lärmbekämpfung erfolgreich betrieben wird, sind im Folgenden genannt.

- Nur kleine schützenswerte Raumgebiete und tiefe Frequenzen kommen z. B. in Propeller-Flugzeugen am Ohr von Passagieren vor. In die Kopfstützen integrierte Lautsprecher können den Propeller-Drehklang gezielt und erfolgreich in der Störwirkung mindern (siehe Abb. 12.1).
- Ähnlich lassen sich in Kraftfahrzeugen die Motordrehklänge beeinflussen, entweder durch die ohnehin vorhandenen Lautsprecher oder durch zusätzliche, wieder in die Nähe des betreffenden Ohres gebrachte Quellen (siehe Abb. 12.2).
- Ein besonders erfolgreiches Einsatzgebiet sind die Kopfhörer in der Pilotenkanzel von Flugzeugen. Ihr Gewicht ist schon aus Gründen des Tragekomforts stark begrenzt, was eine schlechte Schalldämmung bei tiefen Frequenzen zur Folge hat. Durch phasenverkehrtes Nachbilden des Signals, das dem außen an der Kopfhörerschale angebrachten Mikrophon entnommen wird, und geeigneter Wiedergabe durch die Membran lässt sich die Schalldämmung des Kopfhörers ganz erheblich gerade im Frequenzbereich des tieffrequenten ‚Dröhnens' aktiv verbessern (Abb. 12.3). Gleichzeitig wird das Funkverkehr-Signal mit eingeblendet.
- Auch für die Schallausbreitung in Kanälen liegen – jedenfalls unterhalb der tiefsten cut-on-Frequenz – günstige Voraussetzungen für die aktive Lärmbekämpfung vor, weil die Laufrichtung des Schallfeldes festliegt und sich nur ebene Wellen ausbreiten können.

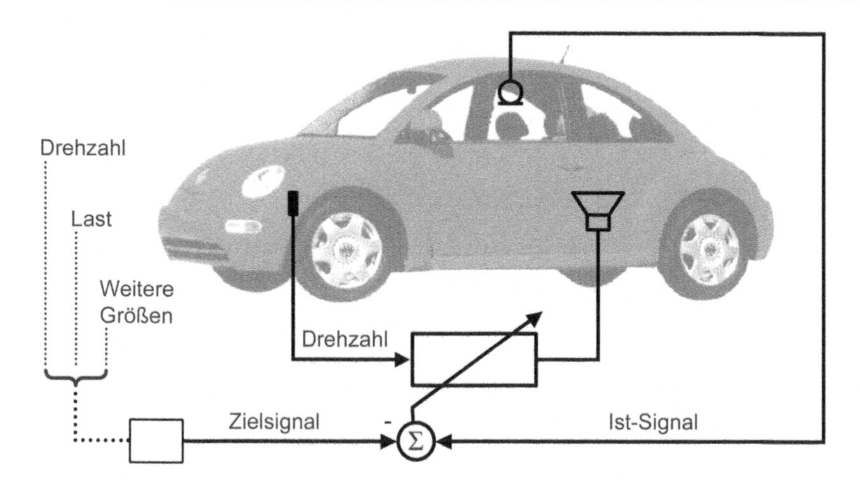


**Abb. 12.2** Prinzipskizze eines Systems zur aktiven Beeinflussung von Pkw-Innengeräuschen. (aus: J. Scheuren ‚Aktive Beeinflussung von Schall und Schwingungen', Kapitel 13 in G. Müller und M. Möser: Taschenbuch der Technischen Akustik, Springer-Verlag, Berlin und Heidelberg 2004)

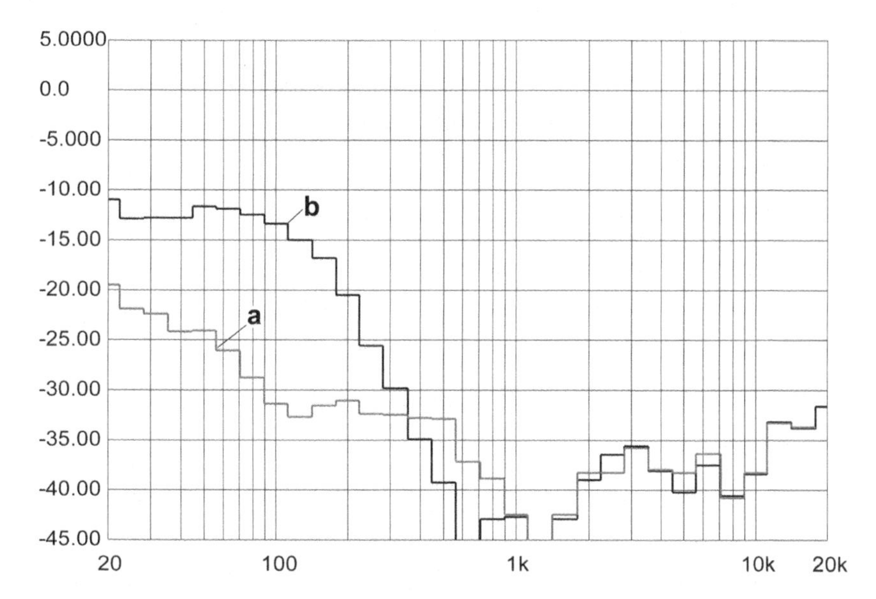


**Abb. 12.3** Schalldämmkurve eines Piloten-Headsets mit (**a**) und ohne (**b**) aktiver Geräuschkompensation (aus: J. Scheuren ‚Aktive Beeinflussung von Schall und Schwingungen', Kapitel 13 in G. Müller und M. Möser: Taschenbuch der Technischen Akustik, Springer-Verlag, Berlin und Heidelberg 2004)

Aktive Schalldämpfer bieten deswegen eine ernsthafte Alternative zu ihrer passiven Konkurrenz (Kap. 9).

- Und schließlich sei noch als Beispiel erwähnt, dass man die Schalldämmung von Doppelfenstern im Bereich der Masse-Feder-Masse-Resonanz (Abschn. 8.3) aktiv durch in

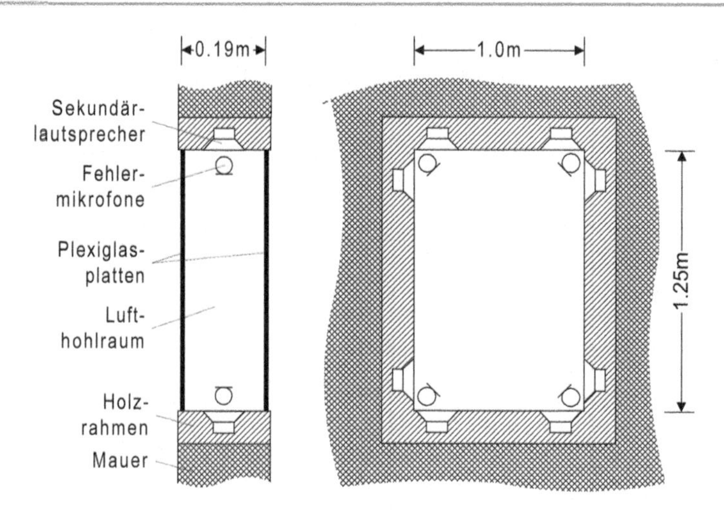


**Abb. 12.4** Prinzipaufbau des Doppelfensters mit aktiver Verbesserung der Luftschalldämmung. (aus: A. Jakob, M. Möser. Verbesserung der Schalldämmwirkung von Doppelschalen durch aktive Minderung des Hohlraumfeldes, DAGA 2000)

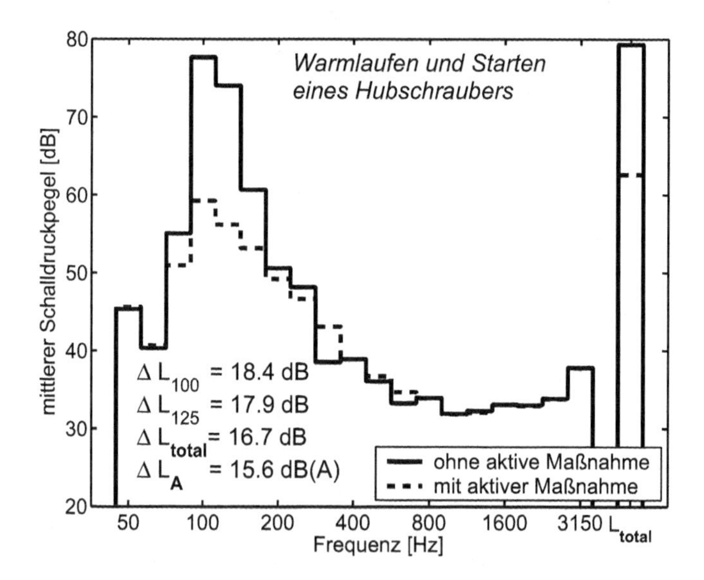


**Abb. 12.5** Wirkung (mittlerer Pegel im Empfangsraum) des Doppelfensters mit aktiver Verbesserung der Luftschalldämmung am Beispiel eines Testsignales, das dem Starten und Warmlaufen eines Hubschraubers entspricht. (aus: A. Jakob, M. Möser, C. Ohly. Ein aktives Doppelglas-Fenster mit geringem Scheibenabstand, DAGA 2002)

die Fensterlaibung integrierte Lautsprecher deutlich verbessern kann (siehe Abb. 12.4 und 12.5 für Prinzipaufbau und Wirkung). Die ‚günstigen Bedingungen' liegen hier in der Tatsache, dass die passive Schalldämmung in der meist niedrig abgestimmten Resonanz gering ist. Wirklich lohnenswert könnte hier die aktive Verbesserung sein, wenn es auf kleine und vor allem leichte Fenster ankommt; als Einsatzfelder bieten sich hier also wieder vor allem der Flugzeugbau und allgemeiner der Fahrzeug-Leichtbau an.

Gewiss ließe sich die Liste der zukunftsweisenden Anwendungen erheblich erweitern. Andererseits lässt sich absehen, dass z. B. die breitbandige aktive Beruhigung großer Volumina sicher nicht in den Bereich der technischen Möglichkeiten fällt. Schon aus Platzgründen können hier die Aspekte der elektronischen und technischen Realisierung und die erforderlichen Algorithmen für die Prozessoren nicht aufgegriffen werden, der Leser wird dafür auf die Literatur verwiesen. Hier ist die Beschränkung auf einige wesentliche akustische Prinzipien und Grundlagen erforderlich:

- Die oben aufgeführten praktischen Beispiele lassen die Frage entstehen, durch welche Mechanismen der aktiv erzielte Erfolg in der Größe begrenzt ist. Allgemein gilt, dass die Höhe der Pegelminderung durch immer vorhandene Ungenauigkeiten bei der Nachbildung des primären Feldes durch die sekundäre Quelle gegeben ist. Wenn primärer und sekundärer Schall nicht genau negativ gleich groß sind, dann ist ihre Summe eben von Null verschieden, und daher bestimmt der Nachbildefehler die Größe der aktiven Pegelminderung. Als illustrierendes Beispiel für die Wirkung dieses Fehlers werden dann noch sich kreuzende Wellen betrachtet, die zusammen in einem Punkt die Schallfeldsumme von Null ergeben. Der ‚Fehler' berücksichtigt dann einfach Ohren oder andere Empfänger, die sich nicht genau am richtigen Platz befinden, eine Diskussion, die für den Schutz kleiner Raumgebiete innerhalb großer Volumina (z. B. im Flugzeug) das Wesentliche aufzeigt.
- Von einem grundsätzlichen Standpunkt her lässt sich feststellen, dass passive und aktive Schalldämpfer über gleiche prinzipielle Möglichkeiten verfügen: Mit beiden Methoden lässt sich Schall nicht nur reflektieren, sondern auch absorbieren.
- Und schließlich ist erwähnenswert, dass sekundäre Schallquellen wie in allen obigen Anwendungen nicht nur in der Lage sind, nun einmal vorhandene Schallfelder durch Interferenz und Hinzufügen von Schall zu Schall in der Größe zu verändern, sie können durchaus auch in den Schall-Entstehungsprozess selbst eingreifen. Das allerdings ist nur möglich für eine ganz bestimmte Klasse von Schallquellen, nämlich solchen, die einer Selbsterregung unterliegen. Beispiele für selbsterregte Schwingungen gibt es viele, es sei hier nur der Ton eines angeblasenen Resonators (Flaschenton) oder Flatterschwingungen (z. B. eines Tuches in starkem Wind) genannt. Der (vor der Zusammenfassung) letzte Abschnitt dieses Kapitels gibt Auskunft über die Physik und Beispiele der Selbsterregung, und wie sie aktiv verhindert werden kann.

## 12.1 Der Einfluss von Nachbildefehlern

Die Wirkungs-Einschränkung in der aktiven Lärmbekämpfung, die durch den Fehler in der sekundären Nachbildung des primären Schallfeldes verursacht wird, lässt sich leicht an einem einfachen Modell quantifizieren. Wie auch immer der Fehler tatsächlich verursacht wird, er kann doch stets darauf zurückgeführt werden, dass sich Signale mit nicht genau gleichen Amplituden und mit einer gewissen Phasenverschiebung $\Phi$ zum Gesamtfeld überlagern. In komplexen Zeigern von Schalldrücken formuliert (Index p: Primär, Index s: Sekundär) wäre also der Gesamtdruck aus

$$p_{\text{ges}} = p_{\text{p}} - e^{j\Phi} p_{\text{s}} \tag{12.1}$$

zusammengesetzt. Die Größen $p_{\text{p}}$ und $p_{\text{s}}$ bezeichnen die Amplituden der Teilschalle, ohne Einschränkung der Allgemeinheit können sie hier als reell (und positiv) angesehen werden. $\Phi$ beschreibt den Phasenfehler. Im ‚Idealfall' vollständiger Auslöschung wäre $\Phi = 0$ und $p_{\text{s}} = p_{\text{p}}$. Das Amplituden-Betragsquadrat des Gesamtfeldes beträgt

$$\left|p_{\text{ges}}^2\right| = (p_{\text{p}} - e^{j\Phi} p_{\text{s}})(p_{\text{p}} - e^{-j\Phi} p_{\text{s}}) = p_{\text{p}}^2 + p_{\text{s}}^2 - 2p_{\text{s}}p_{\text{p}}\cos(\Phi) \,. \tag{12.2}$$

Für die durch die aktive Maßnahme bereitgestellte Pegelminderung $\Delta L$ gilt mithin

$$\Delta L = 10\lg\left(p_{\text{p}}^2/\left|p_{\text{ges}}^2\right|\right) = -10\lg\left(1 + \frac{p_{\text{s}}^2}{p_{\text{p}}^2} - 2\frac{p_{\text{s}}}{p_{\text{p}}}\cos(\Phi)\right) \,. \tag{12.3}$$

Darin kann man noch das Amplitudenverhältnis durch die korrespondierende Pegeldifferenz aus Pegel des primären und Pegel des sekundären Feldes alleine

$$L_{\text{diff}} = L_{\text{p}} - L_{\text{s}} = 10\ \lg\left(p_{\text{p}}^2/p_{\text{s}}^2\right) , \tag{12.4}$$

bzw.

$$\frac{p_{\text{s}}^2}{p_{\text{p}}^2} = 10^{-L_{\text{diff}}/10} \tag{12.5}$$

ausdrücken. Die Kurvenscharen, die sich unter Variation von $L_{\text{diff}}$ und $\Phi$ ergeben, sind in Abb. 12.6 dargestellt. Nur sehr kleine Toleranzen führen zu hohen Pegelminderungen $\Delta L$. Zum Beispiel benötigt man zur Herstellung einer Pegelminderung von mehr als 25 dB Amplitudenfehler von weniger als $L_{\text{diff}} = 0{,}5$ dB und höchstens 4 Grad Phasenfehler. Für Pegelminderungen über 40 dB dürfen die Amplitudenfehler selbst bei $\Phi = 0$ nicht mehr als $L_{\text{diff}} = 0,1$ dB betragen (das entspricht einem Unterschied von nur einem Prozent)! Mit wachsendem, erwünschtem Erfolg der aktiven Maßnahme werden immer höhere, schließlich nicht mehr realisierbare Genauigkeiten benötigt. Die Begrenzung der aktiv erreichten Erfolge ist also recht deutlich alleine schon durch immer vorhandene Ungenauigkeiten in der aktiven Nachbildung des primären Feldes durch das sekundäre gegeben.

Bei der in Kap. 3 beschriebenen Anordnung aus zwei gegenphasigen Quellen kann der endliche Quellabstand als Fehlerursache gedeutet werden, nur im Verhältnis zur Wellenlänge sehr kleine Abstände liefern dann auch global große Pegelminderungen; auch ist die Wirkung ortsabhängig.

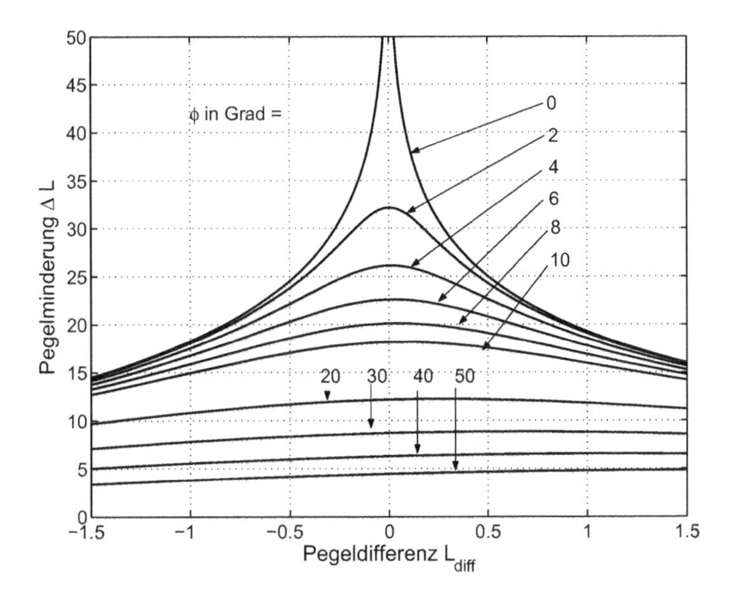


**Abb. 12.6** Erreichte Pegelminderung in Abhängigkeit von Amplituden- und Phasenfehler im sekundären Feld

### 12.1.1 Gekreuzt laufende Wellen

Eine ebenfalls stark ortsabhängige, aktiv hergestellte Pegelminderung erhält man naturgemäß auch dann, wenn nur auf die Beruhigung kleiner Raumgebiete abgezielt wird, wie beim Passagier in Flugzeug oder Auto. Qualitative Aussagen über die Größe des geschützten Raumgebietes lassen sich auf Grund einer einfachen Modellannahme machen, bei der zwei sich kreuzende Schallwellen angenommen werden, deren Laufrichtungen senkrecht aufeinander stehen und die sich absichtsgemäß in einem Punkt gerade zu Null ergänzen. Wenn dieser Hauptwirkungspunkt mit dem Ursprung des Koordinatensystems zusammenfällt und die Wellenlaufrichtungen die Winkel von 45° und −45° mit der $y$-Achse einschließen, dann ist das aus den beiden fortschreitenden Wellen zusammengesetzte Schallfeld mit $\vartheta = 45°$ durch

$$p_{\mathrm{ges}} = p_0\left[\mathrm{e}^{-jkx\cos(\vartheta)-jky\sin(\vartheta)} - \mathrm{e}^{jkx\cos(\vartheta)-jky\sin(\vartheta)}\right] \tag{12.6}$$

oder durch

$$p_{\mathrm{ges}} = -2jp_0\sin[kx\cos(\vartheta)]\mathrm{e}^{-jky\sin(\vartheta)} \tag{12.7}$$

gegeben. Für das Amplituden-Betragsquadrat gilt demnach

$$|p_{\mathrm{ges}}|^2 = 4p_0^2\sin^2[kx\cos(\vartheta)]\ . \tag{12.8}$$

Das aktiv hergestellte Einfügungsdämmmaß beträgt also

$$\Delta L = 10\lg \frac{|p_0|^2}{|p_{\text{ges}}|^2} = -10\lg\left[4\sin^2[kx\cos(\vartheta)]\right] , \qquad (12.9)$$

es wächst mit $x \rightarrowtail 0$ wegen der dort vollständigen gegenseitigen Auslöschung der Teilschalle über alle Grenzen. Wie man sieht sind die Linien gleicher Pegelminderung hier Geraden $x = \text{const}$. Eine Beschreibung der räumlichen Ausdehnung von Wirkungsgebieten könnte z. B. die Grenzen der Gebiete angeben, in denen die Pegelminderung überall mindestens 6 dB oder 12 dB, oder allgemeiner ein gewisses Vielfaches von 6 dB beträgt. Für diese Betrachtung setzt man das Argument im Logarithmus von (12.9) gleich einer Zweierpotenz mit geradzahligem Exponenten:

$$4\sin^2[kx\,\cos(\vartheta)] = 2^{-2N} . \qquad (12.10)$$

Wegen $-10\lg(2^{-2N}) = 20N\lg(2) = 6N$ gibt $N = 1$ den Fall der 6 dB-Grenze, $N = 2$ den der 12 dB-Grenze (usw.) an. Offensichtlich gilt

$$\sin[kx\,\cos(\vartheta)] = 2^{-(N+1)} . \qquad (12.11)$$

Für $N \geq 1$ ist die rechte Seite stets klein gegenüber 1. Deshalb kann man die Sinusfunktion links durch ihr Argument ersetzen

$$kx\cos(\vartheta) = 2^{-(N+1)} . \qquad (12.12)$$

Auf diese Weise erhält man schließlich mit $\vartheta = 45°$

$$x/\lambda = \frac{1}{\pi\sqrt{2}}\frac{1}{2^{N+1}} = \frac{0{,}225}{2^{N+1}} . \qquad (12.13)$$

Die durch $N$ bezeichnete Zone reicht wegen der Symmetrie von $-x$ bis $x$, deswegen ist die Zonenbreite $\Delta x$ doppelt so groß:

$$\Delta x/\lambda = \frac{0{,}45}{2^{N+1}} . \qquad (12.14)$$

Selbst bei der doch recht bescheidenen Forderung einer Pegelminderung von mindestens 6 dB beträgt die Breite des Raumgebietes, in dem diese Reduktion erreicht oder überschritten wird, nur etwas mehr als eine Zehntel-Wellenlänge, bei 100 Hz also circa 34 cm, bei 1000 Hz nur noch 3,4 cm. Bei jedem Anwachsen der Forderung um 6 dB halbiert sich der Raumbereich, für 12 dB bleiben also nur 0,055 Wellenlängen übrig. Diese Tatsachen machen noch einmal drastisch deutlich, dass aktive Lärmbekämpfung sich sehr oft vor allem für tieffrequente Schalle eignet. Bei mittleren und hohen Frequenzen könnten Passagiere von Flugzeugen oder Autos den Kopf kaum noch bewegen, um überhaupt in den Genuss aktiver Minderung zu kommen.

## 12.2 Reflexion und Absorption

Mit aktiven Methoden lassen sich ebenso wie bei der passiven Lärmbekämpfung einfallende Schallwellen nicht nur reflektieren, sondern auch absorbieren, wie das Folgende zeigt. Am einfachsten gestalten sich prinzipielle Erklärungen immer am eindimensionalen Kontinuum, deshalb sei hier die aktiv hergestellte Geräuschminderung in luftgefüllten Rohren oder Kanälen betrachtet. Die Frequenz befinde sich unterhalb der tiefsten cut-on-Frequenz der ersten, nicht-ebenen Mode. Die naheliegende Modellanordnung ist in Abb. 12.7 skizziert. Der abgebildete Kanal steht stellvertretend z. B. für eine Lüftungsleitung oder für einen Schornstein, an dem die aktive Quelle seitlich angebracht ist. Von der letzteren wird angenommen, dass sie in die Raumteile links und rechts von ihr gleichermaßen abstrahlt; es handelt sich also um eine ungerichtete Quelle. Wenn ihr Schallfeld das r-fache der einfallenden Schallwelle beträgt, dann setzt sich das Gesamtfeld in den Raumbezirken links (Teilraum 1, $x < 0$) und rechts von der Quelle (Teilraum 2, $x > 0$) aus

$$p_1 = p_0 \left(\mathrm{e}^{-jkx} + r\mathrm{e}^{jkx}\right) \tag{12.15}$$

und

$$p_2 = p_0(1 + r)\mathrm{e}^{-jkx} \tag{12.16}$$

zusammen. Der stromab liegenden Raumbezirk 2 ist gerade dann mit $p_2 = 0$ vor Schall vollständig geschützt, wenn $r = -1$ eingestellt wird. Im stromauf liegenden Raumbezirk 1 stellt sich dann die stehende Welle $p_1 = -2jp_0 \sin(kx)$ ein. Die sekundäre Quelle wirkt offensichtlich wie ein Reflektor. Die Größe $r$ kann deshalb unmittelbar als aktiv bereitgestellter Reflexionsfaktor gedeutet werden. Die vollständige Auslöschung stromab mit $r = -1$ besteht in einer „schallweichen" Reflexion, bei welcher der Druck am Reflektorort mit $p_2(0) = 0$ zusammenbricht. Die sekundäre Quelle stellt das Gesamtfeld so ein, dass durch Rohrquerschnitte links und rechts von ihr insgesamt jeweils keine Leistung fließt. Der sekundäre Lautsprecher gibt dabei also gar keine Energie an den Kanal ab.

Für andere Faktoren $r$ jedoch ändert sich der Leistungsfluss der sekundären Quelle. Allgemein muss die vom Lautsprecher dem Kanal zugeführte Leistung $P_L$ gleich der Differenz der rechts und links von ihm durch den Kanalquerschnitt in $x$-Richtung trans-

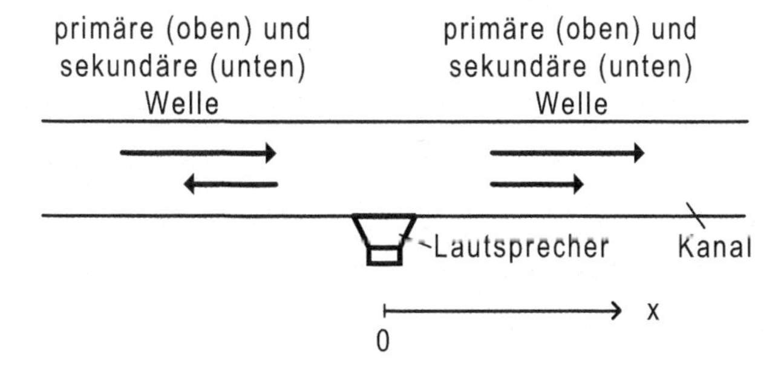


**Abb. 12.7** Prinzipskizze zum Wellenfeld aus primären und sekundären Anteilen

portierten Leistungen sein:

$$P_L = P_2 - P_1 \,. \tag{12.17}$$

Wenn die von der sekundären Quelle aus nach rechts fließende Gesamtleistung $P_2$ größer ist als die links davon durch den Querschnitt zugeführte Leistung $P_1$, $P_2 > P_1$, dann gibt der Lautsprecher Leistung an den Kanal ab. Wenn andererseits $P_2$ kleiner ist als $P_1$, $P_2 < P_1$, dann nimmt der Lautsprecher Leistung aus dem Kanal auf und wirkt so als Senke. Für $P_1$ gilt

$$P_1 = \frac{Sp_0^2}{2\varrho c}\left(1 - |r|^2\right) \tag{12.18}$$

($S$ = Kanal-Querschnittsfläche), und für $P_2$ ist

$$P_2 = \frac{Sp_0^2}{2\varrho c}|1 + r|^2 \,. \tag{12.19}$$

Demnach besteht die von der sekundären Quelle in den Kanal eingespeiste Leistung in

$$P_L = \frac{Sp_0^2}{2\varrho c}\left[|1 + r|^2 - \left(1 - |r|^2\right)\right] \,. \tag{12.20}$$

Natürlich lässt sich die sekundäre Welle durch entsprechende Lautsprecher-Ansteuerung nach Betrag und Phase einstellen; das wird durch den komplexen Faktor $r$

$$r = R\mathrm{e}^{j\phi} \tag{12.21}$$

ausgedrückt. $R$ bedeutet dabei den Betrag von $r$. Wegen

$$|1 + r|^2 = \left(1 + R\mathrm{e}^{j\phi}\right)\left(1 + R\mathrm{e}^{-j\phi}\right) = 1 + R^2 + 2R\cos(\phi) \tag{12.22}$$

wird aus (12.20)

$$P_L = 2P_0\left(R^2 + R\cos(\phi)\right) = 2P_0 R(R + \cos(\phi)), \tag{12.23}$$

worin noch zur Abkürzung die Leistung $P_0$ der hinlaufenden Welle alleine

$$P_0 = \frac{Sp_0^2}{2\varrho c} \tag{12.24}$$

eingesetzt worden ist. Offensichtlich lässt sich die Phase $\phi$ so einstellen, dass der Lautsprecher entweder Leistung in den Kanal einspeist, für negative $\cos\phi$ kann er aber auch als Energiesenke benutzt werden. Für $\phi = 180°$ ist

$$P_L = -2P_0 R(1 - R) \,. \tag{12.25}$$

Wie man durch Differenzieren nach $R$ leicht zeigt, stellt sich die maximale Energieabgabe vom Kanal in den Lautsprecher hinein bei $R = 1/2$ ein. In diesem Fall ist

$$P_{\mathrm{L,max}} = -P_0/2 \,. \tag{12.26}$$

Wegen $r = -1/2$ würde diese, durch die sekundäre Quelle herbeigeführte Absorption zur Halbierung des Schallfeldes im Raumteil 2 stromab vom Lautsprecher und damit zur Pegelminderung von 6 dB führen. Lautsprecher können also bei geeigneter Phasensteuerung relativ zum einfallenden Feld auch als Energiesenken benutzt werden. Das Energie-Erhaltungsprinzip wird dabei nicht verletzt, weil Lautsprecher reversible Wandler darstellen, die entweder elektrische Energie in akustische verwandeln, oder aber umgekehrt aus akustischer Energie elektrische gewinnen können. In welche Richtung die Leistung dabei fließt, das ist lediglich eine Frage des elektrischen und mechanischen Betriebszustandes. Bei letzterem zählt das fremde, primäre Schallfeld, gegen das der Lautsprecher arbeiten muss: Ist der Gesamtdruck vor der Membran um 180° gegenüber der senkrecht auf der Membran stehenden Schnelle phasenverschoben, dann bildet der Lautsprecher zwangsläufig einen Schallschlucker.

Im Prinzip ließen sich also Lautsprecher auch als Generatoren verwenden, die elektrische Leistungen ans Netz liefern. Die akustischen Leistungen sind allerdings außerordentlich klein und zählen kaum verglichen mit der elektrischen Verlustleistung, die man stets bei Lautsprecherbetrieb wegen des elektrischen Innenwiderstandes dieser Quelle erst einmal aufbringen muss.

Eine noch wirksamere Schallschluckung als im oben diskutierten Fall lässt sich herstellen, wenn die sekundäre Quelle mit einer Reflexion verknüpft wird; unter dieser Voraussetzung kann die primäre Welle sogar vollständig geschluckt werden. Der Vorteil gegenüber einem reinen Reflexionsdämpfer ($r = -1$ in den obigen Betrachtungen) liegt auf der Hand: Das stromab liegende Raumgebiet wird ebenfalls vollständig beruhigt, dabei entsteht aber stromauf keine stehende Welle, die ja unter Umständen auch noch Resonanzerscheinungen unterliegen kann. Letztere werden durch die vollständige sekundäre Absorption ausgeschlossen. Der Reflektor kann dabei sowohl passiv – z. B. durch ein offenes Rohrende – wie aktiv durch eine zweite sekundäre Quelle hergestellt werden. Es sei hier als Beispiel der Fall behandelt, bei dem auch der Reflektor durch einen zweiten sekundären Lautsprecher bereitgestellt wird, wie Abb. 12.8 zeigt.

Zweckgemäß soll das sekundäre Lautsprecherpaar nach links in der Summe kein sekundäres Schallfeld erzeugen. Eine solche Quellkombination, die in eine Richtung keinen Schall abgibt, lässt sich einfach mit einer Verzögerungsleitung herstellen. Das sekundäre Feld im Teilraum 1 links von beiden Quellen besteht nämlich in

$$p_{1,\mathrm{sek}} = A p_0 [\mathrm{e}^{jkx} + B\, \mathrm{e}^{jk(x+l)}] \,, \tag{12.27}$$

wobei $A$ und $B$ die in Abb. 12.8 mit eingezeichneten komplexen Verstärkungen bedeuten. Der Ausdruck $\mathrm{e}^{jkl}$ bei dem Wellenterm für die linke Quelle besagt nur, dass der von

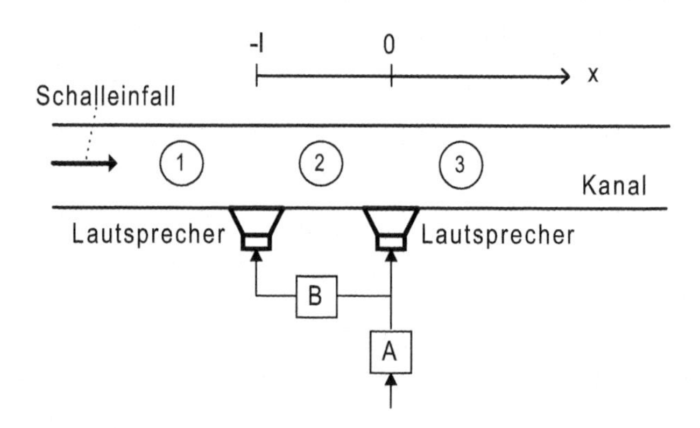


**Abb. 12.8** Aktive Geräuschminderung im Kanal mit zwei sekundären Quellen

dieser Quelle emittierte Schall dann an einem links davon liegenden Ort eben auch früher eintrifft, wenn beide Quellen gleichzeitig ein Signal aussenden würden.

Wird nun die linke Quelle mit

$$B = -\mathrm{e}^{-jkl} \tag{12.28}$$

angesteuert, dann ergibt sich $p_{1,\text{sek}} = 0$ im ganzen Teilraum 1. Die Verstärkung $B$ entspricht dabei wie gesagt einer Laufzeitverzögerung: Wenn ein Signal von der rechten sekundären Quelle bis zur linken sekundären Quelle gewandert ist, dann muss letztere gerade in diesem Moment das Feld der ersteren phasenverkehrt reproduzieren, damit insgesamt gar kein sekundäres Schallfeld nach links abgestrahlt wird. Auch im Freien würde ein solches Quellenpaar auf einer Halbachse kein Feld erzeugen, ein Beispiel zur Veranschaulichung ist in Abb. 12.9 wiedergegeben.

Es bleibt nur noch übrig, die Gesamtansteuerung $A$ so zu wählen, dass beide Quellen zusammen gerade das von links einfallende primäre Feld in Teilraum 3 kompensieren.

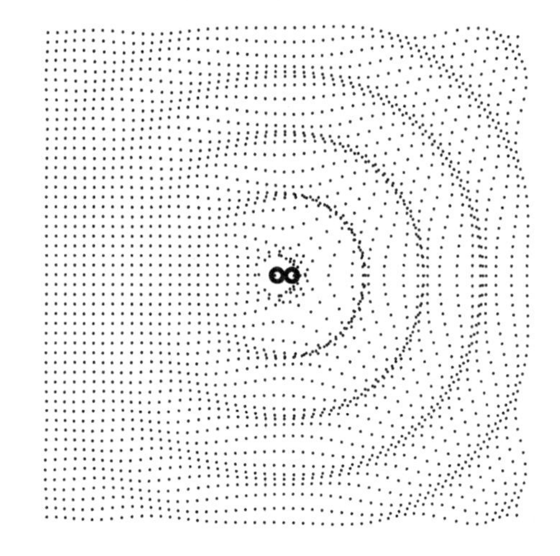

**Abb. 12.9** Schallabstrahlung ins Freie von Schallquellen, die durch zeitverzögerte Ansteuerung nach links zusammen das Schallfeld $p = 0$ erzeugen. Der Quellabstand beträgt hier $\lambda/4$

Das sekundäre Feld beträgt dort

$$p_{3,\text{sek}} = Ap_0\left[\mathrm{e}^{-jkx} + B\mathrm{e}^{-jk(x+l)}\right]. \tag{12.29}$$

Natürlich braucht diesmal der Schall zu einem Empfangsort $x$ von der linken Quelle länger als von der rechten Quelle, woraus sich das Verzögerungsglied im zweiten Ausdruck in der Klammer erklärt. Da nun $B = -\mathrm{e}^{-jkl}$ nochmals eine Zeitverzögerung herstellt gilt insgesamt

$$p_{3,\text{sek}} = Ap_0\left[\mathrm{e}^{-jkx} - \mathrm{e}^{-j2kl}\mathrm{e}^{-jkx}\right] = Ap_0\mathrm{e}^{-jkx}\left[1 - \mathrm{e}^{-j2kl}\right]. \tag{12.30}$$

Die zur Kompensation der primären Welle $p_{\text{prim}} = p_0\mathrm{e}^{-jkx}$ erforderliche komplexe Verstärkung $A$ beträgt also

$$A = -\frac{1}{1 - \mathrm{e}^{-j2kl}}, \tag{12.31}$$

denn dann ist $p_{3,\text{sek}} = -p_{\text{prim}}$. Wie man sieht kann diese Verstärkung $A$ nicht für alle Frequenzen wirklich auch aufgebracht werden; die obige Gleichung verlangt nämlich unendlich große Verstärkung für $2kl = 2n\pi$ oder, in Wellenlängen ausgedrückt, für

$$l = n\lambda/2. \tag{12.32}$$

Dieser Sachverhalt leuchtet auch unmittelbar ein. Bei den genannten Frequenzen und Wellenlängen sind die beiden sekundären Quellen entweder gerade gegenphasig oder gerade gleichphasig. Deshalb müssen die Felder links und rechts von ihnen immer dem Betrage nach übereinstimmen. Wenn also die sekundären Quellen zusammen aufgabengemäß nach links kein Feld erzeugen, dann senden sie auch nach rechts kein Schallfeld aus. Letzteres dennoch zu Kompensationszwecken zu verlangen, setzt dann eben unendlich große Verstärkungen voraus. Bei Anwendungen wäre dann natürlich wieder die Begrenzung des aktiv auch nutzbaren Frequenzbereiches erforderlich.

Im nutzbaren Frequenzband aber liegt es auf der Hand, dass die beschriebene sekundäre Quellstruktur tatsächlich einen aktiven Absorber bildet. Die von links auf die Lautsprecher zulaufende, einfallende Welle wird nicht reflektiert, weil das Quellenpaar in den Teilraum 1 gar nicht sendet. Die einfallende Schallleistung kommt aber auch in Teilraum 3 nicht an, weil hier vollständige Beruhigung hergestellt worden ist. Demnach muss die einfallende Schallenergie – wie eingangs erwähnt – geschluckt worden sein. Dass dabei die rechte, stromab liegende Schallquelle die Rolle eines Reflektors übernimmt, während die linke den Absorber bildet, zeigen einfache Betrachtungen. Weil sich vor Reflektoren immer stehende Wellen ausbilden und weil umgekehrt stehende Wellen einen Indikator für Reflektoren darstellen, muss die linke Quelle einen Absorber bilden. Die Rolle der rechten Quelle als Reflektor ergibt sich dann aus dem Gesamt-Wellenfeld im Teilraum 2 zwischen den Quellen. Hier ist

$$p_2 = p_0\left[\mathrm{e}^{-jkx} + A\mathrm{e}^{jkx} + AB\mathrm{e}^{-jk(x+l)}\right] = p_0\left[\mathrm{e}^{-jkx} + A\left(\mathrm{e}^{jkx} - \mathrm{e}^{-jk(x+2l)}\right)\right]. \tag{12.33}$$

Nach einsetzen von $A$ erhält man nach kurzer Rechnung

$$p_2 = p_0 \frac{\mathrm{e}^{-jkx} - \mathrm{e}^{jkx}}{1 - \mathrm{e}^{-j2kl}} . \tag{12.34}$$

Das Schallfeld zwischen den beiden sekundären Quellen besteht also aus einer stehenden Welle, die durch schallweiche Reflexion am rechten Lautsprecher mit dem Resultat $p_2(x = 0) = 0$ entstanden ist.

## 12.3 Aktive Stabilisierung selbsterregter Schwingungen

Unter bestimmten Voraussetzungen lässt sich auch mit elektroakustischen Quellen in den Schallentstehungs-Mechanismus selbst eingreifen. Diese Möglichkeit besteht für selbsterregte, angefachte Schwingungen. Sie können nicht nur in der Größe verringert, sondern sogar ganz zum Erliegen gebracht werden.

Sich selbst anfachende Schwingungen existieren in großer Zahl und Mannigfaltigkeit. Zu den selbsterregten, angefachten Quellen zählen alle geblasenen oder gestrichenen Musikinstrumente, wie Flöte, Klarinette, Saxophon und Fagott und Geige, Cello und Kontrabass. Auch viele strömungsinduzierte Selbsterregungen wie z. B. das Überblasen einer Flasche (Helmholtz-Resonator) oder umströmte Tragflächen oder Bauwerke wie Schornsteine, Brücken oder Leitungen zählen zur Klasse der Anfachvorgänge.

Die wesentlichen Eigenschaften von selbsterregten Schwingungen lassen sich vielleicht am besten durch ein Beispiel aus dem Bereich der aerodynamisch erzeugten Selbsterregungen erklären. Bei einem umströmten Gegenstand umschließen – wie in den Abb. 12.10 und 12.11 angedeutet – die Strömungslinien den Körper. Bei einer symmetrischen Struktur sind die Strömungslinien oberhalb und unterhalb gleich dicht. Nach dem Bernoulli-Prinzip entsteht durch die verdichteten Stromlinien ein Unterdruck. Ist der Körper in Ruhe, so sind die Unterdrücke oben und unten gleich groß, die Gesamtkraft bleibt also gleich Null. Das ändert sich, wenn der Körper – z. B. als Teil eines Schwingers – bereits selbst eine Geschwindigkeit besitzt. Zeigt diese wie in Abb. 12.11 nach oben, dann verdichten sich die Stromlinien oben mehr als unten, der Körper wird dann nach oben gesogen. Zeigt die Geschwindigkeit nach unten, dann ist auch die Gesamtkraft

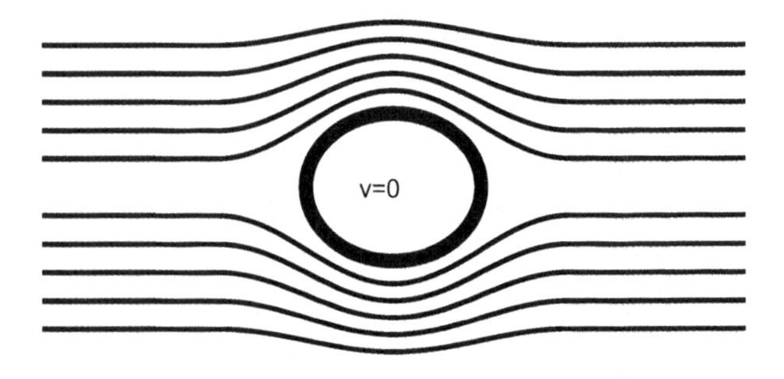


**Abb. 12.10** Anströmung eines ruhenden Körpers (Prinzipbild)

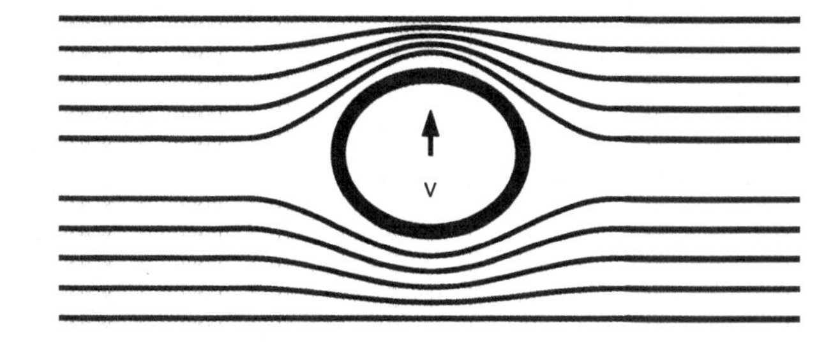


**Abb. 12.11** Anströmung eines nach oben bewegten Körpers (Prinzipbild)

nach unten gerichtet. Immer also zeigen die äußeren, durch die Aerodynamik hergestellten Kräfte in die gleiche Richtung wie die Körpergeschwindigkeit.

Es sei nun angenommen, dass der umströmte Körper noch federnd befestigt sei, zum Beispiel am Ende eines Stabes, wie Abb. 12.12 das andeutet. Die mechanische Struktur wirkt im Kern wie ein einfacher Schwinger, der Körper bildet die Masse $m$, der elastisch verformbare Stab stellt die Federsteife $s$ dar. Angenommen, es sei eine kleine (z. B. durch Zufälligkeiten erzeugte) Schwingung bereits vorhanden. Immer dann, wenn das Profil am Stabende die Ruhelage (mit dann maximaler Geschwindigkeit) passiert, erfährt es eine äußere Kraft in Richtung seiner Geschwindigkeit. Es ist, als ob man dem Körper im richtigen Augenblick einen Schlag versetzt, der die Schwingung immer wieder aufs Neue unterstützt. Dadurch wachsen die Amplituden ‚wie von selbst' an. Die dafür nötige Energie wird aus dem Energiereservoir ‚Strömung' entnommen. Die Analogie zu einer Kinderschaukel, der man immer im rechten Augenblick einen Schubs versetzt, ist naheliegend. Die typische Zeitgeschichte des Anfachvorganges ist in Abb. 12.13 geschildert. Dass die Amplituden nach dem zunächst einsetzenden Anfachvorgang dann zumeist nicht weiter anwachsen, lässt sich aus einer nichtlinearen Begrenzung erklären. Beim Beispiel

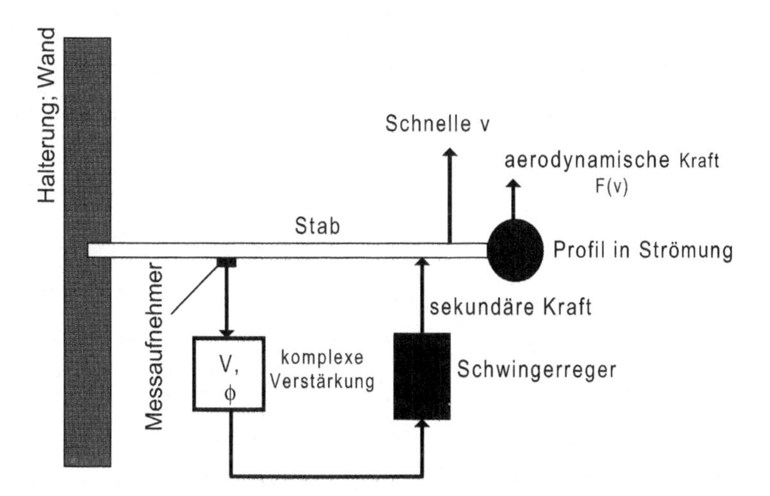


**Abb. 12.12** Resonator aus Stab (= federnde Lagerung) und Profil (= Masse) in der Strömung. Für spätere Betrachtungen ist auch schon der sekundäre Kreis mit eingezeichnet worden

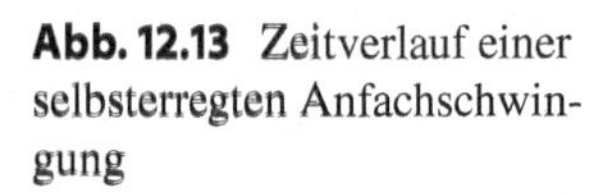

**Abb. 12.13** Zeitverlauf einer selbsterregten Anfachschwingung

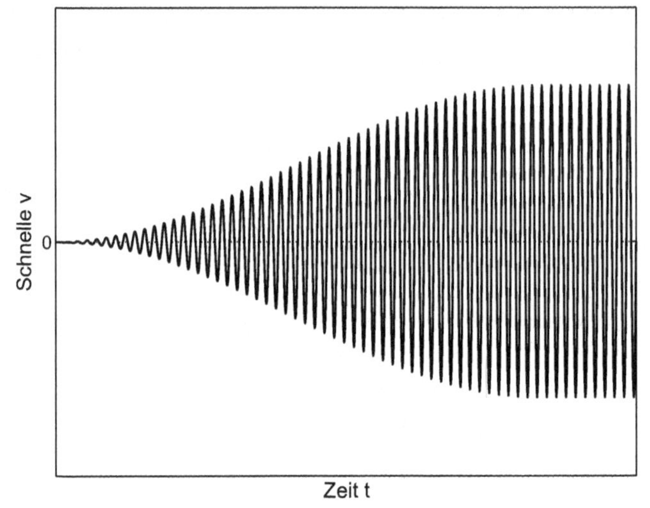


des Körpers in der Strömung wächst ja auch der Widerstand, den er bei seiner Bewegung quer zur Strömung erfährt. Die hemmende Widerstandskraft wächst proportional zu einer höheren Potenz der Profilschnelle $v$ an, sie kompensiert dann bei größeren Schnellen die aerodynamischen Kräfte. Die Schwingung erreicht so einen periodischen Grenzzyklus (der übrigens wegen der Nichtlinearität nicht mehr streng sinusförmig ist).

Zusammenfassen lassen sich die genannten physikalischen Grundüberlegungen in einer Kennlinie, welche die prinzipielle Abhängigkeit der aerodynamischen Kraft $F(v)$ von der Profilschnelle angibt (Abb. 12.14). Weil das Produkt aus Kraft und Schnelle gleich der

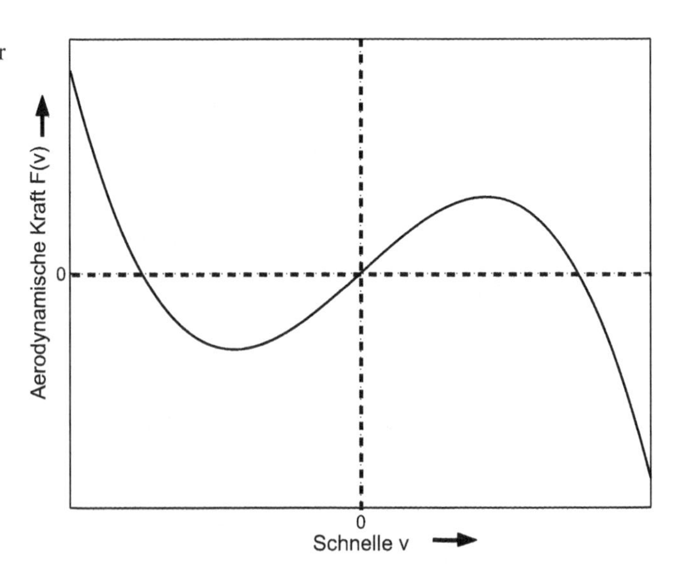


**Abb. 12.14** Abhängigkeit der aerodynamischen Kraft von der Profil-Schnelle

dem Stab zugeführten Schwingleistung ist, nimmt der Resonator Leistung auf, solange dieses Produkt größer als Null ist. Bei kleinen Amplituden führt das zum Anwachsen der Schwingung. Ab einer gewissen (nichtlinearen) Grenze wird der ‚Hahn' der Energiezufuhr dann schließlich zugedreht. Die Kennlinie verlässt den linearen Bereich und nimmt negative Werte an. Während einer kompletten Schwingung wird dann in der Nettobilanz keine Leistung zugeführt.

Auch durch Gleichungen kann der Vorgang – jedenfalls in seinem linearen Teil – recht einfach beschrieben werden. Die Schwingungsgleichung für den Resonator lautet allgemein

$$m\frac{\mathrm{d}^2x}{\mathrm{d}t^2} + r\frac{\mathrm{d}x}{\mathrm{d}t} + sx = F(v) + F_0 \; . \tag{12.35}$$

$F_0$ stellt dabei die kleine, durch Zufälligkeiten hergestellte Kraft dar (z. B. durch einen vorbei schwimmenden Wirbel erzeugt), die zum Start der Schwingung benötigt wird. Wie üblich bedeutet $m$ die Masse, $s$ die Steife des Schwingers und $r$ die vorgefundene Reibkonstante, die für die Dämpfung sorgt.

Wenn man sich nur für den Anfachvorgang selbst interessiert, dann kann man die Abhängigkeit der aerodynamischen Kraft $F(v)$ durch das erste Glied der Taylorentwicklung ersetzen:

$$F(v) \simeq r_{\mathrm{aero}} v \; . \tag{12.36}$$

Im Bereich kleiner Schwingungen zeigen Kraft und Schnelle wie gesagt in die gleiche Richtung. Die Größe $r_{\mathrm{aero}}$ ist also eine reelle Zahl und größer als Null. Die Bewegungsgleichung lautet damit

$$m\frac{\mathrm{d}^2x}{\mathrm{d}t^2} + (r - r_{\mathrm{aero}})\frac{\mathrm{d}x}{\mathrm{d}t} + sx = F_0 \; . \tag{12.37}$$

Wie man sieht wirkt die aerodynamische Kraft wie ein Reibterm mit negativer Dämpfung. Das beschreibt nur nochmals das schon genannte Energieprinzip: Ein negativer Reibkoeffizient steht stellvertretend für die Tatsache, dass dem Schwinger Energie von außen zugeführt wird. Offensichtlich entsteht die Anfachschwingung, wenn der aerodynamische Koeffizient überwiegt:

$$\text{instabil:} \rightarrowtail r_{\mathrm{aero}} > r \; . \tag{12.38}$$

Weil die Selbsterregung von alleine wächst bezeichnet man sie auch als ‚instabilen' Vorgang. Stabilität ohne Schwingungen herrscht dagegen für

$$\text{stabil:} \rightarrowtail r_{\mathrm{aero}} < r \; . \tag{12.39}$$

Die Anfachung setzt dann gar nicht erst ein, weil die Verluste größer sind als die zugeführte Energie. Sehr viele Strukturen im alltäglichen Leben bilden potenzielle Kandidaten für angefachte Schwingungen. Dazu zählen Bauwerke wie Schornsteine und Brücken im Wind ebenso wie die Tragflächen von Flugzeugen. Dass sie (fast immer) stabil bleiben, wird nur der Tatsache ausreichend großer Dämpfung gedankt. Die physikalischen Einzelheiten der aerodynamischen Kräfte können gewiss ganz anderen und weit komplexeren Gesetzmäßigkeiten unterliegen als in den obigen sehr einfachen (laminaren) Vorstellungen angenommen. Dennoch haben alle strömungsinduzierten Selbsterregungen gemeinsam, dass die Schwingenergie durch einen sich selbst regelnden Vorgang der Strömung entnommen wird, und das wirkt wie eine negative Dämpfung. Auch das Flattern von Bändern oder Tüchern im Wind, wie übrigens auch die Wind-induzierten Wasserwellen, sind selbsterregte Vorgänge, bei denen nur Kräfte und Auslenkungen örtlich verteilt sind.

Aus dem Bereich der Technischen Akustik stellt wohl der schon erwähnte angeblasene Helmholtz-Resonator (wie bei der Flasche bestehend aus einem abgeschlossenen Luftvolumen, das die Steife bildet, und einer Luftmasse in Schlitz oder Flaschenhals, siehe auch Abb. 12.15) zu den wichtigsten Beispielen angefachter Schwinger. Die physikalischen Vorgänge kann man sich ganz ähnlich vorstellen wie beim Stab mit Profil: Die im Schlitz (oder Flaschenhals) befindliche Luftmasse erfährt durch die Strömung eine Kraft nach oben (oder nach unten), wenn ihre Geschwindigkeit ebenfalls nach oben (oder nach unten) zeigt, und diese Kraft ist umso größer, je größer die Geschwindigkeit der Luftmasse ist. Man kann also ohne weiteres wenigstens die Prinzip-Aussage der in Abb. 12.14 genannten Kennlinie auch auf die Schallentstehung bei Helmholtz-Resonatoren anwenden. Die Schallabstrahlung nach außen ist dabei übrigens ein bloßes Nebenprodukt des Anfachvorganges und fügt diesem lediglich eine geringe Dämpfung zu. Im Inneren des Resonators ist der Pegel sehr viel größer als in seiner äußeren Umgebung.

Die Idee, diesen oder andere Selbsterregungen mit Hilfe von elektroakustischen Quellen zu bedämpfen und damit unter Umständen sogar vollständig zu beruhigen, ist nun sehr naheliegend. Dass das möglich ist, belegen die in diesem Kapitel abgeleiteten Überlegungen. Wandler können, wie gezeigt, auch als Schlucker mechanischer Energie benutzt werden, und das bewirkt eine elektrisch hergestellte Dämpfung der selbsterregten Struktur. Praktisch ließe sich das beim angefachten Stab mit Profil durch einen Schwingerreger machen (Abb. 12.12). Damit auch immer wirklich die richtige Schwingfrequenz für die sekundäre Kraft getroffen wird, besteht die Ansteuerung des Schwingerregers aus einem Messaufnehmer-Signal nach geeigneter Aufbereitung durch Verstärker und Phasenschieber. Beim Helmholtz-Resonator sorgt der vom Mikrophonsignal angesteuerte Lautsprecher für die Entnahme von Schallenergie (Abb. 12.15). Dabei kann es auf Genauigkeit in der Entnahme der Schwingenergie durch den elektroakustischen Saugkreis gar nicht ankommen. Solange nur die sekundär hergestellten Verluste größer sind als die von der Selbsterregung zugeführte Energie, kommt die Schwingung vollständig zum Erliegen, weil der Anfachprozess dann gar nicht erst einsetzt. Falls Lautsprecher oder Schwingerreger erst im Grenzzyklus eingeschaltet werden, dann klingt die Schwingung – wie jeder gedämpfte Vorgang – aus, je nach insgesamt eingestellten Verlustgrößen. Dass ‚Nachbildegenauigkeiten' hier fast keine Rolle spielen zeigen auch einfache Berechnungen anhand des Resonatormodells in (12.35). Diesmal wird lediglich noch die aktiv bereitgestellte Kraft auf der rechten Seite abgezogen (das negative Vorzeichen ist hier beliebig so ge-

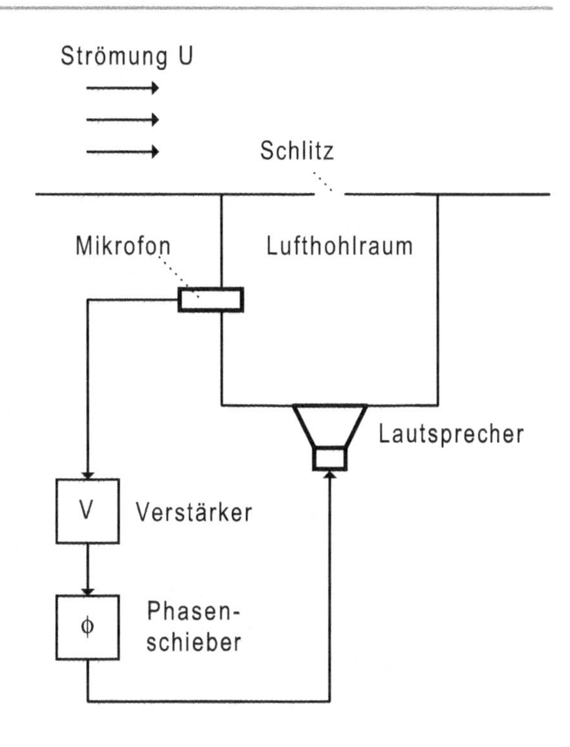


**Abb. 12.15** Helmholtz-Resonator, gebildet aus Lufthohlraum (bildet die Steife) und Schlitz (enthält die schwingende Masse), zusammen mit dem elektroakustischen Rückkopplungspfad aus Mikrophon, Verstärker, Phasenschieber und Lautsprecher zur aktiven Stabilisierung

wählt worden, dass 0° Phasenverschiebung den besten Fall bedeuten)

$$m\frac{\mathrm{d}^2x}{\mathrm{d}t^2} + r\frac{\mathrm{d}x}{\mathrm{d}t} + sx = F(v) - F_{\text{akt}} + F_0\,. \tag{12.40}$$

Wie oben kann man beide Kräfte für kleine Schwingamplituden durch ihre lineare Näherung ersetzen, für $F(v)$ durch (12.36) und für $F_{\text{akt}}$ durch

$$F_{\text{akt}} \simeq r_{\text{akt}}v. \tag{12.41}$$

Im Bereich kleiner Amplituden wird dann also (jetzt schon für reine Töne der Kreisfrequenz $\omega$ notiert)

$$\left(j\omega m + \frac{s}{j\omega} + r - r_{\text{aero}} + r_{\text{akt}}\right) v = F_0\,. \tag{12.42}$$

Der Hauptunterschied zu (12.37) besteht darin, dass zwar $r$ und $r_{\text{aero}}$ reelle und positive Zahlen sind, die durch Verstärker und Phasenschieber einstellbare Größe $r_{\text{akt}}$ dagegen ist komplex:

$$r_{\text{akt}} = R_{\text{akt}}\mathrm{e}^{j\Phi}\,. \tag{12.43}$$

worin natürlich $R_{\text{akt}}$ den Betrag von $r_{\text{akt}}$ darstellt. (12.42) – nach Real- und Imaginärteil sortiert – besteht also in

$$\left(\left[j\omega m + \frac{s}{j\omega} + jR_{\text{akt}}\sin(\Phi)\right] + \left[r - r_{\text{aero}} + R_{\text{akt}}\cos(\Phi)\right]\right) v = F_0\,. \tag{12.44}$$

Bekanntlich gibt die Nullstelle des Imaginärteils der Impedanz (denn gerade diese Größe ist durch den Klammerausdruck gegeben) den Resonanzfall und damit auch die Resonanzfrequenz an. Letztere ergibt sich also aus

$$\omega m - \frac{s}{\omega} + R_{\text{akt}} \sin(\Phi) = 0\,. \tag{12.45}$$

Offensichtlich besitzt die mit dem elektroakustischen Rückkopplungskreis versehene Gesamtsystem je nach Phasenverschiebung und Verstärkung eine andere Resonanzfrequenz als die rein mechanische passive Struktur. Durch das Ankoppeln des aktiven Kreises hat man also sozusagen eine neue hybride mechanisch-elektrische Zwitterstruktur geschaffen, deren Eigenschaften eben auch von den mechanischen wie von den elektrischen Parametern abhängen. Die Stabilitäts-Eigenschaften des hybriden Schwingers ergeben sich aus dem Vorzeichen des Impedanz-Realteils. Wenn dieser größer als Null ist, dann tritt Stabilität ein. Das ist der Fall für

$$R_{\text{akt}} \cos(\Phi) > r_{\text{aero}} - r\,, \tag{12.46}$$

oder, nur durch einen dimensionslosen Ausdruck ersetzt, für

$$R_{\text{akt}}/r > \frac{r_{\text{aero}}/r - 1}{\cos(\Phi)}\,. \tag{12.47}$$

Ist (12.47) nicht erfüllt, dann herrscht Instabilität mit dem selbstanwachsenden Vorgang. Die Grenze zwischen stabilem und instabilem Gebiet in der $(R_{\text{akt}}/r, \Phi)$-Ebene gibt die Stabilitätsgrenze an. Die Grenzlinie ist in Abb. 12.16 für einige Werte von $r_{\text{aero}}/r$ angegeben. Wie erwähnt kommt es hier auf Fehler nur an, wenn dabei die Stabilitätsgrenze überschritten wird. Parameteränderungen so, dass diese im stabilen Bereich bleiben, sind unerheblich. Man hat also einen recht großen Bereich von Phasen und Verstärkungen zur Verfügung, um Ruhe herzustellen.

Die genannten Effekte und Prinzipien lassen sich im Versuch an einem Helmholtz-Resonator auch nachweisen. Abbildung 12.17 zeigt zwei der typischen Spektren, die man mit dem in Abb. 12.15 skizzierten Aufbau erhält. Wiedergegeben sind die Amplitudenspektren am Mikrophon im Inneren des Resonators. Der Pegel kann hier bis zu 140 dB betragen! Dass sich eine breiter Parameterraum für die Verstärkung des elektroakustischen Kreises ergibt, zeigt Abb. 12.18. Dargestellt werden hier die erreichten Pegelminderungen für die jeweilige Resonanzfrequenz gegenüber dem ausgeschalteten Lautsprecher.

Die Amplitudenspektren in Abb. 12.17 zeigen die mit den eingestellten Parametern sehr erfolgreiche (und im Versuchsverlauf übrigens auch als sehr angenehm empfundene) aktive Dämpfung. Gleichzeitig kann in einem anderen Frequenzbereich durchaus auch eine Anhebung des vorgefundenen, breitbandigen Rauschens auftreten. Parameter, die also für die selbsterregte Schwingung ‚günstig' im Sinne der Stabilisierung sind, können also durchaus auf andere Schallanteile nachteilige Wirkungen haben. Insbesondere können

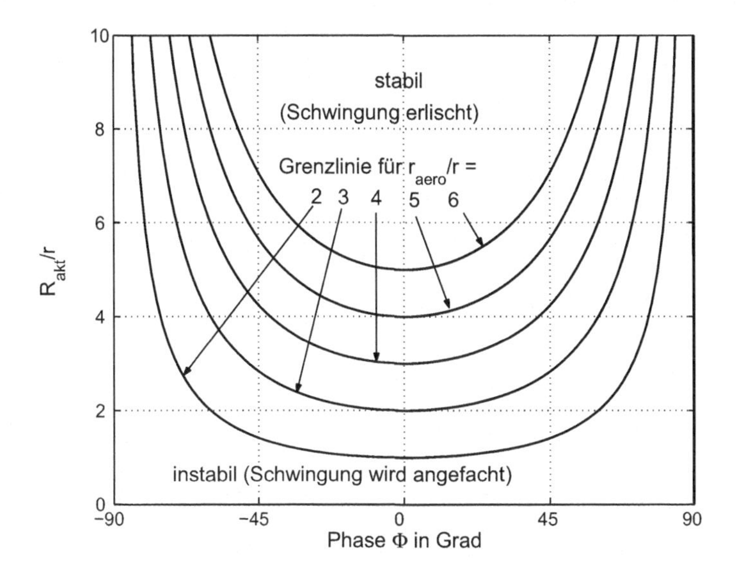


**Abb. 12.16** Stabilitätskarte der aktiv hergestellten Beruhigung

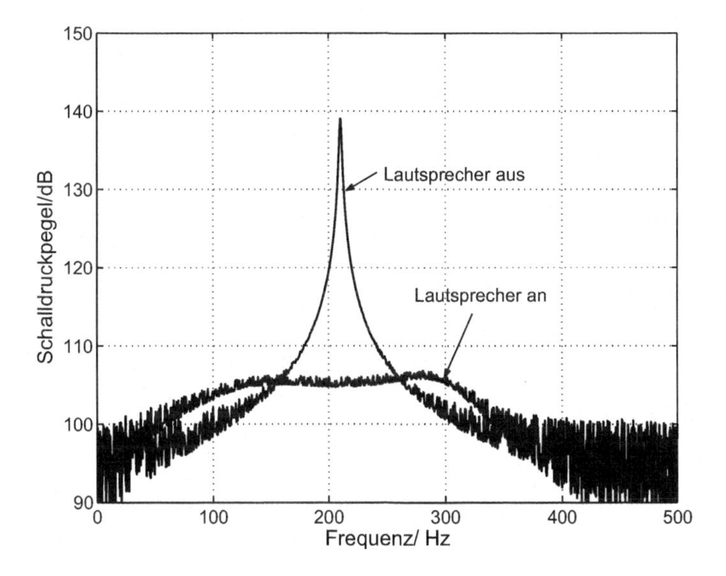


**Abb. 12.17** Amplitudenspektren am innenliegenden Mikrophon

Probleme auftreten, wenn zwei verschiedene Schwingungsmoden mit unterschiedlichen Resonanzfrequenzen am Selbsterregungs-Prozess beteiligt sind. Unter Umständen kann die erfolgreiche Kontrolle einer Mode zur gleichzeitigen Destabilisierung der anderen führen. In den Spektren wird dann ein Gipfel vermindert, während ein zweiter aus dem Rauschen herauswächst.

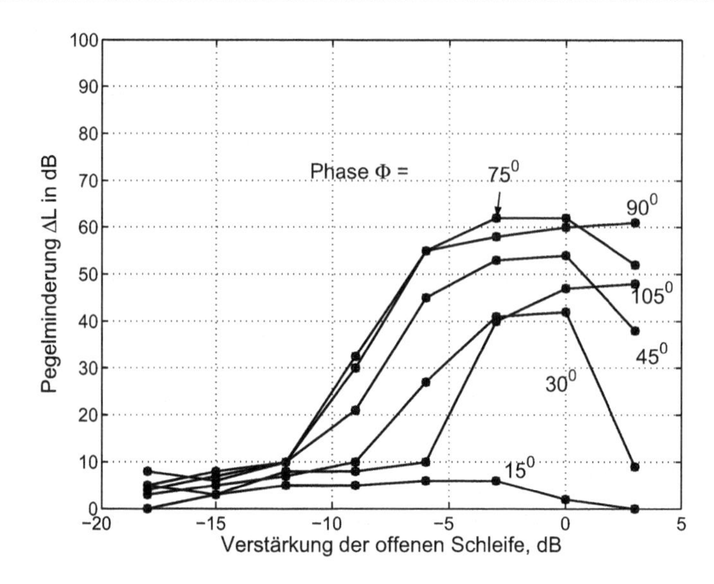


**Abb. 12.18** Pegelminderung in der Resonanzfrequenz

## 12.4 Zusammenfassung

Aktive Methoden, die das Prinzip der Interferenz gezielt nutzen, eignen sich zur Lärmbekämpfung vor allem dann, wenn die örtliche und/oder die zeitliche Gestalt des Störschallfelds eine einfache Struktur besitzt. Typische Anwendungsbeispiele sind daher Motorgeräusche in kleinen Schutzgebieten, z. B. am Fahrer-Ohr in einem Auto oder im Kopfhörer des Flugzeugpiloten. Dabei kann die aktive Maßnahme sowohl die Reflexion als auch die Absorption des einfallenden Schallfeldes beinhalten. Zur Herstellung großer Pegelminderungen sind sehr hohe Nachbildegenauigkeiten für das sekundäre Feld erforderlich. Wenn beispielsweise die Laufrichtungen nicht bekannt sind oder nicht nachgebildet werden können, dann sind die hervorgebrachten Geräuschsenkungen je nach Frequenz örtlich stark begrenzt.

Weil sich elektroakustische Quellen auch als Schallenergie-Senke benutzen lassen, können sie zur Verhinderung angefachter, selbsterregter Schall- oder Schwingprozesse verwendet werden. Die so herbeigeführte Stabilisierung des sonst instabilen Vorganges bringt diesen ganz zum Erliegen. Fehler in den Parametern des sekundären Kreises spielen nur dann eine Rolle, wenn dabei die Grenze des breiten Stabilitätsbereiches überschritten wird.

## 12.5 Literaturhinweise

Als sehr informative Übersichtsarbeit sei das Kapitel ‚Aktive Beeinflussung von Schall und Schwingungen' von J. Scheuren (Kapitel 13 in G. Müller und M. Möser: Taschenbuch der Technischen Akustik. Springer-Verlag, Berlin 2004) empfohlen. Eine ausführliche Darstellung auch der Algorithmen und Regelungsstrategien bietet das Buch von Hansen and Snyder: Active Control of Noise and Vibration, E and FN SPON, London 1997.

## 12.6 Übungsaufgaben

**Aufgabe 12.1**
In einem eindimensionalen Wellenleiter – dem schallharten Rohr – liegen zwei gegenläufige Wellen vor. Man zeige allgemein, dass sich die Gesamtleistung im Rohr zusammensetzt aus der Leistungs-Differenz der in $+x$-Richtung und in $-x$-Richtung laufenden Wellen alleine. Alle Leistungen werden dabei in positive $x$-Richtung gezählt, betroffen sind die zeitlichen Mittelwerte (die Wirkleistungen).

**Aufgabe 12.2**
Ein einzelner, seitlich an einem eindimensionalen Wellenleiter angebrachter Lautsprecher (wie in Abb. 12.7 gezeigt) kann zur Schallabsorption benutzt werden. Wie groß ist der so herstellbare maximale Absorptionsgrad? Wie muss die sekundäre Quelle dafür betrieben werden? Wie groß sind im Optimalfall die Gesamt-Leistungsflüsse (von der sekundären Quelle aus gesehen) nach rechts, nach links und in die sekundäre Quelle hinein?

**Aufgabe 12.3**
Wie in der folgenden Prinzipskizze (Abb. 12.19) gezeigt soll das Schallfeld der primären Volumenquelle $Q_0$ durch zwei gleich große, jeweils im Abstand $h$ von der primären Quelle angeordnete sekundäre Volumenquellen mit den Volumenflüssen $-\beta Q_0$ aktiv verringert werden. Wie groß ist allgemein die von den drei Quellen zusammen abgestrahlte Schallleistung in Abhängigkeit von $\beta$ ($\beta$ sei reell) und von $kh$; man bestimme insbesondere auch den Frequenzgang der Schallleistung, wenn der Netto-Volumenfluss aller drei Quellen zusammen gleich Null ist ($\beta = 1/2$).

Man berechne außerdem noch den Verstärkungsfaktor $\beta$ für den Fall kleinst-möglicher, von allen drei Schallquellen zusammen abgegebener Leistung.

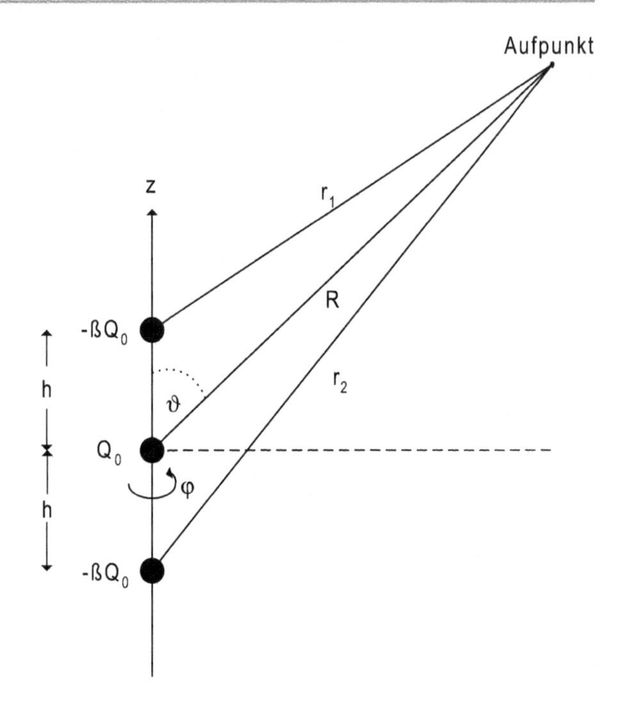


**Abb. 12.19** Anordnung aus primärer Quelle $Q_0$ und den beiden sekundären Gegenquellen

# Eigenschaften und Beschreibung von Übertragern

# 13

Eigentlich bedarf es wohl kaum noch einer Begründung dafür, dass zu einem Buch über ,Technische Akustik' auch ein Kapitel über die grundsätzlichen Eigenschaften und die Beschreibung von Übertragern gehört. Die vorangegangen Kapitel dienten ja der Betrachtung einer Fülle von Übertragern, seien es Mikrophone, Lautsprecher, Schalldämpfer-Kanäle, Wände, elastische Lagerungen: alle diese Konstruktionen übertragen ein zeitliches Anregesignal und verändern es dabei. Oft werden Übertrager auch als ,Systeme' bezeichnet, deshalb könnte dieses Kapitel auch ,Grundlagen der Systemtheorie' heißen.

Allgemein soll hier unter einem Übertrager (oder einem System) eine jede Einrichtung zu verstehen sein, die aus einem zeitlichen Signal ein zweites, durch irgendeine Verformung aus dem ersten entstandenes, sogenanntes Ausgangssignal macht. Das Anregesignal $x(t)$ wird als ,Eingangssignal' bezeichnet und ließe sich als ,Ursache' für einen zeitlichen Vorgang ansehen, das Ausgangssignal $y(t)$ könnte dann wohl auch durch den Begriff ,Wirkung' gekennzeichnet werden. Wie man an einem konkreten Übertrager sinnvoll Eingangssignal $x(t)$ und Ausgangssignal $y(t)$ wählt, das hängt von den Gegebenheiten, dem Zweck der Betrachtung und durchaus auch von der Wahl des Betrachters ab. Zum Beispiel wird es gewiss sinnvoll sein, bei einem Mikrophon den anregenden Schalldruck-Zeitverlauf als Eingang und die Mikrophon-Spannung als Ausgang aufzufassen; nichts spräche andererseits dagegen, den Strom-Zeitverlauf im elektrischen Kreis als Ausgang aufzufassen. Will man erst einmal das lokale Geschehen bei einem Lautsprecher betrachten, dann würde man die Speisespannung als Eingang und die Membranschnelle als Ausgang definieren, ebensogut ließe sich alternativ auch die Membranbeschleunigung verwenden. Interessiert auch noch die Abstrahlung, dann wäre der Ausgang vernünftigerweise wohl das Schalldrucksignal in einem Punkt. Sollte jedoch aus irgend einem Grund die Luftschall-Schnelle interessieren, dann ließe sich natürlich auch diese als Ausgang benutzen.



M. Möser, *Technische Akustik*, VDI-Buch, DOI 10.1007/978-3-662-47704-5_13

Die Operation $L$ soll hinfort die genaue Art und Weise bezeichnen, in welcher der Übertrager das Eingangssignal in ein Ausgangssignal verwandelt:

$$y(t) = L[x(t)]\ . \tag{13.1}$$

Dabei darf man sich jede beliebige, wohldefinierte Verformung eines ebenso beliebigen Eingangssignals $x(t)$ zu einem Ausgang $y(t)$ vorstellen, die durch $L$ bewirkt wird. Um nur ein Beispiel aus der großen, denkbaren Vielfalt herauszugreifen: ein entsprechendes Filter verformt z. B. ein periodisch wiederholtes Dreiecksignal zu einer Sinusfunktion gleicher Frequenz.

Neben den in diesem Buch in reicher Zahl genannten Übertragern sei z. B. noch ein Gleichrichter genannt, von denen wir übrigens jeder (mindestens) so viele besitzen, wie wir Geräte mit Netzanschluss unser eigen nennen. Seine Aufgabe besteht ebenfalls in einer Signalverformung, er macht nämlich aus einer Wechselspannung (möglichst) eine Gleichspannung. Der Quadrierer ist ein nah verwandter Übertrager, er wird in Zukunft auch einmal als Beispiel zur Veranschaulichung herangezogen werden, um die im Folgenden erarbeiteten Sachverhalte zu veranschaulichen.

## 13.1 Eigenschaften von Übertragern

### 13.1.1 Linearität

Übertrager können sich linear oder nichtlinear verhalten. Linear werden solche Systeme genannt, für die das Prinzip der ungestörten Überlagerung stets angewendet werden kann, für die also bei beliebigen Signalen $x_1(t)$ und $x_2(t)$ und beliebigen Konstanten $c_1$ und $c_2$

$$L[c_1 x_1(t)] + L[c_2 x_2(t)] = c_1 L[x_1(t)] + c_2 L[x_2(t)] \tag{13.2}$$

gilt. Die Reaktion des Übertragers auf eine Linearkombination von Signalen ist gleich der Summe der Teilreaktionen. Das ‚Prinzip der ungestörten Überlagerung' wird auch als ‚Superpositionsprinzip' bezeichnet.

Fast alle in diesem Buch genannten Übertrager verhalten sich linear, solange die Eingangssignale eine gewisse, von Fall zu Fall unterschiedliche Grenze nicht überschreiten. Zum Beispiel ist die Luftschallübertragung unter (etwa) 130 dB faktisch linear. Für sehr große Pegel oberhalb von 140 dB allerdings wird auch die Schallausbreitung in Luft zu einem nichtlinearen Phänomen. Auch die elektroakustischen Wandler sind bei ausreichend kleinen Anregegrößen linear. Nur bei den höchsten empfangenen Schalldrücken weisen Mikrophone Nichtlinearitäten auf. Etwas häufiger treten Nichtlinearitäten bei Lautsprechern dann auf, wenn ihre Eingangsspannung vor allem bei preiswerteren Exemplaren zwecks großer Lautstärke-Ausbeute übertrieben eingestellt wird.

Ein einfaches, dabei vielleicht ein wenig konstruiert wirkendes Beispiel für einen nichtlinearen Übertrager besteht im Quadrierer $y(t) = x^2(t)$. Schon dieses Beispiel zeigt, dass nichtlineare Systeme die Signalfrequenz eines harmonischen Eingangssignals verändern. Für $x(t) = x_0 \cos \omega t$ ist

$$y(t) = x^2(t) = x_0^2 \cos^2 \omega t = \frac{x_0^2}{2}(1 + \cos 2\omega t) . \tag{13.3}$$

Das Ausgangssignal enthält also einen Gleichanteil und einen Anteil mit der doppelten Frequenz des Einganges. Darin besteht allgemeiner die Konsequenz aus einer Nichtlinearität: zu einer Eingangsfrequenz entstehen im Ausgangssignal neue, zusätzliche Frequenzen. Obwohl das sehr oft der Fall ist, müssen diese neuen Frequenzen nicht immer – wie beim Quadrierer – Vielfache der Eingangsfrequenz sein; es können z. B. durchaus auch Frequenz-Halbierungen und allgemeine, gebrochene Frequenzverhältnisse auftreten.

Wie oben schon angedeutet ist der Übergang zwischen dem linearen und dem nichtlinearen Bereich eines Übertragers in Wahrheit fließend. Deshalb werden Maßzahlen für den Grad der Nichtlinearität angegeben. Am bekanntesten ist der sogenannte Klirrfaktor (er besteht in der Summe der Ausgangs-Amplituden der nicht im Eingang enthaltenen Frequenzen geteilt durch die Ausgangs-Amplitude mit der Eingangsfrequenz). Statt einen Übertrager mit dem Beiwort ‚linear' zu charakterisieren, wäre die Angabe des Klirrfaktors als Funktion der Eingangsamplitude und der Frequenz präziser. Dieser ist allerdings oft unmessbar klein, wie zum Beispiel bei der Luftschallübertragung unter 100 dB (und in vielen anderen, in diesem Buch besprochenen Fällen).

Benutzer von heute aus der Mode gekommenen Tonbandgeräten werden sich an das Aussteuern vor Aufnahmen erinnern. Damit ist in Wahrheit der Klirrfaktor auf (etwa) 0,03 begrenzt worden.

### 13.1.2 Zeitinvarianz

Zeitinvariant wird ein Übertrager dann genannt, wenn die Systemreaktion $L[x(t)]$ bei beliebiger Zeitverzögerung $\tau$ des Einganges ebenfalls nur um $\tau$ verzögert wird. Für beliebige $x(t)$ und $\tau$ soll also

$$y(t - \tau) = L[x(t - \tau)] \tag{13.4}$$

gelten, wobei natürlich für die unverzögerten Varianten $y(t) = L[x(t)]$ vorausgesetzt worden ist.

Fast alle Übertrager, die in diesem Buch besprochen worden sind, verhalten sich nicht nur linear, sie sind überdies auch noch als zeitinvariant angenommen worden. Zeitvariante Systeme sind solche, deren Parameter sich nach einer gewissen Zeit merklich verändert haben. Zum Beispiel kann sich in einem Saal während einer Darbietung die Temperatur und damit auch die Schallgeschwindigkeit ändern, streng genommen handelt es sich also bei der Schallausbreitung im Raum um eine zeitvariante Übertragung. Andererseits erfolgt die Erwärmung oft so langsam, dass man in kleinen, nur wenige Minuten betragenden Zeitintervallen, die beispielsweise für Messungen vorgesehen sind, von Zeitinvarianz ausgehen kann.

Das einzige in diesem Buch besprochene wirklich zeitvariante System besteht in der Schallübertragung, bei der Sender und Empfänger relativ zu einander bewegt werden (siehe den Abschnitt zur Schallausbreitung im bewegten Medium), denn hier ändert sich die Laufzeit zwischen Quellort und Mikrophonort selbst zeitlich. Der dabei auftretende Effekt besteht in der Doppler-Verschiebung der Signalfrequenz. Nicht nur nichtlineare, sonder offensichtlich auch zeitvariante Systeme ändern demnach die Frequenz des Eingangssignals, bei der Übertragung findet eine Frequenz-Veränderung statt.

Andererseits scheint die Erfahrung zu zeigen, dass lineare und zeitinvariante Übertrager frequenztreu sind. Besteht der Signaleingang eines linearen und zeitinvarianten Systems aus einem harmonischen Signal (also einer Cosinus-Funktion) einer gewissen Frequenz, dann bildet der Ausgang ebenfalls ein harmonisches Signal gleicher Frequenz, das dabei nur eine andere Amplitude und eine andere Phase als der Eingang besitzen kann. Alle in diesem Buch besprochenen Beispiele weisen auf dieses Prinzip hin. Tatsächlich lässt sich allgemein zeigen, dass das Gesetz der Frequenztreue für alle linearen und zeitinvarianten Übertrager gilt; der Beweis wird im übernächsten Abschnitt geführt werden.

## 13.2 Beschreibung durch die Impulsantwort

Am einfachsten beschreibt man die Wirkung eines inhomogenen Ganzen, indem man es gedanklich in viele (im Grenzfall: in unendlich viele) nicht mehr zerkleinerbare Bestandteile zerlegt und die Wirkung der Bestandteile für sich betrachtet. So verfährt man zum Beispiel, wenn das Schwerefeld eines inhomogenen Körpers interessiert. Man zerlegt ihn in (infinitesimal) kleine Würfel mit konstanter Dichte. Für jeden Würfel kann man dann das Schwerefeld bestimmen; das Ganze ist dann die Summe der Teile (das läuft auf die Berechnung eines Integrals hinaus).

Genauso kann man auch bei der Übertragungs-Beschreibung verfahren. Man zerlegt das Eingangssignal in nicht mehr verkleinerbare Teile, betrachtet dann die Übertragung dieser Teile und setzt dann das Ausgangssignal durch Summation zusammen, wobei im letzten Schritt die vorausgesetzte Linearität und Zeitinvarianz genutzt werden.

Aus Gründen der Anschaulichkeit erfolgt die Zerlegung zunächst in endlich breite Bausteine, die beliebig schmalen gehen dann als Grenzfall aus den endlich breiten hervor.

Zuerst muss der Baustein selbst definiert werden. Bei endlicher Breite besteht er in der in Abb. 13.1 gezeigten Rechteckfunktion $r_{\Delta T}(t)$, deren Funktionswert $1/\Delta T$ im Intervall $-\Delta T/2 < t < \Delta T/2$ beträgt, außerhalb dieses Intervalls ist $r_{\Delta T}(t) = 0$. Das Integral über $r_{\Delta T}(t)$ ist demnach unabhängig von $\Delta T$ gleich 1, solange nur der Integrationsbereich das Intervall $-\Delta T/2 < t < \Delta T/2$ ganz enthält ($a, b > \Delta T/2$):

$$\int_{-a}^{b} r_{\Delta T}(t)\,\mathrm{d}t = 1. \tag{13.5}$$

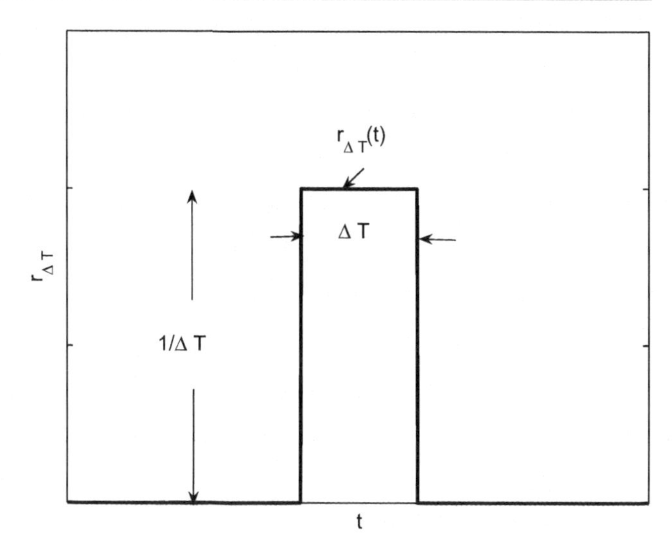


**Abb. 13.1** Rechteckfunktion $r_{\Delta T}(t)$

Die Zerlegung des Eingangssignals $x(t)$ in eine aus gegeneinander verschobenen Bausteinen bestehende Reihe in eine Treppenfunktion ergibt die Näherungsfunktion

$$x_{\Delta T}(t) = \sum_{n=-\infty}^{\infty} x(n\Delta T) r_{\Delta T}(t - n\Delta T)\Delta T \tag{13.6}$$

(siehe Abb. 13.2), die natürlich bei endlichem $\Delta T$ die Originalfunktion $x(t)$ nur unbefriedigend nachbildet; erst der Grenzübergang $\Delta T \to 0$ kann für eine exakte Nachbildung sorgen, erst dann sind wirklich auch ‚nicht zerkleinerbare' Bausteine definiert worden.

Wenn es sich – wie vorausgesetzt – um einen linearen und zeitinvarianten Übertrager handelt, dann kann die Übertragung von $x_{\Delta T}(t)$ einfach berechnet werden, wenn bekannt ist, wie das System auf eine einzelne Rechteckfunktion $r_{\Delta T}(t)$ reagiert. Diese Information wird nun als gegeben vorausgesetzt, es ist also

$$h_{\Delta T}(t) = L[r_{\Delta T}(t)] \tag{13.7}$$

bekannt. Wegen der Linearität und der Zeitinvarianz gilt dann

$$\begin{aligned} y_{\Delta T}(t) = L\left[\sum_{n=-\infty}^{\infty} x(n\Delta T) r_{\Delta T}(t - n\Delta T)\Delta T\right] &= \sum_{n=-\infty}^{\infty} x(n\Delta T) L[r_{\Delta T}(t - n\Delta T)]\Delta T \\ &= \sum_{n=-\infty}^{\infty} x(n\Delta T) h_{\Delta T}(t - n\Delta T)\Delta T \end{aligned} \tag{13.8}$$

für die Systemantwort auf den Eingang $x_{\Delta T}(t)$.

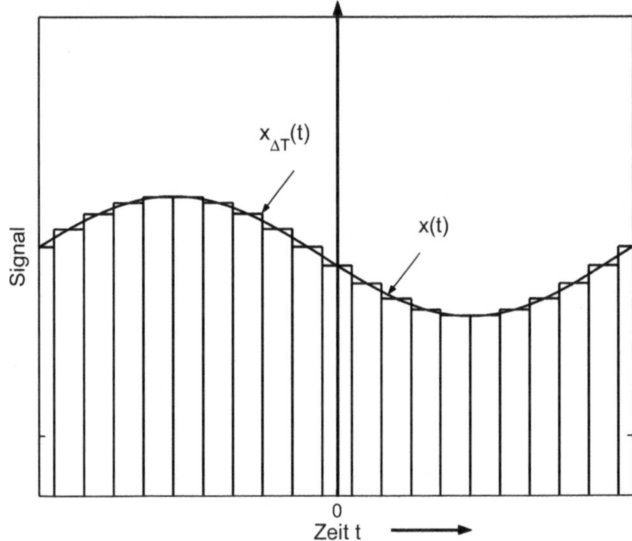


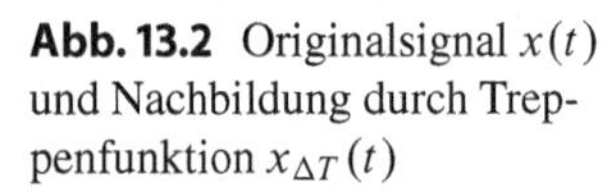
**Abb. 13.2** Originalsignal $x(t)$ und Nachbildung durch Treppenfunktion $x_{\Delta T}(t)$

Beim Grenzübergang $\Delta T \to 0$ geht die Rechteckfunktion in die (unendlich schmale) Dirac'sche Delta-Funktion über:

$$\lim_{\Delta T \to 0} r_{\Delta T}(t) = \delta(t) \tag{13.9}$$

die nur in $t = 0$ einen von Null verschiedenen (unendlich großen) Funktionswert besitzt. Diese Deltafunktion erfüllt ihren Zweck, nicht weiter zerkleinerbar zu sein. Das Integral über die Deltafunktion existiert und ist gleich 1 $(a, b > 0)$:

$$\int_{-a}^{b} \delta(t)\,\mathrm{d}t = 1. \tag{13.10}$$

Wegen ihres etwas ungewöhnlichen Aussehens wird die Delta-Funktion auch als Sonderfunktion bezeichnet.

Mit kleiner werdendem $\Delta T$ rücken die einzelnen Rechteckfunktionen $r_{\Delta T}(t - n\Delta T)$ immer näher zueinander, ihre Dichte wird immer größer. Im Grenzfall $\Delta T \to 0$ liegen die Bestandteile $r_{\Delta T}(t - n\Delta T)$ beliebig nahe beieinander, deshalb geht die diskrete Verzögerungszeit $n\Delta T$ in die kontinuierliche Variable $\tau$ über: $n\Delta T \to \tau$. Aus der Summation in der Gleichung für $y_{\Delta T}(t)$ wird eine Integration, aus dem diskreten Abstand $\Delta T$ zwischen zwei Rechteckfunktionen wird das infinitesimal kleine Element $\mathrm{d}\tau$. Damit ergibt sich also für die exakte Beschreibung des Systemausganges

$$y(t) = \int_{-\infty}^{\infty} x(\tau) h(t - \tau)\,\mathrm{d}\tau\,. \tag{13.11}$$

Darin ist $h(t)$ offensichtlich die Antwort des Übertragers auf den Delta-förmigen Eingang, es ist ja

$$h(t) = \lim_{\Delta T \to 0} h_{\Delta T}(t) = \lim_{\Delta T \to 0} L[r_{\Delta T}(t)] = L[\lim_{\Delta T \to 0} r_{\Delta T}(t)] = L[\delta(t)] \qquad (13.12)$$

Die Systemantwort $h(t)$ auf den Delta-Impuls am Eingang wird als Impulsantwort bezeichnet.

Das Integral auf der rechten Seite von (13.11) wird Faltungsintegral genannt, weil in $h(t - \tau)$ die Integrationsvariable mit negativem Vorzeichen auftritt: auf einem (nicht gegenständlichen) Blatt aufgezeichnet ergibt sich der Funktionsverlauf $h(t - \tau)$ über $\tau$ aus $h(\tau)$ durch Falten des Blattes an der Stelle $\tau = t$ und Umknicken des Blattes um 180°. Die Namensgebung knüpft an dieser geometrischen Vorstellung an und verweist dabei nicht auf die eigentliche Substanz der Betrachtungen: diese besteht in der Zerlegung des Eingangssignals in die (unzerkleinerbaren) Delta-förmigen Bestandteile

$$x(t) = \int_{-\infty}^{\infty} x(\tau)\delta(t - \tau)\,\mathrm{d}\tau\ , \qquad (13.13)$$

aus der sich der Übertrager-Ausgang wie oben gezeigt berechnen lässt. Die Operation auf der rechten Seite von (13.11), die auf Eingangssignal $x(t)$ und Impulsantwort $h(t)$ angewandt wird, heißt ‚Faltung'. Das Ausgangssignal eines linearen und zeitinvarianten Übertragers ist gleich der Faltung aus Impulsantwort und Eingangssignal. Dabei können Eingangssignal und Impulsantwort miteinander vertauscht werden, d. h. es gilt

$$y(t) = \int_{-\infty}^{\infty} x(\tau)h(t - \tau)\,\mathrm{d}\tau = \int_{-\infty}^{\infty} h(\tau)x(t - \tau)\,\mathrm{d}\tau\ , \qquad (13.14)$$

wie man leicht mit einer Variablensubstitution in (13.11) zeigen kann (man setzt dazu $u = t - \tau$ und deshalb $\mathrm{d}u = -\mathrm{d}\tau$ und schreibt anschließend für $u$ einfach wieder $\tau$). Die Faltung ist also invariant gegenüber der Vertauschung der Signale, auf der sie angewandt wird. Bei einem Übertrager können demnach Eingangssignal und Impulsantwort vertauscht werden, ohne dass sich der Ausgang dabei ändert.

Der Kern der geschilderten Überlegungen besteht in der Zerlegung von Signalen in nicht mehr dichter packbare Delta-Impulse, die deshalb beliebig schmal sein müssen. Damit ihr Integral von Null verschieden ist muss der Funktionswert notwendigerweise im Mittelpunkt unendlich groß sein. Dieser Gedankengang kann mit der bekannten Reihenzerlegung von gegebenen Funktionen verglichen werden, nur dass hier die Integration über unendlich schmale Teile an die Stelle der Summation über diskrete Elemente tritt. Der Zweck der Darstellung von Signalen durch ihren Delta-Kamm (so ließe sich (13.13) auch bezeichnen) besteht darin, dass nun der Übertrager-Ausgang aus dem derart zerlegten Eingang unmittelbar berechnet werden kann. Das ist natürlich auch direkt aus der

Zerlegung (13.13) ohne den Umweg über die aus didaktischen Gründen an den Anfang gestellte Zerlegung in eine Treppenfunktion möglich:

$$y(t) = L\left[\int_{-\infty}^{\infty} x(\tau)\delta(t-\tau)\,\mathrm{d}\tau\right] . \tag{13.15}$$

Wegen der vorausgesetzten Linearität darf die Reihenfolge von Integration und Operation $L$ vertauscht werden:

$$y(t) = \int_{-\infty}^{\infty} L[x(\tau)\delta(t-\tau)]\,\mathrm{d}\tau = \int_{-\infty}^{\infty} x(\tau)L[\delta(t-\tau)]\,\mathrm{d}\tau . \tag{13.16}$$

Auf Grund der angenommen Zeitinvarianz wird daraus natürlich ebenfalls wieder

$$y(t) = \int_{-\infty}^{\infty} x(\tau)h(t-\tau)\,\mathrm{d}\tau .$$

Faltungsintegral und Impulsantwort $h(t)$ beschreiben die Übertragung im Zeitbereich, indem die Wirkungen vieler gegeneinander verschobener Eingangsimpulse auf der Ausgangsseite aufaddiert werden. Der Hauptnachteil dieser Methode besteht oft in einer gewissen Unanschaulichkeit der Impulsantwort zur Charakterisierung der Übertragung. Zum Beispiel ist die in einem Empfangsraum ankommende Reaktion auf einen Knall im Senderaum, der durch eine einschalige (dünne) Wand übertragen worden ist, eine Art von ‚verlängertem' Impuls; tatsächlich besteht die Impulsantwort in einer sehr rasch abklingenden Exponentialfunktion ($h(t) \sim \mathrm{e}^{-t/T}$ mit $T = m''/\varrho c$ für den senkrechten Schalleinfall und für $t \geq 0$, für $t < 0$ ist natürlich $h(t) = 0$, für die Bezeichnungen siehe auch Kap. 8). Obwohl daraus die Schallübertragung gewiss korrekt berechnet werden kann, lässt sich doch der Impulsantwort nur sehr schwer eine anschauliche, leicht einprägsame Deutung des physikalischen Phänomens entnehmen.

Die Beschreibung der Übertragung mit Hilfe von Frequenzgängen, die in den folgenden Abschnitten betrachtet wird, bietet dagegen ein unmittelbar einleuchtendes und eingängiges Konzept, in dessen Zentrum die Klangverfärbung von Signalen durch die Übertragung steht.

## 13.3 Das Invarianz-Prinzip

Schon im vorletzten Abschnitt ist die Vermutung aufgestellt worden, dass lineare und zeitinvariante Übertrager ein harmonisches (sinusförmiges) Eingangssignal stets unverzerrt übertragen: Das Ausgangssignal besteht ebenfalls stets in einem harmonischen Signal gleicher Frequenz, lediglich Amplitude und Phase werden durch den Übertrager geändert, die Signalgestalt selbst ist also invariant gegenüber der Übertragung.

Dass dieses vermutete Prinzip tatsächlich allgemein gilt, lässt sich mit Hilfe des Faltungsintegrales (13.14) zeigen. Dazu wird ein Eingangssignal

$$x(t) = \mathrm{Re}\{x_0\, \mathrm{e}^{j\omega t}\} \tag{13.17}$$

mit der komplexen Amplitude $x_0$ angenommen. Der zugehörige Ausgang ergibt sich nach (13.14) zu

$$y(t) = \int_{-\infty}^{\infty} h(\tau)\mathrm{Re}\{x_0\, \mathrm{e}^{j\omega(t-\tau)}\}\, \mathrm{d}\tau = \mathrm{Re}\left\{x_0\, \mathrm{e}^{j\omega t} \int_{-\infty}^{\infty} h(\tau)\, \mathrm{e}^{-j\omega\tau}\, \mathrm{d}\tau\right\} . \tag{13.18}$$

Das letzte Integral hängt nur von der Signalfrequenz $\omega$ ab, es ist dabei insbesondere von $t$ unabhängig. Setzt man zunächst kurz

$$H(\omega) = \int_{-\infty}^{\infty} h(\tau)\, \mathrm{e}^{-j\omega\tau}\, \mathrm{d}\tau , \tag{13.19}$$

so erhält man

$$y(t) = \mathrm{Re}\{H(\omega)x_0\, \mathrm{e}^{j\omega t}\} , \tag{13.20}$$

und das beweist die aufgestellte Behauptung: ist der Eingang harmonisch mit der Frequenz $\omega$, dann ist auch der Ausgang harmonisch mit der gleichen Frequenz. Die Übertragung wird vollständig beschrieben durch Angabe der Amplitudenänderung $|H|$ und der Phasenverschiebung $\varphi$, die im komplexen Übertragungsfaktor

$$H(\omega) = |H|\, \mathrm{e}^{j\varphi} \tag{13.21}$$

zusammengefasst sind.

## 13.4 Fourier-Zerlegung

Es ist eine bestechend einfache und recht naheliegende Idee, die Übertragung von allgemeinen Signalen beliebiger anderer Form auf die von harmonischen Signalverläufen zurückzuführen. Dazu muss ein gegebener Signalverlauf, z. B. der Eingang $x(t)$ eines Systems, durch eine Funktionenreihe der Form

$$x(t) = \sum_n x_n\, \mathrm{e}^{j\omega_n t} \tag{13.22}$$

dargestellt werden. Ist das erst einmal geschafft (das heißt, sind die erforderlichen Frequenzen $\omega_n$ und die dazugehörigen komplexen Amplituden $x_n$ ermittelt), dann gestaltet sich die Beschreibung von Übertragungsvorgängen sehr einfach. Es muss sich nämlich auf Grund des Invarianzprinzips (und der dafür ja schon vorausgesetzten Linearität) der Ausgang stets aus den gleichen Frequenzen wie der Eingang zusammensetzen, wobei nur die Einzelamplituden durch die Übertragung geändert werden können:

$$y(t) = \sum_n H(\omega_n) x_n \, e^{j\omega_n t} \tag{13.23}$$

Je nach Eingangssignal treten andere Frequenzen mit anderen Amplituden auf, die ja gerade für das spezielle Signal charakteristisch sind. Sollen alle Möglichkeiten erfasst werden, dann muss der komplexwertige Übertragungsfaktor $H$ nun für alle Frequenzen bekannt sein. Eine vollständige Beschreibung der Übertragung erhält man also aus dem Frequenzgang $H(\omega)$. Um anzudeuten, dass dabei die Frequenz als kontinuierliche Variable aufzufassen ist, wird $H(\omega)$ als Übertragungsfunktion bezeichnet. Die Beschreibung der Übertragung durch den Frequenzgang der Übertragungsfunktion lässt eine recht anschauliche Interpretation zu. Wenn man sich den Eingang in Frequenzen – bildlich gesprochen in Klangfarben – zerlegt denkt, dann kann die Übertragung als eine reine Verfärbung aufgefasst werden. Ein über eine Wand übertragenes Schallsignal z. B. klingt im Empfangsraum leiser und dumpfer, weil die Übertragungsfunktion bei hohen Frequenzen klein wird.

Voraussetzung für dieses Konzept, Übertragungen als Klangverfärbungen aufzufassen, ist, dass beliebige Signale durch eine Funktionenreihe mit harmonischen Bestandteilen tatsächlich auch dargestellt werden können, wie (13.22) fordert.

Die folgenden Abschnitte sind den Einzelheiten dieser meist auch als Fourier-Zerlegung bezeichneten Dekomposition gegebener Signale und der Frage ihrer Existenz gewidmet. Dabei sei nochmals die Ausgangsidee hervorgehoben. In (13.22) wird der Versuch unternommen, ein gegebenes, bekanntes Signal $x(t)$ durch eine Funktionenreihe auszudrücken. Die Elemente der Funktionenreihe bestehen dabei in harmonischen, sinusförmigen Signalen mit (vielen) unterschiedlichen Frequenzen. Der Grund für die Darstellung von etwas ja eigentlich schon Bekanntem ‚mit anderen Mitteln' besteht einfach darin, dass sich dann – unter Anwendung des Invarianzprinzips – Übertragungen mit einfachen und anschaulichen Mitteln beschreiben lassen.

### 13.4.1 Fourier-Reihen

Die Betrachtungen zur Fourier-Zerlegung beginnen mit dem einfachsten Fall, bei dem die zu zerlegende Funktion selbst mit der Periode $T$ periodisch ist. Der Vorteil bei dieser Annahme besteht darin, dass von vornherein feststeht, welche Frequenzen vorkommen können: die in (13.22) noch nicht näher spezifizierten Frequenzen $\omega_i$ sind von Anfang an bekannt. Die in (13.22) auftretenden Bausteine besitzen allgemein die Perioden $T_n$

$$\omega_n = \frac{2\pi}{T_n} \, . \tag{13.24}$$

In einer Reihenentwicklung für eine periodische Funktion $T$ dürfen nur Bausteine auftreten, deren Periodendauern $T_n$ ganzzahlig in $T$ enthalten sind. Für die Perioden der Bestandteile, die überhaupt vorkommen können, gilt also

$$T_n = \frac{T}{n} \, . \tag{13.25}$$

Es wird nun eine ‚Modellfunktion' definiert, die – so will es die Aufgabenstellung – nur aus den Bestandteilen zusammengesetzt ist, in die zerlegt werden soll. Es wird also

$$x_{\mathrm{M}}(t) = \sum_{n=-N}^{N} A_n \, \mathrm{e}^{j2\pi n \frac{t}{T}} \tag{13.26}$$

definiert. Wie man sieht, sind hier zunächst jeweils $N$ positive und $N$ negative Frequenzen $\omega_n$ zugelassen worden. Man bedenke dabei, dass es sich hier um eine mathematische und nicht um eine physikalische Formulierung handelt. Eine negative Frequenz im Sinne eines Zahlenwerts $\omega_n < 0$ bildet natürlich eine sinnvolle Größe, auch wenn die Frequenz eines periodischen Vorganges im Sinne von ‚Anzahl pro Sekunde' ebenso natürlich eine positive Zahl darstellt.

Übrig bleibt nun nur die Aufgabe, die Koeffizienten $A_n$ so zu bestimmen, dass sich Modellfunktion $x_{\mathrm{M}}(t)$ und gegebenes Signal $x(t)$ möglichst nicht unterscheiden. Wird das (ideal und damit fehlerfrei) erreicht, dann ist damit auch die beabsichtigte Reihenentwicklung vorgenommen worden; Modell und Original sind dann gleich.

Es gibt (mindestens) zwei unterschiedliche Verfahren, mit denen die unbekannten Amplituden $A_n$ so aus dem gegebenen Signal $x(t)$ bestimmt werden, dass sich ein ‚kleiner', mit wachsendem $N$ immer mehr abnehmender Fehler für $x_{\mathrm{M}}(t)$ ergibt. Meist wird dazu die mittlere quadratische Abweichung $E$

$$E = \frac{1}{T} \int_0^T |x(t) - x_{\mathrm{M}}(t)|^2 \, \mathrm{d}t \tag{13.27}$$

minimiert. Dieses Verfahren wird als ‚Methode des kleinsten Fehler-Quadrates' (kurz auch einfach mit ‚least squares') bezeichnet. Auf diese – etwas unanschaulichere – Vorgehensweise wird hier nicht eingegangen, sie ist in vielen Werken geschildert, in denen die Fouriersummen betrachtet werden. Zunächst sei hier das viel anschaulichere Verfahren vorgestellt, bei dem die unbekannten Amplituden $A_n$ so bestimmt werden, dass Modell $x_{\mathrm{M}}(t)$ und Original $x(t)$ in $2N + 1$ gleichabständigen Zeitpunkten übereinstimmen. Die

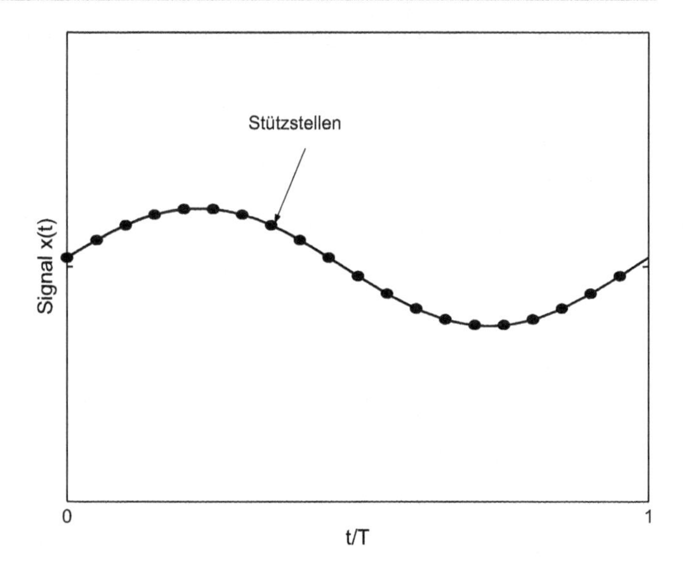


**Abb. 13.3** Anpassung von $x_M(t)$ an $x(t)$ in den Stützstellen $t = i\,\Delta t$, in denen $x_M(i\,\Delta t) = x(i\,\Delta t)$ gesetzt wird

Koeffizienten $A_n$ werden also im Folgenden so berechnet, dass

$$x_M(i\,\Delta t) = x(i\,\Delta t) \tag{13.28}$$

für

$$i = 0, 1, 2, 3, \ldots 2N$$

gilt. Dabei beträgt das Inkrement $\Delta t$

$$\Delta t = \frac{T}{2N + 1} \,. \tag{13.29}$$

Abbildung 13.3 versucht das Verfahren anhand einer Grafik zu illustrieren.

Die $2N + 1$ Bedingungsgleichungen (13.28) liefern jetzt aus der Modelldefinition (13.26) das Gleichungssystem für die gesuchten Koeffizienten:

$$\sum_{n=-N}^{N} A_n\, e^{j2\pi \frac{ni}{2N+1}} = x(i\,\Delta t) \,. \tag{13.30}$$

Wie gesagt gibt (13.30) das Gleichungssystem zur Bestimmung der gesuchten Koeffizienten $A_n$ an. Durch Einsetzen von $i = 0, 1, 2, 3, \ldots, 2N$ entstehen aus (13.30) $2N + 1$ Gleichungen.

Dieses Gleichungssystem kann nun leicht nach einer (beliebig gewählten) Unbekannten $A_m$ wie folgt aufgelöst werden. Dazu wird die $i$-te Gleichung des Systems (13.30) mit $e^{-j2\pi \frac{mi}{2N+1}}$ multipliziert, das ergibt zunächst

$$\sum_{n=-N}^{N} A_n\, e^{j2\pi \frac{(n-m)i}{2N+1}} = x(i\,\Delta t)\, e^{-j2\pi \frac{mi}{2N+1}} \,. \tag{13.31}$$

Anschließend werden alle $2N + 1$ Gleichungen dieses Gleichungssystems aufaddiert:

$$\sum_{i=0}^{2N} \sum_{n=-N}^{N} A_n \, e^{j2\pi \frac{(n-m)i}{2N+1}} = \sum_{i=0}^{2N} x(i\,\Delta t)\, e^{-j2\pi \frac{mi}{2N+1}} \; . \tag{13.32}$$

Die Umkehrung der Summationen-Reihenfolge links ergibt

$$\sum_{n=-N}^{N} A_n \sum_{i=0}^{2N} e^{j2\pi \frac{(n-m)i}{2N+1}} = \sum_{i=0}^{2N} x(i\,\Delta t)\, e^{-j2\pi \frac{mi}{2N+1}} \; . \tag{13.33}$$

Die innere Summe auf der linken Seite bildet eine geometrische Reihe mit

$$\sum_{i=0}^{2N} e^{j2\pi \frac{(n-m)i}{2N+1}} = 0 \; , \tag{13.34}$$

wenn $n - m \neq 0$ gilt. Für $n = m$ ist

$$\sum_{i=0}^{2N} e^{j2\pi \frac{(n-m)i}{2N+1}} = \sum_{i=0}^{2N} 1 = 1 + 1 + 1 + \ldots = 2N + 1 \; , \tag{13.35}$$

Alle Elemente in der Summe mit dem Laufindex n auf der linken Seite von (13.33) sind deshalb gleich Null, mit Ausnahme nur des einzigen Summanden mit $n = m$. Demnach wird also (13.33) mit den ausgeführten Rechenoperationen tatsächlich wie beabsichtigt nach der Unbekannten $A_m$ aufgelöst, für die

$$A_m = \frac{1}{2N+1} \sum_{i=0}^{2N} x(i\,\Delta t)\, e^{-j2\pi \frac{mi}{2N+1}} \; . \tag{13.36}$$

gilt. Gleichung (13.36) gibt die Auflösung des Gleichungssystems (13.30) nach der speziell ausgewählten Unbekannten $A_m$ an. Weil es völlig gleichgültig ist, welche spezielle Unbekannte $A_m$ dabei ausgesucht worden ist, gilt (13.36) für alle Unbekannten $A_m$. Alle Amplituden $A_n$ der Modellfunktion (13.26) sind damit aus dem Originalsignal $x(t)$ berechnet.

Von einem grundsätzlichen Standpunkt aus ist damit gezeigt worden, dass ein gegebenes Signal in einer endlichen, aber beliebig hohen Anzahl von Punkten durch die Funktionenreihe (13.26) exakt nachgebildet werden kann. Die Aufgabenstellung ist demnach sinnvoll und lösbar (und das gilt ja keineswegs für jede andere denkbare Aufgabenstellung).

Wie gut – oder schlecht – ein gegebenes Signal $x(t)$ nun durch sein Modell $x_M(t)$ nachgebildet wird, das zeigen zunächst durchgerechnete Beispiele. Die Abb. 13.4 bis 13.6 demonstrieren anhand eines als Beispiel gewählten Signals aus drei aneinander gesetzten Geradenstücken den Vergleich von Original $x(t)$ und Nachbildung $x_M(t)$ für $N = 8$, $N = 16$ und $N = 32$. Wie man sieht ist die Nachbildung mit nur 17 Punkten ($N = 8$)

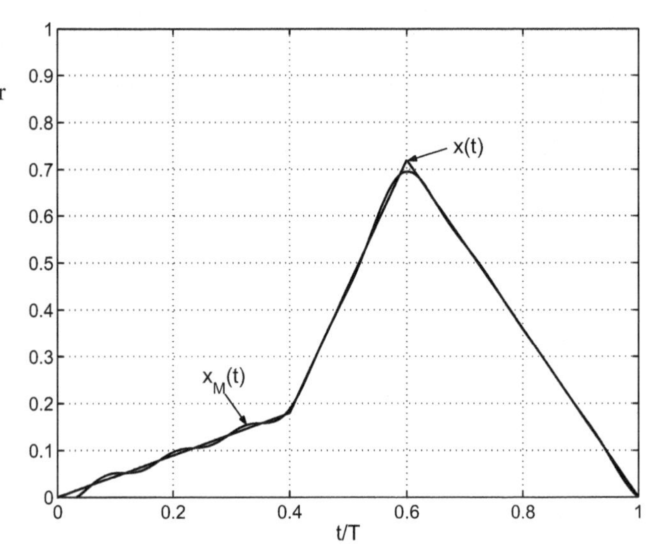


**Abb. 13.4** Nachbildung eines abknickenden Signals mit $N = 8$. Wiedergegeben ist nur eine Periode der periodischen Signale $x$ und $x_M$

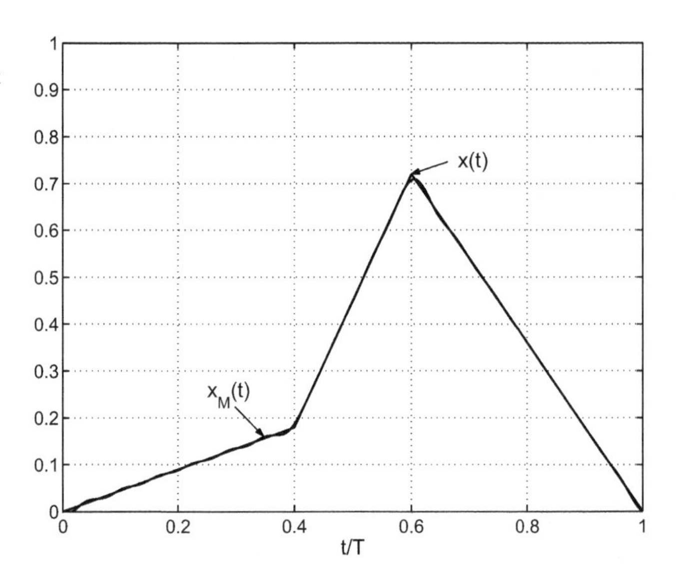


**Abb. 13.5** Nachbildung eines abknickenden Signals mit $N = 16$. Wiedergegeben ist nur eine Periode der periodischen Signale $x$ und $x_M$

bereits recht gut; für 65 Punkte ($M = 32$) liegen die Unterschiede zwischen $x$ und $x_M$ bereits in der Größenordnung der Strichbreite in der grafischen Darstellung; Unterschiede sind kaum noch auszumachen. Die Reihe konvergiert auch zwischen den diskreten Stützstellen (in denen $x$ und $x_M$ ohnedies gleich sind) sehr rasch gegen das Signal, dessen Entwicklung sie darstellt. Der Grund dafür ist leicht erklärt: zwischen den diskreten Stützstellen (den Punkten $t = i\,\Delta t$) treten keine großen Änderungen im zu entwickelnden Signal auf, der Signalverlauf ist ‚glatt'. In der mathematischen Fachsprache bezeichnet man ein solches Signal als ‚stetig'. Für stetige Signale – so lehrt das Beispiel – hat man al-

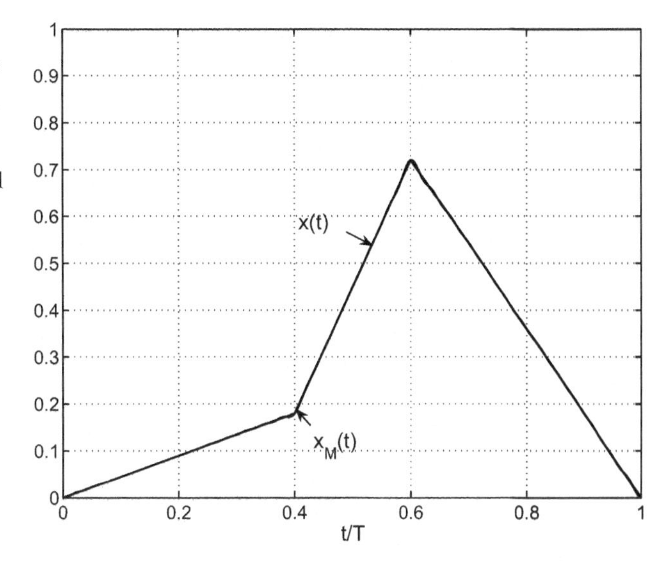


**Abb. 13.6** Nachbildung eines abknickenden Signals mit $N = 32$. Wiedergegeben ist nur eine Periode der periodischen Signale $x$ und $x_{\mathrm{M}}$. Die Unterschiede zwischen Signal $x$ und Signalnachbildung $x_{\mathrm{M}}$ liegen hier schon in der Größenordnung der Strichdicke

so keine Schwierigkeiten für die beabsichtigte Reihenentwicklung zu erwarten. Es genügt eine (vergleichsweise) geringe Anzahl $2N + 1$ von zu berücksichtigenden Frequenzen und von Stützstellen. Im Prinzip konvergiert also die Reihe mit wachsendem $N$ ‚rasch' gegen das Signal, das sie repräsentiert, wenn dieses einen stetigen Verlauf besitzt.

Für Signale, die nun umgekehrt gerade große Änderungen zwischen zwei Stützstellen vollziehen, ist andererseits auch eine langsame Konvergenz der Reihe zu erwarten. Der schlechteste Fall tritt dabei gewiss dann ein, wenn die Funktion ‚springt', also unstetig ist. Beispiele für ein solches Signal und seine Reihenentwicklungen mit verschiedenen Stützstellen-Anzahlen sind in den Abb. 13.7, 13.8 und 13.9 gezeigt. Offensichtlich werden diesmal sehr viel mehr Stützstellen und Reihenglieder benötigt, damit das Modell $x_{\mathrm{M}}$ eine ‚gute' Nachbildung von $x$ bildet. Die Gründe für diese mit wachsendem $N$ sehr langsame Konvergenz lassen sich wie folgt beschreiben:

- Auf den aufsteigenden Kurvenast mit (im Grenzfall) unendlich großer Steigung entfällt bei jedem endlich großen N gar keine Stützstelle, deshalb muss die Nachbildung dieses Kurvenastes ‚schlecht' sein. Erst bei wirklich unendlich vielen Stützstellen kann der Kurvenast vernünftig nachgebildet werden.
- Die Funktionenreihe (13.26) besteht aus Element-Funktionen, die selbst überall stetige Funktionen bilden. Natürlich kann ein Signal in der Unstetigkeitsstelle nicht wirklich durch die Summe von endlich vielen stetigen Funktionen nachgebildet werden, dazu sind sehr viele – idealerweise unendlich viele – Reihenglieder erforderlich.

Man erkennt daher auch in den Abb. 13.7 bis 13.9, dass das prinzipielle Problem der Nachbildung in der Unstetigkeitsstelle auch bei wachsendem $N$ bestehen bleibt. Die stetigen Nachbaräste werden zwar immer besser erfasst, wenn $N$ größer gemacht wird; die bloße

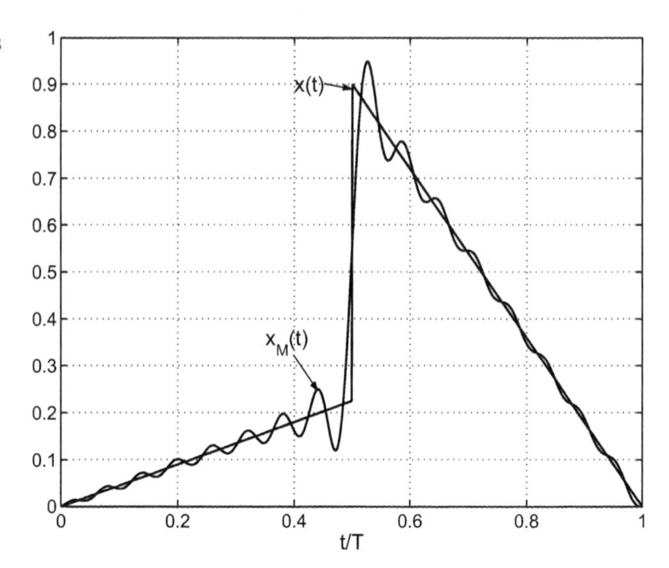


**Abb. 13.7** Nachbildung eines unstetigen Signals mit $N = 16$. Wiedergegeben ist nur eine Periode der periodischen Signale $x$ und $x_M$

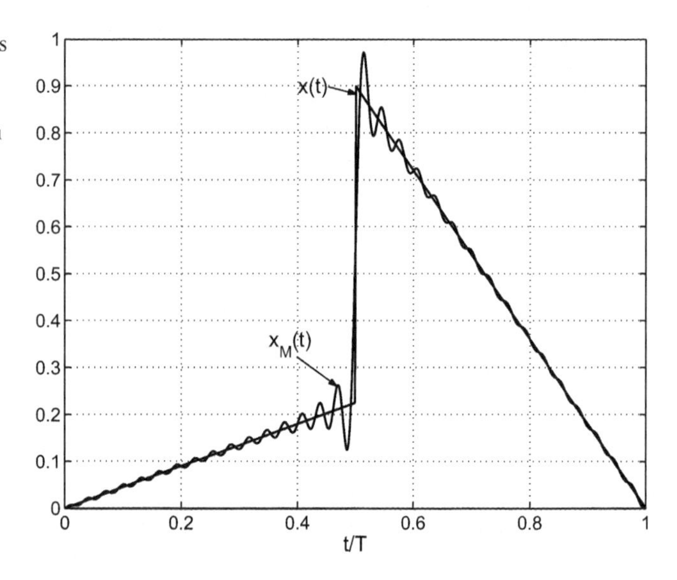


**Abb. 13.8** Nachbildung eines unstetigen Signals mit $N = 32$. Wiedergegeben ist nur eine Periode der periodischen Signale $x$ und $x_M$

Tatsache aber, dass $x_M$ überschwingt und offensichtlich durch den Mittelwert aus linksseitigem und rechtsseitigen Grenzwert in der Unstetigkeitsstelle verläuft, bleibt auch bei wachsendem $N$ bestehen (in der Unstetigkeit $t_0$ gilt $x_M(t_0) = (x(t_0 - \varepsilon) + x(t_0 + \varepsilon))/2$, wie man auch in Abb. 13.7 noch recht gut erkennen kann). Diesmal konvergiert also zwar ebenfalls die Reihe in jedem Punkt gegen das gegebene Signal, aber nun so, dass die ‚Problemzone', in welcher die Unstetigkeit liegt, immer schmäler gemacht wird; erst bei wirklich unendlich vielen Summanden in der Reihe verschwindet sie ganz.

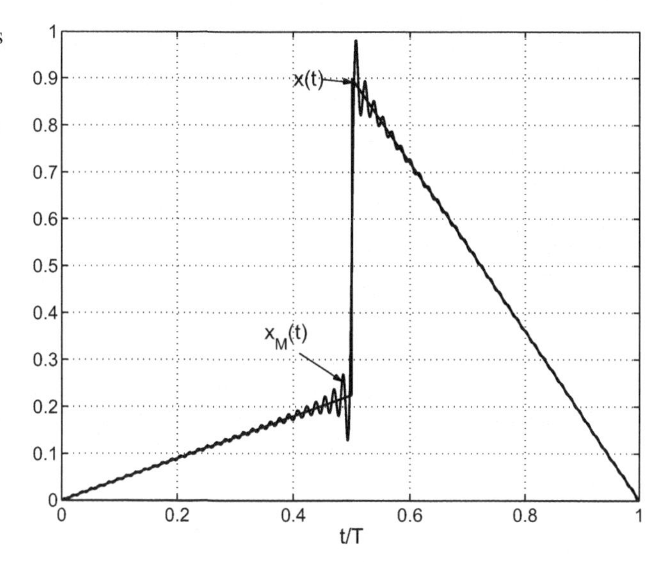


**Abb. 13.9** Nachbildung eines unstetigen Signals mit $N = 64$. Wiedergegeben ist nur eine Periode der periodischen Signale $x$ und $x_{\mathrm{M}}$

Das dabei auftretende Überschwingen kurz vor und kurz nach der Unstetigkeitsstelle, das bei jedem endlichen $N$ in einem mit wachsendem $N$ nur immer schmaleren Zeitintervall auftritt, ist unter dem Namen ‚Gibbsches Phänomen' wohlbekannt. Wie man auch den Abb. 13.7 bis 13.9 entnehmen kann bleibt die maximale Höhe des Überschwingens dabei von der Wahl von $N$ unbeeinflusst.

Es stellt sich nun noch die Frage, in welche Form die (13.36) für die Amplituden übergeht, wenn die Stützstellenanzahl immer weiter gesteigert wird und schließlich noch über alle Grenzen wächst. Dabei wird das Inkrement $\Delta t$ – der Abstand zweier Stützstellen – immer kleiner und konvergiert gegen Null. Die diskreten Punkte $i\,\Delta t$ gehen dann notwendigerweise in die kontinuierliche Zeit $t$ über. Der Ausdruck $1/(2N+1)$ bedeutet das Verhältnis aus Inkrement $\Delta t$ und der Periodendauer $T$, $1/(2N+1) = \Delta t/T$. Aus dem Inkrement $\Delta t$ wird das infinitesimal kleine Abstandselement $\mathrm{d}t$, aus der Summe wird ein Integral. Auf diesem Wege erhält man im Grenzfall

$$A_n = \frac{1}{T} \int_0^T x(t)\,\mathrm{e}^{-j2\pi n \frac{t}{T}}\,\mathrm{d}t \; . \tag{13.37}$$

Diese Gleichung gibt an, auf welchem Wege die Koeffizienten der Fourier-Reihendarstellung eines periodischen Signals $x(t)$ berechnet werden. Wird in der Reihendarstellung des Signals eine unendlich große Anzahl von Summanden berücksichtigt, dann konvergiert die Modellfunktion $x_{\mathrm{M}}$ an jeder Stelle $t$ gegen das gegebene Signal $x$. Man kann deshalb auch kurz

$$x(t) = \sum_{n=-\infty}^{\infty} A_n\,\mathrm{e}^{j2\pi n \frac{t}{T}} \tag{13.38}$$

schreiben.

Der Integrand in (13.37) ist mit $T$ periodisch. Aus diesem Grund dürfen die Integrationsgrenzen beliebig verschoben werden, solange nur die Intervallbreite dabei unverändert gleich $T$ bleibt. Insbesondere gilt also auch

$$A_n = \frac{1}{T} \int_{-T/2}^{T/2} x(t)\, \mathrm{e}^{-j2\pi \frac{nt}{T}} \,. \tag{13.39}$$

Diese Form wird im nächsten Abschnitt benötigt.

Gleichung (13.37) (oder (13.39)) lässt sich auch als ‚Transformationsgleichung' oder ‚Abbildung' bezeichnen. Das Signal $x$ wird dabei abgebildet in die Zahlenfolge $A_n$. Gleichung (13.38) zeigt dann, wie aus der Abbildung $A_n$ das Original $x$ wiedergewonnen werden kann; diese Gleichung heißt deshalb auch ‚inverse Transformation' (auch ‚Rücktransformation' oder ‚Rückabbildung'). Eine Analogie zu dieser mathematisch definierten Abbildung besteht z. B. in einem Foto-Positiv und seinem zugehörigen Foto-Negativ. Natürlich sind (bei einem idealen Fotoapparat) Positiv-Bild und Negativ-Bild durch ein geeignetes Verfahren auseinander herstellbar, und beide enthalten die gleiche Information. Genauso ist es auch bei der Fourier-Summen-Transformation: Das Signal $x$ wird in $A_n$ ‚mit anderen Mitteln' dargestellt; Information wird dabei weder erzeugt noch vernichtet. Trotzdem ist die Anwendung der Transformation sinnvoll: Sie erlaubt die einfache Beschreibung von Übertragungsvorgängen.

Wie bei der Foto-Analogie ist die Fourier-Summen-Transformation umkehrbar eindeutig. Jedes periodische Signal besitzt genau eine eindeutige Darstellung $A_n$.

### 13.4.2 Fourier-Transformation

Natürlich sollen nicht nur periodische Signale in ihre Frequenzbestandteile zerlegt werden; dies soll auch für beliebige andere, nicht-periodische Signale durchgeführt werden können.

Weil alle praktisch vorkommenden Signale stets einen Anfang und ein Ende besitzen, interessieren dabei besonders solche ‚einmaligen' Vorgänge, die sich dadurch auszeichnen, dass sie außerhalb eines gewissen, wie auch immer angebbaren Zeitintervalls – der Signaldauer – gleich Null sein sollen. Die im letzten Abschnitt erarbeiteten Prinzipien lassen sich nun anwenden, wenn aus dem Zeitsignal zunächst ein beliebiges Stück (das nicht mit der Signaldauer übereinstimmen muss) herausgeschnitten wird und als beliebig, zunächst völlig willkürlich gewählte Periodendauer angesehen wird. Das ist im Prinzipbild 13.10 dargestellt. Das Signal wird gedanklich künstlich periodisch fortgesetzt, damit ihm ein Amplitudenspektrum wie im vorigen Abschnitt zugewiesen werden kann. Anschließend lässt man die Periodendauer $T$ wachsen. Das bedeutet, dass die beiden gestrichelten Linien rechts und links von der Mitte in Abb. 13.10 nach außen wandern. Die nächste Periode kommt also immer später und später, und die vorangegangene Periode verschiebt sich immer weiter in die Vergangenheit: im Grenzfall unendlicher Periodendauer ist das Signal endlicher Dauer zutreffend beschrieben. Beim Grenzübergang $T \to \infty$ muss nun zu-

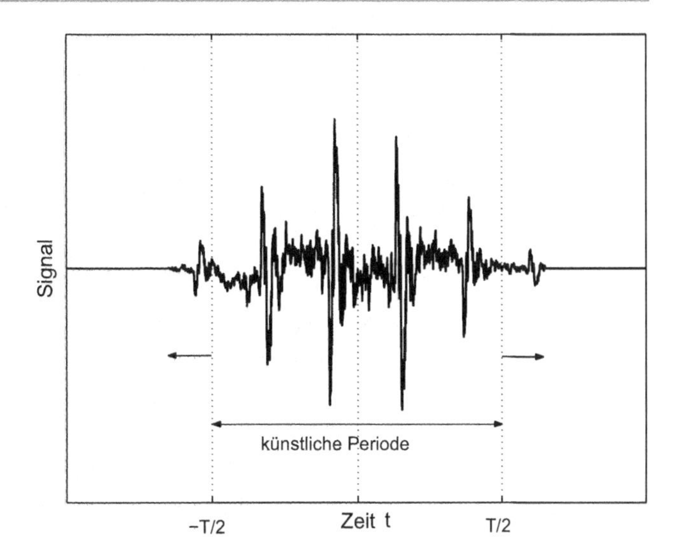


**Abb. 13.10** Endlich langes, ‚einmaliges' Zeitsignal

nächst beachtet werden, dass der Abstand $\Delta f = 1/T$ der Frequenzen $n/T$ immer kleiner wird; die diskreten Frequenzen gehen dann in eine kontinuierliche Frequenzvariable über: $n/T \rightarrow f$. Die Tatsache, dass für eine Beschreibung allgemeiner, völlig beliebiger Signale auch jede beliebige Frequenz zugelassen werden muss, ist ja auch selbstverständlich: Anders als bei den periodischen Signalen gibt es jetzt keinen Grund mehr, irgendwelche speziellen Frequenzen zu bevorzugen oder zu benachteiligen. Das Zulassen beliebiger Frequenzen erfordert natürlich die kontinuierliche Frequenzvariable $f$ zur Beschreibung. Zur Abkürzung wird in Zukunft die Kreisfrequenz $\omega = 2\pi f$ benutzt.

Damit wird aus (13.39)

$$\lim_{T\to\infty} A_n = \lim_{T\to\infty} \frac{1}{T} \int\limits_{-T/2}^{T/2} x(t)\,\mathrm{e}^{-j\omega t}\,\mathrm{d}t\,. \tag{13.40}$$

Der Grenzwert der rechten Seite beträgt allerdings Null. Dabei konvergiert das enthaltene Integral für eine feste Frequenz $\omega$ gegen einen festen Wert. Überschreitet nämlich die künstlich gewählte Periodendauer Anfang und Ende des Signals, dann ändert sich der Wert des Integrales mit weiter wachsendem $T$ nicht mehr. Da dieser Wert jedoch noch durch $T$ geteilt wird, strebt der Gesamtgrenzwert gegen Null. Man kann also die folgenden Betrachtungen nicht auf den Grenzwert von $A_n$ beziehen, es ist offensichtlich sinnvoll, das Produkt $TA_n$ zu benutzen, denn diese Größe strebt einem Grenzwert zu, der nicht stets Null beträgt. Es wird also das Spektrum $X(\omega)$ von $x(t)$ zu

$$X(\omega) = \lim_{T\to\infty} TA_n = \int\limits_{-\infty}^{\infty} x(t)\,\mathrm{e}^{-j\omega t}\,\mathrm{d}t\,. \tag{13.41}$$

definiert. $X(\omega)$ heißt auch Fourier-Transformierte von $x(t)$.

Es fragt sich nun noch, wie die Rücktransformationsvorschrift aussieht. Dazu wird der Grenzübergang auf (13.38) angewandt:

$$x(t) = \lim_{T\to\infty} \frac{1}{T} \sum_{n=-\infty}^{\infty} TA_n \, e^{j2\pi n \frac{t}{T}} \; . \tag{13.42}$$

Jetzt sind noch folgende Übergänge durchzuführen:

- Aus $2\pi n/T$ wird die kontinuierliche Frequenzvariable $\omega$,
- aus $TA_n$ wird $X(\omega)$,
- der Frequenzabstand $1/T$ geht in den infinitesimal kleinen Abstand $df$ über ($1/T \to df = d\omega/2\pi$) und
- aus der Summation wird eine Integration.

Insgesamt erhält man also die Rücktransformationsvorschrift

$$x(t) = \frac{1}{2\pi} \int_{-\infty}^{\infty} X(\omega) \, e^{j\omega t} d\omega \; . \tag{13.43}$$

Gleichung (13.43) heißt auch inverse Fouriertransformation.

An den im letzten Abschnitt genannten Prinzipien und Gedankengängen hat sich nichts Wesentliches geändert, außer dass im Interesse des Erfassens beliebiger Signale durch harmonische Bausteine diesmal nicht mehr über diskrete Teile summiert werden kann; notwendigerweise muss an die Stelle der Summation eine Integration treten. Deswegen wird die Fouriertransformation auch als eine Integraltransformation bezeichnet. Wie bei den Fouriersummen bildet die Fourier-Transformation eine eindeutige und umkehrbare Abbildung eines Signals, deren Zweck darin besteht, das Signal durch ‚Summation' (eigentlich ‚Integration') reiner Töne der Form $e^{j\omega t}$ zu erklären. Auch für die Fourier-Transformation gilt insbesondere die oben geschilderte Foto-Analogie.

Für die noch folgenden Betrachtungen ist es manchmal bequemer, Abkürzungen zu benutzen. Um auf die Tatsache hinzuweisen, dass es sich bei $X(\omega)$ um die Transformierte von $x(t)$ handelt wird in Zukunft kurz

$$X(\omega) = F\{x(t)\} = \int_{-\infty}^{\infty} x(t) \, e^{-j\omega t} \, dt \tag{13.44}$$

geschrieben. Ebenso bedeutet

$$x(t) = F^{-1}\{X(\omega)\} = \frac{1}{2\pi} \int_{-\infty}^{\infty} X(\omega) \, e^{j\omega t} d\omega \; , \tag{13.45}$$

dass $x(t)$ gleich der Rücktransformierten von $X(\omega)$ sein möge. Wegen der Eindeutigkeit und Umkehrbarkeit heben sich die Operationen $F$ und $F^{-1}$ gegenseitig auf, d. h., es gilt

$$F^{-1}\{F\{x(t)\}\}\} = x(t) \tag{13.46}$$

und ebenso

$$F\{F^{-1}\{X(\omega)\}\} = X(\omega) . \tag{13.47}$$

Abschließend sei noch angemerkt, dass Signal $x(t)$ und Spektrum $X(\omega)$ nicht die gleiche physikalische Dimension besitzen. Offensichtlich gilt für die Dimensionen

$$\mathrm{Dim}[X(\omega)] = \mathrm{Dim}[x(t)]s = \frac{\mathrm{Dim}[x(t)]}{\mathrm{Hz}} . \tag{13.48}$$

Aus diesem Grund wird $X(\omega)$ manchmal auch als Amplitudendichtefunktion bezeichnet.

### 13.4.3 Die Übertragungsfunktion und der Faltungssatz

Der Grund für die Einführung der Fourier-Transformation bestand wie erwähnt darin, dass sich mit diesem Hilfsmittel die Übertragung bei linearen und zeitinvarianten Systemen durch eine Multiplikation mit der komplexwertigen Übertragungsfunktion beschreiben lässt. Wegen des Invarianzprinzips folgt aus der Fourierdarstellung des Eingangssignals (13.43), dass der Ausgang stets die Gestalt

$$y(t) = \frac{1}{2\pi} \int_{-\infty}^{\infty} H(\omega) X(\omega)\, \mathrm{e}^{j\omega t} \mathrm{d}\omega \tag{13.49}$$

besitzen muss. Im Frequenzbereich ist die Übertragung also beschrieben durch das Produkt der Fouriertransformierten des Einganges und einer Übertragungsfunktion $H(\omega)$, die den Übertrager charakterisiert; die Fouriertransformierte $Y(\omega)$ des Ausganges $y(t)$ besteht in

$$Y(\omega) = H(\omega) X(\omega) . \tag{13.50}$$

Immer erlaubt die Übertragungsfunktion die Berechnung des Ausgangssignals bei bekanntem Eingang. Andererseits ist in einem der letzten Abschnitte gezeigt worden, dass die Impulsantwort des Übertragers diesen ebenfalls vollständig beschreibt. Auch die Impulsantwort gestattet die Bestimmung des Ausganges aus dem Eingang und bildet daher eine ebenso vollständige Darstellung des Übertragers wie $H(\omega)$. Übertragungsfunktion und Impulsantwort charakterisieren also ein und die selbe Sache und konnen deshalb nicht unabhängig voneinander sein; sie müssen im Gegenteil in einem bestimmten, festen Zusammenhang stehen.

Dieser Zusammenhang kann leicht aus dem Faltungsintegral (13.11) hergeleitet werden. Dazu wird es der Fouriertransformation unterzogen:

$$Y(\omega) = F\{y(t)\} = \int_{-\infty}^{\infty} \int_{-\infty}^{\infty} x(\tau)h(t-\tau)\,\mathrm{d}\tau\,\mathrm{e}^{-j\omega t}\,\mathrm{d}t\ . \tag{13.51}$$

Die Reihenfolge der enthaltenen Integrationen darf umgekehrt werden, d. h. es ist

$$Y(\omega) = \int_{-\infty}^{\infty} x(\tau) \int_{-\infty}^{\infty} h(t-\tau)\,\mathrm{e}^{-j\omega t}\,\mathrm{d}t\,\mathrm{d}\tau\ , \tag{13.52}$$

oder

$$Y(\omega) = \int_{-\infty}^{\infty} x(\tau)\,\mathrm{e}^{-j\omega\tau} \int_{-\infty}^{\infty} h(t-\tau)\,\mathrm{e}^{-j\omega(t-\tau)}\,\mathrm{d}t\,\mathrm{d}\tau\ , \tag{13.53}$$

Das innere Integral besteht gerade in der Fouriertransformierten der Impulsantwort (der formale Beweis ließe sich durch die Variablensubstitution $u = t - \tau$ führen), das dann noch verbleibende Integral stellt die Transformierte $X(\omega)$ von $x(t)$ dar. Es ist also

$$Y(\omega) = F\{h(t)\}X(\omega)\ . \tag{13.54}$$

Durch Vergleich mit (13.50) erhält man für den gesuchten Zusammenhang zwischen Impulsantwort $h(t)$ und Übertragungsfunktion $H(\omega)$

$$H(\omega) = F\{h(t)\}\ . \tag{13.55}$$

Die Übertragungsfunktion ist also die Fouriertransformierte der Impulsantwort.

Von einem mathematischen Standpunkt aus gesehen ist oben einfach gezeigt worden, dass die Faltung im Zeitbereich der Multiplikation im Frequenzbereich entspricht. Es gilt

$$X(\omega)H(\omega) = F\left\{\int_{-\infty}^{\infty} x(\tau)h(t-\tau)\,\mathrm{d}\tau\right\}\ , \tag{13.56}$$

wobei natürlich $X(\omega) = F\{x(t)\}$ und $H(\omega) = F\{h(t)\}$ Fourier-Paare sind. Dieser Zusammenhang wird ‚Faltungssatz' genannt.

Auch für ein Produkt zweier zeitlicher Signale gilt der Faltungssatz nur in etwas abgewandelter Form. Wie der Leser leicht durch Rücktransformieren des rechts stehenden ‚Faltungsintegrales' im Frequenzbereich (wie oben vorgeführt) zeigen kann ist

$$x(t)g(t) = F^{-1}\left\{\frac{1}{2\pi}\int_{-\infty}^{\infty} X(\nu)G(\omega-\nu)\,\mathrm{d}\nu\right\}\ , \tag{13.57}$$

wobei ebenfalls $x, X$ und $g, G$ Fourierpaare bilden. Die Faltung im Frequenzbereich entspricht der Multiplikation im Zeitbereich, nur dass hier im Faltungsintegral der Faktor $1/2\pi$ auftritt.

### 13.4.4 Symmetrien

Die Symmetrieeigenschaften von Fourier-Transformierten spezieller Signale bilden Grundlagenwissen, das hier kurz erläutert werden soll.

**Reellwertige Signale**

Das Spektrum eines reellwertigen Verlaufes $x(t)$

$$X(\omega) = \int_{-\infty}^{\infty} x(t)\,\mathrm{e}^{-j\omega t}\,\mathrm{d}t\ .$$

geht in sich selbst über, wenn für $\omega$ der Wert von $-\omega$ eingesetzt wird und beide Seiten konjugiert komplex genommen werden (*):

$$X^*(-\omega) = \int_{-\infty}^{\infty} x(t)\,\mathrm{e}^{-j\omega t}\,\mathrm{d}t\ .$$

Es gilt also offensichtlich

$$X^*(-\omega) = X(\omega)\ . \tag{13.58}$$

Das Betragsspektrum ist demnach geradsymmetrisch

$$|X(-\omega)|^2 = |X(\omega)|^2\ , \tag{13.59}$$

der Realteil des Spektrums ist ebenfalls geradsymmetrisch

$$\mathrm{Re}\{X(-\omega)\} = \mathrm{Re}\{X(\omega)\}\ , \tag{13.60}$$

der Imaginärteil dagegen ist mit

$$\mathrm{Im}\{X(-\omega)\} = -\mathrm{Im}\{X(\omega)\}\ , \tag{13.61}$$

ungeradsymmetrisch. Das gilt für jedes reelle Signal unabhängig von seinem Verlauf.

### Reellwertige und geradsymmetrische Signale

Ein Signal, das mit $x_g(-t) = x_g(t)$ geradsymmetrisch ist, besitzt ein reellwertiges Spektrum, wie folgende einfache Überlegungen zeigen. Im Integral

$$X(\omega) = \int_{-\infty}^{\infty} x(t)\,\mathrm{e}^{-j\omega t}\,\mathrm{d}t = \int_{-\infty}^{\infty} x(t)[\cos(\omega t) - j\ \sin(\omega t)]\,\mathrm{d}t$$

ist das Produkt $x(t)\ \sin(\omega t)$ eine ungeradsymmetrische Funktion, das Integral über diesen Teil des Integranden ist damit gleich Null. Es bleibt also nur die reellwertige Transformierte

$$X(\omega) = \int_{-\infty}^{\infty} x(t)\ \cos(\omega t)\,\mathrm{d}t$$

übrig. Der Imaginärteil ist gleich Null, $\mathrm{Im}\{X(\omega)\} = 0$, der Realteil natürlich nach wie vor geradsymmetrisch, $\mathrm{Re}\{X(-\omega)\} = \mathrm{Re}\{X(\omega)\}$.

### Reellwertige und ungeradsymmetrische Signale

Ein Signal, das mit $x_u(-t) = -x_u(t)$ ungeradsymmetrisch ist, besitzt ein rein imaginäres Spektrum: Im Integral

$$X(\omega) = \int_{-\infty}^{\infty} x(t)[\cos(\omega t) - j\ \sin(\omega t)]\,\mathrm{d}t$$

ist das Produkt $x(t)\ \cos(\omega t)$ eine ungeradsymmetrische Funktion, das Integral über diesen Teil des Integranden ist damit gleich Null. Es bleibt also nur die imaginäre Transformierte

$$X(\omega) = -j \int_{-\infty}^{\infty} x(t)\ \sin(\omega t)\,\mathrm{d}t$$

übrig. Der Realteil ist gleich Null, $\mathrm{Re}\{X(\omega)\} = 0$, der Imaginärteil natürlich nach wie vor ungeradsymmetrisch, $\mathrm{Im}\{X(-\omega)\} = -\mathrm{Im}\{X(\omega)\}$.

### Zerlegung in symmetrische und unsymmetrische Anteile

Allgemeine reelle Signale ohne Symmetrieeigenschaften können stets wie folgt in einen geradsymmetrischen und einen ungeradsymmetrischen Teil zerlegt werden:

$$x(t) = \frac{1}{2}[x(t) + x(-t)] + \frac{1}{2}[x(t) - x(-t)] = x_g(t) + x_u(t)\ . \qquad (13.62)$$

Darin ist natürlich

$$x_g(t) = \frac{1}{2}[x(t) + x(-t)]$$

der gerade Teil und

$$x_u(t) = \frac{1}{2}[x(t) - x(-t)]$$

der ungerade Anteil.

Das Spektrum von $x_g(t)$ ist reell, das Spektrum von $x_u(t)$ rein imaginär. Allgemein kann man daher feststellen, dass die Fouriertransformierte des geraden Signalteiles gleich dem Realteil des Gesamtspektrums von $x(t)$ ist:

$$\mathrm{Re}\{X(\omega)\} = F\{x_g(t)\} . \tag{13.63}$$

Ebenso korrespondiert der ungerade Signalteil mit dem Imaginärteil des Gesamtspektrums:

$$j\,\mathrm{Im}\{X(\omega)\} = F\{x_u(t)\} \tag{13.64}$$

(mit $z = \mathrm{Re}\{z\} + j\,\mathrm{Im}\{z\}$ für jedes komplexe $z$).

### 13.4.5 Impulsantworten und Hilbert-Transformation

Die genannte Tatsache, dass geradsymmetrischer und ungeradsymmetrischer Signalanteil mit Real- und Imaginärteil des Spektrums zusammenhängen, hat eine interessante Konsequenz für die Transformierten von Impulsantworten. Letztere bestehen ja aus der Reaktion eines Übertragers auf die Delta-Funktion $\delta(t)$. Die Anregung beginnt also erst im Zeitpunkt $t = 0$. Aus diesem Grunde kann die Systemantwort $h(t)$ für negative Zeiten ebenfalls nur gleich Null sein. Nach dem Kausalitätsprinzip (‚von nichts kommt nichts') kann die Impulsantwort ebenfalls erst in $t = 0$ (frühestens) beginnen. Für kausale Impulsantworten gilt also

$$h(t < 0) = 0 .$$

Nun kann aber andererseits eine Impulsantwort – wie jedes Signal – in gerade und ungerade Anteile zerlegt werden:

$$h(t) = h_{\mathrm{g}}(t) + h_{\mathrm{u}}(t) .$$

Natürlich müssen dabei $h_{\mathrm{g}}$ und $h_{\mathrm{u}}$ für Zeiten $t < 0$ auch negativ gleich groß sein, denn nur dann kann die Impulsantwort auch kausal sein. Es muss also

$$h_{\mathrm{u}}(t < 0) = -h_{\mathrm{g}}(t < 0)$$

gelten. Wegen den vorausgesetzten Symmetrieeigenschaften von $h_{\mathrm{g}}$ und $h_{\mathrm{u}}$ folgt dann für positive Zeiten

$$h_{\mathrm{u}}(t > 0) = h_{\mathrm{g}}(t > 0) ,$$

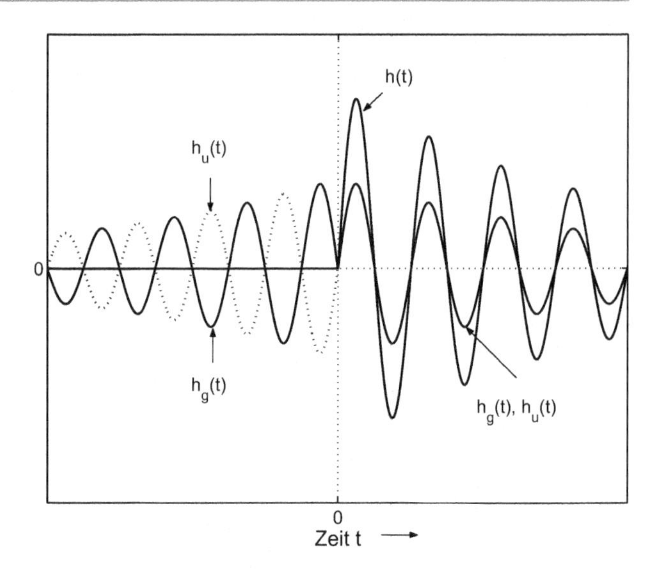


**Abb. 13.11** Zerlegung der kausalen Impulsantwort $h(t)$ in geraden Teil $h_g(t)$ und ungeraden Teil $h_u(t)$ am Beispiel eines Ausschwingvorganges

oder, zusammengefasst

$$h_u(t) = \text{sign}(t)\, h_g(t)$$

($\text{sign}(t > 0) = 1$, $\text{sign}(t < 0) = -1$). Abbildung 13.11 illustriert diese Sachverhalte noch einmal. Für negative Zeiten sind $h_u$ und $h_g$ entgegengesetzt gleich groß. Daraus folgt aber, dass sie für positive Zeiten gleich groß sind. Für $t > 0$ ist aus diesem Grund $h_u = h_g = h/2$.

Zusammengefasst lässt sich also feststellen, dass der ungerade Signalteil wie gezeigt aus dem geraden Signalanteil berechnet werden kann, wenn es sich um eine kausale Impulsantwort handelt. Weil nun aber die Transformierte des geraden Anteils $h_g$ gleich dem Realteil $\text{Re}\{H(\omega)\}$ der Übertragungsfunktion $H(\omega)$ ist und der ungerade Anteil $h_u$ mit dem Imaginärteil $\text{Im}\{H(\omega)\}$ der Übertragungsfunktion $H(\omega)$ korrespondiert, müssen dann auch Real- und Imaginärteil von $H$ voneinander abhängen. In der Tat lässt sich der Zusammenhang zwischen $\text{Re}\{H(\omega)\}$ und $\text{Im}\{H(\omega)\}$ leicht bestimmen, indem $h_u(t) = \text{sign}(t)\, h_g(t)$ zunächst transformiert wird

$$j\,\text{Im}\{H(\omega)\} = F\{h_u(t)\} = F\{\text{sign}(t)\, h_g(t)\}$$

und anschließend noch $h_g(t)$ durch $h_g(t) = F^{-1}\{\text{Re}\{H(\omega)\}\}$ ausgedrückt wird:

$$\text{Im}\{H(\omega)\} = -jF\{h_u(t)\} = -jF\{\text{sign}(t)F^{-1}\{\text{Re}\{H(\omega)\}\}\}\,. \tag{13.65}$$

Gleichung (13.65) konstatiert den Zusammenhang, in dem Realteil und Imaginärteil der Übertragungsfunktion eines jeden kausalen (linearen und zeitinvarianten) Übertragers stehen müssen. Es würde z. B. bei Messungen, Auswertungen oder theoretischen Berechnungen ausreichen, den Realteil der Übertragungsfunktion zu bestimmen; der Imaginärteil kann dann aus ihm ausgerechnet werden.

Die Operationskette auf der rechten Seite von (13.65) wird ‚Hilbert-Transformation' genannt. Natürlich stellt sie insofern eine Transformation dar, als aus einem Spektrum ein anderes berechnet wird. Sie dient dabei aber nicht – wie die Fourier-Transformation – der Darstellung eines Signals durch viele andere Signale; die Hilbert-Transformation konstatiert im Gegenteil einen Zusammenhang zwischen $\mathrm{Re}\{H(\omega)\}$ und $\mathrm{Im}\{H(\omega)\}$ so, dass der damit bezeichnete Übertrager sich kausal verhält.

Fourier-Auswertungen von Messsignalen in Form von Übertragungsfunktionen bestimmen immer die komplexe Übertragungsfunktion und enthalten daher eine gewisse Redundanz. Es könnte eine interessante Frage sein, ob sich diese Redundanz zur Beurteilung z. B. der Güte des Ergebnisses nutzen ließe.

## 13.5 Fourier-Akustik: Die Wellenlängen-Zerlegung örtlich verteilter Schallfelder

Die Anwendung der Fourier-Transformation ist nicht auf zeitliche Verläufe und ihre Frequenzzerlegung beschränkt. Dass in (13.44) und (13.45) unter dem Symbol $t$ die Zeitvariable und unter $\omega$ die Frequenzvariable verstanden wird, das ist lediglich ein Vereinbarung, um den Größen eine gewisse physikalische Bedeutung mitzugeben. Ebensogut ließe sich diese Vereinbarung auch ändern, ohne weiteres könnte man unter $t$ auch eine örtliche Variable – eine Koordinatenrichtung mit der Dimension m (Meter) – verstehen, unter $\omega$ wäre dann eine Wellenzahlvariable (mit der Dimension 1/m) zu verstehen. Kurz: ob die Zerlegung in Harmonische auf Zeitfunktionen oder auf Ortsfunktionen angewandt wird, das bleibt sich gleich, nur für die unterlegte Bedeutung der Variablen wird eine Änderung vollzogen.

Andererseits wird es nur Verwirrung und Unklarheit schaffen, wenn einmal verwendete Symbole eine neue, andere Bedeutung erhalten. Um das zu vermeiden wird auch in Zukunft die (eindimensionale) Koordinatenachse mit $x$ und die Wellenzahl mit $k$ bezeichnet. Für die Fouriertransformation einer Ortsfunktion $g(x)$ und ihr Wellenzahlspektrum $G(k)$ gilt also nun an Stelle von (13.44) und (13.45)

$$G(k) = F\{g(x)\} = \int_{-\infty}^{\infty} g(x)\,\mathrm{e}^{-jkx}\,\mathrm{d}x \tag{13.66}$$

und

$$g(x) = F^{-1}\{G(k)\} = \frac{1}{2\pi}\int_{-\infty}^{\infty} G(k)\,\mathrm{e}^{jkx}\,\mathrm{d}k\,. \tag{13.67}$$

Gleichung (13.67) fasst die Ortsfunktion $g(x)$ auf als zusammengesetzt aus vielen Wellenfunktionen $G(k)\,\mathrm{e}^{jkx}$; (13.66) gibt an, wie die zugehörige Amplitudendichtefunktion $G(k)$ aus dem Ortsverlauf $g(x)$ gewonnen werden kann.

Der Vorteil, den die Fourier-Transformation von Ortsfunktionen bietet, besteht darin, dass mit ihr die allgemeine Lösung der Wellengleichung – ausgedrückt ebenfalls durch Fourier-Transformierte – direkt angegeben werden kann. Zur Schilderung dieser Tatsache und der sich daraus ergebenden Konsequenzen seien im Folgenden der Einfachheit halber zunächst zweidimensionale Felder betrachtet ($\partial/\partial z = 0$), der allgemeinere, dreidimensionale Fall wird im Anschluss behandelt. Weiter wird von der Helmholtzgleichung

$$\frac{\partial^2 p}{\partial x^2} + \frac{\partial^2 p}{\partial y^2} + k_0^2 p = 0 \tag{13.68}$$

ausgegangen, die aus der Wellengleichung (2.56) folgt, wenn unter allen Feldgrößen in Zukunft entweder komplexe Amplituden bei Schallfeldanregung mit einem reinen Ton oder Amplitudendichten nach zeitlicher Fourier-Transformation verstanden werden. Die Wellenzahl der freien Wellen wird jetzt mit $k_0$ bezeichnet (es gilt $k_0 = \omega/c$), sie muss von der Wellenzahlvariablen $k$ der örtlichen Fourier-Transformation wohl unterschieden werden.

In Analogie zu (13.67) macht man nun für den Schalldruck den Ansatz

$$p(x, y) = F^{-1}\{P(k, y)\} = \frac{1}{2\pi} \int_{-\infty}^{\infty} P(k, y)\, \mathrm{e}^{jkx}\, \mathrm{d}k\ , \tag{13.69}$$

man drückt also in jeder Ebene $y = \text{const.}$ den örtlichen Schalldruck durch seine Wellenzahlenzerlegung $P(k, y)$ aus, die natürlich in jeder Ebene $y = \text{const.}$ einen anderen Verlauf besitzen, also von $y$ abhängen kann. Aus der Helmholtzgleichung (13.68) folgt dann direkt

$$\frac{\partial^2 P(k, y)}{\partial y^2} + (k_0^2 - k^2) P(k, y) = 0\ . \tag{13.70}$$

Die Lösung dieser gewöhnlichen Differentialgleichung aber ist nun denkbar einfach gefunden; sie lautet

$$P(k, y) = P_+(k)\, \mathrm{e}^{-jk_y y} + P_-(k)\, \mathrm{e}^{jk_y y}\ . \tag{13.71}$$

Dabei wird die Wellenzahl $k_y$ wie folgt definiert:

$$k_y = \begin{cases} +\sqrt{k_0^2 - k^2}\ , & k_0^2 > k^2 \\ -j\sqrt{k^2 - k_0^2}\ , & k^2 \geq k_0^2\ . \end{cases} \tag{13.72}$$

Hier ist das Vorzeichen beim Wurzelziehen (wie sonst auch an einigen anderen Stellen in diesem Buch) so gewählt worden, dass das Schallfeld $\mathrm{e}^{-jk_y y}$ entweder

- eine in positive $y$-Richtung laufende Welle ($k_0^2 > k^2$) oder
- ein in $y$-Richtung abklingendes, exponentiell fallendes Nahfeld ($k^2 > k_0^2$) bedeutet.

Die allgemeine Lösung der Helmholtzgleichung lautet mit dieser Definition

$$p(x,y) = \frac{1}{2\pi} \int\limits_{-\infty}^{\infty} [P_+(k)\,\mathrm{e}^{-jk_y y} + P_-(k)\,\mathrm{e}^{jk_y y})]\,\mathrm{e}^{jkx}\,\mathrm{d}k\ . \tag{13.73}$$

Für das Weitere sei jetzt noch angenommen, dass im Teilraum $y > 0$ weder Quellen noch Reflektoren vorhanden seien; in diesem Fall können weder Wellen in negative $y$-Richtung noch mit $y$ wachsende Nahfelder auftreten und es verbleibt nur noch

$$p(x,y) = \frac{1}{2\pi} \int\limits_{-\infty}^{\infty} P_+(k)\,\mathrm{e}^{-jk_y y}\,\mathrm{e}^{jkx}\,\mathrm{d}k \tag{13.74}$$

für das Gesamtfeld.

Gleichung (13.74) eröffnet vor allem zwei Anwendungsmöglichkeiten, auf die im Folgenden näher eingegangen wird.

### 13.5.1 Abstrahlung von Ebenen

Die ‚klassische' Anwendung der Wellenzerlegung einer Ortsfunktion besteht gewiss in der Berechnung der Schallabstrahlung von einer schwingenden Fläche oder Ebene, die hier zunächst geschildert werden soll. Dazu sei angenommen, die $y$-Komponente der Schnelle $v_y(x)$ sei in einer Ebene entweder durch eine Annahme oder durch Messung nach Betrag und Phase bekannt. Der Einfachheit halber wird hier angenommen, der so beschriebene Strahler befinde sich in der Ebene $y = 0$. Alles, was zu tun bleibt, ist den Zusammenhang zwischen der in (13.74) bisher noch unbekannt gebliebenen Amplitudendichte $P_+(k)$ und der Strahlerschnelle $v_y(x)$ aufzuzeigen. Das ist leicht getan. Zunächst wird die aus dem Ansatz (13.74) folgende Schnelle gebildet, sie beträgt

$$v_y(x,y) = \frac{j}{\omega\varrho}\frac{\partial p}{\partial y} = \frac{1}{2\pi}\frac{1}{\varrho c} \int\limits_{-\infty}^{\infty} \frac{k_y}{k_0} P_+(k)\,\mathrm{e}^{-jk_y y}\,\mathrm{e}^{jkx}\,\mathrm{d}k\ . \tag{13.75}$$

Für $y = 0$ muss auf der rechten Seite die Fouriertransformierte $V_y(k)$ der Strahlerschnelle $v_y(x)$ auftreten, es gilt also

$$V_y(k) = \frac{1}{\varrho c}\frac{k_y}{k_0} P_+(k)\ , \tag{13.76}$$

womit die Amplitudendichte $P_+(k)$ aus der Strahlerschnelle berechnet ist. Zusammengefasst gilt also

$$p(x,y) = \varrho c \frac{1}{2\pi} \int\limits_{-\infty}^{\infty} \frac{k_0}{k_y} V_y(k)\,\mathrm{e}^{-jk_y y}\,\mathrm{e}^{jkx}\,\mathrm{d}k\ , \tag{13.77}$$

worin $V_y(k)$ wie gesagt die Fouriertransformierte von $v_y(x)$ darstellt:

$$V_y(k) = \int_{-\infty}^{\infty} v_y(x)\, \mathrm{e}^{-jkx}\, \mathrm{d}x \ . \tag{13.78}$$

Zur Interpretation von (13.77) wird noch die Wellenzahlvariable $k$ durch die zugeordnete Wellenlängenvariable $\lambda$ mit $k = 2\pi/\lambda$ ausgedrückt. Damit lassen sich nochmals die schon in Kap. 3 angedeuteten Prinzipien aus (13.77) ablesen:

- Nur langwellige Strahleranteile mit $\lambda > \lambda_0$ ($\lambda_0$ = Luftschallwellenlänge) und deshalb $|k| < k_0$ besitzen nach (13.72) eine reellwertige Wellenzahl $k_y$ in $y$-Richtung. Nur diese langwelligen Strahleranteile werden als schräg laufende Welle abgestrahlt und sind auch in größeren Entfernungen vom Strahler noch merklich.
- Kurzwellige Strahleranteile mit $\lambda < \lambda_0$ und $|k| > k_0$ dagegen weisen eine imaginäre Wellenzahl $k_y$ auf. Der zugehörige Schallfeldanteil besitzt deswegen Nahfeld-Charakter, der nur in der Nachbarschaft des Strahlers in $y = 0$ merklich ist, nach außen immer mehr abnimmt und in großen Abständen dann schließlich keinen Beitrag mehr zum Schallfeld liefert.

Ein langwelliger Strahleranteil $\lambda > \lambda_0$ wird unter dem Winkel

$$\sin\vartheta = -\frac{\lambda_0}{\lambda} \tag{13.79}$$

als ebene Welle schräg abgestrahlt, wie der Vergleich des Strahleranteiles $\mathrm{e}^{-jk_y y}\,\mathrm{e}^{jkx}$ mit der allgemeinen Form einer solchen Welle

$$p = p_0\,\mathrm{e}^{-jk_0 x \sin\vartheta}\,\mathrm{e}^{-jk_0 y \cos\vartheta} \tag{13.80}$$

zeigt. Der Winkel $\vartheta$ zählt hier relativ zur $y$-Achse ‚nach oben', die Welle läuft aber schräg ‚nach unten', das wird durch das negative Vorzeichen ausgedrückt.

Im Fernfeld (das in Kap. 3 schon genauer definiert worden ist) sind also nur noch die langwelligen Wellenzahl-Anteile $|k| < k_0$ des Strahlers vorhanden, weil sich die kurzwelligen Anteile nur auf die Strahlernähe konzentrieren und dann rasch abfallen. Für die Abstrahlung in große Entfernungen ist nur der ‚sichtbare' Ausschnitt $|k| < k_0$ wirksam, der zu den langen Strahlerwellenlängen $\lambda > \lambda_0$ gehört. Innerhalb des sichtbaren, langwelligen Ausschnittes ist jedem Wellenzahlenbestandteil eine spezifische Abstrahlrichtung zugeordnet. Aus diesem Grund besteht ein direkter Zusammenhang zwischen der Richtcharakteristik eines Strahlers und der Fouriertransformierten der Strahlerschnelle. In (3.38), in Kap. 3 aufgestellt für schmale Strahlerstreifen mit der Breite $b$, lässt sich denn auch das Integral auf der rechten Seite durch die Fouriertransformierte der Strahlerschnelle ausdrücken:

$$p_{\text{fern}} = \frac{j\omega\varrho\, b}{4\pi R}\, \mathrm{e}^{-jk_0 R} \int\limits_{-l/2}^{l/2} v_y(x)\, \mathrm{e}^{jk_0 x \sin\vartheta}\, \mathrm{d}x = \frac{j\omega\varrho\, b}{4\pi R}\, \mathrm{e}^{-jk_0 R}\, V_y(k = -k_0 \sin\vartheta)\ , \tag{13.81}$$

worin $V$ die in (13.78) definierte Fouriertransformierte der Strahlerschnelle bedeutet. Die Umfangsverteilung des Schallfeldes ist gleich der Schnelle-Transformierten, offensichtlich bildet die Abstrahlung in große Entfernungen einen physikalischen ‚Fourier-Transformator'. Der in Wahrheit einfache Hintergrund dieser Tatsache besteht wie gesagt lediglich darin, dass jeder Strahler-Wellenzahl eine spezielle Laufrichtung zugeordnet ist.

### 13.5.2 Abstrahlung von Biegewellen

Zur Schilderung des Prinzipiellen an der Schallabstrahlung von einer mit Biegewellen schwingenden Platte sei zunächst von der endlichen Plattendimension und anderen Effekten – wie der Amplitudenabnahme vom Krafteinleiteort weg und Dämpfungs-Erscheinungen – abgesehen. Die Schallschnelle werde also in der ganzen Ebene $y = 0$ durch

$$v_y(x) = v_0\, \mathrm{e}^{-jk_{\mathrm{B}} x} \tag{13.82}$$

beschrieben, wobei die Biegewellenzahl $k_{\mathrm{B}} = 2\pi/\lambda_{\mathrm{B}}$ ($\lambda_{\mathrm{B}}$ = Biegewellenlänge) bedeutet (Haupteigenschaften der Biegewellen und ihrer Ausbreitung auf Platten siehe Kap. 4). Die Fouriertransformierte dieses monochromatischen Vorganges (monochromatisch: aus nur einer Wellenkomponente bestehend) muss Delta-förmig sein. Es ist

$$V_y(k) = 2\pi v_0 \delta(k + k_{\mathrm{B}})\ , \tag{13.83}$$

wie man leicht durch Einsetzen von (13.83) in (13.67) zeigt. Für den von dieser Quelle abgestrahlten Schalldruck gilt dann nach (13.77)

$$p(x,y) = \varrho c v_0 \frac{k_0}{k_y}\, \mathrm{e}^{-jk_y y}\, \mathrm{e}^{-jk_{\mathrm{B}} x}\ , \tag{13.84}$$

worin die Wellenzahl $k_y$ hier mit

$$k_y = \begin{cases} +\sqrt{k_0^2 - k_{\mathrm{B}}^2} & k_0^2 > k_{\mathrm{B}}^2 \\ -j\sqrt{k_{\mathrm{B}}^2 - k_0^2} & k_{\mathrm{B}}^2 \geq k_0^2\ . \end{cases} \tag{13.85}$$

abgekürzt worden ist.

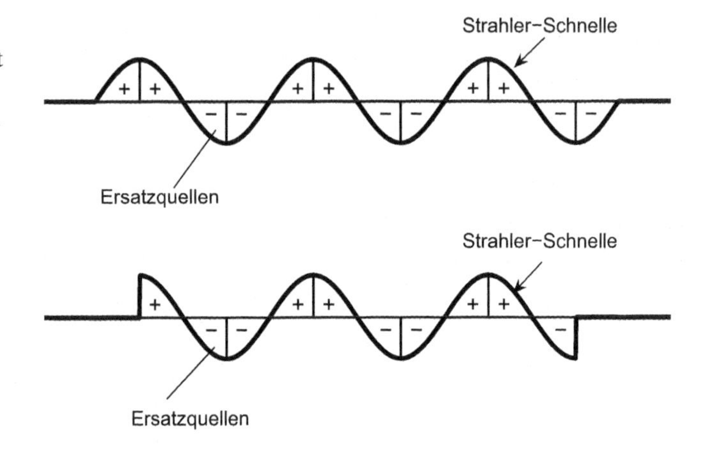


**Abb. 13.12** Ersatzquellen für kurzwellige Strahler mit Schwingungsbauch oder Schwingungsknoten an den Rändern

Die prinzipiellen Qualitäten dieses von der monochromatischen Biegewelle hergestellten Luftschallfeldes sind den schon geschilderten allgemeinen Prinzipien direkt zu entnehmen:

- ist die Strahlerwellenlänge (hier: $\lambda_B$) größer als die Luftschallwellenlänge $\lambda_0$, dann wird eine schräg laufende Welle unter dem Winkel $\vartheta$ mit $\sin\vartheta = -\lambda_0/\lambda_B$ abgestrahlt,
- für eine Strahlerwellenlänge $\lambda_B$, die kürzer als die Luftschallwellenlänge $\lambda_0$ ist, existiert dagegen nur ein von der Strahlerfläche weg exponentiell abklingendes Nahfeld, das im zeitlichen Mittel keine Leistung transportiert.

Dass bei kurzen Biegewellen unterhalb der Koinzidenzgrenzfrequenz dennoch von Null verschiedene Schallfelder auch in größeren Abständen von der strahlenden Fläche festgestellt werden können, das hängt mit der praktisch ja stets nur endlich großen Strahlerfläche zusammen.

Die Tatsache, dass sich für kurzwellige Strahler endlicher Abmessung eine schwache Rest-Abstrahlung ergibt, lässt sich auch aus einem anschaulichen Prinzip begründen, das in Abb. 13.12 skizziert ist. Im Sinne einer etwas einfacheren Vorstellung sind hier kurzwellige Strahlerschnellen in Form von stehenden Wellen abgebildet (stehende Wellen ergeben sich bekanntlich als Summe von zwei entgegengesetzt laufenden fortschreitenden Wellen; ebenso gut lässt sich eine fortschreitende Welle auch als Summe zweier stehender Wellen auffassen).

Wenn die Abstände der gegenphasig schwingenden Bezirke klein sind verglichen mit der Luftschallwellenlänge (wenn also $\lambda_B \ll \lambda_0$), dann ergibt sich in den beiden gezeigten Fällen ein Muster aus Ersatzquellen mit schnell wechselndem Vorzeichen. „Fast alle" Schallquellen heben sich dabei gegeneinander in ihrer Wirkung auf: Je ein Paar mit entgegengesetztem Vorzeichen lässt sich näherungsweise „wie an einem Platz" auffassen, der von ihm insgesamt produzierte Volumenfluss ist also gleich Null. Das vom Paar hervorgerufene Bewegungsfeld in der umgebenden Luft besteht in bloßen Masseverschiebungen.

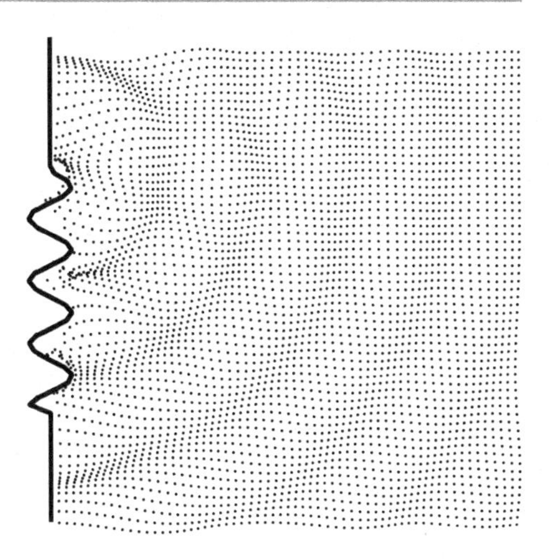

**Abb. 13.13** Schallfeld eines kurzwelligen Strahlers mit Schwingungsknoten am oberen, Schwingungsbauch am unteren Ende. Der Schwingungsknoten am *oberen Ende* bildet eine Volumenquelle, um die herum sich eine Schallausbreitung mit kreisförmigen Wellenfronten ergibt. Der Bauch am *unteren Ende* strahlt fast nicht

Die mit dem sich hebenden Strahlerbezirk ebenfalls angehobene Luftmasse wird seitlich zu dem sich senkenden Strahlerbezirk geschoben.

Welche „Rest-Schallabstrahlung“ bei solchen kurzwelligen Strahlern entsteht, das hängt ganz offensichtlich vor allem davon ab, ob jede lokale Einzelquelle auch auf einen Nachbarn trifft, mit dem sie sich zu Null ergänzt. In der Strahlermitte ist das stets der Fall; an den Strahlerrändern dagegen können Einzelquellen „ohne Partner“ übrigbleiben. Wie man in Abb. 13.12 sieht, ist der Kurzschluss von Paaren bei Strahlerschwingungen „mit Bäuchen an den Rändern“ vollständig, die Schallabstrahlung deshalb sehr, sehr gering. Im Fall „mit Knoten an den Rändern“ dagegen bleiben außen liegende Strahlerbezirke übrig, die wie Volumenquellen wirken. Verglichen mit langwelligen Strahlern (mit Beteiligung der ganzen Strahlerfläche am Abstrahlgeschehen) ist hier die Abstrahlung zwar immer noch gering, weil „die meisten“ Strahleranteile gar nicht zur Abstrahlung beitragen; verglichen mit dem Fall „mit Bäuchen an den Rändern“ ist das Schallfeld jedoch weit größer, weil diesmal ein Nettovolumenfluss übrig bleibt.

Das Schallfeld eines Biegewellenleiters, der einen Schwingungsknoten am oberen Ende und einen Schwingungsbauch am unteren Ende besitzt, ist in Abb. 13.13 gezeigt. Die Teilchenauslenkungen sind mit den Mitteln der oben geschilderten Fourier-Akustik aus der Schnellevorgabe des Strahlers berechnet worden. Der obere Rand mit Schwingungsknoten ist gut als Schallquelle identifizierbar; vom Schwingungsbauch wird dagegen weit weniger abgestrahlt.

### 13.5.3 Akustische Holographie

Eine weitere, interessante Anwendung der oben genannten Zerlegung von Schallfeldern in Wellenfunktionen längs einer Koordinatenrichtung besteht in der sogenannten ‚akustischen Holographie‘, die im Folgenden erklärt wird.

Der Gedankengang gestaltet sich wie folgt. Misst man in einer ganzen Ebene (z. B. in der Ebene $y = d$ vor dem Strahler) den Ortsverlauf des Schalldruckes $p(x, d)$ nach Betrag und Phase, dann ist damit auch dessen Wellenzahlenspektrum bestimmt:

$$P_+(k, d) = F\{p(x, d)\} = \int_{-\infty}^{\infty} p(x, d)\, \mathrm{e}^{-jkx}\, \mathrm{d}x \,. \tag{13.86}$$

Aus dem Vergleich von (13.86) mit (13.74) folgt dann

$$P_+(k) = P_+(k, d)\, \mathrm{e}^{jk_y d} \,. \tag{13.87}$$

Damit kann das Schallfeld im ganzen Raum aus (13.74) bestimmt werden, solange die Voraussetzungen erfüllt sind (keine Reflektoren oder Quellen im ‚Rekonstruktionsraum', der hier in $y > 0$ besteht). Es besteht also prinzipiell die Möglichkeit, in einer Ebene zu messen und daraus auf jede andere Ebene zu schließen, ein Gedanke, den man wohl am zutreffendsten als ‚Holographie' bezeichnet. Erforderlich ist dafür nur noch ein numerisches Verfahren, welches die Fourier-Transformation und ihre Inverse auf numerischem Wege berechnet. Die prinzipielle Methode ist dabei nicht nur auf den Schalldruck begrenzt, ebensogut kann man aus dem in einer Ebene bekannten Druck auch die Schallschnellekomponenten im ganzen Raum nach (13.75) bestimmen.

Das Hauptproblem bei der akustischen Holographie bilden die Strahleranteile mit kürzeren Wellenlängen als im umgebenden Medium, für welche die Wellenzahl $k_y$ der $y$-Richtung nach (13.72) imaginär ist, $k_y = -j|k_y|$. Sind kleine Ungenauigkeiten bzw. Fehler in den Messwerten $p(x, d)$ und damit auch in $P_+(k, d)$ enthalten, dann gehen diese wegen der Multiplikation mit der Exponentialfunktion $\mathrm{e}^{|k_y|d}$ im kurzwelligen Strahlerbereich in (13.87) sehr stark in die Berechnung ein. Die damit berechneten Ortsverläufe enthalten dann hochverstärktes (örtliches) Rauschen, das die Qualität der Resultate stark beeinträchtigt. Diesen Effekt kann man vermeiden oder verringern durch Messung in möglichst kleinen Abständen $d$ von der Strahleroberfläche, oder durch Verzicht auf die Berücksichtigung allzu kurzer Strahlerwellenlängen.

### 13.5.4 Dreidimensionale Schallfelder

Alle in den vorangegangenen Teilen des Abschnittes zur Fourier-Akustik genannten Sachverhalte und Methoden lassen sich ohne Schwierigkeiten auf den allgemeineren, dreidimensionalen Fall der Abstrahlung von Ebenen übertragen, wenn dabei die zweidimensionale Fourier-Transformierte für alle vorkommenden Ortsfunktionen benutzt wird, wenn also

$$G(k_x, k_y) = \int_{-\infty}^{\infty}\int_{-\infty}^{\infty} g(x, y)\, \mathrm{e}^{-jk_x x}\, \mathrm{e}^{-jk_y y}\, \mathrm{d}x\, \mathrm{d}y \tag{13.88}$$

mit der Rücktransformationsvorschrift

$$g(x,y) = \frac{1}{4\pi^2} \int_{-\infty}^{\infty} \int_{-\infty}^{\infty} G(k_x,k_y)\, \mathrm{e}^{jk_x x}\, \mathrm{e}^{jk_y y}\, \mathrm{d}k_x\, \mathrm{d}k_y \tag{13.89}$$

definiert und im Weiteren verwendet wird. Der Einfachheit halber sei hier wie in Kap. 3 angenommen, dass der Strahler mit bekannter, $z$-gerichteter Schnelle $v_z(x,y)$ in der Ebene $z = 0$ ($x, y$-Ebene) liege.

Das Schallfeld im ganzen Raum $z > 0$ (von dem wieder angenommen wird, dass in ihm weder ein Reflektor oder eine sonstige Schallquelle vorhanden sei) berechnet sich dann (ähnlich wie in (13.74)) aus

$$p(x,y,z) = \frac{1}{4\pi^2} \int_{-\infty}^{\infty} \int_{-\infty}^{\infty} P_+(k_x,k_y)\, \mathrm{e}^{-jk_z z}\, \mathrm{e}^{jk_x x}\, \mathrm{e}^{jk_y y}\, \mathrm{d}k_x\, \mathrm{d}k_y\ . \tag{13.90}$$

Dabei ist die (zweifache) Fouriertransformierte $P_+(k_x,k_y)$ des Schalldruckes $p(x,y,0)$ in der Ebene $z = 0$ mit der (zweifachen) Fouriertransformierten $V_z(k_x,k_y)$ der Strahlerschnelle $v_z(x,y)$ (Definitionen der Transformierten in (13.88)) durch

$$P_+(k_x,k_y) = \varrho c \frac{k_0}{k_z} V_z(k_x,k_y) \tag{13.91}$$

verknüpft. Wegen der Wellengleichung gilt für die Wellenzahl $k_z$ der $z$-Richtung

$$k_z = \begin{cases} +\sqrt{k_0^2 - (k_x^2 + k_y^2)}\,, & k_0^2 > k_x^2 + k_y^2 \\ -j\sqrt{(k_x^2 + k_y^2) - k_0^2}\,, & k_x^2 + k_y^2 \geq k_0^2\ . \end{cases} \tag{13.92}$$

Auch (13.92) hat zum Inhalt, dass kurzwellige Strahleranteile $k_x^2 + k_y^2 \geq k_0^2$ nur Nahfelder nach sich ziehen, während langwellige Strahler-Bestandteile $k_x^2 + k_y^2 < k_0^2$ in Form einer schräg laufenden ebenen Welle abgestrahlt werden.

Erforderlichenfalls erhält man aus (13.90) durch Differenzieren auch die Schallschnelle-Komponenten.

Sieht man die Strahlerschnelle $v_z(x,y)$ als gegeben an, dann ermöglicht der genannte Formelapparat die Berechnung des Schallfeldes im Halbraum $z > 0$ vor dem Strahler. Ebensogut lässt sich aber auch der Schalldruck (nach Betrag und Phase) in einer ganzen Ebene $z = d$ durch Messung bestimmen, womit wieder die Möglichkeit der akustischen Holographie eröffnet wird. Es kommt lediglich darauf an, welche der vorkommenden Größen als bekannt vorausgesetzt wird.

Die hier in diesem Kapitel betrachtete Fourier-Akustik beruht wie gesagt auf der Vorstellung, dass beliebige Ortsfunktionen durch eine Wellensumme in der Form des Fourierintegrales (13.66) zusammengesetzt werden können. Wird diese Zerlegung in Strahlerwellenlängen auf die Strahlerschnelle angewandt, dann erlaubt die Linearität des Abstrahlvorganges die getrennte Betrachtung der von den einzelnen Strahlerwellenzahlen hervorgebrachten Schallfelder; das Gesamtfeld ergibt sich dann einfach ‚aus der Summe der Teile' (präzise: dem Integral über die entsprechenden Wellenzahlenspektren). Dieses Berechnungsverfahren ließe sich kurz auch als ‚Methode der Zerlegung in Wellenlängen' bezeichnen.

Diesem Verfahren steht die in Kap. 3 erläuterte ‚Methode der Zerlegung in Punktquellen' gegenüber, bei der das Schallfeld aus dem Rayleigh-Integral

$$p(x,y,z) = \frac{j\omega\varrho}{2\pi} \int_{-\infty}^{\infty} \int_{-\infty}^{\infty} v_z(x_Q, y_Q) \frac{e^{-jkr}}{r} dx_Q dy_Q \tag{13.93}$$

berechnet wird, wobei $r$ den Quellpunkt-Aufpunkt-Abstand

$$r = \sqrt{(x - x_Q)^2 + (y - y_Q)^2 + z^2} \tag{13.94}$$

beschreibt. Selbstverständlich müssen die Verfahren ‚Zerlegung in Wellen' und ‚Zerlegung in Quellen' zu identischen Resultaten führen. Tatsächlich lässt sich dieses Faktum auch mit Hilfe des Faltungssatzes beweisen. Im Ausdruck

$$p(x,y,z) = \frac{1}{4\pi^2} \int_{-\infty}^{\infty} \int_{-\infty}^{\infty} \varrho c \frac{k_0}{k_z} e^{-jk_z z} V_z(k_x, k_y)\, e^{jk_x x}\, e^{jk_y y}\, dk_x\, dk_y \tag{13.95}$$

für den Schalldruck, der nach Einsetzen von (13.91) in (13.90) entsteht, kann das rückzutransformierende Wellenzahlenspektrum aufgefasst werden als Produkt einer ‚abstrahltypischen' Funktion $H(k_x, k_y, z)$ mit

$$H(k_x, k_y, z) = \varrho c \frac{k_0}{k_z} e^{-jk_z z} \tag{13.96}$$

und der ‚strahlertypischen' Funktion $V_z(k_x, k_y)$:

$$p(x,y,z) = \frac{1}{4\pi^2} \int_{-\infty}^{\infty} \int_{-\infty}^{\infty} H(k_x, k_y, z) V_z(k_x, k_y)\, e^{jk_x x}\, e^{jk_y y}\, dk_x\, dk_y\ . \tag{13.97}$$

Die ‚abstrahltypische Funktion' $H(k_x, k_y, z)$ ist nichts anderes als die (örtliche) Übertragungsfunktion die angibt, wie ein Wellenlängensegment des Strahlers zur Abstrahlung beiträgt. Dass $V_z(k_x, k_y)$ den Strahler selbst durch Angabe seiner Wellenlängen-Zerlegung beschreibt, das ist wohl evident.

Der Schalldruck im Raum ergibt sich demnach durch Rücktransformation des Produktes $H(k_x, k_y, z)V_z(k_x, k_y)$, und aus diesem Grund lässt sich $p(x, y, z)$ auch aus der

Faltung der zugehörigen Rücktransformierten berechnen. Sei also zunächst mit $h(x, y, z)$ die Rücktransformierte von $H(k_x, k_y, z)$ bezeichnet, gelte also

$$h(x, y, z) = \frac{1}{4\pi^2} \int\limits_{-\infty}^{\infty} \int\limits_{-\infty}^{\infty} H(k_x, k_y, z)\, e^{jk_x x}\, e^{jk_y y}\, dk_x\, dk_y\ . \qquad (13.98)$$

Die anschauliche Bedeutung von $h(x, y, z)$ ergibt sich dabei aus folgender Überlegung. Für eine Delta-förmige Quelle $v_z(x, y) = \delta(x)\delta(y)$ besteht die Fourier-Transformierte der Strahlerschnelle in $V_z(k_x, k_y) = 1$. In diesem speziellen Fall liest man durch Vergleich von (13.97) und (13.98) $p(x, y, z) = h(x, y, z)$ ab. Offensichtlich beschreibt $h(x, y, z)$ demnach die ‚örtliche Impulsantwort', die Raumreaktion auf eine Delta-förmige Quelle im Ursprung also.

Der Schalldruck im Raum muss nun schließlich auch aus der Faltung von Strahlerschnelle und örtlicher Impulsantwort

$$p(x, y, z) = \int\limits_{-\infty}^{\infty} \int\limits_{-\infty}^{\infty} v_z(x_Q, y_Q) h(x - x_Q, y - y_Q, z)\, dx_Q\, dy_Q\ . \qquad (13.99)$$

berechnet werden können. Die örtliche Impulsantwort $h(x, y, z)$ aber lässt sich aus den in Kap. 3 geschilderten Überlegungen recht einfach ermitteln. Da es sich um eine in den Halbraum $z > 0$ strahlende Volumenquelle $v_z(x, y) = \delta(x)\delta(y)$ mit dem Volumenfluss von $Q = 1$ handelt, gilt nach (3.13)

$$h(x, y, z) = \frac{j\omega\varrho}{2\pi\sqrt{x^2 + y^2 + z^2}}\, e^{-jk\sqrt{x^2+y^2+z^2}}\ , \qquad (13.100)$$

womit (13.99) schließlich in das Rayleigh-Integral (13.93) übergeht. Das Rayleigh-Integral, welches das ‚Verfahren der Quellenzerlegung' exakt fasst, kann also auch mit Hilfe des Faltungssatzes aus der ‚Methode der Wellenzerlegung' begründet werden. Beide Verfahren sind vollständig äquivalent.

Schließlich ist noch zu erwähnen, dass die in Abschn. 3.6 abgeleitete Fernfeldnäherung (wie bei ‚eindimensionalen' Strahlern) die Fouriertransformierte der Strahlerschnelle enthält. Durch Vergleich von (3.63) mit (13.88) (angewandt auf die Strahlerschnelle) erhält man nämlich

$$p_{\text{fern}}(R, \vartheta, \varphi) = \frac{j\omega\varrho}{2\pi R}\, e^{-jkR} V_z(k_x = -\sin\vartheta\ \cos\varphi,\ k_y = -k \sin\vartheta\ \sin\varphi)\ , \qquad (13.101)$$

wobei $(R, \vartheta, \varphi)$ das Koordinatensystem der Kugelkoordinaten angibt. Natürlich wird damit wieder nur ausgedrückt, dass jeder (langwelligen) Wellenlängen-Kombination $(\lambda_x, \lambda_y)$ des Strahlers (mit $k_x = 2\pi/\lambda_x$ und $k_y = 2\pi/\lambda_y$) eben auch eine spezielle Laufrichtung zugeordnet ist, die sich direkt aus (13.101) entnehmen lässt.

## 13.6 Zusammenfassung

Lineare und zeitinvariante Übertrager (kurz LTI-Übertrager) gehorchen dem Invarianzprinzip: liegt ein Eingangssignal aus einem reinen Ton vor (damit ist ein sinusförmiger Zeitverlauf gemeint), dann besteht das Ausgangssignal stets ebenfalls in einem reinen Ton gleicher Frequenz. Die Übertragung von reinen Tönen

- findet also ohne Verzerrung der Signalform statt und
- deshalb wird sie vollständig durch die von der Übertragung bewirkten Veränderung von Amplitude und Phase des Eingangssignals beschrieben.

Einen gut überschaubaren und leicht handhabbaren Beschreibungsapparat für die (LTI-) Übertragung beliebiger, allgemeiner Eingangssignale (Sprache, Motorgeräusche, Musik,... , um nur Beispiele zu nennen) erhält man deswegen durch die Signal-Reihen-Darstellung aus reinen Tönen unterschiedlicher Frequenzen und komplexwertiger Amplituden (bei periodischen Vorgängen) oder – im Grenzfall bei nicht-periodischen (‚einmaligen') Vorgängen – durch die Integration über Töne mit variabler Frequenz. Die mathematischen Dekompositions- und Kompositions-Verfahren in reine Töne und aus reinen Tönen heißen ‚Fourier-Reihen-Entwicklung' (bei periodischen Zeitverläufen) und ‚Fourier-Transformation' (im nicht-periodischen Fall). Sie sind beide naturgemäß umkehrbar eindeutig: zu einem speziellen Zeitverlauf gehört genau eine spezifische Transformierte, und umgekehrt.

Im so geschaffenen Frequenzbereich lässt sich jede (LTI-)Übertragung durch das Produkt aus dem Spektrum des Eingangssignals $X(\omega)$ (damit ist die Fourier-Transformierte des Eingangssignals bezeichnet) und der Übertragungsfunktion $H(\omega)$ beschreiben: für das Spektrum des Ausgangssignals $Y(\omega)$ gilt $Y(\omega) = H(\omega)X(\omega)$. Letztlich wird so die Übertragung zurückgeführt auf die Betrachtung der akustischen Farbzusammensetzung des Eingangssignals und der verfärbenden Wirkung des Übertragers.

Für die Behandlung der Schallabstrahlung von Ebenen erweist sich die Fourier-Transformation von Ortsfunktionen als nützlich. Dadurch wird der Strahler in viele Bestandteile unterschiedlicher Strahler-Wellenlängen zerlegt, diese Zusammensetzung ist typisch für den betreffenden Strahler. Die Betrachtung der Abstrahlung einzelner Komponenten ergibt das grundsätzliche Wirkungs-Prinzip der Schallabstrahlung:

- kurze Strahlerwellenlängen (deren Wellenlängen kleiner sind als die Wellenlänge im umgebenden Medium) führen nur zu Nahfeldern auf der Strahleroberfläche,
- langwellige Strahlerbestandteile dagegen werden unter einem gewissen, von den beiden beteiligten Wellenlängen abhängenden Winkel in Form einer ebenen Welle schräg abgestrahlt und sind daher auch im Fernfeld merklich.

Weil jeder Strahlerwellenlänge nur ein einziger, wohldefinierter Abstrahlwinkel zugeordnet ist, ergibt sich die Richtcharakteristik im Fernfeld unmittelbar aus dem langwelligen Anteil des Strahler-Wellenzahlspektrums. Über diese wohl wichtigste Erkenntnis der

‚Fourier-Akustik' hinaus eröffnet letztere noch die prinzipielle Möglichkeit zur akustischen Holographie, bei welcher das Schallfeld im ganzen Raum aus dessen Vermessung in einer Ebene (nach Betrag und Phase) möglich gemacht wird.

## 13.7 Literaturhinweise

Der Verfasser verdankt sein Wissen über die systemtheoretischen Grundlagen zu einem nicht unerheblichen Teil dem Werk von Rolf Unbehauen (Unbehauen, R.: ‚Systemtheorie', R. Oldenbourg Verlag, München 1971), das u. a. auch auf die Fourier-Transformation eingeht.

Der Zeitschriftenbeitrag von Manfred Heckl (Heckl, M.: ‚Abstrahlung von ebenen Schallquellen', ACUSTICA 37 (1977), S. 155–166) bildet wohl den ersten und grundlegenden Anstoß zur Fourier-Akustik.

Als Fundament der Fourier-Transformation ist nach Meinung des Verfassers vor allem das Werk von Papoulis (Papoulis, A.: ‚The Fourier Integral and Its Applications', McGraw-Hill, New York 1963) zu nennen.

## 13.8 Übungsaufgaben

**Aufgabe 13.1**

Man berechne das Amplitudenspektrum $A_n$ des mit $T$ periodischen Rechteck-Signals, das innerhalb einer Periode in $-T/2 < t < T/2$ durch

$$x(t) = \begin{cases} 1, & |t| < T_\mathrm{D}/2 \\ 0, & \text{sonst} \end{cases}$$

definiert ist. $T_\mathrm{D}$ ($T_\mathrm{D} < T$) nennt die Einschaltdauer innerhalb der Periode. Wie konvergiert $A_n$ prinzipiell?

**Aufgabe 13.2**

Allgemein kann man davon ausgehen, dass die prinzipielle Konvergenz-Eigenschaft der Amplituden $A_n$ sich bei allen unstetigen Funktionen verhält wie beim Rechtecksignal in Aufgabe 13.1. Dies vorausgesetzt:

- Wie konvergieren die $A_n$ eines stetigen Signals, dessen erste Ableitung aber unstetig ist?
- Wie konvergieren die $A_n$ eines stetigen Signals mit stetiger erster Ableitung, aber unstetiger zweiter Ableitung?
- Wie konvergieren die $A_n$ eines stetigen Signals mit den ersten $m$ stetigen Ableitungen, aber unstetiger $m + 1$-ter Ableitung?

Man kommentiere die Ergebnisse im Hinblick auf die Anzahl der für eine numerisch wirklich durchgeführte ‚gute' Nachbildung $x_{\mathrm{M}}$ für $x$.

**Aufgabe 13.3**
Welche physikalische Dimension besitzt die in Abb. 13.1 geschilderte Rechteckfunktion $r_{\Delta T}(t)$? Welche physikalische Dimension besitzt die Deltafunktion $\delta(t)$?

**Aufgabe 13.4**
Man beweise den sogenannten ‚Energiesatz', demzufolge

$$\int_{-\infty}^{\infty} |x(t)|^2 \,\mathrm{d}t = \frac{1}{2\pi} \int_{-\infty}^{\infty} |X(\omega)|^2 \mathrm{d}\omega$$

gilt. Man benutze dazu den Faltungssatz, der sich auf das Produkt zweier Zeitsignale bezieht.

Das linke Integral ließe sich als ‚zeitliche Signalenergie', das rechte Integral als ‚spektrale Signalenergie' bezeichnen. So gesehen stellt der Energiesatz ein Erhaltungsprinzip auf.

**Aufgabe 13.5**
Man beweise, dass die sogenannte Autokorrelationsfunktion

$$a(t) = \int_{-\infty}^{\infty} x(t + \tau) x^*(\tau) \,\mathrm{d}t$$

gleich der Rücktransformierten von $|X(\omega)|^2$ ist:

$$a(t) = F^{-1}\{|X(\omega)|^2\}$$

Man benutze dazu den Faltungssatz, der sich auf das Produkt zweier Spektren bezieht.

Hier sind der Allgemeinheit halber komplexe Zeitfunktionen zugelassen worden. Für reellwertige Zeitfunktionen entfällt das Konjugiert-Zeichen *.

**Aufgabe 13.6**
Man zeige, dass für jeden linearen und zeitinvarianten Übertrager die Zusammenhänge

- zwischen den komplexen Amplituden $\underline{x}$ und $\underline{y}$ von Eingang und Ausgang
- und zwischen den Fourier-Transformierten $X(\omega)$ und $Y(\omega)$ von Eingang und Ausgang

identisch sind.

**Aufgabe 13.7**
Man berechne die Impulsantwort für die Auslenkung $x$ der Masse bei einem einfachen Resonator (siehe Kap. 5) aus der Übertragungsfunktion

$$H(\omega) = \frac{X(\omega)}{F(\omega)} = \frac{\frac{1}{s}}{1 - \frac{\omega^2}{\omega_0^2} + j\eta\frac{\omega}{\omega_0}} \,.$$

Dabei ist $\omega_0 = \sqrt{s/m}$ die Resonanzfrequenz des Schwingers, $\eta$ bezeichnet den Verlustfaktor.

Hinweise: Das einfachste Lösungsverfahren besteht in der Benutzung des Residuen-Satzes. Alternativ führt aber auch eine Partialbruchzerlegung zum Erfolg.

**Aufgabe 13.8**
Man berechne die Impulsantwort der Schallschnelle eines durch eine Punktkraft $F'_a = F_0\delta(x)\delta(t)$ zu Biegewellen angeregten Stabes in Abhängigkeit vom Aufpunkt $x$ auf dem Stab.

Bemerkung: Darin bezeichnet $F_0$ den im Kraftverlauf enthaltenen Gesamtimpuls, d. h. die Einheit von $F_0$ ist $\dim(F_0) = \mathrm{N\,s}$.

Hinweise: Gesucht ist also die Rücktransformierte der Übertragungsfunktion

$$V(\omega) = \frac{F_0}{4k_\mathrm{B}\sqrt{m'B}}(\mathrm{e}^{-jk_\mathrm{B}x} - j\,\mathrm{e}^{-k_\mathrm{B}x})$$

(gültig nur für $\omega > 0$), die sich (wegen des in Aufgabe 13.6 genannten Sachverhaltes) unmittelbar aus der Lösung der letzten Aufgabe in Kap. 4 ergibt. Man beachte, dass $V(-\omega) = V^*(\omega)$ gelten muss; sonst wäre die gesuchte Impulsantwort nicht reell. Die Bedeutung der Größen kann Kap. 4 entnommen werden, dort findet man auch die Wellenzahl $k_\mathrm{B}$ der Biegewellen.

**Aufgabe 13.9**
Man bestimme die Fourier-Transformierte der Gaussfunktion

$$f(t) = f_0\,\mathrm{e}^{-\gamma t^2} \,.$$

**Aufgabe 13.10**
Man bestimme die Richtcharakteristik im Fernfeld eines Strahlerstreifens der Breite $b$ ($b \ll \lambda_0$) mit dem Schwingungsverlauf

$$v_y(x) = v_0\,\mathrm{e}^{-|x|/x_0} \,.$$

**Aufgabe 13.11**
Gegeben sei die Schwinggeschwindigkeit eines Strahlerstreifens der Breite $b$ ($b \ll \lambda_0$)

$$v_y(x) = \frac{v_0}{2}[\mathrm{e}^{j2\pi nx/l} + \varepsilon\,\mathrm{e}^{-j2\pi nx/l}]$$

($0 < x < l, l =$ Länge). Man zeige, dass es sich für $\varepsilon = 1$ um einen Schwingungsverlauf mit Bäuchen an den Rändern $x = 0$ und $x = l$, für $\varepsilon = -1$ mit Knoten an den Rändern handelt. Aus der fouriertransformierten Schwingschnelle soll weiter der Unterschied in der jeweils abgestrahlten Leistung für $\varepsilon = 1$ und $\varepsilon = -1$ qualitativ deutlich gemacht werden.

**Aufgabe 13.12**
Man bestimme die Fourier-Transformierte der Amplituden-modulierten Signale

$$f_1(t) = g(t)\,\mathrm{e}^{j\omega_0 t}$$

und

$$f_2(t) = g(t)\ \cos\omega_0 t\ :$$

Dabei ist $g(t)$ eine Einhüllende (z. B. eine Gaussfunktion) über der Trägerfrequenz $\omega_0$.

**Aufgabe 13.13**
Ein eindimensionaler, reflexionsfreier Wellenleiter, auf welchem sich ein Schall- oder Schwingungsfeld $v(x,t)$ mit der (reellen) Wellenzahl $k$ ausbreitet, bildet den Gegenstand dieser Aufgabe. Dabei kann $k = k(\omega)$ eine beliebige Frequenzabhängigkeit besitzen, z. B. ist bei Biegewellen $k \sim \sqrt{\omega}$. Auf dem Wellenleiter wird an der Stelle $x = 0$ der Amplituden-modulierte Schwingungsverlauf

$$v(0,t) = g(t)\ \cos\omega_0 t$$

vorgefunden. Dabei ist $g(t)$ wie in Aufgabe 13.11 eine Einhüllende (z. B. die Gaussfunktion) von der hier angenommen sei, dass sie schmalbandigen Charakter habe. Man beschreibe näherungsweise, wie sich dieses Signal auf dem Wellenleiter fortpflanzt.

# 14 Rechnen mit Pegeln

## 14.1 Dekadischer Logarithmus

Der dekadische Logarithmus ist als Umkehrung des Potenzrechnens mit der Basis 10 definiert. Gilt zwischen zwei Zahlen $x$ und $y$ der Zusammenhang

$$x = 10^y \,, \tag{14.1}$$

dann bezeichnet man $y$ auch als den dekadischen Logarithmus von $x$:

$$y = \lg x \,. \tag{14.2}$$

Der von (14.1) und (14.2) genannte Sachverhalt lässt sich auch als folgende Aufgabe beschreiben: Gesucht ist zu einer gegebenen Zahl $x$ eine zweite Zahl mit dem Namen „Logarithmus von $x$" so, dass 10 hoch diese zweite Zahl wieder $x$ ergibt; $x = 10^{\lg(x)}$. Auch hier ist natürlich nichts weiter ausgesagt, als dass Logarithmieren und „10 hoch nehmen" sich als Operationen gegenseitig aufheben.

Einige Zahlenwerte, die direkt daraus folgen, wie

$$\lg(10) = 1$$
$$\lg(100) = 2$$
$$\lg(10^n) = n$$

zeigen nochmals, dass die Logarithmuskurve gerade die prinzipielle Gestalt der Empfindungskennlinie in Abb. 1.2 besitzt.

Aus der Definition folgen unmittelbar einfache Rechenregeln. Zum Beispiel gilt für das Produkt

$$ab = 10^{\lg(ab)}$$



M. Möser, *Technische Akustik*, VDI-Buch, DOI 10.1007/978-3-662-47704-5_14

wegen $a = 10^{\lg(a)}$ und $b = 10^{\lg(b)}$

$$10^{\lg(a)}10^{\lg(b)} = 10^{(\lg(a)+\lg(b))} = 10^{\lg(ab)}$$

und deshalb ist die Produktregel

$$\lg(ab) = \lg(a) + \lg(b)\ . \tag{14.3}$$

Ebenso gilt

$$\lg(a/b) = \lg(a) - \lg(b)\ . \tag{14.4}$$

Auch ist

$$\lg(a^b) = b\lg(a)\ . \tag{14.5}$$

Beim Übergang zu einer anderen Basis wird die oben benutzte 10 durch eine beliebige andere Zahl ersetzt. Der Logarithmus von $x$ zur Basis $a$ ist also definiert durch

$$x = a^{\log_a(x)}\ . \tag{14.6}$$

Der Zusammenhang von Logarithmen verschiedener Basen lässt sich wie folgt herstellen. Für zwei Basen $a$ und $b$ gilt nach (14.6)

$$a^{\log_a(x)} = b^{\log_b(x)}\ .$$

Wendet man darauf die Operation $\log_a$ an, so erhält man

$$\log_a(a^{\log_a(x)}) = \log_a(x) = \log_a(b^{\log_b(x)}) = \log_b(x)\log_a(b)\ ,$$

also

$$\log_a(x) = \log_b(x)\log_a(b)\ . \tag{14.7}$$

Alle Logarithmuskurven haben also unabhängig von ihrer Basis (bis auf die Skalierung der Abszisse) gleiche Gestalt.

Dem zukünftigen Akustiker sei noch der Wert $\lg 2 = 0{,}3$ ans Herz gelegt; er wird ihn oft brauchen.

## 14.2 Pegel-Umkehrgesetz

Die Pegeldefinition

$$L = 10\lg(p/p_0)^2$$

($p_0 = 2 \cdot 10^{-5}\,\mathrm{N/m^2}$ = Bezugsschalldruck) lässt sich durch bilden von $10^{L/10}$ wegen $10^{\lg(x)} = x$ nach dem Schalldruckquadrat auflösen:

$$\left(\frac{p}{p_0}\right)^2 = 10^{\frac{L}{10}}\ . \tag{14.8}$$

Natürlich kann man den physikalischen Schalldruck aus dem Pegel wiedergewinnen.

## 14.3 Gesetz der Pegeladdition

Häufig steht man vor der Aufgabe, aus mehreren Pegeln einen zu machen. Einfaches Beispiel: Zwei PKW erzeugen (an der selben Stelle) einzeln die Pegel $L_1$ und $L_2$. Wie groß ist der Gesamtpegel bei gleichzeitigem Betrieb beider PKW? Ähnliche Fragestellungen kommen sehr oft vor.

Die PKW stehen dabei stellvertretend für die Erzeugung von sogenannten ‚inkohärenten' Signalen. Damit sind allgemein Signale gemeint, die von nicht zusammenhängenden Quellen herstammen. Das drückt sich zum Beispiel darin aus, dass die Signale nicht die gleichen Frequenzen enthalten. Es wäre schon ein sehr großer Zufall, wenn die Motoren der beiden PKW mit genau der gleichen Drehzahl liefen. Andere Beispiele für inkohärente Signale sind Sprachsignale verschiedener Sprecher, das Rauschen von zwei Straßen oder anderen Rausch-Verursachern wie Wasserfällen oder Bächen und schließlich das Vorbeiziehen von Bahnen oder Flugzeugen. Natürlich dürfen die genannten Beispiele auch ‚gemischt' vorkommen: auch Sprecher und Bach oder PKW und Flugzeuge sind zueinander inkohärent.

Wir leben also nachgerade in einer Welt aus inkohärenten Quellen, in der kohärente Quellen eher die Ausnahme bilden. Kohärent werden andererseits solche Signale genannt, hinter denen sich ein und die selbe Ursache verbirgt: Zum Beispiel sind elektrische Maschinen, die von einem einzigen Netz gespeist werden, natürlich kohärent und enthalten alle die gleichen Frequenzen. Das gleiche gilt auch für Lautsprecher, die von der selben Spannungsquelle gespeist werden.

Das einfachste Modell für ein Signal aus zwei inkohärenten Bestandteilen besteht in dem aus zwei unterschiedlichen Frequenzen zusammengesetzten Summensignal:

$$p = p_1 \cos\omega_1 t + p_2 \cos\omega_2 t \ .$$

Der quadrierte Effektivwert, für den allgemein

$$p_{\mathrm{eff}}^2 = \frac{1}{T}\int_0^T p^2(t)\mathrm{d}t \tag{14.9}$$

gilt, wird demnach zu

$$p_{\mathrm{eff}}^2 = \frac{1}{T}\int_0^T \left(p_1^2 \cos^2\omega_1 t + p_2^2 \cos^2\omega_2 t + 2p_1 p_2 \cos\omega_1 t \cos\omega_2 t\right) \mathrm{d}t \ .$$

Wenn, wie vorausgesetzt, die Frequenzen $\omega_1$ und $\omega_2$ ungleich sind, dann wird das letzte Integral wegen $\cos\omega_1 t \cos\omega_2 t = (\cos(\omega_1 - \omega_2)t + \cos(\omega_1 + \omega_2)t)/2$ sehr viel kleiner als die beiden ersten Anteile. Es bleibt damit

$$p_{\mathrm{eff}}^2 = \frac{1}{2}\left(p_1^2 + p_2^2\right) = p_{\mathrm{eff},1}^2 + p_{\mathrm{eff},2}^2 \ . \tag{14.10}$$

Der quadrierte Effektivwert des Gesamtsignals ist also gleich der Summe der einzelnen Effektivwertquadrate.

Allgemeiner gilt für ein aus $N$ unterschiedlichen Frequenzen zusammengesetztes Signal

$$p_{\text{eff}}^2 = \sum_{i=1}^{N} p_{\text{eff},i}^2 \,. \tag{14.11}$$

Das Gesetz der Pegeladdition ergibt sich aus (14.11), indem noch alle Effektivwerte durch Pegel ausgedrückt werden ($p_0$ = Bezugsschalldruck $= 2 \cdot 10^{-5}\,\text{N/m}^2$)

$$L_{\text{ges}} = 10 \lg p_{\text{eff}}^2 / p_0^2 = 10 \lg \sum_{i=1}^{N} p_{\text{eff},i}^2 / p_0^2 = 10 \lg \sum_{i=1}^{N} 10^{L_i/10} \,. \tag{14.12}$$

Gleichung (14.12) heißt „Gesetz der Pegeladdition“. Es besagt, dass die Pegel gerade NICHT addiert werden, sondern dass aus den Teilpegeln auf die Teileffektivwertquadrate zurückgerechnet werden muss, deren Summe dann das Quadrat des Gesamteffektivwertes ergibt.

Das Gesetz der Pegeladdition wurde oben durch die Betrachtung eines Summensignals aus reinen Tönen begründet, eine recht leicht durchführbare Methode, bei der nur einfache Integrale zu berechnen sind. Es gibt noch eine zweite, vielleicht etwas weniger formale Herleitung des Gesetzes, die mehr das Vorstellungsvermögen benutzt und hier noch vorgestellt werden soll. Sie geht von der Annahme völlig regelloser Vorgänge aus; damit sind z. B. Zahlenfolgen gemeint, deren Abfolge auf keine Weise vorhergesagt oder berechnet werden kann. Einfache Beispiele bestehen in der Zahlenfolge, die beim Würfeln entstehen oder beim Werfen mit einer Münze, wenn ihre beiden Seiten mit je einer Zahl (z. B. $+1$ und $-1$) bezeichnet werden. Solche Signale können z. B. auch mit Hilfe eines Zufallsgenerators im Computer erzeugt werden. Wenn man ein solches Signal dann (mit einer geeigneten Abspielgeschwindigkeit) über Lautsprecher wiedergibt, dann hören sie sich sehr ähnlich wie der oben angeführte Wasserfall an. Man bezeichnet diese Signale deshalb allgemein als weißes Rauschen.

Was passiert nun, wenn zwei voneinander gänzlich unabhängige weiße Signale addiert werden? Zur Antwort wird wieder von der einfachst-möglichen Annahme ausgegangen. Sie besteht in der zweiwertigen Zahlenfolge, die z. B. beim Münzenwerfen entsteht. Es sind nun also zwei solcher Folgen zu addieren, die miteinander in keinerlei Verbindung stehen, die also z. B. durch zwei verschiedene Münzen und Münzenwerfer entstanden sind oder von zwei unterschiedlichen Rauschquellen herstammen. Der Einfachheit halber sei die endliche Folgenlänge $N$ angenommen.

Die Summe der Folgen besitzt folgende Eigenschaften:

- Auf die $N/2$ Zahlenwerte $+1$ der einen Zahlenfolge entfallen je zur Hälfte die Werte $+1$ und $-1$ der zweiten Folge. In der Summe sind demnach $N/4$ Nullen und $N/4$ mal der Wert 2 enthalten.

- Auch auf die $N/2$ Zahlenwerte $-1$ der einen Zahlenfolge entfallen je zur Hälfte die Werte $+1$ und $-1$ der zweiten Folge. Die Folgen-Summe enthält demnach ein weiteres Mal $N/4$ Nullen und $N/4$ mal den Wert $-2$.
- Insgesamt besteht die Summenfolge also aus $N/2$ Nullen, aus $N/4$ mal dem Wert 2 und $N/4$ mal dem Wert $-2$.

Die Summe der quadrierten Elemente der Summenfolge beträgt also $4N/2 = 2N$. Der quadratische Mittelwert ist also gleich 2. Auch hier zeigt sich, dass die quadrierten Effektivwerte der Teile wie in (14.10) zu summieren sind, wenn der Effektivwert der Summenfolge gebildet werden soll.

# Komplexe Zeiger 15

Kapitel 15 dient

- einer kurzen Einführung in die Definition von komplexen Zahlen und ihrer Rechenregeln und
- zur Erläuterung, wie und warum komplexe Zahlen zur Beschreibung von akustischen Vorgängen benutzt werden.

## 15.1 Einführung in das Rechnen mit komplexen Zahlen

Komplexe Zahlen lassen sich als Punkte in einer Ebene auffassen, eine der beiden Achsen besteht dabei in der Zahlengeraden der reellen Zahlen (hier auch als $x$-Achse bezeichnet). Meistens stellt man eine komplexe Zahl graphisch (wie in Abb. 15.1) durch die Verbindungslinie zwischen Ursprung und Punkt dar; diese Linie nennt man „Zeiger".

Wie bei jedem Zahlenkalkül besteht der Grund zur Definition in den Operationsmöglichkeiten, die daraus entstehen. Alle Rechenregeln und Operationen für komplexe Zahlen lassen sich denn auch aus der Absicht herleiten, dass ein „$j$" genanntes Element einen beliebigen Zeiger um 90° im mathematisch positiven Sinn drehen soll. So entsteht die zur $x$-Achse senkrechte $y$-Achse, sie geht aus der reellen Zahlengeraden $x$ durch Multiplikation mit $j$ hervor. Eine komplexe Zahl lässt aus dem „nicht gedrehten" und dem „durch Drehung entstandenen Anteil" zusammensetzen:

$$z = x + jy \; . \tag{15.1}$$

Dabei sind $x$ und $y$ reelle Zahlen.

Bei der Addition komplexer Zahlen geht man vor wie in der Algebra gewohnt. In der Mathematik werden Äpfel nur zu Äpfeln und Birnen nur zu Birnen gezählt; ebenso werden



M. Möser, *Technische Akustik*, VDI-Buch, DOI 10.1007/978-3-662-47704-5_15

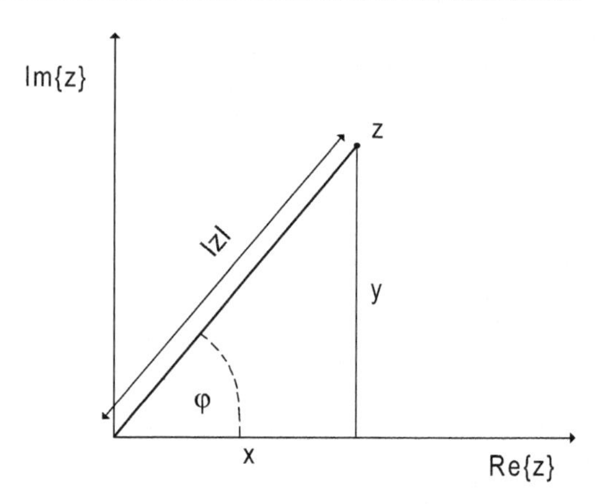


**Abb. 15.1** Darstellung der komplexen Zahl $z$ in der komplexen Ebene

„nicht drehende" und „drehende" Elemente getrennt summiert. Mit $z_1 = x_1 + jy_1$ und $z_2 = x_2 + jy_2$ ist

$$z_1 + z_2 = (x_1 + x_2) + j(y_1 + y_2) \ . \tag{15.2}$$

Alle reellen Größen dürfen auch negative Werte besitzen, (15.2) enthält also auch die Subtraktion.

Aus der Definition „Multiplikation mit $j$ dreht um 90°" folgt, dass $j$ mit $j$ multipliziert die Zahl $-1$ ergibt:

$$j\,j = j^2 = -1 \ . \tag{15.3}$$

Ebenso ist $j^3 = -j$, $j^4 = 1$, etc. Den Sachverhalt (15.3) schreibt man auch als

$$j = \sqrt{-1} \ . \tag{15.4}$$

Deshalb bezeichnet man $j$ auch als „imaginäre" Einheit. Den Achsenabschnitt $x$ der komplexen Zahl $z$ nach (15.1) nennt man den REALTEIL von $z$, kurz

$$x = \mathrm{Re}\{z\} \ . \tag{15.5}$$

Den Achsenabschnitt $y$ nennt man den IMAGINÄRTEIL von $z$, kurz

$$y = \mathrm{Im}\{z\} \ , \tag{15.6}$$

also auch

$$z = x + jy = \mathrm{Re}\{z\} + j\,\mathrm{Im}\{z\} \ . \tag{15.7}$$

Man beachte, dass $y$ eine reelle Zahl bezeichnet. Unter dem Betrag $|z|$ einer komplexen Zahl versteht man die Länge des Zeigers, nach Pythagoras ergibt sich aus Abb. 15.1

$$|z| = \sqrt{x^2 + y^2} \ . \tag{15.8}$$

Der Zeiger lässt sich auch beschreiben durch seinen Betrag und den Winkel, den er mit der reellen Achse einschließt. Wegen

$$x = |z| \cos\varphi \tag{15.9}$$

und

$$y = |z| \sin\varphi \tag{15.10}$$

ist

$$z = |z|(\cos\varphi + j \sin\varphi) . \tag{15.11}$$

Der Betrag des Zeigers $\cos\varphi + j \sin\varphi$ ist gleich 1.

An den Potenzreihenentwicklungen

$$\cos\varphi = \sum_{n=0}^{\infty}(-1)^n \frac{\varphi^{2n}}{(2n)!} \quad \text{und} \quad \sin\varphi = \sum_{n=0}^{\infty}(-1)^n \frac{\varphi^{2n+1}}{(2n+1)!}$$

und

$$e^{j\varphi} = \sum_{n=0}^{\infty} \frac{j^{2n}\varphi^{2n}}{(2n)!} + \sum_{n=0}^{\infty} \frac{j^{2n+1}\varphi^{2n+1}}{(2n+1)!} = \sum_{n=0}^{\infty}(-1)^n \frac{\varphi^{2n}}{(2n)!} + j \sum_{n=0}^{\infty} \frac{(-1)^n \varphi^{2n+1}}{(2n+1)!}$$

stellt man fest, dass

$$\cos\varphi + j \sin\varphi = e^{j\varphi} \tag{15.12}$$

gilt. Gleichung (15.12) ist sehr nützlich, wenn Multiplikationen oder Divisionen ausgeführt werden sollen. Seien

$$z_1 = |z_1|\, e^{j\varphi_1}$$

und

$$z_2 = |z_2|\, e^{j\varphi_2} ,$$

dann gilt

$$z_1 z_2 = |z_1||z_2|\, e^{j(\varphi_1+\varphi_2)} \tag{15.13}$$

und ebenso

$$z_1/z_2 = \frac{|z_1|}{|z_2|}\, e^{j(\varphi_1-\varphi_2)} . \tag{15.14}$$

Nach (15.13) bewirkt die komplexe Multiplikation von $z_1$ mit $z_2$ eine Drehung von $z_1$ um $\varphi_2$ und „eine Verlängerung" von $z_1$ um den Faktor $|z_2|$.

Die Wurzel aus einer komplexen Zahl $z = |z|\, e^{j\varphi}$ ist

$$\sqrt{z} = \pm\sqrt{|z|}\, e^{j\varphi/2} . \tag{15.15}$$

## 15.2 Verwendung komplexer Zeiger zur Beschreibung akustischer Vorgänge

Alle in diesem Buch behandelten Übertragungsvorgänge haben zwei grundsätzliche Eigenschaften:

1. Sie sind (bei hinreichend kleinen Amplituden) linear; das Prinzip der ungestörten Überlagerung kann angewandt werden.
2. Die Strukturen selbst sind zeitunveränderlich.

Zum Beispiel kann man annehmen, dass sich bei der Schallabstrahlung ins Freie die Schallgeschwindigkeit nicht ändert, auch besteht das Schallfeld in der Summe der Teilfelder, die von den Summanden in einer Lautsprecherspannung einzeln hervorgerufen worden sind. Auch bei Wänden ist vernünftigerweise davon auszugehen, dass Masse und Biegesteife sich zeitlich nicht ändern und dass sie nach dem Superpositionsprinzip auf Kräftesummen reagieren. Ähnliche Bemerkungen kann man für alle in diesem Buch behandelten akustischen Übertrager anstellen.

Allen linearen und zeitinvarianten Übertragern ist gemeinsam, dass sie auf eine zeitlich sinusförmige Anregung stets auch mit einem Sinuston gleicher Frequenz antworten (siehe dazu auch Kap. 13 dieses Buches). Wird z. B. eine Wand mit einem Sinuston beschallt, dann ist empfangsseitig der gleiche Ton zu hören, der natürlich noch in der Amplitude abgeschwächt und phasenverschoben ist. Auch ein Mikrophon, dem Druck $p_0 \sin \omega_0 t$ ausgesetzt, liefert eine Ausgangsspannung mit gleicher Signalform und Frequenz; und auch der Schalldruck in dem mit einem Sinuston beschallten Kanal – um noch ein drittes Beispiel zu nennen – hat stets ebenfalls die Signalgestalt dieses Sinustones – mit ortsabhängiger Amplitude und Phase.

Für alle hier zur Debatte stehenden Übertrager gilt also, dass ihr „Ausgang“ $y(t)$

$$y(t) = |H(\omega)| x_0 \cos(\omega t + \varphi_H + \varphi_x) \tag{15.16}$$

eine um $\varphi_H$ phasenverschobene und um $|H|$ in der Amplitude „verstärkte“ Version des „Einganges“

$$x(t) = x_0 \cos(\omega t + \varphi_x) \tag{15.17}$$

bildet. Dabei bezeichnet der Ausgang $y$ die Schwingreaktion (die Membranauslenkung, die Ausgangsspannung, den Schalldruck im Kanal, ...) und der Eingang $x$ die Anregung (die Lautsprecherspannung, die eingeleitete Kraft, ...). Die Tatsache, dass die Signalform bei der Übertragung von reinen Tönen nicht geändert wird, ist eine ganz spezielle und keineswegs selbstverständliche Eigenschaft von linearen, zeitinvarianten Strukturen und der Sinusform. Zum Beispiel werden andere Signalgestalten (etwa dreieckförmige oder rechteckig periodisch) ganz und gar nicht unverformt übertragen; selbst die einfache Zeitableitung bei der Abstrahlung von Volumenquellen in Kap. 3.3 nach (3.14) bewirkt eine Signalverformung, bei der z. B. aus dem Dreiecksverlauf eine Rechteckgestalt entsteht.

Die Besonderheit, dass die Sinusform stets ungeändert übertragen wird, führt zu einer sehr einfachen Beschreibung: Bei reinen Tönen wird die Übertragung vollständig durch einen „Verstärkungsfaktor“ $|H(\omega)|$ (der natürlich auch kleiner als 1 oder gar dimensionsbehaftet sein kann) und durch die Phasenverschiebung $\varphi_H$ beschrieben.

Es ist naheliegend, diese Wirkungen des Übertragers auf das Eingangssignal durch eine komplexe Multiplikation zu beschreiben. Damit das möglich wird, müssen den reellen Zeitsignalen von Eingang und Ausgang zunächst komplexe Amplituden zugeordnet werden. Dies geschieht mit Hilfe der sogenannten Zeitkonvention

$$f(t) = \text{Re}\{\underline{f}\, e^{j\omega t}\}\,. \tag{15.18}$$

Hierin ist $\underline{f}$ die komplexe Amplitude, die zur Beschreibung des reellwertigen Vorgangs $f(t)$ benutzt wird. Mit

$$\underline{f} = |\underline{f}|\, e^{j\varphi_f} \tag{15.19}$$

bewirkt (15.18) die Abbildung von der komplexen Amplitude $\underline{f}$ auf die reelle und beobachtbare Wirklichkeit

$$f(t) = |\underline{f}| \cos(\omega t + \varphi_f)\,. \tag{15.20}$$

Die Zeitkonvention (15.18) erlaubt die Beschreibung von Sinus-Signalen durch komplexe Amplituden, wobei – nach (15.19) – die Signalamplitude mit dem Betrag der komplexen Amplitude gleichgesetzt wird, der Winkel $\varphi_f$ ist gleich der Phase des Signals.

Damit ist die Beschreibung einer Übertragung durch komplexe Multiplikation möglich geworden. Die Operation

$$\underline{y} = \underline{H}\,\underline{x} \tag{15.21}$$

gibt die vollständige Übertragungsbeschreibung, sie enthält die reelle Amplitudenverstärkung $|H|$ ebenso wie die Phasenverschiebung $\varphi_H$. In der Tat zeigt die mit

$$\begin{aligned} \underline{x} &= |\underline{x}|\, e^{j\varphi_x} \\ \underline{y} &= |\underline{y}|\, e^{j\varphi_y} \\ \underline{H} &= |\underline{H}|\, e^{j\varphi_H} \end{aligned}$$

vorgenommene Probe für die zeitlichen Signale

$$y(t) = |x||H| \cos(\omega t + \varphi_x + \varphi_H)\,,$$

dass $y(t)$ die um $|H|$ verstärkte und um $\varphi_H$ phasenverschobene Version des Eingangs ist.

Der große Vorteil der Verwendung komplexer Zahlen besteht in den viel übersichtlicher und sehr viel leichter durchzuführenden Rechenoperationen. Zum Beispiel ist die Signalsumme

$$x(t) = x_1 \cos(\omega t + \varphi_1) + x_2 \cos(\omega t + \varphi_2) \tag{15.22}$$

selbst wieder ein Sinuston mit einer Gesamtamplitude $x_{\text{ges}}$ und einer Gesamtphase $\varphi_{\text{ges}}$

$$x(t) = x_{\text{ges}} \cos(\omega t + \varphi_{\text{ges}}) \ .$$

Wie groß $x_{\text{ges}}$ und $\varphi_{\text{ges}}$ sind, das ist ohne Verwendung von komplexen Zeigern gar nicht einfach auszurechnen; die Durchführung der Rechnung erfordert gehöriges Geschick und Erfahrung mit Additionstheoremen. Mit Zeigern dagegen ist

$$\underline{x}_{\text{ges}} = \underline{x}_1 + \underline{x}_2 \tag{15.23}$$

mit

$$\underline{x}_1 = x_1 \, \mathrm{e}^{j\varphi_1} \tag{15.24}$$

und

$$\underline{x}_2 = x_2 \, \mathrm{e}^{j\varphi_2} \tag{15.25}$$

ein Kinderspiel.

Auch die Beschreibung von Wellen gestaltet sich mit Hilfe der genannten Definition komplexer Amplituden sehr einfach. Die in positive $x$-Richtung laufende Welle wird durch

$$\underline{p} = p_0 \, \mathrm{e}^{-jkx} \tag{15.26}$$

beschrieben. Der einzig messbare, reellwertige Schalldruck-Orts-Zeit-Verlauf ist

$$p(x,t) = \mathrm{Re}\{\underline{p} \, \mathrm{e}^{j\omega t}\} = \mathrm{Re}\{p_0 \, \mathrm{e}^{j(\omega t - kx)}\} = p_0 \cos(\omega t - kx) \tag{15.27}$$

($k = \omega/c$: Wellenzahl).

Allgemein lassen sich Schallfelder reiner Töne durch eine komplexwertige Ortsfunktion beschreiben.

# 16 Lösungen der Übungsaufgaben

## 16.1 Übungsaufgaben aus Kapitel 1

**Aufgabe 1.1**
Der gesuchte Pegel der Pumpe sei mit $L_\mathrm{P}$ bezeichnet. Für den Gesamtpegel $L_\mathrm{ges}$ gilt

$$10^{L_\mathrm{ges}/10} = 10^{5,5} = 10^{L_\mathrm{P}/10} + 10^5 .$$

Daraus folgt

$$10^{L_\mathrm{P}/10} = 10^{5,5} - 10^5$$

oder

$$L_\mathrm{P} = 10 \lg(10^{5,5} - 10^5) = 53{,}3\,\mathrm{dB(A)} .$$

**Aufgabe 1.2**
Die beiden Oktavpegel betragen $L(500\,\mathrm{Hz}) = 81{,}1\,\mathrm{dB}$ und $L(1000\,\mathrm{Hz}) = 78{,}8\,\mathrm{dB}$. Für den unbewerteten Gesamtpegel gilt $L(\mathrm{lin}) = 83{,}1\,\mathrm{dB}$ und für den A-bewerteten Gesamtpegel $L(\mathrm{A}) = 81{,}2\,\mathrm{dB}$.

**Aufgabe 1.3**
Die Oktavpegel wachsen mit 3 dB pro Verdopplung der Mittenfrequenz. Der unbewertete Gesamtpegel ergibt sich aus

$$L_\mathrm{ges} = 10 \lg \left( \sum_{i=0}^{N-1} 10^{(L+i)/10} \right) ,$$

wobei $L$ den Terzpegel der tiefsten Terz bedeutet. Mit Hilfe der Summenformel für die geometrische Reihe findet man

$$\sum_{i=0}^{N-1} 10^{i/10} = \frac{10^{N/10} - 1}{10^{1/10} - 1} .$$



M. Möser, *Technische Akustik*, VDI-Buch, DOI 10.1007/978-3-662-47704-5_16

Der Gesamtpegel liegt damit um

$$\Delta L = 10 \lg \frac{10^{N/10} - 1}{10^{1/10} - 1}$$

über dem Terzpegel $L$ der tiefsten Terz. Für $N = 10$ ergibt das $\Delta L = 15{,}4\,\text{dB}$.

**Aufgabe 1.4**

Die Oktavpegel sind ebenfalls untereinander alle gleich, sie sind um 4,8 dB größer als die Terzpegel. Der Gesamtpegel liegt um $\Delta L = 10 \lg N$ über dem Terzpegel. Für $N = 10$ ist der Gesamtpegel also um 10 dB größer als der Terzpegel.

**Aufgabe 1.5**

Der auf eine lange Zeit (z. B. 16 Stunden) bezogene Energie-äquivalente Dauerschallpegel der Bahnstrecke alleine beträgt

$$\begin{aligned} L_{\text{eq}}(\text{Bahn}) &= L_{\text{eq}}(\text{Bahn}, 2\,\text{min}) - 10 \lg \frac{120\,\text{min}}{2\,\text{min}} \\ &= L_{\text{eq}}(\text{Bahn}, 2\,\text{min}) - 17{,}8 = 57{,}2\,\text{dB(A)} \end{aligned}$$

Aus dem Gesetz der Pegeladdition ergibt sich dann der Langzeit-Pegel von Straße und Schiene zusammen zu $L_{\text{eq}}(\text{Gesamt}) = 59{,}2\,\text{dB(A)}$.

**Aufgabe 1.6**

Der Energie-äquivalente Dauerschallpegel für den Bezugszeitraum ‚tags' ergibt sich aus

$$L_{\text{eq}}(\text{tags}) = L_{\text{eq}}(30\,\text{s}) - 10 \lg \frac{5\,\text{min}}{30\,\text{s}} = 78 - 10 = 68\,\text{dB(A)}\,.$$

Der Energie-äquivalente Dauerschallpegel für den Bezugszeitraum ‚nachts' ergibt sich aus

$$\begin{aligned} L_{\text{eq}}(\text{nachts}) &= L_{\text{eq}}(30\,\text{s}) - 10 \lg \frac{20\,\text{min}}{30\,\text{s}} - 10 \lg \frac{8\ \text{Stunden}}{4\ \text{Stunden}} \\ &= 78 - 16 - 3 = 59\,\text{dB(A)}\,. \end{aligned}$$

**Aufgabe 1.7**

Für den tatsächlich gemessenen Pegel $L_{\text{m}}$ gilt

$$L_{\text{m}} = 10 \lg(10^{L/10} + 10^{L_{\text{H}}/10})\,.$$

Dabei ist $L$ der eigentlich zu messende Pegel des interessierenden Vorganges alleine; $L_{\text{H}}$ der Pegel des Hintergrundgeräusches alleine. Falls $L_{\text{H}}$ um $\Delta L$ unter $L$ liegt, also für $L_{\text{H}} = L - \Delta L$, gilt

$$\begin{aligned} L_{\text{m}} &= 10 \lg(10^{L/10} + 10^{(L-\Delta L)/10}) = 10 \lg(10^{L/10}(1 + 10^{-\Delta L/10})) \\ &= 10 \lg(10^{L/10}) + 10 \lg(1 + 10^{-\Delta L/10}) = L + \Delta L_{\text{F}}\,, \end{aligned}$$

wobei $L_F$ den durch das Hintergrundgeräusch verursachten Messfehler mit

$$\Delta L_F = 10 \lg(1 + 10^{-\Delta L/10})$$

bedeutet. Für

- $\Delta L = 6\,dB$ beträgt $\Delta L_F = 1\,dB$,
- für $\Delta L = 10\,dB$ ist $\Delta L_F = 0{,}4\,dB$ und
- für $\Delta L = 20\,dB$ beträgt $\Delta L_F = 0{,}04\,dB$.

**Aufgabe 1.8**
Die letzte Gleichung aus der Lösung von Aufgabe 1.7 wird nach $10^{-\Delta L/10}$ aufgelöst:

$$10^{-\Delta L/10} = 10^{\Delta L_F/10} - 1\,.$$

Beide Seiten logarithmiert und dann mit 10 multipliziert ergibt

$$\Delta L = -10 \lg(10^{\Delta L_F/10} - 1)\,.$$

Für $\Delta L_F = 0{,}1$ dB folgt daraus der erforderliche Störabstand von $\Delta L = 16{,}3\,dB$.

Ein Messfehler von 1 dB erfordert also einen Störabstand von 6 dB (siehe Aufgabe 1.7); für einen Messfehler von nur 0,1 dB ist ein Störabstand von 16,3 dB nötig.

**Aufgabe 1.9**
Für Sechstel-Oktaven gilt für die Bandgrenzen $f_o$ und $f_u$

$$f_o = \sqrt[6]{2} f_u\,,$$

denn dann ergeben 6 Sechstel-Oktaven eine ganze Oktave. Für die Mittenfrequenz gilt

$$f_m = \sqrt[2]{f_o f_u} = \sqrt[12]{2} f_u\,,$$

und deshalb ist für die Bandbreite des Durchlassbandes

$$\Delta f = f_o - f_u = (\sqrt[6]{2} - 1) f_u\,.$$

Die Mittenfrequenzen gehorchen dem Gesetz

$$f_m^{(n+1)} = \sqrt[6]{2} f_m^{(n)}\,,$$

wobei $f_m^{(n)}$ die Mittenfrequenz des $n$-ten Filters bedeutet.

**Aufgabe 1.10**
Der Oktavpegel $L_{\text{okt}}$ ergibt sich nach dem Gesetz der Pegeladdition aus den drei Terzpegeln $L_1$, $L_2$ und $L_3$ zu

$$L_{\text{okt}} = 10 \lg(10^{L_1/10} + 10^{L_2/10} + 10^{L_3/10}) ,$$

oder

$$10^{L_{\text{okt}}/10} = 10^{L_1/10} + 10^{L_2/10} + 10^{L_3/10} .$$

Deswegen gilt

$$10^{L_3/10} = 10^{L_{\text{okt}}/10} - 10^{L_1/10} - 10^{L_2/10} ,$$

bzw.

$$L_3 = 10 \lg(10^{L_{\text{okt}}/10} - 10^{L_1/10} - 10^{L_2/10}) ,$$

womit der ‚unsichere' Terzpegel $L_3$ nachgeprüft werden kann.

## 16.2 Übungsaufgaben aus Kapitel 2

**Aufgabe 2.1**
Die Funktionen $f_1$, $f_2$ und $f_3$ erfüllen die Wellengleichung, $f_4$ dagegen bildet keine Lösung der genannten partiellen Differentialgleichung.

Beispiel für den Nachweis:

$$\frac{\partial^2 f_1}{\partial t^2} = -\frac{1}{(t + x/c)^2} ,$$
$$\frac{\partial^2 f_1}{\partial x^2} = -\frac{1}{c^2}\frac{1}{(t + x/c)^2} ,$$

also gilt

$$\frac{\partial^2 f_1}{\partial x^2} = \frac{1}{c^2}\frac{\partial^2 f_1}{\partial t^2} .$$

**Aufgabe 2.2**
Bei gleichem statischem Druck und gleichem Verhältnis der spezifischen Wärmen verhalten sich die Quadrate der Schallgeschwindigkeiten verschiedener Gase zueinander umgekehrt wie ihre Dichten:

$$\frac{c^2(\text{Gas})}{c^2(\text{Luft})} = \frac{\varrho(\text{Luft})}{\varrho(\text{Gas})} .$$

Daraus erhält man die Schallgeschwindigkeit für Wasserstoff zu $c = 1290\,\text{m/s}$, für Sauerstoff ist $c = 323\,\text{m/s}$, und für Kohlendioxyd gilt $c = 275\,\text{m/s}$.

Die Elastizitätsmodule sind wegen $E = \varrho c^2 = \kappa p_0$ ($p_0$ = statischer Druck) alle gleich und betragen $E = 1{,}4 \cdot 10^5\,\text{kg/m s}^2 = 1{,}4 \cdot 10^5\,\text{N/m}^2$.

Die Wellenlängen betragen bei der Frequenz von 1000 Hz

- $\lambda = 1{,}29$ m für Wasserstoff,
- $\lambda = 0{,}323$ m für Sauerstoff,
- $\lambda = 0{,}275$ m für Kohlendioxid und
- $\lambda = 0{,}34$ m für Luft.

**Aufgabe 2.3**

- Schallschnelle $= 10^{-4}$ m/s $= 0{,}1$ mm/s.
- Teilchenauslenkung $= 0{,}16 \cdot 10^{-6}$ m für 100 Hz,
- Teilchenauslenkung $= 0{,}016 \cdot 10^{-6}$ m für 1000 Hz.
- Schallintensität $= 4 \cdot 10^{-6}$ W/m$^2$, Schallleistung $= 16 \cdot 10^{-6}$ W.
- Schalldruckpegel $= 20\ \lg(2 \cdot 10^3) = 66$ dB $=$ Intensitätspegel.
- Leistungspegel $=$ Intensitätspegel $+10\ \lg(S/1\,\mathrm{m}^2) = 72$ dB.

**Aufgabe 2.4**

Aus (2.80) bis (2.84) folgt zunächst allgemein bei $N$ gleichen Teilflächen $S_i$

$$\frac{P}{P_0} = \frac{S_i}{1\,\mathrm{m}^2} \sum_{i=1}^{N} \frac{p_{\mathrm{eff},i}^2}{p_0^2} = \frac{S_i}{1\,\mathrm{m}^2} \sum_{i=1}^{N} 10^{L_i/10} .$$

Für den Leistungspegel gilt daher

$$L_{\mathrm{w}} = 10\,\lg\left(\frac{S_i}{1\,\mathrm{m}^2} \sum_{i=1}^{N} 10^{L_i/10}\right) = 10\ \lg\left(\sum_{i=1}^{N} 10^{L_i/10}\right) + 10\ \lg\left(\frac{S_i}{1\,\mathrm{m}^2}\right) .$$

Damit erhält man hier $L_{\mathrm{w}} = 96{,}7$ dB(A).

**Aufgabe 2.5**

Die Machzahlen betragen 0,0408 (50 km/h); 0,0817 (100 km/h) und 0,1225 (150 km/h). Daraus erhält man folgende Empfänger-Frequenzen, wenn sich Quelle und Empfänger voneinander fort bewegen:

| Empfänger im Fluid ruhend | Quelle im Fluid ruhend |
|---|---|
| 960,8 Hz | 959,2 Hz |
| 924,5 Hz | 918,3 Hz |
| 890,1 Hz | 877,5 Hz |

Wenn sich Quelle und Empfänger aufeinander zu bewegen erhält man folgende Empfänger-Frequenzen:

| Empfänger im Fluid ruhend | Quelle im Fluid ruhend |
|---|---|
| 1042,5 Hz | 1040,8 Hz |
| 1089,0 Hz | 1081,7 Hz |
| 1139,6 Hz | 1122,5 Hz |

**Aufgabe 2.6**
Die Schallgeschwindigkeit in Stickstoff ($N_2$) beträgt bei 293 K (= 20 °C) 349 m/s, in Sauerstoff ist $c = 326{,}5\,\mathrm{m/s}$. In ‚schlechter' Luft ist die Schallgeschwindigkeit etwas größer.

**Aufgabe 2.7**
Druck-Ortsverlauf:

$$p = p_0 \sin kx\,.$$

Schnelle-Ortsverlauf:

$$v = \frac{jp_0}{\varrho c} \cos kx\,.$$

Resonanzgleichung:

$$\cos kl = 0\,.$$

($l$ = Länge) oder $kl = \pi/2 + n\pi$ mit $n = 0; 1; 2 \ldots$ bzw.

$$f = \left(\frac{1}{4} + \frac{n}{2}\right)\frac{c}{l}\,.$$

Die ersten drei Resonanzfrequenzen betragen 340 Hz, 1020 Hz und 1700 Hz.

**Aufgabe 2.8**
In Wasser betragen die Wellenlängen bei 500 Hz: $\lambda = 2{,}4\,\mathrm{m}$, bei 1000 Hz: $\lambda = 1{,}2\,\mathrm{m}$, bei 2000 Hz: $\lambda = 0{,}6\,\mathrm{m}$ und bei 4000 Hz: $\lambda = 0{,}3\,\mathrm{m}$.

**Aufgabe 2.9**
Feld- und Energiegrößen im Intervall $0 < t - x/c < T$ (außerhalb dieses Intervalles für $t - x/c < 0$ und für $t - x/c > T$ sind alle Größen gleich Null):

$$v(x,t) = v_0 \sin \frac{\pi(t - x/c)}{T}$$

$$p(x,t) = \varrho_0 c\, v_0 \sin \frac{\pi(t - x/c)}{T}$$

$$I(x,t) = \frac{p^2(x,t)}{\varrho_0 c} = \varrho_0 c\, v_0^2 \sin^2 \frac{\pi(t - x/c)}{T}$$
$$E(x,t) = \frac{p^2(x,t)}{\varrho_0 c^2} = \varrho_0\, v_0^2 \sin^2 \frac{\pi(t - x/c)}{T} .$$

Die von der Quelle erzeugte Energie $E_Q$ ist – nach Abgabe – vollständig im Feld gespeichert, es gilt also

$$E_Q = S \int_0^\infty E(x,t)\,\mathrm{d}x = \varrho_0\, v_0^2 S \int_{ct}^{c(t+T)} \sin^2 \frac{\pi(t - x/c)}{T}\,\mathrm{d}x$$

Mit $\sin^2 x = (1 - \cos 2x)/2$ wird daraus

$$E_Q = \frac{\varrho_0\, v_0^2}{2} S \int_{ct}^{c(t+T)} 1 - \cos \frac{2\pi(t - x/c)}{T}\,\mathrm{d}x = \frac{\varrho_0\, v_0^2}{2} ScT$$

Die von der Quelle erzeugte Energie bei einer Schnelle von $v_0 = 0{,}01\,\mathrm{m/s} = 1\,\mathrm{cm/s}$, einem Durchmesser von 10 cm des Wellenleiters mit kreisförmiger Querschnittsfläche $S = \pi\, 0{,}05^2\,\mathrm{m}^2$ und der Signaldauer von $T = 0{,}01$ s beträgt damit $E_Q = 1{,}6 \cdot 10^{-6}$ W s.

**Aufgabe 2.10**

Für das Verhältnis aus gemessener Intensität $I_M$ und wahrer Intensität $I$ gilt nach Aufgabenstellung

$$10 \lg \frac{I_M}{I} = -2\ (-3) ,$$

und daher

$$\frac{\sin k\Delta x}{k\Delta x} = 10^{-0,2}\ \left(10^{-0,3}\right) = 0{,}63\ (0{,}5) .$$

Aus einer geeignet erzeugten Wertetabelle für die Spaltfunktion $\sin k\Delta x / k\Delta x$ findet man $k\Delta x = 0{,}5\pi$ ($k\Delta x = 0{,}6\pi$), also muss $\Delta x/\lambda < 1/4 = 0{,}25$ eingehalten werden ($\Delta x/\lambda < 0{,}3$). Hieraus ergibt sich mit $\Delta x = 2{,}5$ cm als Frequenzgrenze der Messung $f = 3{,}4$ kHz ($f = 4{,}1$ kHz).

**Aufgabe 2.11**

Es muss

$$\frac{\varphi}{2\pi} < \frac{f\Delta x}{5c} \frac{p_p}{p_s}$$

für die Phasentoleranz $\varphi$ eingehalten werden. Mit $f = 100$ Hz, $\Delta x = 5$ cm und $p_s/p_p = 10$ erhält man eine noch tolerable Phasentoleranz von

$$\frac{\varphi}{2\pi} < 0{,}3 \cdot 10^{-3}\ \ (0{,}3 \cdot 10^{-4}) ,$$

das entspricht – in Grad ausgedrückt – dem Phasenfehler von 0,11° (0,011°).

**Aufgabe 2.12**
Vor dem Passieren des Mikrophons fährt der Einsatzwagen auf den Empfänger zu, der Zusammenhang zwischen Sendefrequenz $f_Q$ und Empfangsfrequenz $f_{E1}$ besteht deshalb in

$$f_{E1} = \frac{f_Q}{1 - |M|}$$

($M$ = Machzahl). Danach entfernt sich die Quelle vom Empfänger, es gilt also

$$f_{E2} = \frac{f_Q}{1 + |M|} .$$

Aus diesen beiden Gleichungen folgt

$$\frac{f_{E2}}{f_{E1}} = \frac{1 - |M|}{1 + |M|} ,$$

oder

$$|M| = \frac{1 - \frac{f_{E2}}{f_{E1}}}{1 + \frac{f_{E2}}{f_{E1}}} .$$

Mit $f_{E1} = 555{,}6\,\text{Hz}$ und $f_{E2} = 454{,}6\,\text{Hz}$ erhält man daraus $M = 0{,}1$, das entspricht einer Geschwindigkeit von $U = |M|c = 34\,\text{m/s} = 122{,}4\,\text{km/h}$. Für die Quellfrequenz $f_Q$ findet man aus

$$f_Q = f_{E1}(1 - |M|)$$

und aus

$$f_Q = f_{E2}(1 + |M|)$$

übereinstimmend $f_Q = 500\,\text{Hz}$.

## 16.3 Übungsaufgaben aus Kapitel 3

**Aufgabe 3.1**
Der A-bewertete Schallleistungspegel darf höchsten 95,3 dB(A) betragen (Pumpe auf fester, reflektierender Unterlage).

**Aufgabe 3.2**
Zunächst wird der Pegel $L_{Str}$ ausgerechnet, den die Straße höchstens besitzen darf. Für den Gesamtpegel $L_{ges} = 45\,\text{dB(A)}$ gilt

$$10^{L_{ges}/10} = 10^{L_{ist}/10} + 10^{L_{Str}/10} ,$$

worin $L_{\text{ist}} = 41\,\text{dB(A)}$ den (Ist-)Pegel vor Bau der Straße bedeutet. Damit darf der Straßenpegel nicht größer als

$$L_{\text{Str}} = 10 \lg 10^{(L_{\text{ges}}/10} - 10^{L_{\text{ist}}/10}) = 42{,}8\,\text{dB(A)}$$

werden. Weil die Straße in 25 m Abstand einen Pegel von 50 dB(A) erzeugt, müssen 7,2 dB durch das Abstandsgesetz ‚überbrückt' werden. Weil man bei der Straße von einer Linienquelle ausgehen muss gilt also

$$10 \lg \frac{R}{25\,\text{m}} = 7{,}2\,,$$

worin $R$ den gesuchten Abstand zwischen Haus und Straße bildet. Demnach ist

$$R = 10^{7{,}2/10} \cdot 25\,\text{m} = 131{,}2\,\text{m}\,.$$

**Aufgabe 3.3**

Die zeitliche Änderung des Volumenflusses ist nur in den Zeitintervallen $2 < t/T_{\text{F}} < 3$ und $7 < t/T_{\text{F}} < 8$ von Null verschieden; in diesen Intervallen ist $\text{d}Q/\text{d}t = \text{const} = Q_0/T_{\text{F}}$. Deshalb ergibt sich der in Abb. 16.1 skizzierte Verlauf des Schalldruckquadrates. Für die im Bild definierte Größe $p_{\text{A}}$ gilt

$$p_{\text{A}} = \frac{\varrho\, Q_0}{4\pi r T_{\text{F}}}\,.$$

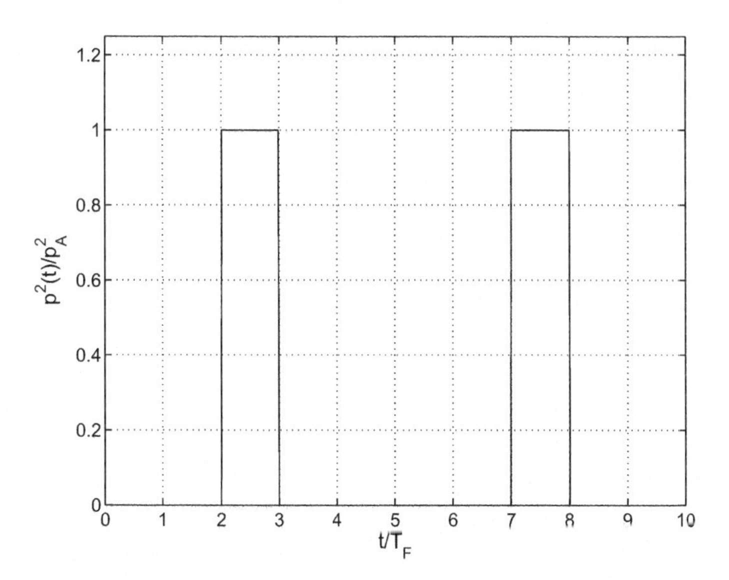


**Abb. 16.1** Zeitverlauf des Schalldruckquadrates

Für $Q_0 = 1\,\text{m}^3/\text{s}$ und $T_\text{F} = 0{,}01\,\text{s}$ erhält man $p_\text{A} = 0{,}95\,\text{N/m}^2$ ($p_\text{A} = 0{,}3\,\text{N/m}^2$ für $T_\text{F} = 0{,}0316\,\text{s}$ und $p_\text{A} = 0{,}095\,\text{N/m}^2$ für $T_\text{F} = 0{,}1\,\text{s}$), wobei mit $\varrho = 1{,}2\,\text{kg/m}^3$ gerechnet worden ist. Wenn man hier als Schalldruckpegel

$$L = 20 \lg p_\text{A}/p_0 \,.$$

mit $p_0 = 2 \cdot 10^{-5}\,\text{N/m}^2$ definiert, dann beträgt der Pegel $L(0{,}01\,\text{s}) = 93{,}6\,\text{dB}$ in den beiden Zeitintervallen, in denen der Schalldruck von Null verschieden ist ($L(0{,}0316\,\text{s}) = 83{,}6\,\text{dB}$ und $L(0{,}1\,\text{s}) = 73{,}6\,\text{dB}$).

**Aufgabe 3.4**
Der Leistungspegel beträgt 117 dB. Die Leistung ist daher gleich $P = 10^{11,7}\,P_0 = 0{,}5\,\text{W}$. Der Wirkungsgrad besitzt also den Wert von 0,01.

**Aufgabe 3.5**
Der Schalldruck im Fernfeld beträgt

$$p_\text{fern} = \frac{j\omega\varrho\, b\, l\, v_0}{2\pi R}\,\text{e}^{-jkR}\,\frac{\sin^2\left(\frac{kl}{4}\sin\vartheta_\text{N}\right)}{\left(\frac{kl}{4}\sin\vartheta_\text{N}\right)^2} = \frac{j\omega\varrho\, b\, l\, v_0}{2\pi R}\,\text{e}^{-jkR}\,\frac{\sin^2\left(\pi\frac{l}{2\lambda}\sin\vartheta_\text{N}\right)}{\left(\pi\frac{l}{2\lambda}\sin\vartheta_\text{N}\right)^2} \,.$$

Die Richtcharakteristika bestehen in Ausschnitten aus der $\sin^2(\pi u)/(\pi u)^2$-Funktion, die durch $u = \pm l/(2\lambda)$ begrenzt sind.

**Aufgabe 3.6**
Wegen $R = 5\,l$ gilt $5 \gg l/\lambda$ und $5\,l \gg \lambda$ für die beiden verbleibenden Fernfeldbedingungen.

a) Aus der ersten Bedingung folgt dann $\lambda > l$, aus der zweiten Bedingung $\lambda < l$. Die Messung kann deswegen nur für $f = 340\,\text{Hz}$ (680 Hz, 170 Hz) vorgenommen werden.
b) Aus der ersten Bedingung folgt dann $2{,}5 > l/\lambda$ oder $\lambda > l/2{,}5$. Aus der zweiten Bedingung folgt $\lambda < 2{,}5\,l$. Die Messung kann also im Frequenzintervall von $f = 136\,\text{Hz}$ bis $f = 850\,\text{Hz}$ (im Intervall 272 bis 1700 Hz; im Intervall 68 bis 425 Hz) vorgenommen werden.

**Aufgabe 3.7**
Der Pegel in 20 m Abstand beträgt 3 dB weniger als in 10 m Abstand, damit also 81 dB(A).

Für die Berechnung der Pegel in 200 m und 400 m Abstand muss zunächst der Leistungspegel der Linienquelle (auf schallharter Unterlage) berechnet werden. Für diesen gilt $L_\text{W} = 119\,\text{dB(A)}$. Daraus errechnet sich für die Punktschallquelle in 200 m Abstand der Druckpegel von 65 dB(A), in 400 m Abstand bleiben dann noch 59 dB(A) übrig.

**Aufgabe 3.8**

Im Prinzip wird durch die fortlaufende Phasenverschiebung von Quelle zu Quelle eine sich während einer Periode drehende Quelle erzeugt, die bei den tieferen Frequenzen eine Spiralwelle abstrahlt (siehe Abb. 16.2 bis 16.5, welche die Lösung der gestellten Aufgabe bilden). Bei höheren Frequenzen treten dann örtlich verteilte Interferenzen auf.

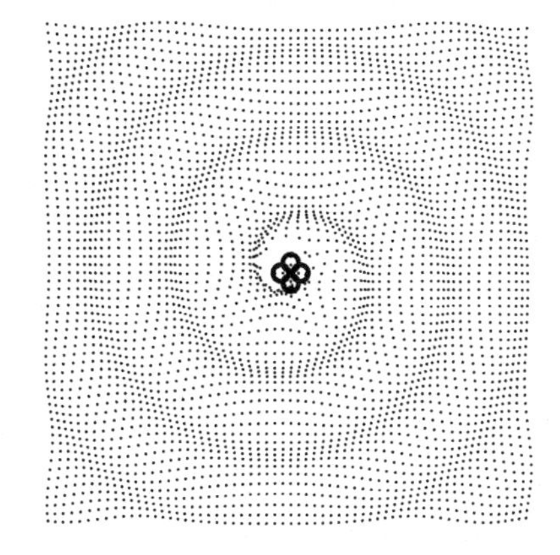

**Abb. 16.2** Schallfeld der Quellen für $2h/\lambda = 0{,}25$

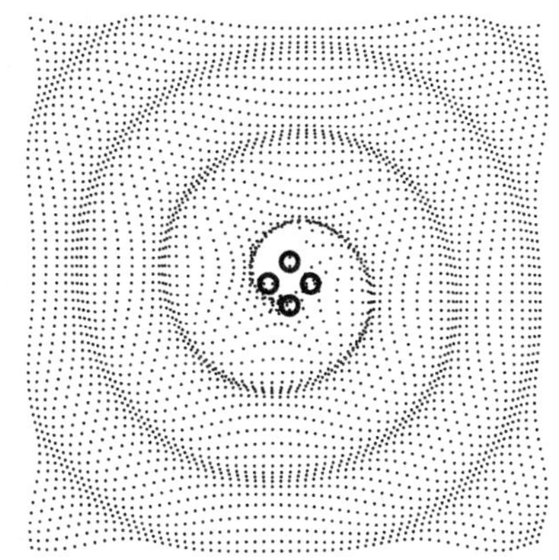

**Abb. 16.3** Schallfeld der Quellen für $2h/\lambda = 0{,}5$

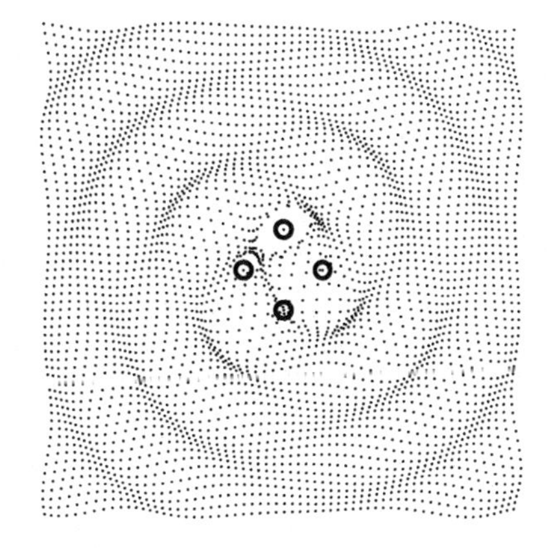

**Abb. 16.4** Schallfeld der Quellen für $2h/\lambda = 1$

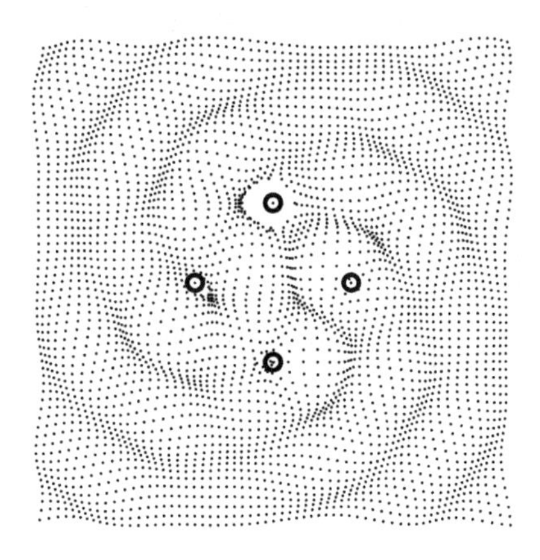

**Abb. 16.5** Schallfeld der Quellen für $2h/\lambda = 2$

Zur freien Verfügung ist das Matlab-Programm und die zugehörige Routine für die Filmdarstellung wiedergegeben.

```
clear all
xmax=3.;
abstand=0.5;
dx=2*xmax/60;
dy=dx;

for ix=1:1:61
x=-xmax + (ix-1)*dx;
    for iy=1:1:61
        y=-xmax + (iy-1)*dy;
        x1=x-abstand/2;
        x2=x+abstand/2;

[phi1,r1]=cart2pol(x1,y);
[phi2,r2]=cart2pol(x2,y);
[phi3,r3]=cart2pol(x,y-abstand/2);
[phi4,r4]=cart2pol(x,y+abstand/2);
p = j*(exp(-j *2*pi*r1)./sqrt(r1) - exp(-j *2*pi*r2)./sqrt(r2));
p = p + exp(-j *2*pi*r3)./sqrt(r3) - exp(-j *2*pi*r4)./sqrt(r4);

[phi1,r1]=cart2pol(x1,y+0.01);
[phi2,r2]=cart2pol(x2,y+0.01);
[phi3,r3]=cart2pol(x,y-abstand/2+0.01);
[phi4,r4]=cart2pol(x,y+abstand/2+0.01);
py = j*(exp(-j *2*pi*r1)./sqrt(r1) - exp(-j *2*pi*r2)./sqrt(r2));
py = py + exp(-j *2*pi*r3)./sqrt(r3) - exp(-j *2*pi*r4)./sqrt(r4);

[phi1,r1]=cart2pol(x1+0.01,y);
[phi2,r2]=cart2pol(x2+0.01,y);
[phi3,r3]=cart2pol(x+0.01,y-abstand/2);
[phi4,r4]=cart2pol(x+0.01,y+abstand/2);
```

```
px = j*(exp(-j *2*pi*r1)./sqrt(r1) - exp(-j *2*pi*r2)./sqrt(r2));
px = px + exp(-j *2*pi*r3)./sqrt(r3) - exp(-j *2*pi*r4)./sqrt(r4);

vx(iy,ix) = (p-px)*10;
vy(iy,ix) = (p-py)*10;

if r1<0.1
    vx(iy,ix)=0;
    vy(iy,ix)=0;
end
if r2<0.1
    vx(iy,ix)=0;
    vy(iy,ix)=0;
end
if r3<0.1
    vx(iy,ix)=0;
    vy(iy,ix)=0;
end
if r4<0.1
    vx(iy,ix)=0;
    vy(iy,ix)=0;
end
end
end

r=0.1;
dphi=2*pi/99.
for i=1:1:100
    phi=(i-1)*dphi;
    x=r*cos(phi);
    y=r*sin(phi);
xrefl(i)=x-abstand/2.;
yrefl(i)=y;

xrefl2(i)=x+abstand/2;
yrefl2(i)=y;

xrefl3(i)=x;
yrefl3(i)=y+abstand/2;

xrefl4(i)=x;
yrefl4(i)=y-abstand/2;
end

npoints=61;
M=particlequadru(vx,vy,npoints,xmax,
xrefl,yrefl,xrefl2,yrefl2,xrefl3,yrefl3,xrefl4,yrefl4);
```

Es folgt die Routine zur Filmdarstellung:

```
function[M]=particlequadru(vx,vy,npoints,xmax,
xrefl,yrefl,xrefl2,yrefl2,xrefl3,yrefl3,xrefl4,yrefl4);

xmin=-xmax; ymin=xmin; ymax=xmax;

frames=50; scale=1;

point_style = 'k.'; [x,y]=meshgrid(1:npoints,1:npoints);

command ='axis off';

v=[vx,vy]; [vmaxval,vmaxpos]=mmax(abs(v));
[vmax,temppos]=max(real(v(vmaxpos)));
phase=angle(v(vmaxpos(temppos)));

dx=real(vx*exp(j*phase)); dy=real(vy*exp(j*phase));

figure('Position',[50 20 500 500],'color',[1 1 1]);

%Scale movie
answer='yes'; while answer=='yes'
   cla;
   plot(x+dx*scale,y+dy*scale,point_style,'Markersize',5)
   axis([-1 npoints+2 -1 npoints+2])
   hold on
   axis equal;
   axis manual;
   eval(command);
   answer=questdlg('Scale Particle Movement', ...
      'Continue Scaling?', ...
      'yes','no','yes');
   if strcmp(answer,'no'),break,end
   prompt={'Multiplication Factor:'};
   title='Scale Particle Movement';
   lineNo=1;
   def={num2str(scale)};
   scale=inputdlg(prompt,title,lineNo,def);

   if isempty(scale),break,end;
   scale=str2num(char(scale));
end scale
%Plot single frames of movie and combine them
M=moviein(frames); for k=0:frames-1;
   cla;
   axis equal;
   axis manual;
   eval(command);
```

```
    dx=real(vx*exp(j*2*pi/frames*k));
    dy=real(vy*exp(j*2*pi/frames*k));
    plot(x+dx*scale,y+dy*scale,point_style,'Markersize',5)

    % reflectors

    ax=(npoints-1)/(xmax-xmin);
    bx=1-ax*xmin;
    ay=(npoints-1)/(ymax-ymin);
    by=1-ay*ymin;
    xm=ax*xrefl + bx;
    ym=ay*yrefl + by;
    hp=plot(xm,ym);
    set(hp,'LineWidth',3.,'Color','k')

    xm=ax*xrefl2 + bx;
    ym=ay*yrefl2 + by;
    hp=plot(xm,ym);
    set(hp,'LineWidth',3.,'Color','k')

    xm=ax*xrefl3 + bx;
    ym=ay*yrefl3 + by;
    hp=plot(xm,ym);
    set(hp,'LineWidth',3.,'Color','k')

    xm=ax*xrefl4 + bx;
    ym=ay*yrefl4 + by;
    hp=plot(xm,ym);
    set(hp,'LineWidth',3.,'Color','k')

    M(:,k+1) = getframe;
end

%Play movie

answer='yes'; while answer=='yes'
    answer=questdlg('', ...
        'Play it again ?', ...
        'yes','no','yes');
    if strcmp(answer,'no'),break,end
     movie(M,8{,}30);  % 8 times, 30 pics/sec
end

function [m,i]=mmax(a)
% MMAX Matrix Maximum Value.
% MMAX(A) returns the maximum value in the matrix A.
% [M,I] = MMAX(A) in addition returns the indices of
% the maximum value in I = [row col].
```

```
% D.C. Hanselman, University of Maine, Orono ME 04469
% 1/4/95
% Copyright (c) 1996 by Prentice Hall, Inc.

if nargout==2,  %return indices
   [m,i]=max(a);
   [m,ic]=max(m);
   i=[i(ic) ic];
else,
   m=max(max(a));
end
```

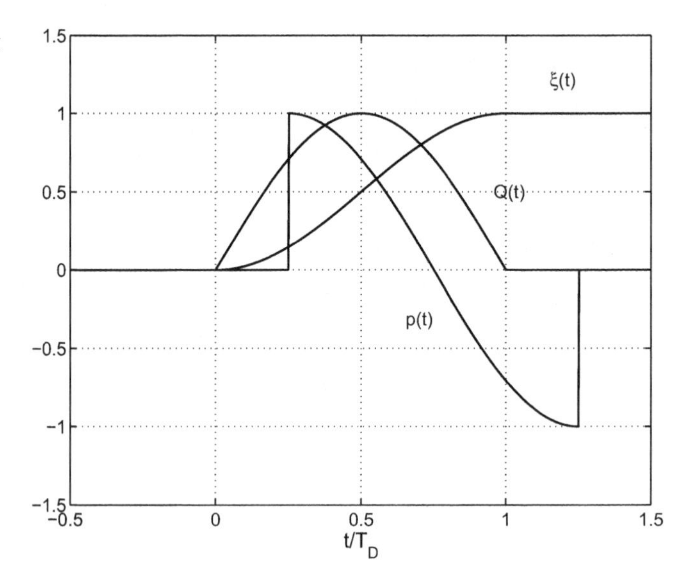


**Abb. 16.6** Bild zur Lösung von Aufgabe 3.8. Signalverläufe $\xi$, $Q$, und $p$ für $r/c = T_\mathrm{D}/4$, jeweils durch ihr Maximum dividiert

**Aufgabe 3.9**

Mit Hilfe der Umformung $\sin^2 x = 0{,}5 - 0{,}5 \cos 2x$ findet man für den Volumenfluss der Quelle im Zeitintervall $0 < t < T_\mathrm{D}$

$$Q(t) = \frac{\pi}{2} \frac{S\xi_0}{T_\mathrm{D}} \sin\left(\pi \frac{t}{T_\mathrm{D}}\right).$$

Daraus folgt nach dem Gesetz für Volumenquellen im Freien

$$p(r,t) = \frac{\pi}{8} \frac{\varrho}{r} \frac{S\xi_0}{T_\mathrm{D}^2} \cos\left(\pi \frac{t - r/c}{T_\mathrm{D}}\right)$$

im Zeitintervall $0 < t < T_\mathrm{D}$. Für $t < 0$ und für $t > T_\mathrm{D}$ ist $p = 0$. Alle Zeitverläufe sind im oben wiedergegebenen Bild (Abb. 16.6) dargestellt.

**Aufgabe 3.10**
Im Fernfeld besteht der von der kreisförmigen Kolbenmembran hervorgerufene Schalldruck in

$$p_{\text{fern}}(R,\vartheta,\varphi)=\frac{j\omega\varrho\, v_0}{2\pi R}\,\mathrm{e}^{-jkR}\int\limits_{-b}^{b}\int\limits_{-\sqrt{b^2-x_q^2}}^{\sqrt{b^2-x_q^2}}\mathrm{e}^{jk(x_Q\,\sin\vartheta\,\cos\varphi+y_Q\,\sin\vartheta\,\sin\varphi)}\mathrm{d}y_Q\,\mathrm{d}x_Q\,,$$

wobei über die Kreisfläche integriert wird. Wegen der Rotationssymmetrie (das Schallfeld muss vom Umfangswinkel $\varphi$ unabhängig sein) genügt die Betrachtung einer Halbebene; hier wird als Betrachtungs-Halbebene $\varphi = 0$ gewählt. Damit vereinfacht sich der Fernfeld-Druck zu

$$p_{\text{fern}}(R,\vartheta,\varphi)=\frac{j\omega\varrho\, v_0}{2\pi R}\,\mathrm{e}^{-jkR}\int\limits_{-b}^{b}\int\limits_{-\sqrt{b^2-x_q^2}}^{\sqrt{b^2-x_q^2}}\mathrm{e}^{jkx_Q\,\sin\vartheta}\,\mathrm{d}y_Q\,\mathrm{d}x_Q\,.$$

Weil der Integrand von $y_q$ unabhängig ist folgt daraus

$$\begin{aligned}p_{\text{fern}}(R,\vartheta,\varphi)&=\frac{j\omega\varrho\, v_0}{\pi R}\,\mathrm{e}^{-jkR}\int\limits_{-b}^{b}\mathrm{e}^{jkx_Q\,\sin\vartheta}\,\sqrt{b^2-x_q^2}\,\mathrm{d}x_Q\\&=\frac{j\omega\varrho\, v_0}{\pi R}\,\mathrm{e}^{-jkR}\int\limits_{-b}^{b}\left[\cos\left(kx_Q\,\sin\vartheta\right)+j\,\sin\left(kx_Q\,\sin\vartheta\right)\right]\sqrt{b^2-x_q^2}\,\mathrm{d}x_Q\,,\end{aligned}$$

oder, aus Symmetriegründen

$$p_{\text{fern}}(R,\vartheta,\varphi)=\frac{2j\omega\varrho\, v_0}{\pi R}\,\mathrm{e}^{-jkR}\int\limits_{0}^{b}\cos\left(kx_Q\,\sin\vartheta\right)\sqrt{b^2-x_q^2}\,\mathrm{d}x_Q\,.$$

Die Substitution $u = x_q/b$ liefert

$$p_{\text{fern}}(R,\vartheta,\varphi)=\frac{2j\omega\varrho\, v_0 b^2}{\pi R}\,\mathrm{e}^{-jkR}\int\limits_{0}^{1}\cos\left(kbu\,\sin\vartheta\right)\sqrt{1-u^2}\,\mathrm{d}u\,.$$

Das enthaltene Integral ist tabelliert (siehe z. B. Gradshteyn, I. S.; Ryzhik, I.: Table of Integrals, Series, and Products. Academic Press, New York and London 1965; dort Seite 953, Nr. 8.411.8 mit $\nu = 1$. Hinweis: es gilt $\Gamma(3/2)\Gamma(1/2) = \pi/2$). Damit erhält man

$$p_{\text{fern}}(R,\vartheta,\varphi)=\frac{j\omega\varrho\, v_0 b^2}{R}\,\mathrm{e}^{-jkR}\,\frac{J_1(kb\,\sin\vartheta)}{kb\,\sin\vartheta}\,,$$

worin $J_1$ die Besselfunktion der Ordnung 1 bedeutet. Zur Kontrolle der Rechnung setze man einen Punkt auf der $z$-Achse (also $\vartheta = 0$) ein. Mit $J_1(x)/x = 1/2$ für kleine $x$ erhält man ganz richtig wieder das in (3.73) genannte Ergebnis.

Bemerkenswert ist, dass die Richtcharakteristika von Sendern und Empfängern sehr große Ähnlichkeiten besitzen (siehe Abschn. 11.2, in dem auch die hier relevanten Richtcharakteristika abgelesen werden können).

**Aufgabe 3.11**

Zur Lösung ist nur die Bestimmung des Volumenflusses $Q$ der Plattenschwingung erforderlich; in erster Näherung lassen sich die bezeichneten kurzwelligen Strahler als ungerichtete Volumenquellen auffassen. Für den Volumenfluss gilt

$$Q = v_0 \int_0^{l_y} \int_0^{l_x} \sin(n\pi x/l_x) \sin(m\pi y/l_y) \,\mathrm{d}x \,\mathrm{d}y$$
$$= v_0 \frac{l_x l_y}{n m \pi^2} (\cos(n\pi) - 1)(\cos(m\pi) - 1) \,.$$

Nur falls die Ordnungen $n$ und $m$ beide ungerade Zahlen sind ist der Volumenfluss ungleich Null, er beträgt dann

$$Q = v_0 \frac{4 l_x l_y}{n m \pi^2} \,.$$

Der Schalldruck im Fernfeld ergibt sich damit aus

$$p_{\text{fern}} = \frac{j\omega\varrho_0 Q}{2\pi R} \mathrm{e}^{-jkR} \,.$$

**Aufgabe 3.12**

- Für $b/\lambda = 3{,}5$ erhält man die 3 Druckknoten in den Stellen $z/\lambda = 5{,}625$; 2,0625 und 0,5417.
- Für $b/\lambda = 4{,}5$ erhält man die 4 Druckknoten in den Stellen $z/\lambda = 9{,}625$; 4,0625; 1,875 und 0,5313.
- Für $b/\lambda = 5{,}5$ erhält man die 5 Druckknoten in den Stellen $z/\lambda = 14{,}625$; 6,5625; 3,5417; 1,7813 und 0,525.

**Aufgabe 3.13**

Im Fernfeld (und nur in diesem ist die Angabe der Richtcharakteristik sinnvoll) gilt

$$p_{\text{fern}} = p_1 \left[ 1 + \frac{Q_2}{Q_1} \mathrm{e}^{jkh \sin\vartheta_{\mathrm{N}}} \right]$$

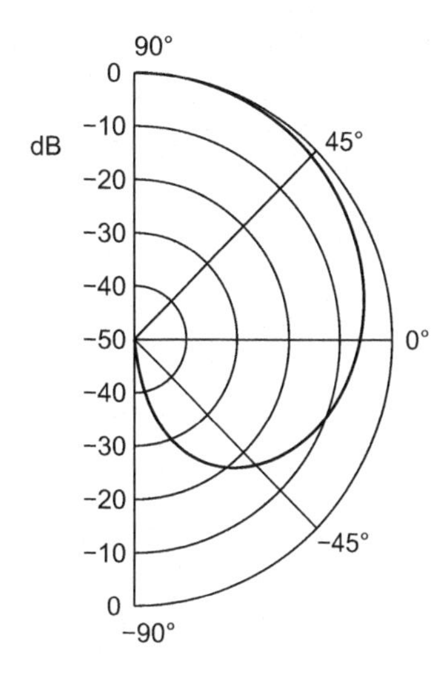


**Abb. 16.7** Richtcharakteristik des Strahlerpaares

($p_1$ ist das Feld der Quelle $Q_1$ alleine), also ist hier

$$p_{\text{fern}} = p_1\left[1 - (1 + jkh)\,\mathrm{e}^{jkh\,\sin\vartheta_\mathrm{N}}\right] .$$

Mit $\mathrm{e}^z \cong 1 + z$ für $|z| \ll 1$ erhält man daraus

$$p_{\text{fern}} = p_1[1 - (1 + jkh)(1 + jkh\,\sin\vartheta_\mathrm{N})] \cong -jkh(1 + \sin\vartheta_\mathrm{N})p_1 ,$$

wobei der Summand zweiter Ordnung (mit $(kh)^2$) vernachlässigt worden ist. Die Richtcharakteristik ist nierenförmig, sie besitzt einen einzigen Einbruch bei $\vartheta_\mathrm{N} = -90°$. Sie ist in Abb. 16.7 wiedergegeben. Natürlich ist die Charakteristik spiegelsymmetrisch, es gilt

$$p_{\text{fern}}(180° - \vartheta_\mathrm{N}) = p_{\text{fern}}(\vartheta_\mathrm{N}) .$$

Es mag erwähnenswert sein, dass das Prinzip nicht verletzt ist, nach welchem das Schallfeld bei tiefen Frequenzen in erster Näherung durch die ‚Quellensumme an ein und demselben Ort' gegeben ist. In erster Näherung sind Quellensumme und Schallfeld beide gleich Null.

## 16.4 Übungsaufgaben aus Kapitel 4

**Aufgabe 4.1**
Die Koinzidenzgrenzfrequenzen betragen für

- Gipsplatten von 8 cm Dicke ($c_\mathrm{L} = 2000\,\mathrm{m/s}$) 397 Hz,
- Fensterscheiben von 4 mm Dicke 3241 Hz und für
- ein Türblatt aus Eichenholz ($c_\mathrm{L} = 3000\,\mathrm{m/s}$) von 25 mm Dicke 847 Hz.

**Aufgabe 4.2**
Am einfachsten drückt man zunächst den etwas unanschaulichen Ausdruck $\sqrt{B/m'}$ durch die Longitudinalwellengeschwindigkeit und die Stabdicke aus. Mit $B = Eh^3b/12$ und $m' = \varrho\, hb$ wird:

$$\frac{B}{m'} = \frac{Eh^2}{12\varrho} = h^2 c_\mathrm{L}^2/12\,.$$

Daraus errechnet man mit $c_\mathrm{L} = 5200\,\mathrm{m/s}$ für Aluminium die Resonanzfrequenzen

- für den unterstützen Stab $f = 0{,}45\, m^2 h\, c_\mathrm{L}/l^2$ $(m = 1{,}2{,}3,\ldots)$ und
- für den eingespannten Stab $f = 0{,}45\,(m + 0{,}5)^2 h\, c_\mathrm{L}/l^2$ $(m = 1{,}2{,}3,\ldots)$.

Daraus berechnet man für die Stablänge von 1 m die Resonanzfrequenzen

- für den unterstützen Stab von $f/\mathrm{Hz} = 11{,}7$; 46,8; 105,3; 187,2; 292,5 und
- für den eingespannten Stab $f/\mathrm{Hz} = 26{,}3$; 73,1; 143,3; 236,9; 353,9.

Für die Stablänge von 50 cm sind alle Resonanzfrequenzen vier mal so groß.

**Aufgabe 4.3**
Auch hier werden zunächst Biegesteife und Plattenmasse durch Longitudinalwellengeschwindigkeit und Plattendicke ausgedrückt:

$$f = 0{,}45\left[\left(\frac{n_x}{l_x}\right)^2 + \left(\frac{n_y}{l_y}\right)^2\right] h\, c_\mathrm{L}\,,$$

Durch Variation von $n_x = 1; 2$ und $n_y = 1; 2$ und erhält man folgende Resonanzfrequenzen:

- Fensterscheibe von 4 mm Dicke und den Abmessungen von 50 cm und 100 cm: 44,1 Hz; 70,6 Hz; 149,9 Hz und 176,4 Hz.
- 10 cm dicke Gipswand ($c_\mathrm{L} = 2000\,\mathrm{m/s}$) mit den Abmessungen 3 m mal 3 m: 20 Hz; 50 Hz; 50 Hz (doppelte Resonanz) und 80 Hz.
- 2 mm starke Stahlplatte mit den Abmessungen von 20 cm mal 25 cm: 184,5 Hz; 400,5 Hz; 522 Hz und 738 Hz.

**Aufgabe 4.4**
Der Stab liege im Intervall $0 \leq x \leq l$ und sei in $x = 0$ eingespannt ($v = 0$ und $\mathrm{d}v/\mathrm{d}x = 0$ in $x = 0$) und in $x = l$ frei ($\mathrm{d}^2v/\mathrm{d}x^2 = 0$ und $\mathrm{d}^3v/\mathrm{d}x^3 = 0$ in $x = l$). Da keine Symmetrie vorliegt muss der Ansatz für die Schnelle hier vier Lösungsfunktionen enthalten:

$$v = A \sin k_\mathrm{B}x + B\, \mathrm{sh}\, k_\mathrm{B}x + C\, \cos k_\mathrm{B}x + D\, \mathrm{ch}\, k_\mathrm{B}x\,.$$

Wegen $v(0) = 0$ gilt $D = -C$, aus $\mathrm{d}v/\mathrm{d}x = 0$ in $x = 0$ folgt $B = -A$. Damit bleibt für die Schnelle

$$v = A\left[\sin k_\mathrm{B}x - \mathrm{sh}\, k_\mathrm{B}x\right] + C\left[\cos k_\mathrm{B}x - \mathrm{ch}\, k_\mathrm{B}x\right].$$

Die Randbedingung $\mathrm{d}^2v/\mathrm{d}x^2 = 0$ in $x = l$ liefert,

$$v = A[\sin k_\mathrm{B}l + \mathrm{sh}\, k_\mathrm{B}l] + C\,[\cos k_\mathrm{B}l + \mathrm{ch}\, k_\mathrm{B}l]\,,$$

wegen $\mathrm{d}^3v/\mathrm{d}x^3 = 0$ gilt noch

$$v = A[\cos k_\mathrm{B}l + \mathrm{ch}\, k_\mathrm{B}l] - C\,[\sin k_\mathrm{B}l - \mathrm{sh}\, k_\mathrm{B}l]\,.$$

Der Resonanzfall – die Schwingung ohne Anregung – tritt ein, wenn die Determinante der beiden letzten Gleichungen verschwindet:

$$[\sin k_\mathrm{B}l + \mathrm{sh}\, k_\mathrm{B}l][\sin k_\mathrm{B}l - \mathrm{sh}\, k_\mathrm{B}l] + C\,[\cos k_\mathrm{B}l + \mathrm{ch}\, k_\mathrm{B}l]^2 = 0\,.$$

Daraus folgt

$$\cos k_\mathrm{B}l = -\frac{1}{\mathrm{ch}\, k_\mathrm{B}l}$$

für die Resonanzfrequenzen. Diese Gleichung lässt sich leicht graphisch lösen, wie Abb. 16.8 zeigt.

Die niedrigste Resonanzfrequenz ergibt sich offensichtlich recht genau aus $k_\mathrm{B}l/2\pi = 0{,}3$, gleichbedeutend mit $k_\mathrm{B}l = 0{,}6\pi$ (der genaue Wert beträgt $k_\mathrm{B}l = 0{,}597\pi$, dieser Unterschied ist natürlich ohne jede praktische Bedeutung). Für alle höheren Resonanzen gilt $\cos k_\mathrm{B}l = 0$ und daher $k_\mathrm{B}l = 3\pi/4 + n\pi$.

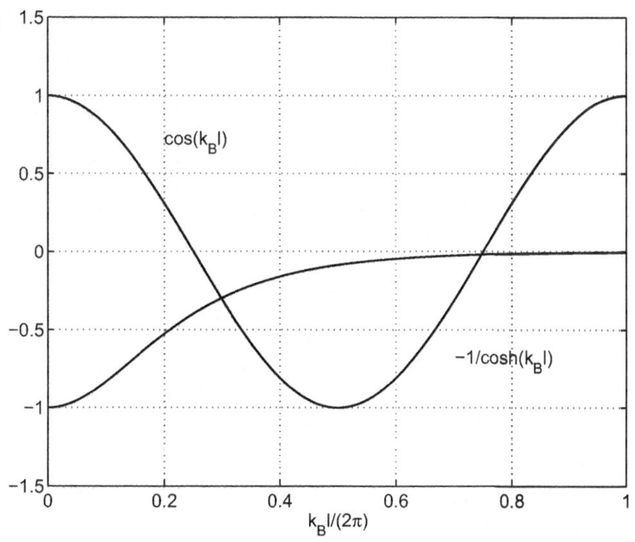


**Abb. 16.8** Graphische Lösung der Eigenwertgleichung

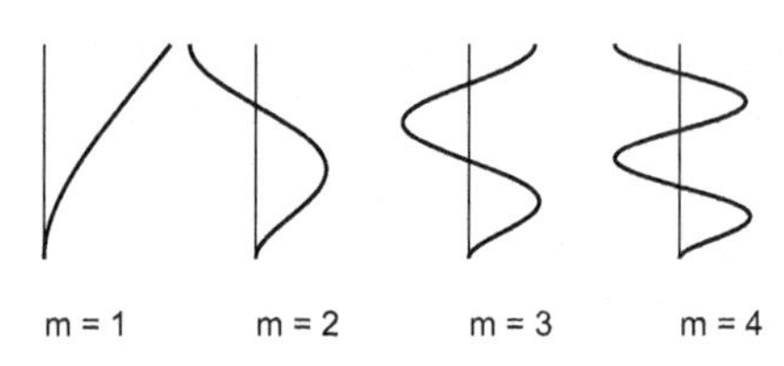


**Abb. 16.9** Schwingungsmoden des unten eingespannten und oben freien Stabes

Die Modenformen bestehen in

$$v = [\sin k_{\mathrm{B}}x - \operatorname{sh} k_{\mathrm{B}}x] + \frac{\cos k_{\mathrm{B}}l + \operatorname{ch} k_{\mathrm{B}}l}{\sin k_{\mathrm{B}}l - \operatorname{sh} k_{\mathrm{B}}l} [\cos k_{\mathrm{B}}x - \operatorname{ch} k_{\mathrm{B}}x] ,$$

wobei noch die oben genannten Eigenwerte $k_{\mathrm{B}}l$ eingesetzt werden. Die ersten vier Moden sind in Abb. 16.9 eingetragen.

**Aufgabe 4.5**

Der Ansatz für die Stabschnelle rechts von der Punktkraft für $x > 0$ beinhaltet eine nach rechts laufende Welle und ein in $x$-Richtung abklingendes Nahfeld:

$$v = v_0(\mathrm{e}^{-jk_{\mathrm{B}}x} + A\,\mathrm{e}^{-k_{\mathrm{B}}x}) .$$

Das Schwingungsfeld muss symmetrisch sein, d. h., es gilt

$$v(-x) = v(x) .$$

Beim Ausführen der Schwingung kann der Stab unter der Punktkraft nicht durchknicken, deshalb muss an der Stelle $x = 0$

$$\beta = \frac{\partial v}{\partial x} = 0$$

gelten. Daraus folgt $A = -j$ und daher

$$v = v_0 \left(\mathrm{e}^{-jk_{\mathrm{B}}x} - j\,\mathrm{e}^{-k_{\mathrm{B}}x}\right)$$

für den komplexen Zeiger der Stabschnelle. Zeit- und Ortsverlauf folgen dann aus der Zeitkonvention zu

$$v(x,t) = v_0 \operatorname{Re}\{(\mathrm{e}^{-jk_{\mathrm{B}}x} - j\,\mathrm{e}^{-k_{\mathrm{B}}x})\,\mathrm{e}^{j\omega t}\} .$$

Die in der Aufgabenstellung verlangten Kurven für die Stabschnelle sind in den beiden folgenden Abbildung wiedergegeben, der besseren Übersicht wegen getrennt für die beiden Halbperioden. Die Kurven für die Auslenkungen sind wegen $\xi = v/j\omega$ gleich, dabei jedoch um 90° gegenüber der Schnelle phasenverschoben.

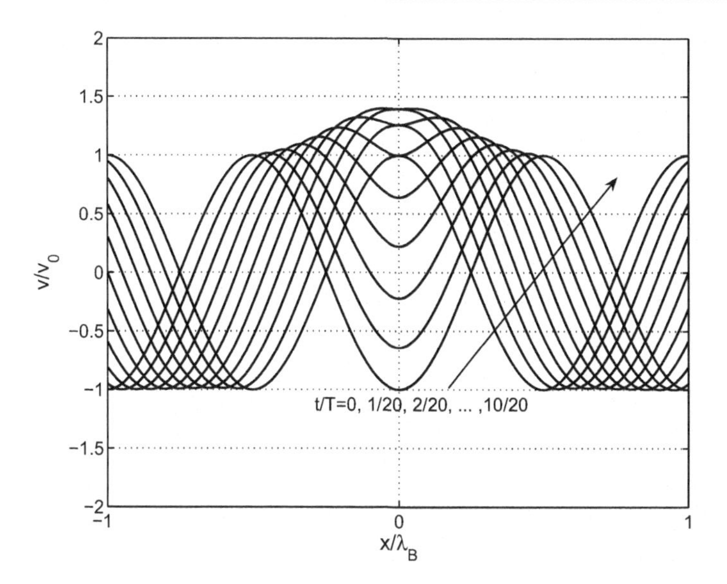


**Abb. 16.10** Stabschnelle zu Aufgabe 4.5

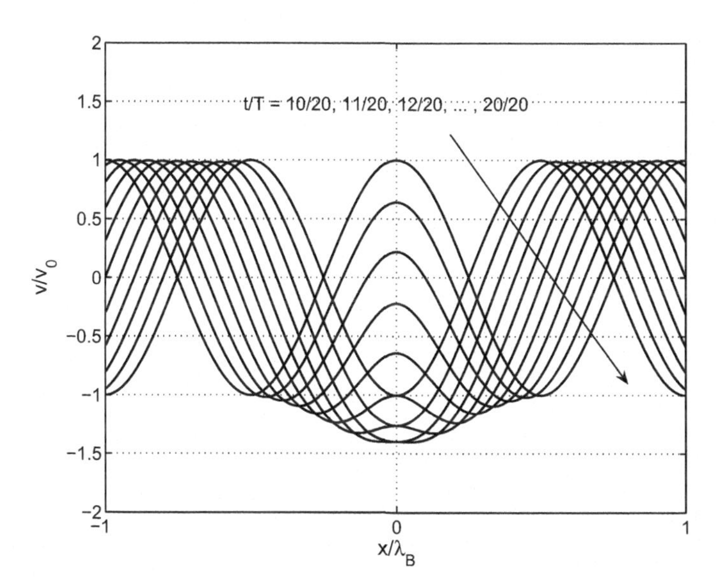


**Abb. 16.11** Stabschnelle zu Aufgabe 4.5

Die Schnelle in $x = 0$ ergibt sich aus

$$v(x, t) = v_0 \,\text{Re}\{(1 - j)\, e^{j\omega t}\}\,.$$

Mit

$$1 - j = \sqrt{2}\,\mathrm{e}^{-j\frac{\pi}{4}}$$

wird daraus

$$v(x,t) = v_0\sqrt{2}\,\cos\left(\omega t - \frac{\pi}{4}\right).$$

Die Schnelle in $x = 0$ wird also erstmals für $t/T = 1/8$ maximal.

Die Auslenkung $\xi(x = 0)$ folgt durch zeitliche Integration der genannten Schnelle zu

$$\xi(x,t) = \frac{\sqrt{2}v_0}{\omega}\,\sin\left(\omega t - \frac{\pi}{4}\right).$$

Die Auslenkung in $x = 0$ wird also erstmals für $t/T = 3/8$ maximal.

**Aufgabe 4.6**

Der erste Schritt zur Lösung der Aufgabe besteht wie bei der vorangegangen Aufgabe im Ansatz der homogenen Biegewellengleichung

$$\frac{\partial^4 v}{\partial x^4} - k_\mathrm{B}^4 v = 0\,,$$

der nur eine von der Quelle weglaufende Welle und ein von ihr weg abklingendes Nahfeld berücksichtigt:

$$v(x) = v_\mathrm{W}\,\mathrm{e}^{-jk_\mathrm{B}x} + v_\mathrm{N}\,\mathrm{e}^{-k_\mathrm{B}x}\,.$$

Dieser Ansatz gilt nur für $x > 0$, natürlich stellt sich ein symmetrisches Schwingungsfeld $v(-x) = v(x)$ ein. Weil auch diesmal der Stab in seiner Mitte nicht knickt, muss wie vorher

$$\partial v(x)/\partial x = 0$$

für $x = 0$ gelten, daraus folgt $v_\mathrm{N} = -jv_\mathrm{W}$. Deshalb vereinfacht sich der Ansatz wieder zu

$$v(x) = v_\mathrm{W}\left[\mathrm{e}^{-jk_\mathrm{B}x} - j\,\mathrm{e}^{-k_\mathrm{B}x}\right].$$

Die rechts von der Punktkraft im Stab vorhandene Biegekraft $F(x \rightarrowtail 0)$ errechnet sich daraus zu

$$F(x \rightarrowtail 0) = \frac{B}{j\omega}\frac{\partial^3 v}{\partial x^3} = v_\mathrm{W}\frac{2Bk_\mathrm{B}^3}{\omega} = v_\mathrm{W}\frac{2\omega m'}{k_\mathrm{B}}\,,$$

wobei im letzten Schritt noch $k_\mathrm{B}^4 = m'\omega^2/B$ benutzt wurde. Die Biegekraft im Stab links von der anregenden Punktkraft ist ebenso groß. Weil die Summe aller drei Kräfte Null ergeben muss folgt

$$v_\mathrm{W} = \frac{F_0 k_\mathrm{B}}{4\omega m'}\,.$$

Schließlich erhält man damit durch einsetzen in den Ansatz die Schnelle

$$v(x) = \frac{F_0 k_B}{4\omega m'}\left[e^{-jk_B x} - j\,e^{-k_B x}\right] = \frac{F_0}{4k_B\sqrt{m'B}}\left[e^{-jk_B x} - j\,e^{-k_B x}\right].$$

Im letzten Schritt ist noch

$$\frac{F_0 k_B}{4\omega m'} = \frac{F_0 k_B^2}{4k_B \omega m'} = \frac{F_0 \omega}{4k_B \omega m'}\sqrt{\frac{m'}{B}} = \frac{F_0}{4k_B\sqrt{m'B}}.$$

benutzt worden, um das Ergebnis etwas übersichtlicher hinsichtlich seiner Frequenzabhängigkeit zu gestalten.

## 16.5 Übungsaufgaben aus Kapitel 5

**Aufgabe 5.1**

Das Gewicht des Kern-Spin-Tomographen beträgt $10^4$ N (mit der Erdbeschleunigung $g = 10\,\mathrm{m/s^2}$ gerechnet), die Aufstandsfläche $0{,}36\,\mathrm{m}^2$, die Flächenpressung also $p_{\mathrm{stat}} = 2{,}8 \cdot 10^4\,\mathrm{N/m^2} = 0{,}028\,\mathrm{N/mm^2}$. Der E-Modul muss 20 mal so groß sein, also ist $E = 0{,}56\,\mathrm{N/mm^2} = 56 \cdot 10^4\,\mathrm{N/m^2}$ zu verlangen.

Die erforderliche Schichtdicke erhält man am einfachsten aus der statischen Einsenkung

$$x_{\mathrm{stat}} = Mg/s$$

($M$ = Masse), in der das Verhältnis $s/M$ durch die Resonanzfrequenz ausgedrückt wird:

$$x_{\mathrm{stat}} = \frac{g}{\omega_{\mathrm{res}}^2}.$$

Wegen $x_{\mathrm{stat}} = d/20$ folgt daraus

$$d = \frac{20g}{\omega_{\mathrm{res}}^2} \approx \frac{g}{2f_{\mathrm{res}}^2}.$$

Für eine Resonanzfrequenz von 14 Hz ist demnach die Schichtdicke von 2,6 cm erforderlich.

**Aufgabe 5.2**

Die Pegelminderung ist begrenzt durch

$$R_E = 20 \lg \frac{s_F}{s}$$

Für 6 dB Pegelminderung muss also die Federsteife des Fundaments doppelt so groß sein wie die Lagersteife $s = ES/d = 7{,}8 \cdot 10^6\,\mathrm{N/m}$. Für 10 dB Erfolg muss die Fundamentsteife 3,16 mal so groß sein, für 20 dB muss die Fundamentsteife 10 mal so groß sein wie die Lagersteife.

**Aufgabe 5.3**
Bei Betrieb des Tomographen (Index T) betrug die Pegeldifferenz ‚Empfangspegel – Sendepegel':

| $f/\mathrm{Hz}$ | $L_\mathrm{E}(T)$ = Empfangspegel – Sendepegel dB |
|---|---|
| 500 | –33,3 |
| 1000 | –33,0 |
| 2000 | –31,1 |

Bei Betrieb des Lautsprechers ergab sich folgende Pegeldifferenz:

| $f/\mathrm{Hz}$ | $L_\mathrm{E}(L)$ = Empfangspegel – Sendepegel dB |
|---|---|
| 500 | –39,9 |
| 1000 | –41,2 |
| 2000 | –41,4 |

Der Pegel im Empfangsraum kommt offensichtlich nicht vorwiegend durch Luftschallübertragung, sondern vor allem durch Körperschallübertragung zu Stande. Eine elastische Lagerung ist also sinnvoll. Sie reduziert die Übertragung auf dem Körperschallweg. Die Wirkung dieser Maßnahme findet eine Grenze, wenn die Körperschallübertragung soweit reduziert worden ist, dass dann die noch verbleibende Luftschallübertragung überwiegt. Die maximal mögliche Pegelsenkung durch elastisches Entkoppeln ergibt sich deshalb zu $\Delta L = L_\mathrm{E}(T) - L_\mathrm{E}(L)$ zu

| $f/\mathrm{Hz}$ | $L_\mathrm{E}(T) - L_\mathrm{E}(L)$ dB |
|---|---|
| 500 | 6,6 |
| 1000 | 8,2 |
| 2000 | 10,3 |

Die Pegelsituation nach dem elastischen Entkoppeln würde demnach im Empfangsraum bei Betrieb des Tomographen wie folgt erwartet werden:

| $f/\mathrm{Hz}$ | Empfangspegel nach elastischem Entkoppeln |
|---|---|
| 500 | 25,4 |
| 1000 | 23,2 |
| 2000 | 20,1 |

Der unbewertete Gesamtpegel würde also 28,2 dB betragen.

**Aufgabe 5.4**

Die Resonanzfrequenz erhöht sich multiplikativ um den Faktor 1,22 (1,12: vierfache; 1,06: achtfache Masse) gegenüber dem Fall starren Fundaments.

**Aufgabe 5.5**

Die gedämpfte Resonanzfrequenz $\omega_{0\eta}$ erhält man, indem die erste Ableitung von

$$\left|\frac{x}{F}\right|^2 = \frac{1}{(1-\omega^2/\omega_0^2)^2 + (\eta\omega/\omega_0)^2}$$

nach $\omega$ gleich Null gesetzt wird. Daraus erhält man

$$\omega_{0\eta} = \omega_0\sqrt{1-\eta^2/2}\,,$$

wobei $\omega_0$ die ungedämpfte Resonanz (also die Resonanz für $\eta = 0$) darstellt. Es ist natürlich immer die gedämpfte Resonanzfrequenz, die bei Messungen zu Tage tritt. Die kritische Dämpfung beträgt offensichtlich $\eta = \sqrt{2}$.

## 16.6 Übungsaufgaben aus Kapitel 6

**Aufgabe 6.1**

Die drei folgenden Bilder (Abb. 16.12, 16.13 und 16.14) bilden die Lösung der Aufgabe. Dargestellt ist das letzte Rohrstück, dessen Länge eine Wellenlänge beträgt. Der Reflektor

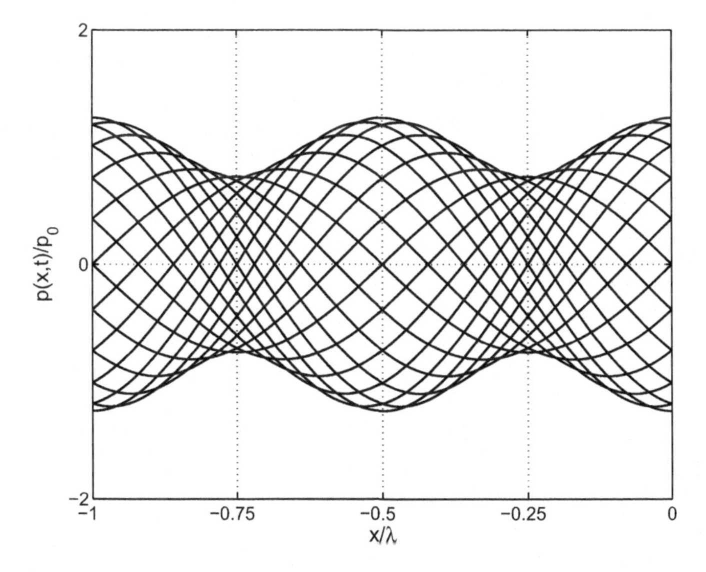


**Abb. 16.12** Ortsverlauf des Schalldruckes für die festen Zeiten $t = nT/20$ ($n = 0, 1, 2, 3, \ldots, 19$) und für den Reflexionsfaktor von $r = 0{,}25$ ($p_0$ = Amplitude der einfallenden Welle alleine)

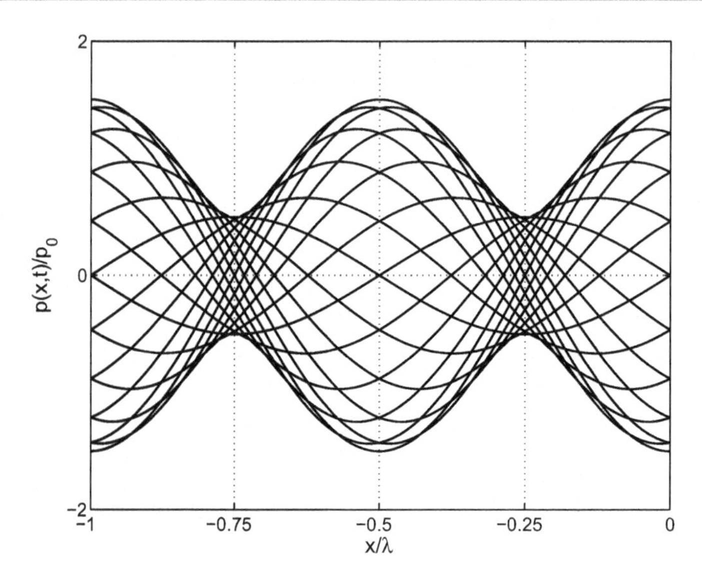


**Abb. 16.13** Ortsverlauf des Schalldruckes für die festen Zeiten $t = nT/20$ ($n = 0, 1, 2, 3, \ldots, 19$) und für den Reflexionsfaktor von $r = 0{,}5$ ($p_0$ = Amplitude der einfallenden Welle alleine)

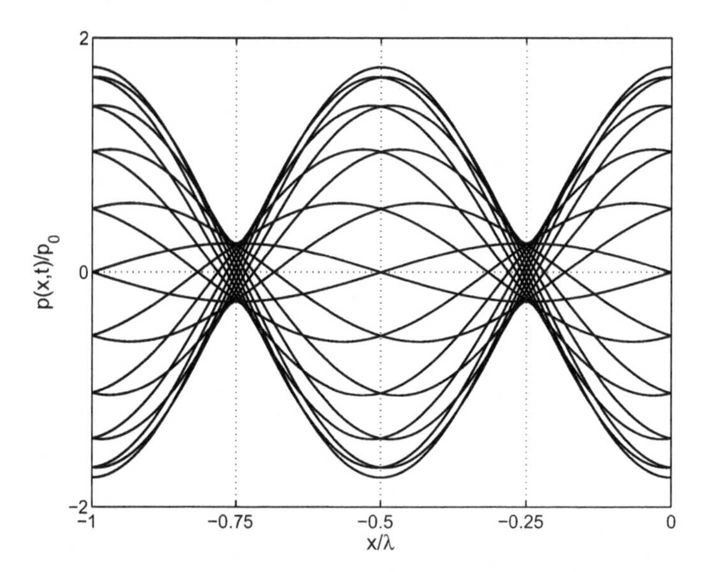


**Abb. 16.14** Ortsverlauf des Schalldruckes für die festen Zeiten $t = nT/20$ ($n = 0, 1, 2, 3, \ldots, 19$) und für den Reflexionsfaktor von $r = 0{,}75$ ($p_0$ = Amplitude der einfallenden Welle alleine)

befindet sich in $x = 0$. Es handelt sich jeweils um sinusförmige Ortsverläufe, die unter Abnahme und Zunahme ihrer Amplituden (allmähliches ‚Auf- und Abblenden') mit wachsender Zeit von links nach rechts wandern. Sehr deutlich lassen sich die Einhüllenden über der jeweiligen Kurvenschar und damit auch die Ortsverläufe der Effektivwerte erkennen. Mit wachsendem Reflexionsfaktor streben Minima und Maxima der Größe nach immer weiter auseinander.

**Aufgabe 6.2**
Die Frequenzgänge von Absorptionsgrad und Wandimpedanz des Aufbaues, der in einer 8 cm dicken Schicht aus Holzfasern-Beton-Gemisch vor schallhartem Abschluss besteht, betragen:

| Frequenz/Hz | $\alpha$ | $\mathrm{Re}\{z/\varrho c\}$ | $\mathrm{Im}\{z/\varrho c\}$ |
|---|---|---|---|
| 200 | 0,52 | 1,52 | −2,31 |
| 300 | 0,83 | 1,23 | −0,98 |
| 400 | 0,96 | 1,40 | −0,27 |
| 500 | 0,79 | 2,03 | 1,05 |
| 600 | 0,64 | 3,55 | 1,22 |
| 700 | 0,52 | 5,44 | 0,59 |
| 800 | 0,47 | 4,76 | −2,71 |
| 900 | 0,53 | 4,05 | −2,24 |
| 1000 | 0,57 | 2,32 | −2,29 |
| 1100 | 0,64 | 2,09 | −1,87 |
| 1200 | 0,79 | 1,54 | −1,16 |
| 1300 | 0,85 | 1,94 | −0,69 |
| 1400 | 0,84 | 2,24 | −0,41 |
| 1500 | 0,87 | 2,05 | −0,34 |
| 1600 | 0,87 | 2,40 | −0,86 |
| 1700 | 0,76 | 2,31 | −1,10 |
| 1800 | 0,69 | 1,92 | −1,61 |

**Aufgabe 6.3**
Die gesuchten Zahlenwerte lauten:

| $z/\varrho c$ | $\alpha$ | $\varphi$ | $\lvert x_{\mathrm{min}}\rvert/\lambda$ |
|---|---|---|---|
| $1+j$ | 0,8 | 63,4° | 0,162 |
| $2+j$ | 0,8 | 26,6° | 0,213 |
| $1+2j$ | 0,5 | 45,0° | 0,188 |
| $3+j$ | 0,706 | 12,5° | 0,233 |
| $1+3j$ | 0,308 | 33,7° | 0,203 |

**Aufgabe 6.4**
Wenn man mit $c = 340\,\mathrm{m/s}$ und $\varrho = 1{,}21\,\mathrm{kg/m^3}$ rechnet erhält man folgende Zahlenwerte:

**für $\Xi = 10^4\,\mathrm{N\,s/m^4}$ und $\kappa = 2$**

| $f/\mathrm{Hz}$ | $z/\varrho c$ | $\alpha$ |
|---|---|---|
| 200 | $0{,}84 - j\,2{,}58$ | 0,33 |
| 400 | $0{,}93 - j\,0{,}97$ | 0,78 |
| 800 | $1{,}49 + j\,0{,}10$ | 0,96 |
| 1600 | $1{,}05 - j\,0{,}57$ | 0,93 |

**für $\Xi = 10^4\,\mathrm{N\,s/m^4}$ und $\kappa = 1$**

| $f/\mathrm{Hz}$ | $z/\varrho c$ | $\alpha$ |
|---|---|---|
| 200 | $0{,}82 - j\,2{,}71$ | 0,31 |
| 400 | $0{,}86 - j\,1{,}24$ | 0,69 |
| 800 | $1{,}01 - j\,0{,}42$ | 0,96 |
| 1600 | $1{,}37 - j\,0{,}49$ | 0,94 |

**für $\Xi = 2 \cdot 10^4\,\mathrm{N\,s/m^4}$ und $\kappa = 2$**

| $f/\mathrm{Hz}$ | $z/\varrho c$ | $\alpha$ |
|---|---|---|
| 200 | $1{,}65 - j\,2{,}73$ | 0,46 |
| 400 | $1{,}73 - j\,1{,}30$ | 0,76 |
| 800 | $1{,}92 - j\,0{,}78$ | 0,84 |
| 1600 | $1{,}42 - j\,0{,}56$ | 0,92 |

**für $\Xi = 2 \cdot 10^4\,\mathrm{N\,s/m^4}$ und $\kappa = 1$**

| $f/\mathrm{Hz}$ | $z/\varrho c$ | $\alpha$ |
|---|---|---|
| 200 | $1{,}62 - j\,2{,}85$ | 0,43 |
| 400 | $1{,}61 - j\,1{,}52$ | 0,71 |
| 800 | $1{,}56 - j\,0{,}97$ | 0,83 |
| 1600 | $1{,}25 - j\,0{,}74$ | 0,89 |

**Aufgabe 6.5**

Der längenspezifische Strömungswiderstand zählt stets nur im Verhältnis zur Dichte des Fluids; $\Xi$ für Wasser müsste daher 826 mal so groß wie für Luft gewählt werden. Die Schichtdicke muss im Verhältnis der Wellenlängen und daher im Verhältnis der Schallgeschwindigkeiten wachsen; die Schichtdicken für Wasser müssten also 3,53 mal so groß sein wie für Luft.

**Aufgabe 6.6**
Wegen $\alpha = 1$ in der Resonanzfrequenz muss ein Absorbermaterial mit $\Xi d = \varrho c$ gewählt werden. Die erforderliche Flächenmasse ergibt sich aus der verlangten Halbwertsbreite zu

$$m'' = \frac{\Xi d + \varrho c}{2\pi \Delta f} = \frac{\varrho c}{\pi \Delta f}.$$

Daraus erhält man die erforderlichen Massenbeläge von $1{,}02\,\text{kg/m}^2$ (für $f_{\text{res}} = 250\,\text{Hz}$ und damit $\Delta f = 125\,\text{Hz}$), $0{,}73\,\text{kg/m}^2$ (für $f_{\text{res}} = 350\,\text{Hz}$ und damit $\Delta f = 175\,\text{Hz}$) und $0{,}51\,\text{kg/m}^2$ (für $f_{\text{res}} = 500\,\text{Hz}$ und damit $\Delta f = 250\,\text{Hz}$) (gerechnet mit $\varrho c = 400\,\text{kg/m}^2\,\text{s}$).

Die Hohlraumtiefe folgt aus

$$a = \frac{\varrho c^2}{\omega_{\text{res}}^2 m''} = \frac{\varrho c^2}{4\pi^2 f_{\text{res}}^2 m''},$$

oder, unter Einsetzen der obigen Gleichung für den Massenbelag

$$a = \frac{c \Delta f}{4\pi f_{\text{res}}^2} = \frac{c}{8\pi f_{\text{res}}},$$

mit $\Delta f / f_{\text{res}} = 0{,}5$ im letzten Schritt. Hieraus folgen $a = 5{,}4\,\text{cm}$ ($f_{\text{res}} = 250\,\text{Hz}$), $a = 3{,}9\,\text{cm}$ ($f_{\text{res}} = 350\,\text{Hz}$) und $a = 2{,}7\,\text{cm}$ ($f_{\text{res}} = 500\,\text{Hz}$).

**Aufgabe 6.7**
Aus

$$b = \frac{3}{5} \sigma_{\text{L}} \frac{m''}{\varrho}$$

erhält man $b = 1{,}26\,\text{cm}$ für $\sigma_{\text{L}} = 0{,}05$ und $b = 2{,}53\,\text{cm}$ für $\sigma_{\text{L}} = 0{,}1$.

**Aufgabe 6.8**
Der Mittelpunktsabstand zweier Löcher im quadratischen Lochgitter sei mit $l_a$ bezeichnet. Für die Belegung gilt damit

$$\sigma_{\text{L}} = \frac{\pi b^2}{l_a^2}.$$

Es ist also

$$l_a = b \sqrt{\frac{\pi}{\sigma_{\text{L}}}}.$$

Der Faktor $l_a/b = \sqrt{\frac{\pi}{\sigma_{\text{L}}}}$ beträgt 7,93 für $\sigma_{\text{L}} = 0{,}05$ (5,6 für $\sigma_{\text{L}} = 0{,}1$).

**Aufgabe 6.9**
Die tiefste cut-on-Frequenz ergibt sich aus der größeren Querabmessung zu 2429 Hz (1889 Hz).

**Aufgabe 6.10**

Die beiden folgenden Diagramme (Abb. 16.15 und 16.16) bilden die Lösung der Aufgabe.

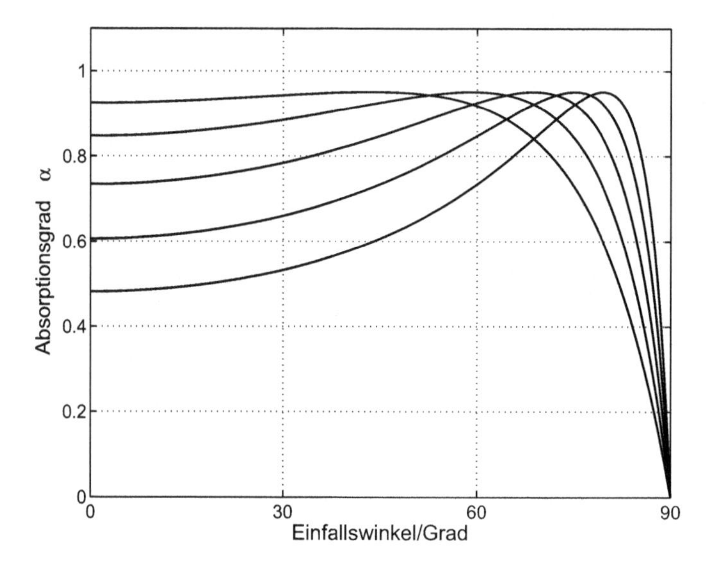


**Abb. 16.15** Absorptionsgrad des Halbraums, $f = 1000\,\text{Hz}$ für $\kappa = 1, 2, 4, 8$ und 16 (von oben nach unten)

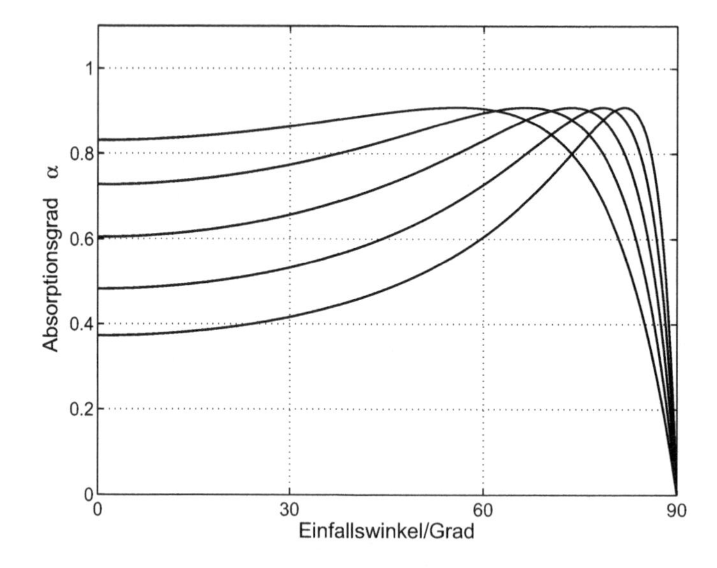


**Abb. 16.16** Absorptionsgrad des Halbraums, $f = 500\,\text{Hz}$ für $\kappa = 1, 2, 4, 8$ und 16 (von oben nach unten)

Fazit: Große Strukturfaktoren haben eine richtungsselektive Absorption zur Folge.

**Aufgabe 6.11**
Die maximale Lochbelegung beträgt $\sigma_L = \pi/4$ (siehe auch Aufgabe 6.6 mit $b = l_a/2$).

**Aufgabe 6.12**
Die Antwort zu dieser Frage findet sich in Abschn. 9.2.1.

**Aufgabe 6.13**
Die tiefsten Cut-On-Frequenzen von Rohren mit Kreisquerschnitt betragen 4012 Hz, 2006 Hz und 1337 Hz für die Durchmesser von 5 cm, 10 cm und 15 cm, wenn mit $c = 340\,\mathrm{m/s}$ und der Näherungsgleichung $f_1 = 0{,}59\,c/d$ ($d$ = Durchmesser) gerechnet wird.

**Aufgabe 6.14**
Aus (6.58):

$$D(d) = \frac{4{,}35\sigma}{\sqrt{\kappa}} \frac{\Xi d}{\varrho c}$$

erhält man

$$\Xi = \frac{\sqrt{\kappa}}{4{,}35\sigma} \frac{D(d)}{d} \varrho c \,.$$

Mit $\varrho c = 400\,\mathrm{kg/(m^2\,s)}$, $\sigma = 0{,}95$, $\kappa = 2$ und $D(d)/d = 1/1\,\mathrm{cm}$ folgt daraus $\Xi = 13{,}7 \cdot 10^3\,\mathrm{N\,s/m^4} = 13{,}7\,\mathrm{Rayl/cm}$.

## 16.7 Übungsaufgaben aus Kapitel 7

**Aufgabe 7.1**
Der A-bewertete Schalldruckpegel beträgt 89 dB(A).

Am einfachsten bestimmt man weiter zunächst nach der Sabine-Formel die Absorptionsflächen und dann die Leistungspegel. Es ergeben sich folgende Resultate:

| $f/\mathrm{Hz}$ | $A/\mathrm{m}^2$ | $L_{\mathrm{P,Terz}}/\mathrm{dB}$ |
|---|---|---|
| 400 | 6,5 | 80,5 |
| 500 | 6,8 | 82,9 |
| 630 | 8,0 | 82,2 |
| 800 | 9,1 | 83,6 |
| 1000 | 9,1 | 88 |
| 1250 | 9,3 | 87,9 |

Der A-bewertete Schallleistungspegel beträgt 92,5 dB(A).

Mit der Absorptionsfläche des Wohnraumes $A = 20{,}4\,\mathrm{m}^2$ erhält man den Schalldruckpegel von $L = 85{,}4\,\mathrm{dB(A)}$ für das diffuse Feld im Wohnraum.

**Aufgabe 7.2**

Äquivalente Absorptionsflächen und Hallradien vor Umbau:

| $f/\text{Hz}$ | $A/\text{m}^2$ | $r_\text{H}/\text{m}$ |
|---|---|---|
| 500 | 14,2 | 0,54 |
| 1000 | 16,8 | 0,59 |
| 2000 | 19,2 | 0,63 |

Äquivalente Absorptionsflächen, Nachhallzeiten und Pegelreduktion $\Delta L$ nach Umbau, wenn man die Abdeckung ursprünglich bereits vorhandener Absorptionsfläche durch die neue Decken-Ausstattung vernachlässigt (also eine ursprünglich vollständig reflektierende Decke angenommen wird):

| $f/\text{Hz}$ | $A/\text{m}^2$ | $T/\text{s}$ | $\Delta L/\text{dB}$ |
|---|---|---|---|
| 500 | 80,2 | 0,7 | 7,5 |
| 1000 | 104,8 | 0,5 | 8 |
| 2000 | 129,2 | 0,4 | 8,3 |

**Aufgabe 7.3**

| $f/\text{Hz}$ | $\Delta A/\text{m}^2$ | $\alpha$ |
|---|---|---|
| 500 | 4,6 | 0,46 |
| 630 | 5,4 | 0,54 |
| 800 | 7,4 | 0,74 |
| 1000 | 9,2 | 0,92 |

**Aufgabe 7.4**

Die ersten zehn Resonanzfrequenzen sind 28,3 Hz, 34 Hz, 42,5 Hz, 44,3 Hz, 51,1 Hz, 54,4 Hz, 56,7 Hz, 61,4 Hz, 66,1 Hz und 68 Hz, wenn mit $c = 340\,\text{m/s}$ gerechnet wird.

Nach Kap. 1 beträgt die Terzbandbreite $\Delta f = 0{,}23\, f_\text{m}$. Damit ist die Anzahl der Resonanzen in der Terz gleich

$$\Delta M = 0{,}92\pi V \left(\frac{f_\text{m}}{c}\right)^3 .$$

Daraus erhält man folgende Zahlenwerte:

- $\Delta M = 71$ für die Terzmittenfrequenz von 200 Hz,
- $\Delta M = 565$ für die Terzmittenfrequenz von 400 Hz und
- $\Delta M = 4518$ für die Terzmittenfrequenz von 800 Hz.

**Aufgabe 7.5**
Es ist natürlich die $N$-fache Fläche gegenüber dem Betrieb nur einer Quelle erforderlich. Der Gleichgewichtszustand bleibt erhalten, wenn bei $N$-fachem Zufluss auch für den $N$-fachen Abfluss gesorgt wird.

**Aufgabe 7.6**
Der Schalldruckeffektivwert beträgt $2\,\mathrm{N/m^2}$, die Energiedichte besitzt den Wert von $2{,}94 \cdot 10^{-5}\,\mathrm{W\,s/m^3}$, wenn man mit $\varrho c = 400\,\mathrm{kg/(m^2\,s)}$ und $c = 340\,\mathrm{m/s}$ rechnet. Die insgesamt gespeicherte Energie umfasst $14{,}7 \cdot 10^{-3}\,\mathrm{W\,s}$. Das Lämpchen würde 0,0147 s brennen, also allenfalls kurz aufblitzen.

**Aufgabe 7.7**
Zur Beantwortung der Fragen beginnt man mit der Betrachtung der Leistungsbilanzen für die beiden Räume.

Für den Raum 1 besteht die zufließende Leistung aus der Summe der Quellleistung $P_Q$ und der durch die Türöffnung aus Raum 2 zurückfließenden Leistung $p_2^2 S_T/4\varrho c$ ($p_2$: Effektivwert des Schalldruckes in Raum 2). Die Verlustleistung für den Raum 1 ergibt sich aus der Absorptionsfläche $A_1$ und der Türöffnung $S_T$ zu $p_1^2(A_1 + S_T)/4\varrho c$ ($p_1$: Effektivwert des Schalldruckes in Raum 1). Daher gilt im eingeschwungenen Zustand

$$P_Q + \frac{p_2^2 S_T}{4\varrho c} = \frac{p_1^2(A_1 + S_T)}{4\varrho c} .$$

Die in den Raum 2 aus Raum 1 gelieferte Leistung beträgt $p_1^2 S_T/4\varrho c$. Für die Verlustleistung in Raum 2 zählt die Summe aus dessen Absorptionsfläche und der Türöffnung; die Verlustleistung ist demnach gleich $p_2^2(A_2 + S_T)/4\varrho c$. Die Bilanz ergibt also

$$\frac{p_1^2 S_T}{4\varrho c} = \frac{p_2^2(A_2 + S_T)}{4\varrho c} .$$

Aus der letztgenannten Gleichung ergibt sich die Pegeldifferenz zwischen den Räumen

$$\Delta L = L_1 - L_2 = 10\,\lg\,(1 + A_2/S_T) .$$

Wenn weiter die Leistungsbilanz für den Raum 2 nach $p_2^2$ aufgelöst wird und in die Leistungsbilanz für den Raum 1 eingesetzt wird, so erhält man

$$P_Q = \frac{p_1^2 A_1}{4\varrho c}\left[1 + \frac{S_T}{A_1}\left\{1 - \frac{S_T}{S_T + A_2}\right\}\right] .$$

Hieraus folgt die Bestimmungsgleichung für den Schalldruckpegel in Raum 1 zu

$$L_1 = L_P - 10\,\lg\frac{A_1}{\mathrm{m}^2} - 10\,\lg\left[1 + \frac{S_T}{A_1}\left\{1 - \frac{S_T}{S_T + A_2}\right\}\right] + 6 .$$

Wie man sieht ist die Angabe der Raumvolumina zur Beantwortung der Fragen überflüssig. Mit den in der Aufgabenstellung genannten Angaben erhält man $\Delta L = 9{,}5\,\text{dB}$ und $L_1 = 87{,}6\,\text{dB}$.

**Aufgabe 7.8**
Zunächst bestimmt man nach der Sabine-Formel die äquivalenten Absorptionsflächen und anschließend die A-bewerteten Schalldruckpegel in Terzen $L_{\text{A,Terz}}$. Die Resultate sind in der folgenden Tabelle genannt. Aus den Terz-Schalldruckpegeln nach A-Bewertung gewinnt man mit Hilfe des Pegel-Additionsverfahrens den A-bewerteten Gesamtpegel von $L = 77{,}1\,\text{dB(A)}$.

| $f/\text{Hz}$ | $A/\text{m}^2$ | $L_{\text{A,Terz}}/\text{dB}$ |
|---|---|---|
| 400 | 7,24 | 70,6 |
| 500 | 8,15 | 69,7 |
| 630 | 9,31 | 68,4 |
| 800 | 10,87 | 69,8 |
| 1000 | 13,04 | 68,8 |
| 1250 | 13,04 | 68,4 |

## 16.8 Übungsaufgaben aus Kapitel 8

**Aufgabe 8.1**

| $f/\text{Hz}$ | $L_\text{S} - L_\text{E}/\text{dB}$ | $A/\text{m}^2$ | $R/\text{dB}$ |
|---|---|---|---|
| 400 | 30,2 | 11,4 | 29,6 |
| 500 | 32,8 | 12,7 | 31,8 |
| 630 | 37,0 | 13,4 | 35,7 |
| 800 | 39,0 | 14,3 | 37,4 |
| 1000 | 44,4 | 14,3 | 42,8 |
| 1250 | 42,6 | 15,2 | 40,8 |

**Aufgabe 8.2**
Mit $\varrho = 1{,}21\,\text{kg/m}^3$ und $c = 340\,\text{m/s}$ erhält man folgende Resonanzfrequenzen:

- für die Flächenmasse von $12{,}5\,\text{kg/m}^2$ in 5 cm Abstand $f_\text{res} = 75{,}3\,\text{Hz}$,
- für die Flächenmasse von $25\,\text{kg/m}^2$ in 5 cm Abstand $f_\text{res} = 53{,}2\,\text{Hz}$,
- für die Flächenmasse von $12{,}5\,\text{kg/m}^2$ in 10 cm Abstand $f_\text{res} = 53{,}2\,\text{Hz}$ und
- für die Flächenmasse von $25\,\text{kg/m}^2$ in 10 cm Abstand $f_\text{res} = 37{,}6\,\text{Hz}$.

**Aufgabe 8.3**
Die sehr kleine Dicke des Blechs resultiert (mit der Longitudinalwellen-Geschwindigkeit von Stahl $c_\mathrm{L} = 5000\,\mathrm{m/s}$) in der sehr hohen Koinzidenzgrenzfrequenz von 25,4 kHz. Für die genannten Frequenzen kann das Blech daher als biegeweich aufgefasst werden. Mit der Dichte von Stahl $\varrho_\mathrm{Stahl} = 7800\,\mathrm{kg/m^3}$ ergibt sich die Flächenmasse zu $m'' = 3{,}9\,\mathrm{kg/m^2}$. Wenn weiter die Kennimpedanz von Luft zu $\varrho c = 400\,\mathrm{kg/m^2\,s}$ gesetzt wird, dann beträgt das Schalldämmmaß bei 100 Hz nur $R = 6{,}7\,\mathrm{dB}$ (und wächst mit 6 dB pro Frequenzverdopplung an, wird also bei 200 Hz zu 12,7 dB, bei 400 Hz zu 18,7 dB etc).

**Aufgabe 8.4**
Die Koinzidenzgrenzfrequenz der Wand liegt mit 53,4 Hz sehr niedrig. Die Wand muss daher bei den genannten Frequenzen als biegesteif angesehen werden. Das Schalldämmmaß der Wand mit der Masse von $m'' = 805\,\mathrm{kg/m^2}$ beträgt damit $R = 57{,}9\,\mathrm{dB}$ bei 200 Hz und wächst dann mit 7,5 dB pro Oktav an, beträgt also bei 400 Hz $R = 65{,}4\,\mathrm{dB}$, bei 800 Hz $R = 72{,}9\,\mathrm{dB}$, und so fort.

**Aufgabe 8.5**
Der Transmissionsgrad der Gesamtkonstruktion errechnet sich aus der Addition der Leistungen, die durch die Teile übertragen werden:

$$S_\mathrm{gesamt}\tau_\mathrm{gesamt} = S_\mathrm{Fenster}\tau_\mathrm{Fenster} + S_\mathrm{Wand}\tau_\mathrm{Wand}\,,$$

woraus

$$\tau_\mathrm{gesamt} = \frac{S_\mathrm{Fenster}}{S_\mathrm{gesamt}}\tau_\mathrm{Fenster} + \frac{S_\mathrm{Wand}}{S_\mathrm{gesamt}}\tau_\mathrm{Wand}$$

und damit wegen $R = -10\,\lg(\tau)$

$$R_\mathrm{gesamt} = -10\,\lg\left(\frac{S_\mathrm{Fenster}}{S_\mathrm{gesamt}}10^{-R_\mathrm{Fenster}/10} + \frac{S_\mathrm{Wand}}{S_\mathrm{gesamt}}10^{-R_\mathrm{Wand}/10}\right)$$

folgt.

Für das Fenster von $3\,\mathrm{m^2}$ in einer Gesamtwand von $18\,\mathrm{m^2}$ Fläche folgt daraus das Dämmmaß von $R_\mathrm{gesamt} = 37{,}8\,\mathrm{dB}$.

Für das Fenster, das gerade die halbe Gesamtfläche einnimmt, ist $R_\mathrm{gesamt} = 33\,\mathrm{dB}$.

**Aufgabe 8.6**
Das bewertete Schalldämmmaß beträgt $R_\mathrm{w} = 45\,\mathrm{dB}$.

## 16.9 Übungsaufgaben aus Kapitel 9

**Aufgabe 9.1**

Bei Kammerdämpfern sind die 3-dB-Breite des Gipfels im Einfügungsdämmmaß und die Mittenfrequenz des Gipfels gleich groß. Deshalb ist hier eine Mittenfrequenz von 400 Hz verlangt. Wenn die maximale Einfügungsdämmung in der Mittenfrequenz gerade 10 dB beträgt, dann sind die in der Aufgabenstellung genannten Forderungen erfüllt.

Die Mittenfrequenz genügt der Bedingung $l/\lambda = 1/4$, die Topflänge $l$ ergibt sich daraus mit $\lambda = 0{,}85$ m zu $l = 0{,}213$ m. Im Maximum des Einfügungsdämmmaßes gilt

$$10^{R_{\max}/10} = 1 + \frac{1}{4}\left(\frac{S_1}{S_2} - \frac{S_2}{S_1}\right)^2 .$$

Da $R_{\max} = 10$ dB verlangt sind, folgt daraus

$$\frac{S_1}{S_2} - \frac{S_2}{S_1} = 6 .$$

Die Lösung dieser quadratischen Gleichung in $S_2/S_1$ ergibt $S_2/S_1 = 6{,}16$ (oder, natürlich $S_2/S_1 = 1/6{,}16$). Weil die Flächen $S_2$ und $S_1$ sich wie die Quadrate der Durchmesser $d_2$ und $d_1$ verhalten, ist also $d_2 = 2{,}48\, d_1 = 12{,}4$ cm erforderlich.

**Aufgabe 9.2**

Zunächst gilt näherungsweise für den Imaginärteil der Wellenzahl bei tiefen Frequenzen und reeller Impedanz $z$

$$k_i = \frac{1}{2}\frac{\varrho c}{zh} ,$$

wobei nach den Erläuterungen im Abschnitt ‚beliebige Querschnittsgeometrien' für $h$ das Verhältnis aus Umfang und Querschnittsfläche $S/U$ eingesetzt werden muss:

$$k_i = \frac{1}{2}\frac{\varrho c}{zS/U} .$$

Für den Rechteckquerschnitt (Kantenlänge $a$) ist $S/U = a/4$, für den Kreisquerschnitt (Radius $b$) gilt $S/U = b/2$. Daraus folgt

$$D_a = 8{,}7 k_i a = 17{,}4 \frac{\varrho c}{z}$$

und

$$D_b = 8{,}7 k_i b = 8{,}7 \frac{\varrho c}{z} .$$

Man erhält $D_a = 17{,}4$ dB und $D_b = 8{,}7$ dB für $z = \varrho c$. Für $z = 2\varrho c$ ist $D_a = 8{,}7$ dB und $D_b = 4{,}3$ dB.

**Aufgabe 9.3**
Die maximal erreichbare Dämpfung folgt aus $z = 0$ in der Resonanz mit $D_h(\max) = 13{,}5\,\text{dB}$.

Für die Bemessung des erforderlichen Massenbelags ist zunächst festzustellen, dass die Hohlraumtiefe $d$ des Resonators im hier interessierenden Frequenzbereich von etwa 50 Hz stets (viel) kleiner als eine Viertel-Wellenlänge von etwa 1,7 m ist. Man kann deshalb (näherungsweise) mit der Resonanzfrequenz

$$\omega_0^2 = \frac{\varrho c^2}{m'' d}$$

rechnen. Der sich daraus ergebende Massenbelag $m''$ beträgt $2{,}83\,\text{kg}/\text{m}^2$ (bei der Hohlraumtiefe von 50 cm; bei 100 cm: $1{,}42\,\text{kg}/\text{m}^2$).

**Aufgabe 9.4**
Die Impedanz des ungedämpften Resonators lässt sich wie folgt beschreiben:

$$\frac{z}{\varrho\, c} = j \frac{\omega_0 m''}{\varrho\, c} \left[ \frac{\omega}{\omega_0} - \frac{\omega_0}{\omega} \right]$$

($\omega_0$ = Resonanzfrequenz). Der Faktor $\frac{\omega_0 m''}{\varrho\, c}$ beträgt 2,22 (bei der Hohlraumtiefe von 50 cm; bei 100 cm: 1,11).

Verschiebt sich die Frequenz um 5 Hz nach unten auf 45 Hz, dann wird die Impedanz zu einer Steifeimpedanz; der Schalldämpfer ist dann wirkungslos geworden.

Verschiebt sich die Frequenz dagegen um 5 Hz nach oben auf 55 Hz, dann erhält man eine Masseimpedanz. Die eckige Klammer in der letztgenannten Gleichung nimmt dann den Wert von etwa 0,2 an. Die Kanal-Wellenzahl beträgt für Masseimpedanzen

$$k_x = k \sqrt{1 - \frac{1}{\frac{|z|}{\varrho\, c} kh}} = -jk \sqrt{\frac{1}{\frac{|z|}{\varrho\, c} kh} - 1}\,,$$

die Dämpfung $D_h$ ergibt sich deshalb zu

$$D_h = 8{,}7 k_i h = 8{,}7 kh \sqrt{\frac{1}{\frac{|z|}{\varrho\, c} kh} - 1}\,.$$

Die Impedanz beträgt dann $z/\varrho\, c = j\,0{,}44$ für $d = 0{,}5\,\text{m}$ ($z/\varrho\, c = j\,0{,}22$ für $d = 1\,\text{m}$). Mit $kh = 0{,}25$ für 55 Hz und $h = 0{,}25\,\text{m}$ erhält man $|z|kh/\varrho\, c = 0{,}11$ für $d = 0{,}5\,\text{m}$ (und $|z|kh/\varrho\, c = 0{,}055$ für $d = 1\,\text{m}$).

Es ist damit $D_h = 6{,}2\,\text{dB}$ für $d = 0{,}5\,\text{m}$ und $D_h = 9\,\text{dB}$ für $d = 1\,\text{m}$. Bei größerem Aufwand an Bautiefe $d$ liegt also die größere Bandbreite der Wirkung vor.

## 16.10 Übungsaufgaben aus Kapitel 10

**Aufgabe 10.1**
Aus der zweimal angewandten Näherungsgleichung

$$R_\text{E} = 20 \lg \left( \frac{\sqrt{2\pi N}}{\text{th}(\sqrt{2\pi N})} \right) + 5\,\text{dB}$$

erhält man folgende Pegelminderungen in dB durch Bauhöhenänderung einer Schallschutzwand:

| Quellabstand: | 6,7 m | 10,5 m | 15 m |
|---|---|---|---|
| 4 m auf 5,5 m | 2,5 | 2,6 | 2,7 |
| 4 m auf 7,5 m | 4,8 | 5,1 | 5,3 |
| 5,5 m auf 7,5 m | 2,3 | 2,5 | 2,6 |
| 7,5 m auf 10 m | 2,0 | 2,2 | 2,3 |

**Aufgabe 10.2**
Aus der in der letzten Aufgabe genannten Gleichung ergibt sich das Einfügungsdämmmaß in dB der Schallschutzwände zu:

| Quellabstand: | 6,7 m | 10,5 m | 15 m |
|---|---|---|---|
| 4 m Höhe | 21,1 | 19,3 | 17,9 |
| 5,5 m Höhe | 23,6 | 22,0 | 20,6 |
| 7,5 m Höhe | 25,9 | 24,5 | 23,2 |
| 10 m Höhe | 28,0 | 26,7 | 25,5 |

**Aufgabe 10.3**
Minimale und maximale Pegelminderung in dB durch Bauhöhenänderung einer Schallschutzwand

| | Minimal | Maximal |
|---|---|---|
| 4 m auf 5,5 m | 1,4 | 2,8 |
| 4 m auf 7,5 m | 2,7 | 5,5 |
| 5,5 m auf 7,5 m | 1,3 | 2,7 |
| 7,5 m auf 10 m | 1,2 | 2,5 |

**Aufgabe 10.4**
Es gilt dann $R_\text{ges} = R_\text{B} - 7\,\text{dB}$.

**Aufgabe 10.5**

Der Gesamtumweg $U$ ergibt sich hier sinngemäß aus der Differenz der Summe der 3 Kantenwege $K_1$, $K_2$ und $K_3$ und dem Direktweg $D$ (siehe die folgende Abb. 16.17):

$$U = K_1 + K_2 + K_3 - D\,.$$

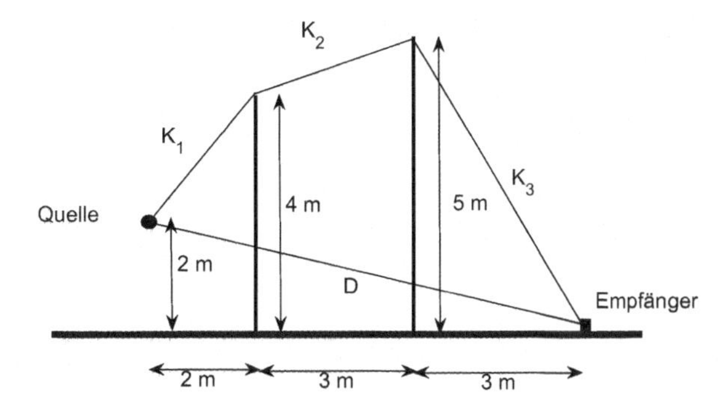


**Abb. 16.17** Kantenwege $K_1$, $K_2$ und $K_3$ und Direktweg $D$

Die Teilwege ergeben sich jeweils aus den rechtwinkligen Dreiecken zu

$$K_1 = \sqrt{2^2 + 2^2}\,\text{m} = 2{,}83\,\text{m}\,,$$
$$K_2 = \sqrt{1^2 + 3^2}\,\text{m} = 3{,}16\,\text{m}\,,$$
$$K_3 = \sqrt{5^2 + 3^2}\,\text{m} = 5{,}83\,\text{m}$$

und

$$D = \sqrt{2^2 + 8^2}\,\text{m} = 8{,}25\,\text{m}\,.$$

Der Gesamtumweg beträgt damit $U = 3{,}57$ m, die Fresnelzahl ist $N = 2U/\lambda = 10{,}5$ für 500 Hz. Daraus ergibt sich (mit Hilfe der in der Lösung zu Aufgabe 10.1 schon genannten Gleichung) $R_E = 23{,}2$ dB.

**Aufgabe 10.6**

Ohne die kleinere der beiden Wände ergibt sich der Kantenweg aus

$$K = 2\sqrt{5^2 + 3^2}\,\text{m} = 11{,}66\,\text{m}\,,$$

der Direktweg bleibt $D = 8{,}25$ m unverändert wie in Aufgabe 10.5. Der Umweg beträgt damit also $U = 3{,}41$ m und die Fresnelzahl $N = 2U/\lambda = 10{,}03$ für 500 Hz. Die Abnahme des Einfügungsdämmmaßes $\Delta D$ erhält man aus dem Verhältnis der Fresnelzahlen

$$\Delta D = 10\,\lg \frac{N(\text{mit})}{N(\text{ohne})}$$

zu $\Delta D = 0{,}2$ dB.

## 16.11 Übungsaufgaben aus Kapitel 11

**Aufgabe 11.1**
Die Frequenzen betragen

- $kb = 2{,}5$: $f = 10{,}8\,\text{kHz}$,
- $kb = 5$: $f = 21{,}6\,\text{kHz}$ und
- $kb = 10$: $f = 43{,}2\,\text{kHz}$.

**Aufgabe 11.2**
Für die Federkraft gilt bekanntlich

$$F_\text{s} = s(x - x_\text{m})\ .$$

Hierin muss noch die Auslenkung $x$ der Masse durch die Federkraft ausgedrückt werden. Das Trägheitsgesetz ergibt

$$m\frac{\text{d}^2x}{\text{d}t^2} = -F_\text{s}\ ,$$

oder, in komplexen Amplituden gedacht,

$$x = \frac{F_\text{s}}{m\omega^2}\ .$$

Daraus folgt

$$F_\text{s} = F_\text{s}\frac{s}{m\omega^2} - sx_\text{m}\ ,$$

oder

$$F_\text{s}\left(1 - \frac{s}{m\omega^2}\right) = -sx_\text{m}\ .$$

Schließlich erhält man damit für die gesuchte Federkraft

$$F_\text{s} = -\frac{sx_\text{m}}{1 - \frac{s}{m\omega^2}}\ ,$$

oder, da der Zusammenhang zur Fußpunkt-Beschleunigung $a_\text{m} = -\omega^2 x_\text{m}$ interessiert,

$$F_\text{s} = -\frac{s\omega^2 x_\text{m}}{\omega^2 - \frac{s}{m}} = \frac{sa_\text{m}}{\omega^2 - \frac{s}{m}}\ .$$

Natürlich zählt auch hier nur das Verhältnis aus Frequenz $\omega$ und Resonanzfrequenz $\omega_0$ (mit $\omega_0^2 = s/m$):

$$F_\text{s} = \frac{-ma_\text{m}}{1 - (\omega/\omega_0)^2}\ .$$

Für Frequenzen weit unterhalb der Resonanzfrequenz ist damit die Federkraft $F_s = -ma_m$ frequenzunabhängig. Die Empfindlichkeit des Wandlers wächst mit der Masse $m$. In der Resonanz wird der Frequenzgang durch die Dämpfung bestimmt. Für Frequenzen weit oberhalb der Resonanzfrequenz $\sqrt{s/m}$ ist $F_s = sa_m/\omega^2$, der Frequenzgang der Empfindlichkeit fällt also mit 12 dB/Oktave. Insgesamt entspricht damit der Frequenzgang dem Verlauf in Abb. 11.1 (oberes Teilbild). Die Frequenzgänge von Kondensatormikrophon und Beschleunigungsaufnehmer sind also sehr ähnlich.

**Aufgabe 11.3**
Der Ersatzschalldruck beträgt $2 \cdot 10^{-3}\,\mathrm{N/m^2}$, der Ersatzschalldruckpegel also 40 dB.

**Aufgabe 11.4**
Zunächst benötigt man die ersten Nullstellen der Funktion $J_1(u)$. Durch Nachschlagen in einem Tabellenwerk oder auch einfach durch ausprobieren mit einem Computerprogramm (z. B. in Matlab) findet man $J_1(u) = 0$ für $u = 3{,}83;\ 7{,}02;\ 10{,}2;\ 13{,}3$ und $16{,}5$. Die ‚Einbruchswinkel' erhält man aus

$$\sin\vartheta = \frac{u}{2\pi b/\lambda},$$

wobei $u$ die soeben genannten Zahlenwerte – die Nullstellen von $J_1(u)$ – durchläuft. Damit erhält man folgende Winkel für die Einbrüche:

- für $b/\lambda = 1$: $\vartheta = 37{,}6°$;
- für $b/\lambda = 2$: $\vartheta = 17{,}7°$; 34° und 54,3°;
- für $b/\lambda = 3$: $\vartheta = 11{,}7°$; 21,9°; 32,8°, 44,9° und 61,1°.

Die Frequenzen betragen

- für $2b = 2{,}5$ cm: 20,4 kHz ($b/\lambda = 1$); 40,8 kHz ($b/\lambda = 2$) und 61,2 kHz ($b/\lambda = 3$);
- für $2b = 1{,}25$ cm: 40,8 kHz ($b/\lambda = 1$); 81,6 kHz ($b/\lambda = 2$) und 102,4 kHz ($b/\lambda = 3$);

sie liegen also (mehr oder weniger weit) im Ultraschall-Bereich.

## 16.12 Übungsaufgaben aus Kapitel 12

**Aufgabe 12.1**
Nach Voraussetzung besteht das Schallfeld aus dem Druck

$$p = p_+ \,\mathrm{e}^{-jkx} + p_- \,\mathrm{e}^{jkx}$$

und der Schnelle

$$v = \frac{1}{\varrho c} \left( p_+ \, e^{-jkx} - p_- \, e^{jkx} \right) .$$

Für die Wirkintensität gilt

$$I = \frac{1}{2} \text{Re}(pv^*) = \frac{1}{2\varrho c} \text{Re} \left( \left( p_+ \, e^{-jkx} + p_- \, e^{jkx} \right) \left( p_+^* \, e^{jkx} - p_-^* \, e^{-jkx} \right) \right)$$

(Re = Realteil von, *: konjugiert komplexe Größe). Daraus folgt

$$I = \frac{1}{2\varrho c} \left( |p_+|^2 - |p_-|^2 + \text{Re} \left( p_+^* p_- \, e^{j2kx} - p_+ p_-^* \, e^{-j2kx} \right) \right)$$

Wegen $\text{Re}(z - z^*) = 0$ gilt also

$$I = \frac{1}{2\varrho c} \left( |p_+|^2 - |p_-|^2 \right) ,$$

und das sollte gezeigt werden.

**Aufgabe 12.2**

Diese Frage wird in Abschn. 12.2 im Grunde beantwortet. Der Absorptionsgrad muss hier sinngemäß zu $\alpha = -P_L/P_0$ ($P_L$: durch den Lautsprecher zugeführte Leistung, $P_0$: Leistung der auftreffenden, primären Welle alleine) definiert werden. Der maximal mögliche Absorptionsgrad beträgt 0,5. Die primäre Quelle muss dafür im Ort $x = 0$ (dort ist die sekundäre Quelle angebracht) gerade das –0,5-fache der primären Welle erzeugen. Der Schalldruck halbiert sich also nach rechts gegenüber dem Fall ohne sekundäre Quelle. Die nach rechts fließende Leistung beträgt demnach nur noch ein Viertel der primären Leistung $P_0$ alleine, $P_2 = P_0/4$. Im Teilraum $x < 0$ fließt die Leistung (in $x$-Richtung gezählt)

$$P_1 = P_0 \left( 1 - |r|^2 \right) ,$$

das ergibt im Optimalfall $|r| = 0{,}5$ den Wert von $P_1 = 3P_0/4$. Die Differenz aus $P_1$ und $P_2$ – sie beträgt $P_0/2$ – wird vom Lautsprecher ‚verschluckt'.

**Aufgabe 12.3**

Grundsätzlich werden Schallleistungen immer am einfachsten im Fernfeld bestimmt. Aus diesem Grund wird zunächst die Fernfeldnäherung für den Gesamtdruck angegeben. Bis auf quadratisch kleine Größen gilt im Fernfeld für die Abstände der Aufpunkte zu den sekundären Quellen wegen des Cosinussatzes

$$r_1 = R - h \cos \vartheta$$

und

$$r_2 = R - h\,\cos(180^\circ - \vartheta) = R + h\,\cos\vartheta\,.$$

Für den Gesamtdruck im Fernfeld gilt daher

$$p = \frac{j\omega\varrho\,Q_0}{4\pi}\frac{\mathrm{e}^{-jkR}}{R}\left(1 - \beta\left(\mathrm{e}^{jkh\,\cos\vartheta} + \mathrm{e}^{-jkh\,\cos\vartheta}\right)\right)$$

oder

$$p = \frac{j\omega\varrho\,Q_0}{4\pi}\frac{\mathrm{e}^{-jkR}}{R}(1 - 2\beta\cos(kh\cos\vartheta))\,.$$

Die Intensität im Fernfeld ergibt sich daraus zu

$$I = \frac{1}{2}\frac{|p|^2}{\varrho\,c} = \frac{1}{2\varrho\,c}\left(\frac{\omega\varrho\,Q_0}{4\pi R}\right)^2(1 - 2\beta\,\cos(kh\,\cos\vartheta))^2\,.$$

Die Schallleistung $P$ errechnet sich durch Integration über eine Kugeloberfläche im Fernfeld (Radius) $R$ zu

$$P = \int_0^{2\pi}\int_0^{\pi} I R^2\,\sin\vartheta\,\mathrm{d}\vartheta\,\mathrm{d}\varphi = 2\pi\int_0^{\pi} I R^2\,\sin\vartheta\,\mathrm{d}\vartheta\,.$$

Nach Einsetzen von $I$ erhält man

$$P = P_0\int_0^{\pi/2}(1 - 2\beta\,\cos(kh\cos\vartheta))^2\,\sin\vartheta\,\mathrm{d}\vartheta\,.$$

Im letzten Schritt ist noch ausgenutzt worden, dass die Leistungsflüsse durch die obere und die untere Halbkugel aus Symmetriegründen gleich groß sind. Zur Abkürzung ist außerdem noch

$$P_0 = \frac{1}{\varrho\,c}\frac{(\omega\varrho\,Q_0)^2}{8\pi}$$

gesetzt worden. $P_0$ bezeichnet die Leistung der primären Quelle alleine (also den Fall $\beta = 0$).

Das Integral kann einfach gelöst werden, wenn man die Variablensubstitution

$$u = \cos\vartheta$$
$$\mathrm{d}u = -\sin\vartheta\,\mathrm{d}\vartheta$$

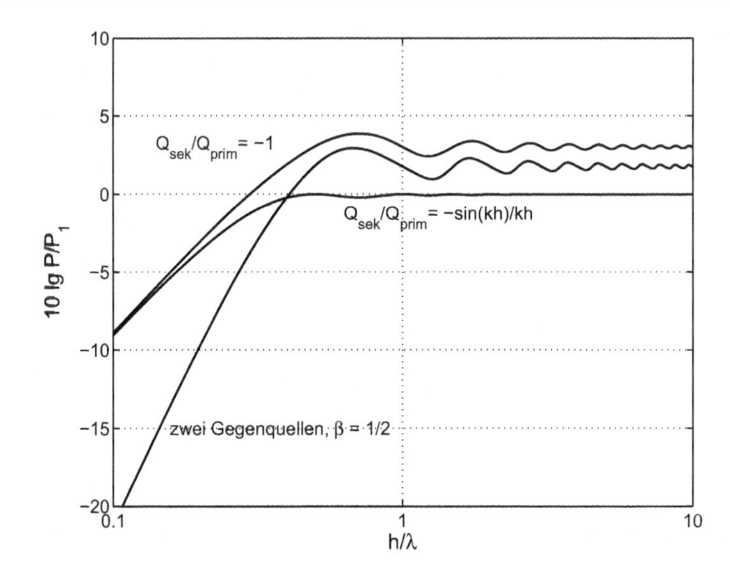


**Abb. 16.18** Minderung des Schallleistungspegels bei einer Gegenquelle (die *beiden oberen Kurven* bei den tiefen Frequenzen) und bei zwei Gegenquellen mit $\beta = 1/2$

benutzt. Mit ihr erhält man

$$P = P_0 \int_0^1 (1 - 2\beta \cos(khu))^2 \, du .$$

Nun macht man noch am besten von $\cos^2 x = (1+\cos 2x)/2$ Gebrauch und findet schließlich

$$P/P_0 = 1 + 2\beta^2 - 4\beta \frac{\sin(kh)}{kh} + 2\beta^2 \frac{\sin(2kh)}{2kh} .$$

Diese Leistung ist für den Fall $\beta = 1/2$ ohne Nettovolumenfluss für alle drei Quellen zusammen ($Q_0(1-2\beta) = 0$) in Abb. 16.18 gezeigt. Die beiden anderen wiedergegebenen Kurven sind zum Vergleich mit dem Fall nur einer einzigen Gegenquelle (siehe Kap. 3) angegeben, wobei einmal die sekundäre Quelle negativ so groß ist wie die primäre, der zweite Fall bezieht sich auf den Optimalfall der Leistungsminimierung.

Dieses Ergebnis zeigt, dass man durch das Hinzufügen einer zweiten sekundären Schallquelle zwar eine verbesserte Wirkung im Frequenzband der geräuschmindernden Wirkung herstellen kann; die Breite des Frequenzbandes ändert sich dadurch jedoch nicht.

Wenn man die Ableitung der Leistung nach $\beta$ gleich Null setzt, dann erhält man den Fall kleinster abgestrahlter Leistung. Für diesen ist

$$\beta = \frac{\frac{\sin(kh)}{kh}}{1 + \frac{\sin(2kh)}{2kh}}$$

erforderlich.

## 16.13 Übungsaufgaben aus Kapitel 13

**Aufgabe 13.1**
Das Resultat lautet

$$A_n = \frac{\sin(n\pi T_D/T)}{2n\pi} .$$

Prinzipiell verhalten sich die Amplituden also ‚wie $1/n$'. Glücklicherweise ist das nicht völlig richtig; der Zähler sorgt dafür, dass mit wachsendem $n$ dann auch Vorzeichenwechsel auftreten, die die Konvergenz beeinflussen. Wäre $A_n$ wirklich exakt und nicht nur näherungsweise proportional zu $1/n$, dann würde die Funktionenreihe gar nicht konvergieren. Bekanntlich ist die Reihe

$$\sum_{n=1}^{\infty} \frac{1}{n^a}$$

($a > 0$) divergent für $a \leq 1$ und konvergent nur für $a > 1$.

**Aufgabe 13.2**
Die Reihenentwicklung des jeweils zur Debatte stehenden Signals sei mit

$$x(t) = \sum_{n=-\infty}^{\infty} A_n \, e^{j2\pi n \frac{t}{T}}$$

bezeichnet.

Für die erste Ableitung gilt dann

$$\frac{dx}{dt} = \frac{j2\pi}{T} \sum_{n=-\infty}^{\infty} n A_n \, e^{j2\pi n \frac{t}{T}} .$$

Wenn nun $x$ stetig, die erste Ableitung aber unstetig ist, dann muss nach der prinzipiellen Erkenntnis aus der vorangegangenen Aufgabe $n A_n \sim 1/n$ gelten. Also verhält sich in diesem Fall $A_n$ wie $1/n^2$. Damit ist aber auch der Hauptunterschied zwischen dem unstetigen Fall der Abb. 13.7 bis 13.9 und dem abknickenden Fall der Abb. 13.4 und 13.5 genannt. Bei der Unstetigkeit konvergiert $A_n$ wie $1/n$, beim Knick wie $1/n^2$. Was das (bei einer gewissen ‚hohen' Güte der Nachbildung $x_M$) für die Anzahl der zu berücksichtigenden Summanden heißt, das wird an einem ganz einfachen Beispiel klar. Angenommen, es seien die ersten hundert Summanden berücksichtigt ($N = 100$). Bei der Unstetigkeit liegt der letzte Summand $n = N$ dann also in der Größenordnung des 0,01-fachen des ersten Summanden. Beim Knick dagegen ist bereits das 0,0001-fache erreicht. Das führt natürlich dazu, dass die Reihe beim Knick viel früher abgebrochen werden kann als beim Sprung.

Für die zweite Ableitung gilt

$$\frac{dx}{dt} = \left(\frac{j2\pi}{T}\right)^2 \sum_{n=-\infty}^{\infty} n^2 A_n \, e^{j2\pi n \frac{t}{T}} .$$

Ist das Signal nebst erster Ableitung stetig, die zweite Ableitung aber unstetig, dann verhält sich also $A_n$ wie $1/n^3$. Ist das Signal nebst den ersten m Ableitungen stetig, die $(m+1)$-te Ableitung aber unstetig, dann verhält sich $A_n$ wie $1/n^{m+2}$.

**Aufgabe 13.3**
Für die physikalische Dimension der Rechteckfunktion $r_{\Delta T}(t)$ gilt allgemein

$$\mathrm{Dim}\,[r_{\Delta T}(t)] = \frac{1}{\mathrm{Dim}\,[t]} \,.$$

Das gilt natürlich auch für die Deltafunktion, die ja den Grenzfall der Rechteckfunktion darstellt:

$$\mathrm{Dim}\,[\delta(t)] = \frac{1}{\mathrm{Dim}\,[t]} \,.$$

Man beachte also, dass es sich bei der Delta-Funktion nicht um eine dimensionslose, sondern im Gegenteil gerade um eine dimensionsbehaftete Funktion handelt.

**Aufgabe 13.4**
Der Faltungssatz für das Produkt zweier Signale besagt, dass die Transformierte des Produktes der Zeitverläufe gleich dem Faltungsintegral der beiden Spektren ist:

$$\int_{-\infty}^{\infty} x(t)g(t)\,\mathrm{e}^{-j\omega t}\,\mathrm{d}t = \frac{1}{2\pi}\int_{-\infty}^{\infty} X(\nu)G(\omega-\nu)\,\mathrm{d}\nu \,.$$

Für das Integral über das Produkt zweier Signale erhält man daraus

$$\int_{-\infty}^{\infty} x(t)g(t)\,\mathrm{d}t = \frac{1}{2\pi}\int_{-\infty}^{\infty} X(\nu)G(-\nu)\,\mathrm{d}\nu \,.$$

Zum Beweis des behaupteten Energiesatzes muss nun das Spektrum von $x^*(t)$ bestimmt werden (*: konjugiert komplex). Dabei sind der Allgemeinheit wegen komplexe Zeitfunktionen zugelassen worden. Für reellwertige Zeitfunktionen entfällt das Konjugiert-Zeichen * einfach. Wegen

$$x(t) = \frac{1}{2\pi}\int_{-\infty}^{\infty} X(\omega)\,\mathrm{e}^{j\omega t}\,\mathrm{d}\omega$$

ist

$$x^*(t) = \frac{1}{2\pi}\int_{-\infty}^{\infty} X^*(\omega)\,\mathrm{e}^{-j\omega t}\,\mathrm{d}\omega \,,$$

oder

$$x^*(t) = \frac{1}{2\pi} \int_{-\infty}^{\infty} X^*(-\omega)\, e^{j\omega t}\, d\omega$$

(wie sich formal mit der Substitution $u = -\omega$ auch zeigen ließe). Daraus folgt dann

$$\int_{-\infty}^{\infty} x(t)x^*(t)\, dt = \frac{1}{2\pi} \int_{-\infty}^{\infty} X(\nu)X^*(\nu)\, d\nu\ ,$$

wie behauptet.

**Aufgabe 13.5**
Ausgangspunkt ist der Faltungssatz für das Produkt zweier Spektren:

$$\frac{1}{2\pi} \int_{-\infty}^{\infty} X(\omega)H(\omega)\, e^{j\omega t}\, d\omega = \int_{-\infty}^{\infty} x(\tau)h(t-\tau)\, d\tau\ .$$

Gesucht wird jetzt die Fourier-Rücktransformierte, die zu $X^*(\omega)$ gehört. Aus

$$X(\omega) = \int_{-\infty}^{\infty} x(t)\, e^{-j\omega t}\, dt \tag{16.1}$$

folgt

$$X^*(\omega) = \int_{-\infty}^{\infty} x^*(t)\, e^{j\omega t}\, dt\ , \tag{16.2}$$

oder

$$X^*(\omega) = \int_{-\infty}^{\infty} x^*(-t)\, e^{-j\omega t}\, dt \tag{16.3}$$

(wie sich formal mit der Substitution $u = -t$ auch zeigen ließe). Die inverse Transformierte zu $X^*(\omega)$ ist also $x^*(-t)$. Daraus folgt

$$\frac{1}{2\pi} \int_{-\infty}^{\infty} X(\omega)X^*(\omega)\, e^{j\omega t}\, d\omega = \int_{-\infty}^{\infty} x(\tau)x^*(\tau - t)\, d\tau\ .$$

Dafür lässt sich auch

$$\frac{1}{2\pi} \int_{-\infty}^{\infty} X(\omega)X^*(\omega)\, e^{j\omega t}\, d\omega = \int_{-\infty}^{\infty} x(\tau + t)x^*(\tau)\, d\tau\ .$$

schreiben.

**Aufgabe 13.6**
Gemäß Aufgabenstellung ist zu zeigen, dass man bei linearen und zeitinvarianten Übertragern $y(t) = L\{x(t)\}$ ebensogut mit Fourier-Transformierten wie mit komplexen Amplituden rechnen kann. Obwohl diese Tatsache natürlich von sehr fundamentaler Bedeutung ist, gestaltet sich ihr formaler Beweis nicht gerade sehr schwierig:

**Komplexe Amplituden**
Mit

$$x(t) = \mathrm{Re}\{\underline{x}\,\mathrm{e}^{j\omega t}\}$$

und

$$y(t) = \mathrm{Re}\{\underline{y}\,\mathrm{e}^{j\omega t}\}$$

folgt durch einsetzen

$$\mathrm{Re}\{\underline{y}\,\mathrm{e}^{j\omega t}\} = L\{\mathrm{Re}\{\underline{x}\,\mathrm{e}^{j\omega t}\}\} = \mathrm{Re}\{\underline{x}L\{\mathrm{e}^{j\omega t}\}\}\,,$$

oder natürlich

$$\underline{y}\,\mathrm{e}^{j\omega t} = \underline{x}L\{\mathrm{e}^{j\omega t}\}\,.$$

**Fourier-Transformierte**
Mit

$$x(t) = \frac{1}{2\pi}\int\limits_{-\infty}^{\infty} X(\omega)\,\mathrm{e}^{j\omega t}\,\mathrm{d}\omega$$

und

$$y(t) = \frac{1}{2\pi}\int\limits_{-\infty}^{\infty} Y(\omega)\,\mathrm{e}^{j\omega t}\,\mathrm{d}\omega$$

erhält man

$$\int\limits_{-\infty}^{\infty} Y(\omega)\,\mathrm{e}^{j\omega t}\,\mathrm{d}\omega = L\left\{\int\limits_{-\infty}^{\infty} X(\omega)\,\mathrm{e}^{j\omega t}\,\mathrm{d}\omega\right\} = \int\limits_{-\infty}^{\infty} X(\omega)L\{\mathrm{e}^{j\omega t}\}\,\mathrm{d}\omega$$

oder natürlich

$$Y(\omega)\,\mathrm{e}^{j\omega t} = X(\omega)L\{\mathrm{e}^{j\omega t}\}\,.$$

**Aufgabe 13.7**
Wegen der Kausalität ist $h(t < 0) = 0$, für $t > 0$ gilt

$$h(t) = \frac{\omega_0^2}{s\omega_\mathrm{d}}\,\mathrm{e}^{-\eta\omega_0 t/2}\,\sin\omega_\mathrm{d}t\,,$$

wobei die gedämpfte Resonanzfrequenz $\omega_\mathrm{d}$ durch

$$\omega_\mathrm{d} = \omega_0 \sqrt{1 - \eta^2/4}$$

definiert ist.

**Aufgabe 13.8**
Zunächst gilt allgemein

$$v(t) = \frac{1}{2\pi} \int_{-\infty}^{\infty} V(\omega)\, \mathrm{e}^{j\omega t}\, \mathrm{d}\omega = \frac{1}{2\pi} \int_{-\infty}^{\infty} [\mathrm{Re}\{V(\omega)\} + j\,\mathrm{Im}\{V(\omega)\}][\cos\omega t + j\ \sin\omega t]\, \mathrm{d}\omega\,.$$

Wegen den im Hinweis zur Lösung genannten Symmetrien

$$\mathrm{Re}\{V(-\omega)\} = \mathrm{Re}\{V(\omega)\}$$

und

$$\mathrm{Im}\{V(-\omega)\} = -\mathrm{Im}\{V(\omega)\}$$

wird daraus

$$v(t) = \frac{1}{\pi} \int_0^{\infty} \mathrm{Re}\{V(\omega)\}\, \cos\omega t - \mathrm{Im}\{V(\omega)\}\, \sin\omega t\, \mathrm{d}\omega\,.$$

Hieran erkennt man nochmals, dass die aufgeführten Symmetrien stets zu einer reellwertigen Rücktransformierten führen.

Im speziellen Fall gilt nun also

$$\begin{aligned} v(t) = F &\int_0^{\infty} \frac{\cos(\alpha x\sqrt{\omega})\, \cos(\omega t) + \sin(\alpha x\sqrt{\omega})\, \sin(\omega t)}{\sqrt{\omega}}\, \mathrm{d}\omega \\ &+ F \int_0^{\infty} \frac{\mathrm{e}^{-\alpha x\sqrt{\omega}}\, \sin(\omega t)}{\sqrt{\omega}}\, \mathrm{d}\omega\,, \end{aligned}$$

wobei die Abkürzungen

$$\alpha = \sqrt[4]{\frac{m'}{B}}$$

und

$$F = \frac{F_0}{4\pi\alpha\sqrt{m'B}}$$

zur Ersparnis von Schreibarbeit eingeführt worden sind. Mit Hilfe von $\cos\alpha\,\cos\beta + \sin\alpha\,\sin\beta = \cos(\alpha - \beta)$ wird

$$v(t) = F\int_0^\infty \frac{\cos(\alpha x\sqrt{\omega} - t\omega)}{\sqrt{\omega}}\,\mathrm{d}\omega + F\int_0^\infty \frac{\mathrm{e}^{-\alpha x\sqrt{\omega}}\,\sin(t\omega)}{\sqrt{\omega}}\,\mathrm{d}\omega\,.$$

Die Variablensubstitution $\sqrt{\omega} = u$ mit $\mathrm{d}\omega = 2u\,\mathrm{d}u$ und deshalb $\mathrm{d}\omega/\sqrt{\omega} = 2\,\mathrm{d}u$ liefert

$$v(t) = F(I_1 + I_2)$$

mit

$$I_1 = 2\int_0^\infty \cos(tu^2 - \alpha xu)\,\mathrm{d}u$$

und

$$I_2 = 2\int_0^\infty \mathrm{e}^{-\alpha xu}\,\sin(tu^2)\,\mathrm{d}u\,.$$

Für das zweite Integral macht man noch von $-1 = j^2 = jj$ Gebrauch:

$$I_2 = 2\int_0^\infty \mathrm{e}^{jj\,\alpha xu}\,\sin(tu^2)\,\mathrm{d}u = 2\int_0^\infty [\cos(j\alpha xu) + j\,\sin(j\alpha xu)]\,\sin(tu^2)\,\mathrm{d}u$$
$$= \int_0^\infty \sin(tu^2 - j\alpha xu) + \sin(tu^2 + j\alpha xu)\,\mathrm{d}u + j\int_0^\infty \cos(tu^2 - j\alpha xu) - \cos(tu^2 + j\alpha xu)\,\mathrm{d}u\,,$$

wie man unter Verwendung der entsprechenden Additionstheoreme leicht zeigt. Die jeweils letztgenannten Integrale in den Gleichungen für $I_1$ und $I_2$ sind tabelliert (siehe z. B. Gradshteyn, I. S.; Ryzhik, M.: Table of Integrals, Series and Products, Academic Press, New York und London 1965, S. 397, Nr. 3.693.1 und Nr. 3.693.2). Die gesuchte Impulsantwort $v(t)$ lautet damit

$$v(t) = \frac{F_0}{2\sqrt{\pi t\sqrt{m'^3 B}}}\cos\left(\sqrt{\frac{m'}{B}}\frac{x^2}{4t} - \pi/4\right).$$

Eine Darstellung dieses Ergebnisses als Orts- und Zeitverlauf ist in Abb. 4.8 gezeigt.

**Aufgabe 13.9**
Es gilt

$$
\begin{aligned}
F(\omega) &= f_0 \int\limits_{-\infty}^{\infty} \mathrm{e}^{-\gamma t^2}\, \mathrm{e}^{-j\omega t}\, \mathrm{d}t \\
&= 2 f_0 \int\limits_{0}^{\infty} \mathrm{e}^{-\gamma t^2} \cos \omega t \, \mathrm{d}t
\end{aligned}
$$

aus Symmetriegründen. Das Integral ist tabelliert (siehe z. B. Gradshteyn, I. S.; Ryzhik, M.: Table of Integrals, Series and Products, Academic Press, New York und London 1965, S. 480, Nr. 3.987.1). Man erhält

$$
F(\omega) = f_0 \sqrt{\frac{\pi}{\gamma}}\, \mathrm{e}^{-\omega^2/4\gamma}
$$

Bemerkenswert daran ist,

- dass die Transformierte der Gauss-Funktion selbst eine Gauss-Funktion ist, die Signalform bleibt (im Prinzip) von der Fourier-Transformation unberührt, und
- dass breite, glatte Zeitverläufe (kleine $\gamma$) schmalbandig sind, während sich rasch ändernde Zeitsignale (große $\gamma$) breitbandige Transformierte aufweisen.

In der nachfolgenden Grafik (Abb. 16.19) wird $f(t)$ wiedergegeben. $F(\omega)$ hat wie gesagt die gleich Gestalt, wobei die Bandbreite mit abnehmendem $T_0$ $(= 1/\gamma)$ wächst.

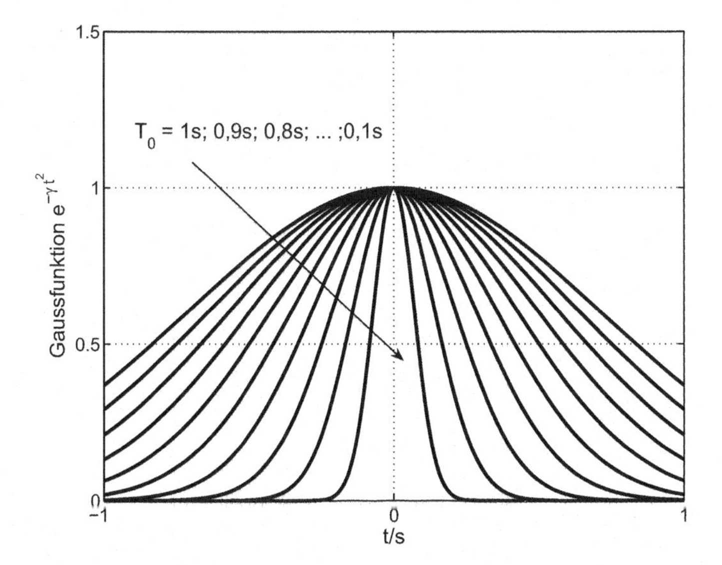


**Abb. 16.19** Gaussfunktion $\mathrm{e}^{-\gamma t^2}$ mit $\gamma = 1/T_0^2$

**Aufgabe 13.10**

Zunächst wird die Fourier-Transformierte der Strahlerschnelle berechnet:

$$V_y(k) = v_0 \int_{-\infty}^{\infty} \mathrm{e}^{-|x|/x_0}\, \mathrm{e}^{-jkx}\, \mathrm{d}x\,.$$

Da die Sinusfunktion eine ungeradsymmetrische Funktion bildet, bleibt davon nur

$$V_y(k) = 2v_0 \int_0^{\infty} \mathrm{e}^{-x/x_0} \cos kx\, \mathrm{d}x$$

übrig. Wenn man nicht in einer Integraltafel nachschlagen will kann man das in

$$V_y(k) = 2v_0\, \mathrm{Re}\left\{\int_0^{\infty} \mathrm{e}^{-x/x_0}\, \mathrm{e}^{jkx}\, \mathrm{d}x\right\}$$

überführen; man erhält so

$$V_y(k) = 2v_0 x_0\, \mathrm{Re}\left\{\frac{1}{1-jkx_0}\right\} = 2v_0 x_0\, \mathrm{Re}\left\{\frac{1+jkx_0}{(1-jkx_0)(1+jkx_0)}\right\} = \frac{2v_0 x_0}{1+(kx_0)^2}\,.$$

Daraus gewinnt man nach (13.81) den Schalldruck im Fernfeld:

$$p_{\text{fern}} = \frac{j\omega\varrho b}{4\pi R}\, \mathrm{e}^{-jk_0 R}\, V_y(k = -k_0 \sin\vartheta) = \frac{j\omega\varrho b}{4\pi R}\, \mathrm{e}^{-jk_0 R} \frac{2v_0 x_0}{1+(k_0 x_0 \sin\vartheta)^2}\,.$$

Einige Richtcharakteristika für kleine und große Strahler gibt die folgende Abb. 16.20.

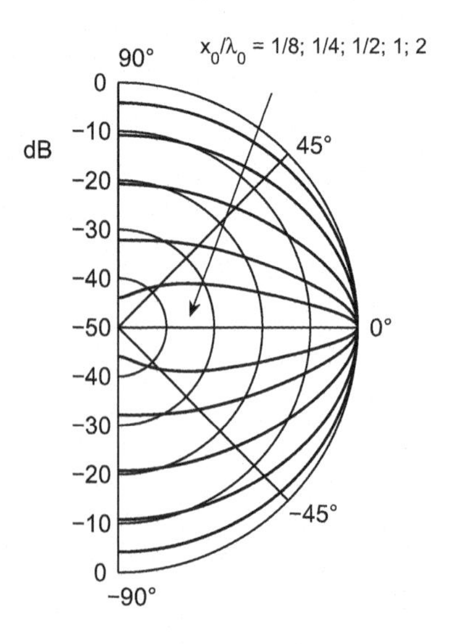


**Abb. 16.20** Richtcharakteristik des Nahfeld-Schwingers

**Aufgabe 13.11**

Für $\varepsilon = 1$ gilt

$$v = v_0 \cos \frac{2n\pi x}{l} ,$$

dieser Verlauf hat stets Maxima (‚Bäuche') in $x = 0$ und $x = l$. Für $\varepsilon = -1$ gilt

$$v = j v_0 \sin \frac{2n\pi x}{l} ,$$

dieser Verlauf hat stets Nullstellen (‚Knoten') in $x = 0$ und $x = l$.

Die Fouriertransformierte lautet

$$V(k) = \frac{j v_0 l}{2}(\mathrm{e}^{-jkl} - 1)\frac{kl(1+\varepsilon) + 2n\pi(1-\varepsilon)}{(kl)^2 - (2n\pi)^2}$$

Dieses Wellenzahlenspektrum wird für kleine $k$ ($|kl| \ll 2n\pi$) im Fall $\varepsilon = -1$ dem Betrage nach sehr kleiner als im Fall $\varepsilon = -1$: für kleine $k$ ist

$$|V(k)_{\varepsilon=-1}| \ll |V(k)_{\varepsilon=1}| ,$$

deswegen ist die tieffrequente Leistungsabgabe für $\varepsilon = -1$ sehr viel geringer.

**Aufgabe 13.12**

$$F_1(\omega) = \int_{-\infty}^{\infty} f_1(t)\,\mathrm{e}^{-j\omega t}\,\mathrm{d}t = \int_{-\infty}^{\infty} g(t)\,\mathrm{e}^{-j(\omega-\omega_0)t}\,\mathrm{d}t = G(\omega - \omega_0) ,$$

wobei $G(\omega)$ die Transformierte der Einhüllenden $g(t)$ alleine ist. Die Transformierte des Produktes ist also gleich der um $\omega_0$ verschobenen Transformierten der Einhüllenden.

Für $F_2(\omega)$ gilt wegen $\cos x = (\mathrm{e}^{jx} + \mathrm{e}^{-jx})/2$

$$F_2(\omega) = \frac{1}{2}[G(\omega - \omega_0) + G(\omega + \omega_0)] .$$

**Aufgabe 13.13**

Wie aus der vorangegangenen Aufgabe folgt beträgt die Fouriertransformierte des in $x = 0$ vorgefundenen Signals

$$V(0,\omega) = \frac{1}{2}[G(\omega - \omega_0) + G(\omega + \omega_0)] ,$$

wobei $G(\omega)$ die Fouriertransformierte der Einhüllenden $g(t)$ bildet.

Die Komponente mit der Frequenz $\omega$ läuft mit der Wellenzahl $k(\omega)$ den Wellenleiter entlang, deshalb gilt für die Fouriertransformierte an einem beliebigen Ort

$$V(x,\omega) = V(0,\omega)\,\mathrm{e}^{-jk(\omega)x} .$$

Das Signal $v(x,t)$ der Schwingung ergibt sich durch Rücktransformation zu

$$v(x,t) = \frac{1}{2\pi}\int_{-\infty}^{\infty} V(x,\omega)\,\mathrm{e}^{j\omega t}\,\mathrm{d}\omega = \frac{1}{4\pi}\int_{-\infty}^{\infty}[G(\omega-\omega_0)+G(\omega+\omega_0)]\,\mathrm{e}^{-jk(\omega)x}\,\mathrm{e}^{j\omega t}\,\mathrm{d}\omega\,.$$

Wenn wie vorausgesetzt $G(\omega)$ eine schmalbandige Funktion bildet, dann liefern nur die Frequenzbereiche $\omega \approx \omega_0$ und $\omega \approx -\omega_0$ einen Beitrag zum Integral.

$\boldsymbol{\omega \approx \omega_0}$:
In dem kleinen, nur zählenden Frequenzband um $\omega_0$ herum kann man $k(\omega)$ durch die ersten beiden Glieder der Taylorreihe ersetzen:

$$k(\omega) \approx k(\omega_0) + (\omega-\omega_0)\frac{\mathrm{d}k}{\mathrm{d}\omega}|_{\omega=\omega_0}\,.$$

Mit den Abkürzungen

$$k_0 = k(\omega_0)$$

und

$$k_0' = \frac{\mathrm{d}k}{\mathrm{d}\omega}|_{\omega=\omega_0}$$

wird also

$$k(\omega) \approx k_0 + \omega k_0' - \omega_0 k_0'\,.$$

Der Beitrag dieses Integrationsbereiches zum Integral $v_+(x,t)$ beträgt damit

$$\begin{aligned} v_+(x,t) &= \frac{1}{4\pi}\int_{-\infty}^{\infty} G(\omega-\omega_0)\,\mathrm{e}^{-jk_0x}\,\mathrm{e}^{-j\omega k_0'x}\,\mathrm{e}^{j\omega_0 k_0'x}\,\mathrm{e}^{j\omega t}\,\mathrm{d}\omega \\ &= \frac{1}{2}\,\mathrm{e}^{-jk_0x}\,\mathrm{e}^{j\omega_0 k_0'x}\,\frac{1}{2\pi}\int_{-\infty}^{\infty} G(\omega-\omega_0)\,\mathrm{e}^{j\omega(t-k_0'x)}\,\mathrm{d}\omega\,. \end{aligned}$$

Darin ist ja nach Aufgabe 13.12

$$\frac{1}{2\pi}\int_{-\infty}^{\infty} G(\omega-\omega_0)\,\mathrm{e}^{j\omega t}\,\mathrm{d}\omega = g(t)\,\mathrm{e}^{j\omega_0 t}\,,$$

und deshalb gilt

$$\frac{1}{2\pi}\int_{-\infty}^{\infty} G(\omega-\omega_0)\,\mathrm{e}^{j\omega(t-k_0'x)}\,\mathrm{d}\omega = g(t-k_0'x)\,\mathrm{e}^{j\omega_0(t-k_0'x)}\,.$$

Demnach ist

$$v_+(x,t) \approx \frac{1}{2}\,\mathrm{e}^{-jk_0x}\,\mathrm{e}^{j\omega_0 k_0'x}g(t-k_0'x)\,\mathrm{e}^{j\omega_0(t-k_0'x)} = \frac{1}{2}\,\mathrm{e}^{j(\omega_0 t-k_0x)}g(t-k_0'x)\,.$$

**$\omega \approx -\omega_0$:**
Auf gleiche Weise zeigt man

$$v_-(x,t) \approx \frac{1}{2} \mathrm{e}^{-j(\omega_0 t - k_0 x)} g(t - k_0' x) \,.$$

**Gesamtfeld:**
Für $v(x,t) = v_+ + v_-$ folgt daraus

$$v(x,t) \approx \cos(\omega_0 t - k_0 x)\, g(t - k_0' x) = \cos\left(\omega_0 \left(t - \frac{k_0}{\omega_0} x\right)\right) g(t - k_0' x) \,.$$

Dieses Ergebnis besitzt die folgende Deutung:

- Das Trägersignal $\cos(\omega_0 t)$ breitet sich mit der Geschwindigkeit $c_0 = \omega_0 / k_0$ aus, sie ist die Ausbreitungsgeschwindigkeit eines (beliebig schmalbandigen) reinen Tones. Die Geschwindigkeit $c_0$ wird PHASENGESCHWINDIGKEIT genannt.
- Die Einhüllende $g(t)$ dagegen läuft mit der Wellengeschwindigkeit $c_\mathrm{g} = 1/k_0'$, für die demnach

$$c_\mathrm{g} = \frac{1}{\frac{\mathrm{d}k}{\mathrm{d}\omega}}\Big|_{\omega=\omega_0}$$

gilt. Die Geschwindigkeit $c_\mathrm{g}$ heißt GRUPPENGESCHWINDIGKEIT. Weil Trägersignal und Einhüllende unterschiedlich schnell laufen, verformt sich das Gesamtsignal während des Wellentransportes. Bei der Ausbreitung verschieben sich Trägersignal und Einhüllende gegeneinander.

Für Biegewellen ist

$$k = \beta \sqrt{\omega}$$

($\beta$ ist eine Konstante). Für die Phasengeschwindigkeit gilt

$$c_0 = \frac{\omega}{k} = \frac{\sqrt{\omega}}{\beta} \,,$$

die Gruppengeschwindigkeit ist

$$c_\mathrm{g} = \frac{1}{\frac{\mathrm{d}k}{\mathrm{d}\omega}} = \frac{2\sqrt{\omega}}{\beta} \,.$$

Für Biegewellen ist die Gruppengeschwindigkeit also gerade doppelt so groß wie die Phasengeschwindigkeit.

Zur Verdeutlichung der genannten Sachverhalte ist in Abb. 16.21 ein Beispiel für die Wellenausbreitung auf einem dispersiven Wellenleiter wiedergegeben. Dargestellt sind die beiden an zwei unterschiedlichen Orten $x = x_0$ und $x = x_0 + \Delta x$ vorgefundenen Zeitverläufe einer interessierenden Feldgröße, z. B. der Schnelle auf einem (reflexionsfreien) Biegewellenleiter. Der Deutlichkeit halber sind die Einhüllenden mit eingezeichnet. Die Trägerfrequenz breitet sich nicht mit der selben Geschwindigkeit wie die Einhüllende aus.

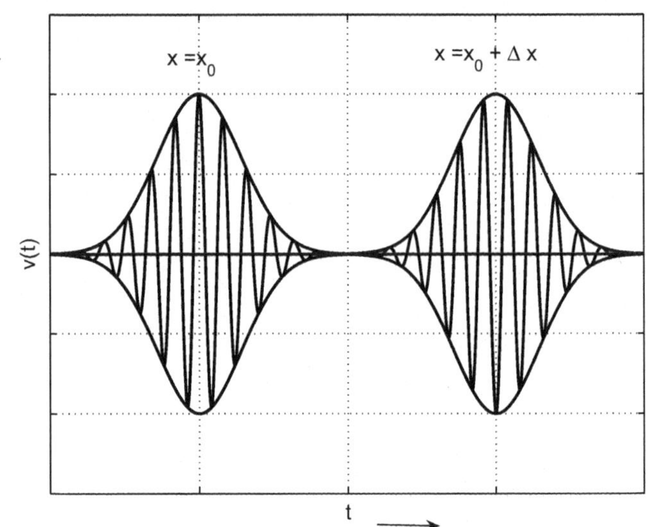


**Abb. 16.21** Zwei Zeitsignale auf einem dispersiven Wellenleiter

# Sachverzeichnis




M. Möser, *Technische Akustik*, VDI-Buch, DOI 10.1007/978-3-662-47704-5

Printed by Printforce, the Netherlands